（第二版）

有机化学

主　编　杜彩云　李忠义

副主编　蔡冬梅　王秀梅　郭增彩

Organic
Chemistry

WUHAN UNIVERSITY PRESS

武汉大学出版社

图书在版编目(CIP)数据

有机化学/杜彩云,李忠义主编.—2版.—武汉:武汉大学出版社,
2022.12
ISBN 978-7-307-23277-8

Ⅰ.有… Ⅱ.①杜… ②李… Ⅲ.有机化学—高等学校—教材
Ⅳ.O62

中国版本图书馆 CIP 数据核字(2022)第 154430 号

责任编辑:林 莉   责任校对:汪欣怡   版式设计:马 佳

出版发行:**武汉大学出版社**   (430072 武昌 珞珈山)
(电子邮箱:cbs22@whu.edu.cn 网址:www.wdp.com.cn)
印刷:湖北金海印务有限公司
开本:787×1092 1/16 印张:24.5 字数:578 千字 插页:1
版次:2015 年 12 月第 1 版   2022 年 12 月第 2 版
2022 年 12 月第 2 版第 1 次印刷
ISBN 978-7-307-23277-8   定价:59.00 元

前　言

本教材自 2015 年出版已经过去 7 个年头，与《有机化学同步辅导》配合使用，经历了多轮教学实践的检验，基本达到了编写本套教材的目的，受到了历届学生的普遍好评和任课教师的认可。为了顺应有机化学学科的发展以及新一轮教学改革对课程教学新的要求，我们决定对《有机化学》教材进行必要的修改、补充和完善并再版。

第二版在保证第一版编写特色和风格的基础上，进行了如下修订：

(1)课程教学内容的完整。本教材由理论和实验两部分组成。为适应实验学时数减少的变化，增加了有机化学课内实验，内容包括：有机化学实验的必备知识；物理常数的测定技术、基本操作、合成实验、天然产物的提取。侧重实验技能的训练和严谨的科学创新精神的培养，体现绿色环保新理念。每个实验项目之后有拓展内容，介绍与本实验相关的、先进的实验仪器和实验方法。意在开阔视野，提高创新意识。

(2)与时俱进。对章节的知识拓展进行了更新或修改；增加了与章节内容相关的思政内容，将"课程思政"有机地融入到教材中，与课程内容同向同行，发挥教材的育人功能。

(3)为了便于学生对知识点的及时理解和掌握，在各章正文适当位置增加了思考题。

(4)根据这几年我们使用第一版教材的经验，对全书内容进行了梳理和适当增减或调整。对第一版教材中在文字、结构式、内容编排及描述等方面的不妥之处进行了修正；对部分课后习题进行了修改或增减；第 10 章更名为"含氮化合物"；删除了与配套辅导教材有重叠的"本章小结"。

本教材由杜彩云负责全书的修改策划、审稿和定稿工作，李忠义协助审稿和定稿。编写分工如下：杜彩云(第 1、2、5、11、15 章)、李忠义(第 3、4 章)、蔡冬梅(第 6、7、8 章)、王秀梅(第 9、10 章)、河北地质大学赵楠(第 13 章)、郭增彩(第 12、14 章)；杜彩云、高晓红、刘玉峰、刘建军(第 16 章)。野慧芳、李小丽、王广斗参加了本书的部分修订工作。

在本教材编写出版过程中，得到河北工程大学教务处、材料科学与工程学院的领导以及武汉大学出版社相关人员的大力支持，还参考了许多参考书，在此一并表示衷心的感谢！本教材获 2022 年度河北工程大学本科教材建设基金资助出版。

限于编者水平，仍难免存在疏漏和不妥之处，敬请同仁和读者不吝赐教、批评指正。

编　者

2022 年 3 月

1

第一版前言

有机化学是化学、生物、化工、农学、医学、药学、环境、材料和食品等专业的重要基础课，其内容丰富，分子结构复杂，反应机理抽象难懂，加之有机化学发展迅速，与其他相关学科结合日趋紧密，理解难度成倍增加。为了使学生较好地理解和掌握有机化学基本理论和基础知识，了解本学科发展动向，为后续相关课程的学习夯实基础，我们编写了这本《有机化学》。

与传统的非化学专业有机化学教材相比，本教材在保证本学科的系统性和完整性的基础上，注重基础，淡化机理，强调实用性和前沿性。全书共15章分为五篇：概论、烃、烃的衍生物、天然有机化合物、波谱在有机化学的应用，内容分块更加明晰。概论集中介绍有机化学的基本理论（如结构理论和酸碱理论）、有机化合物分类方法、命名总则、物理性质以及化学反应基本类型，使学生对有机化学的概况有一清晰认识。中间三篇按官能团系统分章编排，以结构—性质为主线，阐述各类有机化合物，引导学生积极思考与探究。章后小结帮助学生更好地把握学习的重点；课后习题题型多样化，难易兼顾，有利于创新型人才创新思维的训练和创新能力的提高；知识拓展取材于最新科研成果和社会热点问题，丰富了教材内容，有助于学生了解最新科技动态和社会责任感的培养。为了知识体系的完整性，最后一篇介绍了近代物理分析方法在有机化合物结构测定中的应用。

本教材是河北省"十一五"规划课题"教育信息技术与非化学专业有机化学课程有效整合的研究与实践"的研究成果之一，项目编号为O8020234。

本教材由杜彩云教授负责全书的策划、统稿和定稿，李忠义协助定稿。第1、2、5、11、15章由杜彩云编写；第3、4章由李忠义编写；第6、7、8章由蔡冬梅编写；第9、10章由王秀梅编写；第12、14章由郭增彩编写；第13章由杜彩云和谢娟编写。杨青芹、母静波、车红卫也参加了本书的编写工作。在本教材的出版过程中得到河北工程大学教务处、理学院领导和教师以及武汉大学出版社相关人员的大力支持，在编写过程中参考了许多相关书籍，在此一并表示衷心的感谢！

限于编者水平和时间所限，书中难免存在疏漏和不妥之处，敬请同行专家和读者批评指正。

编 者

2015年10月

1

目　　录

第1章　绪　　论

有机化学是化学的重要分支。它为高等院校食品工程、生物工程、材料工程和环境工程等相关专业提供必要的基础知识、基本理论和基本实验手段。本章将扼要介绍有机化合物和有机化学的一些基本概念和基础知识，重点讨论有机化合物的结构和相关结构理论。

1.1　有机化合物和有机化学

1.1.1　有机化合物和有机化学的定义

在古代，我们的祖先已经知道利用许多动植物来做药物、染料和香料，并能够造酒、制怡和酿造了。他们不但利用现成的动植物，还设法从动植物中提取有用的成分并纯化它们。为了提取和纯化，他们创造了不少有用的工具和技巧，例如浸泡、压榨、过滤、蒸馏等。通过长期劳动实践，积累了大量的经验知识。

随着生产的发展和科学技术的进步，人们对物质的认识更为丰富起来。17 世纪中叶起，人们根据来源而将物质分为动物物质、植物物质和矿物物质三大类。到了 18 世纪末，通过化学分析发现，植物物质通常都含有碳、氢、氧，而动物物质除了这三种元素以外还含有氮。人们同时也感到上述分类法有着实际上的困难。例如，蚁酸可以从蒸馏蚂蚁得到，应属于动物物质，但也可以从糖的氧化得到，又应属于植物物质了。又如，油脂既存在于动物中也存在于植物中。这些事实使化学家不得不将动植物物质合为一类，称为有机物质，并相应地将矿物质称为无机物质。这时，有机物质的定义是"从动植物有机体获得的物质"。在对有机物研究的过程中，瑞典化学家伯奇里厄斯（Berzelius）发现不论是在元素组成还是性质，有机物都有明显不同于无机物的特点，考虑到有机物的来源，于 1806 年定义了有机化学：研究"动植物的或在生命力影响下所形成的物质"的化学。这种唯心的"生命力"（vital force）论阻碍了有机化学的发展。1828 年德国化学家韦勒（Wöhler）发现用无机物氰酸铵的水溶液加热，可以制得有机物尿素。

$$NH_4OCN \xrightarrow{\Delta} H_2N{-}\overset{\displaystyle O}{\overset{\|}{C}}{-}NH_2$$

氰酸铵　　　　　尿　素
（无机物）　　　（有机物）

尿素的人工合成，动摇了唯心的"生命力"论，打破了有机化学的局限性，启发了许多化学家去进行有机合成的工作。到 19 世纪中叶，醋酸、柠檬酸、油脂、糖等相继合成出来，"生命力"学说才彻底被否定。从此以后，人们深信，不但可以从简单物质合成与天然有机物完全相同的物质，还可以合成有机体不能合成的物质，有机化学得到了迅速发展。1850—1900 年成千上万的药品、染料被合成出来，现在绝大多数有机物已不是从天然的有机体提取。但是由于历史和习惯的原因，还保留"有机"这个名词。随着科学技术的发展，人们对有机物从组成和结构上得到了进一步的认识，所有的有机物质都含有碳，多数的含有氢，其次是氧、氮、卤素、硫、磷等。因此，1848 年葛美林（L. Gmelin）提出，有机化学的新定义是研究含碳化合物的化学。1874 年肖来马（Schorlemmer K）提出有机化学是"碳氢化合物及其衍生物的化学"。这两个定义现仍在应用，尤其后一个被公认为是有机化学比较确切的定义。

随着科学研究水平的提高，人们对有机化学的认识越来越广，越来越深，根据需要分出许多分支，如有机合成、有机分析、有机高分子化学等。进入 20 世纪，有机化学发展迅速，借助现代物质结构理论和物理化学方法，可以精确测定复杂有机化合物的分子结构，预测其化学性质，设计合理可行的合成路线并合成部分有机化合物。有机化学的巨大成就有力地推动了人类对自然界的认识和改造，也极大地促进了相关学科的进步和发展。

值得一提的是现在人类对碳元素的研究更加深入，除熟知碳的两种单质——金刚石和石墨外，20 世纪 80 年代中期又发现了碳的第三种单质——Fullerenes（译名为：富勒烯或富勒碳），此是继碳的四面体结构和凯库勒（Kekulé）苯结构的发现后，化学界的又一重大发现，随着人们对 Fullerenes 的研究及其应用，必将带来一场化学革命，使有机化学得到进一步的发展。

1.1.2 有机化合物的特点

把碳化合物和其他元素的化合物分开，作为一门独立的科学来研究，除了历史的原因外，主要是因为有机物和无机物，在理化性质上有显著差异，研究有机化合物需要一些特殊的方法和手段。

1. 有机化合物的结构特点

从组成看，有机化合物都含有碳原子，碳原子的价电子构型为 $2s^2 2p^2$。碳原子的电负性为 2.5，近似为电负性最大的氟（4.1）和最小的铯（0.7）电负性的平均值，因此表现出既不易失去电子，也不易得到电子，通常以共价键的方式与其他原子或碳碳成键。碳有四个价电子，可以形成四个共价键。

有机化合物中碳原子的自身成键能力很强，成键方式较多，易以单键、双键和叁键相互连接。另外，碳原子与氧原子以单键或双键结合；与氮原子以单键、双键和叁键相连；与其他原子一般为单键结合。

有机化合物的性质，不仅取决于分子的组成和原子的成键方式，还取决于分子极性以及分子结构。有机化合物分子内，多为碳碳、碳氢共价键，因此分子多为非极性或弱极性分子；分子式相同而结构不同的分子为同分异构体（isomer），有机化合物中普遍存在同分异构现象（isomerism），因而导致有机化合物种类与数目庞大。

2. 有机化合物的性质特点

有机化合物的结构特点决定其性质与无机化合物有本质的区别。

（1）热稳定性差，易燃烧 多数有机物热稳定性差，受热易分解而析出黑色的碳。如果有助燃气体存在，加热到其燃点以上即着火。利用其受热碳化和燃烧的性质。可以简单地识别和检验有机物。无机化合物一般热稳定性很高，如氯化钠、氧化铝等，加热到红热状态也不分解。

（2）熔点、沸点低　有机物一般为共价化合物，因此，多数有机物在常温下是气体、液体或低熔点固体，熔点通常在400℃以下。相反，很多无机化合物熔沸点很高，如氯化钠熔点800℃，沸点I413℃，氧化铝熔点2050℃，沸点2250℃。

（3）不溶于水、而易溶于有机溶剂　物质的溶解度往往遵守"相似相溶"原理，即极性相似的物质相互溶解。有机化合物多是非极性或弱极性物质。水是典型的极性溶剂，故有机物一般不溶于水，而易溶于极性相近的有机溶剂。

（4）反应速率慢　由于共价键较稳定，反应活性差，因此，有机化学反应速率一般较慢，常采用加热、搅拌、催化剂或光照等手段以加快反应的进行。

（5）易发生副反应　有机物一般是由多个原子组成的复杂分子，反应的部位不止一个，因而常常产生副反应，最终得到的产物往往是复杂的混合物，造成分离提纯比较困难。

应该指出，以上列举的是典型有机化合物的一般性质，是相对于无机物而言，不是绝对标准，也有例外情况。例如，四氯化碳不仅不燃烧，而且可以用作灭火剂；糖和酒精，不仅易溶于水，甚至与水混溶等。因此认识有机化合物共性的同时，也应该注意它们的个性。

1.2 有机化合物的结构和反应类型

有机化合物是共价化合物，原子间主要以共价键相连接，有机反应大都涉及共价键的断裂和形成，因此了解共价键的本质及其属性，对于学习有机化学很有必要。

1.2.1 共价键

对于共价键形成的理论解释，常用的有两种：价键理论（valence-bond theory，简称VB法）和分子轨道理论（molecular orbital theory，简称MO法），它们是建立在量子力学基础上的处理分子中化学键（chemical bond）的理论。

1. 价键理论的基本要点

共价键的形成在于成键原子的原子轨道的相互交盖、电子配对的结果。

（1）共价键的形成　原子间自旋相反的未成对电子可以通过原子轨道重叠相互配对。轨道重叠后，电子云更多地集中在原子中间即轨道重叠的范围内，同时受两核吸引，当两核间距离缩小到一定的程度，原子间引力和斥力达到平衡，体系能量降到最低，形成了共价键。例如氢分子的形成，见图1-1。

一般来说，原子的未配对电子数就是它的共价数。

（2）共价键的饱和性　一个未配对电子只能和一个未配对电子配对，如果一个原子的未共用电子已经配对，它就不能再和其他原子的单电子配对，这就是共价键的饱和性。

（3）共价键的方向性　电子云重叠的程度越大，即成键原子轨道重叠程度越大，体系

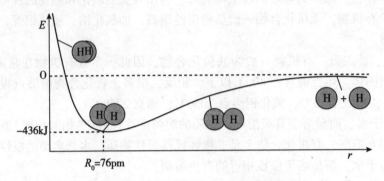

图 1-1 氢分子的能量与核间距之间的关系

能量降低越多，形成的共价键越稳定，因此原子间成键时，原子轨道间力求达到最大程度重叠，这就是共价键的方向性。

(4)共价键的键型 成键的两个原子间的连线称为键轴。除 s 轨道外，其他原子轨道都是有方向性的。成键原子轨道位相一致，并且按一定的方向接近，才能获得轨道最大重叠。原子轨道进行最大重叠有两种不同方式，形成两种不同的共价键。

①σ 键 成键原子轨道沿对称轴方向接近，"头碰头"重叠形成 σ 键。在 σ 键中，轨道重叠都在两原子核之间，并且此区域内电子云密度最大，对原子核吸引力最大，所以 σ 键具有较大的键能和稳定性。σ 键电子云绕键轴对称分布，因此成键原子绕键轴作相对旋转时，不改变电子云的重叠程度，也不影响价键的稳定性，也就是说 σ 键可以自由旋转。原子轨道有以下方式形成 σ 键，见图 1-2。

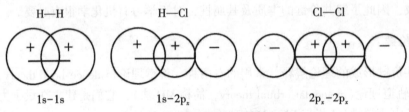

图 1-2 原子轨道形成 σ 键的方式

有机化合物分子中的单键都是 σ 键，双键和叁键中也存在一个 σ 键。

②π 键 成键原子 p 轨道的对称轴彼此平行，相互接近，以"肩并肩"方式重叠，形成 π 键。见图 1-3。对 π 键来说，轨道重叠部分分布在形成 π 键的原子所在平面的上下两侧，原子核对成键电子云引力较小，电子云流动性大，所以 π 键不如 σ 键稳定。因为 π 电子云呈面对称分布，所以当成键原子绕键轴相对转动时，轨道重叠程度发生变化，以至于 π 键破裂，也就是说形成 π 键的原子不能绕键轴自由旋转。有机物分子中的双键和叁键都含有 π 键，所以形成双键和叁键的原子不能作相对旋转。

σ 键和 π 键的不同特征对比见表 1-1。

图 1-3　原子轨道形成 π 键的方式

表 1-1 σ 键和 π 键的比较

键型	σ 键	π 键
参加成键的轨道	s、p 及各种杂化轨道	仅 p 轨道
成键轨道重叠方式	"头对头"	"肩并肩"
可否单独存在	能	不能
键能	较大	较小
成键原子能否自由绕键轴旋转	能	不能
化学活泼性	不活泼	活泼(易反应)

（5）杂化　在多原子形成分子时，为了增强成键能力，得到稳定的化合物，中心原子的若干能量相近、类型不同的原子轨道可进行重新组合，形成能量、形状和方向与原轨道不同的新的原子轨道，这种原子轨道重新组合的过程称为原子轨道的杂化（hybridization），所形成的新的原子轨道称为杂化轨道（hybridized orbital）。杂化轨道数目等于参与杂化的轨道数目；杂化轨道的能量、形状等完全相同，其中杂化轨道的能量较低，杂化轨道的形状一头大一头小，这样有利于成键时轨道最大程度重叠，形成牢固的共价键；杂化轨道之间的排斥达到最小。

碳原子外层电子排布为：$2s^2 2p^2$。在有机化合物中，每个碳原子与其他原子成键之前，首先进行电子激发，碳原子外层电子排布变为 $2s^1 2p^3$ 之后再进行杂化，杂化轨道的能量介于 2s 和 2p 之间，杂化方式有 sp^3，sp^2，sp 三种，见图 1-4。

对饱和碳原子来说，总是采取 sp^3 杂化态成键，双键碳原子以 sp^2 杂化态成键，叁键碳原子以 sp 杂化态成键。碳原子不同杂化态对比见表 1-2。

表 1-2 碳原子三种杂化态

杂化类型	参与杂化的轨道数	杂化轨道中 s、p 轨道成分	杂化轨道间夹角
sp^3	1 个 s+3 个 p	$\frac{1}{4}s+\frac{3}{4}p$	109°28′
sp^2	1 个 s+2 个 p	$\frac{1}{3}s+\frac{2}{3}p$	120°
sp	1 个 s+1 个 p	$\frac{1}{2}s+\frac{1}{2}p$	180°

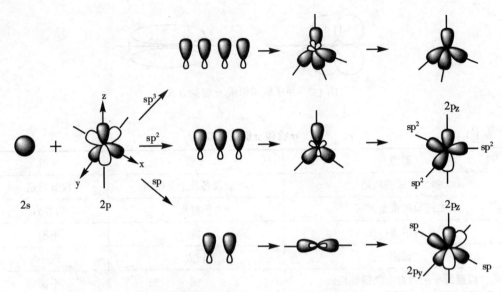

图 1-4 碳原子的 sp^3、sp^2、sp 三种杂化方式

从 sp 到 sp^2 再到 sp^3，随着杂化轨道中 s 成分的不断减少，杂化轨道与原子核的距离逐渐增大，原子核对杂化轨道中的电子吸引力逐渐减弱，即不同杂化态的碳原子可视为具有不同的电负性，其顺序为：$C_{sp} > C_{sp2} > C_{sp3}$。

思考题 1-1 指出下列有机化合物中各碳原子的杂化状态及成键类型。

$$CH \equiv C-CH_2-CH=CH-\underset{\bigcirc}{\overset{O}{\underset{}{C}}}H$$

2. 分子轨道理论

①分子轨道表示分子中电子的运动状态，用波函数 ψ 来表示。

②分子轨道理论中目前最广泛应用的是原子轨道线性组合法（linear combination of atomic orbitals，简称 LCAO 法）。成键原子的原子轨道相互接近、相互作用，重新（线性）组合成整体分子轨道，即分子轨道可以粗放地看作电子在整个分子中运动的空间范围。

③原子轨道组合成分子轨道必备条件：能量相近、电子云最大重叠、对称性匹配。

④一个分子的分子轨道数目与参与组合的原子轨道数目相等。轨道能量低于原子轨道的分子轨道为成键轨道；轨道能量高于原子轨道的分子轨道为反键轨道。见图 1-5。

⑤分子轨道电子排布遵循：鲍里不相容原理，能量最低原理，洪特（电子尽可能分占轨道、且自旋方向相同）规则。例如氢分子的形成，见图 1-6。

分子轨道是多中心（多原子核）的，成键电子不再定域在个别原子上，也不定域在两个成键原子之间，而是离域到整个分子中运动。而原子轨道是一个中心（单原子核）的。

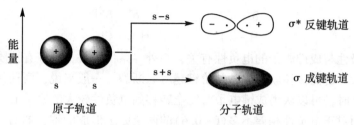

图 1-5 成键轨道和反键轨道

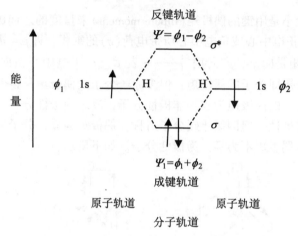

图 1-6 氢原子轨道线性组合成分子轨道示意图

本课程应用定域的价键理论较多；必要时才用非定域(离域)的分子轨道法(如，共轭体系)。

3. 共价键的属性

共价键的基本属性可用键长、键角、键能、键的极性以及键的可极化性等键参数来描述。

(1)键长 共价键结合的两个原子核之间的平均距离为键长(bond length)。

(2)键角 分子内两个相邻共价键之间的夹角为键角(bond angle)。键角的大小与成键原子特别是成键的中心原子的杂化状态有关，也受周围原子或基团的影响。

(3)键能 共价键断裂或生成时吸收或释放能量的平均值为键能(bond energy)，它是化学键强度的一种量度。有机分子的键能越小，键就越活泼；键能越大，键就比较稳定。利用键能数据可以估算化学反应的焓变。

(4)键的极性 共价键的成键原子核对成键电子具有吸引力。当两个相同原子以共价键结合时，成键核间电子云密度最大区域正好位于两核中间位置，与成键两核的正电荷的重心重合，这种键称为非极性共价键。如 H_2、N_2、Cl_2 中的共价键。当不同元素的原子构成共价键时，由于两个原子核吸引电子的能力不同，成键电子云不能均匀地分布，吸引电子能力较大的原子一端电子云密度较大，具有部分负电荷性质，用 δ^- 表示；另一端电子云密度较小，具有部分正电荷性质，用 δ^+ 表示。这种共价键称为极性共价键。例如：

$$\overset{\delta^+\quad\delta^-}{\text{H}\!-\!\text{Cl}} \qquad\qquad \overset{\delta^+\quad\delta^-}{\text{H}_3\text{C}\!-\!\text{Cl}}$$

共价键的极性与成键原子的电负性有关，与外界条件无关，是固有性质。成键原子的电负性差值越大，键的极性就越大，共价键越容易断裂。一般来说，两种元素的原子电负性差值大于 1.7 时，可以认为成键电子对完全转移到电负性较大的原子上，此时由共价键变为离子键；而对于电负性相差不多（0~0.6）的两个原子形成的键，如 C—H 键，由于两个原子对电子的吸引力相近，也可视为非极性共价键；电负性差值介于 0.6~1.7 的两个原子形成极性共价键。

共价键极性的大小是用键的偶极矩（dipole moment）来量度的。偶极矩（μ）等于正、负电荷中心距离（d）与正电中心或负电中心所带电荷（q）的乘积，即 $\mu = d \times q$，单位：$C \cdot m$（库仑·米）。偶极矩是向量，方向用 $\longmapsto$ 表示，从正电中心指向负电中心。在双原子分子中，键的偶极矩即分子的偶极矩；但多原子分子的偶极矩是整个分子中各个共价键偶极矩的矢量和。分子的偶极矩为零是非极性分子；反之为极性分子。四氯化碳和一氯甲烷分子内共价键均有极性，但四氯化碳分子对称，偶极矩为零，分子为非极性分子；而一氯甲烷分子非对称，偶极矩不为零，为极性分子。如下所示：

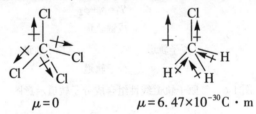

$$\mu = 0 \qquad\qquad \mu = 6.47 \times 10^{-30} C \cdot m$$

思考题 1-2 用 δ^+ 和 δ^- 表示下列键的极性。

(1) $H_3C\!-\!OH$ (2) $H_3C\!-\!Br$ (3) $H_3CHC\!=\!O$ (4) $H_3C\!-\!MgBr$

(5) 键的可极化性 键的极化是指在外电场作用下，共价键的电子云分布发生变化，从而引起键的极性变化。外电场越强，键被极化的程度越大。不同的共价键感受外界电场的影响而产生极化能力不同，这种能力称为共价键的可极化性。共价键的可极化性除了与外电场有关外，还与成键原子有关。原子电负性越大、半径越小，它对成键电子的约束力就越强，该原子形成的共价键的可极化性也就越小。反之，共价键的可极化性也就越大。例如，碳卤键的可极化性大小顺序为 C—I>C—Br>C—Cl>C—F；π 键比 σ 键易极化。与共价键的极性相比，键的可极化性是暂时的性质，一旦外电场消失，可极化性就不存在了。

绝大多数有机化合物分子中都存在共价键，共价键的键长和键能反映了键的强度，即分子的热稳定性；键角决定分子的立体形象；键的极性和可极化性反映了分子的化学反应活性，并影响化合物的物理性质。

有机化学中常见共价键的部分键参数见表 1-3。

共价键	键长/nm	键能/(kJ·mol⁻¹)	共价键	键长/nm	键能/(kJ·mol⁻¹)

表 1-3   常见共价键的部分键参数

共价键	键长/nm	键能/(kJ·mol⁻¹)	共价键	键长/nm	键能/(kJ·mol⁻¹)
C—C	0.154	345.6	C=C	0.134	610.0
C—H	0.109	415.5	C≡C	0.120	835.1
C—N	0.147	304.6	C=O	0.122	736.4(醛)；748.9(酮)
C—O	0.143	357.7	C=N	0.128	615.0
C—S	0.181	272.0	C≡N	0.116	891.2
C—F	0.141	485.3	O—H	0.096	462.8
C—Cl	0.177	338.9	N—H	0.104	390.8
C—Br	0.191	284.5	S—H	0.135	347.3
C—I	0.212	217.6			

1.2.2 有机化学反应类型

就其本质说来，有机化学反应是旧的化学键断裂新的化学键生成的过程。通常把有机化合物或主要有机物称为反应物或底物，而把无机物或次要有机化合物称之为试剂。这里简要介绍有机反应的特点和分类。

1. 有机化学反应的特点

有机反应不同于无机反应，非常复杂，多数有机反应表现出以下特点：

①反应速度慢，副产物多。有机化学反应中，常常涉及键能较高的共价键的断裂，因此反应活化能高，速度慢，需要加热或催化剂存在下才能顺利进行。有机反应常伴随副反应，反应结束时，主要反应产物中常混有多种副产物。因此有机反应产物多数是混合物，需经分离提纯才能获得纯度较高的有机物。

②多数情况下碳架不作大的变化，而仅仅表现为官能团的转换。由于碳碳键的键能很高，多数情况下，有机反应过程中化合物的碳架并不发生变化，而仅仅表现为碳架上官能团的转变。可以这样说，有机物的碳架表现化学惰性，有保持不变的倾向。分子内引入官能团后，活化了官能团进入区域或其附近原子(改变了这些部位的电荷分布)，从而形成了反应中心，使分子易于参加反应。

③有机化学反应主要决定于反应物，同时也受试剂的种类、性质及反应条件的影响。进一步研究可知，一种特定的化合物(官能团)对应着一种或数种可能的化学反应。一种化合物究竟发生什么反应，得到什么产物，很大程度取决于试剂和反应条件的影响。因此，探讨有机化学过程，不仅要研究反应物的性质，而且要研究试剂的作用和反应条件的影响。反应物和试剂相同，但反应条件不同，获得的主要产物也不相同。因此，对那些对反应产物有决定性影响的反应条件应给予足够的注意。

2. 有机化学反应类型

有机化学反应有两种主要的分类方法。

(1) 按共价键断裂方式分类 因为反应总要涉及共价键的断裂，因此共价键的断裂成为反应分类的主要依据。共价键有两种不同的断裂方式：均裂 (homolysis) 和异裂 (heterolysis)。

$$X:Y \xrightarrow{\text{均裂}} X\cdot + Y\cdot \qquad\qquad X:Y \xrightarrow{\text{异裂}} X^+ + Y^-$$

① 自由基型反应 共价键断裂时，成键电子对平均分配给两个成键原子的断裂方式称为共价键均裂。共价键均裂生成的带单电子的原子或基团称为自由基 (free radical)，也称游离基。自由基是活泼的反应中间体 (intermediate)，一般不能稳定存在，因为它存在尚未配对的电子，只产生于反应过程中。按共价键均裂方式进行的反应叫自由基型反应 (free radical reaction) 或游离基型反应。

② 离子型反应 共价键断裂时，成键电子对并不分开，而是全部保留在两个成键原子中的某一个原子上，这种断裂方式称共价键异裂。共价键异裂形成带电荷原子或基团即离子，离子也是一种活泼的反应中间体。按共价键异裂方式进行的反应叫离子型反应 (ionic reaction)。离子型反应不同于无机化学上的离子反应，反应中可能产生不稳定的离子中间体并立即参与反应而消失，也可能没有稳定离子存在或生成，而仅仅表现为反应过程中共价键的异裂。

一般来说，气态或非极性溶剂中，光照、辐射、加热或使用分子中有低键能的共价键易产生自由基的引发剂 (如过氧化剂) 引发，非极性共价键易于发生均裂，倾向于发生自由基反应；在极性溶剂中，催化剂作用，极性试剂进攻，极性共价键易发生共价键异裂，有利于离子型反应。

在离子型反应中，往往是带电荷试剂进攻反应物带异种电荷的部位而发生反应。反应中供给一对电子与反应物生成共价键的试剂 (带有多余的负电荷或电子) 为亲核试剂 (nucleophilic reagent)；从反应物接受一对电子成键的试剂 (带有多余的正电荷) 为亲电试剂 (electrophilic reagent)。所以离子型反应可进一步按试剂种类分为亲核性反应或亲电性反应。

③ 协同反应 若反应中，旧键断裂与新键形成同时发生，没有自由基或正、负离子中间体的产生，该反应称为协同反应 (synergistic reation)。

(2) 按产物和反应物关系分类 反应过程中，化合物结构一般不作很大破坏，所以产物中往往保留反应物的某些结构特征，可以看做反应物的衍生物。根据反应物和产物间的这种衍生关系，常常可将反应分为如下几类：取代反应、加成反应、消除反应、聚合反应、氧化反应和还原反应等。

有机反应尚有其他类型，但它们都可以归纳为以上一种或两种以上反应的组合，属综合性反应。在以后的各个章节中，我们将逐步学习这些反应类型。

3. 反应历程

化学反应中，通常反应物不是经过一次共价键的断裂和生成就形成产物，而是需要经历一些中间步骤。中间步骤所产生的物质称为中间体。例如，一个分为两步的反应，反应先经过过渡态 (transition state) 形成中间体，中间体再经过另一个过渡态形成产物。在多步反应中，过渡态和中间体会更多。这种对化学反应的描述称为反应历程或反应机理

（reaction mechanism）。

1.2.3 有机化合物的分子结构

有机化合物的分子结构（structure）是指分子内原子间固定的连接次序和连接方式，以及固定的空间排列方式。它包含构造（constitution）、构型（configuration）和构象（conformation）三个层次。

1. 有机化合物的构造和构造式

分子内原子间的连接次序和连接方式称为有机化合物分子的构造。构造包含两方面的内容，一是分子内原子的排列次序，二是原子间形成什么类型的共价键。

由于同分异构现象的存在，相同的分子式可能代表多种构造不同的有机化合物，即存在构造异构体。因此不能用分子式表示一个具体有机化合物，而必须使用构造式。

分子的构造通过构造式表示，常用的构造式有电子式、蛛网式和键线式三种。

（1）电子式（Lewis 式）　使用原子的元素符号和电子符号（小黑点表示）表示分子的构造。书写电子式需要写出原子的最外层电子，一般一对电子表示一条共价键。例如：

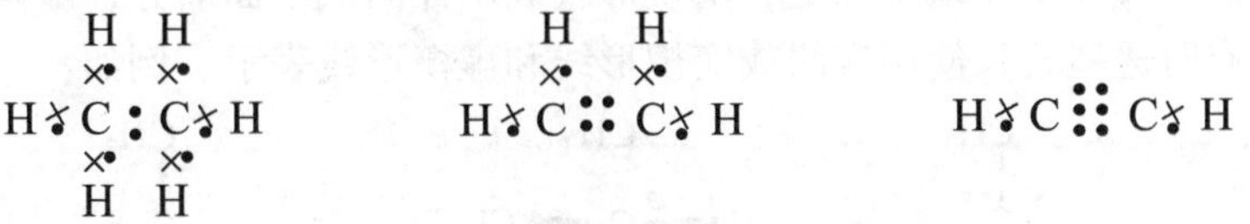

（2）蛛网式（kelulé 式）　使用原子的元素符号和价键符号（短横线）表示分子的构造。例如：

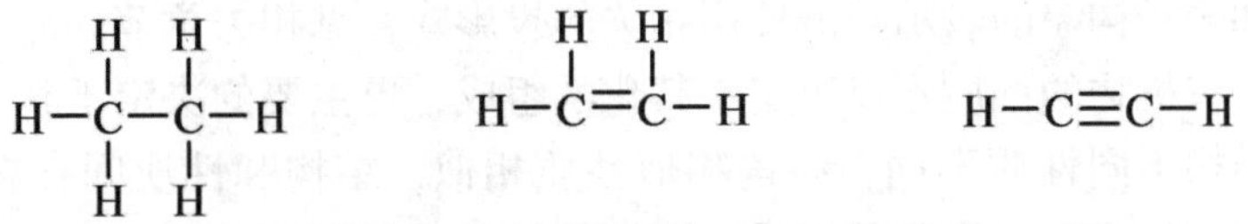

有时候，同一化合物的构造式可能有多种不同写法，例如：

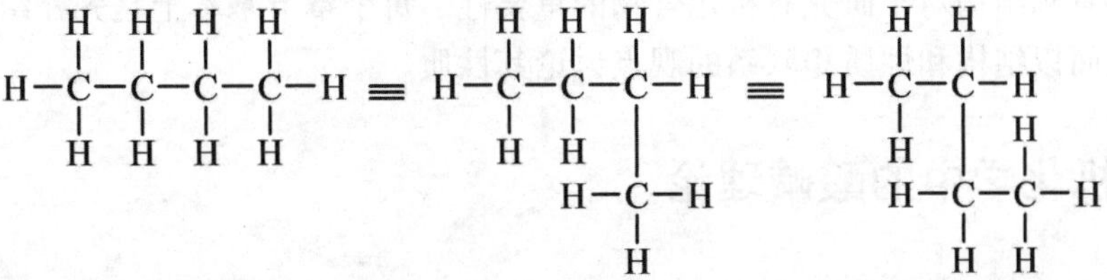

虽然它们写法有所不同，但都代表相同分子的构造，代表同一化合物。

蛛网式书写比较麻烦，常通过侧链简写、合并主链亚甲基、省略部分或全部共价单键符号简化成构造简式，环状化合物中环上的单键不能省去。例如：

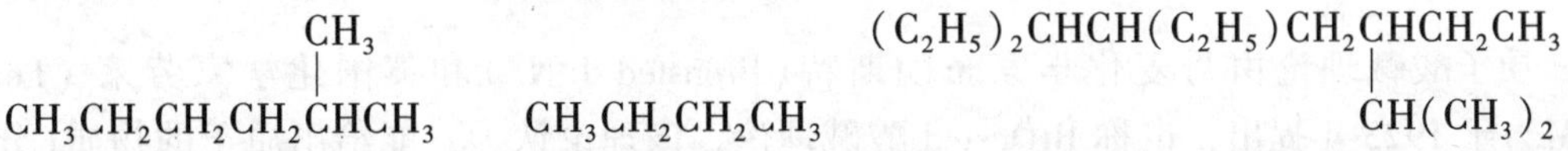

$$\begin{array}{c} \quad\quad\quad CH_3 \\ \quad\quad\quad | \\ CH_3CH_2CH_2CH_2CHCH_3 \quad\quad CH_3CH_2CH_2CH_3 \end{array}$$

$(C_2H_5)_2CHCH(C_2H_5)CH_2CHCH_2CH_3$
$$CH(CH_3)_2$$

（3）键线式（skeletal formula）　构造简式中再省略碳氢原子的元素符号简化成键线式。注意官能团中的碳原子和氢原子的元素符号不能省略。例如：

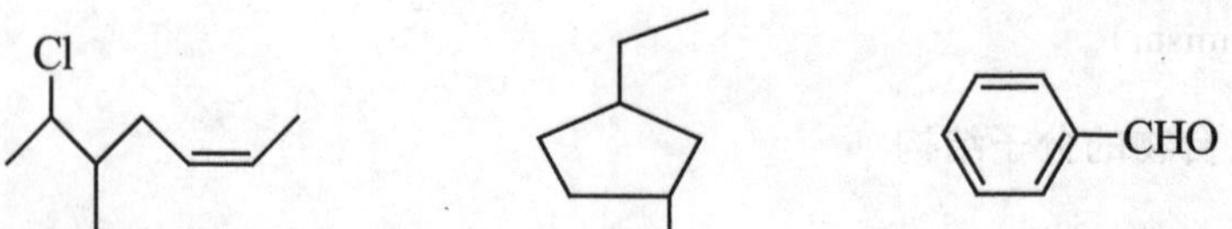

应该注意，正常构造式中碳原子都是四价的，不允许出现三价或五价。这一原则可以指导我们正确书写构造式或判断其正误。

2. 有机化合物的分子构型

有机化合物分子内原子或基团的空间排列方式称分子的构型。化合物的构型和分子的几何形象相联系，也称分子的立体构型。见第 3 章和第 5 章。

3. 有机化合物的分子构象

由于 σ 键旋转而产生分子内原子或基团的空间排列方式为分子的构象。见第 2 章。

分子构型和分子构象均为描述分子内原子或基团在三维空间的分布或排列情况，可用分子模型表示。但由于模型图画起来非常麻烦，所以分子构型和分子构象可以使用化学式，如透视式或投影式表示。透视式一般使用三种线条表示碳原子所连共价键及原子或基团的空间方位。实线表示在纸平面上；实楔形线表示伸向纸平面前方；虚楔形线表示伸向纸平面后方。有时透视式只使用实线或实楔形线和虚楔形线表示。例如：

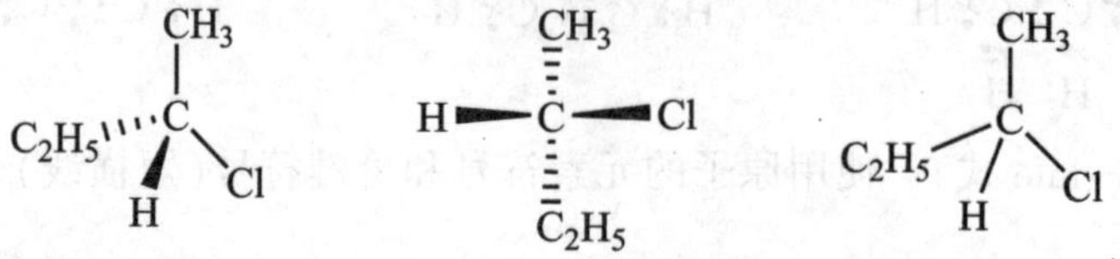

分子构型和分子构象的表示一般使用相关的投影式，见相关章节。

实验表明，有机物的性质不仅决定于其化学组成，更主要的决定于其分子结构。一般来说，化合物结构不同性质不同，结构相似性质相似，结构和性质间存在对应关系。因此，根据化合物的结构可以推测其性质，根据其性质也可以推测其结构。通过以后章节的学习，可以看到结构对于研究有机化合物的重要性。每个章节基本上是先介绍这类化合物的结构，进而以结构和性质相联系的观点讨论其性质。

1.3 有机化学中的酸碱理论

酸碱是化学变化中应用最为广泛的概念之一。在有机化学中，常用到以下两种酸碱理论。

1.3.1 质子酸碱理论

质子酸碱理论由丹麦化学家布朗斯特（Brönsted J. N.）和英国化学家劳莱（Lowry T. M.）于 1923 年提出，也称 Brönsted 酸碱理论，该理论认为，能给出质子的物质（分子或离子）为酸；能接受质子的物质（分子或离子）为碱。酸给出质子得到它的共轭碱（conjugate base）；碱接受质子得到它的共轭酸（conjugate acid）。酸碱反应实质是两个共轭酸碱之间的质子传递。酸碱反应方向是较强的酸与较强的碱反应生成较弱的共轭碱和较弱的共扼酸。

$$HA + B \rightleftharpoons A + HB$$

（上方有 H^+ 转移箭头从 HA 指向 B）

酸　　碱　　　　共轭碱　共轭酸

在有机化学中，质子酸通常含有与电负性较强的原子（如 N、O 等）相连的氢原子，这样易于释放质子。例如：

$$CH_3CH_2COOH \qquad CH_3C{\equiv}CH \qquad \text{（苯酚）—OH} \qquad \text{（苯）—SO_3H}$$

碱通常是含有 N、O 等原子的分子或含有负电荷的离子。例如：

$$RNH_2 \qquad CH_3CH_2OH \qquad \text{（苯）—O}^\ominus \qquad CH_3CH_2O^\ominus$$

一个化合物是酸是碱实际上是相对的，视反应对象不同而不同。很多有机物是两性物质，既能接受质子表现为碱，又能给出质子表现为酸。例如：

$$\underset{\text{碱}}{CH_3\overset{O}{\overset{\|}{C}}{-}OH} + H_2SO_4 \rightleftharpoons \underset{\text{共轭酸}}{CH_3\overset{O^+\!-\!H}{\overset{\|}{C}}{-}OH} + HSO_4^-$$

$$\underset{\text{酸}}{CH_3\overset{O}{\overset{\|}{C}}{-}OH} + H_2O \rightleftharpoons \underset{\text{共轭碱}}{CH_3\overset{O}{\overset{\|}{C}}{-}O^-} + H_3^+O$$

酸（碱）的强度取决于释放（接受）质子的能力，释放（接受）质子的能力越强，酸（碱）的强度就越高。因此，我们可以说，酸性越强，其共轭碱的碱性越弱，反之亦然。酸（碱）的强度测定常在水溶液中进行，用酸和碱的解离常数 K_a（或 pK_a）和 K_b（或 pK_b）表示，$K_a \cdot K_b = K_w = 1.0 \times 10^{-14}$。

1.3.2 电子酸碱理论

电子酸碱理论是美国科学家路易斯（Lewis G. N.）从化学键理论出发提出的，也称 Lewis 酸碱理论，该理论认为：能接受外来电子对的分子或离子是 Lewis 酸；能给出电子对的分子或离子是 Lewis 碱。

Lewis 酸碱反应实质是电子转移，即碱性物质提供电子对（孤电子对或 π 电子）通过配位共价键与酸性物质生成酸碱配合物（也称酸碱加合物）的反应。例如：

$$\underset{\text{酸}}{H^+} + \underset{\text{碱}}{C_2H_5\ddot{O}H} \longrightarrow \underset{\text{酸碱配合物}}{C_2H_5\overset{+}{O}H_2}$$

有机化学中常见的 Lewis 酸为有空轨道原子的物质，包含正离子（如 H^+、R^+、Ag^+ 等）或分子（如 $AlCl_3$、$ZnCl_2$ 等），它们常常作为催化剂使用；常见的 Lewis 碱为含孤电子对原子或带负电荷的物质（如 NH_3、ROH、RNH_2、$CH_2{=}CHR$、X^-、^-OH、RO^-、^-SH、R^-、$RCOO^-$）。

思考题 1-3　根据电子酸碱理论，下列反应中，哪个反应物是酸？哪个反应物是碱？

$$H_3COCH_3 + BF_3 \longrightarrow (CH_3)_2O \rightarrow BF_3$$

Lewis 酸具有接受电子对的能力，属亲电试剂；Lewis 碱具有给出电子对的能力，属亲核试剂。许多有机反应可看做是 Lewis 酸碱的反应，Lewis 酸碱一般指其亲电性或亲核性。

需要指出的是，Brönsted 酸碱理论和 Lewis 酸碱理论本质上并无矛盾，Lewis 酸碱范围比 Brönsted 酸碱范围更为广泛。在有机化学中质子理论主要用于分析物质的酸碱性；电子酸碱理论主要用于一些反应机理和反应规律的探讨。

思考题 1-4　在一定条件下，$CH_3CH=CH_2$　与 Br^+ 反应，Br^+ 属于什么（亲电、亲核）试剂？

思考题 1-5　在一定条件下，$CH_3CH_2CH=O$ 与 CN^- 反应，CN^- 属于什么（亲电、亲核）试剂？

1.4　有机化合物的分类、命名及物理性质

1.4.1　有机化合物的分类

有机化合物种类如此多，如果没有一套完整严密的分类方法，就很难对其进行深入系统的研究；没有分类，就难以抓住纷纭复杂的实验现象的客观本质，也很难找出表象和本质间的内在联系。在深刻掌握各种有机化合物的结构本质的基础上，有机化学建立和发展了较完善的分类方法。

有机化合物按照分子结构有两种分类方法：碳骨架分类法和官能团分类法。

1. 按碳骨架分类

有机化合物分子中的碳原子相互连接构成分子的骨架，即碳骨架。按照分子的碳骨架结构，即碳原子相互结合方式，有机化合物可分为以下三类：

(1) 开链化合物　分子中碳原子间通过单键、双键或叁键结合成直链状或带支链的结构，称为开链化合物（open chain compound）。此类化合物最初在油脂中发现，因此也称脂肪族化合物。例如：

$$CH_3CH_2CH_2CH_3 \qquad CH_2=CH-CH_3 \qquad HC\equiv CH$$

正丁烷　　　　　　　丙烯　　　　　　　乙炔

(2) 碳环化合物　分子中碳原子间结合成环状结构的化合物称为碳环化合物（carbocyclic compound）。根据碳环的结构特点不同，又可分为两类：

① 脂环族化合物　结构和性质与开链化合物相似的环状化合物为脂环族化合物（alicyclic compound）。例如：

环丁烷　　　环戊二烯　　　溴代环己烷

②芳香族化合物　芳香族化合物(aromatic compound)分子中一般都含有芳香环，大多含有苯环，它们与脂肪族化合物的化学性质不同。例如：

| 甲苯 | α-萘酚 | 3-硝基苯甲酸 |

(3)杂环化合物　分子中构成环的原子除碳原子外，还有其他元素杂原子(N，O，S，…)，它们的结构和化学性质与芳香族化合物相似，这样的环状化合物称杂环化合物(heterocyclic compound)。例如：

| 呋喃 | 噻吩 | 吡啶 |

2. 按官能团分类

官能团(functional group)是有机分子中容易发生化学反应的原子或基团。一般说来，含有相同官能团的化合物其化学性质是相似的，因此把它们看做同类化合物。常见官能团及其名称和化合物类别，见表1-4。本书将表1-4称作官能团优先顺序表。

表1-4　　　　　　　　　　　　常见官能团及其代表物

化合物类别	官能团		实例	
	名称	结构	构造式	名称
羧酸	羧基	—COOH 或 $\overset{O}{\underset{\parallel}{-C}}-OH$	CH_3COOH	乙酸
磺酸	磺酸基	—SO_3H	⬡—SO_3H	苯磺酸
酯	酯基(烷氧基羰基)	—COOR 或 $\overset{O}{\underset{\parallel}{-C}}-OR$	$CH_3COOC_2H_5$	乙酸乙酯
酰卤	卤代甲酰基	—COX 或 $\overset{O}{\underset{\parallel}{-C}}-X$	CH_3COCl	乙酰氯
酰胺	酰胺基(氨基甲酰基)	—$CONH_2$ 或 $\overset{O}{\underset{\parallel}{-C}}-NH_2$	CH_3CONH_2	乙酰胺
腈	氰基	—CN	CH_3CN	乙腈
醛	醛基	—CHO 或 $\overset{O}{\underset{\parallel}{-C}}-H$	CH_3CHO	乙醛

化合物类别	官能团		实例	
	名称	结构	构造式	名称
酮	羰基（酮基）	C=O	CH_3COCH_3	丙酮
醇酚	羟基	—OH	CH_3CH_2OH 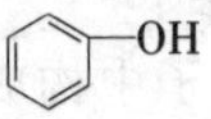 苯酚-OH	乙醇苯酚
硫醇硫酚	巯基	—SH	CH_3CH_2SH 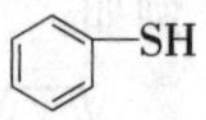 苯-SH	乙硫醇苯硫酚
炔	叁键	—C≡C—	H—C≡C—H	乙炔
烯	双键	C=C	$H_2C=CH_2$	乙烯
烷	单键	—C—C—	$H_3C—CH_3$	乙烷
胺	氨基	—NH_2，—NHR —NR_2	$CH_3CH_2—NH_2$	乙胺
醚	醚键	(C)—O—(C)	$C_2H_5—O—C_2H_5$	乙醚
卤代烃	卤素	—X(F，Cl，Br，I)	$CH_3CH_2—X$	卤乙烷
硝基化合物	硝基	—NO_2	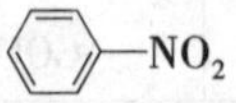 苯-NO_2	硝基苯

碳架分类法和官能团分类法，各有其优缺点。本书是将这两类分类方式结合使用，先按碳架分类讨论各类烃，再按碳架与官能团分类结合讨论烃的衍生物。

1.4.2 有机化合物命名基本原则

有机化合物命名方法包括普通命名法、俗名法、音译法以及系统命名法。一般多采用系统命名法。系统命名法是采用国际纯化学与应用化学联合会（International Union of Pure and Applied Chemistry，简称 IUPAC）的命名原则，结合我国文字的特点，制定了中文系统命名法。系统命名法基本原则如下所述。

1. 选取母体主链

(1) 确定母体　根据官能团的优先次序（见表1-4）来确定母体官能团。母体选择原则：排在前面的官能团为母体，命名时为相应的化合物，排在后面的官能团作为取代基。例如：

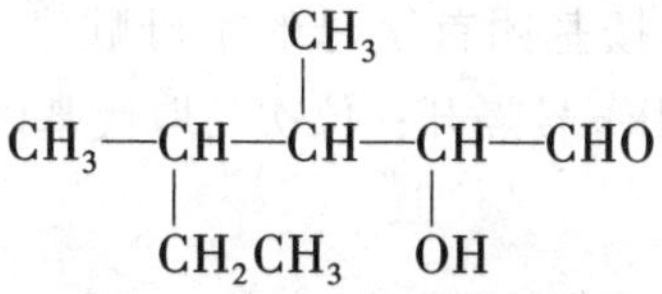

$$CH_3-CH-CH-CH-CHO$$

上 CH_3，下 CH_2CH_3 和 OH

母体官能团为醛基 CHO

（2）选主链　以含有或连有母体官能团、取代基最多的最长碳链为主链（母体），支链当做取代基。例如：

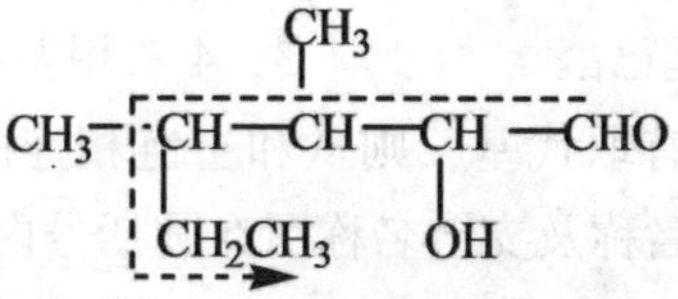

$$CH_3-CH-CH-CH-CHO$$

带 CH_3（上），CH_2CH_3（左下），OH（右下）

2. 主链编号

（1）编号　以母体官能团位次最小的方式给主链编号，并遵守取代基"最低系列规则"。即碳链从不同方向编号，得到两种或两种以上的不同编号系列，顺次逐项比较各系列的不同位次，最先遇到位次最小者，定为最低系列。见2.1.2烷烃的命名。

（2）若取代基距两端位号相同时，编号从顺序小的基团端开始。

取代基顺序规则（又名优先次序规则）：

①单原子取代基　按原子序数大小排列。原子序数大，顺序大（较优）；原子次序小，顺序小；同位素中质量高的，顺序大。例如：

$$I>Br>Cl>F>O>N>C>D>H。$$

②多原子基团　第一个原子相同，则比较与其相连的其他原子的原子次序大小，比较时，按原子序数排列，先比较原子序数大的，若相同，再向下依次比较。例如：

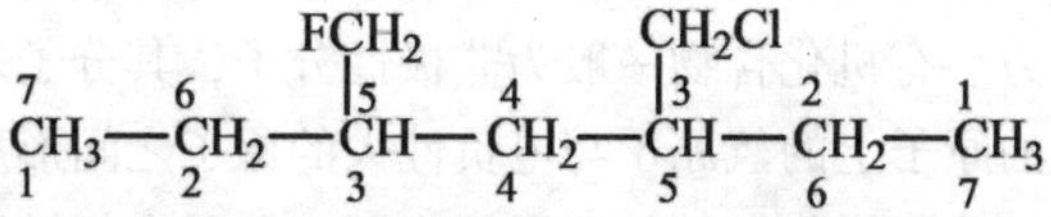

$$\overset{7}{CH_3}-\overset{6}{CH_2}-\overset{5}{CH}(FCH_2)-\overset{4}{CH_2}-\overset{3}{CH}(CH_2Cl)-\overset{2}{CH_2}-\overset{1}{CH_3}$$

—CH_2Cl 和 —CH_2F 两个基团距离母体两端相同，此时要比较两个基团的大小，以确定如何编号，两个基团与母体相连的原子均为 C 原子，比较不出大小次序，因此要继续向下比较与此 C 相连的原子，分别为（Cl、H、H）和（F、H、H），Cl 的原子序数要大于 F 的原子序数，不用再比较下去，就可确定两基团的大小，即 —CH_2Cl 的优先次序大于 —CH_2F。

③不饱和基团　含双键或叁键的基团可视为一个原子以单键形式连有两个或三个相同的原子，然后依次比较。例如：

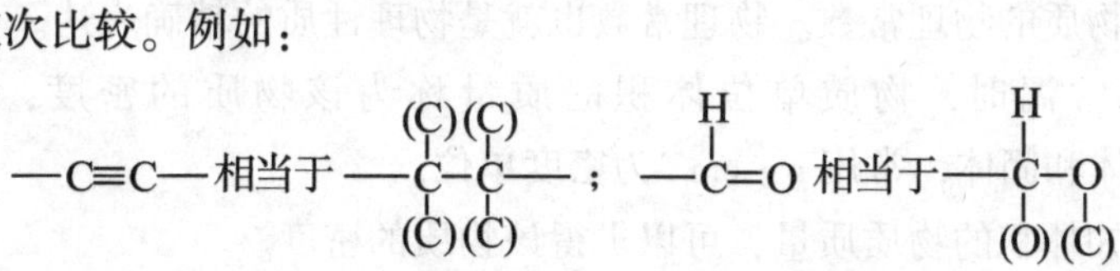

—C≡C— 相当于 —C(C)(C)-C(C)(C)— ； —C=O 相当于 —C(H)(O)-O(H)(C)

3. 书写全名

有机化合物名称的书写先后顺序为：取代基位次、取代基名称、母体官能团位次、母体名称。当母体官能团位次为1时，多数情况下省略；取代基中文名称按"先小后大，同基合并"的书写原则(英文名称按基团首字母的字母顺序先后列出),取代基数目用二、三、……表示;取代基位次间用逗号隔开;位次与取代基以及母体官能团位次和母体名称之间用"—"隔开。例如:

$$
\begin{array}{c}
& \overset{}{CH_3} \\
& | \\
CH_3\!-\!\overset{4}{CH}\!-\!\overset{3}{CH}\!-\!\overset{2}{CH}\!-\!\overset{1}{CHO} \\
& | \qquad\quad | \\
& \overset{5}{CH_2}\overset{6}{CH_3} \quad OH
\end{array}
\qquad
\begin{array}{c}
\overset{}{CH_3}\ \ \overset{}{OH} \\
| \quad\ \ | \\
CH_3\!-\!\overset{4}{CH}\!-\!\overset{3}{CH}\!-\!\overset{2}{CH}\!-\!\overset{1}{CH_3} \\
| \\
\overset{8}{CH_3}\!-\!\overset{7}{CH_2}\!-\!\overset{6}{CH_2}\!-\!\overset{5}{CH}\!-\!CH_2\!-\!CH_3
\end{array}
$$

3,4-二甲基-2-羟基己醛 　　　　3,4-二甲基-5-乙基-2-辛醇

复杂的取代基,即支链上有取代基,则从和主链相连的碳原子开始将支链碳依次编号,并将支链的取代基位号、名称及支链名称写在圆括号内。例如:

$$
\begin{array}{c}
\overset{1}{CH_3}\overset{2}{CH_2}\overset{3}{CH}\overset{4}{CH_2}\overset{5}{CH_2}\overset{6}{CH}\overset{7}{CH_2}\overset{8}{CH_2}\overset{9}{CH_2}\overset{10}{CH_2}\overset{11}{CH_2}\overset{12}{CH_3} \\
| \qquad\qquad\qquad | \\
CH_3 \quad H_3C\!-\!\underset{|}{\overset{|}{C}}\!-\!CH_2CH_2CH_3 \\
CH_3
\end{array}
$$

3-甲基-6-(1′,1′-二甲基丁基)十二烷

1.4.3 有机化合物的物理性质

1. 分子间力

原子间通过共价键结合成有机分子,有机分子相互作用聚集在一起构成有机化合物,这种分子间作用称为分子间力。分子间作用力较弱,比共价键的键能小 1 个数量级左右。共价分子的分子间力包括范德华力(取向力、色散力、诱导力)和氢键。其中非极性分子间的范德华力只有色散力。有机化合物一般为非极性分子,其分子之间主要是色散力。氢键是由连接在电负性大的原子上的氢原子与电负性大的原子之间形成的作用,包括分子间的氢键和分子内的氢键,分子间氢键加强分子间作用,分子内氢键没有这种作用。

分子间力的本质是静电引力,因此没有方向性和饱和性。一般来说,分子极性大、相对分子量或体积大、分子表面积大,它们的分子间力也大。

分子间作用力是决定物质物理性质,如熔点、沸点、溶解性等的重要因素。

2. 物理性质

许多物理性质,如密度、沸点、熔点、溶解度等,它们常可用一定条件下的固定数值来表示,称为该物质的物理常数。物理常数也就是物理性质的精确表达。

(1)密度　常温时,物质单位体积的质量称为该物质的密度,密度的单位为 $kg \cdot dm^{-3}$。对液体和固体,常用 $g \cdot cm^{-3}$ 为密度单位。

准确称量已知体积的物质质量,可以求得该物质的密度。

物质的密度与它的结构关系现在还不清楚。一般说来,烃的密度小于烃的衍生物的密度。脂肪烃的同系列中,随着碳原子数增加,密度也略有增加,高级同系物的密度接近于一个常数。脂肪烃的含氧衍生物的同系列中,随着碳原子数增加,密度则略有减小,高

级同系物的密度也接近于一个常数，与相应的烃接近。

（2）沸点 液体的蒸气压与外界大气压相等时的温度便是该液体在该大气压时的沸点。表示物质沸点时，必须同时标出测定时的大气压力。例如，沸点（b. p.）309.7℃（2kPa），表示该物质在大气压为 2 kPa 时测定的沸点为 309.7 ℃。如果不标出大气压，即表示在大气压为 101325 Pa 时测定的沸点。

在液体中，分子之间都以分子间力相吸引，所以液体的分子虽然可以自由活动却不能自由扩散。在气体中，分子之间相距甚远，分子间力可以略而不计。因此，物态由液态转变为气态时，必须克服液体分子的分子间力。分子间力大，液体的沸点就高。

分子间力以色散力为主，色散力大致与分子极化度的平方成正比。分子量较大的分子，极化度也较大，色散力也较大，于是该化合物的沸点就高。这样，在一类化合物的同系列中，随着分子量的递增，沸点也逐步升高。

一般地说，极性分子的分子间力比分子量相近的非极性分子要大，所以极性化合物的沸点比分子量相近的非极性化合物要高。能够通过氢键而缔合的化合物，还需要能量来克服氢键，其沸点相应也就更高。

除了极化度这个主要因素外，色散力还与分子的形状有关。分子的表面积大，分子间相互吸引的范围也大，色散力也大些。具有支链的化合物，分子的表面积比不具支链的异构体小（趋向于呈球形），其沸点也比不具支链的异构体低。

沸点可以用蒸馏法或毛细管法测定。蒸馏时，从第一滴液滴馏出到蒸馏基本完成时的温度范围，称为沸程。纯物质的沸点恒定，沸程很小（不超过 1℃），据此可以鉴别某一液态化合物的纯度。但是某些混合物在其组分达到一定比例时也可以有恒定的沸点（这种混合物称为恒沸混合物）。在鉴定纯度时，应注意它组成恒沸混合物的可能性。各种蒸馏技术，是分离和提纯液态物质的有效手段。

（3）熔点 物质固态与液态共存时的温度，就是该物质的熔点或冰点。在通常情况下熔点受大气压的影响很小，可略而不计。

熔点涉及物质固态与液态之间的转变。固体中的分子是固定在一定晶格上的，它们不能像液体中的分子那样自由流动。液态时，分子处于较高的混乱状态，有较高的混乱度；固态时的混乱度则较低。固体熔融时，要吸收能量来提高混乱度。如果分子的对称性大，它在晶格中的排列就较紧密整齐，混乱度也较小，提高混乱度所吸收的能量就较大。

偶数碳原子的碳链，其对称性比奇数碳原子的碳链高。在各脂链化合物同系列中，从奇数碳原子的同系物增加一个 CH_2 到下一个偶数碳原子的同系物，分子量的增加会使熔点提高，分子结构对称性的变大也会使熔点提高，于是熔点的递增就很明显。而从偶数同系物到下一个奇数同系物，虽然分子量递增会使熔点提高，但对称性的变小又会使熔点减低。总的结果是，熔点或者递升甚微（如烷烃），或者还会下降（如一元酸和二元酸）。这样，对各类化合物的同系列，我们可以得到各种"锯齿型"的熔点曲线。

熔点可以用毛细管法测定。在测定熔点时，固体开始熔融到全部熔融时的温度差叫做熔程。纯物质有一定的熔点，熔程很小（1℃左右）。如果物质不纯，熔点就会降低，熔程也显著增大。因此利用熔点的测定，可以判断物质是否纯净。两个熔点相同的样品，也可以用混合熔点法来判断它们是否为同一物质，即将这两种样品混合后再测定熔点，如果熔点不变，则这两种样品可能是同一物质，否则就不是同一物质。

(4)溶解度及其他性质　溶解度是一定温度时物质在某溶剂中达到饱和时所能溶解的最大质量。通常以 g/100g 溶剂来表示，必要时也可以用其他方法表示，如物质的量浓度表示。

根据"相似相溶"规律，分子结构相似的化合物容易相互溶解，非极性化合物与极性化合物难以互溶。关于有机物质在溶剂中的溶解度，我们分作两种情况来讨论，即有机物在水中的溶解度和有机物在常见有机溶剂中的溶解度。

水分子依靠氢键强烈地相互缔合，当溶剂分子间强烈地相互作用时，溶质的分子必须与溶剂分子也具有较强的相互作用，才足以使溶剂分子间留出空隙，发生溶解现象，羧酸中的羧基依靠氢键能与水分子强烈地相互缔合，因此，甲酸、乙酸、丙酸、丁酸皆可与水以任意比例互相混合。随着烷基碳原子的增加，烷基与水分子的相互作用减小，而烷基之间的相互作用增强。于是随着烷基的增加，羧酸在水中的溶解度逐渐减小，戊酸与水开始分层，十二个碳原子以上的羧酸几乎不溶于水。

类似地，能与水缔合的醇类，如甲醇、乙醇及丙醇也能与水任意混合，从丁醇开始，随着烷基的增大，溶解度迅速减小，正己醇则仅微溶于水。支链增多，烷基间的相互作用减弱，因而溶解度增大，因此正丁醇在水中的溶解度最小，异丁醇、仲丁醇溶解度增大，叔丁醇则可与水任意混合。水分子的空间体积不大，空间阻碍对水与羟基的缔合影响不大，在异构体醇中，叔、仲、伯三类醇的羟基缔合程度是类似的。但叔醇使烷基沿与水分子缔合的中心以三个较小的烷基形式向三个方向展开，有利于克服水分子间引力而挤出空隙，因此叔醇的溶解度往往大于仲醇，仲醇大于伯醇。如戊醇的八个异构体中叔醇的溶解度大于三个仲醇，也大于四个伯醇，在三个仲戊醇及四个伯醇系列中，则分别随支链的增多，其在水中的溶解度逐渐增大。

烷烃、卤代烃等由于不能与水缔合，与水分子的作用力很小，因此它们都不溶于水，而与水分层。

醚分子中没有活泼氢原子，但其氧原子上的孤对电子可与水分子中的氢构成氢键，与水分子有一定的相互作用，因此乙醚能微溶于水。

此外，有机化合物的物理性质还包括一些其他内容。折光率是一个可以精确测定的物理常数。我们可以利用测定折光率的办法来判别某一已知液态化合物的纯度。折光率与分子的极化度之间有一定的关系。从折光率数据可以了解极化度大小的情况。一般来说，折光率高，极化度也大。颜色是物质对可见光吸收情况的反映。可见光只是电磁波中很小的一部分，如果物质吸收的电磁波不在可见光的区域内，则物质为无色或白色(可见光全部透过为无色，全部散射为白色)，如果物质只吸收某些波长的电磁波，而让另一些波长的可见光透过和散射，则物质就呈现出透过或散射部分可见光的颜色，也就是被吸收光颜色的补色。在有机化学研究中，常常利用有机物的颜色进行鉴别或测定。

总之，研究有机化合物的物理性质对于研究有机化合物的结构和化学性质，以及在生产实际中应用有机物都很有帮助。

◎ 知识拓展

青蒿素及其衍生物

青蒿素(Artemisinin，又称黄蒿素)用于治疗疟疾，挽救了全球特别是发展中国家的数百万人的生命。基于此项研究，2011 年 9 月，屠呦呦获得拉斯克奖和葛兰素史克中国研发中心"生命科学杰出成就奖"；2015 年 10 月，屠呦呦获得诺贝尔生理学或医学奖，她成为科学类诺贝尔奖获得主中国第一人。该奖项也是中国医学界和中医药成果迄今为止获得的最高奖项。

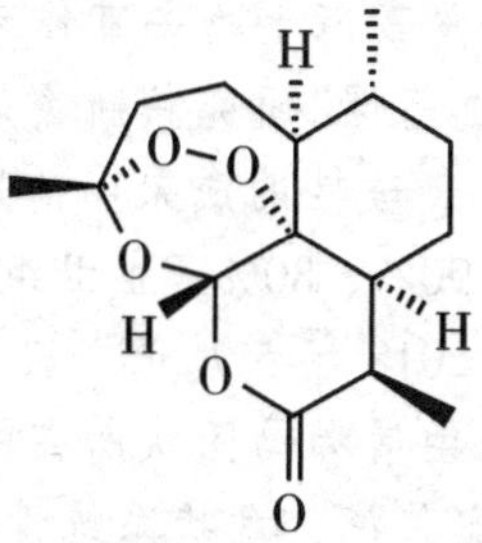

青蒿素

青蒿素是从植物黄花蒿叶中提取的有过氧基团的倍半萜内酯药物，其对鼠疟原虫红内期超微结构的影响，主要是造成疟原虫膜系结构的改变，该药首先作用于食物泡膜、表膜、线粒体，内质网，此外对核内染色质也有一定的影响。以青蒿素类药物为主的联合疗法已经成为世界卫生组织推荐的抗疟疾标准疗法。世卫组织认为，青蒿素联合疗法是目前治疗疟疾最有效的手段，中国作为抗疟药物青蒿素的发现方及最大生产方，在全球抗击疟疾进程中发挥了重要作用。

目前，青蒿素的生产仍依赖于植物提取，且来源主要依赖中国。黄花蒿作为青蒿素的生产原料，广泛分布于我国各省，其中重庆酉阳甚至享有"世界青蒿之乡"的美誉，是世界上最主要的青蒿生产基地，也是全球高含量青蒿素的富集区，平均青蒿素含量高达 8‰。基于植物提取的生产方式，使青蒿素的市场稳定性较差。因此，科学家想到了依靠人工化学方法合成青蒿素，以保证稳定供应。然而，这种想法至今未能完全实现。人工合成青蒿素主要有生物发酵和化学合成两种方法。国际上现在非常关注青蒿素的生物发酵生产，盖茨基金会还曾专门支持了这方面研究。但是，生物发酵面临的问题是，它只能生产出青蒿酸，从青蒿酸到青蒿素最后几步的生产仍存在挑战。中国从 20 世纪 80 年代开始关注化学合成方法制造青蒿素。1984 年年初，中科院院士周维善带领科研人员实现青蒿素的人工全合成。1987 年，青蒿素全合成成果获国家自然科学奖二等奖。遗憾的是，该成果至今未能实现工业化生产，而这也是此后几乎所有青蒿素人工合成面临的窘境。可以说，人工合成之困，在于工业化；工业化之难，在于成本。在全球范围内，能实现人工合成青蒿素工业化生产的企业，只有法国赛诺菲公司。曾有报道称，赛诺菲公司利用美国授权的酵母工程菌发酵生产青蒿酸，2012 年年底已生产出 39 吨，转化为青蒿素后相当于

4000万份抗疟药。然而，将青蒿酸"转化为青蒿素抗疟药"远非想象中的那么简单。

中科院上海有机化学研究所研究员许杏祥曾在接受《中国科学报》记者采访时说："青蒿素是一个含过氧基团的倍半萜内酯化合物，罕见的过氧以内型方式固定在两个四级碳上而成'桥'。显然，这一奇特结构的全合成是极具挑战性的。"上海交通大学化学化工学院教授张万斌表示，构建过氧链的过程需要产生单线态氧，但大部分技术是通过催化剂加光照的办法产生单线态氧。如果光弱或是照不进去，就产生不了高浓度的单线态氧，反应速率便会降低。2012年7月，他们研发出一种不需要使用光照的化学合成方法，将青蒿素的合成效率提高到60%。张万斌等人正在努力将这一技术推向工业化，争取早日实现青蒿素的人工合成规模化生产，使青蒿素的低成本稳定供应变为现实，造福于人类，使中国人对人类作出更大的贡献。

自屠呦呦发现青蒿素以来，青蒿素衍生物一直作为最有效、无并发症的疟疾联合用药。据报道屠呦呦团队在"青蒿素抗药性"研究获新突破的同时，利用青蒿素的衍生物双氢青蒿素治疗"红斑狼疮"也取得了突破性的成果！前期临床观察，对盘状红斑狼疮、系统性红斑狼疮的治疗有效率分别超90%、80%，世卫组织全球项目主任佩德罗·阿隆索肯定了这种可能。该临床试验一期于2018年5月正式启动，目前效果良好。国家药品监督管理局《药物临床试验批件》显示，由屠呦呦团队所在的中国中医科学院中药研究所提交的"双氢青蒿素片剂治疗系统性红斑狼疮、盘状系统性红斑狼疮的适应证临床试验"申请已获批准。若试验顺利，预计新双氢青蒿素片剂或最快于2026年前后获批上市。

综上所述，青蒿素及其衍生物不仅能解除疟疾患者的痛苦，也让患有"不是绝症的绝症"红斑狼疮的病人看到了新的希望！

◎ 课后思考题

1. 受"生命力"论的影响，有机合成化学的发展曾一度受到严重的阻碍，1828年德国化学家韦勒(Wöhler)发现无机物氰酸铵通过加热可以制得有机物尿素，虽然"生命力"学说受到了冲击，但韦勒的发现未得到化学界的认可；直到1845年柯尔柏(H. Kolber)合成了醋酸；1854年柏赛罗(M. Berthelot)合成了油脂等，"生命力"论才被彻底抛弃，有机化学进入了合成时代，得到迅速发展。对此你有何感想？

2. 庄长恭(1894—1962年)多次出国学习和交流，拒绝国外高薪，毅然回国服务，成为中国有机化学研究的先驱者，在国际有机化学界享有盛誉。作为当代大学生，我们可以从庄先生身上学习到什么？

◎ 习 题

1. 名词解释。
(1)有机化合物　(2)极性键　(3)亲电试剂
(4)亲核试剂　(5)σ键和π　(6)反应历程
(7)杂化　(8)官能团　(9)自由基

2. 按要求写出下列分子的构造式。
(1)CH_3OCH_3(Lewis式)　　(2) $CH_3CH=CHCH_2CHO$（键线式）

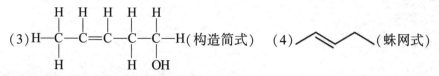

(3) (构造简式)　(4) (蛛网式)

3. 判断下列画线原子的杂化状态。

(1) $CH_3\underline{C}H_2CH_2CH_3$　(2) $CH_2{=}\underline{C}HCH_3$　(3) $CH_3\underline{C}{\equiv}N$

4. 下列化合物中，哪些是质子酸？哪些是质子碱？哪些是两性物质？并写出其共轭酸碱。

(1) CH_3CH_2OH　(2) CN^-　(3) CH_3COOH　(4) $CH_3CH_2NH_2$

5. 指出下列化合物分子中键的极性和分子的极性。

(1) CH_3CH_2OH　(2) CH_2Cl_2　(3) NH_3　(4) I_2

6. 将下列化合物按亲电试剂、亲核试剂分类。

Br^+　CH_3OH　Cl^-　$^+NO_2$　H^+　CH_3NH_2　H_2O　NH_3　$ZnCl_2$　$CH_2{=}CH_2$

7. 指出下列化合物中哪些互为同分异构体？哪些只是同一化合物的不同写法？

　$H_3CHC{=}CHCH_2CH_2CH_3$　

　　

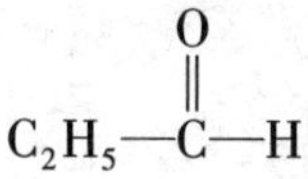

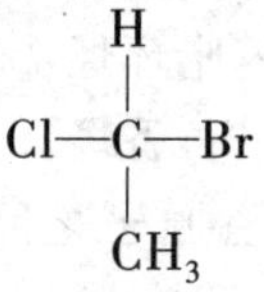

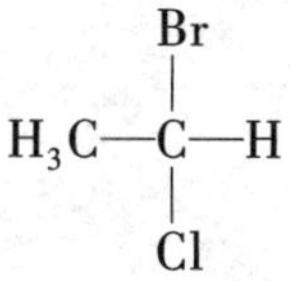

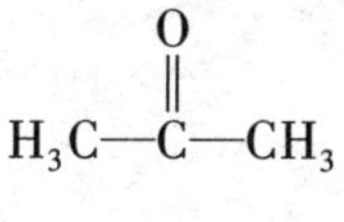

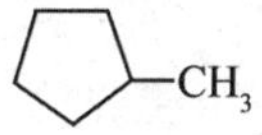

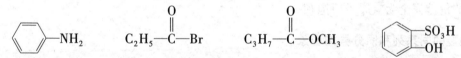

8. 指出下列化合物官能团的名称和所属类别。

　　　

9. 下列化合物分子中，哪些可以通过氢键缔合？哪些虽不能缔合但能与水分子形成氢键？哪些既不能缔合也不能与水分子形成氢键？

　$H_3C{-}O{-}C_2H_5$　$CH_3CH_2CH_2OH$

$CH_3CH_2NH_2$　CH_3CH_2COOH　$H_3CHC{=}CHCH_3$

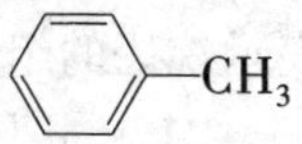

第2章 饱和烃

只含碳和氢两种元素的有机化合物称为碳氢化合物，简称烃(hydrocarbon)。烃是组成最简单的一类有机化合物，其他有机化合物都可以看作烃分子中氢原子被其他原子或基团取代的烃的衍生物。因此，烃可视为有机化合物的母体。根据碳原子间连接方式不同，烃可分类如下：

$$
烃
\begin{cases}
开链烃(脂肪烃)
\begin{cases}
饱和链烃：烷烃\\
不饱和链烃：烯烃、炔烃
\end{cases}\\
闭链烃(环烃)
\begin{cases}
脂环烃：环烷烃、环烯烃、环炔烃\\
芳香烃：单环芳香烃、多环芳香烃、稠环芳香烃
\end{cases}
\end{cases}
$$

碳原子之间、碳原子与氢原子之间均为单键相结合的烃称为饱和烃，它包括烷烃(alkane)和环烷烃(cycloalkane)。

2.1 烷烃

烷烃是饱和链烃的简称。在这类烃分子中，碳原子的四个价键，除以单键结合成碳链外，其余的价键完全为氢原子所饱和。

2.1.1 烷烃的同系列和同分异构现象

1. 烷烃的同系列

甲烷是最简单的烷烃，分子式为 CH_4。下面依次为乙烷、丙烷、丁烷、戊烷等，它们的分子式分别为 C_2H_6、C_3H_8、C_4H_{10}、C_5H_{12} 等。因此，可用通式 C_nH_{2n+2} 表示烷烃的组成，式中 n 为碳原子数。这些结构相似，任意两个烷烃在组成上相差一个或多个 CH_2，并具有同一通式的一系列化合物称作同系列。同系列中的各化合物互称同系物，CH_2 为系差。

除烷烃之外，其他烃类及烃的衍生物也都存在同系列。由于同系物的结构相似，因而具有相似的化学性质，它们的物理性质随碳原子数增加呈规律性变化。因此，在每个同系列中只要研究几个典型的、有代表性的化合物的性质，就可以推测其他同系物的性质，这为我们研究有机化学提供了方便。但是，同系列中的第一个化合物，其构造与同系列中的其他成员有较大的差异，往往又表现出某些特殊性。

2. 同分异构现象

分子式相同而结构不同的化合物为同分异构体，简称异构体，这种现象称为同分异构现象。

烷烃的同系列中，甲烷、乙烷和丙烷只有一种构造。从丁烷开始，分子中碳原子就有

不同的连接次序，从而出现不同构造的化合物。例如：

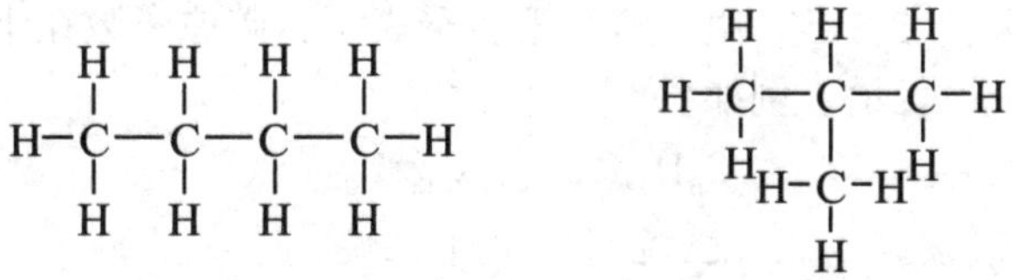

正丁烷(b. p. -0.5℃)　　　　异丁烷(b. p. -11.7℃)

正丁烷是直链化合物，异丁烷是带有支链的化合物。它们的分子式相同(C_4H_{10})而构造不同，称为构造异构体(constitutional isomer)，这种由于分子中碳原子连接顺序不同而产生的同分异构体，叫做碳链异构。随着碳原子数目增加，碳链异构体的数目迅速增加。

烷烃构造异构体的数目，见表 2-1。

表 2-1　　　　　　　　　　　　　　　烷烃构造异构的数目

碳原子数	构造异构体数	碳原子数	构造异构体数
1~3	1	7	9
4	2	8	18
5	3	9	35
6	5	10	75

3. 碳、氢原子的类型

从下列烷烃构造式中可以看出，分子中碳原子所处的位置不完全相同，即碳原子所连的碳原子数目不同。根据碳原子相连碳原子数不同可将碳原子分为伯(一级)、仲(二级)、叔(三级)、季(四级)碳原子，它们分别与一、二、三、四个碳原子直接相连，分别用 $1°$ C、$2°$ C、$3°$ C、$4°$ C 表示。

与伯、仲、叔碳原子相连的氢原子，分别称作一级(伯)氢原子，二级(仲)氢原子，三级(叔)氢原子，分别记作 $1°$H、$2°$ H、$3°$ H。不同类型氢原子的反应活性不同，它们的反应活性顺序为 $3°$ H>$2°$ H>$1°$H。例如：

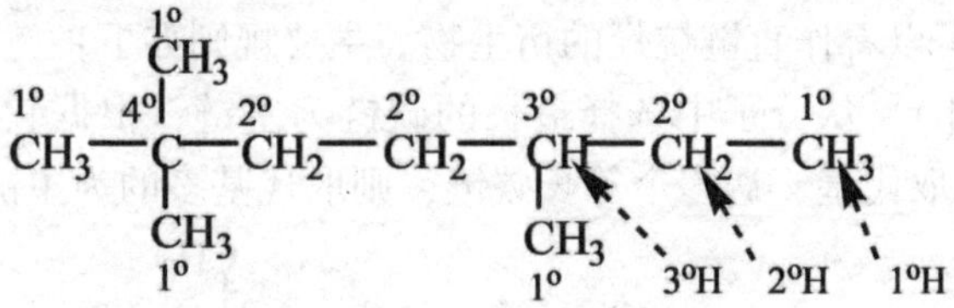

2.1.2　烷烃的命名

有机化合物种类繁多，结构复杂，因此掌握有机化合物的命名方法是学习有机化学的重要内容之一。烷烃的命名法是有机化合物命名法的基础。

烷烃常用的命名法有普通命名法和系统命名法两种。

1. 普通命名法

普通命名法又称习惯命名法，一般只适用于简单化合物。其基本原则如下：

（1）根据烷烃分子中所含碳原子数目来命名，称"某烷"。碳原子数在十以内时，用天干字：甲、乙、丙、丁、戊、己、庚、辛、壬、癸表示；碳原子数在十以上时，用中文数字十一、十二、十三……表示。例如：

$$C_6H_{14} \qquad C_{12}H_{26}$$
$$己烷 \qquad 十二烷$$

（2）在"某烷"前，用正、异、新等字区别同分异构体。如戊烷有下列三种异构体，在这里"正"代表不含支链的化合物，"异"表示分子中直链结构末端带有两个甲基的化合物，而"新"字是指链端第二个碳原子与四个碳原子相连的化合物。

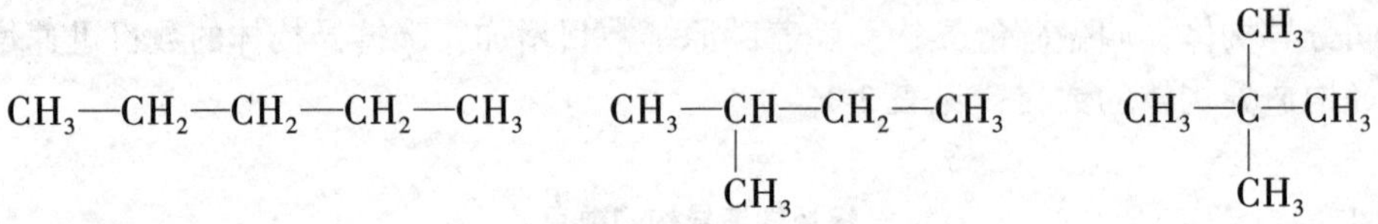

$$CH_3{-}CH_2{-}CH_2{-}CH_2{-}CH_3 \qquad CH_3{-}\underset{\underset{CH_3}{|}}{CH}{-}CH_2{-}CH_3 \qquad CH_3{-}\underset{\underset{CH_3}{|}}{\overset{\overset{CH_3}{|}}{C}}{-}CH_3$$

正戊烷(b. p. 36.1℃) 　　　　异戊烷(b. p. 28℃) 　　　　新戊烷(b. p. 9.5℃)

2. 烷基

烷烃分子中去掉一个氢原子剩下的基团叫烷基。烷基通式为 $C_nH_{2n+1}{-}$，常用 R— 表示，所以烷烃也可以用 RH 表示。烷基的异构现象更普遍。常见的烷基如下：

$$CH_3{-} \qquad CH_3CH_2{-} \qquad CH_3CH_2CH_2{-} \qquad (CH_3)_2CH{-}$$
$$甲基 \qquad 乙基 \qquad 丙基 \qquad 异丙基$$

$$CH_3CH_2CH_2CH_2{-} \qquad (CH_3)_2CHCH_2{-} \qquad CH_3CH_2(CH_3)CH{-}$$
$$丁基 \qquad 异丁基 \qquad 仲丁基$$

$$(CH_3)_3C{-} \qquad (CH_3)_3CCH_2{-} \qquad (CH_3)_2CHCH_2CH_2{-}$$
$$叔丁基 \qquad 新戊基 \qquad 异戊基$$

由于普通命名法只能用"正""异""新"等字区别同分异构体，对于结构复杂的烷烃或烷基无法命名。

3. 系统命名法

参照 1.4.2 节所介绍的有机化合物命名基本原则。

（1）直链烷烃　与普通命名法基本相同，但不加"正"字，根据碳原子数称"某烷"。

（2）支链烷烃　可以看作直链烷烃的衍生物。主要规则如下：

①选取主链（母体）　从分子中选择最长的碳链为主链，根据它所含碳原子的数目称为"某"烷，支链看做取代基；遇多个等长碳链，则取代基多的为主链。例如：

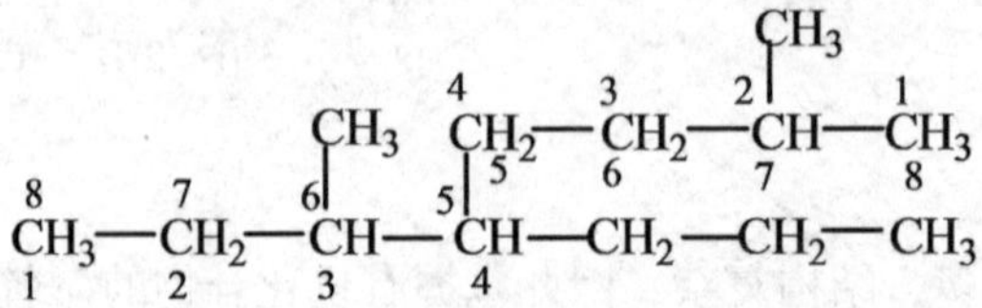

母体为辛烷

②主链编号　近取代基端开始，将主链上的碳原子依次用阿拉伯数字编号，取代基位置用它所连接的主链碳原子的号码数来表示。当主链碳原子编号有几种可能时，采用"最低系列编号规则"，如上例，选择从右向左编号，此时取代基编号（2，5，6）为最低；而

另一个系列中取代基编号为 3，4，7。

$$\overset{CH_3}{\underset{}{|}}$$
$$\overset{4}{CH_3}-\overset{3}{CH_2}-\overset{2}{CH_2}-\overset{}{CH}-\overset{1}{CH_3}$$
$$\overset{8}{CH_3}-\overset{7}{CH_2}-\overset{6}{CH}-\overset{5}{CH}-CH_2-CH_2-CH_3$$

③写全名　取代基名称写在烷烃名称的前面，并在取代基名称之前，注明它所在的位置。取代基名称按"先小后大，同基合并"顺序书写。如上式命名为：

$$\overset{CH_3}{\underset{}{|}}$$
$$\overset{4}{CH_3}-\overset{3}{CH_2}-\overset{2}{CH_2}-\overset{}{CH}-\overset{1}{CH_3}$$
$$\overset{8}{CH_3}-\overset{7}{CH_2}-\overset{6}{CH}-\overset{5}{CH}-CH_2-CH_2-CH_3$$

2，6-二甲基-5-丙基辛烷

注意：在英文命名中，取代基按其词首的字母排序先后列出。例如：

$$\overset{CH_3}{\underset{}{|}}$$
$$\overset{4}{CH_3}-\overset{3}{CH_2}-\overset{2}{CH_2}-\overset{}{CH}-\overset{1}{CH_3}$$
$$\overset{8}{CH_3}-\overset{7}{CH_2}-\overset{6}{CH_2}-\overset{5}{CH}-CH_2-CH_2-CH_3$$

5-ethyl-3-methyloctane

2.1.3　烷烃的结构

1. 烷烃的分子结构

在形成甲烷分子时，碳原子采取 sp^3 杂化，四个氢原子的 1s 轨道分别沿着碳原子的四个 sp^3 杂化轨道的对称轴方向与 sp^3 杂化轨道接近，实现最大限度的重叠，形成四个等同的 C—Hσ 键。甲烷的形成过程见图 2-1。因此，甲烷分子具有正四面体的空间结构。碳原子位于正四面体的中心，四个氢原子位于正四面体的四个顶点。四个 C—H 的键长都为 0.109nm，键能为 414.9kJ·mol^{-1}，所有 H—C—H 键角为 109°28′。

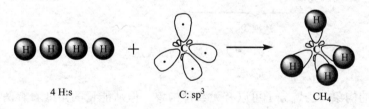

4 H:s　　　　　　C: sp^3　　　　　　CH$_4$

图 2-1　甲烷的形成过程

乙烷分子是由两个碳原子各用一个 sp^3 杂化轨道沿对称轴方向重叠形成 C—Cσ 键，每个碳原子的其余三个 sp^3 杂化轨道，分别与三个氢原子的 1s 轨道重叠形成六个等同的 C—Hσ 键。乙烷分子的形成过程见图 2-2。

依此类推，所有烷烃分子中的 C—Cσ 键都为 sp^3—sp^3 杂化轨道组成，C—Hσ 键为

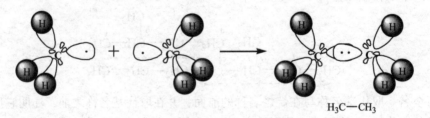

图 2-2 乙烷的形成过程

sp^3-s 轨道组成。C—Cσ 键长是 0.154nm，键能为 345.6 kJ·mol^{-1}。

2. 烷烃的构象

乙烷是最简单的含有 C—C 单键的化合物。成键的两个碳原子可以沿着键轴做相对旋转，而不破坏 C—C 单键。当乙烷分子中的两个甲基绕 C—Cσ 键轴做相对旋转时，两个甲基中相应氢原子的相对位置将不断改变，产生许多不同的空间排列形式，这种仅仅由于围绕 C—Cσ 键旋转而产生分子中原子或原子团在空间的不同排列方式称为构象（conformation）。同一分子的不同构象互称为构象异构体（conformational isomer）。

构象异构体的构造和构型均相同。简单分子的构象异构体间能量差较小，不能分离。表示构象可以用透视式或纽曼（Newman）投影式表示，见图 2-3。一般用后者表示。在纽曼投影式中，圆圈表示离眼睛远的碳原子，圆周上的三条短线表示与该碳原子相连的其余三个键；以圆心表示离眼睛近的碳原子，用三条等分圆周的半径的延长线表示碳原子连接的其他三个键。这种表示方法比较简单清晰，

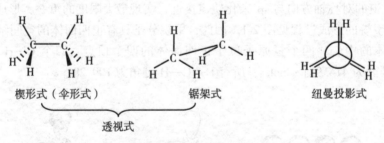

楔形式（伞形式）　　　　锯架式　　　　纽曼投影式

透视式

图 2-3　烷烃构象表达式

（1）乙烷的构象　乙烷分子可以有无数种构象，但从能量的角度看有两种比较典型的构象：重叠式（顺叠式）和交叉式（反叠式）。见图 2-4。

在乙烷的交叉式中，两个碳原子上的氢原子相距最远，氢原子间相互斥力最小，分子的内能也最低，因而是最稳定的构象，称为优势构象。在重叠式中，两个碳原子上的氢原子相距最近，氢原子间的相互斥力最大，分子的内能也最高，因而是最不稳定的构象。其他构象的内能都介于这两者之间。重叠式与交叉式能量差为 12.5 kJ·mol^{-1}。这个能量差很小，室温时分子的热运动足以完成构象间相互转变，在室温时不能分离，乙烷是以交叉式为主的一个动态平衡混合体系。

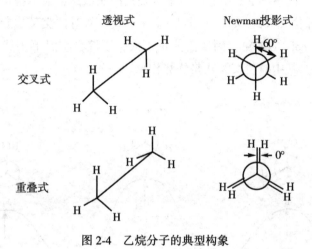

图 2-4 乙烷分子的典型构象

（2）丁烷的构象 丁烷分子中若以 C_2—$C_3\sigma$ 键轴旋转，有四种典型构象，见图 2-5。

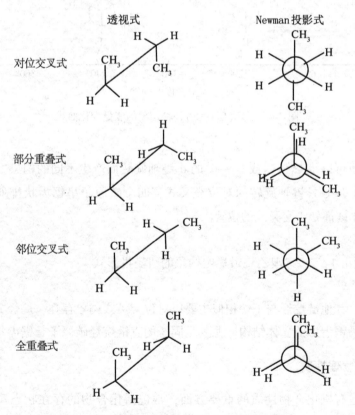

图 2-5 丁烷典型构象（C_2—C_3）的纽曼投影式

从丁烷各种构象能量图 2-6 中看出：全重叠式内能最高，最不稳定。它们的稳定次序是：对位交叉式>邻位交叉式>部分重叠式>全重叠式。从对位交叉式旋转至全重叠式，需要给予 22. 5 kJ·mol^{-1}的能量，因所需能量不大，丁烷在室温下仍然是各种构象异构体的动态平衡混合物，其中对位交叉式是优势构象。

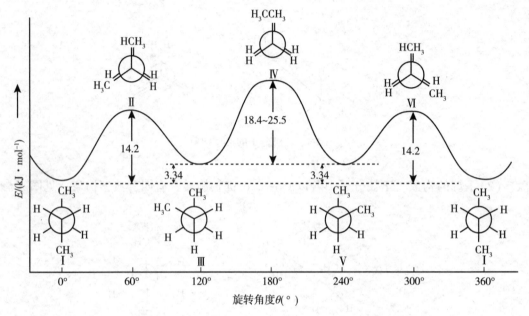

图 2-6　丁烷(C_2—C_3)各种构象的能量变化曲线

丁烷分子也可以绕 C_1—C_2 或 C_3—C_4 的 σ 键轴旋转而产生不同的构象。但丁烷分子最稳定的构象为 C_2—C_3σ 键轴旋转的对位交叉式，四个碳原子呈锯齿状排列，相邻两个碳原子上的 C—H 键都处于交叉式的位置。

思考题 2-1　画出 1，2 -二溴乙烷最稳定构象的纽曼投影式。

由此看出，其他链烷烃与丁烷相似主要以对位交叉式构象存在，烷烃分子的碳链不可能是直线，多为锯齿形的立体结构。尤其是固态的直链烷烃碳原子是锯齿状排列。

2.1.4　烷烃的物理性质

物理性质是有机化合物性质的重要方面，常包括化合物的存在状态、相对密度、熔点、沸点、折光率和溶解度等。它们是鉴别一个化合物的常规数据。烷烃的物理性质常随碳原子数的增加而呈现规律性的变化。部分直链烷烃的物理常数见表 2-2。

表 2-2   直链烷烃的物理常数

名称	构造式	沸点/℃	熔点/℃	相对密度/d_4^{20}	物态
甲烷	CH_4	−161.7	−182.6	0.424(−164℃)	气体
乙烷	CH_3CH_3	−88.6	−172.0	0.546(−100℃)	
丙烷	$CH_3CH_2CH_3$	−42.2	−187.1	0.582(−45℃)	
丁烷	$CH_3(CH_2)_2CH_3$	−0.5	−138.0	0.579	
戊烷	$CH_3(CH_2)_3CH_3$	36.1	−129.7	0.626	液态
己烷	$CH_3(CH_2)_4CH_3$	68.7	−95.0	0.659	
庚烷	$CH_3(CH_2)_5CH_3$	98.4	−90.5	0.684	
辛烷	$CH_3(CH_2)_6CH_3$	125.6	−56.8	0.703	
壬烷	$CH_3(CH_2)_7CH_3$	150.7	−53.7	0.718	
癸烷	$CH_3(CH_2)_8CH_3$	174.0	−29.7	0.730	
十一烷	$CH_3(CH_2)_9CH_3$	195.9	−25.6	0.740	
十二烷	$CH_3(CH_2)_{10}CH_3$	216.3	−9.6	0.749	
十三烷	$CH_3(CH_2)_{11}CH_3$	234	−6	0.757	
十四烷	$CH_3(CH_2)_{12}CH_3$	252	5.5	0.764	
十五烷	$CH_3(CH_2)_{13}CH_3$	266	10	0.769	
十六烷	$CH_3(CH_2)_{14}CH_3$	287.0	18.1	0.775	
十七烷	$CH_3(CH_2)_{15}CH_3$	303.0	22.0	0.777	固体
十八烷	$CH_3(CH_2)_{16}CH_3$	317.0	28.0	0.777	
十九烷	$CH_3(CH_2)_{17}CH_3$	330.0	32.0	0.778	
二十烷	$CH_3(CH_2)_{18}CH_3$	343.0	36.4	0.778	

常温常压下，$C_1 \sim C_4$ 的直链烷烃是气体，$C_5 \sim C_{17}$ 直链烷烃是液体，C_{18} 以上直链烷烃是固体。

烷烃是非极性分子，随着烷烃碳原子数的增加，分子间范德华力增大，沸点逐渐升高。在同系列中，虽然相邻烷烃的组成都相差一个 CH_2，但其沸点差值是不等的，随碳原子数目的增多，沸点差值逐渐减小，见图 2-7。对于同碳数的烷烃异构体，一般来说直链烷烃沸点最高，因为范德华力只有在近距离内才能有效地起作用，随着分子间距离的增加而很快地减弱。支链分子由于支链的阻碍，其分子间不能像直链烷烃那样靠得很近，它们之间的范德华作用力减弱，沸点降低。而且支链越多，沸点也越低。例如，正戊烷沸点为36.1℃，异戊烷沸点为28℃，新戊烷沸点为9℃。另外，增加一个碳原子使沸点升高程度比增加一个支链使沸点降低程度大。

直链烷烃的熔点也是随碳数增大而升高，但呈现锯齿形递变规律。偶数碳原子烷烃的

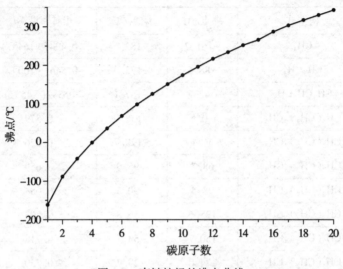

图 2-7 直链烷烃的沸点曲线

熔点比奇数碳原子烷烃的熔点增高较多，构成了两条熔点曲线。这可能是因为含偶数碳原子烷烃对称性大，其分子在晶体中排列更紧密、范德华力作用更强所致。随着分子量的增加，两条曲线逐渐趋于一致。见图 2-8。烷烃异构体的熔点也是随分子对称性增加而升高，例如，正戊烷熔点为-129.8℃，异戊烷熔点为-159.9℃，新戊烷熔点为-16.8℃。

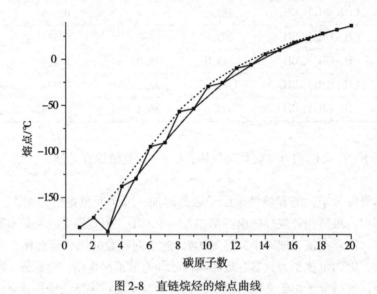

图 2-8 直链烷烃的熔点曲线

烷烃是所有有机化合物中密度最小的一类化合物，其相对密度也与分子间的作用力有关，也是随分子量的增大而提高，但增加量很小，而且增加到一定数值后变化更小，它们的相对密度都小于 1，接近于 0.78。烷烃属于非极性分子，根据"相似相溶"经验规律，烷烃易溶于非极性或极性较小的苯、氯仿、四氯化碳、乙醚等有机溶剂，而难溶于水等强极性溶剂。

2.1.5 烷烃的化学性质

烷烃分子中只存在键能较大的 C—Cσ 键和 C—Hσ 键，不易断裂，同时碳原子和氢原子的电负性差别很小，σ 键电子云分布均匀，键不易于被极化，不易受试剂的进攻。因此，烷烃的化学性质稳定而不活泼，一般不与强酸、强碱、强氧化剂、强还原剂等作用，在有机化学反应中常用作溶剂。烷烃的化学稳定性是相对的，在某些特殊条件下，烷烃也可以和一些试剂发生反应。

1. 氧化反应

烷烃在空气中燃烧，如果氧气充足生成二氧化碳和水，同时放出大量的热。

$$C_nH_{2n+2}+\frac{3n+1}{2}O_2 \longrightarrow nCO_2+(n+1)H_2O+Q$$

$$CH_4+2O_2 \longrightarrow CO_2+2H_2O \quad \Delta H=891kJ/mol$$

这就是汽油、柴油（主要成分为不同碳链的烷烃混合物）在内燃机或柴油机内的基本反应。标准状态下，1mol 烷烃完全燃烧所放出的热量称为燃烧热（heat of combustiong，以 ΔH_c 表示）。燃烧热是重要的化学数据可以通过实验测定。

如果氧气不充足，烷烃燃烧不充分，就会产生一氧化碳等有害物质。低级烷烃（$C_1 \sim C_6$）蒸气与空气混合至一定比例时，遇到火花会发生爆炸，这是煤矿井中发生爆炸事故的主要原因之一。甲烷的爆炸极限是 5.53%～14.0%。

在一定催化条件下，烷烃在其着火点以下可以被氧气部分氧化，生成碳原子数少于原来烷烃的氧化产物，如醇、醛、酸等。工业上常用烷烃制备高级醇和高级脂肪酸，高级脂肪酸可代替动物油脂制肥皂。

$$RCH_2CH_2R'+O_2 \xrightarrow[120\sim150℃]{锰盐} RCOOH+R'COOH$$

在有机化学反应中，氧化反应一般是指分子得到氧或失去氢的反应；还原反应一般是指分子得到氢或失去氧的反应。

2. 取代反应

有机化合物分子中的原子或原子团被其他原子或原子团所取代的反应叫取代反应（substitution reaction）。烷烃分子中的氢原子被卤素取代称为卤代反应（halogenation）。烷烃的卤代一般指氯代或溴代。

（1）氯代反应　烷烃与氯在室温和黑暗中不发生反应，在强烈的日光照耀下，剧烈反应，生成碳和氯化氢。

$$CH_4+2Cl_2 \xrightarrow{强烈日光} C+4HCl$$

在漫射光、加热或催化剂作用下，烷烃与氯发生氯代反应，生成氯化氢和多种氯代烷，同时放出热量。例如：甲烷与氯气在日光作用下，氯原子可逐步取代氢原子，生成不同氯代物的混合物。

$$CH_4+Cl_2 \xrightarrow{光} CH_3Cl+HCl$$

$$CH_3Cl + Cl_2 \xrightarrow{\text{光}} CH_2Cl_2 + HCl$$

$$CH_2Cl_2 + Cl_2 \xrightarrow{\text{光}} CHCl_3 + HCl$$

$$CHCl_3 + Cl_2 \xrightarrow{\text{光}} CCl_4 + HCl$$

工业上常将这些氯代烷的混合物作为溶剂使用。如果控制一定的反应条件和原料的用量比，可以使其中的一种氯代烷成为主要产品。若反应温度控制在 400~500℃，烷烃与氯气之比为 10∶1 时，主要产物为一氯甲烷；若烷烃与氯气之比为 0.263∶1 时，主要生成四氯甲烷。

（2）氯代反应历程　反应历程是研究反应从反应物转变成产物所经历的过程。反应历程又称反应机理（reaction mechanism），它是有机化学理论的主要组成部分。反应机理是在大量实验事实的基础上提出的一种理论假设，如果这种假设能完美地解释实验事实，并且根据这种假设所做的推论又能被新的实验事实所证实，那么这种理论假设就是该反应的机理。了解反应历程使我们能够很好地掌握反应规律，在实际中能更好地控制和利用化学反应。

研究表明，烷烃在光照条件下的卤代反应是按自由基反应历程进行的。自由基反应历程通常分三个阶段。以甲烷的氯代为例。

①链引发（自由基产生）　氯气首先吸收光能或热能，使 Cl—Cl 键均裂生成具有高能量的带有单电子的氯自由基。这是反应的第一步，叫链引发（chain initiation）阶段。

$$Cl : Cl \xrightarrow[\text{or} : \Delta]{hv} 2Cl \cdot \qquad \Delta H = +242.6 \text{kJ/mol}$$

②链增长（自由基传递、形成产物）　氯自由基由于未到达八隅体的稳定结构，非常活泼，与甲烷分子发生碰撞时，夺取甲烷分子中一个氢原子形成 HCl 分子，同时产生一个新的自由基——甲基自由基。这种旧的自由基消失，同时新的自由基产生的过程称为链增长（chain propagation）过程。

$$Cl \cdot + CH_4 \longrightarrow \cdot CH_3 + HCl \qquad \Delta H = +4.2 \text{kJ/mol}$$

甲基自由基的碳原子为 sp^2 杂化，活性也很高，可以与氯分子作用，生成氯甲烷和新的氯自由基。

$$\cdot CH_3 + Cl_2 \longrightarrow Cl \cdot + CH_3Cl \qquad \Delta H = -108.4 \text{kJ/mol}$$

新生成的氯自由基既可以夺取甲烷分子中的氢原子，也可以夺取氯甲烷分子中的氢原子，生成氯化氢和氯甲基自由基。这样，只要有少量氯自由基产生，就能使反应连续进行，逐步得到一氯甲烷、二氯甲烷、三氯甲烷及四氯化碳。如此循环往复连续进行的这种反应叫做自由基链式反应（free radical chain reaction）或连锁反应。

$$Cl \cdot + CH_3Cl \longrightarrow \cdot CH_2Cl + HCl$$

$$\cdot CH_2Cl + Cl_2 \longrightarrow Cl \cdot + CH_2Cl_2$$

$$Cl \cdot + CH_2Cl_2 \longrightarrow \cdot CHCl_2 + HCl$$

$$\cdot CHCl_2 + Cl_2 \longrightarrow Cl \cdot + CHCl_3$$

$$Cl \cdot + CHCl_3 \longrightarrow \cdot CCl_3 + HCl$$

$$\cdot CCl_3 + Cl_2 \longrightarrow Cl \cdot + CCl_4$$

③链终止(自由基消失) 虽然反应中不断有新的自由基产生，但连锁反应不会无限制地进行下去。随着反应的进行，甲烷迅速减少，自由基浓度不断增加，自由基相遇的机会增多，自由基相互结合形成稳定的化合物，导致反应的终止。该过程特点是自由基只消失而不产生为链终止(chain termination)过程。

$$Cl \cdot + Cl \cdot \longrightarrow Cl_2$$
$$\cdot Cl + \cdot CH_3 \longrightarrow CH_3Cl$$
$$\cdot CH_3 + \cdot CH_3 \longrightarrow CH_3CH_3$$
$$\cdot CH_2Cl + \cdot CH_2Cl \longrightarrow ClCH_2CH_2Cl$$

因此，烷烃的卤代反应产物是多种卤代烷的混合物。

自由基链式反应一般是由链引发、链增长和链终止三类基元反应组成。自由基反应一般是在气相或非极性溶剂中进行，反应可被光、热或过氧化物所引发。

(3)氢原子的反应活性 其他烷烃的卤代反应与甲烷相似，也是自由基取代反应。但是多碳原子(三个及以上)的烷烃分子中氢原子种类不止一种，氢原子种类不同，其活性不同，故多碳原子烷烃卤代产物更加复杂。例如，正丁烷和异丁烷各有两种氢原子，它们的一氯代产物各有两种。

$$CH_3CH_2CH_2CH_3 + Cl_2 \xrightarrow{光照} CH_3CH_2CH_2CH_2Cl + CH_3CHCH_2CH_3$$
$$\underset{Cl}{|}$$

28%　　　　72%

上述正丁烷的反应中，伯氢原子与仲氢原子的相对活性计算如下：

$$\frac{仲氢}{伯氢} = \frac{72/4}{28/6} = \frac{3.86}{1}$$

$$H_3C-\underset{\underset{H}{|}}{\overset{\overset{CH_3}{|}}{C}}-CH_3 + Cl_2 \xrightarrow{光照} H_3C-\underset{\underset{H}{|}}{\overset{\overset{CH_3}{|}}{C}}-CH_2Cl + H_3C-\underset{\underset{Cl}{|}}{\overset{\overset{CH_3}{|}}{C}}-CH_3$$

64%　　　　36%

上述异丁烷的反应中，叔氢原子与伯氢原子的相对活性计算如下：

$$\frac{叔氢}{伯氢} = \frac{36/1}{64/9} = \frac{5.06}{1}$$

实验表明，氢原子的反应活性主要取决于氢原子种类，与烷烃的种类无关。对于室温下光引发的氯代反应，烷烃中不同的氢原子被取代的相对活性为：

伯氢 : 仲氢 : 叔氢 ≈ 1 : 4 : 5

相应的烷基自由基的相对稳定性次序为：

$$R_3C \cdot > R_2HC \cdot > RH_2C \cdot > H_3C \cdot$$

甲基自由基的结构为平面结构，见图2-9。烷基自由基的结构与甲基自由基一样，也具有甲基自由基相似的平面结构，含单个电子的碳原子为sp^2杂化，与之相连的烷基越多稳定性越强，这是由于电子效应(烷基的+I和+C，参见第3章)作用的结果。

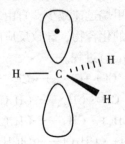

图 2-9 甲基自由基的结构

思考题 2-2 写出 2-甲基丁烷与氯气在光照下反应的主要取代产物。

(4)卤素原子的反应活性 不同的卤素与烷烃的反应活性不同。氟与烷烃的反应过于剧烈，不易控制，甚至发生爆炸；碘与烷烃很难反应，碘代烷通常用其他方法制备；实际应用的烷烃卤代是氯代和溴代反应，氯代反应速率大于溴代反应。但溴代反应的选择性比氯代反应高。例如：

$$CH_3CH_2CH_3 + Br_2 \xrightarrow{光照} CH_3 CH_2CH_2Br + CH_3\underset{\underset{Br}{|}}{CH}CH_3$$

$$3\% \qquad\qquad 97\%$$

$$CH_3CH_2CH_3 + Cl_2 \xrightarrow{光照} CH_3 CH_2CH_2Cl + CH_3\underset{\underset{Cl}{|}}{CH}CH_3$$

$$45\% \qquad\qquad 55\%$$

$$\underset{\underset{H}{|}}{\overset{\overset{CH_3}{|}}{H_3C-C-CH_3}} + Br_2 \xrightarrow{光照} \underset{\underset{H}{|}}{\overset{\overset{CH_3}{|}}{H_3C-C-CH_2Br}} + \underset{\underset{Br}{|}}{\overset{\overset{CH_3}{|}}{H_3C-C-CH_3}}$$

$$痕量 \qquad\qquad >99\%$$

反应中，溴原子对烷烃分子中活性较大的叔氢原子有较高的选择性(伯氢：仲氢：叔氢 ≈ 1 : 82 : 1600)。

3. 裂解反应

烷烃在没有氧气存在下的热分解反应称为裂解(cracking)反应。裂解反应的实质是 C—Cσ 键和 C—Hσ 键断裂生成烷基自由基和氢自由基，烷基自由基进一步发生 C—H 键(β-断裂)生成烯烃，或自由基相互结合生成稳定的化合物。

$$CH_3CH_2CH_2CH_3 \xrightarrow{热裂} \begin{cases} CH_2=CHCH_2CH_3 + CH_3CH=CHCH_3 + H_2 \\ CH_2=CHCH_3 + CH_4 \\ CH_2=CH_2 + CH_3CH_3 \end{cases}$$

因此，裂解反应是个复杂的过程，通过裂解可以将相对分子量较大的烷烃生成相对分子量较小的烷烃和烯烃。烷烃分子中碳原子数越多，裂解产物越复杂。

裂解反应对化学工业非常重要，如乙烯、丙烯、丁二烯等都是石油裂解的产物。近年来热裂解已被催化裂解所代替，工业上利用催化裂解把高沸点的重油转变为低沸点的汽油，提高石油的利用率。

2.2 环烷烃

分子中具有碳环结构的烷烃称为环烷烃(cycloalkane)。本节主要讨论通式为 C_nH_{2n} 的单环烷烃，它与第 3 章中单烯烃互为同分异构体。

2.2.1 环烷烃的分类和命名

1. 单环烷烃

分子中只含一个碳环的烷烃叫单环烷烃。单环烷烃可按碳原子多少分为：小环(C_3—C_4)、普通环(C_5—C_7)、中环(C_8—C_{12})、大环(C_{12}以上)；也可根据组成环的碳原子数不同分为：三元环、四元环、五元环、六元环等。只有一个环的环烷烃，通式是 C_nH_{2n}。目前已知的大环有三十碳环。自然界存在最普遍的是五碳环和六碳环。

单环烷烃的命名原则与烷烃相似，通常以环烷烃为母体，根据成环碳原子的个数称为环某烷。环上只有一个取代基时环碳原子不必编号；若有两个或两个以上取代基时，以连接最小取代基的环碳原子为第一位，并按最低系列原则将环碳原子编号。例如：

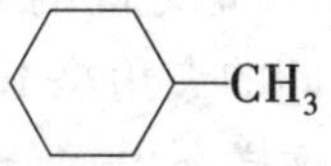

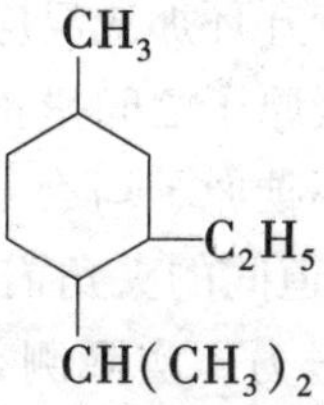

甲基环戊烷　　　　1-甲基-3-乙基-4-异丙基环己烷

当环上连有复杂取代基时，可将环作为取代基命名。例如：

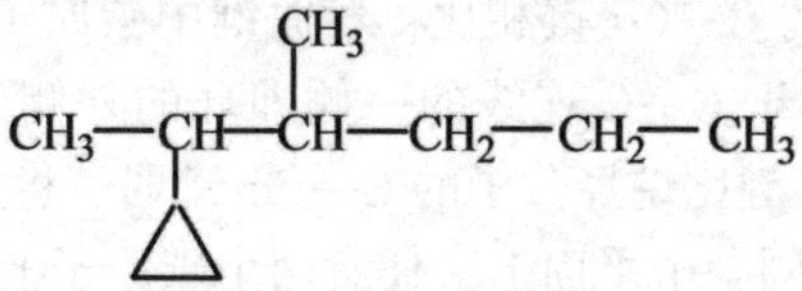

3-甲基-2-环丙基己烷

对顺反异构体，命名时需要注明顺式或反式构型(见 2.2.2 节环烷烃的结构)。

2. 双环烷烃

(1) 螺环烷烃(spiroalkane)　两个环共用一个碳原子的环烷烃称为螺环烷烃。共用的碳原子叫螺原子(spiro atom)。命名时根据螺环碳原子总数称为螺某烷，编号从小环与螺原子相邻的碳原子开始，沿小环经过螺原子到大环。并在螺字后面的方括号内，用阿拉伯数字按由小到大的顺序标明螺原子相连的两环的碳原子数(不计螺原子)，数字之间用下角圆点隔开。当有取代基时，尽量使其位次最小。例如：

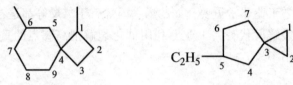

1，6-二甲基螺[3.5]壬烷　　5-乙基螺[2.4]庚烷

（2）桥环烷烃（bridged hydrocarbon）　两个环共用两个或两个以上碳原子的环烷烃称为桥环烷烃。两个环共用的碳原子称为桥头碳(bridgehead carbon)。二环桥环烷烃的命名是根据桥环上碳原子总数称为二环某烷，在环字后面方括号内，标明除桥头碳原子以外各桥身的碳原子数，先大后小(共三个桥)，数字之间用下角圆点隔开。编号从一个桥头碳原子开始，沿最长的桥到另一个桥头碳原子，再沿次长的桥回到起始桥头碳原子，最短的桥最后编号。例如：

3，7-二甲基二环[4.1.0]庚烷　　1-甲基二环[4.4.0]癸烷

2.2.2　环烷烃的结构

1. 环烷烃的结构与稳定性

环丙烷、环丁烷易进行开环加成反应，这与分子中原子间成键情况有关。

环丙烷分子中的三个碳原子之间呈正三角形，C—C—C 键之间的夹角应是 60°，而现代价键理论认为环烷烃成环碳原子均为 sp^3 杂化，轨道之间的夹角是 109.5°，要形成三元环的 C—Cσ 键，sp^3 杂化轨道间的夹角需要缩小到 60°，这样环丙烷分子就存在一种要恢复正常键角的张力，叫角张力。实际测得环丙烷分子中 C—C—C 键角为 105.5°。因此，环丙烷分子中成环碳原子的 sp^3 杂化轨道之间并不是典型的沿键轴方向的"头碰头"的重叠形成 C—Cσ 键，而需采取弯曲方向重叠成键，形成弯曲键，或称为香蕉键(banana bond，见图 2-10)。与沿键轴重叠的 C—Cσ 键相比，弯曲键中碳原子 sp^3 杂化轨道之间重叠程度较小，而且 σ 键电子云分布于 C—C 连线的一侧即环的外侧，易受亲电试剂的进攻。所以，环丙烷分子中的 C—Cσ 键比烷烃分子的 C—Cσ 键弱，稳定性差。

环丙烷的三个碳原子在同一个平面上，任意两个碳原子上的 C—H 键都处于重叠式构象，相互之间存在斥力，又产生扭转张力。

环丁烷与环丙烷的情况类似，分子内也存在角张力(C—C—C 键角为 111.5°)，但比环丙烷小；经测定环丁烷中的碳原子不在一个平面上，通常呈折叠状构象，这种非平面结构可减少 C—H 键的重叠，降低扭转张力，相应的香蕉键的弯曲程度也比环丙烷小。因此，环丁烷的稳定性比环丙烷大。

环戊烷、环己烷等环烷烃，碳原子也不在一个平面上，C—C—C 键的夹角接近或保持正常键角，sp^3 杂化轨道实现了最大程度的重叠，分子中无角张力，所以比较稳定。

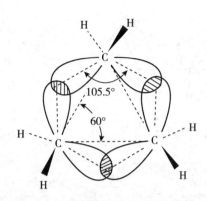

图 2-10 环丙烷碳碳之间成键示意图

由七到十二个碳原子组成的环烷烃分子中虽然不存在角张力，但是由于分子内氢原子比较拥挤，斥力较大，也存在扭转张力。只有相当大的环(如环二十二烷)的稳定性才与环己烷相当。

2. 环烷烃的顺反异构

在环烷烃分子中，由于碳环的存在限制了环上 C—Cσ 键的自由旋转，当环上有两个碳原子连有取代基时，两个取代基在空间有两种排布方式，即两种不同的构型。两个取代基在环同侧为顺式构型，反之为反式构型。这样的构型异构体(configurational isomer)称为顺反异构体(cis-trans isomer)，这种现象称为顺反异构现象。例如：

顺-1，3-二甲基环己烷　　　　反-1，3-二甲基环己烷

3. 环己烷的构象

(1)椅式构象和船式构象　环己烷分子中的六个碳原子不在同一平面上，键角仍保持 109.5°，是一个很稳定的环。环己烷分子中的六个 C—Cσ 键可以协同扭转，产生无数构象，其中典型的构象为椅式和船式两种，见图 2-11。

无论是船式构象还是椅式构象，环中 C_2、C_3、C_5、C_6 都在一个平面上。如果 C_1 和 C_4 在这个平面的同侧，则是船式；如果 C_1 和 C_4 在这个平面的异侧，则是椅式。在船式构象中，C_1 及 C_4 上的两个氢原子相距很近，相互之间的斥力较大；在椅式构象中相距最远。另外，从 Newman 投影式可以看出：在椅式构象中，C_2—C_3 及 C_5—C_6 上连接的原子或基团都呈邻位交叉式；而在船式构象中，它们呈全重叠式。因而椅式比船式稳定，势能低 29.7 kJ · mol^{-1}，椅式为优势构象。椅式和船式可以通过单键的协同作用而相互转换，达到动态平衡，在常温下，椅式构象占 99.9%。

(2)平伏键和直立键　在环己烷椅式构象中，十二个 C—Hσ 键分别处于两种情况：其中有六个 C—Hσ 键与分子的对称轴平行，称为直立键或 a 键(axial 的简写)，三个朝上，三个朝下，交替排列；其他六个 C—Hσ 键与分子的对称轴成 109.5° 的夹角，称为平伏键或 e 键(equatorial 的简写)，同样也是三个斜向上，三个斜向下，交替排列。因此，

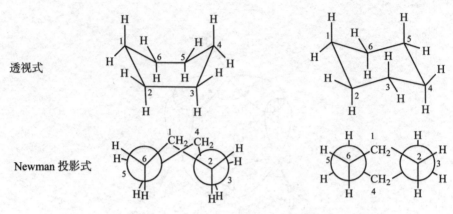

透视式

Newman 投影式

图 2-11　环己烷的船式和椅式构象

在环己烷分子中，同一个碳原子上的两个 C—Hσ 键，一个为 a 键，另一个则为 e 键，相对位置为一上一下。见图 2-12。

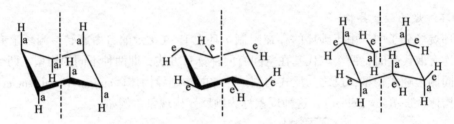

图 2-12　环己烷椅式构象中的 a 键和 e 键

环己烷的一种椅式构象通过 C—Cσ 键的协同扭转，可转变为另一种椅式构象，这种作用称为转环作用。构象的转环作用不需经过碳碳键的断裂，分子的热运动就可以使之进行。在转环过程中，原来的 e 键都变成了 a 键，a 键都变成了 e 键。见图 2-13。

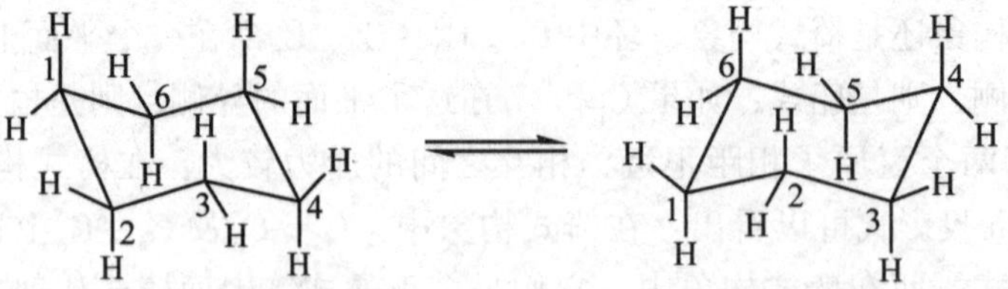

图 2-13　环己烷两种椅式构象相互转化

（3）取代环己烷的构象　取代环己烷以取代基在 e 键上的椅式构象为优势构象。

环己烷的一元取代物中，取代基处于 e 键的内能较低，较稳定；处于 a 键时，内能较高，较不稳定，这是由于连在 a 键上的取代基与在环同侧的另外两个处于 a 键上的氢原子相距较近，斥力较大。因此，一元取代环己烷的优势构象为 e 取代的椅式构象。例如：

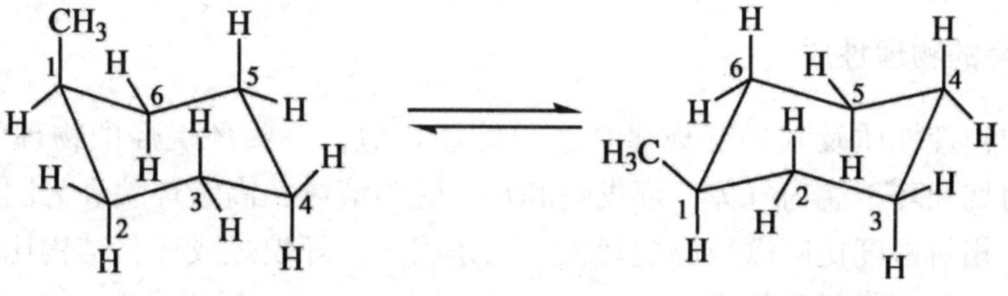

优势构象

甲基环己烷中，甲基处于 e 键的椅式构象比处于 a 键的椅式构象的能量低 7. 5 kJ·mol^{-1}。由于两种椅式构象的能量差别不大，二者可以相互转化，室温时，e 取代与 a 取代的椅式构象达到平衡时的比为 95：5。因此，e-甲基环己烷椅式构象为优势构象。

同理，多元取代环己烷最稳定的构象是 e 键上取代基最多的椅式构象，尤其是体积最大的取代基处于 e 键上更为稳定；环上有不同取代基时，兼顾构型（顺反异构），体积大的取代基在 e 键上的椅式构象最稳定。例如：

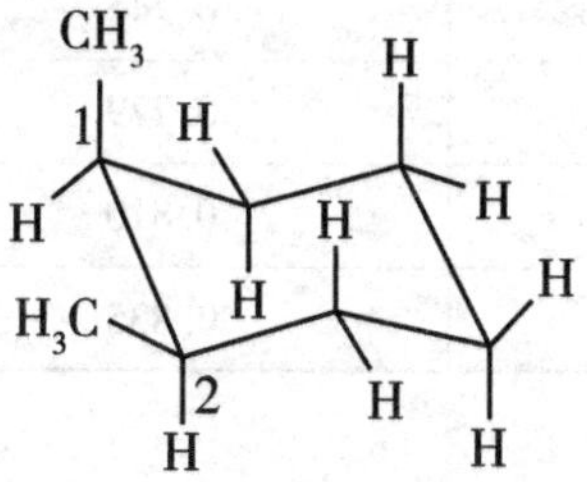

顺式（ae） 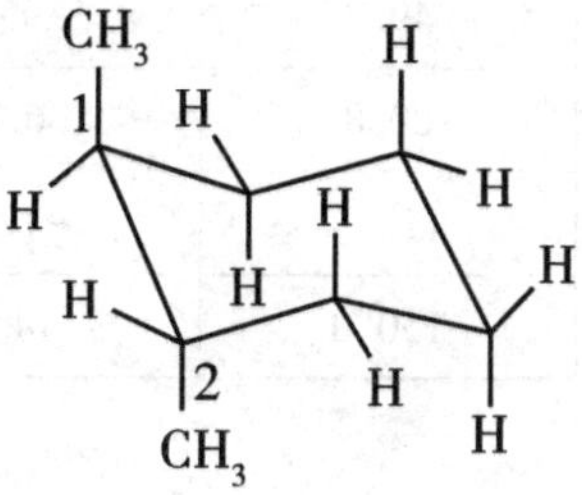　　　　　　　反式（aa） 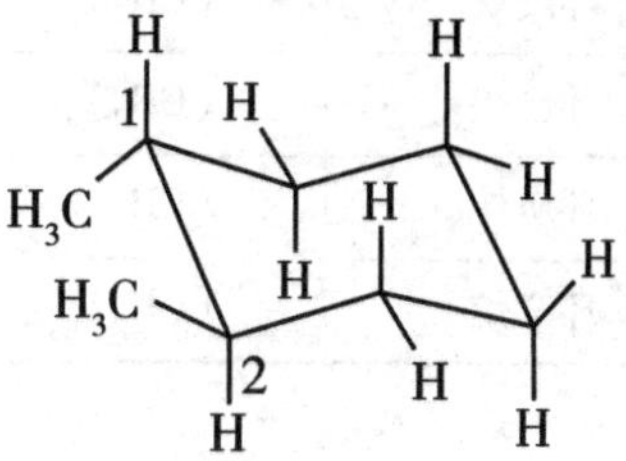　　　　　　　反式（ee）

1，2-二甲基环己烷有顺反两种异构体，顺式异构体中，两个甲基一个在 a 键上，另一个在 e 键上，这种构象为 ae 型；而在反式异构体中，有 aa 型和 ee 型两种椅式构象，这三种椅式构象的稳定性次序为：ee 型>ae 型>aa 型。

思考题 2-3　下列化合物是否为优势构象？若不是请画出其优势构象。

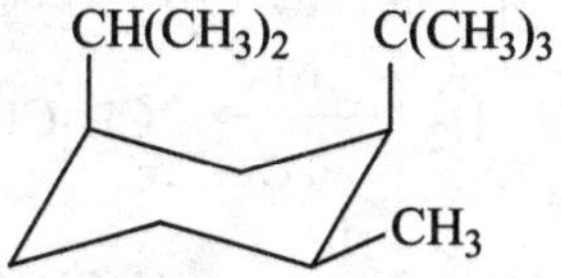

又如，顺-1-甲基-4-叔丁基环己烷有两种 ae 型椅式构象，叔丁基在 e 键上的椅式构象为优势构象。

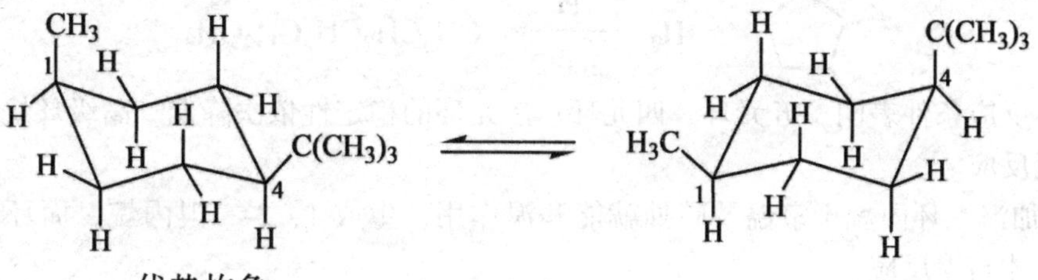

优势构象

41

2.2.3 环烷烃的物理性质

环烷烃的物理性质及其递变规律基本与烷烃相似，一些环烷烃的物理常数见表 2-3。常温下，环丙烷和环丁烷为气体，环戊烷和环己烷为液体，高级环烷烃为固体。环烷烃的沸点、熔点、相对密度比同碳数的烷烃大，这是因为：环烷烃成环，结构比较紧密，分子排列的有序性较大，分子间作用较大。

表 2-3   一些单环烷烃的物理性质

名称	构造式	沸点/℃	熔点/℃	相对密度 d_4^{20}
环丙烷	$(CH_2)_3$	-32.9	-127.6	0.720(-79℃)
环丁烷	$(CH_2)_4$	12.4	-80.0	0.703(0℃)
环戊烷	$(CH_2)_5$	49.3	-93.8	0.746
环己烷	$(CH_2)_6$	80.8	6.5	0.779
环庚烷	$(CH_2)_7$	118.3	-12.0	0.810
环辛烷	$(CH_2)_8$	150.0	14.3	0.835

2.2.4 环烷烃的化学性质

环烷烃化学性质和烷烃相似，如能发生取代反应和氧化反应。但由于碳环的存在有一些特殊性，如小环烷烃(环丙烷和环丁烷)由于分子内存在张力使其化学性质较活泼，易于发生开环加成反应生成链状化合物。

1. 加成反应

(1)催化加氢　环丙烷和环丁烷在催化剂作用下，加氢时发生环的破裂，生成烷烃。

$$\triangle + H_2 \xrightarrow[80℃]{Ni} CH_3CH_2CH_3$$

$$\square + H_2 \xrightarrow[200℃]{Ni} CH_3CH_2CH_2CH_3$$

环戊烷需在 300℃ 以上和 Pt 为催化剂的情况下方可加氢。

$$\pentagon + H_2 \xrightarrow[300℃]{Pt} CH_3CH_2CH_2CH_2CH_3$$

上述反应条件表明，五元环、四元环、三元环的稳定性依次降低。高级环烷烃一般不发生加氢反应。

(2)加溴　环丙烷于室温及暗处就能和溴作用，生成 1,3-二溴丙烷，而环丁烷在加热条件下才与溴反应。

$$\triangle + Br_2 \xrightarrow{CCl_4} BrCH_2CH_2CH_2Br$$

$$\square + Br_2 \xrightarrow[\triangle]{CCl_4} BrCH_2CH_2CH_2CH_2Br$$

环戊烷以上的环烷烃很难与溴反应。

（3）加卤化氢　环丙烷及其烷基衍生物在室温下也易与卤化氢进行开环加成反应。烷基环丙烷与卤化氢加成时，成环 C—C 键的断裂发生在含氢最多和含氢最少的两个成环碳原子之间，加成方向符合 Markovnikov（马尔可夫尼克夫）规则，简称马氏规则（见第 3 章），即氢原子加在含氢较多的成环碳原子上。环丁烷、环戊烷等较大的环烷烃在常温下与卤化氢不起反应。

$$\triangle + HBr \longrightarrow CH_3CH_2CH_2Br$$

$$\triangle\!-\!CH_3 + HBr \longrightarrow CH_3CH_2CHBrCH_3$$

2. 取代反应

在高温或光照下，环烷烃与烷烃一样能发生自由基取代反应。

$$\pentagon + Br_2 \xrightarrow[\text{或}300℃]{\text{紫外光}} \pentagon\!-\!Br + HBr$$

$$\hexagon + Cl_2 \xrightarrow{\text{紫外光}} \hexagon\!-\!Cl + HCl$$

环丙烷与溴反应，除生成少数取代产物外，主要得到的是加成产物。

$$\triangle + Br_2 \xrightarrow{\text{紫外光}} BrCH_2CH_2CH_2Br + \triangle\!-\!Br$$

3. 氧化反应

环烷烃与烷烃一样，对氧化剂较稳定。常温下环烷烃不与一般的氧化剂（如 $KMnO_4$、O_3）反应，即使环丙烷在常温下也不能使 $KMnO_4$ 褪色，因此可用高锰酸钾鉴别环烷烃和烯烃。但在加热或催化剂作用下，环烷烃可与强氧化剂发生反应。例如：

$$\hexagon + HNO_3 \xrightarrow{\triangle} HOOCCH_2CH_2CH_2CH_2COOH$$
$$\text{己二酸}$$

己二酸是合成尼龙的单体。

2.3　自然界的烷烃

烷烃广泛存在于自然界，含碳原子数不超过 50，最丰富的为甲烷，主要来源是天然气和石油。天然气是蕴藏在地层内的可燃气体，主要成分是甲烷（75%）、乙烷（15%）和丙烷（5%）等低分子量的烷烃混合物。石油是古代海洋或湖泊中的微生物经过细菌、温度、压力及无机物等漫长的催化作用而演化形成的，目前的分析结果表明，石油中含有 $C_1 \sim C_{50}$ 的链烷烃和一些环烷烃，环烷烃以环戊烷、环己烷及其衍生物为主，有些产地还含有芳香烃，产地不同成分有所不同。石油经分馏可以得到各种馏分，见表 2-4。

表 2-4   石油的主要馏分和用途

馏分	碳原子数	蒸馏温度/℃	主要成分	主要用途
轻质组分	$C_1 \sim C_6$	<30	甲烷、乙烷、丙烷等	化工原料、燃料
较中组分	$C_5 \sim C_6$	30~80	环戊烷、环己烷、石油醚等	溶剂
中质组分	$C_7 \sim C_{22}$	40~380	甲基环戊烷、甲基环己烷、汽油、煤油、柴油等	燃料、溶剂、工业洗涤油
重质组分	C_{20} 以上	不挥发	重柴油、润滑油、凡士林、石蜡、沥青等	机械润滑、软膏、防锈和防腐涂料、脂肪酸、制皂、蜡制品、绝缘材料、铺路及建筑材料

石油醚是一些烷烃的混合物，根据沸程的不同而分为几个等级，它们是实验室里常用的低极性的有机溶剂和萃取剂。

除了作直接用途外，石油产品还可变化为其他种类的化合物。如经裂解（cracking）将高级烷烃变成相对分子质量较小的烷烃和烯烃；经催化重组（catalytic reforming）将烷烃转变成芳香族化合物；经异构化（isomerization）将直链或支链少的烷烃异构化为支链多的烷烃。

众所周知，石油产业已成为基础化工和能源化工的根本，在我国乃至及全球的经济发展占及其重要的地位。但石油作为一次能源是非常有限的，必须节约能源和寻找新能源，以缓解日益严峻的石油危机。

此外，煤矿的坑道气中也含有 20%~30% 的甲烷；生物废料发酵产生的沼气的主要成分为甲烷，它可以作为一种气体燃料；一些植物的叶子和果皮上的蜡质层也含有高级烷烃，例如苹果皮上的蜡层中含有二十七烷和二十九烷；某些昆虫的外激素就是烷烃，例如雌虎蛾引诱雄虎蛾的性外激素是 2-甲基十七烷。

◎ 知识拓展

甲烷高效转化新突破

随着世界范围内富含甲烷的页岩气、天然气水合物、生物沼气等的大规模发现与开采，以储量相对丰富和价格低廉的天然气替代石油生产液体燃料和基础化学品成为了学术界和产业界研究和发展的重点。天然气的转化利用通常采用二步法：首先，在高温条件下通过混合氧气、二氧化碳或水蒸汽，将天然气中的甲烷分子重整为含一定比例的一氧化碳和氢气分子的合成气（SynGas）；随后，或采用由德国科学家 20 世纪 20 年代发明的费托（F-T 合成）方法，以特定的催化剂将合成气转化为高碳的烃类分子（油品和基础化学品等）；或先由合成气制备甲醇，再经微孔分子筛催化剂脱水，生产烯烃和其他化学品。这类传统的甲烷转化路线冗长，投资和消耗高，尤为突出的问题是，由于采用了氧分子作为甲烷活化的助剂或介质，过程中不可避免地形成和排放大量温室气体二氧化碳，一方面影响生态环境，另一方面致使总碳的利用率大大降低，通常不会超过一半。因此，人们一直都在努力探索天然气直接转化利用的有效方法与过程。众所周知，具有四面体对称性的甲烷分子是自然界中最稳定的有机小分子，它的选择活化和定向转化是一个世界性难题，被誉为是催化乃至化学领域的"圣杯"，长期以来一直是国内外科学家研究的主题。现有的实验表明，甲烷分子 C—H 键的有效活化通常都需要采用强氧化剂或高温氧原子，甚至要有强烈的外场(如等离子体、微波和激光等)辅助。由于这类方法存在效率低下、化学选择性差和环境不友好等缺陷，迄今为此，还没有真正实现工业化生产的实例。

在二十多年甲烷催化转化研究的基础上，中国科学院大连化学物理研究所包信和院士团队基于"纳米限域催化"的新概念，创造性地构建了硅化物晶格限域的单中心铁催化剂，成功地实现了甲烷在无氧条件下选择活化，一步高效生产乙烯、芳烃和氢气等高值化学品。其主要工作是将具有高催化活性的单中心低价铁原子通过两个碳原子和一个硅原子镶嵌在氧化硅或碳化硅晶格中，形成高温稳定的催化活性中心；甲烷分子在配位不饱和的单铁中心上催化活化脱氢，获得表面吸附态的甲基物种，进一步从催化剂表面脱附形成高活性的甲基自由基，在气相中经自由基偶联反应生成乙烯和其它高碳芳烃分子，如苯和萘等。当反应温度为 1090℃，每克催化剂每小时流过的甲烷为 21 升时，甲烷的单程转化率高达 48.1%，生成产物乙烯、苯和萘的选择性>99%，其中生产乙烯的选择性为 48.4%。催化剂在测试的 60 小时内，保持了极好的稳定性。与天然气转化的传统路线相比，该研究彻底摒弃了高耗能的合成气制备过程，大大缩短了工艺路线，反应过程本身实现了二氧化碳的零排放，碳原子利用效率达到 100%。

包信和院士团队与上海相关科研人员合作，研究了单中心铁催化剂的催化机理。利用同步辐射光源和紫外软电离分子束飞行质谱等手段对催化过程进行了原位监测，并结合高分辨电子显微镜和 DFT 理论模拟，从原子水平上认识了催化剂单铁中心活性位的结构、自由基表面引发和气相偶联生成产物的反应机制，进而揭示了单铁活性中心抑制甲烷深度活化从而避免积碳的机理，首次将单中心催化的概念引入高温催化反应。2014 年 5 月 9 日，这项科学成果发表在美国《科学》杂志上。

何鸣元院士认为："包信和及其团队在纳米限域催化领域的研究极具创新性和引领作用。从碳纳米管限域到硅化物晶格限域，对限域催化而言具极大的创新意义。""这项成果的突出的创新意义还在于，在多相和极端高温的条件下实现了金属的'单中心催化反应'，而单中心催化反应体系即使在均相条件下也并不易于构成。"清华大学化学系物理化学研究所所长徐柏庆教授认为，这是继大连化物所在 20 世纪 90 年代初发现甲烷无氧催化活化后，在天然气催化定向转化研究方向上的一次划时代性突破。加州大学伯克利分校 Alexis Bell 教授的评价是，"该成果使甲烷直接转化研究又向前迈出崭新的一步，可能成为未来产业界关注的焦点"。德国巴斯夫集团副总裁穆勒对该过程高度评价，认为是一项"即将改变世界"的新技术，未来的推广应用将为天然气、页岩气的高效利用开辟一条全新的途径。

2020 年包信和院士团队"纳米限域催化"项目获国家自然科学奖一等奖。

◎ 课后思考题

1. 美国化学家鲍林(Linus Carl Pauling)在研究价键理论时，发现甲烷的正四面体结构用传统的理论无法解释，为了解决这个问题，在1928—1931年提出了杂化轨道理论，很好地解释了甲烷的正四面体结构以及有机化合物中碳以四价的问题。你从中能得到什么启发(结合自己的学习)？

2. 生物有机体在新陈代谢过程中，一方面不断产生自由基，同时又不断清除自由基，处于平衡状态的自由基浓度极低，但起着重要的生理作用。只有在病理情况下，自由基浓度过高才会对机体造成损伤，如损害生物膜导致心脑血管的疾病等。请谈谈其中蕴含的哲理。

◎ 习 题

1. 用系统命名法命名下列化合物。

(1) $(CH_3CH_2)_2CHCH_2CH(C_2H_5)CH(CH_3)_2$　　(2) $(CH_3)_2CHCH(CH_2CH_2CH_3)CH_2CH_3$

(3)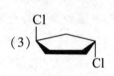

(4)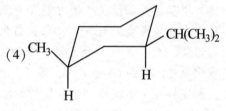

(5)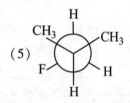

(6)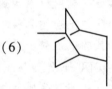

2. 写出下列烷烃的可能构造式。

(1) C_5H_{12} 中仅含有伯碳原子和季碳原子。

(2) 相对分子质量为86的烷烃，只有两种一氯代物。

(3) 分子量为100同时含有1°、3°、4°碳原子的烷烃。

3. 对违反系统命名原则的予以改正。

(1) 五位甲基12烷

(2) 反-1-甲基-2-丙基环戊烷

(3) 2-甲基-3-异丙基丁烷

4. 不查表，将下列烷烃按其沸点从高至低排列成序。

(1) 正己烷　　(2) 2-甲基戊烷　　(3) 正辛烷　　(4) 十二烷

5. 写出1-甲基-3-异丙基环己烷的椅式构象，并比较其稳定性。

6. 写出下列反应的主要产物。

(1) 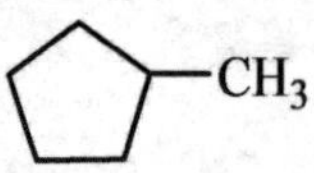
$$\text{环戊基—}CH_3 + Br_2 \xrightarrow{\text{光照}}$$

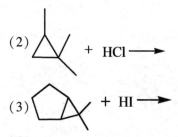

(2)   + HCl ⟶

(3)   + HI ⟶

7. 填空。

(1) 2，2，3，3-四甲基丁烷在光照下与氯气反应能生成(　　　) 种一氯代物。

(2) 下列自由基按稳定性由大到小排列顺序：_____。

①　·CH₃　　②　ĊH₂CH₂CHCH₂CH₃　　③　CH₃CH₂ĊCH₂CH₃　　④　CH₃ĊHCHCH₂CH₃
　　　　　　　　　　　　　　　│　　　　　　　　　　　│　　　　　　　　　　　│
　　　　　　　　　　　　　　CH₃　　　　　　　　　　CH₃　　　　　　　　　　CH₃

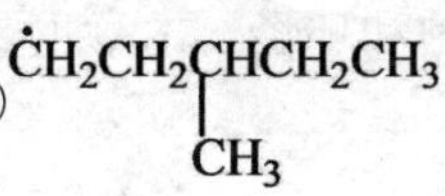

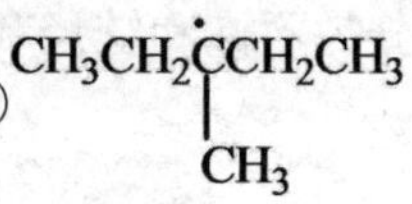

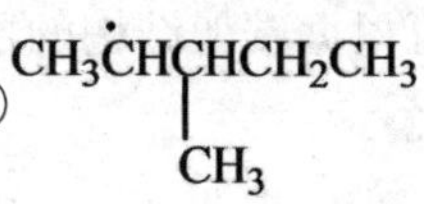

(3) 抗震颤麻痹药物多巴胺的构造式为：HO—⟨benzene ring⟩—CH₂CH₂NH₂，用 Newman 投影式（其苯环上另有一个 HO—基）

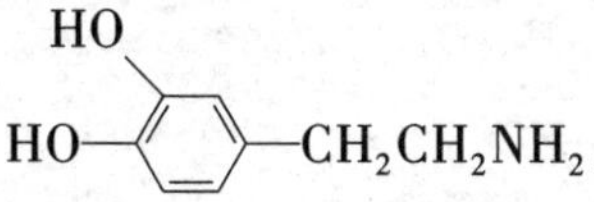

表示它作用于受体的药效构象(即围绕 C₁—C₂键旋转的对位交叉式构象)_____。

(4) 1，2-二甲基环丙烷有(　　　　)种饱和烃异构体；分别为(　　　　、　　　　)。

8. 用化学方法鉴别环丙烷和丙烷。

第3章 不饱和烃

不饱和烃(unsaturated hydrocarbon)是指分子中含有碳碳双键或叁键的烃类化合物。含有碳碳双键的是烯烃，其中包括单烯烃、二烯烃和多烯烃；含有碳碳叁键的是炔烃。不饱和烃还可根据碳架结构的不同分为不饱和链烃和不饱和环烃。本章主要讨论单烯烃、炔烃及二烯烃。

3.1 烯烃

分子中含有一个碳碳双键的开链烃，称为单烯烃，习惯上又简称烯烃(alkene)。其通式为 C_nH_{2n}，与同碳数的环烷烃互为同分异构体。

3.1.1 烯烃的异构现象和命名

1. 异构现象

由于碳碳双键的存在，烯烃的同分异构现象比烷烃复杂。除碳链异构外，还有因双键位置不同引起的位置异构以及由于双键两侧的基团在空间的排布不同引起的构型异构。

(1)构造异构　从丁烯起，烯烃就有同分异构现象。例如：

$$CH_3CH_2CH{=}CH_2 \qquad CH_3CH{=}CHCH_3 \qquad \overset{\displaystyle CH_3}{\overset{|}{CH_3C}}{=}CH_2$$

1-丁烯(Ⅰ)　　　　2-丁烯(Ⅱ)　　　2-甲基丙烯(Ⅲ)

(Ⅰ)(Ⅱ)与(Ⅲ)是碳链异构，(Ⅰ)与(Ⅱ)又互为双键位置异构。这两种异构属于构造异构。

(2)构型异构　分子中各原子或基团在空间的排布形象称为分子的构型，(构象也是指分子中各原子或基团在空间的排布形象，但这种排布可以通过单键的旋转而相互转化，而构型的转化由于受到环或双键限制必须通过键的断裂和再形成)。在烯烃分子中，连在双键碳原子上的四个原子或基团在空间有不同的排布方式，这种不同排布方式因 π 键不能旋转而固定下来，因而有可能存在构型异构。例如 2-丁烯，由于其分子中碳碳双键不能自由旋转，这两个双键碳原子所连接的原子和基团在空间就有两种不同的排布方式。例如：

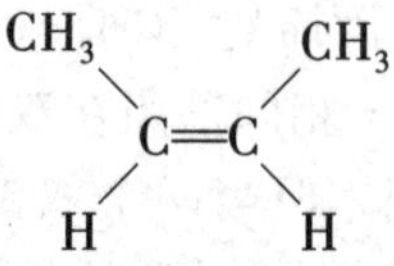

$$CH_3-C(=)-CH_3 \qquad CH_3-C(=)-H$$

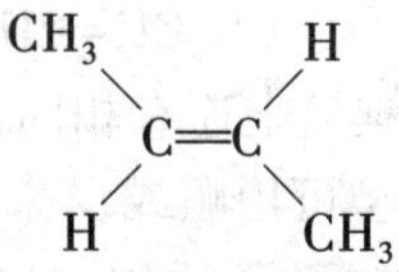

顺-2-丁烯　　　　　反-2-丁烯
（沸点 3.7℃）　　　（沸点 0.9℃）

2-丁烯的两个异构体在原子或基团的链接顺序和方式及官能团的位置上均无区别，只是基团在空间排布方式不同，相同基团在双键同侧为顺式异构体，相同基团在双键异侧为反式异构体，这种异构叫顺反异构，属于构型异构的一种。

必须指出，并不是所有的烯烃都有顺反异构现象，产生顺反异构的必要条件是：构成双键的每个碳原子都得连有不同的原子或基团，否则就不存在顺反异构现象。例如：

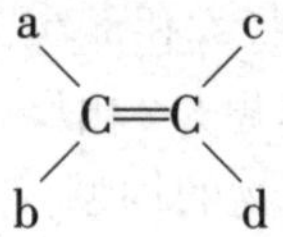

$$\begin{matrix} a & & c \\ & C=C & \\ b & & d \end{matrix}$$

当 $a \neq b$ 且 $d \neq e$ 时有顺反异构

下列烯烃均无顺反异构：

$$CH_2=CH-CH_3 \qquad CH_3CH=C(CH_3)_2$$

当分子中含有两个或多个双键，且又符合产生顺反异构的条件时，其顺反异构体数目等于或小于 2^n 个（n 为双键数）。例如 2，4-己二烯有三个顺反异构体：

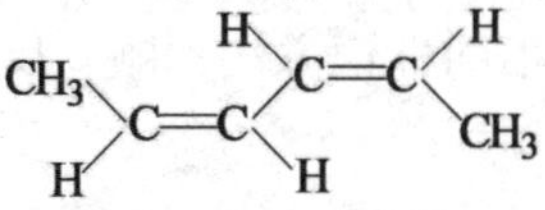

（顺，顺-） 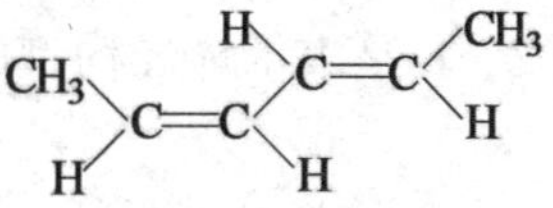　　　　　　　　（顺，反-）

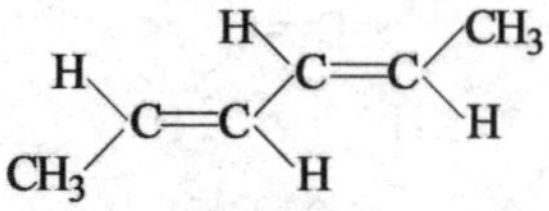

（反，反-）

2. 命名

烯烃的系统命名原则：选择含碳碳双键在内的最长碳链为主链，根据主链上碳原子数目称为"某烯"，从靠近双键的一端给主链碳原子编号，以较小数字表示双键的位次，写在名称之前。环烯中双键碳总是 1 位，其他规定与烷烃命名相同。例如：

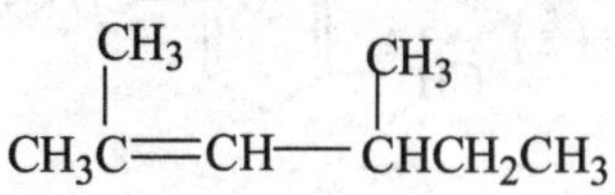

$$CH_3C(CH_3)=CH-CHCH_2CH_3$$
2，4-二甲基-2-己烯

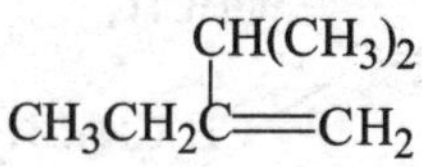

$$CH_3CH_2-C(CH(CH_3)_2)=CH_2$$
3-甲基-2-乙基-1-丁烯

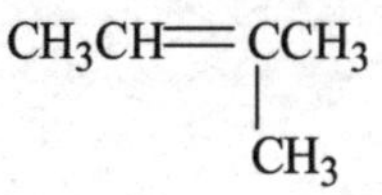

$$CH_3CH=C(CH_3)CH_3$$
2-甲基-2-丁烯

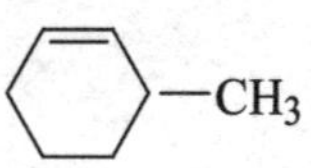

3-甲基环己烯

在烯烃分子中去掉一个氢原子，剩下的基团叫做某烯基。例如：

$CH_2=CH-$　乙烯基　$CH_3CH=CH-$　丙烯基　$CH_2=CHCH_2-$　烯丙基

有顺反异构时，如双键碳上连有相同基团，相同基团在双键同侧为顺式，在异侧为反式，如 2-丁烯的两个构型可用顺或反来标记。但当两个双键碳上连有四个不同的原子或基团时，顺、反标记法已不适用，这种情况可用 Z/E 标记法来确定它们的构型。例如：

$$\underset{H}{\overset{H_3C}{>}}C=C\underset{CH_2CH_2CH_3}{\overset{C_2H_5}{<}}$$

根据英果尔（R. S. Ingold）、凯恩（R. S. Cann）等化学家提出的原子和基团的优先次序规则，将双键每一碳上的两个原子或基团进行比较，选出优先基团。两个优先原子或基团在双键同侧的为 Z 型，异侧的为 E 型(Z 和 E 分别是德文 Zusammen 及 Entgegen 的第一个字母，前者意思是"在一起"，后者意思是"相反，相对")。

根据这个规则，便可确定下列化合物的构型：

$$\underset{H}{\overset{H_3C}{>}}C=C\underset{CH_2CH_2CH_3}{\overset{C_2H_5}{<}}\qquad\underset{Br}{\overset{H_3C}{>}}C=C\underset{C_2H_5}{\overset{H}{<}}$$

（E)-3-乙基-2-己烯　　　　（Z)-2-溴-2-戊烯

命名烯烃时首先要判断该烯烃有没有构型异构，其次要看题意有没有标记构型的要求，最后顺、反和 Z, E 是表示烯烃构型的两种不同标记方法，顺、反和 Z、E 没有必然联系。例如：

$$\underset{H}{\overset{H_3C}{>}}C=C\underset{CH_2CH_2CH_3}{\overset{CH_3}{<}}\qquad\underset{H}{\overset{CH_3}{>}}C=C\underset{H}{\overset{CH_3}{<}}$$

顺-3-甲基-2-己烯　　　　　顺-2-丁烯
（E)-3-甲基-2-己烯　　　　（Z)-2-丁烯

思考题 3-1　给下列化合物命名。

（1）$\underset{CH_3CH_2}{\overset{CH_3}{>}}C=C\underset{CH_2CH_2CH_3}{\overset{\overset{CH_3}{|}CHCH_3}{<}}$　　　（2）

3.1.2　烯烃的结构

烯烃分子中，组成双键的碳原子采取 sp^2 杂化，即一个 2s 轨道与两个 2p 轨道杂化形成三个等同的 sp^2 杂化轨道。

在乙烯分子中，两个碳原子各以一个 sp^2 杂化轨道沿对称轴方向相互重叠形成一个
C—C σ 键，又各以两个 sp^2 杂化轨道与氢原子的 1s 轨道重叠，形成四个 C—Hσ 键，这样
形成的五个 σ 键都在同一平面上，见图 3-1。每个碳原子上还有一个未参与杂化的 p 轨
道，其对称轴垂直于这五个键所在的平面，且相互平行，侧面重叠，形成 π 键，见图
3-2。

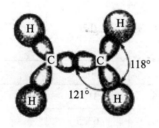

图 3-1　乙烯分子中的 σ 键

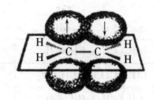

图 3-2　乙烯分子中的 σ 键和 π 键

因此，碳碳双键是由一个 σ 键和一个 π 键组成。由于 π 键是两个 p 轨道侧面重叠形
成的，碳碳键的旋转会破坏 p 轨道的重叠而导致 π 键的断裂，在不破坏 π 键的前提下碳
碳双键不能自由旋转。

π 键重叠程度一般比 σ 键小，不如 σ 键稳定，比较容易断裂。C＝C 的键能为
611KJ·mol^{-1}，比 C—C 键能的两倍要小。碳碳 π 键的键能约为 264 kJ·mol^{-1}，C＝C 的
键长为 0.134 nm，比 C—C 的键长(0.154 nm)短。

由于 π 键的电子云不像 σ 键电子云那样集中在两个原子核的连线上，而是分布在 σ
键上下两方，故原子核对 π 电子的束缚力较小，导致 π 电子云具有较大的流动性，在外
界电场的影响下比较容易极化，π 键不能单独存在。

3.1.3　烯烃的物理性质

烯烃的物理性质与烷烃相似，其沸点、熔点及相对密度随相对分子质量的增加而上
升。在常温、常压下，$C_2 \sim C_4$ 的烯烃为气体，$C_5 \sim C_{18}$ 的烯烃为液体，C_{19} 以上的为固体。
同分异构体顺式烯烃沸点比反式略高，熔点则相反。它们都难溶于水，易溶于有机溶剂，
相对密度都小于 1。部分烯烃的物理常数见表 3-1。

表 3-1　　　　　　　　　　　　　　烯烃的物理常数表

名称	构造式	熔点/℃	沸点/℃	相对密度 d_4^{20}
乙烯	$CH_2＝CH_2$	-169.5	-103.7	0.570(在沸点时)
丙烯	$CH_3CH＝CH_2$	-185.2	-47.7	0.610(在沸点时)
1-丁烯	$CH_3CH_2CH＝CH$	-130.0	-6.4	0.625(在沸点时)

名称	构造式	熔点/℃	沸点/℃	相对密度 d_4^{20}
顺-2-丁烯	$\overset{CH_3}{\underset{H}{}}C=C\overset{CH_3}{\underset{H}{}}$	−139.3	3.5	0.621
反-2-丁烯	$\overset{CH_3}{\underset{H}{}}C=C\overset{H}{\underset{CH_3}{}}$	−105.5	0.9	0.604
1-戊烯	$CH_3(CH_2)_2CH=CH_2$	−166.2	30.1	0.641
2-甲基-1-丁烯	$CH_2=C(CH_3)CH_2CH_3$	−137.6	31.2	0.650
1-己烯	$CH_3(CH_2)_3CH=CH_2$	−139.0	63.5	0.673
1-十八碳烯	$CH_3(CH_2)_{15}CH=CH_2$	17.5	179.0	0.791

3.1.4 烯烃的化学性质

烯烃分子中的 π 键是 p 轨道侧面重叠形成的，不稳定，易断裂，所以烯烃的化学性质特别活泼，其主要性质有加成、氧化、聚合等反应。

1. 亲电加成反应

在烯烃分子中 π 电子云暴露于分子外部很容易受到亲电试剂的进攻而发生反应，其结果是 π 键断裂，形成两个稳定的 σ 键，从而生成饱和的化合物。

(1) 与卤素加成　烯烃能与卤素发生加成反应，不同的卤素反应活性不同。氟与烯烃的反应非常猛烈，常使烯烃完全分解；氯与烯烃反应较氟缓和，但也要加溶剂稀释；溴与烯烃可正常反应，而碘的活性低难反应。将乙烯通人溴的四氯化碳溶液中，溴的红棕色迅速褪去，生成无色的 1，2-二溴乙烷。实验室中常用此法鉴别碳碳双键的存在。

$$CH_2{=}CH_2 + Br_2 \xrightarrow{CCl_4} \underset{Br}{CH_2}{-}\underset{Br}{CH_2}$$

1，2-二溴乙烷

碘与烯烃很难反应，但氯化碘(ICl)或溴化碘(IBr)能与烯烃迅速反应，如：

$$C{=}C + IBr \longrightarrow \underset{Br}{C}{-}\overset{I}{C}$$

这个反应常用来测定油脂和某些天然产物的不饱和度。

烯烃与溴的加成反应历程：当溴与烯烃分子接近时，在烯烃 π 电子的影响下，溴分子发生极化，并与烯烃作用生成溴镓离子和溴负离子，然后溴镓离子和溴负离子反应，生成 1，2-二溴化物。

$$\overset{|}{\underset{|}{C}}=\overset{|}{\underset{|}{C} }+\overset{\delta^+}{Br}-\overset{\delta^-}{Br}\xrightarrow{\text{慢}}\quad \overset{|}{\underset{|}{C}}\underset{\underset{|}{C}}{} \quad Br^+ + Br^-$$

溴鎓离子

$$\overset{|}{\underset{|}{C}}\underset{\underset{|}{C}}{}\ Br^+ + Br^-\xrightarrow{\text{快}}\ -\overset{|}{\underset{|}{C}}-\overset{\overset{Br}{|}}{\underset{\underset{Br}{|}}{C}}-$$

上述加成反应是由亲电试剂 Br^+（溴带正电一端）进攻引起的，这种由亲电试剂进攻而引起的加成反应叫做亲电加成反应。

烯烃与卤素的亲电加成历程，得到实验的有力证明。当乙烯与溴的加成反应在氯化钠水溶液中进行时，得到的产物为一混合物。

$$CH_2{=}CH_2 + Br_2 \xrightarrow[H_2O]{NaCl} \underset{\underset{Br}{|}}{CH_2}{-}\underset{\underset{Br}{|}}{CH_2}+\underset{\underset{Br}{|}}{CH_2}{-}\underset{\underset{Cl}{|}}{CH_2}+\underset{\underset{Br}{|}}{CH_2}{-}\underset{\underset{OH}{|}}{CH_2}$$

产物中没有 1，2-二氯乙烷，以上事实说明，乙烯与溴的加成不是一步完成的而是分步进行的，引起反应的试剂不是 Cl^-。第一步，溴分子向乙烯分子进攻生成溴鎓离子，这一步反应活化能高，反应较慢，决定整个反应的速度。第二步，很不稳定的溴鎓离子立即与溴或氯负离子及水结合，得到加成产物。该历程为反式加成。例如：

（2）与卤化氢加成　烯烃可与卤化氢加成，生成卤代烷。

$$CH_2{=}CH_2 + HX \longrightarrow CH_3{-}CH_2X$$

反应时，活性次序为：

$$HI>HBr>HCl>HF$$

$$CH_3(CH_3)C{=}CH_2>CH_3CH{=}CH_2 \quad CH_3CH{=}CHCH_3>CH_2{=}CH_2$$

不对称烯烃与 HX 加成时，可得两种产物。例如：

$$CH_3{-}CH{=}CH_2+HBr \longrightarrow$$

→ $CH_3{-}\underset{\underset{Br}{|}}{CH}{-}CH_3$ 　2-溴丙烷（主要产物）

→ $CH_3CH_2CH_2Br$ 　1-溴丙烷（次要产物）

实验证明，上述反应的主要产物是 2-溴丙烷。马尔可夫尼可夫（Marko-vnikov）根据大量的实验事实，总结出一条经验规律：不对称烯烃与 HX 加成时，氢原子主要加到含氢较多的双键碳上，而卤原子加到含氢较少的双键碳上，此规律简称马氏规则。

马氏规则可用诱导（静态）效应来解释。诱导效应是一种电子效应，是指在有机物分子中，由于原子或基团的电负性大小不同，使分子中成键电子云向某一方向发生偏移而对分子的性质产生影响的效应，常用符号 I 表示。例如：

$$-\overset{|}{\underset{|}{C}}_4 \longrightarrow \overset{|}{\underset{|}{C}}_3^{\delta\delta\delta+} \longrightarrow \overset{|}{\underset{|}{C}}_2^{\delta\delta+} \longrightarrow \overset{|}{\underset{|}{C}}_1^{\delta+} \longrightarrow Cl^{\delta-}$$

由于 Cl 原子电负性比碳大，其吸电子作用使 C_1 上带有部分正电荷。而 Cl 原子的吸电子作用可沿 σ 键传到 C_2 及 C_3 上使 C_2、C_3 上也带有少量正电荷，分子中电子云向 Cl 原子一方偏移使分子极化。但诱导效应随碳链增长急剧减小，一般隔三个 σ 键就可忽略不计了。诱导效应具有加和性，它只改变分子中碳原子上电子密度分布，不能改变键的本质，其强弱只与原子或基团的电负性大小有关。

在比较各种原子或基团的诱导效应强弱时，常以氢原子为标准。一个原子或基团的吸电子能力比氢原子强，就产生吸电子诱导效应，用 -I 表示。例如：

吸电子能力：$F>Cl>Br>I>CH_3 O->HO->C_6 H_5->H$

若吸电子能力不及氢原子，就产生斥电子诱导效应，用 +I 表示。例如：

斥电子能力：$(CH_3)_3C->(CH_3)_2 CH->CH_3 CH_2 CH_2->CH_3->H$

根据诱导效应不难理解，丙烯与 HBr 加成时，由于甲基的 +I 效应，使双键上电子云发生偏移而极化，含氢较多的双键碳上电子云密度较大，有利于亲电试剂的进攻。所以氢原子主要加到这一碳上。

$$CH_3 \rightarrow CH\overset{\frown}{=}CH_2 + \overset{\delta+}{H}-\overset{\delta-}{Br} \longrightarrow CH_3 - \overset{\overset{Br}{|}}{CH}-CH_3$$

马氏规则也可用反应过程中生成的碳正离子中间体的相对稳定性来解释。烯烃与卤化氢的加成反应历程如下：

$$HX \Longleftrightarrow H^+ + Cl^-$$

$$\underset{/}{\overset{\backslash}{C}}=\underset{\backslash}{\overset{/}{C}} + H^+ \overset{慢}{\longrightarrow} -\overset{\overset{H}{|}}{\underset{|}{C}}-\overset{+}{\underset{|}{C}}-$$

$$-\overset{\overset{H}{|}}{\underset{|}{C}}-\overset{+}{\underset{|}{C}}- + X^- \overset{快}{\longrightarrow} -\overset{\overset{H}{|}}{\underset{|}{C}}-\overset{\overset{X}{|}}{\underset{|}{C}}-$$

其中生成碳正离子的一步，涉及 π 键断裂，反应较慢，是决定整个反应速度的一步。此步生成的碳正离子越稳定，该碳正离子就越容易生成，由它进一步反应得到的产物就是主要产物。当烷基与带正电荷的中心碳原子相连时，由于烷基的 +I 效应，使中心碳上的正电荷得到分散。中心碳上所连烷基越多，正电荷分散程度越大。根据静电学原理，一个带电体系的电荷越分散，体系越稳定。因此，不同类型碳正离子的相对稳定性次序为：

$$CH_3-\overset{\overset{CH_3}{|}}{\underset{CH_3}{C^+}} > CH_3-\overset{\overset{H}{|}}{\underset{CH_3}{C^+}} > CH_3-\overset{\overset{H}{|}}{\underset{H}{C^+}} > H-\overset{\overset{H}{|}}{\underset{H}{C^+}}$$

即：叔>仲>伯>$^+CH_3$

当丙烯与 HBr 加成时，可生成两种碳正离子：

$$CH_3CH=CH_2 + H^+ \longrightarrow \begin{cases} CH_3\overset{+}{-}CH-CH_3 & (\text{I}) \\ CH_3-CH_2-\overset{+}{CH_2} & (\text{II}) \end{cases}$$

碳正离子（Ⅰ）比（Ⅱ）稳定，所以主要产物为 2-溴丙烷，符合马氏规则。

由上述可见，烯烃与 HX 的加成反应也属于亲电加成。当不饱和碳上氢原子被烷基取代后，由于烷基的 +I 效应使双键碳上电子云密度增大，亲电加成反应速度也随之增大。

当有过氧化物（如 H_2O_2、ROOR 等）存在时，丙烯或其他不对称烯烃与 HBr 加成时，其产物是反马氏规则的。例如：

$$CH_3CH=CH_2 + HBr \xrightarrow{\text{过氧化物}} CH_3CH_2CH_2Br$$

过氧化物的存在，对 HCl 和 HI 的加成方式没有影响。

（3）与硫酸加成　烯烃与冷的浓硫酸发生亲电加成反应，生成硫酸氢酯，加成的取向也遵循马氏规则。硫酸氢酯水解得到醇，利用这一反应可由烯烃制取醇类。利用不同烯烃可制备伯、仲、叔醇。

活性：$(CH_3)_2C=CH_2 > CH_3CH=CH_2 > CH_2=CH_2$。例如：

$$H_2C=CH_2 \xrightarrow[90℃]{98\%H_2SO_4} CH_3CH_2OSO_3H \xrightarrow{H_2O} CH_3CH_2OH$$

$$H_3CHC=CH_2 \xrightarrow[50℃]{80\%H_2SO_4} \underset{\underset{OSO_3H}{|}}{CH_3CHCH_3} \xrightarrow{H_2O} \underset{\underset{OH}{|}}{CH_3CHCH_3}$$

$$\underset{\underset{CH_3}{|}}{H_3C-C=CH_2} \xrightarrow[25℃]{60\%H_2SO_4} \underset{\underset{CH_3}{|}}{\overset{\overset{OSO_3H}{|}}{H_3C-C-CH_3}} \xrightarrow{H_2O} \underset{\underset{CH_3}{|}}{\overset{\overset{OH}{|}}{H_3C-C-CH_3}}$$

烷烃不与浓硫酸反应，因此可利用这一反应除去烷烃中的少量烯烃。

（4）与水加成　在酸催化下，烯烃可直接与水进行加成生成醇，加成的取向也符合马氏规则。选择不同烯烃也可得到伯、仲、叔醇，反应比硫酸难。例如：

$$CH_2=CH_2 + H_2O \xrightarrow[300℃，7\sim8MPa]{H_3PO_4} CH_3CH_2OH$$

$$CH_3CH=CH_2 + H_2O \xrightarrow[195℃，2MPa]{H_3PO_4} (CH_3)_2CHOH$$

这种制备醇的方法称作直接水合法。

（5）催化氢化　一般情况下，烯烃和氢在 200℃ 时仍不起反应。但在催化剂（如铂、钯或镍等）存在时，烯烃可与氢发生加成反应生成烷烃。在催化剂作用下，烯烃与氢气的加成反应又称为烯烃的氢化反应。例如：

$$CH_2=CH_2 + H_2 \xrightarrow{\text{催化剂}} CH_3-CH_3$$

烯烃氢化反应是在催化剂表面进行的。氢和烯烃被吸附在催化剂的表面，使它们分子中的 π 键和 H-H σ 键减弱或断裂，降低了反应的活化能。

烯烃的氢化反应是放热反应，1 mol 烯烃氢化时放出的热量称为氢化热，根据氢化热不同，可用来分析一些烯烃的相对稳定性。例如：

$$\text{顺-2-丁烯} + H_2 \xrightarrow{\text{催化剂}} CH_3CH_2CH_2CH_3 + 115.5\text{kJ/mol}$$

$$\text{反-2-丁烯} + H_2 \xrightarrow{\text{催化剂}} CH_3CH_2CH_2CH_3 + 119.7\text{kJ/mol}$$

顺-2-丁烯和反-2-丁烯氢化后的产物都是丁烷，反式比顺式少放出 4.2 kJ·mol^{-1} 的能量，意味着反式的内能比顺式低，也就是说反-2-丁烯比顺-2-丁烯稳定。

该反应定量进行，根据氢的用量可判断分子中 π 键数目。

2. 氧化反应

烯烃容易被氧化，其氧化产物随着反应条件及氧化剂的不同而不同。

(1)催化氧化 乙烯在银催化剂存在下，被空气中的氧直接氧化为环氧乙烷，这是工业上生产环氧乙烷的方法。环氧乙烷的性质很活泼，是有机合成的重要中间体。

$$2CH_2{=}CH_2 + O_2 \xrightarrow[200\sim300℃]{Ag} 2H_2C{-}CH_2 \,(O)$$

(2)被 $KMnO_4$ 氧化 在中性或碱性条件下，用冷的、稀的 $KMnO_4$ 溶液与烯烃作用，可使烯烃的 π 键断裂，氧化生成邻二醇。例如：

$$R{-}CH{=}CH_2 + KMnO_4 + H_2O \longrightarrow R{-}\underset{OH}{CH}{-}\underset{OH}{CH_2} + KOH + MnO_2\downarrow$$

环己烯 $+ KMnO_4 + H_2O \xrightarrow[0\sim5℃]{\text{中性或碱性介质}}$ 环己二醇 $+ MnO_2\downarrow + KOH$

如果在酸性条件下 $KMnO_4$ 氧化能力强，双键均被氧化生成羧酸(或 CO_2)或酮。

$$RCH{=}CH_2 \xrightarrow[H_2SO_4]{KMnO_4} RCOOH + CO_2$$

$$\underset{R}{\overset{R'}{>}}C{=}CHR'' \xrightarrow[H_2SO_4]{KMnO_4} \underset{R}{\overset{R'}{>}}C{=}O + R''COOH$$
酮　　　羧酸

分子中不同结构部位氧化后生成的产物具有模式化：$CH_2{=}$ 被氧化为 CO_2、$RCH{=}$ 被氧化为 $RCOOH$、$R_1R_2C{=}$ 被氧化为 $R_1R_2C{=}O$，并且氧化产物保持了原来烯烃的部分碳架结构，因此该反应不但用于不饱和烃的鉴定，更重要的是用于推断烯烃分子结构。

(3)臭氧化反应 在低温时，将含有 6%～8% 臭氧的氧气通入烯烃或烯烃的惰性溶液中，烯烃被氧化成不稳定的臭氧化物，这个反应称为臭氧化反应。生成的臭氧化物在还原剂锌粉存在下水解生成醛或酮。

$$R'-\overset{R}{\underset{}{C}}=CH-R'' \xrightarrow{O_3} \overset{R}{\underset{R'}{C}}\underset{O-O}{\overset{O-O}{\diagdown}}CH-R'' \xrightarrow[-H_2O_2]{Zn/H_2O} R-\overset{O}{\overset{\|}{C}}-R' + R''-CHO$$

酮　　　醛

根据臭氧化物的还原水解产物的结构，也可推断原烯烃中双键位置及分子结构。还原剂的作用是防止水解产生的过氧化氢氧化醛。

思考题 3-2　完成下列化学反应。

$$(1)\ \underset{CH_3CH}{}=\overset{CH_3}{\underset{|}{C}}CH_2CH_3 \xrightarrow[H_2SO_4]{KMnO_4} \qquad (2)\ CH_3\overset{CH_3}{\underset{|}{C}}=CHCH_2CH=CH_2 \xrightarrow[H_2SO_4]{KMnO_4}$$

思考题 3-3　根据经臭氧氧化—还原水解的产物情况，推断原烯烃的结构。

$$(1)\ \overset{O}{\overset{\|}{CH_3CH}} + \overset{O}{\overset{\|}{CH_3CCH_3}} \quad (2)\ \overset{O}{\overset{\|}{CH_3CCH_2}}\overset{O}{\overset{\|}{CH_2CCH_3}} \quad (3)\ \bigcirc\!\!=\!O + HCHO$$

3. α 氢的反应

在有机分子中，与官能团直接相连的碳原子通常称为 α 碳，α 碳上所连的氢原子则称为 α 氢。烯烃分子中的 α 氢受到双键的影响，表现出特殊的活泼性，易发生卤代、氧化等反应。例如：

$$CH_3CH\!=\!CH_2 + Cl_2 \xrightarrow{500℃} CH_2\!=\!CH-CH_2Cl + HCl$$

3-氯丙烯

$$CH_3CH\!=\!CH_2 + O_2 \xrightarrow[350℃\ 0.25MPa]{Cu_2O} CH_2\!=\!CH-CHO$$

丙烯醛

碳碳双键与卤素加成属于离子型反应，通常条件下就能进行，而 α 氢取代反应属于烷烃自由基反应，需要高温、光照或过氧化物等反应条件，温度接近 500℃ 时，氯代反应进行迅速，3-氯丙烯的产率很高。

4. 聚合反应

烯烃分子在催化剂、引发剂或光照下，π 键断裂，进行自身相互加成，生成分子质量较大的化合物，这类反应称为聚合反应。发生聚合反应的低分子物质称为单体，聚合产物称为聚合物。例如：

$$nCH_2\!=\!CH_2 \xrightarrow[100\sim150MPa]{200\sim300℃，微量O_2} \left[CH_2-CH_2\right]_n$$

单体　　　　　　　聚合物（聚乙烯）

聚乙烯为白色无味无臭无毒固体，是一种性能优良用途很广的塑料。高压聚乙烯主要用作薄膜、注塑和吹塑塑料制品以及电线电缆等，低压聚乙烯主要用作电绝缘材料等。

3.1.5　烯烃的重要代表物——乙烯

乙烯是石油化工工业最主要的基础原料之一，用于制造合成橡胶、树脂、合成纤维、塑料、乙醇、乙醛、醋酸、环氧乙烷等。目前乙烯系列产品占石油化工产品产值的一半左右，国际上常以乙烯生产水平来衡量一个国家石油化工工业水平。

乙烯还是植物的内源激素之一，是植物细胞的正常代谢产物，不少植物器官中都含有微量的乙烯。乙烯具有促进果实成熟等功能，因此可作为香蕉、番茄等的催熟剂。由于乙烯是气体，直接使用不方便，在实际应用中，常用乙烯利、乙二磷酸、双(苄氧基)-2-氯甲基乙基硅烷等代替乙烯，它们被植物吸收后，能分解并释放出乙烯，起到与直接使用乙烯同样的效果。如乙烯利：

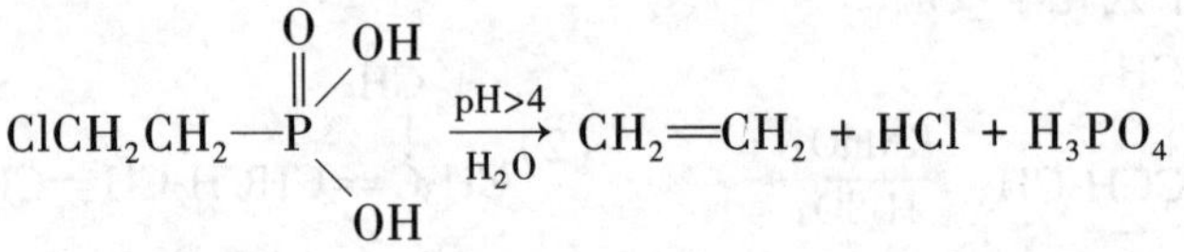

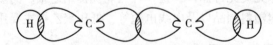

3.2　炔烃

炔烃(alkynes)是分子中含有碳碳叁键的烃类化合物。单炔烃的通式为 C_nH_{2n-2}，与碳原子数相同的二烯烃或环烯互为同分异构体。

3.2.1　炔烃的异构现象和命名

炔烃的构造异构与烯烃相似，也存在着碳链异构和官能团的位置异构，炔烃不存在构型异构体。炔烃的系统命名与烯烃相似，只是将"烯"字改为"炔"。例如：

$$CH_3C\equiv CCH_2CH_3 \qquad\qquad CH_3CH(CH_3)CH_2C\equiv CH$$

2-戊炔　　　　　　　　　　　4-甲基-1-戊炔

同时含有叁键和双键的不饱和烃称为某"烯炔"。命名时应选取含双键和叁键碳在内的最长碳链为主链；从离不饱和键较近的一端开始，给主链碳原子编号；当主链两端离不饱和键距离相同时，应使双键的位次较小。例如：

$$CH_3CH_2(CH_3)C=CHCH_2C\equiv CH \qquad CH_2=C(CH_3)CH_2CH_2C\equiv CH$$

5-甲基-4-庚烯-1-炔　　　　　　　　2-甲基-1-己烯-5-炔

3.2.2　炔烃的结构

炔烃分子中，组成叁键的碳原子为 sp 杂化，两个 sp 杂化轨道对称轴在一条直线上。在乙炔分子中，两个碳原子各以一个 sp 杂化轨道沿对称轴方向相互重叠形成 C—C σ 键，另两个 sp 杂化轨道各与氢原子的 1s 轨道重叠形成两个 C—H σ 键。因此乙炔分子中碳原子和氢原在同一条直线上即键角为 180°，见图 3-3。

图 3-3　乙炔分子中的 σ 键

每个碳原子上的两个未杂化的 p 轨道，分别两两相互平行侧面重叠，形成两个相互垂直的 π 键。两个 π 键的电子云围绕着 σ 键呈圆筒状，见图 3-4。

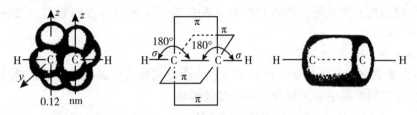

图 3-4　乙炔分子中的 π 键

因此，碳碳叁键是由一个 σ 键和两个相互垂直的 π 键组成。现代物理方法证明乙炔分子中所有原子都在一条直线上；碳-碳叁键的键长为 0.120 nm，比碳-碳双键的键长短；碳-碳叁键的键能为 835 kJ·mol^{-1}。

3.2.3　炔烃的物理性质

炔烃的物理性质与烯烃相似，同样是随着相对分子质量增加而有规律地变化。它们的熔点、沸点与对应的烷烃、烯烃相比，要稍高一些；相对密度稍大一些。常温、常压下四个碳以下的炔烃为气体，四个碳以上的炔烃为液体，高级炔烃为固体。常见炔烃的物理常数见表 3-2。

表 3-2　　　　　　　　　　　　部分炔烃的物理常数

名称	构造式	熔点/℃	沸点/℃	相对密度 d_4^{20}
乙炔	$CH \equiv CH$	-81.8	-83.4(升华)	0.618(在沸点)
丙炔	$CH_3C \equiv CH$	-101.5	-23.2	0.671(在沸点)
1-丁炔	$CH \equiv CCH_2CH_3$	-122.0	8.5	0.668(在沸点)
2-丁炔	$CH_3C \equiv CCH_3$	-32.3	27.0	0.691
1-戊炔	$CH \equiv CCH_2CH_2CH_3$	-98	40.2	0.695
2-戊炔	$CH_3C \equiv CCH_2CH_3$	-101	55.0	0.714
3-甲基-1-丁炔	$CH \equiv CCH(CH_3)CH_3$	-89.7	29.4	0.665
1-己炔	$CH \equiv CCH_2CH_2CH_2CH_3$	-124.0	72.0	0.719
2-己炔	$CH_3C \equiv CCH_2CH_2CH_3$	-88	84.0	0.731
3-己炔	$CH_3CH_2C \equiv CCH_2CH_3$	-105	81.0	0.723

3.2.4 炔烃的化学性质

炔烃分子中含有碳碳叁键，与烯烃相似，也可以发生加成、氧化和聚合等反应。但由于叁键与双键结构上的差异，使得炔烃在某些反应中表现出一定的差别以及一些特有性质。

1. 加成反应

(1)与卤素和卤化氢的加成　炔烃与卤素或卤化氢加成生成卤代烯烃，继续反应生成卤代烷烃，反应属于亲电加成反应，但比烯烃困难。

$$CH \equiv CH \xrightarrow{Br_2} \underset{H}{\overset{Br}{C}} = \underset{Br}{\overset{H}{C}} \xrightarrow{Br_2} CHBr_2 - CHBr_2$$

反-1,2-二溴乙烯　　1,1,2,2-四溴乙烷

$$CH \equiv CH + HCl \xrightarrow[120\sim180℃]{HgCl_2} CH_2 = CHCl$$

氯乙烯

不对称炔烃与卤化氢加成反应符合马氏规则，例如：

$$HC \equiv CCH_3 + HBr \longrightarrow \underset{Br}{\overset{}{CH_2}} = CCH_3 \xrightarrow{HBr} CH_3 \underset{Br}{\overset{Br}{C}}CH_3$$

当分子中同时存在碳碳叁键和双键时，控制卤素用量，一般是碳碳双键优先加成，这也说明碳碳叁键比双键稳定，例如：

$$CH_2 = CHCH_2C \equiv CH + Br_2 \longrightarrow \underset{Br}{\overset{}{CH_2}} - \underset{Br}{\overset{}{CH}}CH_2C \equiv CH$$

从本质上说键就是作用力，因此含两个 π 键的叁键比含一个 π 键的双键稳定，亲电加成反应也就要难一些。

(2)水合反应　在硫酸汞的稀硫酸溶液催化下，炔烃与水加成，首先生成烯醇，烯醇立即重排为稳定的醛或酮。炔烃的水合反应又称为库切洛夫(Kucherov)反应。例如：

$$CH \equiv CH + H_2O \xrightarrow[H_2SO_4]{HgSO_4} [CH_2 = CHOH] \longrightarrow CH_3CHO$$

乙烯醇　　　　　　　　乙醛

$$CH_3 - C \equiv CH + H_2O \xrightarrow[H_2SO_4]{HgSO_4} \left[\underset{}{\overset{OH}{\underset{CH_3 - C = CH_2}{|}}} \right] \longrightarrow CH_3 - \overset{O}{\overset{\|}{C}} - CH_3$$

丙烯-2-醇　　　　　　丙酮

只有乙炔的水合反应得到乙醛，其他炔烃反应后都得到酮。炔烃的水合反应也遵从马氏规则。

思考题 3-4 下列炔烃发生水合反应哪些能得到单一的酮产物？

(1)1-戊炔　　(2) 2-戊炔　　(3) 环己炔　　(4) 3-己炔

(3)与氢氰酸加成　氢氰酸与烯烃难起加成反应，但在催化剂存在下可与炔烃加成生成烯腈。反应属于亲核加成，但也遵从马氏规则。例如：

$$CH\equiv CH + HCN \xrightarrow[80\sim90℃]{Cu_2Cl_2} CH_2=CH-CN$$
丙烯腈

$$R-C\equiv CH + HCN \xrightarrow[80\sim90℃]{Cu_2Cl_2} CH_2=\underset{R}{C}-CN$$

丙烯腈是合成橡胶和合成纤维的原料。

(4)催化氢化　在催化剂存在下，炔烃与两分子氢气加成生成烷烃。

$$R-C\equiv CH \xrightarrow[催化剂]{H_2} R-CH=CH_2 \xrightarrow[催化剂]{H_2} R-CH_2CH_3$$

由于催化加氢是在催化剂表面进行的，炔烃比烯烃更易被吸附在催化剂表面，因此炔烃比烯烃更容易加氢。利用这一差别，选择适当的催化剂(比如 Lindlar 催化剂：将金属钯沉积在碳酸钙或硫酸钡上，用喹啉或乙酸铅处理降低了活性的一类催化剂)，控制一定条件，可使炔烃加氢停留在烯烃阶段。如生成的烯烃有构型时，产物为顺式烯烃。例如：

$$CH_3-C\equiv C-CH_3 + H_2 \xrightarrow[喹啉]{Pd-BaSO_4} \underset{H}{\overset{CH_3}{C}}=\underset{H}{\overset{CH_3}{C}}$$

2. 聚合反应

与烯烃相似，炔烃也能进行聚合反应。但聚合产物常是短链分子，当所用催化剂和反应条件不同时可以聚合成链状或环状化合物。例如：

$$2CH\equiv CH \xrightarrow[NH_4Cl]{Cu_2Cl_2} CH_2=CH-C\equiv CH$$
乙烯基乙炔

$$3HC\equiv CH \xrightarrow[Ni(CO)_2\text{ 配合催化剂}]{三苯基膦} \bigcirc$$
苯

3. 氧化反应

炔烃也能被高锰酸钾或臭氧氧化，生成羧酸或二氧化碳等产物。

$$R-C\equiv CH \xrightarrow[(or\ KMnO_4,\ H^+)]{KMnO_4,\ OH^-} RCOOH+CO_2+H_2O$$

$$R-C\equiv C-R' \xrightarrow[CCl_4]{O_3} R-\underset{O-O}{\overset{O}{\underset{|}{C}}}\overset{|}{C}-R' \xrightarrow{H_2O} RCOOH+R'COOH$$

和烯烃的氧化一样，由所得产物的结构也可推断原炔烃的结构。

4. 炔化物的生成

乙炔和端炔(R-C≡CH)中的炔氢，比较活泼，具有微弱的酸性(pKa=25)，可被碱金属或重金属离子取代，生成金属炔化物。例如：

$$HC \equiv CH + 2Na \xrightarrow{190 \sim 200 \text{℃}} NaC \equiv CNa + H_2 \uparrow$$

$$HC \equiv CH + 2Ag(NH_3)_2^+ \longrightarrow AgC \equiv CAg \downarrow + 2NH_4^+ + 2NH_3$$
$$\text{白色}$$

$$RC \equiv CH + Cu(NH_3)_2^+ \longrightarrow RC \equiv CCu \downarrow + NH_4^+ + NH_3$$
$$\text{砖红色}$$

重金属炔化物干燥时因撞击或受热会发生爆炸，可用盐酸或硝酸处理又分解出原来炔。利用这一反应可鉴定分子中是否含有—C≡CH结构；还可以分离纯化端炔。

由于s轨道电子云密集原子核周围，其电子受原子核束缚较大，而p轨道电子云离核较远，其电子受原子核束缚较小，换言之，s轨道电负性较p轨道大，在杂化轨道中s成分越多电负性就越大，因此，各种不同杂化形式的碳原子的电负性大小是sp>sp^2>sp^3。所以，炔氢原子与相应的烯烃(≡CH—H)、烷烃(—CH$_2$—H)的氢原子相比，较活泼，更易解离质子而显弱酸性。

3.2.5 炔烃的重要代表物——乙炔

乙炔俗称电石气，是最简单的炔烃。微溶于水，溶于乙醇，易溶于丙酮。乙炔的化学性质很活泼，能起加成反应和聚合反应。与空气能形成爆炸性混合物，且爆炸范围很大(含乙炔3%~80%体积)。在氧气中燃烧可产生3500℃高温，用于金属焊接或切割。大量用作石油化工原料，制备聚氯乙烯、氯丁橡胶、醋酸、醋酸乙烯酯等。

工业上可由天然气和石油裂解制备乙炔，也可由焦炭和生石灰在高温电炉中作用生成电石，电石与水反应生成乙炔。

$$3C + CaO \xrightarrow{2000\text{℃}} CaC_2 + CO$$
$$CaC_2 + 2H_2O \longrightarrow CH \equiv CH + Ca(OH)_2$$

3.3 二烯烃

分子中含有两个碳碳双键的碳氢化合物，叫做二烯烃(alkadiene)。通式为C_nH_{2n-2}，它与同碳数炔烃或环烯烃互为同分异构体。

3.3.1 二烯烃的分类

根据二烯烃分子中两个双键的相对位置不同，二烯烃可分为三类：

1. 聚集二烯烃

两个碳碳双键连在同一碳原子上。例如：
$$\text{丙二烯} \qquad CH_2 = C = CH_2$$

2. 隔离二烯烃

两个双键被两个或两个以上单键隔开。例如：

　　　　　　　1，4-戊二烯　　$CH_2\!=\!CH\!-\!CH_2\!-\!CH\!=\!CH_2$

3. 共轭二烯烃

两个双键被一个单键隔开。例如：

　　　　　　　1，3-丁二烯　　　$CH_2\!=\!CH\!-\!CH\!=\!CH_2$

隔离二烯烃的性质和单烯烃相似，聚集二烯烃数量少，且很容易异构化变成炔烃，共轭二烯烃无论在理论上，还是在实际应用中都很重要，是本节的讨论重点。

3.3.2　1，3-丁二烯的结构和共轭效应

1. 1，3-丁二烯的结构

在1，3-丁二烯分子中，每个碳原子都是 sp^2 杂化，它们各用三个 sp^2 杂化轨道分别与氢原子的1s轨道及相邻碳原子的 sp^2 杂化轨道重叠，共形成三个碳碳 σ 键和六个碳氢 σ 键，这九个 σ 键及分子中的所有原子都在同一平面上。每个碳原子上未参与杂化的 p 轨道其对称轴都垂直于这一平面，这些 p 轨道不仅在 C_1—C_2 和 C_3—C_4 间重叠形成 π 键，而且在 C_2—C_3 间也有一定程度的重叠，这样在1，3-丁二烯分子中，π 键电子的运动范围已经不局限在 C_1—C_2 及 C_3—C_4 两个较小的区域，而是扩展到包括四个碳原子的较大空间范围内。像这种 π 键电子离开原来运动的区域范围的现象称为电子的离域，电子发生离域后将释放热能，把电子离域而释放的能量叫离域能。有机化学上把电子离域的现象叫共轭，有共轭存在的结构体系叫共轭体系，共轭体系中的 π 键称大 π 键。1，3-丁二烯结构见图3-5。

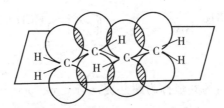

图3-5　1，3-丁二烯分子中的 σ 键和 π 键

2. 共轭体系的类型

（1）π-π 共轭体系　π-π 共轭体系是由两个或两个以上 π 键轨道发生共轭构成的，从形式上看其结构特点是单双键交替排列，1，3-丁二烯的结构就是典型 π-π 共轭体系。

（2）p-π 共轭体系　p-π 共轭体系是 π 键轨道与相邻原子上的 p 轨道发生共轭组成的体系。在氯乙烯分子中，氯原子与两个双键碳原子在同一平面上。氯原子上有孤电子对的 p 轨道也能与 π 轨道侧面重叠，形成三中心（两个碳一个氯）四电子的大 π 键。见图3-6。

由于氯原子的 p 轨道上有两个电子，电子云密度较 π 轨道大。因此，共轭的方向是电子云由 p 轨道向 π 轨道流动，原则上与双键碳直接相连的原子上有未成键的 p 轨道，且该 p 轨道与 π 键 p 轨道发生侧面重叠时都能形成 p-π 共轭体系。例如：

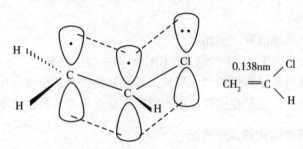

图 3-6　氯乙烯分子中的 p-π 共轭

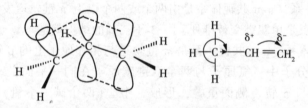

氯苯　　　　苯酚　　　　烯丙基正离子　　　　烯丙基自由基

在三种粒子(正离子、负离子、自由基)中，形成离子或自由基的碳原子采取 sp² 杂化，该碳原子可提供 p 轨道，用于共轭。

思考题 3-5　试用反应生成的中间体的稳定性解释下列反应。

(1) 苯-CH₂CH₃ + Br₂ ——光照——→ 苯-CHCH₃ | Br

(2) 苯-CH=CHCH₃ + HBr ——→ 苯-CHCH₂CH₃ | Br

(3)超共轭　由 σ 键参与的共轭称为超共轭，与 π-π、p-π 共轭相比超共轭要弱的多。有以下两种类型：

① σ-π 超共轭　指与双键碳直接相连的饱和碳上的 C—H σ 键与 π 轨道有很少的重叠而构成的共轭。见图 3-7。

图 3-7　丙烯分子中 σ-π 超共轭示意图

在 σ-π 超共轭体系中，电子一般是从 C—H σ 键向 π 键流动。与双键碳直接相连的饱和碳上 C—H σ 键都能与 π 键发生 σ-π 超共轭。在化学式中，常用一个弯曲箭头表示所有

C—H 键参与了超共轭。例如：

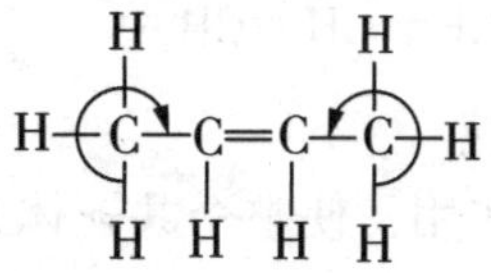

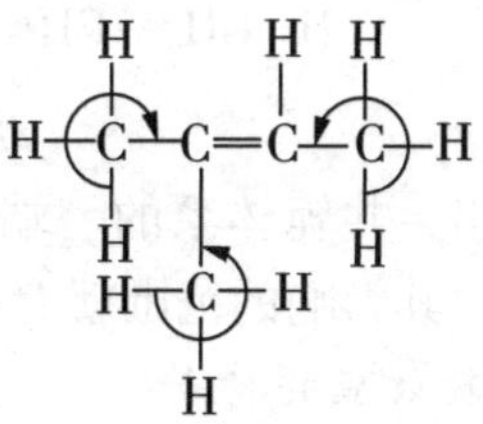

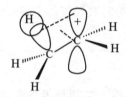

参与超共轭的 C—H 键越多，共轭体系就越大，电子离域的范围也越大，体系就越稳定。例如：

乙烯的氢化热是 $-137.2kJ \cdot mol^{-1}$，丙烯的氢化热是 $-125.1kJ \cdot mol^{-1}$。这说明丙烯比乙烯稳定，其稳定性来自于甲基 C—H σ 轨道与 π 轨道的 σ-π 超共轭。

② σ-p 超共轭　在烃基自由基和碳正离子等活性中间体中，自由基碳或带电荷碳都采取 sp^2 杂化，其相邻饱和碳原子上的 C—Hσ 轨道也可与没参与杂化 p 轨道发生共轭，这种共轭称为 σ-p 超共轭。见图 3-8。

图 3-8　乙基碳正离子中 σ-p 超共轭示意图

在碳正离子中其稳定次序是 $3° > 2° > 1° > ^+CH_3$，这一方面由于诱导效应使正电荷得到分散，另一方面是因为存在 σ-p 超共轭，通过超共轭向 p 轨道提供电子，使正电荷进一步分散，能参与共轭的 C—H σ 键越多，越有利于碳正离子的稳定。

游离基的稳定性主要是由于 C—H 键与未参与杂化的 p 轨道形成了 σ-p 超共轭体系，参与共轭的 C—H 键越多，共轭体系越大，游离基就越稳定。因此不同游离基有如下稳定次序：

$$3° > 2° > 1° > \cdot CH_3$$

3. 共轭效应

共轭效应是另外一种电子效应，指在共轭体系中由于电子发生离域而对分子的性质产生的影响，常用 C 表示。+C 表示供(斥)电子的共轭效应；-C 表示吸电子共轭效应。凡因分子内部结构原因而产生的共轭效应称为静态共轭效应，因外部因素(外界电场、试剂等)影响而产生的共轭效应称为动态共轭效应。例如：

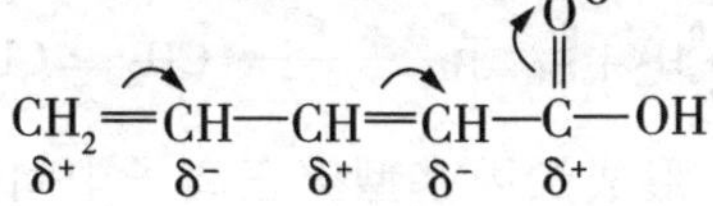

$$\underset{\delta^+}{CH_2} = \underset{\delta^-}{CH} - \underset{\delta^+}{CH} = \underset{\delta^-}{CH} - \underset{\delta^+}{\overset{\overset{\displaystyle O^{\delta^-}}{\|}}{C}} - OH$$

静态共轭

$$\overset{\delta^-}{\underset{}{H^+}} \overset{\delta^+}{CH_2} = \overset{\delta^-}{CH} - \overset{\delta^+}{CH} = \overset{\delta^-}{CH} - \overset{\delta^+}{CH} = CH_2$$

动态共轭

从上两式可以看出，共轭体系的一端受到作用，使整个共轭体系中的原子均受到影响。共轭体系有多大，其影响的范围就有多大。

4. 共轭体系、共轭效应的特点

①共轭体系($π-π$ 和 $p-π$)中的各原子在同一平面上。

②在共轭体系中由于电子离域，使得单双键的差别减小，键长趋于平均化。例如在 1, 3-丁二烯分子中，C_2—C_3 的键长是 0.148 nm，比乙烷中的 C—C 键长 154 nm 短了一些，C_1—C_2 和 C_3—C_4 的键长是 0.137 nm，比乙烯分子中的 C＝C 键长 0.134 nm 长了一些。共轭体系越长，单双键差别就越小，共轭体系无限长键长就完全平均化。

③共轭体系比较稳定，在共轭体系中电子发生离域将释放离域能，使体系内能降低而稳定。共轭体系越长稳定性越大。

④共轭效应沿 π 键传递很远而基本不变。

⑤共轭体系的一端受到电场影响时共轭体系中各原子上的电子云密度呈现疏密交替分布现象。

3.3.3 共轭二烯烃的化学性质

共轭二烯烃具有烯烃的一般性质，如能与氢、卤素、卤化氢等试剂加成，能发生氧化、聚合等反应，但由于结构特点共轭二烯烃还有其特殊的性质。

1. 1, 4-加成反应

共轭二烯烃如 1, 3-丁二烯可以和卤素、卤化氢等发生亲电加成反应，也可以催化加氢。

1, 2-加成   1, 4-加成

共轭二烯烃加成时有两种产物，一种是加到 C_1 和 C_2 上，称为 1, 2-加成；另一种是加到 C_1 和 C_4 上，而在 C_2 与 C_3 间形成一个 π 键，称为 1, 4-加成。

共轭二烯烃之所以有两种加成方式，是由于共轭体系中的 π 电子离域引起的。当 1, 3-丁二烯分子中的一端受到亲电试剂(如 Br_2)影响时，这种影响通过共轭链一直传递到分子的另一端，使整个共轭体系的 π 电子云呈现疏密交替分布。

$$\overset{\delta^+}{CH_2} = \overset{\delta^-}{CH} - \overset{\delta^+}{CH} = \overset{\delta^-}{CH_2} + Br—Br \longrightarrow \underset{4}{CH_2} = \underset{3}{CH} - \underset{2}{CH} - \underset{1}{CH_2Br} + Br^-$$

当溴正离子与 C_1 结合时，形成烯丙基型碳正离子中间体。其 C_2 上缺电子 p 轨道与 C_3、C_4 间 π 轨道构成三中心两电子的缺电子 $p-π$ 共轭体系。由于电子的离域作用，使正

电荷得以分散，并主要落在 C_2 和 C_4 上。如下所示：

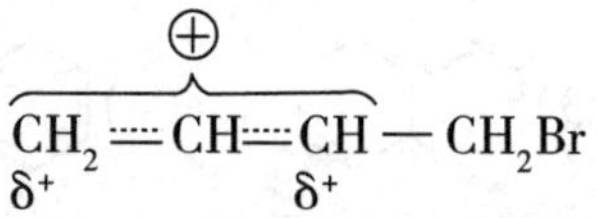

$$\overbrace{\underset{\delta^+}{CH_2}=\!\!=CH=\!\!=\underset{\delta^+}{CH}-CH_2Br}^{\oplus}$$

使溴负离子既能与 C_2 结合生成 1，2-加成产物，也能与 C_4 结合生成 1，4-加成产物。两种加成产物的比例取决于反应物结构、溶剂极性、产物稳定性及反应温度等诸多因素。例如：

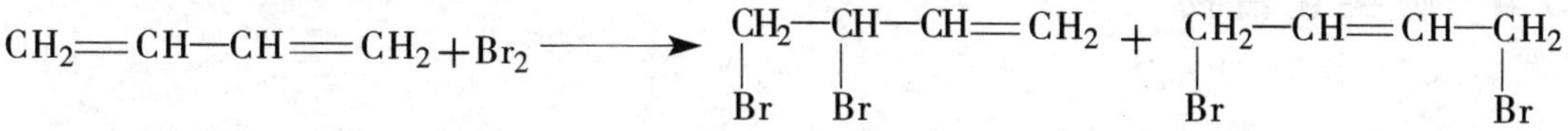

$$CH_2=\!\!=CH-CH=\!\!=CH_2+Br_2 \longrightarrow \underset{\underset{Br}{|}\ \underset{Br}{|}}{CH_2-CH-CH=\!\!=CH_2} + \underset{\underset{Br}{|}\qquad\quad\underset{Br}{|}}{CH_2-CH=\!\!=CH-CH_2}$$

较高温度 （40℃）	20%	80%
较低温度 （-80℃）	80%	20%
极性溶剂 （氯仿）	37%	63%
非极性溶剂（正己烷）	62%	38%

2. 狄尔斯—阿尔德(Diels—Alder)反应

共轭二烯如 1，3-丁二烯与乙烯在 200℃ 及高压下发生类似于 1，4-加成的反应，生成环己烯。这类反应称为狄尔斯-阿尔德反应，又称为双烯合成。

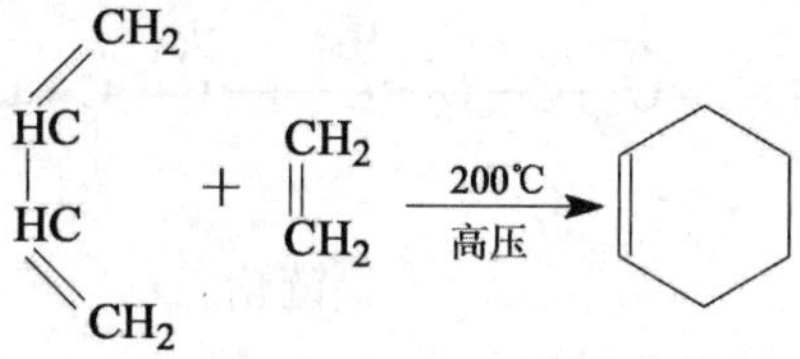

此反应产率较低，但当乙烯双键碳上连有吸电子基（例如 —CHO、—COOH、—COOR、—COR、—CN、—NO$_2$ 等)时，反应能顺利进行，且产率也大幅提高。例如：

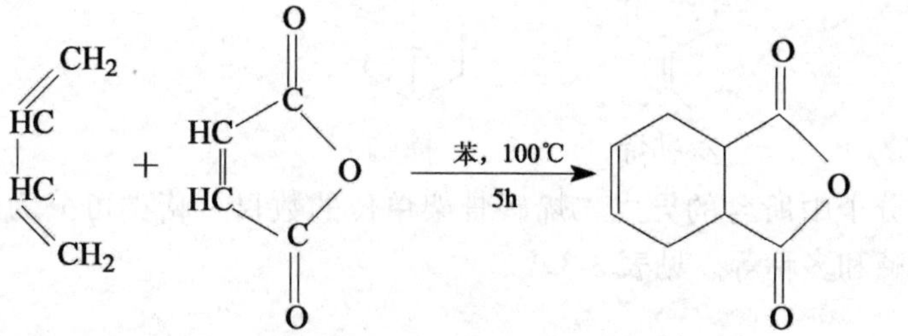

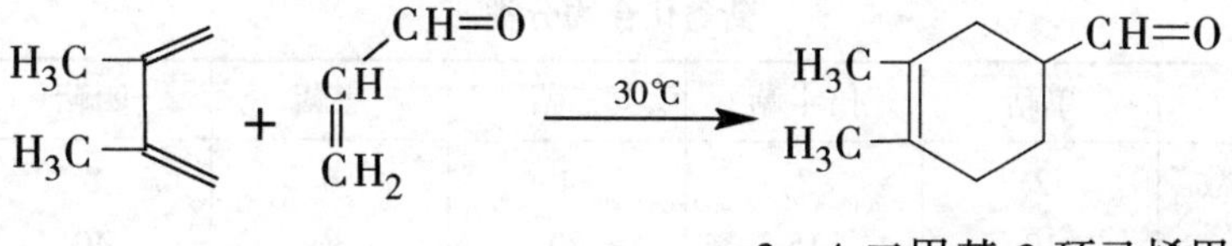

3，4-二甲基-3-环己烯甲醛

在此反应中，共轭二烯烃称为双烯体，与双烯体发生反应的不饱和化合物称为亲双烯体。这一反应又称为环加成反应，是将链状化合物变为六元环状化合物的方法之一。该反应特点是旧键的断裂和新建形成是同时进行的，这类反应叫做协同反应，环加成反应是可逆的，加热至温度较高时，加成产物又会分解为原来的共轭二烯烃。

思考题 3-6 下列二烯烃哪些不能发生 D-A 反应？

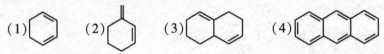

(1)   (2)   (3)   (4)

3.4 萜类化合物

3.4.1 萜类化合物的结构和分类

萜类化合物(terpenoid)是广泛存在于自然界中的一类天然有机化合物，是植物香精油、动植物色素、动植物激素、维生素等物质的主要成分。其化合物结构特点是：分子的骨架可以看作由两个或多个异戊二烯单位头尾连接而成的链状或环状聚合物，因此不论萜类化合物的结构如何复杂，它们的碳架总可被划分为若干个头尾相连接的异戊二烯单位，这种结构上的特点，称为异戊二烯规律。

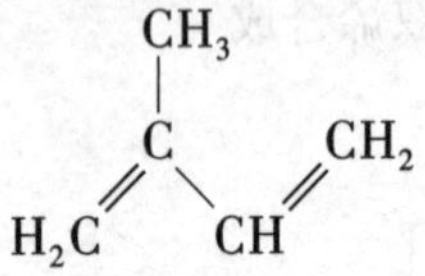

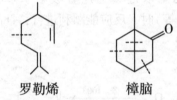

异戊二烯 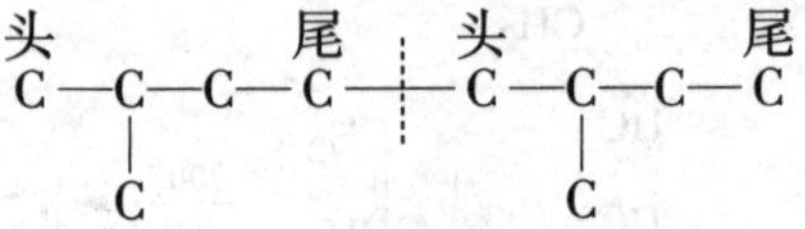   链萜

如罗勒烯和樟脑可划分为两个异戊二烯单位。

罗勒烯   樟脑

根据萜类化合物分子中所含的异戊二烯碳骨架单位的数目，萜类可分为单萜、倍半萜、二萜、三萜、四萜和多萜等。见表 3-3。

表 3-3   萜类化合物分类

类　别	单萜	倍半萜	二萜	三萜	四萜	多萜
异戊二烯单位数	2	3	4	6	8	> 8
碳原子数	10	15	20	30	40	> 40

3.4.2 几种重要的萜类化合物

1. 香叶烯

香叶烯是链状单萜的典型代表，为月桂油、松节油、酒花油等的重要成分，沸点为160℃，相对密度为 0.802，其结构式为：

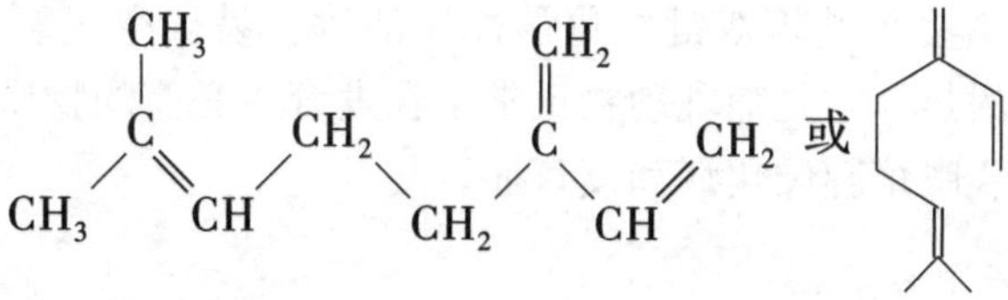

2. 薄荷醇、薄荷酮

薄荷醇又称薄荷脑，是薄荷油的主要成分，它的氧化产物是单环萜酮，叫薄荷酮。

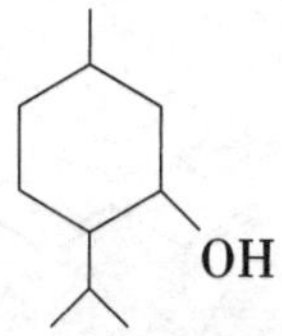

薄荷醇 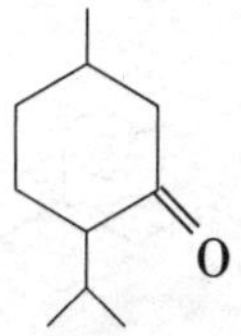　　　　　　薄荷酮

薄荷醇分子中有三个手性碳原子，应有八个旋光异构体，而天然薄荷油中几乎都是左旋体。薄荷醇和薄荷酮都存在于薄荷的茎、叶部分，都具有强烈的薄荷气味，前者为固体，熔点为 43.5℃；后者是液体，沸点 207℃。薄荷醇在医药上可用作清凉剂、祛风剂、防腐剂，是清凉油、人丹等的主要成分，亦可在化妆品、糖果、烟酒等中用作香料。

3. 莰醇和莰酮

莰醇俗称龙脑，又名冰片，主要存在于热带植物龙脑的香精油中，为无色片状结晶，熔点为 208℃，易升华，味似薄荷，有发汗、镇痉、止痛、灭菌等功用，是人丹和冰硼散的主要成分。莰酮又称樟脑，主要存在于樟树的枝干和叶子中，可从樟脑油中结晶出来。莰酮为无色晶体，熔点 180℃，易升华，有愉快的香气。在医药上用作强心剂、祛痰剂和兴奋剂，工业上用于制造电木、赛璐珞，亦可用于驱虫防蛀。

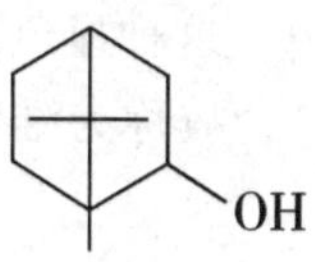

莰醇 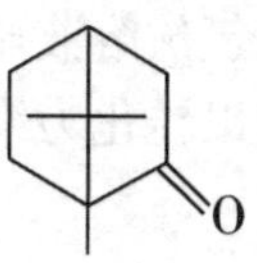　　　　　　　莰酮

4. 维生素 A

维生素 A 分为 A_1 和 A_2 两种。它们都是单环二萜醇类化合物，通常所说的维生素 A 是指 A_1。

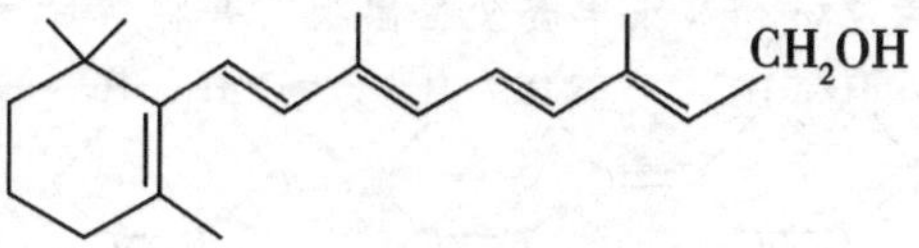

维生素 A_1

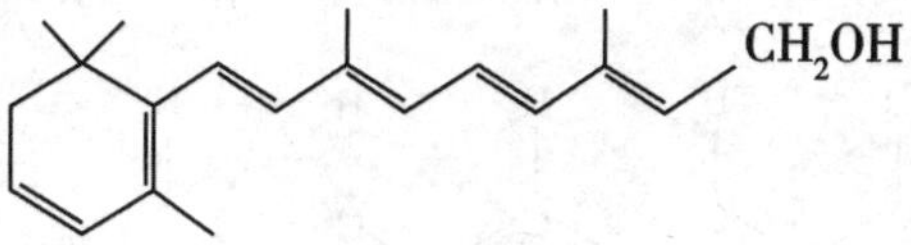

维生素 A_2

维生素 A 是淡黄色结晶，熔点 64℃，不溶于水，易溶于有机溶剂，属于脂溶性维生

素。维生素 A 分子中含多个共轭双键，化学性质活泼，易被空气氧化和紫外线破坏而丧失其生理功能，但能耐热。它是哺乳动物正常生长发育所必需的物质。体内缺乏维生素 A 时，可导致皮肤粗糙、眼角膜硬化症和夜盲症。

5. 胡萝卜素

胡萝卜素是四萜的代表物，广泛存在于植物的叶、花、果实以及动物的乳汁脂肪等中。由于胡萝卜素存在，使胡萝卜和甘薯呈橙色，牛油、鸡油和蛋黄呈黄色，秋天的树叶也显出它的黄色。

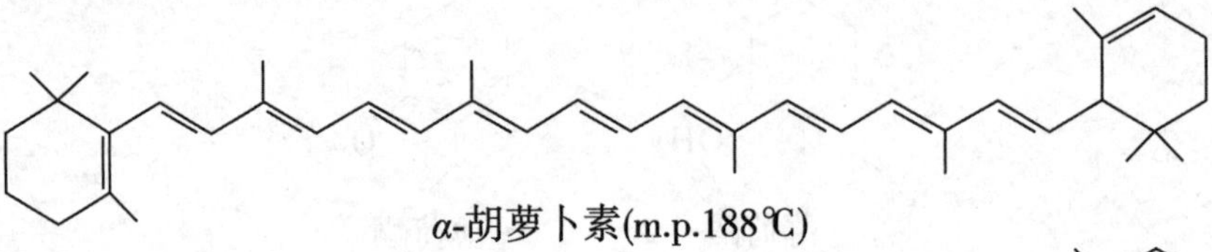

α-胡萝卜素(m.p.188℃)

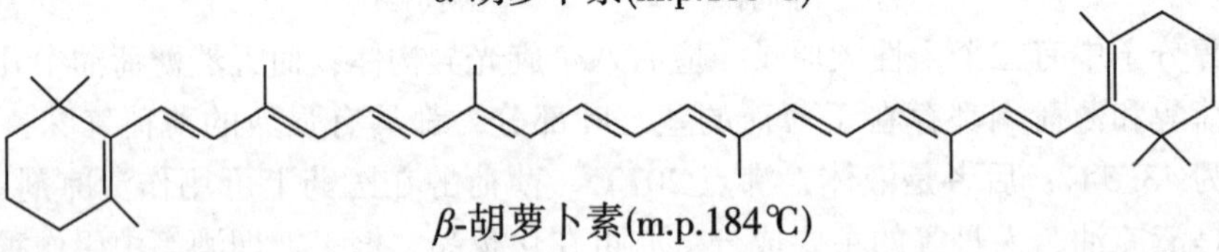

β-胡萝卜素(m.p.184℃)

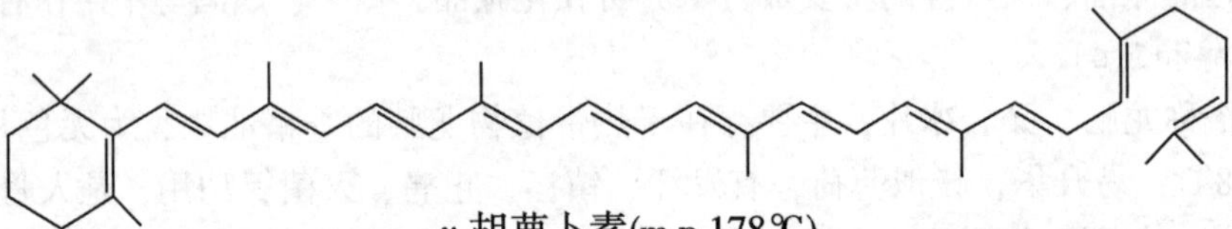

γ-胡萝卜素(m.p.178℃)

胡萝卜素是 α、β、γ 三种异构体的混合物，其中以 β 异构体的含量最高（α 为 15%，β 为 85%，γ 为 0.10%）。胡萝卜素是红色或深紫色晶体，它们都难溶于水，易溶于有机溶剂，遇浓硫酸或三氧化硫的氯仿溶液显深蓝色。这种显色反应常用来定性鉴定这类化合物。胡萝卜素在动植物体内可以转化为维生素 A，故称为维生素 A 原。

◎ 知识拓展

导电聚合物

在 20 世纪 60 年代有人利用齐格勒—纳塔催化剂(四氯化钛—三乙基铝)制备出了黑色粉末状聚乙炔，聚乙炔是碳碳双键和碳碳单键交替出现的共轭聚合物，有顺式和反式之分。

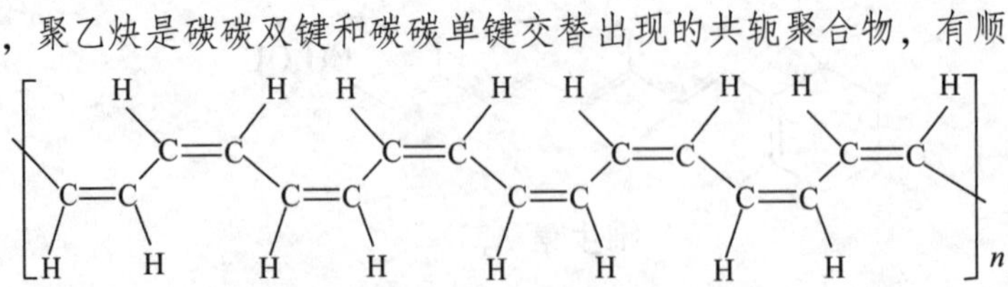

全顺式

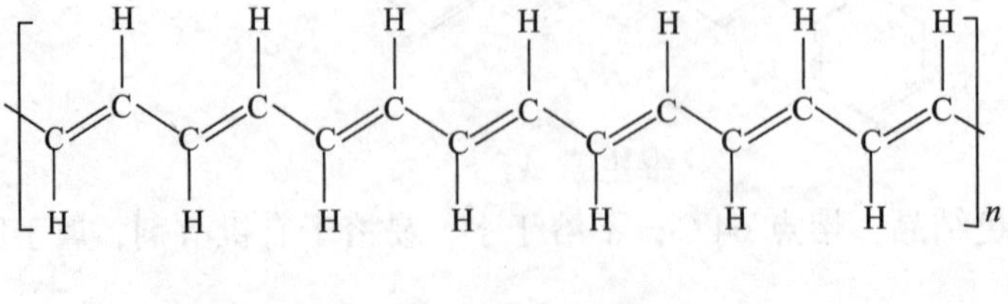

全反式

由于顺式结构使得分子链扭曲，π 电子离域受到阻碍，故顺式聚乙炔的电导率远小于反式聚乙炔电导率，分别为 10^{-9} 和 10^{-5}/欧·厘米。后来日本化学家白川英树（H. ShiraKawa）在东工大研究有机半导体时要用到这种聚乙炔黑粉，在制备过程中，研究生错把高出正常浓度上千倍的齐格勒—纳塔催化剂加了进去，结果聚乙炔结成了银色薄膜，但这种带有金属光泽的薄膜并不导电。在 1976 年到 1977 年间，白川英树与美国化学家麦克迪尔米德（A. G. MacDiarmid）和黑格（A. J. Heeger）合作，他们着手通过碘蒸气氧化掺杂聚乙炔，结果发现经碘掺杂的反式聚乙炔的导电率提高了上千万倍。导电聚合物（高分子材料）由此产生。自此以后，尤其是三位化学家因导电聚合物获得 2000 年诺贝尔化学奖后，在世界范围之内就掀起了一股研究和开发导电聚合物的热潮。相继开发出如聚苯胺（PANI）、聚吡咯（PPy）、聚噻吩（PTh）及其衍生物等产品。这类导电聚合物分子主链中含有共轭大 π 键结构，理想状态下，电子在整个主链上离域，单体的分子轨道相互作用，最高占有轨道形成价带，最低空轨道形成导带，它们之间存在能隙，经过适当的掺杂后，使其具有较好的导电能力。常使用的掺杂剂有两类，一类是氧化型掺杂，掺杂剂是氧化剂，它氧化聚合物夺取 π 电子，使聚合物成为正离子，价带半充满，能量升高，在外电场作用下，电子沿着离域大 π 键向空穴方向移动形成电流。常见的氧化型掺杂剂有碘蒸气、AsF5、高氯酸蒸气及无水三氯化铁等；另一类是还原型掺杂，还原型掺杂剂通常是电子给体，将电子加入 π 空轨道，形成半充满轨道，能量下降，同时出现能量居中的亚能带，能带间的能量差减少，电导率增大。常见的还原型掺杂剂有萘基锂、萘基钠。

经过科研人员对导电聚合物材料多年不懈的研究，其产品已得到开发应用，如用于新能源材料、雷达波吸收材料及隐身技术、生物材料、光电器件、金属防腐、抗静电材料、新型彩色显示屏、柔性智能可穿戴装置等。虽然导电聚合物材料目前仍有很多不尽人意的地方，但随着科技的发展和社会的进步，这些问题一定能得到解决，使这类材料为人类做出更大的贡献。

◎ 课后思考题

1. 新中国成立后，以李四光为代表的地质工作者经过实地勘测、科学论证确信在我国辽阔领域内蕴藏着丰富的天然石油；以铁人王进喜为代表的石油工人以"有条件要上，没条件创造条件也要上"的大无畏革命精神，艰苦奋斗数年，相继在大庆、华北等地成功地开采出了石油，在当时基本实现了石油自给，并且为我国石油化工工业起步打下了良好基础，这一辉煌的成就，令世人瞩目。曾经激励了几代人奋发向上的大庆精神是（　　）。

A. 爱国　　　B. 创业　　　C. 求实　　　D. 奉献

2. 塑料中含有一定量的添加剂成分，如果我们对塑料制品（瓶或杯）使用不当，会对身体造成一定伤害，为此常在塑料瓶或杯的底部印有一个包含数字的三角提示标识，请查阅资料回答：标识为 3、4、5 的塑料制品其基本材料是什么？使用时应注意什么问题？

3. 医用非 PVC 复合膜输液软袋的使用，克服了玻璃瓶作为输液容器的三个缺点：玻璃瓶与外界连通药液易受到空气中灰尘的污杂、微生物的污染、有些药液因接触空气被氧化及玻璃瓶的碱溶出。但输液袋的使用也面临一个用后的回收、处理与污染环境的问题。

用作输液袋的非 PVC 复合膜是由什么材质复合而成的？一次性输液袋的处理方法有哪些？

◎ 习 题

1. 给下列化合物命名。

(1) $CH_3CH=CHCH(CH_3)_2$

(2) $(CH_3)_2CHC\equiv CC(CH_3)_3$

(3)

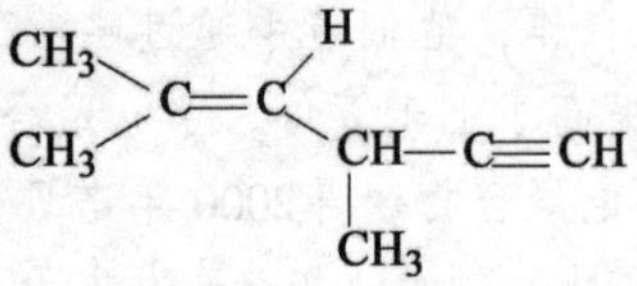

(4)

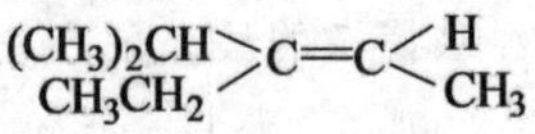

(5)

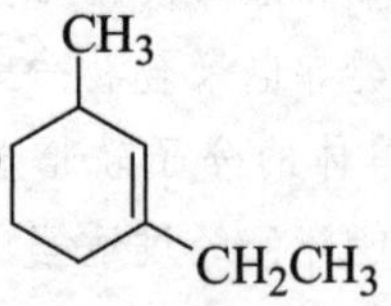

(6)

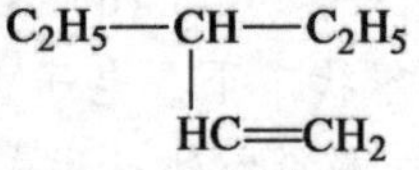

(7)

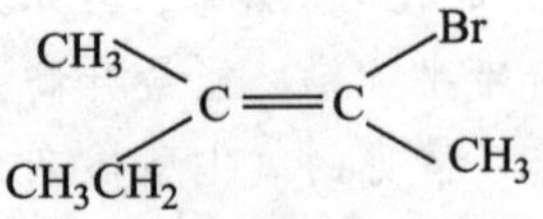

(8)

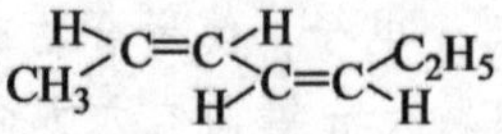

2. 写出下列化合物的结构式。

(1) 2，4-二甲基-3-己烯

(2) 4-甲基-3-戊炔

(3)（Z）-3-甲基-4-异丙基-3-庚烯

(4) 3-甲基-2-氯-2-戊烯

(5)（E）-2，3-二甲基-4-乙基-3-庚烯

3. 选择或填空。

(1) 在乙烷、乙烯、乙炔分子中碳原子杂化形式是(   )、(   )、(   )。

(2) 鉴别丙烯和环丙烷可用(   )溶液，鉴别丙烯和丙炔可用(   )溶液。

(3) 乙烯和溴的加成属于(   )加成，乙炔和氢氰酸加成属于(   )加成。

(4) 关于顺-2-丁烯和反-2-丁烯下列说法正确的是(   )。

    A. 反-2-丁烯对称性高，熔点高   B. 顺-2-丁烯极性大，熔点高。

(5) 下列碳正离子中最稳定的是(   )，最不稳定的是(   )。

    A. $CH_2=CH\overset{+}{C}HCH_3$ B. $CH_3\overset{+}{C}HCH_2CH_3$ C. $^+CH_3$ D. $\overset{+}{C}H_2CH_3$

(6) 某烯烃经臭氧化和水解后生成等物质的量的丙酮和乙醛，则该化合物是(   )。

    A. $(CH_3)_2C=C(CH_3)_2$ B. $CH_3CH=CHCH_3$

    C. $(CH_3)_2C=CHCH_3$ D. $(CH_3)_2C=C=CH_2$

(7) 烃 C_6H_{12} 能使溴溶液褪色，能溶于浓硫酸，催化氢化得正己烷，用酸性 $KMnO_4$ 氧化得二种羧酸，则该烃是：(   )。

    A. $CH_3CH_2CH=CHCH_2CH_3$ B. $(CH_3)_2CHCH=CHCH_3$

    C. $CH_3CH_2CH_2CH=CHCH_3$ D. $CH_3CH_2CH_2CH_2CH=CH_2$

4. 完成下列化学反应。

(1) $(CH_3)_2C=CH_2 \xrightarrow[\text{(2) } H_2O]{\text{(1) } H_2SO_4}$

(2) ⬠-CH₃ $\xrightarrow[H_2O_2]{HBr}$

(3) $CH_3CH_2CH=CH_2 \xrightarrow{O_3} \xrightarrow{Zn/H_2O}$

(4) $CH_3CH_2CH=CH_2 \xrightarrow[350℃]{Br_2}$

(5) ⬠-CH₂CH₃ $\xrightarrow[H^+]{KMnO_4}$

(6) $CH_3CH_2C≡CH \xrightarrow[\text{稀}H_2SO_4]{HgSO_4}$

(7) $CH_3-CH=CH-CH=CH_2 + \overset{CH-C=O}{\underset{CH-C=O}{|\quad\quad}}\!O \xrightarrow{\Delta}$

(8) $CH_3CH=CH-CH_2-C≡CH \xrightarrow[CCl_4]{Br_2\text{物料}1:1}$

(9) $CH_3C≡CCH_3 \xrightarrow[\text{Lindlar 催化剂}]{H_2}$

(10) $(CH_3)_2C=CH_2 + HBr \longrightarrow$

(11) $CH_3C≡CH + HCN \longrightarrow$

5. 用化学方法鉴别下列各组化合物。

丁烷、1-丁烯、2-丁炔

6. 分子式为 C_5H_8 的某开链烃 A，经催化加氢可生成 2-甲基丁烷；A 与 $AgNO_3/NH_3$ 溶液溶液反应可产生白色沉淀；A 在汞盐作用下与水作用生成 $CH_3\overset{O}{\overset{||}{C}}-\overset{\underset{|}{CH_3}}{CH}CH_3$。试推测 A 的构造式。

7. 有两种烯烃 A 和 B，经催化加氢都得到烷烃 C。A 用酸性 $KMnO_4$ 氧化，得 CH_3COOH 和 $(CH_3)_2CHCOOH$；B 在同样条件下则得丙酮和 CH_3CH_2COOH。写出 A、B、C 的构造式。

8. 化合物 A(C_8H_{12}) 经催化加氢得 B(C_8H_{16})。A 经臭氧化并用 H_2O/Zn 处理得 1 摩尔乙二醛和 1 摩尔 2，5-己二酮。试写出 A、B 的构造式，并写出各步反应方程式。

第4章 芳 香 烃

芳香烃(aromatic hydrocarbon)又称芳烃,是芳香族化合物母体,芳香族化合物最初是从植物香精油和树脂等天然产物中提取得到的一些具有芳香气味的物质。研究发现这些物质大都含有苯环结构单元,最初就把含有苯环结构的一大类化合物叫做芳香族化合物。随着有机化学的发展,人们发现许多芳香族化合物并没有芳香气味,因此"芳香"一词也就失去了原有的意义。苯环是一个高度不饱和体系,但它与普通不饱和化合物如烯烃、炔烃相比具有特殊的稳定性,表现为苯难于发生加成反应和氧化反应,而易发生亲电取代反应,这种性质叫作芳香性(aromaticity)。具有芳香性的烃称为芳香烃。

4.1 芳烃的分类

根据分子中是否含有苯环结构可将芳香烃分为两大类:苯系芳香烃和非苯芳香烃。

4.1.1 苯系芳香烃

根据分子中苯环的数目及连接情况,苯系芳香烃分类如下所述。

1. 单环芳烃

分子中只含有一个苯环的芳烃,如苯、甲苯、苯乙烯等。

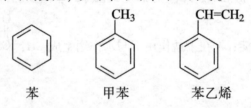

苯   甲苯   苯乙烯

2. 多环芳烃

分子中含有两个或两个以上苯环的芳烃,按苯环连接方式又可以分为:

(1)联苯

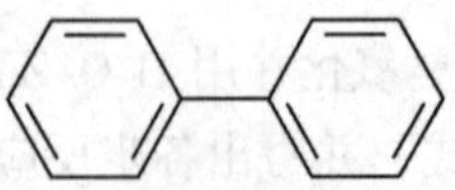

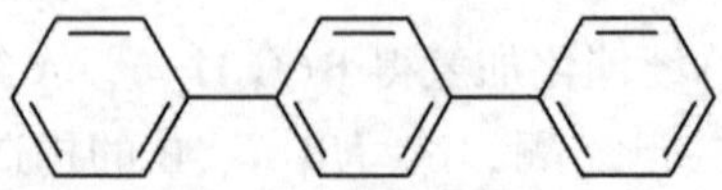

联 苯   1,4-联三苯

(2)多苯代脂肪烃

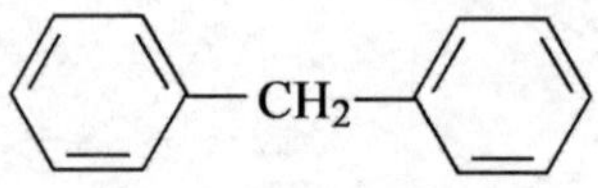

二苯甲烷

(3)稠环芳烃

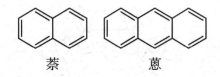

萘　　　　　蒽

4.1.2　非苯芳烃

分子中不含苯环结构，但具有芳香性的烃类化合物，称作非苯芳烃。例如：

薁　　　　　环丙烯正离子　　　　环戊二烯负离子

4.2　单环芳烃

4.2.1　苯的分子结构

1825 年从煤焦油中发现一种无色液体，其分子式为 C_6H_6，命名为苯。

1865 年凯库勒(F. A. Kekule)根据苯的分子式为 C_6H_6，一元取代物只有一种以及碳是四价等事实提出了苯的结构：在苯分子中六个碳原子构成对称的六碳环，环中单键和双键交替排列，这种结构式称为苯的凯库勒式。

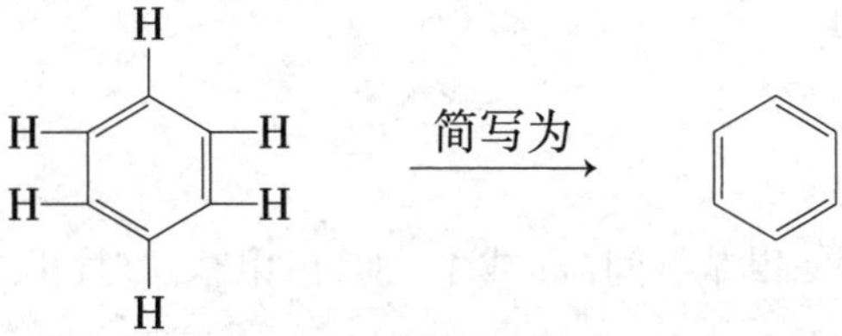

$$\text{(苯的凯库勒式结构)} \xrightarrow{\text{简写为}} \text{(六边形结构)}$$

现代物理方法测定表明，苯分子是正六边形结构，六个碳原子和六个氢原子在同一平面上，碳碳键键长均为 0.139 nm，键角都是 120°。

杂化轨道理论认为：苯分子中六个碳原子都采取 sp² 杂化，每个碳原子都以两个 sp² 杂化轨道与相邻碳原子的 sp² 杂化轨道形成 C—Cσ 键而成环，每个碳原子又以 sp² 杂化轨道与氢原子的 1s 轨道形成 C—Hσ 键。六个碳原子和六个氢原子都处在同一个平面内，另外，每个碳原子上各有一个垂直于环平面的没有参与杂化的 p 轨道，这些 p 轨道相互平行，侧面重叠形成环状的大 π 键，六个 π 电子可均匀地离域在大 π 键轨道中，π 电子云分布于环的两侧，形成一个六个原子(中心)六个电子的环状闭合共轭体系。见图 4-1。

此共轭体系特点是电子云高度离域，p 轨道重叠程度完全相同。这就形成了一个高度对称的、没有单双键之分的、非常稳定的六元环状化合物。苯的凯库勒式虽与实际不符但仍在使用，苯分子结构也可以表示为：

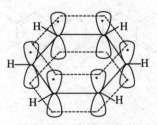

图 4-1　苯分子中的 p 轨道

4.2.2　单环芳烃的命名

单环芳烃的命名通常以苯环为母体，烷基作为取代基称为某(基)苯。例如：

甲苯　　　　　　　　　　异丙苯

苯环上有多个取代基时，由于取代基位置不同而出现异构，命名时应在名称前注明取代基位置，二元取代时习惯用邻、间、对标位，三元取代时习惯用阿拉伯数字标位。例如：

邻(O-或1，2-)二甲苯　　间(m-或1，3-)二甲苯　　对(p-或1，4-)二甲苯

连(1，2，3-)三甲苯　　　均(1，3，5-)三甲苯　　　偏(1，2，4-)三甲苯

当苯环上连有甲基和其他烷基时，常以甲苯或二甲苯为母体，编号时甲基所在位置为1位，并按最低系列原则编号。例如：

4-乙基甲苯　　　　　　　　2-乙基-1，4-二甲苯

当苯环上连有不饱和烃基或较复杂的烷基时，通常把苯环当作取代基来命名。例如：

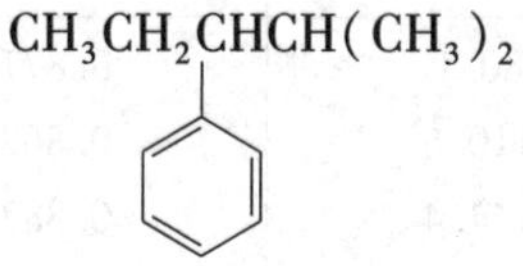

$$CH_3CH_2CHCH(CH_3)_2$$

2-甲基-3-苯基戊烷

$$CH=CH_2$$

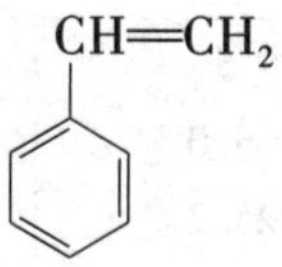

苯乙烯

芳环上连有非烃基官能团的芳香族化合物的命名，是以最优先的官能团作为母体官能团，其他基团作为取代基；编号时母体官能团所在位置为 1 位，按最低系列原则编号。

常见官能团优先次序：—COOH、—SO$_3$H、—COOR、—COX、—CONH$_2$、—CN、—CHO、—OH、—NH$_2$、—OR、—R、—X、—NO$_2$。

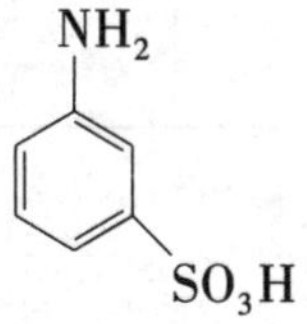

3-氨基苯磺酸 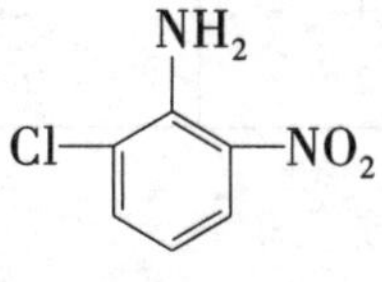　2-硝基-6-氯苯胺 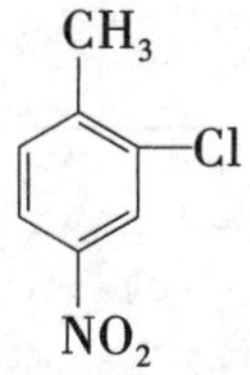　4-硝基-2-氯甲苯 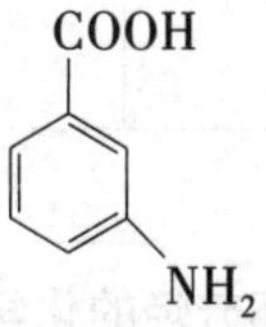　3-氨基苯甲酸

芳香烃分子中(苯环上)去掉一个氢原子后剩下的原子团叫芳基，可用 Ar—表示，苯基常用 Ph—表示。甲苯甲基上去掉一个氢，剩下的基团叫苄基。例如：

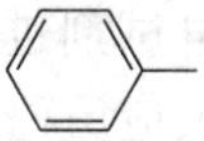

苯基 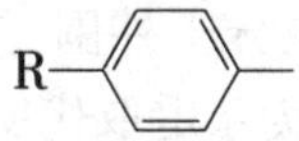　　对某烷基苯基 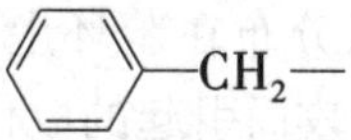　　苄基

思考题 4-1 命名下列化合物。

(1) 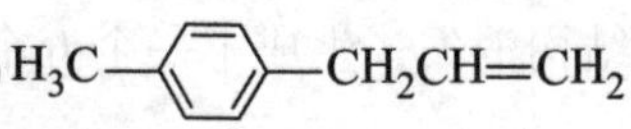 H_3C—〈〉—$CH_2CH=CH_2$　(2) H_3C—〈〉（NO$_2$，OH）　(3) 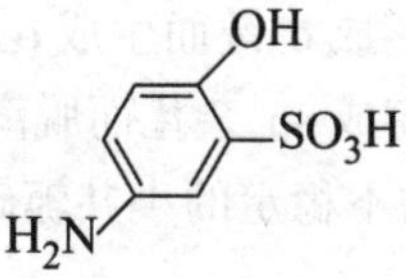 〈〉（OH，SO$_3$H，H_2N）

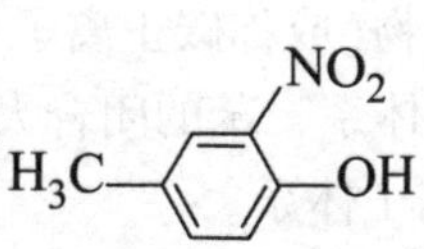

4.2.3 单环芳烃的物理性质

单环芳烃多为无色液体，不溶于水，易溶于石油醚、四氯化碳、乙醚、丙酮等有机溶剂。一般单环芳烃比水轻，相对密度在 0.86~0.9 之间。沸点随相对分子质量增加而升高。苯对称性高而熔点高，二元取代苯的三种异构体中，对位异构体分子也因对称性较高，其熔点比邻位和间位异构体高很多，见表 4-1。单环芳烃具有特殊气味，它们的蒸气有毒，如苯能损坏肝脏、造血器官和中枢神经系统，并能导致白血病。常见物理常数如下：

表 4-1   单环芳香烃的物理常数

名称	熔点/℃	沸点/℃	相对密度 d_4^{20}	折射率 n_D^{20}
苯	5.5	80.1	0.877	1.5001
甲苯	−95.0	110.6	0.867	1.4961
邻二甲苯	−25.2	144.4	0.882	1.5055
间二甲苯	−47.9	139.1	0.864	1.4972
对二甲苯	13.3	138.4	0.861	1.4958
连三甲苯	−25.4	176.0	0.894	1.5139
偏三甲苯	−43.8	169.0	0.876	1.5048
均三甲苯	−44.7	165.0	0.865	1.4994
乙苯	−95.0	136.2	0.867	1.4959
正丙苯	−99.5	159.2	0.862	1.4920
异丙苯	−96.0	152.4	0.862	1.4915
苯乙烯	−30.6	145.2	0.906	1.5468

4.2.4 单环芳烃的化学性质

由于苯分子中存在环状大 π 键而相当稳定，不易发生加成和氧化反应，而容易发生取代反应。现常将芳烃的这一特性称作"芳香性"。

1. 亲电取代反应

由于 π 电子云分布在苯环上下裸露在分子外围，易被亲电试剂进攻发生取代反应。这种由亲电试剂进攻而引起的取代反应称为亲电取代反应。其反应历程如下：

第一步：在催化剂作用下产生反应所需的亲电试剂 E⁺。

$$Nu-E + 催化剂 \longrightarrow Nu^- - 催化剂 + E^+$$

第二步：亲电试剂 E⁺ 进攻苯环中某一碳原子，π 键提供两个电子使该碳原子与亲电试剂 E⁺ 形成 σ 键而生成 σ-配合物（或称碳正离子中间体）。在此过程中受进攻的碳原子由 sp^2 杂化变成 sp^3 杂化而脱离共轭体系，苯的闭合大 π 键结构消失，生成了一个五个中心四个电子的不稳定的小共轭碳正离子体系。

第三步：σ-配合物不稳定，它很容易从 sp^3 杂化碳原子上失去一个质子，重新恢复稳定的苯环结构，生成取代苯。

（1）卤代反应 在 55~60℃ 温度下，苯和卤素在铁粉或相应铁盐等催化剂的作用下进行反应，苯环上的氢原子可被卤素（一般指氯和溴）取代生成卤代苯。例如：

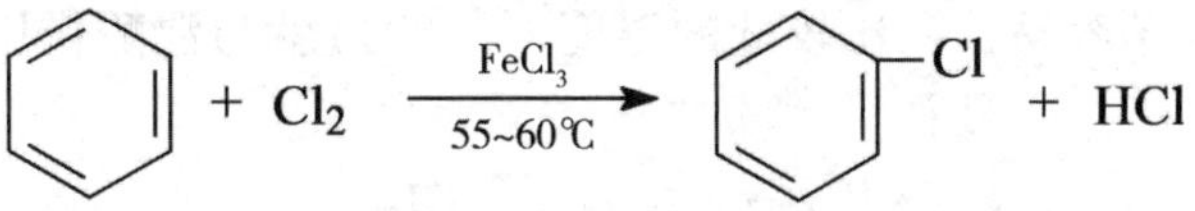

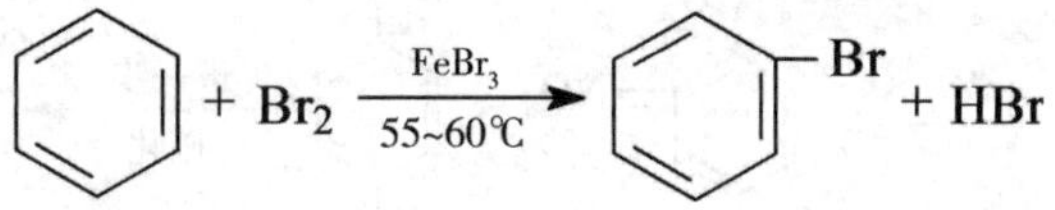

在比较强烈的反应条件下（比如升高反应温度），卤代苯可继续和卤素反应，主要生成邻位和对位取代物。

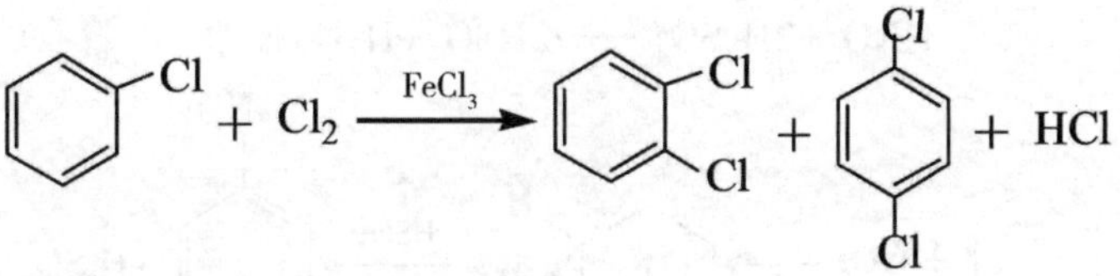

烷基苯与卤素在催化剂作用下也发生苯环上的取代反应，反应比苯容易进行，主要得到邻位和对位取代物。例如：

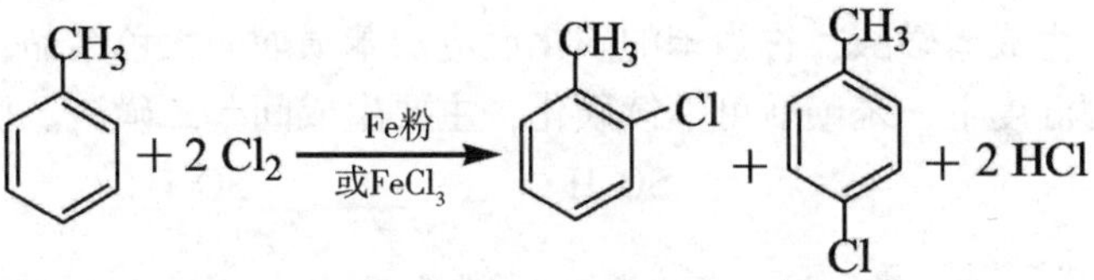

卤代反应的机理（以溴代为例）：

$$Br_2+FeBr_3 \longrightarrow [FeBr_4]^- +Br^+$$

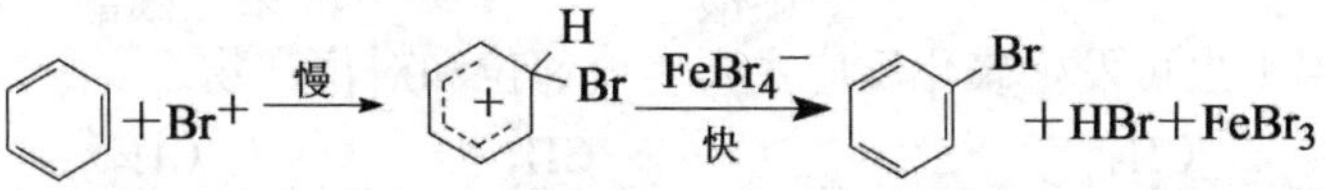

（2）硝化反应 苯与浓硝酸和浓硫酸的混合物（常称混酸）共热，苯环上的氢原子被硝基（—NO_2）取代，生成硝基苯。通过化学反应在有机化合物分子中引入硝基的反应，称为硝化反应。

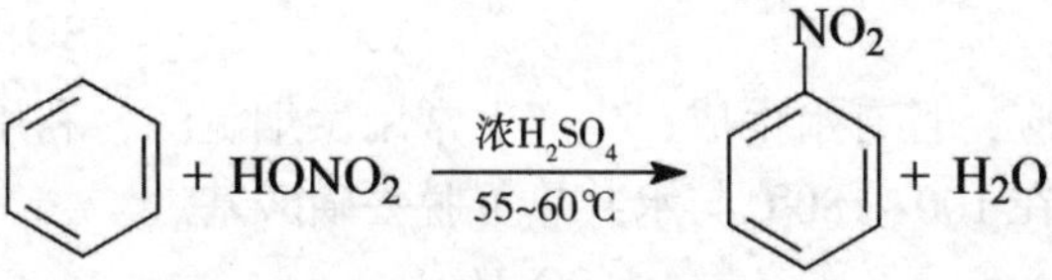

硝基苯是具有苦杏仁气味的黄色油状物，其蒸气有毒。反应温度和酸的浓度对硝化程度有影响，若使用发烟硝酸，在更高的温度下反应，可引入第二个硝基，主要生成间二硝基苯。

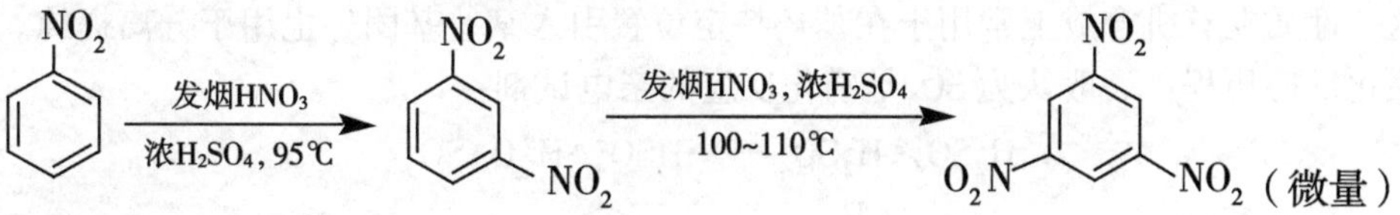

这也说明第二次硝化比第一次困难，导入第三个硝基则更为困难，一般认为苯直接硝化得不到三硝基苯。

烷基苯的硝化比苯容易，在比较低的温度下（30℃）就与混酸作用，主要生成邻位和对位产物。

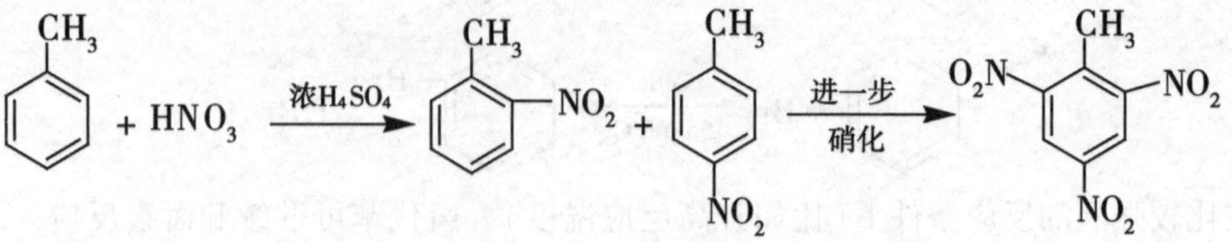

硝化反应历程为：

$$HNO_3 + 2H_2SO_4 \longrightarrow 2HSO_4^- + H_3^+O + N^+O_2$$

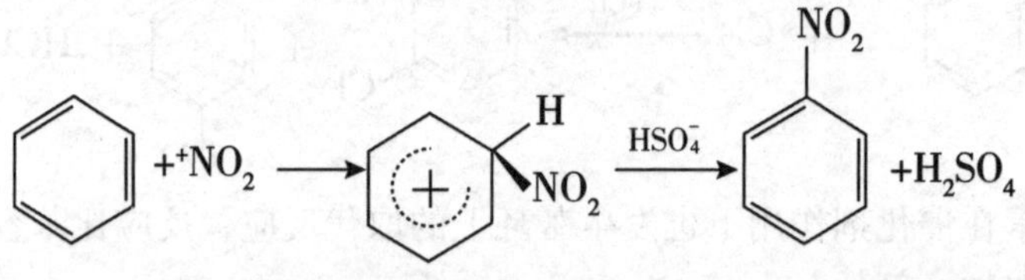

（3）磺化反应　在有机化合物分子中引入磺酸基（—SO$_3$H）的反应称为磺化反应。如苯与浓硫酸反应，生成苯磺酸，称为苯的磺化反应。苯磺酸为无色结晶，易溶于水，具有强酸性。在更高的温度下，苯磺酸可继续磺化，主要生成间苯二磺酸。例如：

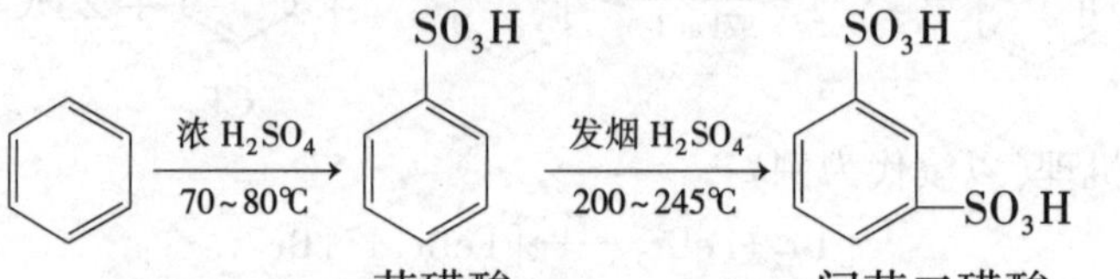

苯磺酸　　　　　间苯二磺酸

烷基苯在室温下也可发生磺化反应主要生成邻位和对位产物。

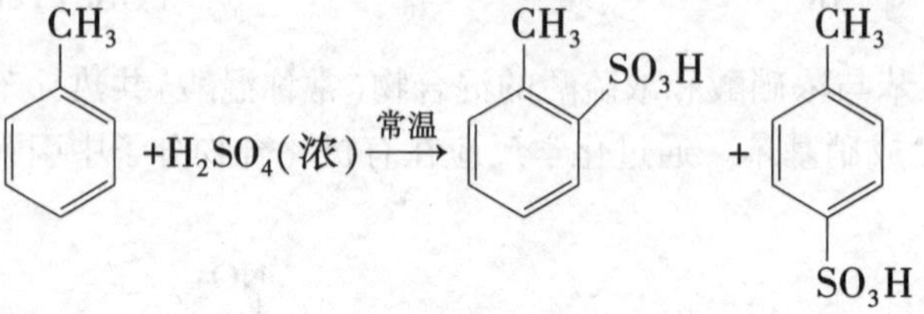

磺化反应是可逆反应，且有水生成，生产上常用发烟硫酸，利用 SO$_3$ 吸收反应生成的水，提高产率。苯磺酸在 100~180℃ 与水共热可脱去磺酸基。

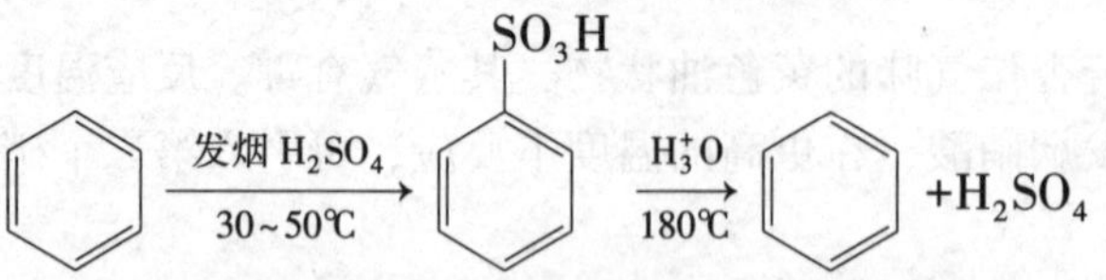

这一性质在有机合成上常用于在苯环特定位置引入某些基团。也用于分离提纯。

磺化反应历程：一般认为 SO$_3$ 是磺化反应的亲电试剂：

$$H_2SO_4 + H_2SO_4 \longrightarrow HSO_4^- + H_3^+O + SO_3$$

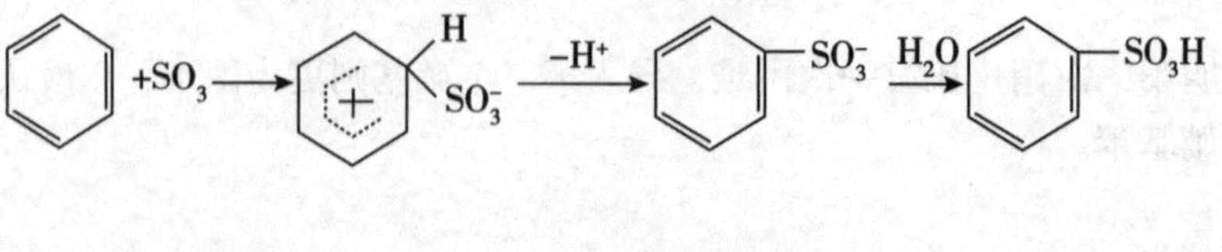

（4）傅-克（Friedel-crafts）反应　此反应包括苯环上的烷基化反应和酰基化反应。

①烷基化反应　在无水三氯化铝等路易斯酸催化剂的作用下，苯可以和卤代烷等反应在苯环上导入烷基生成烷基苯，该反应称为傅-克烷基化反应，是向苯环导入烷基的方法之一，反应可逆。

$$\text{苯} + CH_3CH_2Cl \xrightarrow{\text{无水 } AlCl_3} \text{苯}-CH_2CH_3 + HCl$$

常用的催化剂有 $AlCl_3$，$FeCl_3$，HF，$ZnCl_2$，BF_3等，其中以 $AlCl_3$ 催化活性最高。

能提供烷基的试剂统称烷基化试剂。常用的烷基化试剂有卤代烷、烯烃和醇等。

苯环上连有强吸电子基团（如硝基、酰基）时，一般不发生傅-克烷基化反应，由于烷基的活化作用常生成多烷基取代苯。

烷基化反应历程：

$$R{-}Cl + AlCl_3 \longrightarrow R^+ + AlCl_4^-$$

$$\text{苯} + R^+ \longrightarrow \left[\text{中间体}\right] \xrightarrow{AlCl_4^-} \text{苯}-R + AlCl_3 + HCl$$

由于烷基化反应中间体是碳正离子，当所用的烷基化试剂含有三个或三个以上碳原子时常伴有离子的重排反应，导致产物中取代基与烷基化试剂中的不同。例如：

$$\text{苯} + CH_3CH_2CH_2Cl \xrightarrow[\text{无水}]{AlCl_3} \text{苯}-CH_2CH_2CH_3 + \text{苯}-CH_2CHCH_3$$

正丙苯30%　　　　异丙苯70%

②酰基化反应　在无水三氯化铝等路易斯酸催化剂的作用下，芳烃与酰氯或酸酐作用在苯环上导入酰基生成芳香酮的反应，称为傅-克酰基化反应。例如：

$$\text{苯} + CH_3\overset{O}{\overset{\|}{C}}Cl \xrightarrow{\text{无水}AlCl_3} \text{苯}-\overset{O}{\overset{\|}{C}}CH_3 + HCl$$

苯乙酮

酰基化反应不重排、不生成多元取代物，利用此反应及羰基的还原反应可以制备长直链的芳烃。芳环上有吸电子基时酰基化反应也不发生。

酰基化反应历程：

$$CH_3\overset{O}{\overset{\|}{C}}{-}Cl + AlCl_3 \longrightarrow CH_3\overset{O}{\overset{\|}{C}}{}^+ + AlCl_4^-$$

$$\text{苯} + \overset{O}{\overset{\|}{C}}CH_3{}^+ \longrightarrow \left[\overset{H}{\text{中间体}}\overset{O}{\underset{\|}{C}}{-}CH_3\right]$$

$$\left[\overset{H}{\text{中间体}}\underset{\|}{\overset{\|}{C}}{-}CH_3\right] \xrightarrow{AlCl_4^-} \text{苯}-\overset{O}{\overset{\|}{C}}CH_3 + HCl + AlCl_3$$

思考题 4-2 下列化合物中哪些难于发生傅-克反应？

（1） 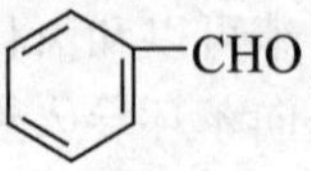 —CHO

（2） —COOH

（3） —OCH₃

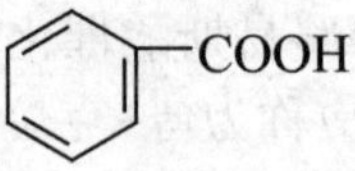

（4） —NO₂

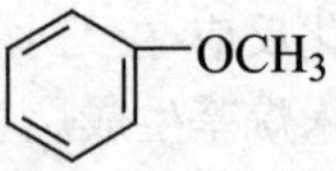

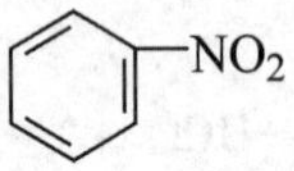

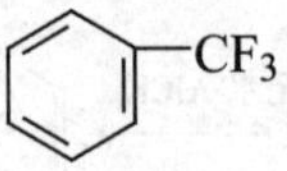

（5） —CF₃

（6） —CH₂CH₃

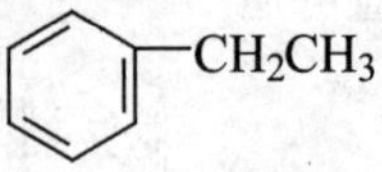

2. 氧化反应

苯在一般条件下不容易发生氧化反应，但在高温和五氧化二钒催化下，苯可被空气中的氧氧化生成顺丁烯二酸酐。

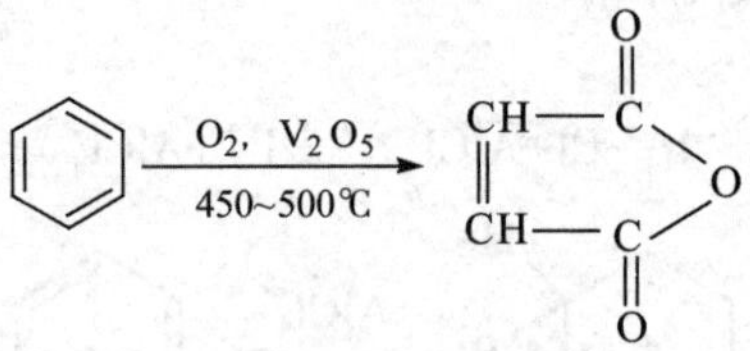

$$\text{苯} \xrightarrow[450\sim500℃]{O_2,\ V_2O_5} \text{顺丁烯二酸酐}$$

顺丁烯二酸酐又称马来酐或顺酐，是重要的化工原料，常用于生产不饱和聚酯树脂、醇酸树脂、农药和纸张处理剂等。

当苯环上有含 α 氢原子的烃基侧链时，该侧链可以被高锰酸钾、重铬酸钾、硝酸等强氧化剂氧化，烃基侧链不论长短，都被氧化成羧基。无 α 氢原子的烃基不能被氧化。例如：

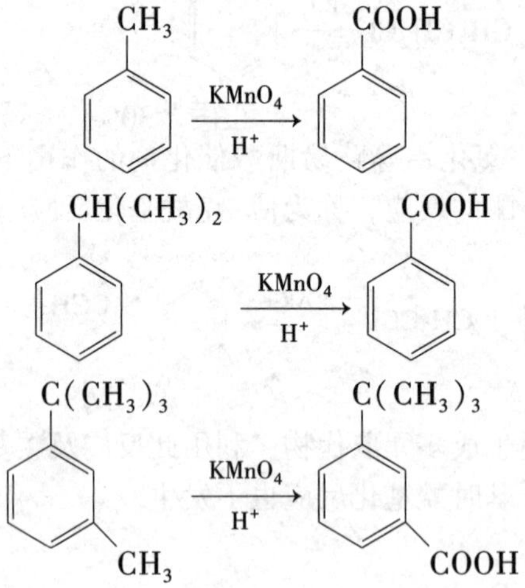

$$\text{(甲苯)} \xrightarrow[H^+]{KMnO_4} \text{(苯甲酸)}$$

$$\text{(异丙苯)} \xrightarrow[H^+]{KMnO_4} \text{(苯甲酸)}$$

$$\text{(叔丁基甲苯)} \xrightarrow[H^+]{KMnO_4} \text{(叔丁基苯甲酸)}$$

思考题 4-3 完成下列化学反应。

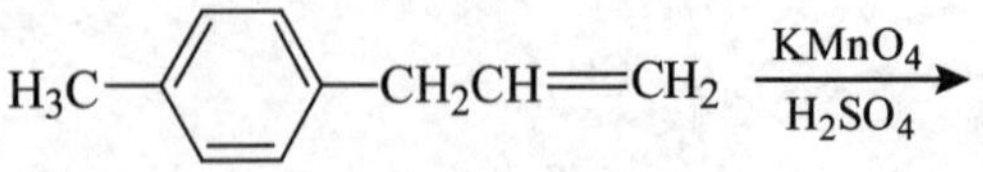

$$H_3C\text{—}\underset{}{\bigcirc}\text{—}CH_2CH=CH_2 \xrightarrow[H_2SO_4]{KMnO_4}$$

思考题 4-4 以苯和溴乙烷为原料合成苯甲酸。

3. 加成反应

芳环易发生取代反应而难于加成,但在一定条件下也可以发生加成反应。例如:

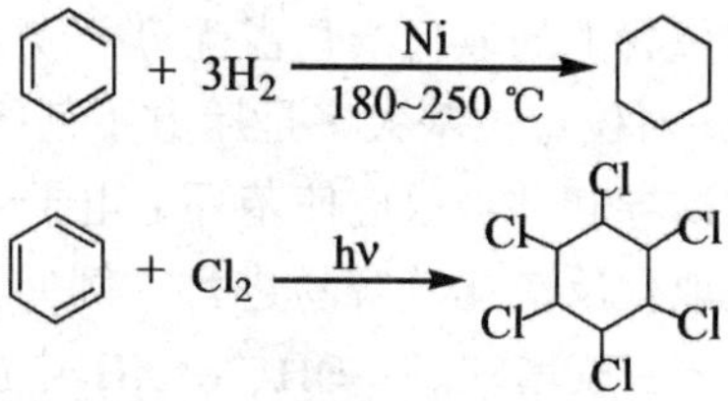

4. 芳烃侧链 α 氢的卤代反应

烷基苯 α 碳原子上氢原子受苯环的影响变得比较活泼,在光照、高温或自由基引发剂(如过氧化物)存在下,可以被卤原子取代。例如:

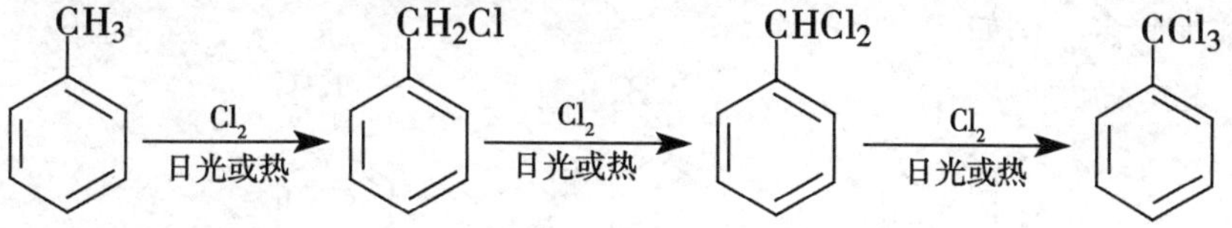

反应按自由基历程进行。

4.2.5 亲电取代反应的定位规律及其应用

1. 定位基和定位效应

通过前面化学性质的讨论,我们已初步了解当一元取代苯进行亲电取代反应时,邻、间、对三个位置被取代的机会并不是均等的。第二个取代基进入苯环的位置和难易程度,主要由苯环上原有取代基的性质来决定,也就是说苯环上原有取代基不但可以决定反应的难易而且对新导入的基团有定位功能,这种现象称为取代基的定位效应或定位作用,苯环上原有的取代基称为定位基。根据定位基的定位作用可将定位基分为以下两类。

(1)第 I 类定位基(邻、对位定位基) 这类定位基使苯环活化(卤素除外),苯环上有其之一时,亲电取代反应比苯容易进行,第二个取代基主要进入它的邻位和对位。邻、对位定位基与苯环相连的原子上只有单键,除碳以外,都带有未成键的电子对,这些原子或基团一般具有斥电子作用,使苯环上的电子云密度升高。属于这一类的定位基有(按强弱次序排列):

—O^-、—NR_2、—NH_2、—OH、—OR、—$NHCOR$、—$OCOR$、—R、—Ar、—X (I、Br、Cl)等。

(2)第 II 类定位基(间位定位基) 这类定位基使苯环钝化,苯环上有其之一时,亲电取代反应比苯难,第二个取代基主要进入它的间位。间位定位基与苯环直接相连的原子或带正电荷,或以单键、重键、配价键与其他电负性更强的原子组成基团,间位定位基一般是吸电子基,使苯环上的电子云密度降低。属于这一类的定位基有(按强弱次序排列):

—N^+R_3、—NO_2、—CF_3、—CCl_3、—CN、—SO_3H、—CHO、—COR、—$COOH$、—$COOR$、—$CONR$等。

2. 定位规律的解释

苯是一个高度对称的环闭共轭体系,所以每个碳原子上的电子云密度是均匀分布的。

当环上有了一个取代基以后，由于受到取代基的诱导效应和共轭效应的影响，使得苯环上的电子云密度增加(活化)或减少(钝化)并出现疏密交替分布现象。亲电试剂优先进攻电子云密度较高的部位，而使该位置上的取代产物占优势，成为主要产物。

(1)邻、对位定位基 邻、对位定位基大多是斥电子基团或与苯直接相连的原子上有孤对电子的基团，它们能通过诱导和共轭效应使苯环上电子云密度增加，使苯环活化，有利于亲电试剂的进攻，使亲电取代反应比苯容易进行，例如，—CH_3 可以通过诱导效应和 σ-π 超共轭效应使苯环上电子云密度增加。—OH、—NH_2 中虽然氧、氮原子电负性大，具有吸电子诱导效应(−Ⅰ)，但同时又可以形成 p-π 共轭体系，使氧、氮上的孤对电子向苯环转移，具有给电子的共轭效应(+C)。诱导效应和共轭效应方向相反，共轭效应占优势，总的结果使苯环上电子云密度增加。共轭效应特点，使苯环上取代基的邻位和对位电子云密度增加较多。例如：

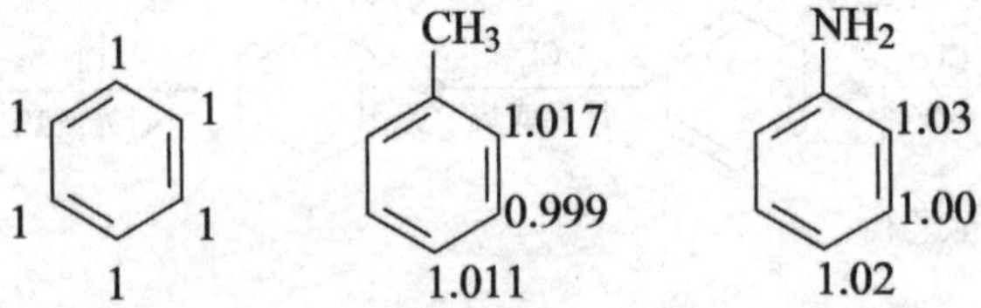

亲电试剂进攻电子云密度较高的邻位和对位，主要生成邻、对位取代产物。

对于卤素取代基，同样具有吸电子诱导效应(−I)和给电子共轭效应(+C)，以诱导效应占优势，结果使苯环上的电子云密度降低，使苯环上的亲电取代反应难以进行。共轭的结果使得卤原子的邻、对位电子云密度较高，于是亲电试剂进攻邻、对位。所以卤素原子是使苯环钝化的第Ⅰ类定位基。

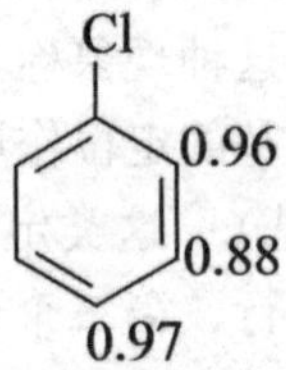

(2)间位定位基 间位定位基大多是强吸电子基团或与苯相连的原子上有重键的基团，它们通过诱导效应和共轭效应降低了苯环上电子云密度而使苯环钝化，不利于亲电试剂的进攻，反应难以进行。如—NO_2 中氮原子电负性较大，具有吸电子诱导效应(−I)，同时硝基中的氮氧双键能与苯环形成 π-π 共轭体系，由于氧电负性较大，—NO_2 具有吸电子共轭效应(−C)，两种电子效应都使苯环上电子云密度降低，使硝基苯的亲电取代反应比苯难于进行。共轭的结果使苯环上取代基邻位和对位电子云密度降低得更多些，间位电子云密度相对较高。因此，亲电试剂主要进攻间位，得到以间位为主的产物。

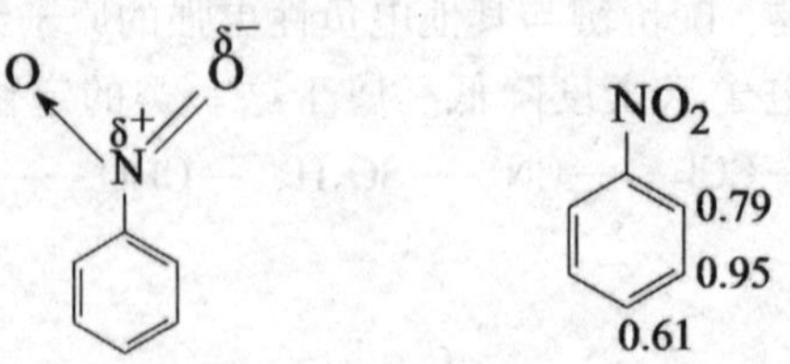

思考题 4-5 完成下列化学反应。

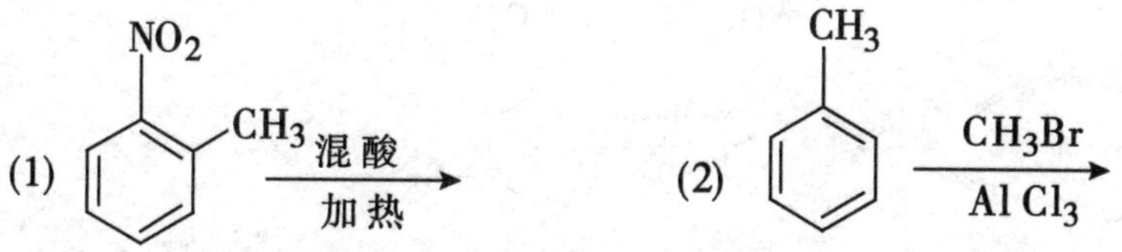

(1) 混酸 加热 →

(2) CH₃Br / AlCl₃ →

表 4-2 列出烷基苯进行硝化反应时各异构体的分布。从中可以发现，当邻、对位定位基体积变大时，由于空间位阻作用，邻位异构体减少，对位异构体增加。温度和催化剂对异构体的比例也有一定影响。

表 4-2 烷基苯硝化时各异构体所占比例

化合物	定位基	异构体所占比例（%）		
		邻位	对位	间位
甲苯	—CH₃	56.5	40.0	3.5
乙苯	—CH₂CH₃	45.0	55.0	0.0
异丙苯	—CH(CH₃)₂	30.0	68.0	2.0
叔丁苯	—C(CH₃)₃	18.0	81.0	1.0

3. 二取代苯的定位规则

如果苯环上已经有两个取代基时，第三个取代基进入苯环的位置同时受两个取代基的制约，情况较复杂，可注意以下两点。

(1) 如两个取代基不属于同一类定位基，第三个取代基主要进入邻、对位定位基的邻位或对位；若两个取代基属于同一类定位基，则应由定位效应强的定位基决定第三个基团进入位置（强弱见定位基顺序）。例如：

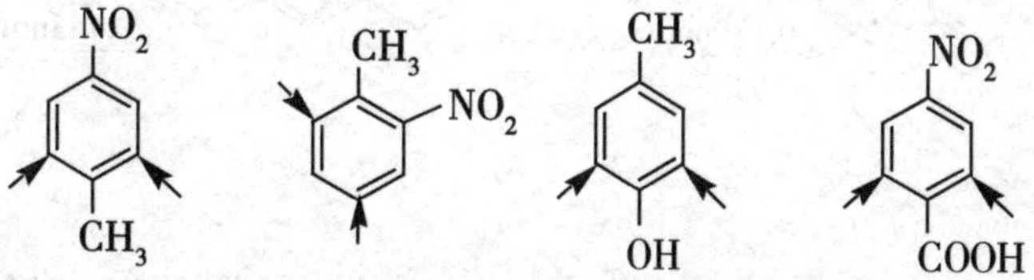

(2) 实际反应中产物的产率还受空间位阻、第三个取代基大小及温度等影响，如叔丁基苯磺化时由于邻位空间位阻的存在，只得到对位产物。又如下例中处于两个取代基间的位置由于空间阻力较大很少发生取代反应。

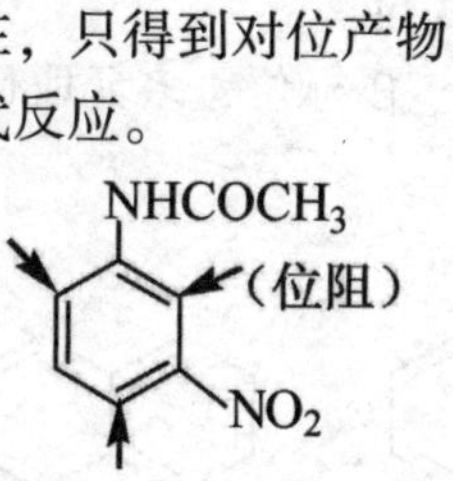

4. 定位规律的应用

定位规律主要用来预测反应的主要产物，其次用来指导选择合适的合成路线。

例如，由苯合成间硝基溴苯时，要考虑先溴化还是先硝化。若先溴化再硝化时得到邻硝基溴苯和对硝基溴苯。若先硝化再溴化，则得到间硝基溴苯。所以合成路线应为：

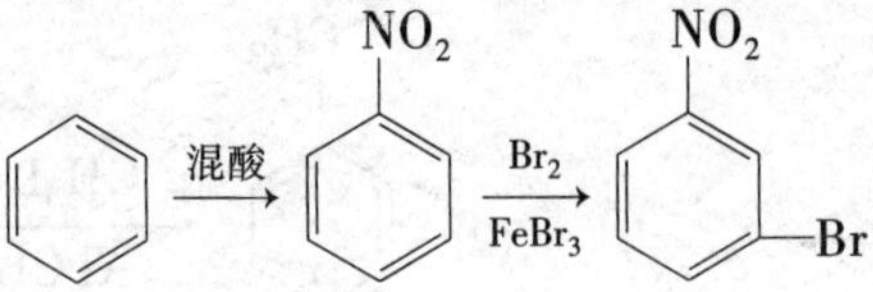

4.3 稠环芳烃

由两个或两个以上苯环共用两个相邻的碳原子稠合而成的多环芳烃称为稠环芳烃，萘、蒽、菲是简单而重要的稠环芳烃。

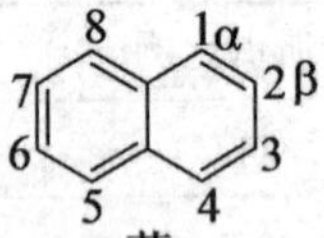

4.3.1 萘、蒽、菲结构

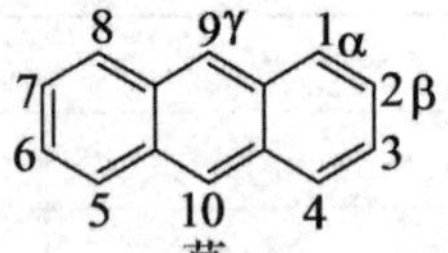

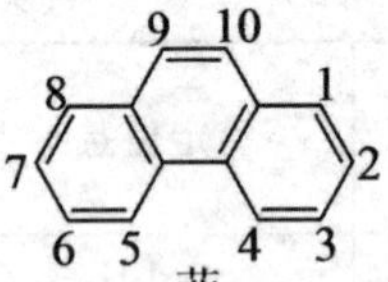

三者分子中碳原子都采取 sp^2 杂化，都是平面型分子；每个碳原子上没有参与杂化的 p 轨道相互平行侧面重叠形成环闭大 π 键共轭体系，但 p 轨道重叠程度不同，造成电子云密度分布不均匀(其中萘 α 位最高，蒽菲 9、10 位最高)，键长不完全相等；它们都有芳香性但不如苯(苯>萘>菲>蒽)。稠环芳烃中单、双键键长如下：

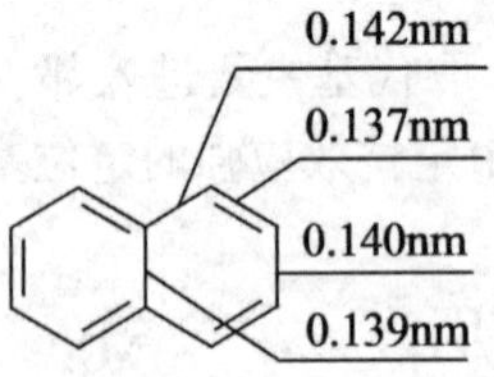

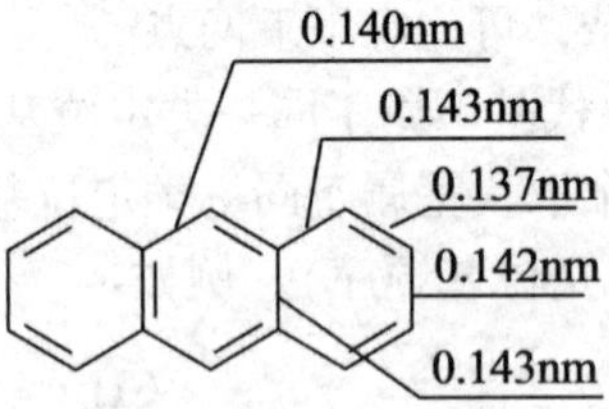

4.3.2 萘

1. 萘的命名

稠环芳烃有固定的编号顺序，对于萘，其 1, 4, 5, 8 位结构位置等同又称为 α 位，2, 3, 6, 7 位结构位置也等同，称为 β 位。

一元取代的萘命名时习惯用 α、β 标位，多元取代萘用阿拉伯数字标位。芳香族化合物命名原则同样适用于稠环芳烃。

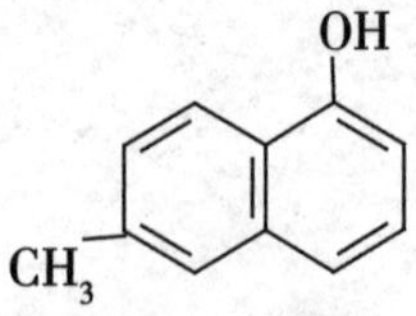

6-甲基-1-萘酚 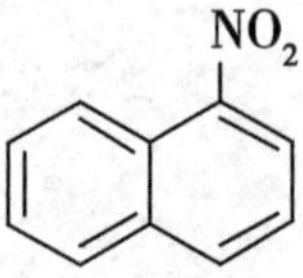　　　　α-硝基萘 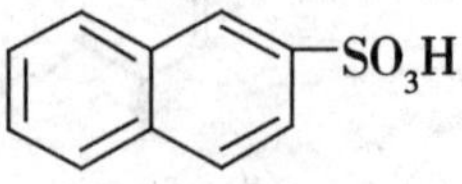　　　　β-萘磺酸 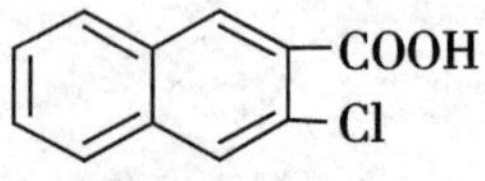　　　　3-氯-2-萘甲酸

2. 萘的性质

萘是白色结晶体，熔点 80.2℃，沸点 218℃，易升华，不溶于水而溶于有机溶剂。有特殊气味，是重要的有机合成原料。

(1)亲电取代反应　萘也可以进行一般芳香烃的亲电取代反应，反应比苯容易，由于 α 位上电子云密度高，一元取代时反应主要发生在 α 位上。例如：

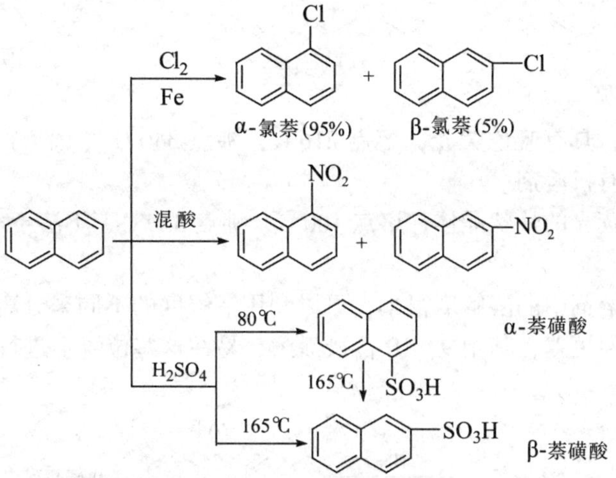

α-氯萘(95%)　　β-氯萘(5%)

α-萘磺酸

β-萘磺酸

萘的溴代不需要路易斯酸催化，硝化的速度比苯快 750 倍。磺化时低温生成 α-萘磺酸，高温生成 β-萘磺酸。把 α-萘磺酸与硫酸加热至 165℃即可转变为 β-萘磺酸。

(2)氧化反应　萘容易被氧化，随反应条件不同生成不同的氧化产物。例如：

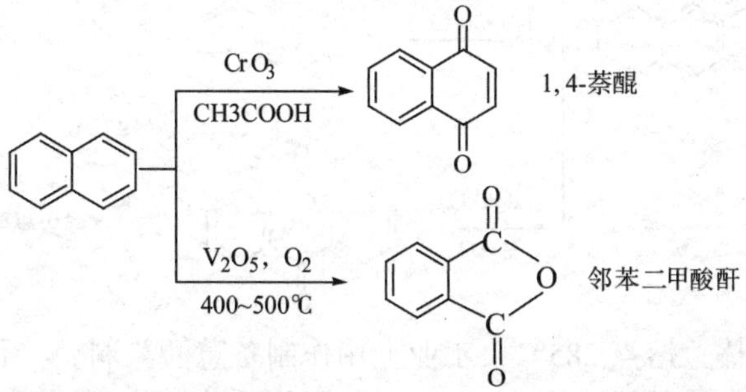

1,4-萘醌

邻苯二甲酸酐

(3)加成反应　萘比苯容易发生加成反应，用金属钠和乙醇就可使萘还原为四氢萘，同样条件下苯不被还原，要使四氢萘中苯结构还原得采用催化氢化方法。这也说明苯的芳香性比萘强。

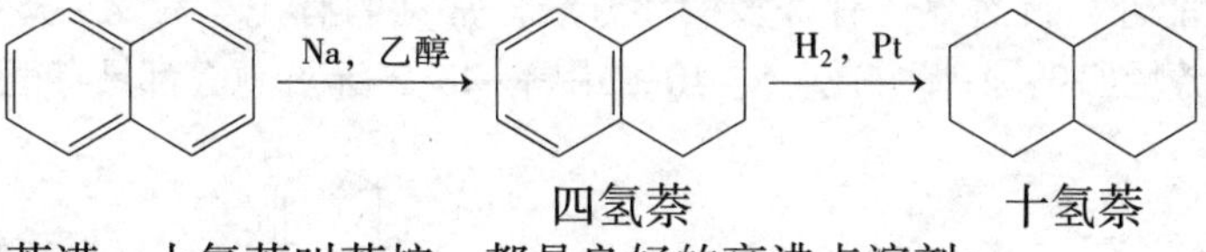

四氢萘　　　　　十氢萘

四氢萘又叫萘满，十氢萘叫萘烷，都是良好的高沸点溶剂。

4.3.3 蒽、菲

1. 蒽、菲的命名

蒽和菲环上碳原子也有固定的编号，其中蒽、菲分子中 1，4，5，8 四个位置是等同的，称 α 位；2，3，6，7 四个位置等同，称 β 位；9，10 位等同，称 γ 位。命名原则同萘。例如：

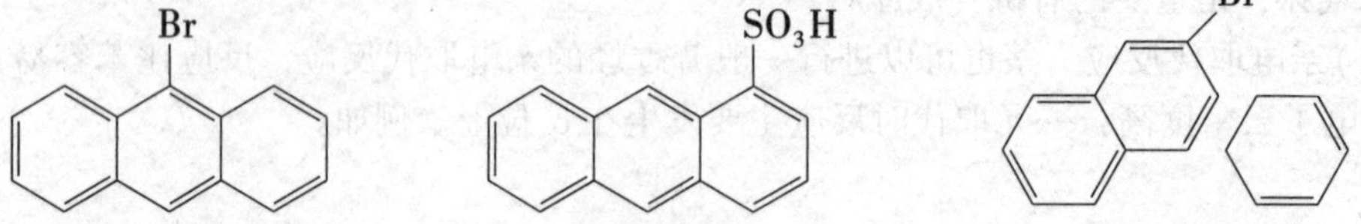

9-溴蒽　　　　　　　　1-蒽磺酸　　　　　　　　9-溴菲

2. 蒽、菲的性质

蒽是片状结晶，具有蓝色荧光，熔点 216℃，沸点 340℃，不溶于水，难溶于乙醇和乙醚，能溶于苯等有机溶剂。

菲是无色而有荧光的片状晶体，熔点 100℃，沸点 340℃，不溶于水而溶于有机溶剂，其溶液呈蓝色荧光。

由于蒽在有机溶剂中的溶解度很小，可以利用溶解度的不同来分离蒽和菲。

蒽和菲的芳香性更差，其中 9，10 位最活泼，易在这些位置上进行加成、取代和氧化等反应。例如：

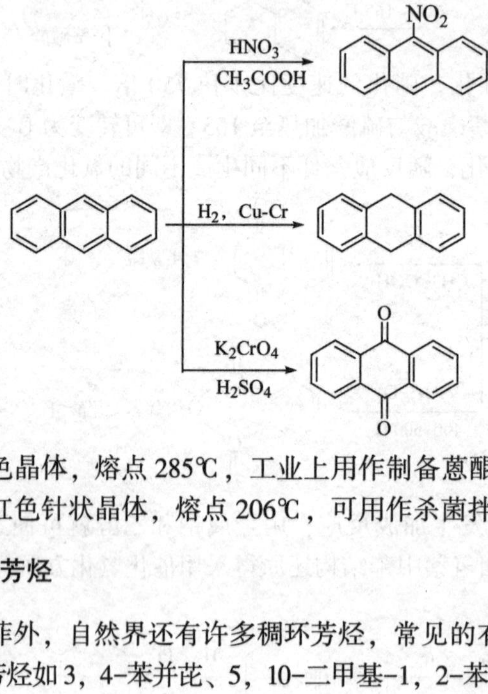

蒽醌为浅黄色晶体，熔点 285℃，工业上用作制备蒽醌染料，又作为棉织物印花的导氧剂。菲醌是橙红色针状晶体，熔点 206℃，可用作杀菌拌种剂防止小麦锈病等。

4.3.4 其他稠环芳烃

除萘、蒽、菲外，自然界还有许多稠环芳烃，常见的有芘、3，4-苯并芘及蒽菲衍生物等。某些稠环芳烃如 3，4-苯并芘、5，10-二甲基-1，2-苯并蒽等都具有很强的致癌性。

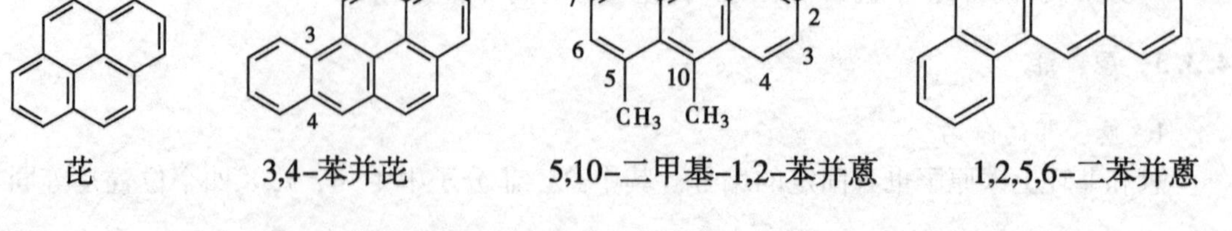

芘　　　　3，4-苯并芘　　　5，10-二甲基-1，2-苯并蒽　　　1，2，5，6-二苯并蒽

目前已确认，这些致癌芳烃本身并不引起癌变，这些烃进入人体后经过某些生物过程转化为活泼的环氧化物，后者与细胞中的 DNA(脱氧核糖核酸)结合，引起细胞变异。煤、石油、木材、烟草等不完全燃烧时都产生这种致癌烃。在环境监测项目中，空气中苯并芘的含量是监控的重要指标之一。

4.3.5 富勒烯 C_{60}

富勒烯(fullerene)是一系列由纯碳组成的原子族的总称，如 C_{44}、C_{60}、C_{70} … C_{540} 等，是继金刚石和石墨后的又一类碳的同素异形体。

C_{60} 是富勒烯家族的重要一员，分子中的 60 个碳原子采用不等性的 sp^2 杂化形式，每个碳原子用三个杂化轨道形成 σ 键，剩余的一个轨道形成一个非平面的共轭离域大 π 键。整个分子成为一个具有 60 个顶点和 32 个平面的笼型结构，因形似足球，称为足球烯。32 个面中，12 个为五元环，20 个六元环。见图 4-2。C_{60} 分子中含有的 30 个 C═C 双键构成球壳上的三维共轭体系，单键键长为 0.1455 nm，双键键长为 0.1391 nm，分子直径为 0.71 nm。C_{60} 的性质与平面稠环芳烃不同，但具有一定的"芳香性"。但它的碳碳双键可以与自由基、亲核试剂、还原剂、双烯体以及零价过渡金属配合物等发生反应。因此，C_{60} 既能接受电子，又能释放电子，表现出供、受电子体的双重性质。现在研究表明，C_{60} 及其衍生物在超导、材料、光学、磁学、生命功能、医学及催化特性等方面有较广阔的应用前景。

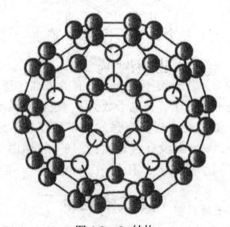

图 4-2 C_{60} 结构

C_{60} 是柯尔(R. F. Curl)、克罗托(H. W. Kroto)、斯莫利(R. E. Smalley)三位科学家于 1985 年发现的，他们因此获得了 1996 年诺贝尔化学奖。

C_{60} 因其稳定性可用美国著名建筑设计师(R. B. Fuller)发明的短程线圆顶结构加以解释，故命名为富勒烯。

4.4 非苯芳烃

4.4.1 休克尔规则

有些环状闭合多烯烃，分子中虽没有苯环结构，但具有明显的芳香性特征：易发生亲电取代反应不易发生加成和氧化。1931年休克尔(E. Huckel)利用分子轨道法计算了单环多烯的π电子能级，提出了判断环状闭合多烯烃是否具有芳香性的方法即休克尔规则：一个环状闭合共轭体系，只要具有平面性结构，并且π电子数为$4n+2$ ($n=0$，1，2，3，…)时，该化合物就有芳香性，这个规则称为休克尔规则。

分子中没有苯环结构，但符合休克尔规则的烃类化合物称为非苯芳烃。

4.4.2 休克尔规则适用范围

1. 适用于平面单环多烯的判断($0 \leqslant n \leqslant 5$)

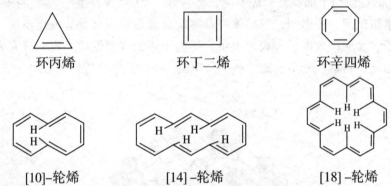

环丙烯	环丁二烯	环辛四烯

[10]-轮烯	[14]-轮烯	[18]-轮烯

环丙烯虽π电子数为2，但π键不闭合，没有芳香性；环丁二烯π电子数为4，没有芳香性；环辛四烯不是平面分子，π电子数为8，也没有芳香性；[10]-轮烯及[14]-轮烯分子中处于反式键上的氢距离近，有强烈的排斥作用，致使分子不能在同一平面上，虽π电子数符合$4n+2$规则但没有芳香性；[18]-轮烯由于环较大，虽环内也有氢但斥力很小，分子基本在同一平面上，有18个π电子，π电子数符合$4n+2$规则，具有芳香性。

2. 适用于环状多烯离子的判断

(1)环丙烯正离子 环丙烯失去一个氢负离子后，转变成只有两个π电子的环丙烯正离子，该离子具有平面环状闭合共轭结构，符合休克尔规则($n=0$)，具有芳香性。

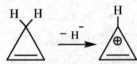

(2)环戊二烯负离子 环戊二烯无芳香性，当用强碱如叔丁醇钾处理时亚甲基上一个质子被取代生成钾盐。

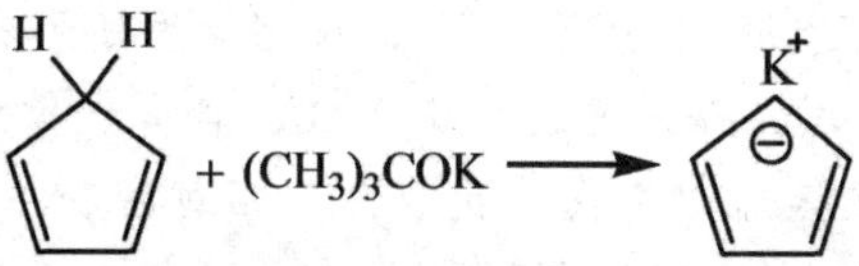

环戊二烯负离子具有平面环状闭合共轭结构，π电子数为 6，符合休克尔规则（n = 1），因此具有芳香性。

（3）环庚三烯正离子　环庚三烯失去一个氢负离子生成环庚三烯正离子。

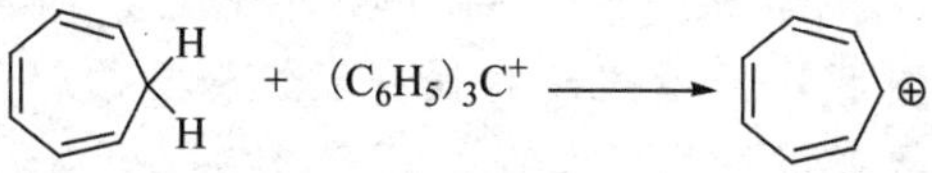

该离子是平面结构，形成环状闭合共轭体系，π电子数为 6，符合休克尔规则（n = 1），具有芳香性。

3. 适用于双键仅出现在环周边的多环烯烃的判断

对于多环烯烃如果除周边有双键外，分子内也有双键，但该双键只为两环共用，该烯烃也可用休克尔规则进行判断。

奠　　　　　　　　　　芘　　　　　　　　　　萘

在奠分子中，双键都在环周边，分子在同一平面内，π电子数为 10，符合休克尔规则有芳香性；用休克尔规则判断芘分子没有芳香性，但芘是典型芳烃，其原因是分子中的双键不但出现在周边，而且分子内部也有双键且被多环共用，已不适用于休克尔规则的判断；在萘分子中虽也有芘分子情况，但双键只被两环共用，经判断符合休克尔规则，他确实是典型芳烃。

总之，一个环状多烯，要想具有芳香性必须同时满足三方面：π键闭合，分子共平面，有 $4n+2$ 个 π 电子，缺一不可。

思考题 4-6　下列哪些化合物不具有芳香性。

（1） 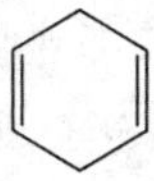　　　　（2） 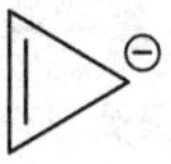　　　　（3） 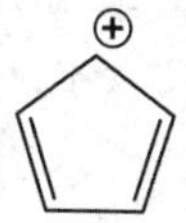　　　　（4）$CH_2{=}CH{-}CH{=}CH{-}CH{=}CH_2$

◎ 知识拓展

煤焦油及其综合利用现状

煤焦油是煤在干馏和气化过程中所产生的液体副产物。据统计，截至 2019 年，我国煤焦油的总产量约为 2510 万吨。根据煤热解温度的差异，煤焦油可分为低温煤焦油（干馏温度 450~650℃）、中低温煤焦油（干馏温度 600~800℃）、中温煤焦油（干馏温度 700~

900℃）和高温煤焦油（干馏温度 1000℃）。不同干馏温度所形成的煤焦油组成及性质具有较大的差异：高温煤焦油色黑，相对密度大于 1.0，含有大量沥青、烷基芳香族化合物和酸性化合物等；中、低温煤焦油为黑色油状液体，相对密度在 1.0 左右，与高温煤焦油相比，具有高含量的链烷烃和烷基芳香族化合物，酚含量高达 30%。煤焦油是由烷烃、烯烃、多环芳烃、杂环芳烃和稠环芳烃等组成的复杂有机混合物。目前已探明的有机化合物高达 500 余种，能够提取和配制为化工产品的接近 200 种，通过物理化学等方法从煤焦油中提取的这些化工产品，具有石油加工产品的不可替代性。同时，煤焦油加氢制取清洁燃料油技术的发展，对缓解我国石油短缺和提高煤炭资源的转化率均具有重要的战略意义。煤焦油的综合利用主要有以下几个方面。

1. 直接作为燃料油

煤焦油经过处理后可直接作为锅炉燃料，利用充分，其缺点一是创造的经济效益不高，二是煤焦油燃烧释放的大量 CO_2 及少量含硫含氮氧化物，严重影响了生态环境。

2. 制备轻质燃料油

煤焦油催化加氢制备轻质燃料油是它的另一个重要用途。通过催化加氢最终煤焦油可转化为液化气和轻质液体燃料油。我国常用催化加氢工艺技术，根据煤焦油预处理方式的不同，可归纳为煤焦油预分馏加氢工艺、煤焦油预萃取加氢工艺、煤焦油延迟焦化加氢工艺和煤焦油全馏分加氢工艺。

3. 煤沥青深加工

煤沥青是煤焦油经过蒸馏加工去除液体馏分后的残余物，占煤焦油总量的 50% ~ 60%。煤沥青除用作筑路材料和建筑材料外，其深加工产品如新型高端碳材料，在燃料电池和电极材料等领域均有广阔的发展前景，中间相沥青可作为高品质碳纤维、泡沫炭等产品的中间合成材料，具有很高的经济价值。高效利用煤焦油沥青，提高其产品附加值，将会大幅提高煤焦油工业的整体经济效益。

4. 提取精细化工产品

煤焦油中有机物成分多而复杂，提取工艺特别繁琐，大致是先将煤焦油预处理，然后通过粗蒸馏切取出组分集中的各种馏分段，根据各馏分段组分情况有针对性的对其采取精馏、萃取、结晶等物理化学方法，可分离得到酚类、萘、吡啶、喹啉等多种化学品。

煤焦油是十分宝贵的有机化工原料，具有石油加工产品的不可替代性。随着化工工业的快速发展，对煤焦油基产品的需求也会大大增加。目前我国煤焦油加工工业仍存在许多问题，比如：深加工能力薄弱、产品结构单一、高附加值产品少，大部分企业仅能生产酚、萘、少量蒽、咔唑及炭黑等化工产品，具有高附加值的杂环和稠环混合物未能被有效利用，而发达国家已能够提取超过 200 种高附加值化工产品。另外还有环境污染严重、工艺及设备落后等问题，随着国家对科技工作的重视，通过化工科技工作者的努力，相信我国煤焦油产业所面临的技术难题一定能解决。

◎ 课后思考题

1. 江苏响水天嘉宜化工公司主要生产苯胺类化工产品，2019 年 3 月 21 日，该公司长期违法储存的硝化废物发生自燃引发特大爆炸事故，造成重大人员伤亡和经济损失。化学危险品的生产、储存、运输和使用都有非常严格的操作标准，安检工作不能走过场，不能搞形式主义，要用科学的管理方法和手段消除安全隐患，稍一疏忽就易发生安全事故。请问：一个生产苯胺类化工产品的企业为什么有硝化废物？

2. α-萘乙酸和乙烯利是两种植物生长调节剂，其中乙烯利进入植物体内靠细胞质内的化学分解释放出乙烯，从而实现催熟作用，从原理上讲这个过程是科学安全的。但过量使用会在水果、蔬菜中有残留，人吃了这样水果蔬菜后会出现呕吐、恶心及胃灼烧感。有时科技是双刃剑，只有在尊重科学和具有高度的社会责任感下使用才会使科技服务于人类，改善人类生活。查阅资料后说一说 α-萘乙酸在苹果着色、草莓膨大方面的使用规范。

◎ 习　题

1. 给下列各化合物命名或写出结构式。

(1) 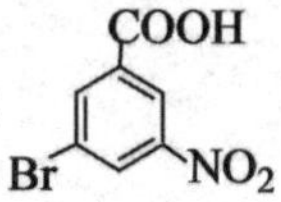 　　(2) 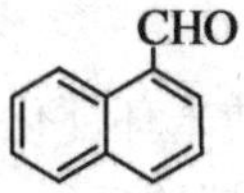 　　(3)

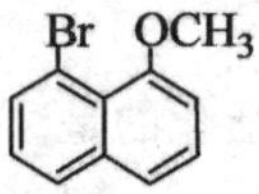

(4) 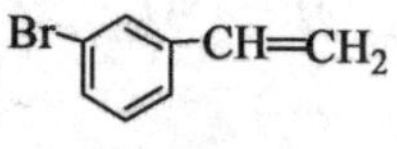 　　(5) 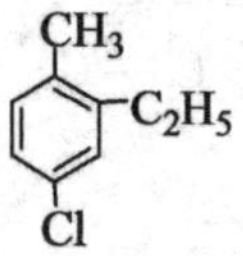 　　(6)

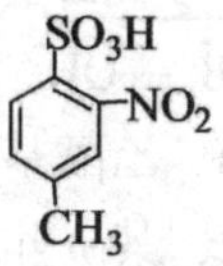

(7) 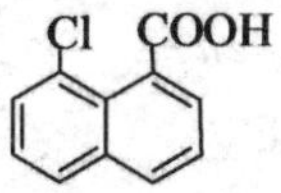 　　(8)

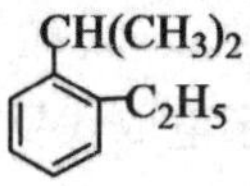

(9) 3-氯-2-萘甲酸　　(10) 2-氯-6-溴苯胺

2. 完成下列反应式。

(1)

(2)

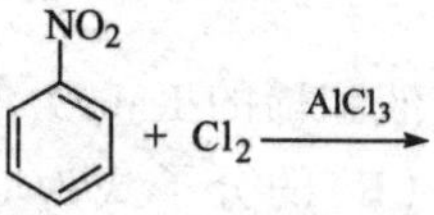

(3) 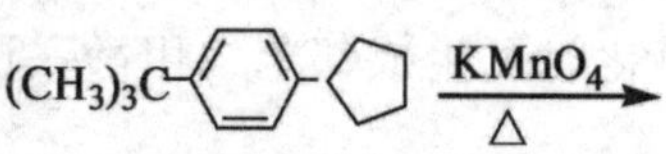 $(CH_3)_3C-$$-$ $\xrightarrow[\triangle]{KMnO_4}$

(4) $\xrightarrow{HNO_3 \atop H_2SO_4}$ $\xrightarrow[H^+, \triangle]{KMnO_4}$

(5) $H_3C-$$-Cl$ $\xrightarrow{HNO_3 \atop H_2SO_4}$ $\xrightarrow[\triangle]{KMnO_4}$

(6) 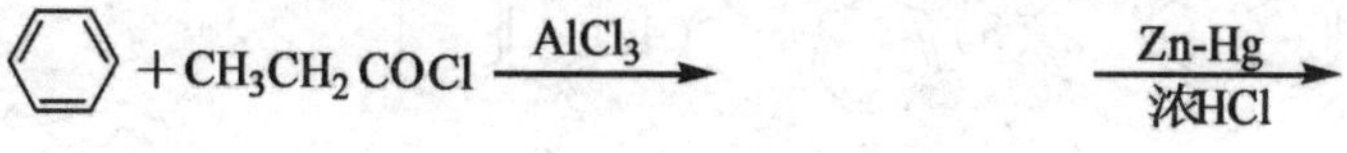 $+CH_3CH_2COCl$ $\xrightarrow{AlCl_3}$ $\xrightarrow[\text{浓HCl}]{Zn-Hg}$

(7) 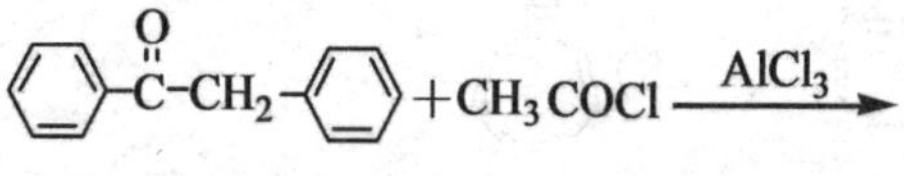 $+CH_3COCl$ $\xrightarrow{AlCl_3}$

(8) $CH_2CH_2COCl \xrightarrow{AlCl_3}$

3. 选择或填空。

(1) 甲苯发生氯代反应，产物是苄基氯，此过程属于什么反应？（　　）
　　A. 亲电取代反应　　B. 亲核取代反应　　C. 游离基反应　　D. 亲电加成反应

(2) 下列化合物发生亲电取代反应由易到难的次序为_____。
　　A. 苯　　　　　　　B. 甲苯　　　　　　C. 硝基苯　　　　　D. 苯胺

(3) 下列基团作为取代基最优先的是____、作为官能团最优先的是____。
　　A. —COOH　　　　B. —OH　　　　　C. —CH₃　　　　D. —Cl

(4) 反应 ![苯]+(CH₃)₂CHCH₂Cl $\xrightarrow[\Delta]{AlCl_3}$ 的主要产物是_____。

A. ![苯基]—$CH_2CH(CH_3)_2$　　B. ![苯基]—$C(CH_3)_3$　　C. ![苯基]—$CHCH_2CH_3$ 下接 CH_3

(5) 下列取代基中能使苯环活化的是_____能使苯环钝化的是_____。
　　属于邻对位定位基的是_____属于间位定位基的是_____。
　　A. —CH₂CH₃　　　B. —OH　　　　C. —Cl　　　　D. —NO₂
　　E. —COOH　　　　F. 乙酰基

(6) 一个环状多烯具有芳香性，其 π 电子个数符合_____。
　　A. $4n$　　　　　　B. $2n+2$　　　　C. $4n+2$　　　　D. $2n-2$

(7) 在萘分子结构中_____位电子密度最高，亲电取代反应首先发生在_____位。

(8) 苯环上的取代反应属于_____取代反应。

4. 用化学方法鉴别下列化合物。
　　苯　　甲苯　　苯甲酸　　3-苯基丙烯

5. 以苯及必需的无机物为原料合成：
　　3-硝基氯苯　　4-氯苯甲酸。

6. 化合物 (A) 的分子式为 C_9H_8，在室温下能迅速使 Br_2-CCl_4 溶液和稀的 $KMnO_4$ 溶液褪色，在温和条件下氢化时只吸收 1mol H_2，生成化合物 (B)，(B) 的分子式为 C_9H_{10}；(A) 在强烈的条件下氢化时可吸收 4mol H_2，强烈氧化时可生成邻苯二甲酸；试写出 (A)，(B) 的构造式。

7. 某芳烃的分子式为 $C_{16}H_{16}$，臭氧化后在锌粉作用下水解产物为 $C_6H_5CH_2CHO$，强烈氧化得到苯甲酸。试推断该芳烃的构造。

8. 判断下列各化合物是否具有芳香性。

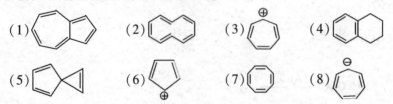

94

第5章 旋光异构

有机化合物普遍存在着同分异构现象。按其产生原因和特点，归纳如下：

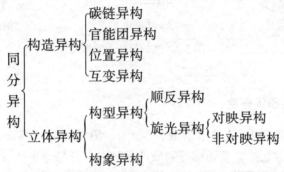

分子的构造相同，但分子中原子或基团在空间的排列方式不同而产生的异构称为立体异构(stereoisomerism)。立体异构又分为构型异构和构象异构，本章讨论的旋光异构(optical isomer)属于构型异构，旋光异构又称光学异构。许多有机化合物尤其是天然有机化合物存在旋光异构现象。因此，研究旋光异构对于阐明天然有机物结构和生理活性的关系，对药物等有机产品的研发，以及对有机反应历程的深入研究等都具有重要意义。

5.1 物质的旋光性

5.1.1 偏振光

光是一种电磁波，其振动方向和光波的前进方向垂直。普通光是由多列振动方向各不相同的光波组成的，因此，其光波可在垂直于前进方向的各个不同平面内振动，光波振动平面示意图见图5-1，图中双箭头表示光波的振动方向。

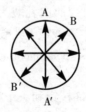

图 5-1 光波振动平面示意图

如果使一束普通光通过一个尼科尔(Nicol)棱镜,由于这种棱镜只能使在与棱镜晶轴平行的平面内振动的光通过,所以,通过尼科尔棱镜后,其光波就只在一个平面上振动。这种只在一个平面上振动的光,叫做平面偏振光(plane-polarized light),简称偏振光或偏光,光的偏振示意图,见图 5-2。

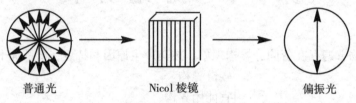

普通光　　　　　　　　　Nicol 棱镜　　　　　　　　　偏振光

图 5-2　光的偏振示意图

5.1.2　物质的旋光性和旋光度

当偏振光通过某些物质(液体或溶液),如水、酒精等时,偏振光仍维持原来的振动平面;但当偏振光通过乳酸、葡萄糖等物质的溶液时,其振动平面旋转一定的角度,见图 5-3。这种使偏振光振动平面发生旋转的性质叫做物质的旋光性(optical activity)或光学活性,具有旋光性的物质称为旋光性物质或光学活性物质,如乳酸、葡萄糖等。

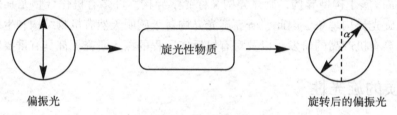

偏振光　　　　　　　　　旋光性物质　　　　　　　　　旋转后的偏振光

图 5-3　偏振光的旋转

能使偏振光振动平面向右(顺时针方向)旋转的物质称为右旋体(dextrorotatory),用(+)或 d 表示;能使偏振光振动平面向左(反时针方向)旋转的物质称为左旋体(levorotatory),用(−)或 l 表示。偏振光振动平面旋转的角度加上旋光方向叫做该物质的旋光度(optical rotation),常用 α 表示。例如,某物质在一定的条件下,能使偏光向右旋转 17.3°,它的旋光度记为 $\alpha = +17.3°$。肌肉乳酸为右旋乳酸,表示为(+)-乳酸或 d -乳酸;发酵乳酸为左旋乳酸,表示为(−)-乳酸或 l-乳酸。

物质的旋光性(旋光度)可用旋光仪(polarimeter)进行测定。简单的目测式旋光仪的构造如图 5-4 所示。

旋光仪主要有一个光源,两个 Nicol 棱镜和一个盛液管组成。光源发出的光通过起偏镜(第一个 Nicol 棱镜)变为偏振光,偏振光通过盛有旋光性物质的盛液管时,偏振光的振动平面发生旋转,旋转与检偏镜(第二个 Nicol 棱镜)相连的刻度盘使偏振光通过检偏镜(由目镜观之),其偏转的角度和方向由刻度盘读出,这就是所测样品的旋光度。需要指

图 5-4 旋光仪构造示意图

出的是测定样品的旋光度之前，盛液管盛满溶剂，通过刻度盘调节两个 Nicol 棱镜的晶轴，使之相互平行，此时从目镜观察到最大的光亮，作为零点。

影响旋光度的因素，除物质本身的结构外，旋光度还与溶液的浓度，盛液管长度，测定时的温度，所用光源的波长和溶剂种类等有关。如天门冬氨酸的水溶液在室温时为右旋，但高温时为左旋。因此物质旋光度随测定条件不同而变化。为了比较旋光性物质的旋光能力的大小，通常规定：被测样品的质量浓度为 1 g/mL，盛液管长度为 1dm，此时测得的某物质的旋光度，称为该物质的比旋光度(specific rotation)，常用符号 $[\alpha]_\lambda^t$ 表示，它与旋光度的关系为：

$$[\alpha]_\lambda^t = \frac{\alpha}{l\rho_B}$$

式中，t 为测定温度(一般为 20℃)，λ 所用光源波长（常用钠光，$\lambda = 589.3$ nm，标记为 D），α 为测得的旋光度(°)，l 为盛液管长度(dm)，ρ_B 为被测溶液的质量浓度(g/mL)。若被测物质为纯液体时，可用该液体的密度代替上式中质量浓度来计算其比旋光度。

比旋光度是旋光性物质特定的物理常数。通过测定旋光度，计算物质的比旋光度，不但可以比较物质的旋光性，而且可以对未知物质进行定性分析；如果已知某物质的比旋光度(查手册)，还可以计算被测物质溶液的浓度或检验其纯度。例如，制糖工业常利用测定糖液的旋光度，来检测其浓度。

测定物质的旋光度时，溶剂的种类对旋光度数值也有影响。当不用水为溶剂时，应注明溶剂的名称。例如 5%的右旋酒石酸乙醇溶液比旋光度为+3.79°，应表示为：$[\alpha]_D^{25} = + 3.79°$（乙醇，5%）。

5.2 旋光性与分子结构的关系

5.2.1 手性与手性分子

仔细观察可以发现，人的左右手是不能同向叠合的，如果手心方向相同，则两手手指的排列方向正好相反。如果将一只手映入镜面，得到的镜像恰好与另一只手相同，见图 5-5，即两手互成实物和镜像关系。像手这样，实物与其镜像不能叠合的特性称为手性或手征性(chirality)。

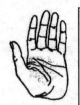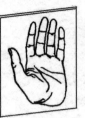

不能同向叠合　　　　　　　互为实物与镜像关系

图 5-5　左手和右手的关系

　　手性是自然界中的一种普遍现象。日常生活中物体有手性的例子比比皆是，如人的双脚、鞋子、手套无不具有手性。

　　许多有机化合物分子也具有与其镜像不能叠合的性质，这种分子称为手性分子（chrial molecule）。考察一个分子是否具有手性，最可靠的方法是做出一对实物和镜像的模型，或者写出它的透视式，然后看看它们是否能完全叠合。例如，乳酸分子，C_2连有四个互不相同的原子或基团，这四个基团在C_2周围有两种不同的空间排列方式，即形成两种构型不同的分子，两者十分相像，互为镜像但不能叠合，都是手性分子，见图 5-6。

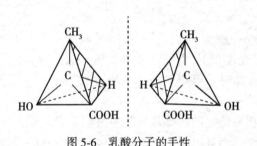

图 5-6　乳酸分子的手性

　　与四个不同的原子或基团相连的碳原子称为手性碳原子，常用 C^* 表示。例如，乳酸、2-氯丁烷分子中的手性碳原子：

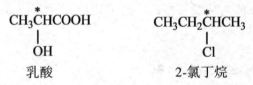

乳酸　　　　　　　　　　　　　2-氯丁烷

思考题 5-1　下列物质分子中有无手性碳原子，请用 * 标记手性碳原子。

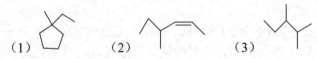

（1）　　　　　（2）　　　　　（3）

　　手性碳原子是有机物分子具有手性的主要原因。

5.2.2 分子的手性与对称因素

一般来说，分子有手性的化合物都有旋光性。手性分子具有不对称性，对于多数有机物，如果一个分子即没有对称面，也没有对称中心，那么该分子就具有手性，反之，分子没有手性。因此，要判断某一物质分子是否具有手性，只要考虑它是否具有下列对称因素即可。

1. 对称面

假如有一个平面可以把分子分割成相应的两部分，其中一部分正好是另一部分的镜像，这个平面就是分子的对称面，如1，1-二氯乙烷分子。如果分子中所有原子都在同一个平面内，则此平面为该分子的对称面，如反-1，2-二氯乙烯分子，见图5-7。

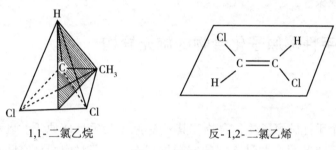

1,1-二氯乙烷   反-1,2-二氯乙烯

图5-7 对称面

2. 对称中心

若分子中有一点P，通过P点画任何直线，如果离P点等距离的直线两端有相同的原子，则P点称为该分子的对称中心，如1，3-二氟-2，4-二氯环丁烷，见图5-8。

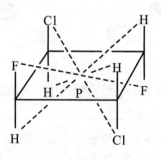

图5-8 对称中心

具备以上对称因素的分子都是对称分子，它们与自己的镜像完全重合，是非手性分子，无光学活性。反之，若分子中无对称因素则是不对称分子，具有手性，有旋光性。对于大多数化合物，尤其是开链化合物，只考察其有无对称面即可判断其有无手性，所以，对称面应用更为普遍。

思考题 5-2　判断下列物质分子是否具有手性。

（1）　　　（2）　　　（3）　　　（4）

总之，手性是物质产生光学活性的必要条件。物质产生旋光性是由其本身结构决定的，不但取决于分子的立体结构如构型、构象，还与其组成的原子或原子团的种类有关。晶体的旋光性主要由其结点上的粒子(原子、离子、分子等)排列所致。到目前，还未找到钠光 D 线下的旋光方向、旋光度大小与分子的立体结构之间全面、具体和统一的关系。但由于手性碳原子引起物质的旋光性是最为普遍的现象，下面重点讨论含手性碳原子的化合物的旋光异构现象。

5.3　含一个手性碳原子化合物的旋光异构

5.3.1　对映异构体

乳酸是含一个手性碳原子的化合物，其 α-碳原子为手性碳原子。乳酸分子中手性碳原子所连四个原子或基团有两种不同的空间排列方式，即对应两种空间构型不同的异构体，见图 5-9。

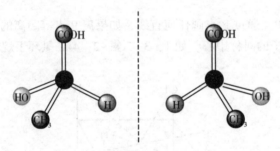

图 5-9　乳酸对映异构体(球棒式)

这两种异构体互为实物与镜像对映关系，并且不能完全重合，称为对映异构体，简称对映体(enantiomer)。这一对对映异构体都是手性分子，都具有旋光性，一个是左旋体，另一个是右旋体。

其他含有一个手性碳原子的化合物，也都有一对对映异构体，其中一个是左旋体，另一个是右旋体。对映异构体是一类重要的旋光异构体。

通常情况下，对映体的一般物理性质和化学性质相同，但它们的旋光性不同，比旋光度大小相等而旋光方向相反。例如，乳酸对映体的物理性质见表 5-1。

表 5-1 乳酸的物理性质

化合物	熔点/℃	比旋光度 $[\alpha]_D^{20}$ 水	pK_a（25℃）
(+)-乳酸	53	+3.82°	3.79
(−)-乳酸	53	−3.82°	3.79
(±)-乳酸	18	0°	3.79

对映体除表现不同的旋光性外，它们的生理作用也有很大差别。如(+)-葡萄糖可被动物吸收利用，而(−)-葡萄糖不被动物代谢。(−)-氯霉素有抗菌作用，而(+)-氯霉素无疗效。

由于左旋体和右旋体的比旋光度数值相等旋光方向相反，如果将左旋体和右旋体等物质的量混合，它们对偏振光的作用相互抵消，所以不显旋光性。这种对映体等物质的量的混合物称为外消旋混合物(racemic mixture)或外消旋体(racemate)，用(±)或(dl)表示。如从酸败牛奶中或合成方法制得的乳酸，无旋光性，是外消旋体，表示为(±)-乳酸或(dl)-乳酸；药用合霉素是左旋氯霉素(有效体)与等量对映体的混合物，没有旋光性，也是外消旋体。

外消旋体与相应的左旋体或右旋体相比，除旋光性不同外，其他物理性质也有差异。如左旋乳酸和右旋乳酸的熔点为53℃，而(±)-乳酸的熔点为18℃，但它们的化学性质基本相同。在生理作用方面，外消旋体仍各发挥其所含左、右旋体的相应效能。例如，合霉素的抗菌能力仅为等物质的量左旋氯霉素的一半(右旋体无效)。

外消旋体与一般的混合物不同，它有自己固定的物理常数。如熔点和溶解度等。一般认为外消旋体是一种"分子化合物"，即晶体一个结点上是左旋体，相邻结点上是右旋体，二者数目相等。

5.3.2 旋光异构体的构型表示方法

旋光异构体的构型可用球棒式(见图5-9)或透视式表示。例如，乳酸的对映体用透视式表示如下：

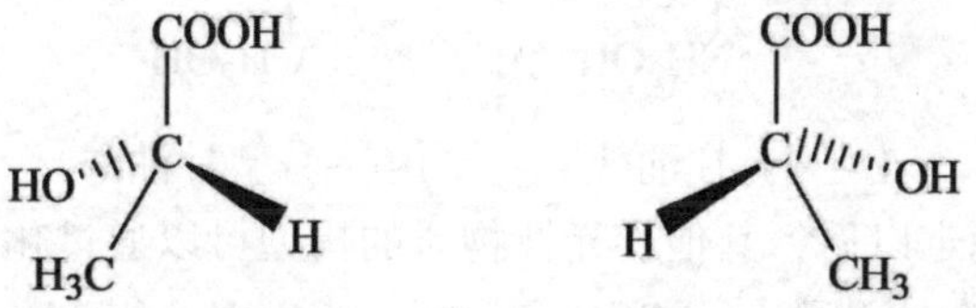

在透视式中，与实线相连基团在纸平面上，实楔形线上基团伸向纸平面前方，虚线上的基团伸向纸平面的后方。透视式是表示分子立体结构的较好方法，但书写麻烦，不适合于复杂分子构型的表示。

为了书写方便，现行教材中多采用正四面体模型的平面投影表示旋光异构体的构型，称费歇尔(E. Fischer)投影式，简称投影式。此法是按一定规则，将分子模型投影在纸面上，即得相应投影式，见图5-10。

从图5-10可知，投影式的含义和书写方法如下：用"+"之交点代表手性碳原子，它

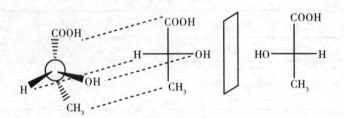

图 5-10　乳酸对映体的费歇尔投影式

位于纸平面上，通常碳链处于竖直线上，编号最小的碳原子位于碳链的最上端，与手性碳原子相连的横线表示伸向纸平面前方的化学键，竖线表示伸向纸平面后方的化学键。

使用投影式应注意：投影式是用分子的平面投影表示分子的立体构型，要把投影式中各基团的前后关系搞清楚，随时将分子的平面投影和立体结构相联系。

投影式可按下列规则进行变换：

(1) 投影式在纸面上平行移动或旋转 180° 及其整数倍，构型不变。

(2) 投影式在纸平面上旋转 90° 或其奇数倍，构型变化为对映体。

(3) 任何两个原子或基团互换偶数次，构型不变；互换奇数次，构型变为它的对映体。

(4) 任何三个原子或基团依次轮换位置构型不变。

5.3.3　旋光异构体的构型标记方法

1. D／L 标记法（相对构型）

1951 年以前，人们虽然知道含一个手性碳原子的化合物具有两种对映异构体，但还没有实验方法可以确定对映体的空间构型。为了使旋光性和分子的构型相对应，选取简单的旋光性物质甘油醛为标准。人为规定：右旋甘油醛手性碳上的羟基连在碳链右边，称为 D-型甘油醛；它的对映体羟基连在碳链左边，称为 L-型甘油醛。

$$
\begin{array}{ccc}
& CHO & \\
H & \!-\!\!-\!\! & OH \\
& CH_2OH &
\end{array}
\qquad
\begin{array}{ccc}
& CHO & \\
HO & \!-\!\!-\!\! & H \\
& CH_2OH &
\end{array}
$$

D-(+)-甘油醛　　　　L-(−)-型甘油醛

标准物质的构型确定以后，其他旋光性物质的构型可以通过化学反应与甘油醛相联系来确定。例如，将右旋甘油醛的—CHO 氧化为—COOH，得左旋甘油酸，进一步还原—CH$_2$OH 为—CH$_3$，得左旋乳酸。

$$
\begin{array}{ccc}
& CHO & \\
H & \!-\!\!-\!\! & OH \\
& CH_2OH &
\end{array}
\xrightarrow{\text{氧化}}
\begin{array}{ccc}
& COOH & \\
H & \!-\!\!-\!\! & OH \\
& CH_2OH &
\end{array}
\xrightarrow{\text{还原}}
\begin{array}{ccc}
& COOH & \\
H & \!-\!\!-\!\! & OH \\
& CH_3 &
\end{array}
$$

D-(+)-甘油醛　　　　D-(−)-甘油酸　　　　D-(−)-乳酸

在上述反应中，与手性碳原子相连的任何一个键都未发生断裂，所以手性碳原子的构型不变，得到的左旋甘油酸和左旋乳酸的构型均为 D-型。由此也可看出，旋光性物质的旋光方向和构型间没有固定的联系，一个 D-型化合物可以是左旋，也可以是右旋。

若将 L-(−)-甘油醛经一系列变化，可得一系列 L-型化合物。

根据上述确定构型的方法并用投影式表示旋光异构体的构型时，可有以下两种情况：

(1)对于含有多个手性碳原子的多羟基醛(酮)或多羟基酸来说，排在碳链最下面的手性碳原子是决定其构型的碳原子。这个手性碳原子上连接的羟基投影在碳链右侧的称为 D 型，左侧的称为 L 型。

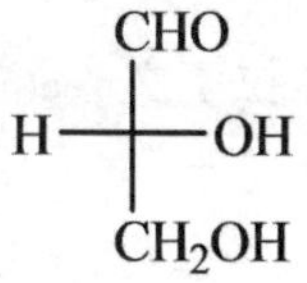

D-(+)-甘油醛 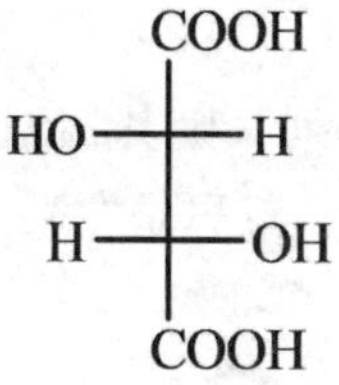   D-酒石酸 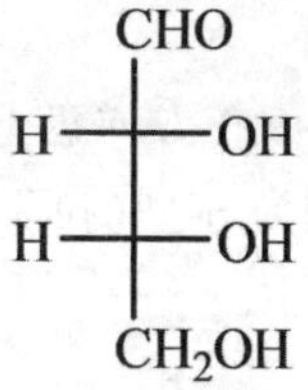   D-赤藓糖

(2)对于 a-氨基酸，a-碳原子是决定构型的碳原子。a-碳原子上连接的氨基投影在碳链右侧的构型叫 D 型，左侧为 L 型。例如：

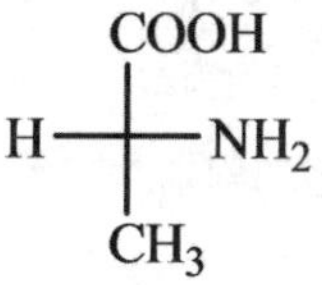

D-丙氨酸 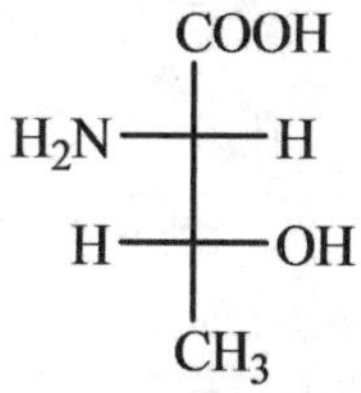   L-苏氨酸

以上这种确定构型的方法是相对于标准物质而言，并不是实际测得的，因此称之为相对构型。而手性碳原子所连的四个基团在空间的真实排列情况，称为绝对构型。1951 年毕欧德(J M Bijvoet)通过 X 射线分析法，测定了(+)-酒石酸铷钾的绝对构型，发现人为规定的甘油醛构型与它的真实构型完全相同。所以，现在很多其他的旋光性化合物通过和相对标准物甘油醛相联系而得到的相对构型，也就是其绝对构型了。

由于 D/L 标记法不能标记同一分子中的多个手性碳原子的构型，有些化合物如环状化合物很难与标准化合物联系，因此使用受限。

2. R/S 标记法(绝对构型)

1970 年 IUPAC 建议采用 R/S 构型标记法。此标记法直接对化合物的实际构型进行标记，不需要与其他化合物联系比较，因此 R/S 构型标记法称为绝对构型标记法。

R/S 构型标记法以取代基顺序规则为基础，对分子中每个手性碳原子的构型一一进行标记。首先把手性碳原子上所连四个原子或基团(假设分别为 a、b、c、d)由大到小排列成序。假设 $a>b>c>d$，将次序最小的原子或基团 d 放在离观察者眼睛最远的地方，使 $a \rightarrow b \rightarrow c$ 在眼前排列成方向盘状(a、b、c 位于方向盘上，而最小基团 d 在方向盘连杆上)，见图 5-11。

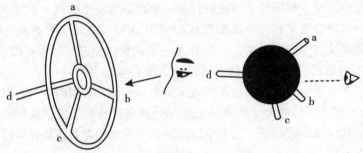

图 5-11　原子或基团在方向盘上的排列

如果 $a \rightarrow b \rightarrow c$ 在方向盘上顺时针排列，则其构型为 R-型（拉丁文 rectus，意思是右）；逆时针排列，则为 S-型（拉丁文 sinister，意思是左），见图 5-12。

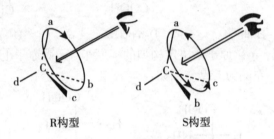

图 5-12　R、S 构型的判别

例如，左旋甘油醛中 C_2 为 S 型。

$$-OH > -CHO > -CH_2OH > -H$$

根据模型或透视式比较容易判断分子的构型，但对于含多个手性碳原子的分子，应用更多的是根据投影式确定手性碳原子的构型，这时应考虑投影式与分子的空间构型之间的联系进行手性碳原子构型的确定。例如，乳酸对映体投影式为：

$$-OH > -COOH > -CH_3 > -H$$

R-(-)-乳酸　　S-(+)-乳酸

D-(-)-乳酸　　L-(+)-乳酸

因为最小基团处于横线上，伸向纸平面前方，那么就应在 H 的对面，即纸平面的右后方或左后方（虚线箭头所指方向）观察 $-OH \rightarrow -COOH \rightarrow -CH_3$ 的空间排列方向，顺时针为

R-型，逆时针为 S-型。为便于理解，也可用手指模拟相应的分子构型（即手心为手性碳，最小基团排在小臂上，叉开的拇、食、中三指和大、中、小或 a，b，c 三个基团相对应），然后对手这个特殊的分子模型来判断相应分子的构型。

R/S 构型标记法直接应用于费歇尔投影式。如果次序最小原子或基团在横线上，其他三个原子或基团的排列走向（在平面上）为顺时针时，手性碳原子的构型为 S-型，反之，逆时针走向的为 R-型；如果次序最小原子或基团在竖线上，则与在横线上的情况正好相反。例如：

次序最小的 H 原子在横线上　　　　次序最小的 H 原子在竖线上

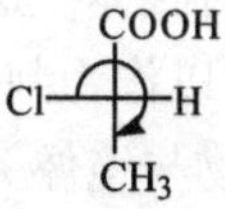

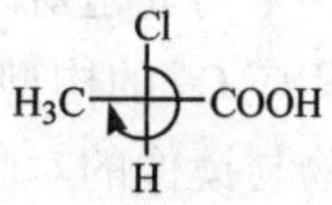

COOH　　　　　　　　　　　　Cl
Cl—⟂—H　　　　　　　H₃C—⟂—COOH
CH₃　　　　　　　　　　　　H

顺时针　　　　　　　　　　　顺时针
S-2-氯丙烷　　　　　　　　　R-2-氯丙烷

R/S 标记法能较方便地标记已知构型的任何旋光性物质分子中的所有 C* 的构型，而不必知道和标准物甘油醛的衍生关系，相反也可以根据 C* 的 R/S 标记画出化合物的相应构型，因而应用比较广泛。但这种方法不能反映旋光性物质间的构型联系，对于含多个手性碳原子的化合物往往比较麻烦。因此，R/S 法尚不能完全代替 D/L 标记法。如糖类、氨基酸等天然有机化合物仍沿用 D/L 标记法。

思考题 5-3　请写出下列分子中与 C* 相连基团或原子的优先顺序，并用 R/S 标记 C* 构型法命名。

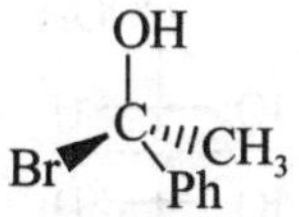

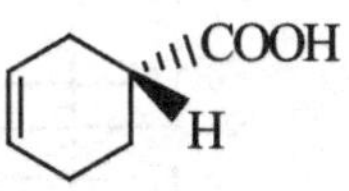

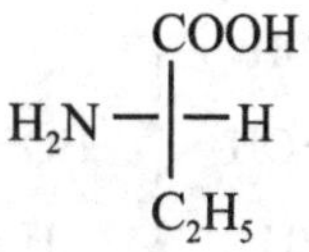

需要注意的是，D/L 法和 R/S 法是两种不同的构型标记方法，它们之间并无固定的联系。一个 D 型化合物，它的绝对构型可以是 R 型，也可能是 S 型。至于物质的旋光性，它是物质的固有性质，必须通过旋光仪来测定，无法从构型上判断。

5.4　含两个手性碳原子化合物的旋光异构

含两个手性碳原子的化合物按两个手性碳原子上所连四个原子或基团是否相同，可分为以下两类。

5.4.1　含两个不相同手性碳原子的化合物

在这类化合物中，两个手性碳原子所连四个原子或基团不完全相同。例如，氯代苹果酸（HOOC—*CHOH—*CHCl—COOH），分子中含有两个不同手性碳原子，应有四种不同的空间构型，即有四个旋光异构体。氯代苹果酸的旋光异构体及其 C* 的构型标记如下：

$$
\begin{array}{cccc}
\text{COOH} & \text{COOH} & \text{COOH} & \text{COOH} \\
\text{H}\!-\!\!-\!\text{OH} & \text{HO}\!-\!\!-\!\text{H} & \text{H}\!-\!\!-\!\text{OH} & \text{HO}\!-\!\!-\!\text{H} \\
\text{H}\!-\!\!-\!\text{Cl} & \text{Cl}\!-\!\!-\!\text{H} & \text{Cl}\!-\!\!-\!\text{H} & \text{H}\!-\!\!-\!\text{Cl} \\
\text{COOH} & \text{COOH} & \text{COOH} & \text{COOH} \\
(2S,3S) & (2R,3R) & (2S,3R) & (2R,3S) \\
\text{I} & \text{II} & \text{III} & \text{IV}
\end{array}
$$

从投影式可以看出，I 与 II 是对映体，III 与 IV 也是对映体。这两对对映体可分别组成两种外消旋体。对映体相应 C* 的构型均相反，此特点可以作为判据。异构体 I 与 III 或 IV、II 与 III 或 IV 都不具备实物与镜像的对映关系，这种非实物与镜像关系的旋光异构体称为非对映体(diastereomers)。非对映体的物理性质一般不同，在化学性质上，虽能起类似的反应，但反应速度各不相同，在生理活性上也有差异。

如果旋光异构体分子中存在一个以上的 C*，只有一个 C* 构型不同，而其他的 C* 构型相同时，这样的异构体称为差向异构体，如以上 I 和 III、II 和 IV 为两对 C_3 差向异构体(epimers)。

5.4.2 含两个相同手性碳原子的化合物

这类化合物中，两个手性碳原子所连的四种原子或基团是完全相同的。例如，酒石酸(HOOC— *CHOH— *CHOH—COOH)分子中含有两个相同的手性碳原子，原则上可写出如下四种旋光异构体：

$$
\begin{array}{cccc}
\text{COOH} & \text{COOH} & \text{COOH} & \text{COOH} \\
\text{H}\!-\!\!-\!\text{OH} & \text{HO}\!-\!\!-\!\text{H} & \text{H}\!-\!\!-\!\text{OH} & \text{HO}\!-\!\!-\!\text{H} \\
\text{HO}\!-\!\!-\!\text{H} & \text{H}\!-\!\!-\!\text{OH} & \text{H}\!-\!\!-\!\text{OH} & \text{HO}\!-\!\!-\!\text{H} \\
\text{COOH} & \text{COOH} & \text{COOH} & \text{COOH} \\
(2R,3R) & (2S,3S) & (2R,3S) & (2S,3R) \\
\text{-(+)-酒石酸} & \text{-(-)-酒石酸} & & \text{meso-酒石酸} \\
\text{I} & \text{II} & \text{III} & \text{IV}
\end{array}
$$

(III 与 IV 之间标有 ≡ 符号)

其中 I 和 II 是一对对映体，一个为左旋体，另一个为右旋体，它们等量混合可以组成外消旋体。III 和 IV 也呈镜像关系，似乎也是对映体，但如把 III 在纸平面上旋转 180°，即得 IV，说明两者代表同一构型的酒石酸。观察可以发现 III 或 IV 分子内有一对称面(上式中虚线处)，该分子为对称分子，分子没有手性，不具有旋光性。像这种分子虽含有手性碳原子但因存在对称因素而不显旋光性的化合物称内消旋体(meso compound 或 meso form)，常用 meso-或 i-表示。

因此，酒石酸仅有三种旋光异构体，即左旋体、右旋体和内消旋体。它们的物理性质见表 5-2。

表 5-2 酒石酸的物理性质

酒石酸	m. p. /℃	$[\alpha]_D^{25}$ （20%，水）	溶解度/（g/100mL 水）	密度/（g/mL，20℃）	pK_{a1}	pK_{a2}
（+）-酒石酸	170	+12°	139	1.760	2.93	4.23
（−）-酒石酸	170	−12°	139	1.760	2.93	4.23
（±）-酒石酸	206	0	20.6	1.680	2.96	4.24
meso-酒石酸	140	0	125	1.667	3.11	4.80

凡含有相同手性碳原子的化合物，除具有旋光性异构体外，还存在内消旋体。内消旋体和左旋体、右旋体之间不呈镜像关系，是非对映体。内消旋体由于分子内对称的两部分旋光作用大小相等而方向相反，故不具有旋光性。它和外消旋体有本质的区别，前者是一纯物质，后者是一混合物，二者在物理性质和生理活性方面也不相同。

综上所述，含一个手性碳原子的化合物有两个旋光异构体，含两个不相同手性碳原子的化合物有四个旋光异构体。随着手性碳原子增加，旋光异构体数目随之增加，含 n 个不相同手性碳原子的化合物，应有 2^n 个旋光异构体，可组成 2^{n-1} 个外消旋体。如果分子中含有相同手性碳原子，则存在内消旋体，旋光异构体的数目少于 2^n 个，外消旋体的数目亦小于 2^{n-1}。手性碳原子是分子产生手性的因素之一，但含有手性碳原子的分子并不都一定有手性。

5.4.3 赤式和苏式

2，3，4-三羟基丁醛分子中含有两个不同的手性碳原子，四个旋光异构体的投影式如下所示：

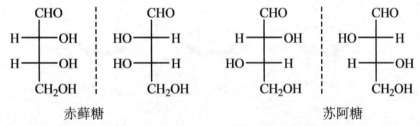

赤藓糖　　　　　　　　　　　　苏阿糖

对于含有两个不同手性碳原子的化合物，有时为了方便地区别两对对映异构体，以避免采用 R/S 标记的麻烦，把构型与赤藓糖相似，即两个手性碳原子上相同的原子或基团位于投影式同侧的称为"赤式"或"赤型"；异侧的，构型与苏阿糖相似的称为"苏式"或"苏型"。

赤式　　　　　　　　　　苏式

氯霉素分子中有两个手性碳原子，四个旋光异构体中有抗菌作用的是 D-(−)-苏式氯霉素，即(1R，2R)-(−)-氯霉素。

$$CH_2OH$$

(结构式略)

5.5　环状化合物的旋光异构

环状化合物的立体异构现象比较复杂，往往顺反异构、构象异构和对映异构同时存在。

由于构象是分子热运动中出现的短暂的空间排列，相互之间的转化非常迅速，且不会造成共价键的断裂，环状化合物的构象与链状化合物一样，同样不会影响分子的构型，所以在分析环烃顺反异构和对映异构问题时，一般不考虑构象的影响，可以简单地将环视为平面结构来处理。下面以二元取代环己烷为例。

1，2-二溴环己烷和1，3-二溴环己烷分子中均含有两个相同的手性碳原子，分别有三个旋光异构体，其顺式异构体中存在对称面，无旋光活性，为内消旋体；反式异构体为手性分子，存在一对对映异构体。如果两个取代基不同，1，2-和1，3-取代环己烷分子中均含有两个不相同的手性碳原子，无论顺式或反式分子都无对称因素，都存在一对对映异构体。

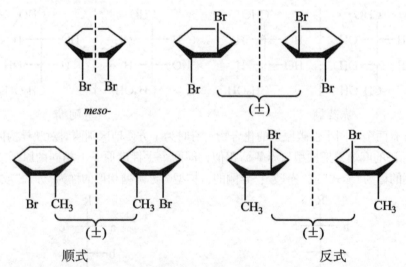

1，4-二取代环己烷由于分子对称性高，无论顺式或反式，两个取代基相同与否，都有一个对称面，分子无手性，不存在旋光异构体。

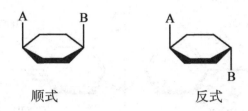

顺式   反式

5.6 不含手性碳原子化合物的旋光异构

一个物质具有光学活性的根本原因是分子具有手性，即不对称性。具体判断的标准是看分子与其镜像是否重合，或分子是否存在对称面或对称中心。手性碳原子并不是分子具有手性的充分必要条件。此外，具有手性的分子也不一定含有手性碳原子。

5.6.1 丙二烯型化合物的旋光异构

丙二烯分子中，三个碳原子在一条轴上，C_1 和 C_3 采取 sp^2 杂化，C_2 采取 sp 杂化，两个 π 键所在的平面互相垂直，以至于 C_1 和 C_3 上的两个 C—H 键所在平面也相互垂直。该分子存在对称面，是非手性分子，无旋光异构。见图5-12。

图 5-13   丙二烯的分子构型

如果丙二烯分子中 C_1 和 C_3 上分别连接不同的原子或基团时，分子无对称中心和对称面，分子具有手性，有对映异构现象。如2，3-戊二烯就已分离出对映异构体。否则，分子不具有手性。

（±）   无手性

5.6.2 联苯型化合物的旋光异构

在联苯分子中两个苯环可以围绕中间单键旋转，它不具有旋光性。若在苯环中的邻位，即2，2′、6，6′位置上引入体积较大的不同取代基，两个苯环绕单键旋转受阻，使它们不能共平面，导致分子对称性丧失，分子具有手性，存在一对旋光异构体。例如：6，6′-二硝基-2，2′-联苯二甲酸有一对对映异构体。

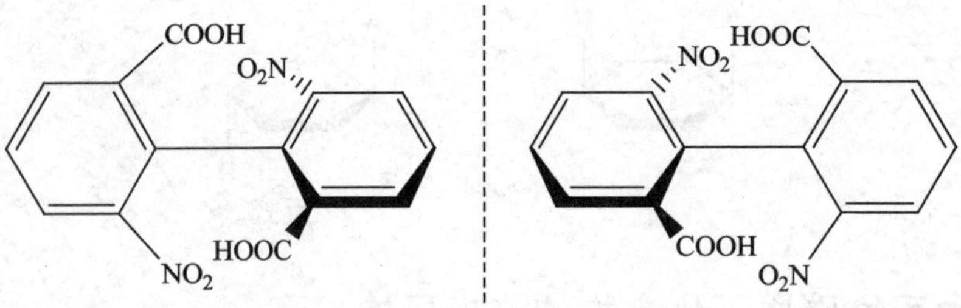

5.6.3 其他原子引起的旋光异构

氮、磷原子以及与碳原子同一主族的硅、锗、锡等原子，若连有四个不相同的原子或原子团时也具有手性，因此有旋光异构现象。例如，碘化甲基乙基烯丙基苯基铵有一对稳定的旋光异构体。

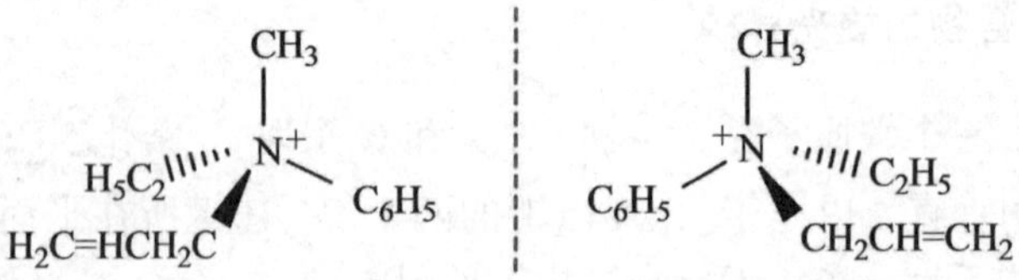

5.7　外消旋体的拆分

非光学活性化合物合成手性分子时，得到的总是由等量的对映异构体组成的外消旋体。将外消旋体中的左旋体和右旋体分离的过程称为外消旋体的拆分。

对映异构体除旋光方向相反外，理化性质完全相同，因此不能用一般的物理方法如分馏、重结晶等将它们分离。外消旋体的拆分主要有下述几种。

5.7.1　化学拆分法

化学拆分方法是利用对映异构体的化学性质相同，让它们与适当的同一手性化合物反应，得到两个非对映异构体，根据非对映异构体的物理性质不同而将它们分离。

例如，欲分离某(±)-酸，可选择一个有旋光性的碱(通常采用天然的有旋光性的植物碱，如奎宁、马钱子碱等)与之作用，得到非对映体盐的混合物，再利用它们物理性质(沸点、溶解度、结晶性等)的差异，采用分馏、吸附、分步结晶、层析法等手段将它们分离，分别提纯后用强酸处理，便可得到(−)-酸和(+)-酸。

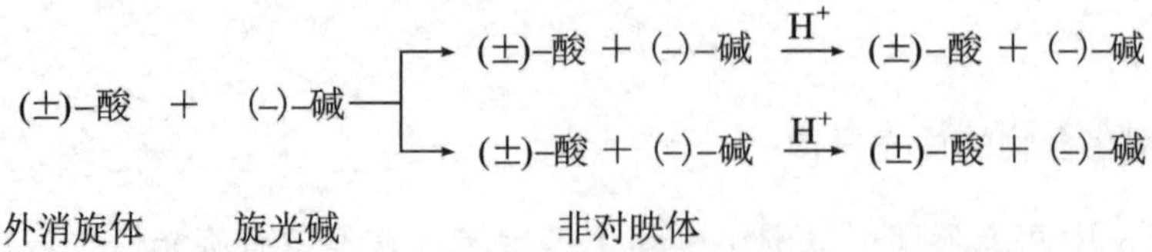

如果拆分分离(±)-碱，选择一个有旋光性的酸，如(+)-酒石酸。含有其他官能团的外消旋体也可根据同样原理，采用适当的拆分剂进行拆分。

5.7.2 生物拆分法

酶是具有旋光活性的物质，由于它们对化学反应的专一性，故可选择适当的酶对外消旋体进行拆分。例如，分离(±)-丙氨酸，将它们先乙酰化生成(±)-N-乙酰丙氨酸，然后再用乙酰水解酶(acylase)使它们水解，由于乙酰水解酶只能水解 L-(+)-N-乙酰丙氨酸，所以水解产物为 L-(+)-丙氨酸与 D- (−) - N-乙酰丙氨酸的混合物，它们是两个完全不同的物质，利用二者在乙醇中溶解度的差异很容易分离。

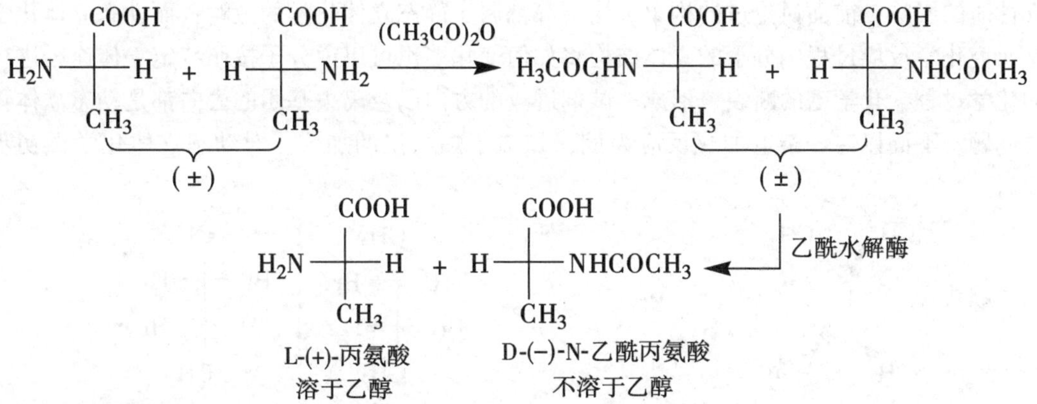

L-(+)-丙氨酸
溶于乙醇

D-(−)-N-乙酰丙氨酸
不溶于乙醇

但是在某些酶作用下，对映体之一被转化为其他不易再复原的物质，而该对映体常常是我们需要的。例如，L-氨基酸氧化酶拆分(±)-丙氨酸时，L-(+)-丙氨酸被氧化成丙酮酸，而留下对人无用的 D-(−)-丙氨酸。

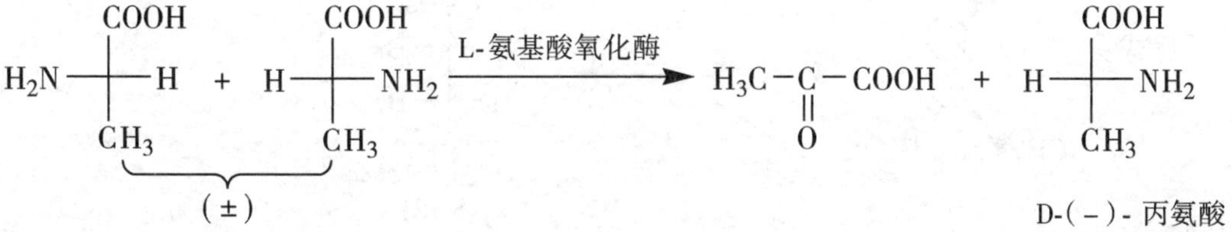

D-(−) - 丙氨酸

另外，某些微生物也具有以上作用，因为它们总是利用对映异构体中的一个作为它生长的营养物质，而将其对映体保留下来。例如，在含有外消旋酒石酸的培养液中培养青霉菌，经过一段时间以后，在培养液中留下的是左旋酒石酸。

5.7.3 物理拆分法

某些外消旋体的溶液，在一定条件下慢慢浓缩，左、右旋体分别结晶析出。如果这两个对映体的晶形不同并且可以看得出来，就可凭借放大镜，用镊子之类工具将它们分开。1848 年，巴斯德(L. Pasteur)就是用这个方法完成了历史上第一次外消旋体的拆分。但该分法手续过于繁琐，拆分量有限，没有实用价值。

现在常采用的物理方法是"接种结晶法"来拆分外消旋体。这种方法是在外消旋体的过饱和溶液中加入一定的左旋体或右旋体的晶粒作为晶种，小心冷却，有一定量的与晶种相同的异构体析出。过滤，再向滤液中加入适量的另一晶种，另一异构体析出，过滤，如此反复处理，可得到相当数量的左旋体和右旋体。例如，工业上利用此法分离氯霉素得到有用的(-)-氯霉素。

5.8 动态立体化学简介 *

研究物质分子立体结构及对其理化性质影响的化学，称作立体化学。立体化学分为静态立体化学和动态立体化学。静态立体化学是研究分子未涉及反应过程时的立体结构及对其性质的影响，前面讨论过的构象、构型等都属于静态立体化学的范畴；而动态立体化学是研究化学反应过程中分子的立体结构将如何变化。也可以说分子按照特定立体途径进行的化学过程。化学键的断裂、形成、试剂进攻的方向以及离去基团的去向都是动态立体化学问题。下面以烯烃亲电加成反应为例，如 2-丁烯与溴的加成，对动态立体化学做初步探讨。

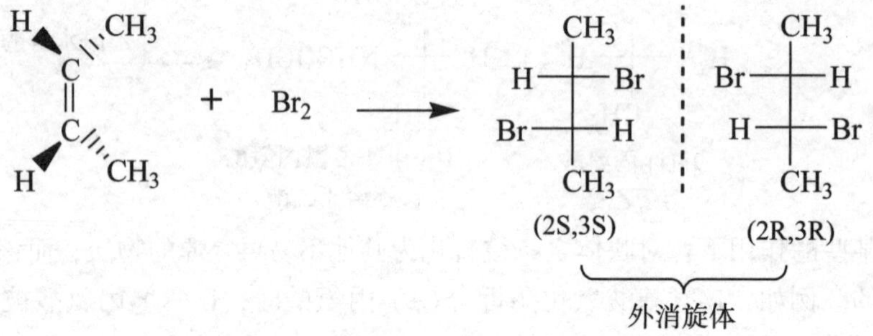

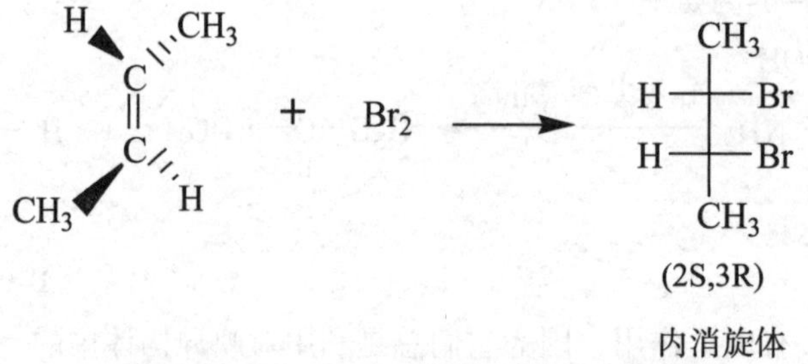

由 2-丁烯与溴的加成的立体化学事实说明，加溴的第一步不是形成碳正离子中间体。

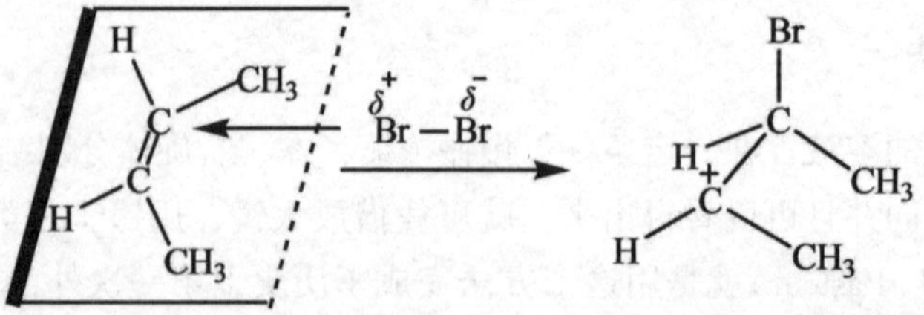

若形成碳正离子，因碳正离子为平面构型，溴负离子可从平面的两面进攻碳正离子，顺-2-丁烯与溴的加成产物就不可能完全是外消旋体，也可能得到内消旋体，这与实验事实不符。

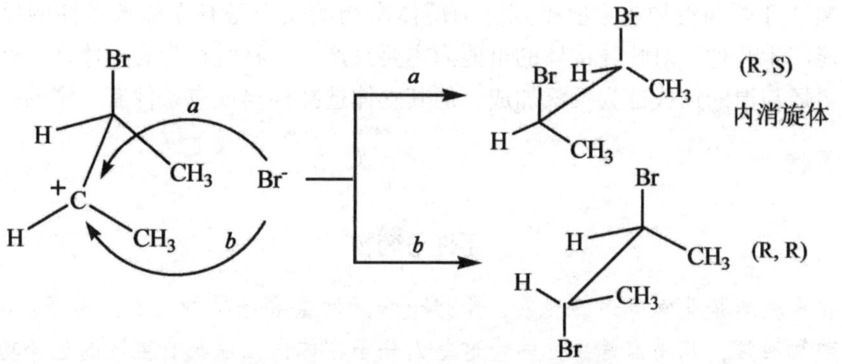

用生成溴鎓离子中间体历程可很好地解释上述立体化学事实。

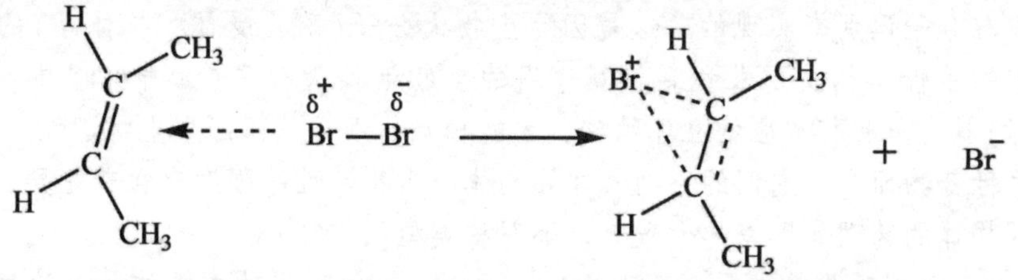

$Br^{\delta+}$首先进攻顺-2-丁烯的 π 键形成环状结构的中间体——溴鎓离子(Br^+的 p 轨道与顺-2-丁烯的 π 键轨道重叠形成三元环状结构,正电荷分布在三个成环的原子上),即阻碍环中碳碳单键的旋转,同时也限制 Br^-只能从三元环的反面进攻,又因 Br^-进攻两个碳原子的机会均等,因此顺-2-丁烯得到的是外消旋体。

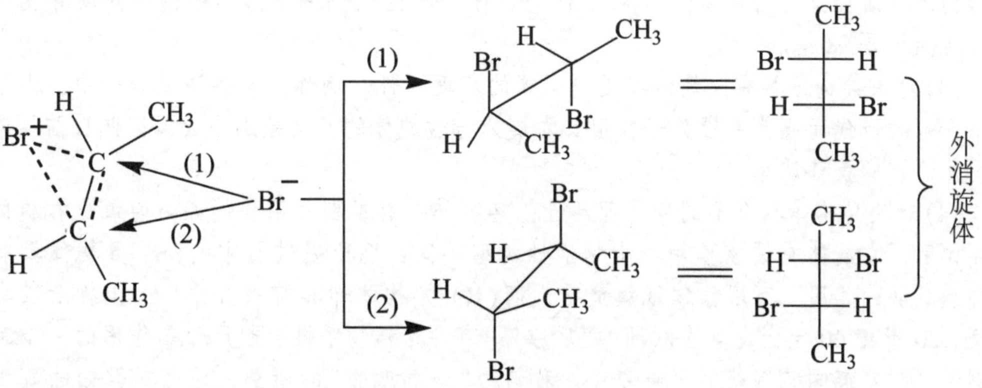

反-2-丁烯与溴加成同上讨论,产物为内消旋体。

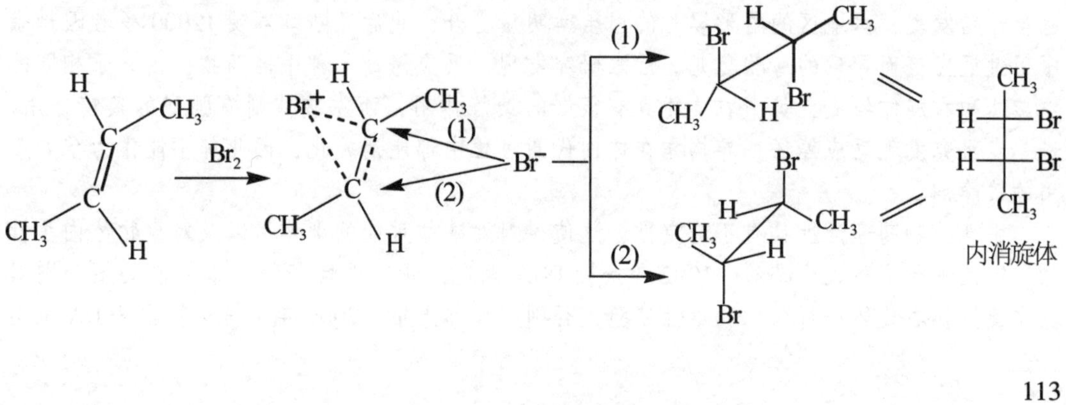

　　上述顺-2-丁烯与溴加成主要得到外消旋体产物的反应是有立体选择性的反应。凡是一个反应能产生几种非对映异构体的可能而主要只产生一种时称为有立体选择性的反应。

　　其他烯烃与溴的加成都为反式加成，但其立体选择性与反应条件有一定的关联。

◎ 知识拓展

手性与药物

　　手性在自然界是非常普遍的现象，作为生命活动重要基础的生物大分子，如蛋白质、多糖、核酸和酶等，几乎都是手性的。这些大分子在体内往往具有重要的生理功能。目前使用的药物中很大一部分也具有手性。手性药物的药理作用是通过与体内大分子之间的严格手性匹配与分子识别来实现的。这是因为生物大分子(酶、受体、抗体等)的活性部位都具有特定的手性结构，要求和它相互作用的生物活性大分子(如神经递质、激素、药物、毒物等)具有与其相适应的立体结构，才能相互作用，从而产生生物活性。

　　对于手性药物而言，它们的不同立体异构体的生物活性的强度存在着差异。手性药物不同光学异构体的药理作用差异大致有以下四种类型：

　　(1)只有一种对映异构体具有药理活性。例如。氨氯地平的左旋体具有治疗高血压和心绞痛的活性，而右旋体没有此活性。

　　(2)对映异构体的药理活性一致但强度不同。例如，左旋胃安的抗胆碱作用比右旋体强 4 倍；消炎镇痛解热药(S)-布洛芬比(R)-布洛芬 28 倍；非甾体抗炎药萘普生的(S)-构型异构体的活性比其对映体的活性强 35 倍；β-受体阻断剂普萘洛尔的两个对映异构体的体外活性相差 98 倍。

　　(3)对映异构体具有同等的或近乎同等的药理活性。例如，盖替沙星分子中，由于哌嗪中甲基的取代而成为手性分子，但其左旋体与右旋体的活性差别不大，因此目前临床上使用外消旋的盖替沙星。

　　(4)对映异构体具有不同的药理活性，甚至其一有毒副作用。例如，丙氧吩右旋体有镇痛作用，左旋体有镇咳作用，生物活性类型不同；巴比妥酸盐中的(S)-异构体具有抑制神经活动的作用，可用作催眠镇痛药，而(R)-异构体却具有兴奋作用，生物活性类型相反。20 世纪 60 年代发生在欧洲的"反应停"事件是药物手性引起严重副作用的一个著名的例子：联邦德国某制药公司研究了一种名为"沙利度胺"的新药，该药对孕妇的妊娠呕吐疗效极佳，该公司在 1957 年将该药以商品名"反应停"正式推向市场。两年后，欧洲的医生开始发现，本地区的畸形婴儿的出生率明显上升，此后又陆续发现 12000 多名因母亲服用过反应停而导致的海豹婴儿。后来研究发现，反应停是一种手性药物，由分子相同的左旋体和右旋体组成，其中右旋体具有很好的镇静作用，而左旋体则有强烈的致畸作用。进一步研究发现反应停任一异构体在体内代谢过程中都能消旋化，因此都不能作为孕妇服用的镇静剂。

　　手性药物药理活性具有不确定性，这使得对对映体可能的副作用以及对生物体内手性的稳定性进行试验成为必然。1992 年美国 FDA 规定，新的手性药物上市之前必须分别对其左旋体和右旋体进行药效和毒性试验，否则不允许上市。2006 年 1 月，我国 SFDA 也出台了相应的政策法规。目前手性药物的研究已成为国际新药研究的主要方向之一。

◎ 课后思考题

　　1. 20 世纪 60 年代左右，一种名叫"反应停"（沙利度胺）的药物导致大量"海豹畸形婴儿"出生，经过研究发现，该药由一对对映异构体组成，它们都有镇静作用，但左旋体有致畸作用，造成了人类空前的灾难。你认为从该事件中我们应该吸取什么教训和值得反思的问题。

　　2. 查阅文献了解：2019 年获国家自然科学奖一等奖的南开大学周其林院士团队在手性催化剂方面的研究成果及应用情况。

◎ 习　题

1. 解释下列名词及符号的含义。
　　（1）偏振光　　　　（2）旋光性　　　　（3）比旋光度　　　　（4）手性分子
　　（5）手性碳原子　　（6）对映异构体　　（7）dl　　　　　　　（8）meso-
　　（9）D/L 标记方法　（10）R/S 标记方法

2. 判断正误。
　　（1）分子具有旋光性的必要条件是分子具有不对称性。
　　（2）具有旋光性的物质分子中一定存在手性碳原子。
　　（3）旋光异构体的构型为 D，则分子中所有手性碳原子的构型均为 D 型。
　　（4）R/S 构型标记法可以标记旋光性物质分子中所有手性碳原子的构型。
　　（5）内消旋体分子中无手性碳原子。
　　（6）有机化合物分子中如果有对称面，说明该分子具有手性。
　　（7）含有 n 个手性碳原子的化合物一定有 2^n 个光学异构体。

3. 下列哪些是非旋光性化合物？将（1）～（6）中的手性碳原子用"＊"标出，用 D/L 标记（7）～（9）的分子构型。

（1）HO—C(COOH)(H₃C)—C₂H₅　（2）（环丁烷 H CH₃ / CH₃ H）　（3）（环己烷 CH₃ / SH / H）

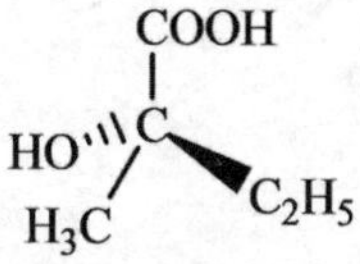

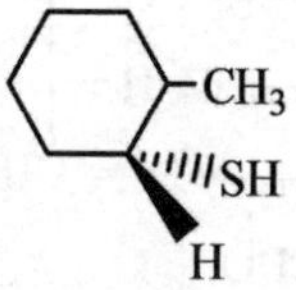

（4）H₃C₂C=C=C(H)(Br)　（5）（苯环）CHCOOH(Cl)　（6）HO—C(CH₃)(C₂H₅)—I

（7）HO—CH₂OH—H—OH—HO—H—H—OH—CH₂OH

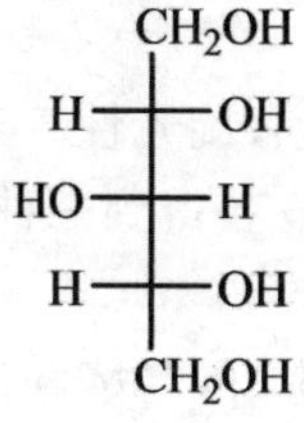

（8）CHO—H—OH—H—OH—H—OH—CH₂OH

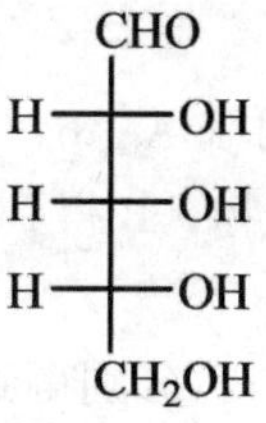

（9）COOH—H₂N—H—H—CH₃—H—CH₃—C₂H₅

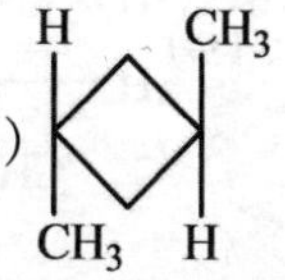

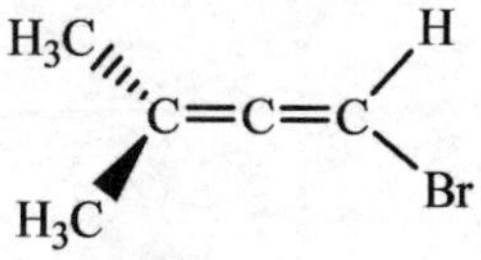

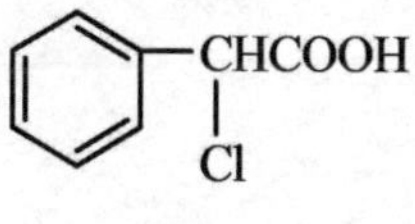

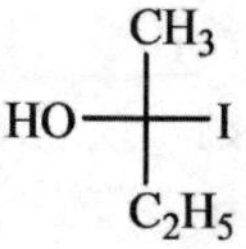

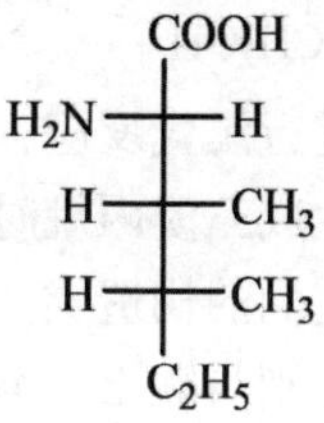

4. 命名下列化合物，并用 R、S 表示手性碳原子的构型。

$$(1) \quad \begin{array}{c} CH=CH_2 \\ | \\ H - C - CH(CH_3)_2 \\ | \\ CH_3 \end{array} \qquad (2) \quad \begin{array}{c} C\equiv C-CH_3 \\ | \\ C_6H_5 - C - H \\ | \\ C_2H_5 \end{array}$$

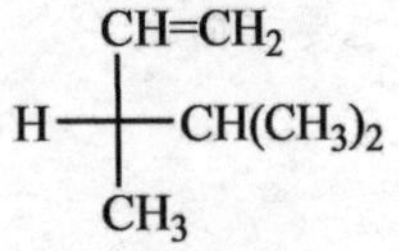

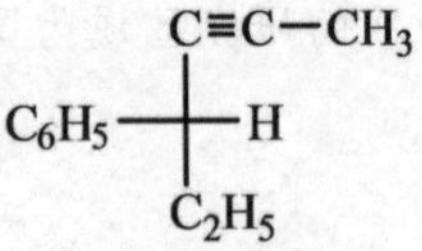

(3) 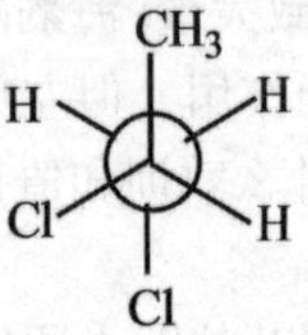 　　(4) 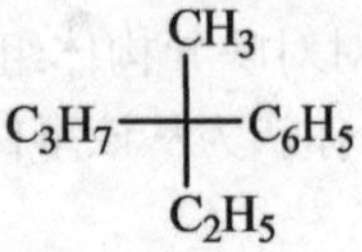 $C_3H_7 - \begin{array}{c} CH_3 \\ | \\ C \\ | \\ C_2H_5 \end{array} - C_6H_5$

5. 写出下列化合物的费歇尔投影式。

$$(1) \quad \begin{array}{c} CH_3-CH-COOH \\ | \\ Br \end{array} \quad (R) \qquad (2) \quad \begin{array}{c} CH_3-CH-C_2H_5 \\ | \\ Cl \end{array} \quad (S)$$

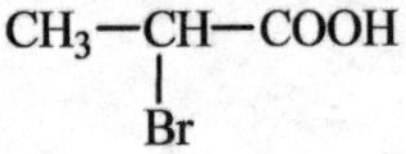

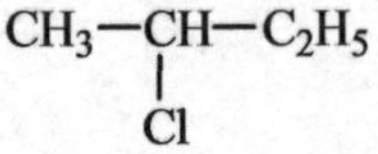

(3) 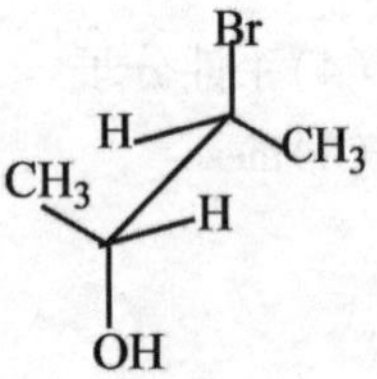 　　　(4)

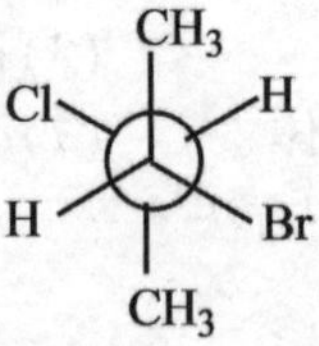

6. 3-氯-2-溴戊烷有多少旋光异构体，画出它们的 Fischer 投影式。指出哪些是对映体、非对映体、外消旋体，并用 R/S 标记法标出各手性碳原子的构型。

7. 指出下列各对分子哪些互为对映体、非对映体、差向异构体、构造异构体或相同构型的分子。

(1) 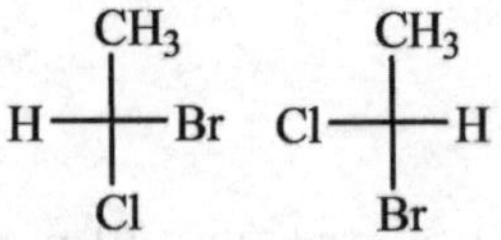 　　　　(2)

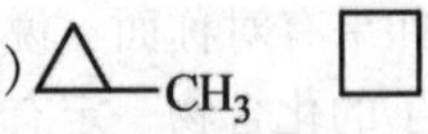

(3) 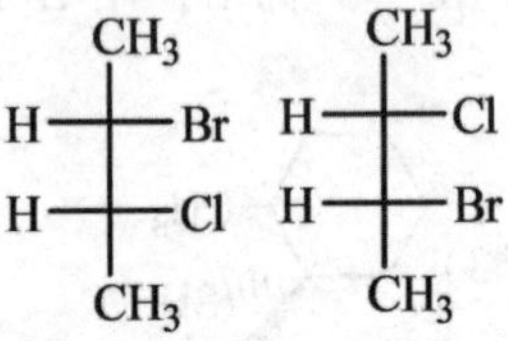 　　　　(4)

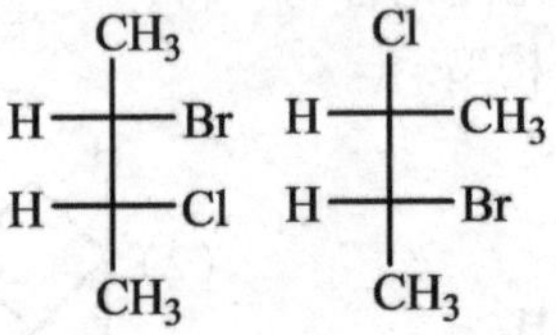

(5)

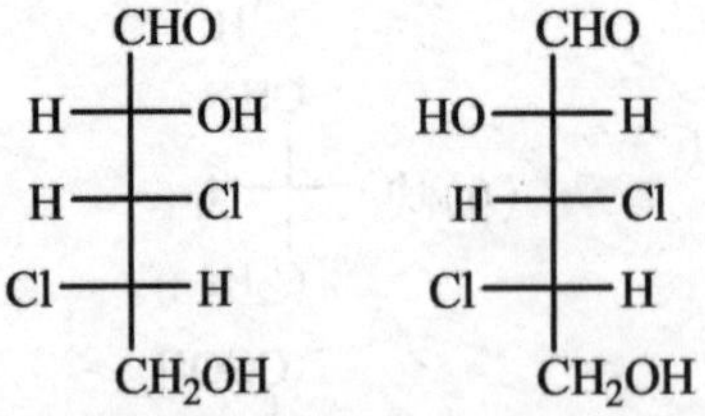

8. 用丙烷进行溴代反应，生成四种二溴丙烷 A、B、C、D，其中 D 具有旋光性。当进一步溴代生成三溴丙烷时，A 得到一种产物，B 得到两种产物，C 和 D 各得到三种产物。试写出它们的构造式。

9. KMnO$_4$ 分别与顺-2-丁烯和反-2-丁烯反应，分别得到熔点为 32℃的邻二醇与熔点为 19℃的邻二醇，两个邻二醇都无旋光。

$$CH_3CH{=}CHCH_3 \xrightarrow[\text{H}_2\text{O}]{\text{KMnO}_4} CH_3CH(OH)CH(OH)CH_3$$

将熔点为19℃的邻二醇进行拆分,可以得到两个旋光度绝对值相同、方向相反的一对对映体。试推测熔点为19℃的及熔点为32℃的邻二醇各是什么构型(写出费歇尔投影式,并用 *R/S* 标明手性碳原子的构型)。

10. 某化合物 10g 溶于甲醇,稀释至 100mL,在 25℃时用 10cm 的盛液管在旋光仪中观察到旋光度为+2.30°,试计算该化合物的比旋光度。

第6章 卤代烃

烃分子中的氢原子被卤素原子取代后生成的衍生物称为卤代烃(alkyl halides)，一般用 RX 或 ArX 表示，卤素原子 X(F、Cl、Br、I)可看作卤代烃的官能团。

卤代烃中至少含有一个碳卤键(C—X)，其性质通常比烃活泼，能发生多种化学反应而转变成其它化合物，因此卤代烃是有机合成中的重要中间体，在有机合成中起着桥梁作用。此外，卤代烃也常用作有机溶剂、阻燃剂和制冷剂等。卤代烃是一类重要的化合物，在工业、农业、医药和日常生活中都有广泛的应用。由于自然界中卤代烃天然储存量较小，一般由人工合成得到。

6.1 卤代烃的分类和命名

6.1.1 卤代烃的分类

1. **按卤素原子的种类分类**

根据卤代烃分子中所含卤素原子的种类不同可将其分为氟代烃、氯代烃、溴代烃和碘代烃。例如：

$$CH_3CHF_2 \qquad CCl_4 \qquad BrCH_2CH_2Br \qquad CH_3I$$

氟代烃 氯代烃 溴代烃 碘代烃

由于氟代烃的制法、性质及用途与其他卤代烃有所不同，通常把它和其他三种卤代烃分开讨论。本章除在重要代表物一节中有所涉及外，其他各节中均不包括氟代烃。

2. **按卤素原子的数目分类**

根据卤代烃分子中所含卤素原子的数目不同可将其分为一卤代烃、二卤代烃和多卤代烃。例如：

$$CH_3Cl \qquad CH_2Cl_2 \qquad CHCl_3 \qquad CCl_4$$

3. **按卤原子所连碳原子类型分类**

根据卤代烃分子中卤原子所连碳原子类型的不同可将其分为伯卤代烃(1°或一级卤代烃)、仲卤代烃(2°或二级卤代烃)、叔卤代烃(3°或三级卤代烃)。例如：

$$CH_3CH_2CH_2CH_2Cl \qquad CH_3CH_2CHClCH_3 \qquad (CH_3)_3CCl$$

伯卤代烃 仲卤代烃 叔卤代烃

4. **按烃基结构分类**

根据卤代烃分子中烃基结构的不同可将其分为饱和卤代烃、不饱和卤代烃和卤代芳香烃。例如：

$$(CH_3)_3CCl \quad CH_2\!\!=\!\!CH_2I \quad CH_2\!\!=\!\!CHCH_2Br \quad \text{⬡}-Br$$

卤代烷烃 卤代烯烃 卤代芳烃

6.1.2 卤代烃的命名

1. 普通命名

结构比较简单的卤代烃可以用普通命名法命名。根据烃基和卤原子名称，称为"卤代某烃"或"某烃基卤"。某些卤代烃也常用俗名。例如：

$$CH_3Cl \qquad\qquad (CH_3)_2CHCl \qquad\qquad CH_3\!\!-\!\!\overset{\displaystyle CH_3}{\underset{\displaystyle CH_3}{\overset{|}{\underset{|}{C}}}}\!\!-\!\!Cl$$

氯甲烷(甲基氯) 氯代异丙烷(异丙基氯) 氯代叔丁烷(叔丁基氯)

$$CH_2\!\!=\!\!CHCl \qquad\qquad CH_2\!\!=\!\!CHCH_2Cl \qquad\qquad CH_3CH\!\!=\!\!CHBr$$

氯乙烯(乙烯基氯) 烯丙基氯 丙烯基溴

$$\text{⬡}-Br \qquad\qquad \text{⬡}-CH_2Cl \qquad\qquad CHCl_3 \qquad\qquad CHI_3$$

溴苯(苯基溴) 氯化苄(苄基氯) 氯仿 碘仿

2. 系统命名

对于结构复杂的卤代烃，则采用系统命名法命名，所遵循原则与烃类的命名法相似，即选择连有卤原子的最长碳链为主链(不饱和卤代烃还应包含不饱和键)，根据主链所含有碳原子数称为某烷(或某烯、炔)，卤原子和其他支链作为取代基，编号从靠近取代基一端(不饱和卤代烃从靠近不饱和键一端)开始，其他情况遵循最低系列原则。

$$CH_3CH_2\underset{\displaystyle Cl}{\overset{|}{C}}HCH_2\underset{\displaystyle Br}{\overset{|}{C}}HCH_3 \qquad CH_3\!\!-\!\!\overset{\displaystyle CH_3}{\underset{\displaystyle CH_3}{\overset{|}{\underset{|}{C}}}}\!\!-\!\!Cl \qquad \text{⬡} \qquad CH_3CH\!\!=\!\!CHCH_2Cl$$

4-氯-2-溴己烷 2-甲基-2-氯丙烷 1，3-二氯环己烷 4-甲基-5-氯-2-戊烯

$$CH_3CH_2\underset{\displaystyle CH_2Cl}{\overset{|}{C}}HCH\!\!=\!\!CHCH_3 \qquad \text{⬡} \qquad \text{⬡} \qquad HC\!\!\equiv\!\!CCH_2Cl$$

4-乙基-5-氯-2-戊烯 3-氯-5-溴异丙苯 2-溴甲苯(邻溴甲苯) 3-氯-1-丙炔

6.2 卤代烃的结构

6.2.1 饱和卤代烃的结构

在卤代烃分子中，碳卤 σ 键是由碳原子的一个 sp^3 杂化轨道与卤原子的只含一个电子

的 p 轨道经轴向重叠形成的，如图 6-1 所示。

图 6-1 碳卤 σ 键

卤原子的电负性比碳原子大，$C^{\delta+}-X^{\delta-}$ 是极性共价键，碳原子带部分正电荷，卤原子带部分负电荷。由于 Cl、Br、I 的电负性依次降低，因此相应碳卤键的极性也依次降低。随着卤原子半径的增大，碳卤键键能减弱。所以饱和卤代烃的反应活性为 RI>RBr>RCl。卤代烃的键长、键能和偶极矩数据见表 6-1。

表 6-1   **卤代烃的物理常数**

卤代甲烷	键长/pm	键能/(kJ·mol^{-1})	偶极矩 μ/(10^{-30}C·m)
CH$_3$Cl	178	351	6.47
CH$_3$Br	193	293	5.97
CH$_3$I	214	234	5.47

6.2.2 不饱和卤代烃的结构

1. 烯丙基型和苄基型卤代烃

此类卤代烃中卤原子与烯烃(芳烃)的 α-碳原子相连。例如：

$$CH_2=CH-CH_2-Cl$$

烯丙基氯(烯丙基型卤代烃)   苄氯(苄基型卤代烃)

这类卤代烃的碳卤键仍为 α-碳原子的 sp^3 杂化轨道与卤原子只含一个电子的 p 轨道形成 σ 键。但当碳卤键断裂，卤原子带着一对电子离去时，α-碳原子将由 sp^3 杂化转变为 sp^2 杂化，α-碳原子未参与杂化的 p 轨道与相邻的碳碳双键的 π 键形成 p-π 共轭体系，使 α-碳原子上的正电荷得以分散，得到较稳定的烯丙基碳正离子或苄基碳正离子，所以烯丙型卤代烃比饱和卤代烃具有更活泼的化学性质。

2. 孤立型卤代烃和卤烷型卤代烃

此类包括卤代烷及卤原子与不饱和键的 α-碳原子以外的饱和碳原子相连的不饱和卤代烃(即孤立型不饱和卤代烃)。在该类卤代烃分子中，卤原子与不饱和键间隔较远，相互影响很小。例如：

$$CH_2=CHCH_2CH_2Cl$$

4-氯-1-丁烯   1-苯-2-氯乙烷

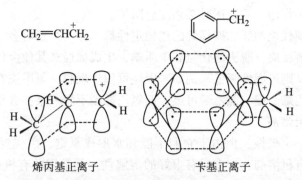

图 6-2 烯丙基正离子和苄基正离子 p-π 共轭示意图

这类卤代烃的结构特点和化学特性与饱和卤代烃相似。

3. 乙烯型卤代烃和卤苯型卤代烃

此类卤代烃的卤原子与不饱和碳原子直接相连。例如：

$$CH_2{=}CHCl$$ Cl

氯乙烯(乙烯型卤代烃)   氯苯(卤苯型卤代烃)

这类卤代烃的碳卤键是不饱和碳原子的一个 sp^2 杂化轨道与卤原子只含一个电子的 p 轨道形成 σ 键，卤原子的未成键电子对与双键或苯环形成 p-π 共轭，如图 6-3 所示。

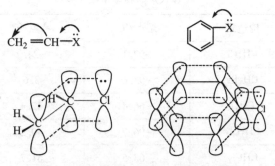

图 6-3 氯乙烯和氯苯的 p-π 共轭示意图

由于 p-π 共轭的结果，使得卤原子的电子云密度降低，从而降低了 C—X 键的极性，碳原子和氯原子间距离缩短(C—Cl 键长：氯乙烷为 0.177 nm；氯乙烯为 0.169 nm)，结合得更牢固，C—X 键不易断裂，卤原子活性很低，因此这类卤代烃的化学活性最差。

6.3 卤代烃的物理性质

在室温下，除氯甲烷、溴甲烷、氯乙烷和氯乙烯等为气体外，一般低级卤代烃大多为液体，高级卤代烃是固体。纯净的卤代烃多是无色的，一卤代烃具有不愉快气味，其蒸汽有毒，尤其是含氯和含碘的化合物可通过皮肤吸收，使用时要注意。许多卤代烃有累积性毒性，并可能有致癌作用，故使用时必须注意防护。

一般情况下，碘代烷和邻二碘代烷的热稳定性都不好，久置后会变成棕红色，受热或光照时，易发生分解反应，脱去碘化氢和单质碘，生成烯烃。其他卤代烃则较稳定。分子中卤原子数目增多，则可燃性降低。例如，甲烷可用作燃料，氯甲烷有可燃性，二氯甲烷则不燃。再如，氯乙烯、偏二氯乙烯可燃，四氯乙烯则不燃。某些含氯和含溴的卤代烃及其衍生物还可用作阻燃剂。

卤代烃虽然有一定极性，但由于它们不能和水形成氢键，卤代烃不溶于水，易溶于醇、醚、烃等多种有机溶剂，它本身有很好的溶解性，是常用的有机溶剂，如二氯甲烷、氯仿和四氯化碳等。例如，可以用它们由动植物组织中提取脂肪类物质等。由于溴代烃、碘代烃的价格较高，故一般多用氯代烃。

一卤代烷的沸点随碳原子数的增加而升高，除分子质量的因素外，主要是因为 C—X 键的极性增加了分子之间的吸引力。卤代烃中的烃基相同，而卤原子不同时，其沸点排序为 RI>RBr>RCl。在链状卤代烃的同分异构体中，直链异构体沸点最高，支链越多，沸点越低。

一卤代烷的相对密度大于同碳原子数的烷烃，卤代烷的相对密度随碳原子数的增加而降低。烃基相同时，卤代烃的相对密度依氯代烃、溴代烃、碘代烃的次序而递增。分子中的卤原子数增多则相对密度加大。一些卤代烃的物理常数见表 6-2。

表 6-2   卤代烃的物理常数

名称	构造式	熔点/℃	沸点/℃	相对密度 d_4^{20}
氯甲烷	CH_3Cl	-97.1	-24.2	0.916
溴甲烷	CH_3Br	-93.6	3.6	1.732
碘甲烷	CH_3I	-66.4	42.4	2.279
二氯甲烷	CH_2Cl_2	-96.7	40.2	1.326
三氯甲烷	$CHCl_3$	-63.5	61.7	1.489
四氯甲烷	CCl_4	-23.0	76.8	1.594
氯乙烷	CH_3CH_2Cl	-138.0	12.3	0898
溴乙烷	CH_3CH_2Br	-118.9	38.4	1.460
碘乙烷	CH_3CH_2I	-110.9	72.3	1.936
1-氯丙烷	$CH_3CH_2CH_2Cl$	-122.8	46.6	0.890

2-氯丙烷	CH_3CHCH_3
	    |
	    Cl
		-117.2	35.7	0.861

氯乙烯	$CH_2=CHCl$	-153.8	-13.4	0.911

续表

名称	构造式	熔点/℃	沸点/℃	相对密度 d_4^{20}
氯苯	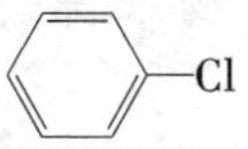 ⬡—Cl	−45.6	132	1.100
溴苯	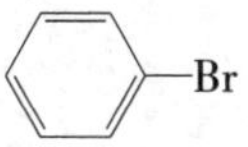 ⬡—Br	−30.8	156.2	1.495
碘苯	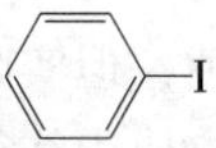 ⬡—I	−31.3	188	1.830
邻二氯苯	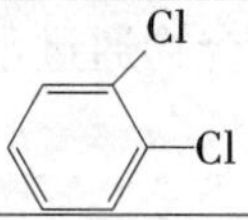 ⬡(Cl)(Cl)	−17.0	180.5	1.305
对二氯苯	 Cl—⬡—Cl	53.1	174.0	1.274

6.4　卤代烃的化学性质

卤代烃的主要化学性质是由官能团卤素原子所决定的。其反应活性与烃基的结构和卤素原子的种类有关。由于卤素原子的电负性比碳原子大,因此,在卤代烃分子中,C—X键极性较强,卤原子带部分负电荷,碳原子带有相应的正电荷。在外来试剂的作用下,C—X键容易发生异裂,而发生一系列反应,因此卤代烃的化学性质比较活泼。卤代烃发生化学反应时化学键断裂的位置如图6-4所示。

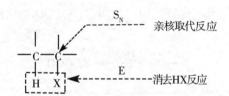

图 6-4　卤代烃发生化学反应时化学键断裂的位置

6.4.1　亲核取代反应

由于卤原子的电负性大于碳原子,与卤素相连的碳原子就容易受负离子(如 OH^-、RO^-、NO_3^- 等)或带未共用电子对的分子(如 NH_3、H_2O 等)等亲核试剂(nucleophile,常以 Nu^- 或 :Nu 表示)的进攻,从而 C—X 键断裂,发生亲核取代反应(nucleophilic substitution reation),常用 S_N 表示。反应可以用下列通式表示:

$$\text{Nu}^- (\text{或}:\text{Nu}) + \text{R}-\overset{|}{\underset{|}{\text{C}}}-\overset{\delta^+ \ \delta^-}{\text{X}} \longrightarrow \text{R}-\overset{|}{\underset{|}{\text{C}}}-\text{Nu} + \text{X}^-$$

亲核试剂　　　底物　　　　　产物　离去基团

1. 卤原子被羟基取代

卤代烃与氢氧化钠(或氢氧化钾)水溶液共热，发生碱性条件下的水解，卤原子被羟基(—OH，hy-droxyl group)取代生成醇。

$$\text{R}-\text{X} + \text{OH}^- \longrightarrow \text{R}-\text{OH} + \text{X}^-$$

该反应称为卤代烃的水解(hydrolysis)。

一般卤烷可由相应醇制得，因此该反应似乎无合成价值，但实际上一些较复杂的分子中要引入一个羟基比引入一个卤原子困难，因此，在有机合成中往往可先引入卤原子再水解引入羟基。例如，工业上常将一氯戊烷的各种异构体混合物通过水解制得戊醇各异构体的混合物(称为杂油醇)，以用作工业溶剂。

$$\text{C}_5\text{H}_{11}\text{Cl} + \text{NaOH} \xrightarrow{\text{H}_2\text{O}} \text{C}_5\text{H}_{11}\text{OH} + \text{NaCl}$$

2. 卤原子被烷氧基取代

卤代烃与醇钠作用，卤原子被烷氧基(RO—，alkoxy group)取代而生成醚，此反应常用来合成混合醚类化合物，称为威廉姆森(Williamson)合成法。

$$\text{R}-\text{X} + \text{R'ONa} \longrightarrow \text{R}-\text{OR'} + \text{NaX}$$

例如：

$$\text{CH}_3\text{CH}_2\text{Br} + \text{NaOCH}(\text{CH}_3)_2 \longrightarrow \text{C}_2\text{H}_5\text{OCH}(\text{CH}_3)_2 + \text{NaBr}$$

3. 卤原子被氰基取代

卤代烃与氰化钠(或氰化钾)的醇溶液共热，则氰基(—CN，cyano group)取代卤原子生成腈(nitrite)。氰化物剧毒，使用时应注意安全。

$$\text{R}-\text{X} + \text{NaCN} \xrightarrow[\triangle]{\text{乙醇}} \text{R}-\text{CN} + \text{NaX}$$

生成的腈比反应物 RX 分子中多一个碳原子，这是在有机合成中增长碳链的方法之一。此外，通过氰基可转化为其他官能团，如羧基(—COOH)、酰胺基(—CONH$_2$)等。例如：

$$\text{R}-\text{CN} \xrightarrow[\text{H}^+]{\text{H}_2\text{O}} \text{RCOOH}$$

4. 卤原子被氨基取代

氨比水和醇具有更强的亲核性，卤烷与氨作用卤原子可被氨基(—NH$_2$，amino group)取代生成伯胺和卤化氢，伯胺是有机弱碱，可与卤化氢结合成铵盐，即 RNH$_3^+$X$^-$ 或写为 RNH$_2$·HX。当用碱中和时，则得游离伯胺。

$$\text{RX} + \text{NH}_3 \longrightarrow \text{RNH}_2 \cdot \text{HX} \xrightarrow{\text{NaOH}} \text{RNH}_2$$

例如：

$$\text{ClCH}_2\text{CH}_2\text{Cl} + 4\text{NH}_3 \xrightarrow{110 \sim 120\text{℃}} \text{H}_2\text{NCH}_2\text{CH}_2\text{NH}_2 + 2\text{NH}_4\text{Cl}$$

卤代烃与伯胺反应可生成仲胺，后者与卤代烃进一步反应可生成叔胺，叔胺再与卤代烃作用则生成季铵盐。

5. 卤素交换反应

在丙酮或丁酮溶剂中,溴代烷或氯代烷与溶于其中的碘化钠作用,生成碘代烷。例如:

$$CH_3CHCH_3 + NaI \longrightarrow CH_3CHCH_3 + NaBr$$
$$\qquad | \qquad\qquad\qquad\qquad |$$
$$\qquad Br \qquad\qquad\qquad\qquad I$$

6. 与硝酸银的反应

卤代烃与硝酸银的醇溶液反应,卤原子被取代并生成硝酸酯和卤化银沉淀。

$$RX + AgNO_3 \xrightarrow{C_2H_5OH} R-ONO_2 + AgX\downarrow \ (X=Cl、Br、I)$$

不同烃基结构的卤代烃与硝酸银醇溶液反应的活性不同。所以该性质可用于卤代烃的鉴别。烯丙基型卤代烃、苄基型卤代烃、叔卤代烃和碘代烷烃在室温下能与 AgNO$_3$ 的醇溶液迅速反应,生成 AgX 沉淀,说明卤原子很活泼。而伯卤代烃和仲卤代烃及孤立型不饱和卤代烃要加热才能产生沉淀。乙烯型卤代烃、卤苯型卤代烃和多卤代烃即使在加热条件下也不与 AgNO$_3$ 的醇溶液反应。说明这种结构中的卤原子特别不活泼,亲核取代反应活性很低。

综合上述卤代烃的结构和化学活性的关系,在进行取代反应时的活性顺序为:

烯丙基型和苄基型卤代烃>孤立型和卤烷型卤代烃>乙烯型和卤苯型卤代烃。

思考题6-1 下列卤代烃与硝酸银醇溶液反应活性由高到低的顺序是怎样的?

(1)1-苯基-1-溴丙烷　　　(2)4-溴-1-庚烯　　　(3)1-溴丙烯

6.4.2 消除反应

从一有机分子中脱去一个小分子(如 HX、H$_2$O、NH$_3$ 等),同时形成不饱和键的反应称为消除反应(elimination reaction),常用 E 表示。具有 β-氢原子的卤代烷与强碱的醇溶液共热,可以消除脱去卤化氢生成烯烃。由于在反应中卤代烷分子中的 β-碳原子上的氢原子和卤原子发生消除反应,所以此反应称为 β-消除反应。这是制备不饱和烃的重要方法之一。

$$R-CH-CH_2 + KOH \xrightarrow[\triangle]{C_2H_5OH} R-CH=CH_2 + KX + H_2O$$
$$\qquad | \quad\ |$$
$$\qquad [\ H \quad X\ ]$$

不同级别的卤代烃在相同条件下发生消除反应的活泼性不同,叔卤代烃最容易脱去卤化氢,伯卤代烃最难。当卤代烃中有多种 β-氢原子时,消除反应可以在两种不同的方向进行,得到两种不同的产物。例如:

$$CH_3CH_2CHCH_3 + KOH \xrightarrow[\triangle]{C_2H_5OH} CH_3CH=CHCH_3 + CH_3CH_2CH=CH_2$$
$$\qquad\qquad | $$
$$\qquad\qquad Br$$

2-丁烯(81%)　　　1-丁烯(19%)

大量实验表明，卤代烷脱去卤化氢时，氢原子总是从含氢较少的 β-C 原子上脱去，即易生成双键碳上连接烃基较多的烯烃，这个经验规律称为查依采夫(Saytzeff)规则。

若条件允许，卤代烃消除反应总是趋向于生成具有稳定共轭结构的烯烃而违背查依采夫规则。例如：

$$\text{〈}\bigcirc\text{〉}-\text{CH}_2\text{CHCH}_2\text{CH}_3 \xrightarrow[\triangle]{\text{KOH/C}_2\text{H}_5\text{OH}} \text{〈}\bigcirc\text{〉}-\text{CH}=\text{CHCH}_2\text{CH}_3$$

思考题 6-2 写出下列反应主要产物的结构式。

(1)3-甲基-2-溴戊烷与氢氧化钠醇溶液共热；(2)1-苯基-2-溴丁烷与氢氧化钠醇溶液共热。

6.4.3 与金属(Mg)反应

1. 格氏试剂的制备

卤代烃可与 Li、Na、K、Mg、Al、Zn、Ag、Cd 等金属反应，生成具有不同极性 C—M(M 代表金属原子)键的有机金属化合物。其中特别重要的是卤代烃与镁在无水乙醚中反应生成的烃基卤化镁，一般表示为 RMgX，俗称格林雅(Grignard)试剂，简称格氏试剂。

$$\text{RX+Mg} \xrightarrow{\text{无水乙醚}} \text{RMgX}$$

产物溶于乙醚，无需分离即可直接用于有机合成。

2. 格氏试剂的性质

由于分子中 C—Mg 键具有较强的极性，RMgX 可与醛、酮、酯、二氧化碳、环氧乙烷等反应，生成醇、酸等一系列化合物，所以 Grignard 试剂非常活泼，是有机合成中非常有用的试剂，在有机合成中有广泛的应用。Grignard 因发现格氏试剂而获得 1912 年的诺贝尔化学奖。

(1)与含活泼氢的化合物反应 格氏试剂能与含活泼氢的化合物反应。

$$\text{RMgX} + \text{H}-\text{Y} \longrightarrow \text{RH} + \text{Mg} \Big\langle \begin{matrix} \text{X} \\ \text{Y} \end{matrix}$$

Y=—OH、—OCOR、—OR、—NH$_2$、—C≡CR 等。

(2)与二氧化碳的反应 在有机合成中可利用格氏试剂与 CO_2 的一个羰基发生亲核加成反应，而后水解制备比卤代烃多一个碳的羧酸。

$$\text{RMgX} + \text{CO}_2 \xrightarrow{\text{无水乙醚}} \text{RCOOMgX} \xrightarrow[\text{H}^+]{\text{H}_2\text{O}} \text{RCOOH} + \text{Mg(OH)X}$$

(3)与氧反应 格氏试剂在空气中易被氧化。

$$\text{RMgX} + \text{O}_2 \longrightarrow \text{ROMgX} \xrightarrow{\text{H}_2\text{O}} \text{ROH} + \text{Mg(OH)X}$$

Grignard 试剂遇水就分解，所以在制备和使用格氏试剂时必须用无水溶剂和干燥的容器，且在隔绝空气的条件下操作。

6.5 卤代烃主要的反应历程

6.5.1 亲核取代反应(S_N)

根据化学动力学的研究以及其它许多实验,发现亲核取代反应可按两种历程进行。常用 S_N(S:substitution,取代;N:nucleophilic,亲核的)表示亲核取代反应,S_N1 代表单分子亲核取代反应;S_N2 代表双分子亲核取代反应。

1. 单分子亲核取代反应(S_N1)

实验证明,叔卤代烃的水解是按单分子历程进行的。例如,叔丁基溴在碱的水溶液中水解反应的速率仅与叔丁基溴的浓度有关,而与亲核试剂 OH^- 的浓度无关。动力学上为一级反应:

$$CH_3-\overset{\overset{\displaystyle CH_3}{|}}{\underset{\underset{\displaystyle CH_3}{|}}{C}}-Br \; + \; OH^- \longrightarrow CH_3-\overset{\overset{\displaystyle CH_3}{|}}{\underset{\underset{\displaystyle CH_3}{|}}{C}}-OH$$

$$v=k\left[\,(CH_3)_3CBr\,\right]$$

反应历程分两步进行,可表示如下:

第一步(慢步骤)

$$CH_3-\overset{\overset{\displaystyle CH_3}{|}}{\underset{\underset{\displaystyle CH_3}{|}}{C}}-Br \xrightarrow{\text{慢}} \left[CH_3-\overset{\overset{\displaystyle CH_3}{|}}{\underset{\underset{\displaystyle CH_3}{|}}{C}}\cdots Br\right] \longrightarrow CH_3-\overset{\overset{\displaystyle CH_3}{|}}{\underset{\underset{\displaystyle CH_3}{|}}{C^+}} \; + \; Br^-$$

第二步(快步骤)

$$CH_3-\overset{\overset{\displaystyle CH_3}{|}}{\underset{\underset{\displaystyle CH_3}{|}}{C^+}} \; + \; OH^- \xrightarrow{\text{快}} \left[CH_3-\overset{\overset{\displaystyle CH_3}{|}}{\underset{\underset{\displaystyle CH_3}{|}}{C}}\cdots OH\right] \longrightarrow CH_3-\overset{\overset{\displaystyle CH_3}{|}}{\underset{\underset{\displaystyle CH_3}{|}}{C}}-OH$$

第一步由卤代烃的 C—X 键异裂生成碳正离子和溴负离子,卤代烃必须在溶剂的作用下,即在外电场的影响下,分子进一步极化,才有可能异裂为正负离子,所以这一步比较慢;第二步由碳正离子中间体与亲核试剂 OH^- 结合生成取代产物,活性较强的 R_3C^+ 一旦产生,很不稳定,便立刻与溶液中 OH^- 结合成醇,所以这一步比较快。在化学动力学中,反应速率决定于反应中最慢的一步,上述历程中第一步是定速步骤,这一步只决定于 C—X 键的断裂,与作用试剂无关,所以称单分子历程,用 S_N1 表示。

在 S_N1 反应中,当卤代烷异裂为碳正离子和卤负离子后,中心碳原子由 sp^3 杂化的正四面体结构转变为 sp^2 杂化的平面三角形结构,中心碳原子有一未杂化的 2p 空轨道可用于成键,亲核试剂 Nu^- 带着一对电子可从平面两侧任一方向进攻与其结合成键,中心碳原子又变为 sp^3 杂化,如果中心碳原子有手性则生成一对对映体,这种化学反应过程称为外消旋化。外消旋化是 S_N1 反应的立体化学特征。这种变化可表示如下:

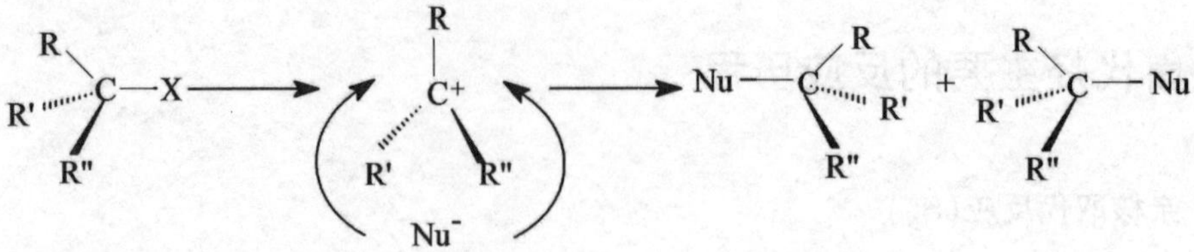

思考题 6-3 化合物 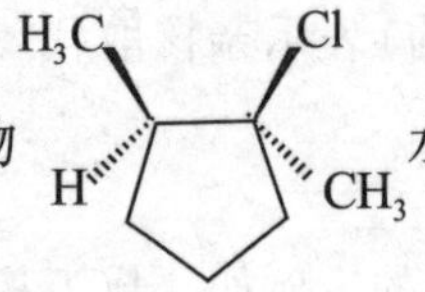 水解后的产物为两种醇，请你做出合理解释。

2. 双分子亲核取代反应(S_N2)

溴甲烷的碱性水解速率与溴甲烷及碱的浓度的乘积成正比，反应过程中 C—Br 键的断裂和 C—O 键的形成同时发生，反应经过一个过渡状态。反应历程表示如下：

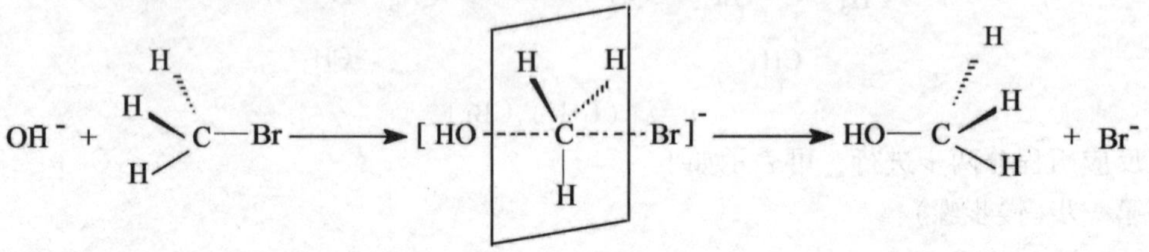

溴甲烷的碱性水解速率不仅与卤代烷的浓度成正比，也与碱的浓度成正比，在动力学上为二级反应：

$$v=k\,[\,CH_3Br\,]\,[\,OH^-\,]$$

由于过渡态的形成涉及两个分子，所以该反应为双分子亲核取代反应，用 S_N2 表示。

在 S_N2 反应的过渡态中，中心碳原子由 sp^3 杂化状态转变到 sp^2 杂化状态，碳原子和三个氢原子或基团在同一平面上，其未参与杂化的 p 轨道垂直于该平面，并分布在平面两侧，一侧与亲核试剂的轨道部分重叠，另一侧则与离去基团的轨道部分重叠。当亲核试剂与碳原子进一步重叠成键时，卤素则以负离子形式离去，中心碳原子又恢复到 sp^3 杂化状态，所连的三个原子或基团完全翻转到原卤原子一侧，产物的构型与底物相反，即发生构型转化。这种构型转化称为瓦尔登（Walden）转化。瓦尔登转化是 S_N2 反应的立体化学特征。

例如，R(−)-2-溴辛烷在碱性溶液中水解，控制碱的浓度，可使其按 S_N2 机理进行。

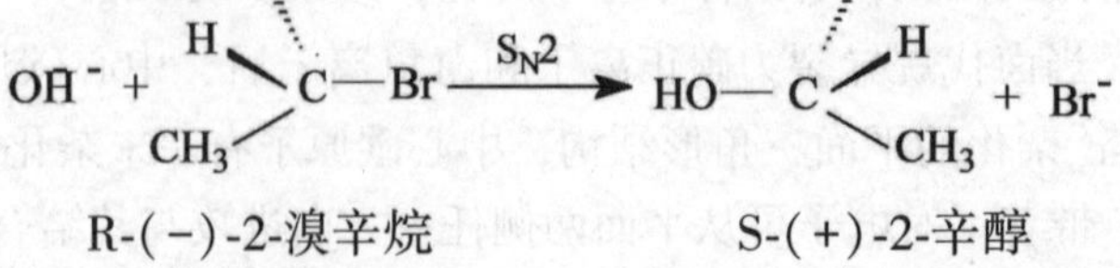

R-(−)-2-溴辛烷   S-(+)-2-辛醇

$[\alpha]=-34.6°$ $[\alpha]=+9.9°$

思考题 6-4 按 S_N2 历程进行反应，R-构型的反应物是否一定生成 S-构型的产物？左旋的反应物是否一定生成右旋产物？

3. 影响亲核取代反应的主要因素

(1)烷基结构的影响 S_N1 反应的速率主要取决于正碳离子稳定性，因此，不同烃基卤代烷进行 S_N1 反应的相对速率为：烯丙基型、苄基型卤代烃>叔卤代烷>仲卤代烷>伯卤代烷>卤代甲烷>乙烯型、卤苯型卤代烃。

S_N2 反应的速率主要取决于空间阻碍及中心碳原子正电性的高低，所以不同烃基卤代烷进行 S_N2 反应的相对速率次序为：烯丙基型、苄基型卤代烃>卤甲烷>伯卤代烃>仲卤代烃>叔卤代烃>乙烯型卤代烃、卤苯型卤代烃。

(2)亲核试剂的影响 亲核试剂的亲核性强弱对 S_N1 反应速率影响不大，因为 S_N1 反应速率取决于生成正碳离子的第一步，而此步反应并无亲核试剂参与；在 S_N2 反应中，亲核试剂亲核性越强，越有利于 S_N2 反应的进行。亲核试剂的空间位阻越大，就越不利于 S_N2 反应的进行。

(3)卤素和溶剂的影响 在 S_N1 和 S_N2 反应中，均涉及 C—X 键的断裂，C—X 键越易断裂，越有利于亲核取代反应。C—X 键断裂的难易顺序为：C—I>C—Br>C—Cl，因此，在相同情况下，对于烷基相同卤素不同的卤代烷，亲核取代反应的速率大小为：RI>RBr>RCl。

极性溶剂有利于反应按 S_N1 反应进行；非极性溶剂有利于反应按 S_N2 反应的进行。

需要指出的是，卤代烃的两种亲核反应机理在反应中同时存在相互竞争，只是在一定条件下某一反应机理占优势。叔卤代烃主要按 S_N1 机理进行，伯卤代烃主要按 S_N2 机理进行，而仲卤代烃两种机理兼有。

6.5.2 消除反应(E)

卤代烃的消除反应(elimination)与亲核取代反应相似，也存在单分子消除(E1)和双分子消除(E2)两种机理。

1. 单分子消除反应(E1)

实验表明，叔丁基溴在无水乙醇中的消除反应是按单分子消除反应历程进行的。反应历程分两步进行，可表示如下：

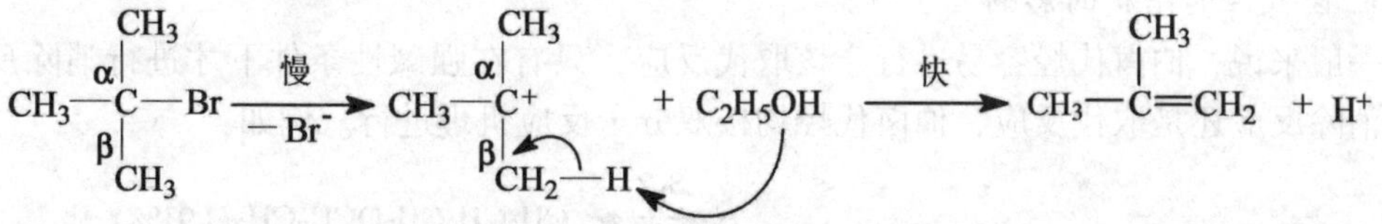

第一步是叔丁基溴分子在溶剂作用下 C—Br 键异裂，生成叔丁基碳正离子，第二步是乙醇中氧原子进攻叔丁基碳正离子的 β-氢原子，使之脱去，同时在 α 与 β 碳原子之间形成一个双键。第一步是定速步骤，该步反应速率只与卤代烃分子有关，所以称为单分子消除反应(unimolecular elimination)，以 E1 表示。

$$CH_3-\overset{\underset{\displaystyle CH_3}{|}}{\underset{\underset{\displaystyle CH_3}{|}}{C}}-CH_2Br \xrightarrow[-Br^-]{C_2H_5OH} CH_3-\overset{\underset{\displaystyle CH_3}{|}}{\underset{\underset{\displaystyle CH_3}{|}}{C}}-\overset{+}{C}H_2 \xrightarrow{重排} CH_3-\overset{+}{C}-\underset{\underset{\displaystyle CH_3}{|}}{CH}-CH_3$$

$$\xrightarrow{-H^+} CH_3-\underset{\underset{\displaystyle CH_3}{|}}{C}=CH-CH_3$$

2. 双分子消除反应（E2）

实验表明 2-溴丁烷在乙醇钠-乙醇溶液中的消除反应是一步完成的。反应过程如下：

$$v = k[CH_3CHBrCH_2CH_3][C_2H_5O^-]$$

反应时碱性试剂 $C_2H_5O^-$ 逐渐接近 β-H，慢慢形成弱键，与此同时，β-碳和 β-H 之间的键以及 α-碳和溴原子之间的键逐渐减弱，α-碳 和 β-碳之间的新键逐渐形成，直至体系达到能量最高的过渡态，最后旧键完全断裂，新键完全形成，体系释放能量形成产物。在该反应过程中，有两种分子参与了过渡态的形成，因此称为双分子消除反应（lecular elimination），用 E2 表示。

6.5.3 亲核取代反应与消除反应的竞争

多数情况下，卤代烃亲核取代反应与消除反应同时发生且相互竞争，而且单分子和双分子历程也是同时发生和相互竞争。如下所示：

卤代烃的亲核取代反应与消除反应以何种产物为主取决于卤代烷的结构和反应条件。

1. 卤代烃的结构的影响

一般来说，伯卤代烃容易进行亲核取代反应，只有在强碱性条件下才进行消除反应。无论消除反应还是取代反应，伯卤代烃均按双分子反应机理进行。例如：

$$CH_3CH_2CH_2Br + C_2H_5O^- \xrightarrow[25℃]{C_2H_5OH} \begin{cases} \xrightarrow{S_N2} CH_3CH_2CH_2OCH_2CH_3 \text{（91%）} \\ \xrightarrow{E2} CH_3CH=CH_2 \text{（9%）} \end{cases}$$

仲卤代烃和 β-碳原子上有支链的伯卤代烃，因空间位阻增大，试剂难以从背面进攻 α-碳原子，而易于进攻 β-氢原子，故不利于 S_N2，有利于 E2 反应。例如：

130

$$CH_3CHCH_2Br + C_2H_5O^- \xrightarrow{C_2H_5OH}$$

CH_3 (下标)

$$\begin{array}{l} \rightarrow CH_3-\overset{\underset{\textstyle}{CH_3}}{C}=CH_2 \quad (60\%) \\ \rightarrow CH_3CHCH_2OCH_2CH_3 \quad (40\%) \end{array}$$

$$CH_3\underset{CH_3}{CH}CH_2Br + C_2H_5O^- \xrightarrow{C_2H_5OH}$$

$$\begin{cases} CH_3-\underset{CH_3}{C}=CH_2 & (60\%) \\ CH_3\underset{CH_3}{CH}CH_2OCH_2CH_3 & (40\%) \end{cases}$$

叔卤代烃比较容易进行消除反应，且倾向于单分子反应。在无强碱存在时，主要发生 S_N1 反应。在强碱条件下以 E2 消除产物为主。例如：

$$(CH_3)_3CBr + C_2H_5OH \longrightarrow (CH_3)_3COC_2H_5 + (CH_3)_2C=CH_2$$
$$\qquad\qquad\qquad\qquad\qquad\qquad (81\%) \qquad\qquad (19\%)$$

$$(CH_3)_3CBr + C_2H_5OH \xrightarrow[25℃]{C_2H_5O^-} (CH_3)_3COC_2H_5 + (CH_3)_2C=CH_2$$
$$\qquad\qquad\qquad\qquad\qquad\qquad (3\%) \qquad\qquad (97\%)$$

2. 试剂的影响

亲核试剂的碱性越强，浓度越高，越有利于 E2 消除反应。亲核试剂的亲核性越强，则越有利于 S_N2 取代反应。例如，仲卤代烃在 NaOH 水溶液中水解时，因 HO^- 既是亲核试剂同时表现为强碱性，所以往往同时得取代和消除两种产物；而在 KOH 的醇溶液中存在碱性更强的 RO^-，故仲卤代烃在 KOH 的醇溶液中主要产物为烯烃。

伯卤代烃与强碱亲核试剂主要进行 S_N2 反应；叔卤代烃与强碱性试剂主要发生 E2 反应；仲卤代烃二者皆有，强碱存在时主要发生 E2 反应。

3. 溶剂的影响

一般来说，溶剂的极性愈大，愈有利于取代反应，溶剂的极性愈小，愈有利于消除反应。因此，取代反应常用 KOH 的水溶液，而消除反应常用 KOH 的醇溶液。

4. 温度的影响

由于消除反应中 C—H 键断裂活化能较高，因此，一般情况下，升高温度有利于消除反应。

6.6 卤代烃的重要化合物

1. 三氯甲烷($CHCl_3$)

三氯甲烷俗名氯仿，是比较重要的多卤代烷，是一种无色并具有甜味透明液体，沸点 61.7℃、不易燃、不溶于水、能溶解多种有机物，所以曾是常用的溶剂，常用做脂肪、橡胶、各种树脂等溶剂及有机物质的重结晶的溶剂。

氯仿有麻醉性，在 19 世纪时曾被用作外科手术时的麻醉剂，但不安全，因为在光照下可被空气中的氧分解而生成剧毒的光气：

$$CHCl_3 + \frac{1}{2}O_2 \xrightarrow{日光} \underset{Cl}{\overset{Cl}{>}}C=O + HCl$$

所以氯仿应保存在棕色瓶内，避光保存。光气是窒息性剧毒物质，对呼吸器官有强烈的刺激作用并可导致肺气肿，甚至死亡。通常在氯仿中加入少量(约 1%)乙醇，以破坏可能产生的光气：

$$\begin{matrix}Cl\\Cl\end{matrix}C{=}O + 2C_2H_5OH \longrightarrow O{=}C\begin{matrix}OC_2H_5\\OC_2H_5\end{matrix} + 2HCl$$

氯仿被一些国家列为致癌物，并禁止在食品、药物等工业中使用。

2. 四氯化碳(CCl_4)

四氯化碳为无色液体，沸点 76.5℃、相对密度很大，不溶于水，能溶解多种有机物，是常用的有机溶剂。四氯化碳容易挥发，它的蒸气比空气重，而且不燃烧，所以是常用的灭火剂，用于油类和电器设备灭火，但在灭火时也常能产生光气，故必须注意通风。四氯化碳与金属钠在温度较高时能猛烈反应以致爆炸，所以当金属钠着火时，不能用它灭火。四氯化碳能损伤肝脏，毒性较强，被列为危险品，被怀疑为致癌物。

在农业上，四氯化碳可用做熏蒸杀虫剂和用于治疗牲畜的寄生虫病。

3. 聚氯乙烯(polyvinyl chioride，简称 PVC)

氯乙烯在常温下是气体。由石油裂化产生的乙烯经过与氯加成后再脱氯化氢便可制得氯乙烯：

$$CH_2{=}CH_2 + Cl_2 \longrightarrow \begin{matrix}CH_2{-}CH_2\\ \ \ |\quad\ \ |\\ \ \ Cl\quad Cl\end{matrix} \xrightarrow{NaOH} CH_2{=}CHCl$$

氯乙烯主要用于合成聚氯乙烯。一般聚氯乙烯的平均聚合度 n 为 800~1400。

$$nCH_2{=}CHCl \longrightarrow \begin{matrix}\text{—}CH_2\text{—}CH\text{—}\\ \ \ \ \ \ \ \ \ \ |\\ \ \ \ \ \ \ \ \ \ Cl\end{matrix}_n$$

聚氯乙烯

4. 聚四氟乙烯(Teflon，特氟隆)

四氟乙烯为无色气体，不溶于水，能溶于有机溶剂。四氟乙烯在过氧化物引发下，加压可聚合成聚四氟乙烯。

$$nCF_2{=}CF_2 \xrightarrow{\text{加压}} \text{—}CF_2\text{—}CF_2\text{—}_n$$

聚四氟乙烯高聚物具有很好的耐热耐寒性。可在-269~250℃范围内使用，400℃以下不分解。它的化学性质非常稳定，与强碱、强酸均不发生反应，也不溶于王水，抗腐蚀性非常突出，故有"塑料王"之称，工业上叫特氟隆(Teflon)，它是化工设备理想的耐腐蚀材料。

◎ **知识拓展**

有机卤化物的污染与对策

有机卤化物一般具有较高的化学稳定性、生物可富集性和污染面广等特点，因此被列为危害环境的九类化学污染物之一。美国国家环保局提出的 129 种优先污染物中，有机卤化物约占 60 %。环境中有机卤化物的污染主要是工业排放产生的污染和农业生产中含卤农药的使用引起的面源污染。

1. 有机卤化物污染物种类及危害

(1)氟代物 此类污染物以部分氟代或全氟化合物为主,氟利昂和全氟辛基磺酰氟为典型代表。人们大量使用的氟利昂(CF_2Cl_2、$CFCl_3$等,简称CFC),是造成臭氧层变薄甚至出现空洞的主要污染物之一,因此CFC逐步被淘汰;表面活性剂全氟辛烷磺酰基化合物(PFOs)具有良好的热稳定性和化学稳定性、低表面张力、增效作用、优良的憎水、憎油性等特点,因而被广泛应用于涂料油墨等众多领域,由于PFOs不易降解的持久性、远距离漂移性、动物体内的积累性和对人体危害的不确定性,2009年被联合国环境规划署列为新增9类持久性有机污染物之一。

(2)氯代物 该类污染物以含氯塑料制品、持续性有机污染物类农药和多氯联苯为主。"白色污染"危害环境日益严重,含氯塑料制品的使用是造成此类环境污染的成因之一;持续性有机污染物类农药如六六六、滴滴涕、六氯苯、氯丹及灭蚁灵等,最初因其稳定性和高效能在我国得以生产和广泛使用。它们在自然环境下可以稳定存在几年至几十年,所以有些农药虽已禁用多年,但土壤中仍有残留。

滴滴涕(DDT)　　　　六氯苯　　　　氯丹　　　　灭蚁灵

多氯联苯(PCBs, , $1 \leqslant m+n \leqslant 10$)主要来源于工业排放的废水及含多氯联苯的电力设备的封存和拆解场地等,PCBs对神经、肝脏、骨骼都有严重危害,甚至引起生殖障碍,还可能致癌。有机氯农药、合成洗涤剂和多氯联苯等有机卤化物在水中很难被微生物降解,能被食物链富集而造成更严重危害。目前对地表水的研究仅限于常规检测重金属、无机盐和有机污染物,而对水体中有机卤化物污染物的种态及化学组成的研究却鲜有报道。2013年,中国科学院高能物理研究所核技术应用研究中心开始进行有关地表水中有机氯农药和多氯联苯的研究,该项研究受到国家自然科学基金(11275216,11075171)以及中国地质调查局专项基金(12120113002400)的支持。说明我国开始重视氯代有机污染物对水源,土壤的污染问题。

(3)溴代物 这类污染物除溴代阻燃剂如多溴联苯(PBBs)和多溴二苯醚(PBDEs)等,还有一些灭火剂比如哈龙(Halons. 溴氟烷烃)、熏蒸剂比如溴甲烷以及海洋里天然合成的溴代有机物,研究表明,这些溴代物不仅具有一定毒性,对大气臭氧层也有破坏作用。有报道含溴化合物对臭氧层的破坏力更大,溴自由基对臭氧的破坏能力是氯自由基的50倍。

2. 有机卤化物污染物的主要治理方法

(1)清洁生产工艺处理含有机卤化物工业残液 如以三氟三氯乙烷替代技术、全氟辛酸回收、等离子体处理有机氟工业中的高危害有机氟残液。

（2）寻找替代产品　解决卤代物对环境污染最根本的办法是寻找替代产品以减少生产使用这些卤代物。例如，液态的二氧化碳可作为溶剂提取某些有机成分，目前人们已利用液态的二氧化碳替代二氯甲烷从咖啡豆中提取咖啡因；用可降解塑料代替含卤树脂塑料；用氮气充盈封闭的粮库代替溴甲烷的熏蒸；目前氟利昂过渡性替代品有 HCFCs 类物质（含氯氟烃碳化合物）、HFCs 类物质（含氟氢碳化合物）、HFs 类物质（碳氢化合物）、HFEs 类物质（氟化醚类化合物）几大类，但这些替代品仍存在安全性、效能等问题，寻求真正绿色环保的氟利昂替代品的研究仍是一项长期而艰巨的任务。

（3）修复技术　目前对有机卤化物污染的环境进行治理和修复成为近年来研究的热点。对有机卤化物污染物进行治理的修复技术包括生物修复以及化学修复等。例如，含卤代基团的有机化合物如氯代烃等可以在脱氯酶的作用下脱去氯原子，变得更易被生物降解，从而使其从自然界消除；用咪唑卡宾为配体固载金属钯催化剂，以水溶性氢供体为还原剂，对有机卤化物进行催化脱卤降解，成为一种能在温和条件下对污染水体进行化学修复的方法。

（4）光催化降解　例如，光激发催化剂产生活性物种后氧化或还原全氟辛酸、多氯联苯、多溴联苯醚等的反应可致脱卤。

有机卤化物对环境污染给人类对环境中有机卤化物的研究、检测、处理提出了新的挑战。

◎ 课后思考题

1. 卤代烃广泛应用于化工工业、农业、轻工业及其他方面，随着卤代烃的大量使用，它对环境的污染情况日益严重。环境保护早已不是区域性问题而是全球问题，同时保护环境也是公民应担负的社会责任。请谈谈在减少有机卤代物对环境污染方面你有何认识。

2. 法国化学家格林尼亚（Victor Grignard）因发现格氏试剂而获得 1912 年诺贝尔化学奖。格氏试剂制备过程中体现了极性翻转的化学思想，即亲电性的卤代烷在和金属镁作用后，生成了亲核性极强的格氏试剂，可以和各种常见的亲电试剂（如醛、酮、亚胺、酯、环氧、二氧化碳等）发生反应，应用非常广泛。请你结合格氏试剂制备过程及应用，谈谈科研创新的重要性。

◎ 习　题

1. 用系统命名法命名下列各化合物。

（1）$CH_3C=CHCH_3$（Cl）　（2） 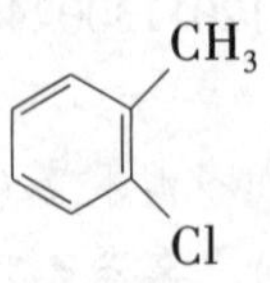　（3）$CH_3CHCH_2CHCHCH_2CH_3$

（4） 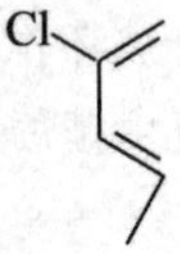　（5）$(CH_3)_2CHI$　（6）$ClCH_2CH_2Cl$

2. 写出下列化合物的结构式。
（1）氯仿　（2）氯化苄　（3）对氯苄基氯

(4)烯丙基氯　　　(5)丙烯基氯　　　(6)叔丁基溴

3. 完成下列反应方程式。

(1) ⬡ + Br$_2$ ⟶ $\xrightarrow[\triangle]{KOH/C_2H_5OH}$ $\xrightarrow{CH_2=CHCHO}$

(2) CH$_3$CH$_2$CH(CH$_3$)CHBrCH$_3$ $\xrightarrow{NaOH/H_2O}$

(3) ⬡—CH$_2$Cl $\xrightarrow[醇溶液]{NaCN}$ $\xrightarrow{H_3O^+}$

(4) CH$_3$CH=CH$_2$ $\xrightarrow{HBr}$ $\xrightarrow[无水乙醚]{Mg}$ $\xrightarrow[2)\ H_3O^+]{1)\ CO_2}$

(5) (CH$_3$)$_2$CHCHClCH$_3$ $\xrightarrow[\triangle]{KOH/C_2H_5OH}$

(6) ⬡(CH=CHBr, CH$_2$Cl) + AgNO$_3$ $\xrightarrow{C_2H_5OH}$

4. 选择填空。

(1)卤代烃按卤原子所连碳原子类型类分为：____卤代烃、____卤代烃及____卤代烃。

(2)卤代烃的亲核取代反应历程分为两种，其符号分别为：_____、_____。

(3)下列化合物在碱性水溶液中，最容易按单分子取代反应历程水解生成醇的是：_____。

　　A. 伯卤代烃　　　　B. 仲卤代烃　　　C. 叔卤代烃　　　D. 卤苯型卤代烃

(4)S-2-溴戊烷在氢氧化钠水溶液中水解，发生构型转化，产物的名称是_____；此反应是按_____反应历程进行的。

(5)烯丙型卤代烃、卤烷型卤代烃及乙烯型卤代烃在与硝酸银乙醇溶液作用时，_____型卤代烃不发生作用。

(6)多氯代烷可用作干洗剂是利用了卤代烃的_____性质。

5. 在实验室中，用硝酸银分别与正溴丁烷、二级溴丁烷、三级溴丁烷和苄氯反应，记录实验现象，并根据实验现象写出鉴别 1°RX、2°RX、3°RX 的方案。

6. 用简便的化学方法鉴别下列化合物。

　　3-溴环己烯　氯代环己烷　　碘代环己烷　甲苯　环己烷

7. 写出下列卤代烃发生消除反应时的主要产物。

（1）CH$_3$CHCH$_2$CH$_3$ （Cl）　　　　（2）CH$_3$CH$_2$CHCH$_2$CH=CH$_2$ （Br）

（3）CH$_3$CHCHCH$_2$CH$_3$ （Br, CH$_3$）　　（4）⬡—Br

8. 比较下列化合物亲核取代反应的反应活性。

(1)比较 S$_N$1 反应活性：

$CH_3CH=CHCH_2Br$ $CH_3CH_2CH=CHBr$ $CH_3CH_3CH_2CH_2Br$ $CH_3CH_2CHBrCH_3$ $(CH_3)_3CBr$

(2) 比较 S_N2 反应活性：

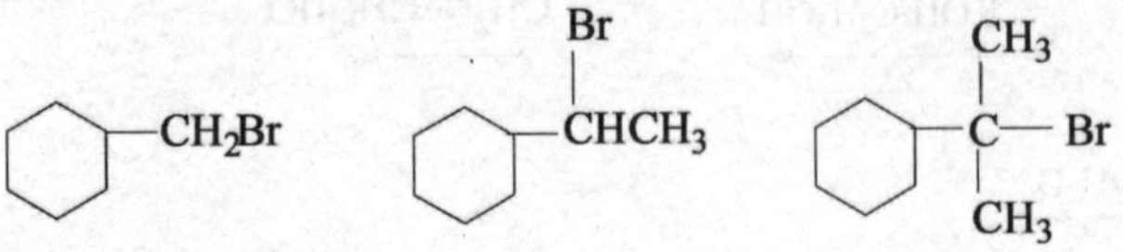

9. 完成下列转化。

(1) 溴乙烷 ⟶ 丁二酸

(2) 甲苯 ⟶ 邻氯苯乙腈

(3) 环己烷 ⟶ 环己甲酸

10. 以卤代烷与 NaOH 在水和乙醇混合物中反应为例，列表比较 S_N1 和 S_N2 反应机理。

反应机理	S_{N1}	S_{N2}
立体化学		
动力学级数		
甲基卤、乙基卤、异丙基卤、叔丁基卤的相对速率		
RI、RBr、RCl 的相对速率		
C(RX)增加对速度的影响		
C(NaOH)增加对速度的影响		

11. 某卤代烷烃 C_3H_7Br(A) 与 KOH 醇溶液作用生成 C_3H_6(B)。B 与溴化氢作用生成 A 的异构体(C)。试推测 A 的构造式，并写出有关反应式。

第7章 醇、酚、醚

醇、酚、醚都是烃的重要含氧衍生物，也可以看作水分子中的氢原子被烃基取代后的衍生物。水分子中的一个氢原子被脂肪烃基取代的是醇(alcohol)，被芳香烃基取代的是酚(phenol)，如果两个氢原子都被烃基取代的衍生物就是醚(ether)。醚也可视为醇羟基或酚羟基的氢原子被烃基取代而成的衍生物，是醇或酚的同分异构体。

$$H—O—H \quad R—OH \quad Ar—OH \quad (Ar)R—O—R'(Ar')$$
$$水 \qquad 醇 \qquad 酚 \qquad 醚$$

与之相应的含硫化合物为硫醇、硫酚和硫醚。硫和氧同属于周期表第ⅥA族，因此，有机含硫化合物与有机含氧化合物有一些相似的性质，故放在本章中一并讨论。

醇(及硫醇)、酚是有机反应的主要原料或试剂，它们也是从分子水平研究机体生理、病理变化及药物作用的重要物质基础，其中硫醇类化合物作为重金属解毒剂，在治疗疾病、调整物质代谢，保护酶系统方面起着十分重要的作用。醚则常用作有机溶剂。

7.1 醇

7.1.1 醇的分类和命名

1. **醇的分类**

(1)按羟基的数目分类 根据醇分子中所含羟基的数目不同可将其分为一元醇、二元醇和多元醇。例如：

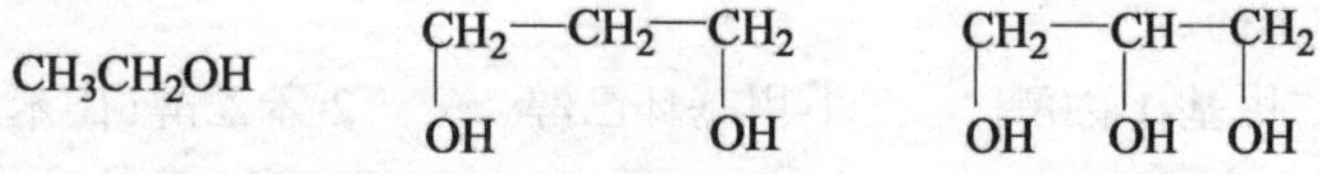

$$CH_3CH_2OH \qquad \underset{OH \qquad\qquad OH}{CH_2—CH_2—CH_2} \qquad \underset{OH \quad OH \quad OH}{CH_2—CH—CH_2}$$

$$一元醇 \qquad\qquad 二元醇 \qquad\qquad 多元醇$$

(2)按羟基所连碳原子类型分类 根据醇分子中羟基所连碳原子类型的不同可将其分为伯醇(1°醇)、仲醇(2°醇)、叔醇(3°醇)。

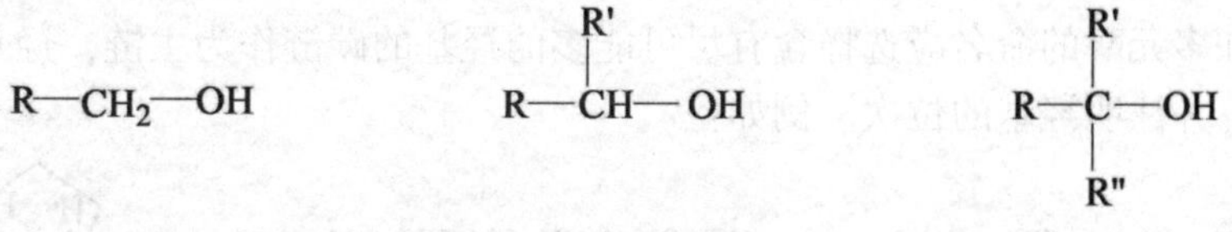

$$R—CH_2—OH \qquad \underset{}{R—\overset{R'}{\underset{}{CH}}—OH} \qquad R—\overset{R'}{\underset{R''}{C}}—OH$$

伯醇(primary alcohol) 仲醇(secondary alcohol) 叔醇(tertiary alcohol)

(3)按烃基的结构分类 根据醇分子中烃基的结构不同可将其分为脂肪醇、脂环醇和芳香醇；根据烃基是否含不饱和键可分为饱和醇和不饱和醇。例如：

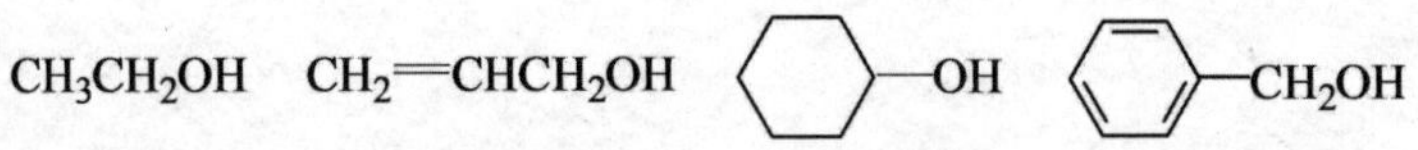

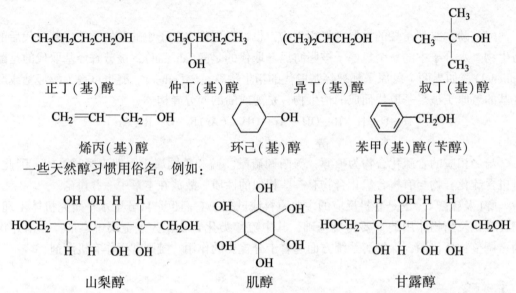

饱和醇　　　　不饱和醇　　　　脂环醇　　　　芳香醇

2. 醇的命名

(1) 普通命名　结构简单的醇根据与羟基相连的烃基来命名。在"醇"字前加上烃基的名称，"基"字一般可省去。例如：

正丁(基)醇　　　　仲丁(基)醇　　　　异丁(基)醇　　　　叔丁(基)醇

烯丙(基)醇　　　　环己(基)醇　　　　苯甲(基)醇(苄醇)

一些天然醇习惯用俗名。例如：

山梨醇　　　　　　肌醇　　　　　　甘露醇

(2) 系统命名　结构较复杂的醇，用系统命名法命名。选择连有羟基的最长碳链为主链，称为"某醇"，把支链作为取代基，从离羟基较近的一端开始依次给主链碳原子编号，标明羟基的位次。不饱和醇应选择既含连有羟基的碳原子，又含双键或叁键碳原子在内的最长碳链作为主链，主链的碳原子编号使羟基的位次最小。芳香醇可把芳基作为取代基。例如：

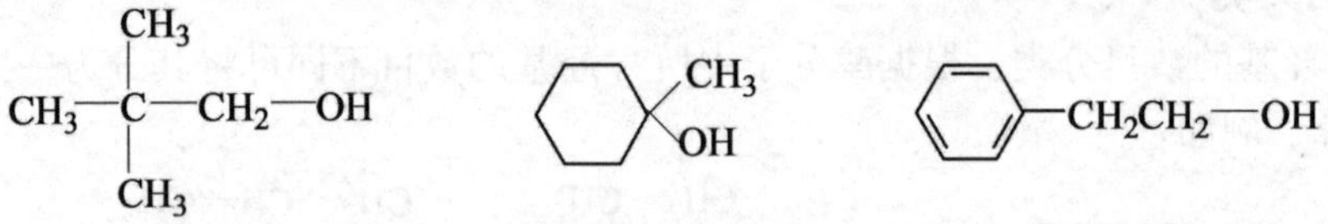

2，2-二甲基-1-丙醇　　　1-甲基环己醇　　　2-苯乙醇(β-苯乙醇)

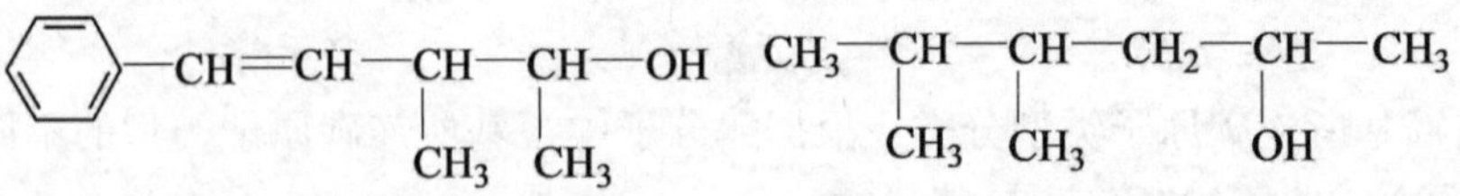

3-甲基-5-苯基-4-戊烯-2-醇　　　　4，5-二甲基-2-己醇

二元醇和多元醇的命名应选择含有尽可能多的羟基的碳链作为主链，羟基的数目写在醇字的前面，并注明羟基的位次。例如：

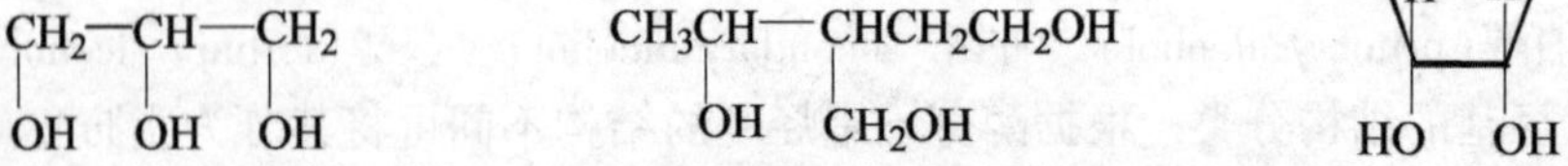

丙三醇(甘油)　　　　3-羟甲基-1，4-戊二醇　　　　顺-1，2-环戊二醇

7.1.2 醇的结构

醇分子中 O—H 键是氧原子以一个 sp^3 杂化轨道与氢原子的 ls 轨道相互交盖重叠而形成的。C—O 键是碳原子的一个 sp^3 杂化轨道与氧原子的一个 sp^3 杂化轨道相互交盖重叠而形成的。此外，氧原子还有两对孤对电子分别占据另外两个 sp^3 杂化轨道，具有四面体结构。例如，甲醇的结构如图 7-1 所示。

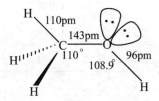

图 7-1　甲醇的结构示意图

由于氧的电负性大于碳和氢，醇分子中的 C—O 键和 O—H 键都是极性键，故醇是极性分子。

7.1.3 醇的物理性质

$C_1 \sim C_4$ 的低级醇为具有酒味的无色透明液体，$C_5 \sim C_{11}$ 的醇为油状黏稠液体，C_{12} 以上的直链醇则为蜡状固体。部分常见醇类的物理常数见表 7-1。

表 7-1　　　　　　　　　　　　　　　**醇的物理常数**

名称	熔点/℃	沸点/℃	相对密度 d_4^{20}	溶解度 100g 水，20℃/g	折射率（n_D^{20}）
甲　醇	−97	64.7	0.792	∞	1.3288
乙　醇	−115	78.4	0.789	∞	1.3611
丙　醇	−126	97.8	0.804	∞	1.3850
异丙醇	−88.5	82.3	0.786	∞	1.3776
丁　醇	−90	117.7	0.810	7.9	1.3993
异丁醇	−108	107.9	0.802	10	1.3959
仲丁醇	−114	99.5	0.808	12.5	1.3978
叔丁醇	26	82.5	0.789	∞	1.3878
正戊醇	−78.5	138	0.817	2.4	1.4101
正己醇	−52	155.8	0.820	0.6	1.4162（n_D^{25}）
正庚醇	−34	176	0.822	0.2	1.4225 ~ 1.4250

续表

名称	熔点/℃	沸点/℃	相对密度 d_4^{20}	溶解度 100g 水，20℃/g	折射率（ n_D^{20} ）
正辛醇	−15	195	0.825	0.1	1.4300
烯丙醇	−129	97	0.855	∞	1.4135
环己醇	24	161.5	0.962	3.6	1.4650（ n_D^{22} ）
苯甲醇	−15	205	1.046	4	1.5396
1，2-乙二醇	−16	197	1.113	∞	1.4300（ n_D^{25} ）
1，2-丙二醇	—	187	1.040	∞	1.4293（ n_D^{27} ）
1，3-丙二醇	—	215	1.060	∞	—
丙三醇	18	290	1.261	∞	1.4746

　　低级醇能与水形成氢键，故能与水混溶。但烃基越大，醇羟基与水分子形成的氢键就越弱，醇的溶解度渐渐由取得支配地位的烃基所决定，因而在水中的溶解度渐渐减小至不溶。高级醇与烷烃极相似，不溶于水，易溶于非极性溶剂中。

　　直链饱和一元醇的沸点随相对分子质量的增加而有规律地增高，每增加一个 CH_2 系差，沸点升高 18~20℃。在醇的异构体中，直链伯醇的沸点最高，带支链醇的沸点要低些，支链愈多，沸点愈低。多元醇沸点随羟基数目增加而增加。低级直链饱和一元醇的沸点比相对分子质量相近的烷烃的沸点高得多。例如，甲醇（相对分子质量 32）的沸点为 64.7℃，而乙烷（相对分子质量 30）的沸点为−88.2℃，这是因为液态甲醇羟基之间可通过氢键使分子缔合，要使液态的甲醇变成气态，必须多提供一部分能量以断裂氢键。如图 7-2 所示。

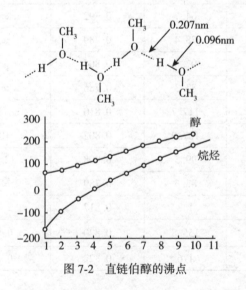

图 7-2　直链伯醇的沸点

低级醇能和 $MgCl_2$、$CaCl_2$、$CuSO_4$ 等无机盐类形成结晶状物质，称结晶醇。如 $MgCl_2 \cdot 6CH_3OH$，$CaCl_2 \cdot 4CH_3OH$，$CaCl_2 \cdot 4CH_3CH_2OH$ 等。因此，不能用无水氯化钙来除去醇中所含的水分。结晶醇不溶于有机溶剂而溶于水，常利用这一性质分离提纯醇或除去混合物中混杂的少量低级醇。例如，工业用的乙醚中常含有少量乙醇，可用 $CaCl_2$ 与乙醇生成结晶醇化物而将其除去。

7.1.4 一元醇的化学性质

醇的化学性质主要由其官能团羟基—OH 决定。羟基中的氧原子采用 sp^3 不等性杂化，由于氧原子的电负性大于碳和氢，使得碳氧键和氧氢键具有较强极性，在不同的条件下，醇可发生羟基的氧氢键的异裂和碳氧键的异裂两种不同类型的反应。此外，由于羟基的诱导作用，使得 α、β 氢原子活性增大，也会发生或参与某些反应。醇发生化学反应时化学键断裂的位置如图 7-3 所示。

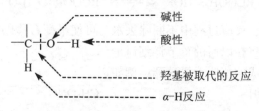

图 7-3　醇发生化学反应时化学键断裂的位置

同时醇的反应活性也受到烃基的一定影响或导致反应历程的改变。例如，乙烯醇或具有烯醇型结构的不饱和醇都不稳定，可发生分子重排反应。

1. 与活泼金属的反应

醇羟基上的氢具有一定的酸性，能和活泼金属如 Na、K、Mg(加热)、Al(加热)等发生反应，放出氢气。

$$HOH + Na \longrightarrow NaOH + \frac{1}{2}H_2\uparrow$$

$$ROH + Na \longrightarrow RONa + \frac{1}{2}H_2\uparrow$$

金属钠与醇的反应没有与水反应那样猛烈，要缓和得多，不燃烧，不爆炸。由此说明醇的酸性比水弱。

随着烃基的增大，氧氢键极性减小，醇与金属钠的反应速率逐渐减弱。不同类型醇与金属钠反应的活性次序是：甲醇>伯醇>仲醇>叔醇。

醇钠的碱性比 NaOH 强，极易水解生成原来的醇和氢氧化钠。醇钠的水解是一个可逆反应，平衡偏向于生成醇的一边。

$$RONa + H_2O \rightleftharpoons ROH + NaOH$$

工业上生产醇钠，为了避免使用昂贵的金属钠，就利用上述反应的原理，在氢氧化钠和醇作用的过程中，加苯进行共沸蒸馏，将苯、醇和水的三元共沸物不断蒸出，使反应混合物中的水分不断除去，以破坏平衡而使反应有利于生成醇钠。

醇和其他活泼金属反应，如：

$$CH_3CH_2OH + K \longrightarrow CH_3CH_2OK + \frac{1}{2}H_2\uparrow$$

$$3\,CH_3\!-\!\overset{\displaystyle CH_3}{\underset{}{CH}}\!-\!OH + Al \longrightarrow (CH_3\!-\!\overset{\displaystyle CH_3}{\underset{}{CH}}\!-\!O)_3Al + \frac{3}{2}H_2\uparrow$$

醇钠是具有烷氧基的强亲核试剂，异丙醇铝和叔丁醇铝也是很好的催化剂和还原剂，在有机合成上都有重要的用途。

2. 酯化反应

醇与有机酸或无机含氧酸(硝酸、硫酸、磷酸等)作用失水所得的产物称为酯。

醇与有机酸、酰卤及酸酐作用生成的酯称羧酸酯：

$$RCOOH + HOR' \underset{\triangle}{\overset{浓H_2SO_4}{\rightleftharpoons}} RCOOR' + H_2O$$

该反应为可逆反应，反应过程中不断除去水，可使平衡右移以提高产率。羧酸酯是一类重要的有机化合物，将在以后的章节详细讨论。

醇与无机含氧酸形成的酯叫无机酸酯。例如：

$$\begin{matrix} CH_2OH \\ | \\ CHOH \\ | \\ CH_2OH \end{matrix} + 3HONO_2 \longrightarrow \begin{matrix} CH_2ONO_2 \\ | \\ CHONO_2 \\ | \\ CH_2ONO_2 \end{matrix} + 3H_2O$$

甘油三硝酸酯(glyceryltrinitrate，临床上称为硝酸甘油)是一种炸药。

再如：

$$CH_3OH + HOSO_2OH \rightleftharpoons CH_3OSO_2OH + H_2O$$
$$\text{硫酸氢甲酯(酸式硫酸酯)}$$

如将硫酸氢甲酯加热减压蒸馏，即得硫酸二甲酯。

硫酸和乙醇作用，也可得硫酸氢乙酯和硫酸二乙酯。硫酸二甲酯和硫酸二乙酯都是常用的烷基化试剂，因有剧毒，使用时应注意安全。高级醇的酸性硫酸酯钠盐，如 $C_{12}H_{25}OSO_2ONa$ 是一种合成洗涤剂。

又如：

$$3C_4H_9OH + \overset{HO}{\underset{HO}{\overset{|}{HO}}}\!\!\!>\!\!P\!=\!O \longrightarrow (C_4H_9O)_3PO + 3H_2O$$

磷酸三丁酯可用作萃取剂和增塑剂。

3. 生成卤代烃反应

(1)与氢卤酸反应

醇与氢卤酸作用，醇分子中 C—O 键断裂，醇羟基被卤原子取代，生成卤代烃和水。这是制备卤代烃的重要方法之一。

142

$$R\!-\!OH + HCl \rightleftharpoons R\!-\!Cl + H_2O$$

该反应是可逆的，它的逆反应就是卤代烃的水解反应。

醇与氢卤酸反应快慢与氢卤酸的类型及醇的结构有关。对于同一种醇，氢卤酸的活性次序是：HI>HBr>HCl。对于同一种氢卤酸，醇的活性次序为：苄醇或烯丙醇>叔醇>仲醇>伯醇>甲醇。

实验室中常用卢卡斯试剂（浓 HCl 和无水 $ZnCl_2$ 配成的溶液）鉴别六碳以下一元醇的类型。六碳以下的一元醇可溶于卢卡斯试剂，而生成的卤代烃不溶，出现分层或混浊。而六碳以上醇因不溶于卢卡斯试剂，无法判断反应与否。例如：

$$(CH_3)_3C\!-\!OH \xrightarrow[20℃]{ZnCl_2/HCl} (CH_3)_3C\!-\!Cl + H_2O \quad （1min 内变浑浊）$$

$$CH_3\overset{\underset{\big|}{OH}}{CH}CH_2CH_3 \xrightarrow[20℃]{ZnCl_2/HCl} CH_3\overset{\underset{\big|}{Cl}}{CH}CH_2CH_3 + H_2O \quad （10min 内变浑浊）$$

$$CH_3CH_2CH_2CH_2OH \xrightarrow[20℃]{ZnCl_2/HCl} CH_3CH_2CH_2CH_2Cl + H_2O \quad （几小时后无变化，加热变浑浊）$$

由此可见，对卢卡斯试剂来说，叔醇反应最快，仲醇次之，伯醇最慢。因此，观察反应中出现浑浊或分层的快慢就可区别伯醇、仲醇、叔醇。

醇与氢卤酸的反应是酸催化下的亲核取代反应：

①S_N1 反应机理　一般认为烯丙基型（或苄基型）醇、叔醇、仲醇是按 S_N1 反应机理进行：

$$(CH_3)_3C\!-\!OH + HX \rightleftharpoons (CH_3)_3C\!-\!\overset{+}{O}H_2 + X^-$$

$$(CH_3)_3C\!-\!\overset{+}{O}H_2 \rightleftharpoons (CH_3)_3C^+ + H_2O$$

$$(CH_3)_3C^+ + X^- \rightleftharpoons (CH_3)_3C\!-\!X$$

醇羟基上的氧原子接受一个质子形成质子化醇，使 C—O 键的极性增加，这样更容易离解生成碳正离子和水，碳正离子很快与卤离子生成卤代烃。

醇与氢卤酸若以 S_N1 机理进行反应，会有重排产物生成，特别是当 β-碳上有支链时，重排趋势增大，导致反应主产物卤代烃中的烃基与母体醇中的烃基具有不同的结构。例如：

$$CH_3\!-\!\overset{\overset{\displaystyle CH_3}{|}}{\underset{\underset{\displaystyle H}{|}}{C}}\!-\!\overset{\overset{\displaystyle H}{|}}{\underset{\underset{\displaystyle OH}{|}}{C}}\!-\!CH_3 + H^+ \rightleftharpoons CH_3\!-\!\overset{\overset{\displaystyle CH_3}{|}}{\underset{\underset{\displaystyle H}{|}}{C}}\!-\!\overset{\overset{\displaystyle H}{|}}{\underset{\underset{\displaystyle \overset{+}{O}H_2}{|}}{C}}\!-\!CH_3 \xrightarrow{-H_2O} CH_3\!-\!\overset{\overset{\displaystyle CH_3}{|}}{\underset{\underset{\displaystyle H}{|}}{C}}\!-\!\overset{\overset{\displaystyle H}{|}}{\underset{}{\overset{+}{C}}}\!-\!CH_3$$

$$\rightleftharpoons[重排] CH_3\!-\!\overset{\overset{\displaystyle CH_3}{|}}{\underset{}{\overset{+}{C}}}\!-\!\overset{\overset{\displaystyle H}{|}}{\underset{\underset{\displaystyle H}{|}}{C}}\!-\!CH_3 \xrightarrow{Cl^-} CH_3\!-\!\overset{\overset{\displaystyle CH_3}{|}}{\underset{\underset{\displaystyle Cl}{|}}{C}}\!-\!\overset{\overset{\displaystyle H}{|}}{\underset{\underset{\displaystyle H}{|}}{C}}\!-\!CH_3$$

又如：

$$CH_3-\underset{\underset{CH_3}{|}}{\overset{\overset{CH_3}{|}}{C}}-CH_2OH \xrightarrow{HBr} CH_3-\underset{\underset{Br}{|}}{\overset{\overset{CH_3}{|}}{C}}-CH_2CH_3 + CH_3-\underset{\underset{CH_3}{|}}{\overset{\overset{CH_3}{|}}{C}}-CH_2Br$$

（主要产物）

这是因为新戊醇 α-碳上叔丁基位阻较大，阻碍了亲核试剂的进攻而不利于 S_N2 反应，所以反应主要按 S_N1 历程进行。反应过程中的伯碳正离子重排为较稳定的叔碳正离子，而后与 Br^- 结合，得主要产物 2-甲基-2-溴丁烷。

$$CH_3-\underset{\underset{CH_3}{|}}{\overset{\overset{CH_3}{|}}{C}}-CH_2OH+H^+ \rightleftharpoons CH_3-\underset{\underset{CH_3}{|}}{\overset{\overset{CH_3}{|}}{C}}-CH_2\overset{+}{O}H_2 \xrightarrow{-H_2O} CH_3-\underset{\underset{CH_3}{|}}{\overset{\overset{CH_3}{|}}{C}}-\overset{+}{C}H_2 \xrightarrow{重排} CH_3-\underset{\underset{CH_3}{|}}{\overset{+}{C}}-CH_2CH_3$$

较不稳定　　　　较稳定

$$\downarrow Br^- \qquad\qquad \downarrow Br^-$$

$$CH_3-\underset{\underset{CH_3}{|}}{\overset{\overset{CH_3}{|}}{C}}-CH_2Br \qquad CH_3-\underset{\underset{Br}{|}}{\overset{\overset{CH_3}{|}}{C}}-CH_2CH_3$$

②S_N2 反应机理　多数伯醇因较难形成碳正离子，与氢卤酸的反应是按 S_N2 反应机理进行：

$$RCH_2-OH + H^+ \underset{快}{\rightleftharpoons} RCH_2-\overset{+}{O}H_2$$

$$X^- + RCH_2-\overset{+}{O}H_2 \underset{慢}{\rightleftharpoons} \left[X\cdots\overset{\overset{R}{|}}{\underset{\underset{H \quad H}{}}{C}}\cdots\overset{\delta+}{O}H_2 \right] \longrightarrow RCH_2-X + H_2O$$

（2）与 PX_3、PX_5 或 $SOCl_2$ 反应

醇也可以与 PX_3、PX_5 或 $SOCl_2$（亚硫酰氯）反应生成相应的卤烷，而不发生重排反应。

$$ROH + PX_3 \longrightarrow RX + H_3PO_3$$

$$ROH + PCl_5 \longrightarrow RCl + POCl_3 + HCl$$

$$ROH + SOCl_2 \longrightarrow RCl + SO_2\uparrow + HCl\uparrow$$

4. 脱水反应

醇与催化剂（如浓硫酸）共热可发生分子内脱水生成烯和分子间脱水生成醚。

（1）分子内脱水

$$CH_3CH_2OH \xrightarrow[170℃]{浓 H_2SO_4} CH_2=CH_2 + H_2O$$

醇在强酸作用下的脱水反应按 E1 机理进行：

$$CH_3CH_2OH + H_2SO_4 \rightleftharpoons CH_3CH_2\overset{+}{O}H_2 + HSO_4^-$$

$$CH_3CH_2\overset{+}{O}H_2 \rightleftharpoons CH_3CH_2^+ + H_2O$$

$$CH_3CH_2^+ \xrightarrow{-H^+} CH_2{=}CH_2$$

醇脱水生成烯烃的消除反应取向遵循查依采夫规律，生成稳定性较大的烯烃。例如：

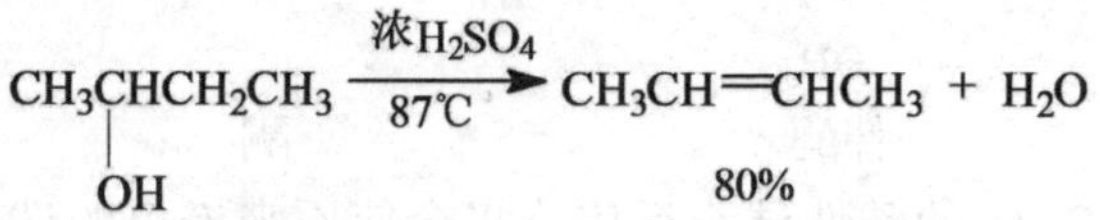

$$\underset{\underset{OH}{|}}{CH_3CHCH_2CH_3} \xrightarrow[87℃]{浓 H_2SO_4} \underset{80\%}{CH_3CH{=}CHCH_3} + H_2O$$

三种类型的醇发生消除反应的活性次序是：叔醇>仲醇>伯醇。

对于 β-C 上连有不饱和键的醇，分子内脱水时生成含稳定共轭体系的烯烃，则不遵循查依采夫规则。例如：

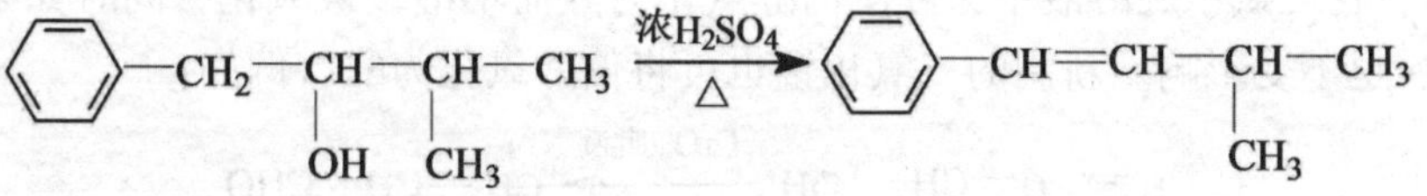

醇的消除反应一般按 E1 机理进行，故容易发生分子重排：

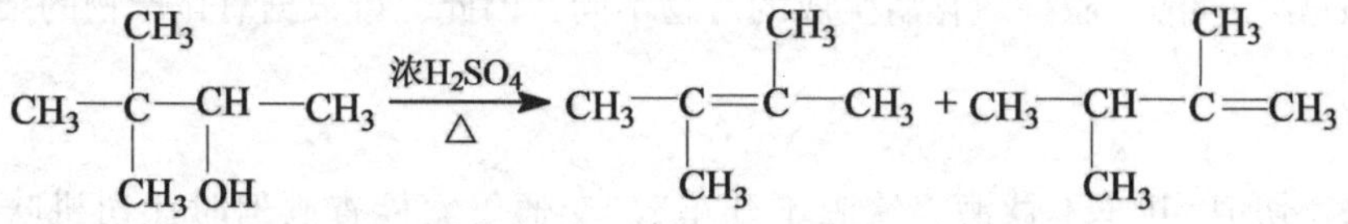

主要产物

（2）分子间脱水　醇在相对较低温度下加热，分子间脱水生成醚。如乙醇在 140℃ 左右，主要发生 α-碳的亲核取代反应，生成乙醚。

$$2CH_3CH_2OH \xrightarrow[140℃]{浓 H_2SO_4} CH_3CH_2OCH_2CH_3 + H_2O$$

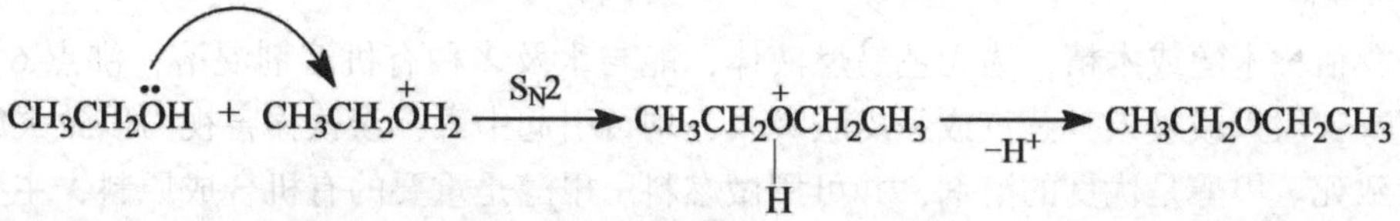

高温有利于分子内脱水生成烯烃，低温有利于分子间脱水生成醚。醇的结构对产物也有很大影响，一般叔醇不易发生分子间脱水反应，而易发生分子内脱水生成烯。

思考题 7-1　乙醇与浓硫酸在 140℃ 时反应生成乙醚，在 170℃ 反应生成乙烯。这两个反应的本质有什么不同？

5. 氧化反应

在有机反应中，将分子中增加氧原子或减少氢原子的反应称为氧化，反之为还原。

受羟基诱导效应的影响，烃基上 α-H 较活泼，易被重铬酸钾、高锰酸钾等强氧化剂氧化或在催化剂（如铜或铜铬氧化物）作用下脱氢。伯醇氧化生成醛，醛继续氧化成羧酸；仲醇氧化生成酮；叔醇无 α-H，不易被氧化。

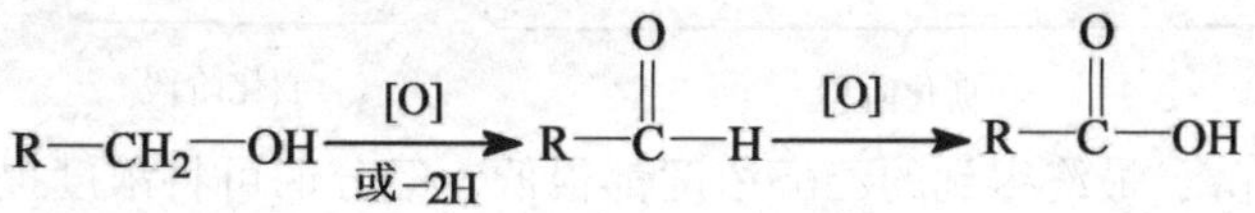

伯醇　　　　　　　　醛　　　　　　　　羧酸

$$R-\underset{\underset{OH}{|}}{CH}-R' \xrightarrow[\text{或}-2H]{[O]} R-\underset{\underset{}{\overset{O}{\parallel}}}{C}-R'$$

仲醇　　　　　　　　　酮

例如，乙醇与 $Na_2Cr_2O_7$ 的酸性试剂反应，将会使原来橙色的试剂转变为绿色。这一性质是使用呼吸分析仪检查汽车驾驶员是否酒后驾车的理论依据。

有些特殊的温和氧化剂，例如 CrO_3 与吡啶盐酸盐的络合物（pyridinium chlorochromate 简称 PCC），在二氯甲烷溶液中，可使伯醇氧化为醛而不继续被氧化，同时如果醇分子中含有 >C=C< 也不受影响。新制的二氧化锰也可将伯醇氧化为醛。例如：

$$CH_2=CH-CH_2-OH \xrightarrow[\text{或 } MnO_2]{CrO_3/\text{吡啶}} CH_2=CH-CHO$$

由于伯醇、仲醇、叔醇氧化后生成的产物不同，因此，可根据氧化产物的结构区分它们。

思考题 7-2　切记"开车不饮酒，饮酒不开车"。交通警察检查酒驾时让司机吹呼吸分析仪，使用的试剂是 $Na_2Cr_2O_7$，请问：可否用高锰酸钾代替？

7.1.5　醇的重要化合物

1. 甲醇

甲醇俗称木醇或木精，为无色易燃液体，能与水及多种有机溶剂混溶，沸点 64.7℃。甲醇有毒，服入或吸入其蒸汽或经皮肤吸收，均可引起中毒，误饮损害视力以致失明，甚至中毒致死。甲醇是优良的溶剂，并可用做燃料。甲醇是重要的有机合成原料，主要用于制备甲醛和甲基化试剂。工业上由一氧化碳及氢气在加热、加压和催化剂存在下直接合成：

$$CO + 2H_2 \xrightarrow[CuO,ZnO,Cr_2O_3]{20MPa/300℃} CH_3OH$$

2. 乙醇

乙醇俗名酒精，乙醇是酒的主要成分，是应用最广的醇，无色，易燃，具特殊气味，沸点 78.4℃，可与水及多种有机溶剂互溶。主要用作化工原料、燃料、防腐剂及医学消毒剂。工业酒精是由乙烯加水制取。食用酒精是粮食发酵法制取。

$$(C_6H_{10}O_5)n \xrightarrow{\text{淀粉酶}} C_{12}H_{22}O_{11} \xrightarrow{\text{麦芽糖酶}} C_6H_{12}O_6 \xrightarrow{\text{酒化酶}} C_2H_5OH + CO_2$$

淀粉　　　　　　麦芽糖　　　　　　葡萄糖

糖化阶段　　　　　　　　酒化阶段

发酵法制备乙醇，最终得到的乙醇浓度都很低，经分馏可将浓度提高到 95.5%（工业酒精），此时乙醇和水（4.5%）成恒沸混合物，其中所含水分用一般的分馏方法不能除去。

欲进一步提高乙醇浓度，可将工业酒精的蒸汽通过生石灰吸收塔或用干燥的阳离子交换树脂来除去水分。经这样处理，可将乙醇体积分数提高到 99.5%（无水乙醇）。再用金属镁或分子筛处理得 99.95% 无水乙醇（称绝对乙醇）。工业上常采用将苯和工业酒精一起蒸馏的方法制取无水乙醇，于 64.6℃ 蒸出苯、乙醇及水以一定比例形成的三元恒沸物，然后于 67.8℃ 蒸出苯与乙醇的二元恒沸物，最后余下的就是无水乙醇。

除用发酵法制备乙醇外，目前在工业上还可以乙烯为原料，采用催化水合法来制备乙醇。

3. 乙二醇

乙二醇是最简单也是最重要的一个二元醇，为无色有甜味的黏稠液体，故俗名甘醇，沸点 197℃，是常用的高沸点溶剂。乙二醇的熔点低，为 -16℃。乙二醇能与水混溶，含有 40% 的乙二醇水溶液，其冰点为 -25℃，60% 的水溶液冰点为 -49℃，因此可用做发动机冷却液的防冻剂，如用于冬季汽车水箱的防冻。乙二醇也是合成树脂、合成纤维的重要原料。

4. 丙三醇

丙三醇俗称甘油，为无色、无臭、有甜味的黏稠液体，相对密度 1.2613，熔点 20℃，沸点 290℃（分解）。甘油以酯的形式存在于油脂中，可由油脂制肥皂的余液中提取。甘油能与水混溶，但在乙醇中的溶解度很小。甘油具吸湿性，至含水 20% 后不再吸水，所以常用做化妆品、皮革、烟草、食品以及纺织品等的保湿剂。甘油也是有机合成的主要原料。

甘油与硝酸形成的三硝酸甘油酯俗称硝化甘油，硝化甘油受到震动或撞击，能因猛烈分解产生大量气体而引起爆炸，主要用做炸药。硝化甘油还具有扩张冠状动脉的作用，在医药上用做血管扩张剂，治疗心绞痛。

5. 肌醇

肌醇又名环己六醇，为白色晶体，有甜味，熔点为 225℃，密度为 1.752，能溶于水而不溶于无水乙醇、乙醚等有机溶剂。医药上肌醇可用于治疗肝病和胆固醇过高等症。

肌醇广泛分布于动植物界，主要存在于动物的心脏、肌肉、肝、脑等器官和未成熟的豌豆等中，是某些动物和微生物生长所必需的物质。

肌醇的六磷酸酯也叫肌醇六磷酸（phyticacid），旧称植酸或植物精。

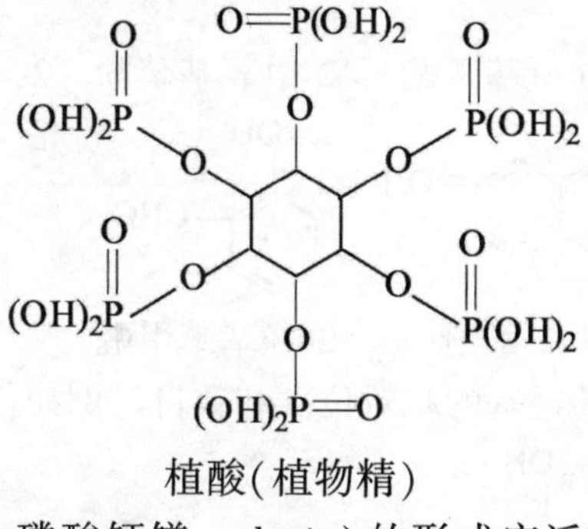

植酸（植物精）

植酸常以钙镁盐（肌醇六磷酸钙镁，phytin）的形式广泛存在于植物界。在种子、谷类、种皮和胚中含量较高，稻米的胚芽中含量高达 5%~8%。种子发芽时，它在酶的作用下水解，向幼芽提供生长所需的磷酸。

6. 苯甲醇

苯甲醇又称苄醇，是比较重要的芳香醇，为无色有微弱香味的液体，微溶于水，能与乙醇、乙醚等混溶，可被空气缓慢氧化为苯甲醛。苯甲醇主要用于香料及医药工业。许多植物精油酯成份中即含苯甲醇结构。苯甲醇有弱麻醉作用，可用作医用局部麻醉剂。

7. 三十烷醇

三十烷醇系统名称 1-三十醇，缩写符号为 TA，是一些植物蜡和动物蜡的组成成分。纯三十烷醇是白色鳞片状晶体，熔点为 87℃，不溶于水，难溶于冷乙醇和丙酮，易溶于氯仿和四氯化碳等有机溶剂。

三十烷醇能提高作物的代谢水平和光合强度，加强干物质积累和能量存储，在提高产量和改善品质上有良好作用，它的应用剂量低，对人、畜无毒，适用性广，是一种新型的植物生长调节剂，其应用范围和使用技术正在研究中。

7.2 酚

7.2.1 酚的分类和命名

1. 酚的分类

根据酚羟基所连芳环的不同，分为苯酚、萘酚、蒽酚等；根据羟基数目不同，分为一元酚、二元酚和多元酚。

2. 酚的命名

有些酚常用俗名。例如，苯酚又叫石炭酸，邻苯二酚叫儿茶酚，连苯三酚又称没食子酸等。

一般是在"酚"字之前加上芳环的名称，称为"某酚"。苯环上连有烃基、烷氧基、卤素、硝基、氨基时，以苯酚为母体，但芳环上连有羧基、磺酸基、羰基时，则应把羟基作为取代基来命名。无特殊规定，母体取代基总是为第一位。例如：

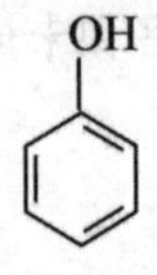

苯酚(石炭酸) 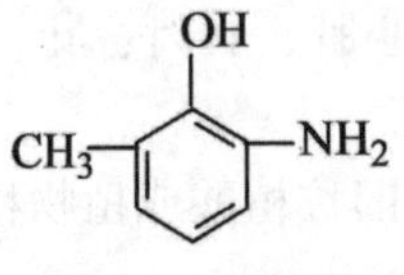　　2-甲基-6-氨基苯酚 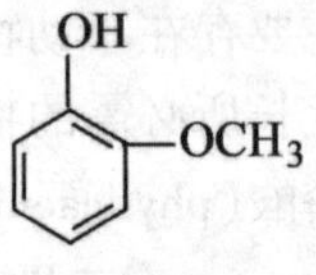　　2-甲氧基苯酚 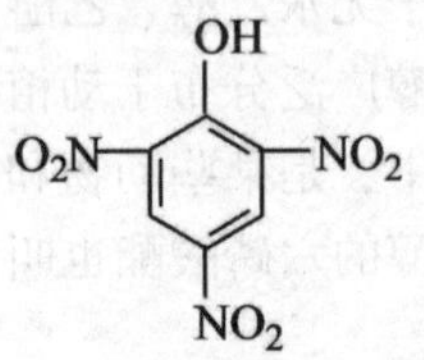　　2，4，6-三硝基苯酚(苦味酸)

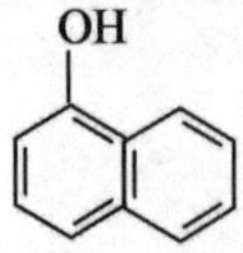

α-萘酚(1-萘酚) 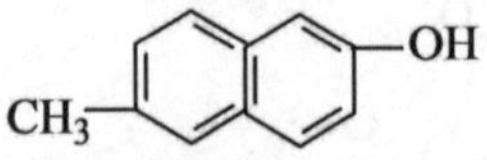　　6-甲基-2-萘酚 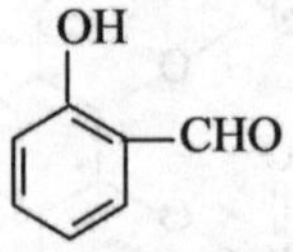　　2-羟基苯甲醛 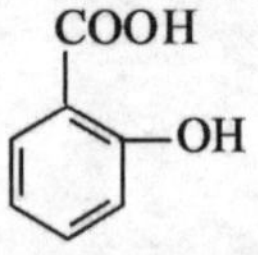　　邻羟基苯甲酸(水杨酸)

多元酚命名时，要注明酚羟基的相对位次和数目。例如：

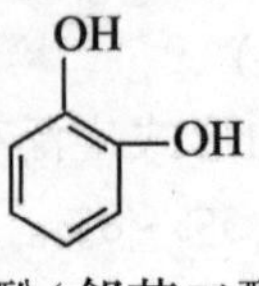

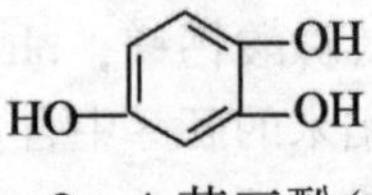

1，2-苯二酚(邻苯二酚)　　1，2，4-苯三酚(偏苯三酚)

7.2.2 酚的物理性质

除少数烷基酚是液体外，酚一般多为固体。由于酚分子间可形成氢键，所以沸点都很高。邻位有羟基或硝基等的酚，可以形成分子内氢键，使分子间难以缔合，相对于它们的间位和对位异构体，沸点要低得多。

苯酚常温下微溶于水，加热则溶解度迅速增大。酚在水中的溶解度随羟基数目的增多而增大。酚也可溶于乙醇、乙醚、苯等有机溶剂。纯净的酚是无色的，但往往由于酚容易被空气中的氧氧化而产生有色杂质，所以酚一般常带有不同程度的粉红色或褐色。常见酚的物理常数见表 7-2。

表 7-2 酚的物理常数

名称	熔点/℃	沸点/℃	溶解度 100g 水/g	pK_a
苯酚	43.0	181.7	8.2	9.89
邻甲苯酚	30.9	191.0	2.5	10.20
间甲苯酚	11.5	202.2	2.6	10.8
对甲苯酚	34.8	201.9	2.3	10.14
邻氯苯酚	9.0	173.0	2.8	8.48
间氯苯酚	33.0	214.0	2.6	9.02
对氯苯酚	43.0	220.0	2.6	9.38
邻硝基苯酚	45.0	216.0	0.2	7.22
间硝基苯酚	96.0	194(9.3×10³Pa)	2.2	8.39
对硝基苯酚	114.0	279.0(分解)	1.3	7.15
2,4-二硝基苯酚	113	分解	0.6	4.09
2,4,6-三硝基苯酚	122	分解（300 ℃爆炸）	1.4	0.38
α-萘酚	94	279	难	9.31
β-萘酚	123	286	0.07	9.55
邻苯二酚	105	245	45.1	9.48
间苯二酚	111	281	123	9.44
对苯二酚	173	286	8	9.96

7.2.3 酚的化学性质

酚和醇虽含有相同的官能团—羟基，但酚羟基氧原子采取 sp2 杂化，含有孤电子对的 p 轨道与苯环 π 键形成 p-π 共轭体系，如图 7-4 所示。使羟基和苯环有较大的影响，在性质上有较大差异，一方面由于共轭体系的存在，使得与羟基相连的碳电子云密度增高，不利于亲核试剂的进攻，难于进行亲核取代反应，同时氧原子上电子云密度降低，氧氢键极性增大，酚具有比醇较大的酸性；另一方面，由于羟基的影响，苯环上电子云密度增加，环上的亲电取代反应容易进行。

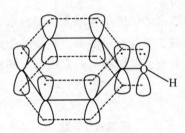

图 7-4 苯酚中 p-π 共轭示意图

1. 酚的酸性

大多数酚的 pK_a 都在 10 左右，酸性不但比醇强，而且比水还强，但比碳酸弱。能与强碱水溶液作用生成盐。

酚能溶于 5% 氢氧化钠溶液，生成可溶于水的酚钠。若向酚钠溶液中通入二氧化碳，则苯酚又游离出来。

$$\text{C}_6\text{H}_5\text{—OH} + \text{NaOH} \longrightarrow \text{C}_6\text{H}_5\text{—ONa} + \text{H}_2\text{O}$$

$$\text{C}_6\text{H}_5\text{—OH} + \text{Na}_2\text{CO}_3 \longrightarrow \text{C}_6\text{H}_5\text{—ONa} + \text{NaHCO}_3$$

$$\text{C}_6\text{H}_5\text{—ONa} + \text{CO}_2 \xrightarrow{\text{H}_2\text{O}} \text{C}_6\text{H}_5\text{—OH} + \text{NaHCO}_3$$

利用酚的这种能溶于强碱，在酸作用下它又从溶液中游离出来的性质，可以鉴别苯酚，还可用于工业上回收和处理含酚废水。

酚中苯环上连有其他取代基时，其酸性将发生改变。当芳环上连有吸电子基时，苯环上的电子云密度减少，酚解离后形成的负电荷可得到有效分散而稳定，酸性增强；而给电子基增加了芳环上的电子云密度，使酚解离后形成的负电荷不能得到有效分散，酚盐负离子不稳定，氢不易解离，酸性减弱。例如，下列化合物酸性强弱顺序为：

pK_a	0.38	3.96	7.15	9.89	10.20

2. 与三氯化铁显色反应

酚以及具有烯醇式结构的化合物，大多数与三氯化铁溶液发生显色反应，生成具有颜色的物质。不同的酚所产生的颜色不同，如表 7-3 所示，利用此性质可以检验酚或烯醇式结构的存在。例如：

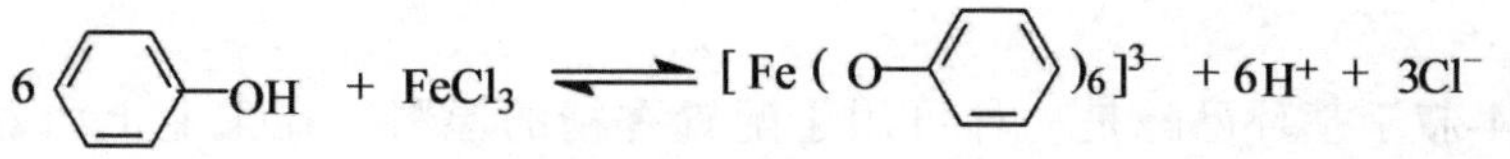

$$6 \bigcirc\text{—OH} + FeCl_3 \rightleftharpoons [Fe(O—\bigcirc)_6]^{3-} + 6H^+ + 3Cl^-$$

表 7-3　　　　　　　　　　　　　　酚和三氯化铁显色

化合物	生成的颜色	化合物	生成的颜色
苯酚	紫	间苯二酚	紫
邻甲苯酚	蓝	对苯二酚	暗绿色结晶
间甲苯酚	蓝	1，2，3-苯三酚	淡棕红
对甲苯酚	蓝	1，3，5-苯三酚	紫色沉淀
邻苯二酚	绿	α-萘酚	紫色沉淀

3. 氧化反应

酚很容易被氧化，甚至空气中的氧就能将其氧化，颜色随氧化过程的进行而逐渐加深。这便是含酚类物质(如去皮的水果等)放置变色的原因。

苯酚用重铬酸钾和硫酸氧化，生成对苯醌。

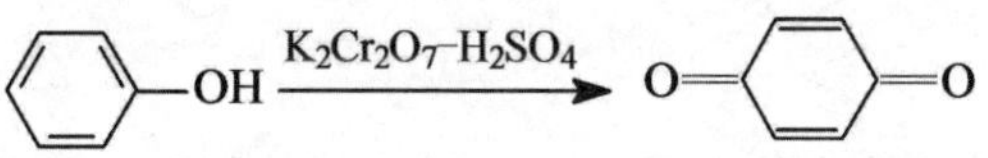

对苯醌(黄色)

多元酚更易被氧化，在较弱的氧化剂作用下即可被氧化成醌类。

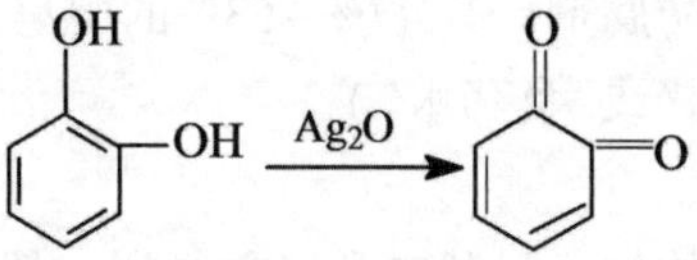

邻苯醌

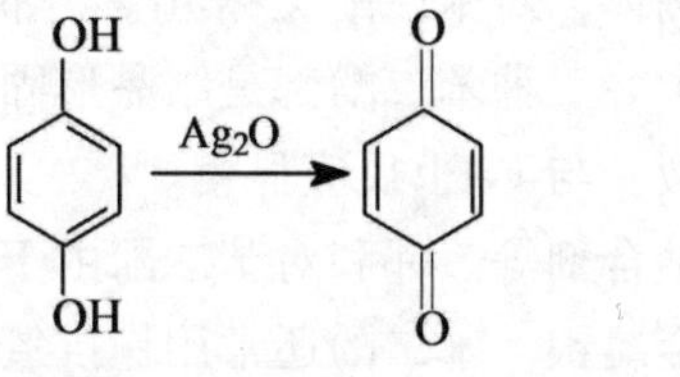

对苯醌

4. 芳环上的亲电取代反应

酚羟基是一个邻、对位定位基，能活化苯环，使苯环上的电子云密度增加。因此苯酚不仅能发生一般芳环上的亲电取代反应，如卤化、硝化、磺化等，而且比苯更容易进行。例如：

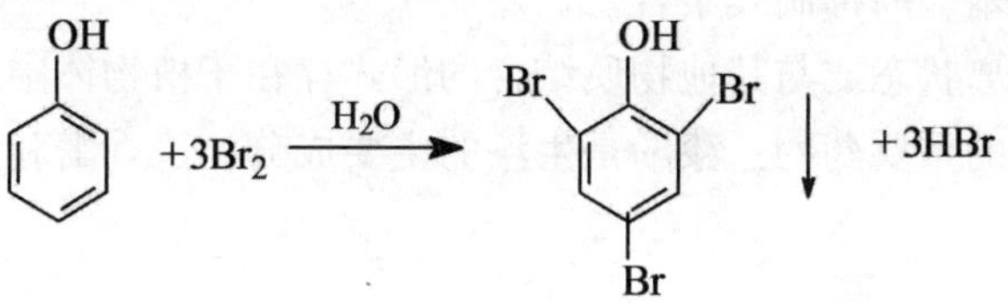

2，4，6-三溴苯酚(白色)

151

此反应非常灵敏，即使很稀的苯酚溶液（10mg·L⁻¹），也能与溴水产生明显的浑浊现象，因此，此反应常用于苯酚的定性和定量分析。

思考题 7-3 4-叔丁基环己醇是一种可用于配置香精的原料，在工业上由对叔丁基苯酚氢化制得，如果这样得到的产品含少量未被氢化的对叔丁基苯酚，请问：怎样将产品提纯？

7.2.4 酚的重要化合物

1. 苯酚

苯酚最初从煤焦油中分馏得到，因其具有酸性，俗称石炭酸，纯净的苯酚是无色针状结晶体，熔点 43℃，有特殊气味，室温时微溶于水，高于 65℃ 时可与水混溶。

苯酚能凝固蛋白质，对皮肤有腐蚀作用，并有杀菌能力。过去常用做消毒剂和防腐剂。工业上，苯酚主要用做合成酚醛树脂、染料、炸药、农药等的原料。例如，苯酚催化加氢即生成环己醇，可用来生产尼龙-66。

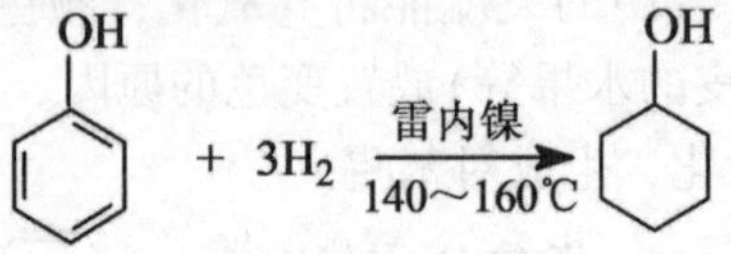

2. 甲苯酚

甲苯酚也是煤焦油的分馏产物，具有和苯酚相似的气味。甲苯酚有邻、间、对三种异构体，这三种异构体的沸点很接近，难以分离。所以，一般使用它们的混合物。甲苯酚的杀菌能力比苯酚强，可用作木材的防腐剂，其 47%~53% 的肥皂水溶液就是过去医药常用的消毒药水"煤酚皂"（俗称"来苏儿"或"臭药水"）。

3. 苯二酚

苯二酚也有邻、间、对三种异构体，对苯二酚又称氢醌，邻苯二酚俗名儿茶酚或焦儿茶酚，它们的衍生物多存在于植物中。三种苯二酚都是结晶形固体，能溶于水、乙醇、乙醚中，都有还原性，可还原银氨溶液，与 $FeCl_3$ 反应显色。

间苯二酚用于合成染料、树脂粘合剂等。邻和对苯二酚由于还原性很强，常用作显影剂，将经曝光活化的溴化银还原为金属银。苯二酚还常用作抗氧化剂或阻聚剂。如甲苯酚易自动氧化，可与氧生成过氧酸，加入千分之一的对苯二酚就可抑制其自动氧化；苯乙烯室温下避光保存仍会慢慢聚合，在见光或较高温度下，聚合的速度大大加快，因此，在储藏苯乙烯时，常加入苯二酚抑制其聚合。

邻苯二酚常以游离状态或与其他物质结合的形式存在于植物体中。其衍生物肾上腺素是止血和治疗气喘病的重要药物；漆酚是生漆的主要成分；丁香酚和愈疮木酚都是重要的香料。

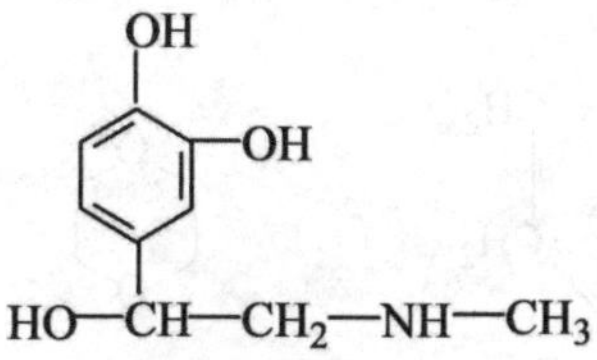

肾上腺素 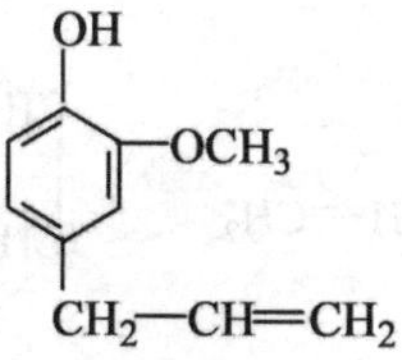　　　　　　　丁香酚 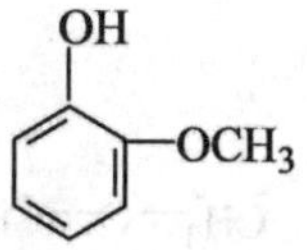　　　　　　愈疮木酚 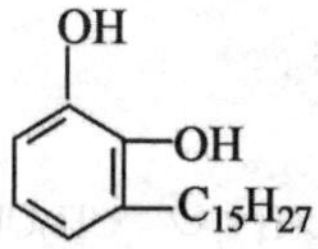　　　　　漆酚

4. 萘酚

萘酚有 α 及 β 两种异构体。

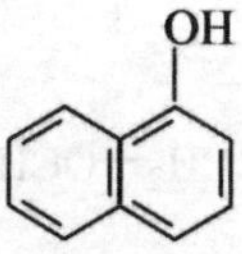

α-萘酚(1-萘酚) 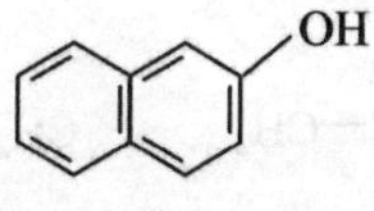　　　　　β-萘酚(2-萘酚)

二者都是能升华的晶体。α-萘酚与三氯化铁水溶液生成紫色沉淀。β-萘酚与三氯化铁则显绿色。它们都很容易发生亲电取代反应，是合成染料的重要原料。

两种萘酚都少量存在于煤焦油中，一般由相应的萘磺酸盐经碱熔酸化制取：

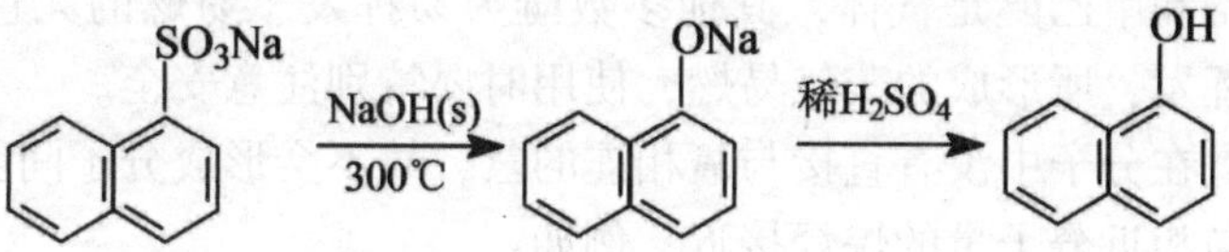

7.3 醚

在醚分子中氧原子与两个烃基相连，其结构通式为 R—O—R′，其官能团是—O—，称为醚键。

7.3.1 醚的分类和命名

1. 醚的分类

根据醚键所连烃基可分为脂肪醚和芳香醚；根据醚分子中两个烃基是否相同，可分为简单醚(单醚)和混合醚(混醚)；还有一种特殊醚——环醚。例如：

简单醚　　$CH_3CH_2—O—CH_2CH_3$

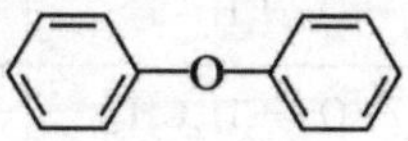

混合醚　　$CH_3—O—CH_2CH_3$　　　　$CH_3CH_2—O—CH=CH_2$

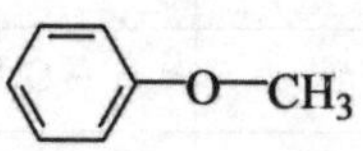

环醚

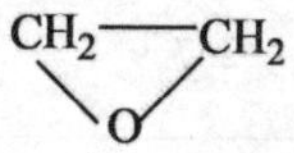

2. 醚的命名

较为简单的醚命名时可用普通命名法。即在烃基名称后加上"醚"字，烃基的"基"字可省略。命名脂肪简单醚时，表示数目的"二"可省略，但芳香简单醚不可；命名混合醚时，按"先小后大，先芳后脂"原则写出烃基名称。环醚则称为环氧某烃或按杂环来命名。

例如：

$$CH_3—O—CH_2CH_3 \quad CH_3—O—CH_2CH=CH_2$$

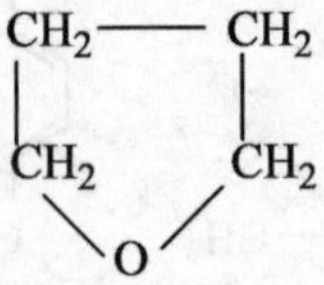

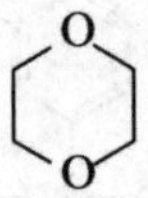

    甲乙醚   甲基烯丙基醚   四氢呋喃（环氧丁烷） 1，4-二氧六环

结构复杂的醚通常采用系统命名法。以较大烃基为母体，如果为不饱和醚，则选择不饱和程度较大的烃基为母体，将碳原子数较小的烃基与氧原子连在一起的基团称为烷氧基（RO—）。例如：

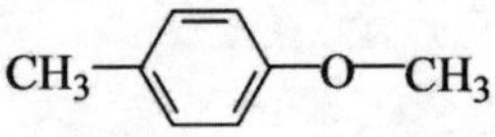

2-甲基-5-甲氧基己烷   1，2-二甲氧基乙烷   4-甲氧基甲苯

7.3.2 醚的物理性质

常温下，甲醚和甲乙醚是气体，其他多数醚为易挥发、易燃的无色液体，有特殊气味。低级醚很易挥发，所形成的蒸气易燃，使用时要特别注意安全。

醚与醇不同，在分子中没有直接与氧相连的氢，故不会形成分子间氢键，沸点比同分异构的醇低，而与相近分子量的烷烃接近。例如：

	乙醚	正戊烷	正丁醇
摩尔质量/g·mol^{-1}	74.0	72.0	74.0
沸点/℃	34.5	36.1	117.2

醚不是线型分子，因为醚中的氧原子为 sp^3 杂化状态，所以醚分子有极性，而且醚分子中含有电负性较强的氧，所以可与水或醇等形成氢键，一般高级醚难溶于水，低级醚在水中溶解度与相对分子质量接近的醇相近。常见醚的物理常数见表7-4。

表 7-4   醚的物理常数

名称	构造式	熔点/℃	沸点/℃	相对密度 d_4^{20}
甲 醚	$CH_3—O—CH_3$	−138.5	−24.9	0.661
乙 醚	$CH_3CH_2—O—CH_2CH_3$	−116.0	34.5	0.714
正丁醚	$n-C_4H_9—O—C_4H_9-n$	−95.3	142.0	0.769
二苯醚	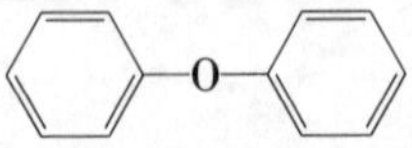	28.0	257.9	1.075
苯甲醚	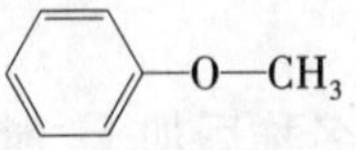	−37.3	155.5	0.994
环氧乙烷	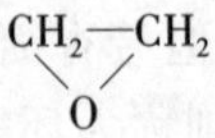	−111.0	14.0	0.882

续表

名称	构造式	熔点/℃	沸点/℃	相对密度 d_4^{20}
四氢呋喃		−108.0	67.0	0.889
1，4-二氧六环		11.8	101.0	1.034

7.3.3 醚的化学性质

除某些环醚外，醚的化学性质相对稳定，其稳定性仅次于烷烃。在常温下，醚与强碱、氧化剂、还原剂或活泼金属等都不发生反应。但在一定条件下可与浓强酸发生反应，反应与醚氧原子上的孤电子对有关。

1. 锌盐的形成

由于氧原子上带有孤电子对，醚可视为一种 Lewis 碱，能与强酸(如 H_2SO_4、HCl 等)中的 H^+ 结合，形成类似盐类结构的化合物——锌盐(oxonium salt)。例如：

$$R—\overset{..}{\underset{..}{O}}—R + HCl \longrightarrow [R—\overset{H}{\overset{|}{\underset{..}{O}}}—R]^+Cl^-$$

锌盐是一种弱碱强酸盐，仅在浓酸中能稳定存在，遇水很快分解为原来的醚。利用此性质可以将醚从烷烃或卤代烃中分离出来，从而达到纯化的目的。

$$[R—\overset{H}{\overset{|}{\underset{..}{O}}}—R]^+Cl^- \xrightarrow{H_2O} R—\overset{..}{\underset{..}{O}}—R + H_3O^+ + Cl^-$$

此外，醚与 BF_3 和 $AlCl_3$ 等 Lewis 酸也能生成锌盐。三氟化硼是气体，它能催化某些反应。市售三氟化硼为三氟化硼·乙醚配合物的溶液，在使用和运输时较为方便。

2. 醚键的断裂

醚键很稳定，但与氢卤酸一起加热时会发生断裂，生成醇和卤代烷。常用 HI(或用 KI/H_3PO_4)断裂醚键。

$$R—O—R' + HI \longrightarrow R—I + R'—OH$$

烷基混合醚一般是烷基较小一侧 C—O 键断裂，且生成的醇可以和过量的 HI 作用生成碘代烷。例如：

$$CH_3CH_2OCH_3 \xrightarrow{HI} CH_3CH_2OH + CH_3I$$
$$\downarrow HI$$
$$CH_3CH_2I + H_2O$$

由于 p-π 共轭作用，Ar—O 键不易断裂，烷基芳香基混合醚中醚键总是优先在脂肪烃基的一侧断裂，生成苯酚和卤代烃；二芳醚 Ar—O—Ar 的醚键较稳定，不能被酸断裂。

$$\text{C}_6\text{H}_5—O—CH_3 \xrightarrow{HI} \text{C}_6\text{H}_5—OH + CH_3I$$

环醚与氢卤酸作用，醚键断裂生成卤代醇，可进一步卤化生成二卤代烃。例如：

$$\text{（环醚结构）} \xrightarrow{\text{HBr}} HOCH_2CH_2CH_2CH_2Br \xrightarrow{\text{HBr}} BrCH_2CH_2CH_2CH_2Br$$

3. 过氧化物的生成

许多烷基醚与空气接触或经光照后，α-碳原子上的 H 会慢慢被氧化，生成不易挥发的过氧化物（peroxide）。例如：

$$CH_3CH_2-O-CH_2CH_3 \xrightarrow{O_2} CH_3CH_2-O-\underset{\underset{H}{\overset{|}{O}-O}}{\overset{|}{C}}HCH_3$$

乙醚   过氧化乙醚

醚的过氧化物不稳定，又不易蒸发，受热或受震时容易分解发生强烈爆炸。因此醚类化合物应尽量避免暴露于空气中，应在深色玻璃瓶中密封保存于阴凉处。并且在蒸馏醚时应避免蒸干，以防发生爆炸事故。在蒸馏醚之前，一定要检验是否含有过氧化物。

有两种常用检验过氧化物的方法：

（1）KI-淀粉试纸 如醚中有过氧化物存在，KI 会被氧化为 I_2 而使淀粉试纸变蓝。

$$过氧化物 + I^- \longrightarrow I_2（淀粉）\longrightarrow 蓝色$$

（2）$FeSO_4$/KSCN 溶液 如醚中有过氧化物存在，Fe^{2+} 会被氧化为 Fe^{3+}，Fe^{3+} 与 SCN^- 作用生成血红色配合物。

$$过氧化物 + Fe^{2+}/SCN^- \longrightarrow [Fe^{3+}(SCN)_n]^{3-n}$$

除去醚中过氧化物的方法是加入适量的亚硫酸钠（Na_2SO_3）或硫酸亚铁（$FeSO_4$）的溶液一起振摇，使过氧化物分解。市售无水乙醚中加有 $0.05\mu g \cdot g^{-1}$ 二乙基氨基硫代甲酸钠作抗氧剂。为了防止过氧化物的形成，醚类化合物除用深色瓶贮藏，置放于暗冷处外，应在醚中加入少许金属钠或铁屑。

思考题 7-4 对下列反应做出合理解释。

（1）$(CH_3CH_2)_2CHOCH_3$ + HI（过量）$\longrightarrow$ $(CH_3CH_2)_2CHI$ + CH_3I

（2）$\text{（苯环）}-O-CH_2CH_3$ + HI（过量）$\longrightarrow$ $\text{（苯环）}-OH$ + CH_2CH_3I

7.3.4 醚的重要化合物

1. 乙醚

乙醚为无色液体，比水轻，100g 水中可溶解 8g，易燃，乙醚的蒸气与空气混合达一定比例时，遇火即发生爆炸爆炸，极限为 $1.85\% \sim 36.5\%$（体积），操作时必须注意安全。乙醚的极性小，较稳定。乙醚最重要的用途是用做溶剂和萃取剂。另外，乙醚是一种全身麻醉剂。

普通实验用的乙醚常会有微量水和乙醇，在有机合成中所用的是无水乙醚，须由普通乙醚用氯化钙处理后，再用金属钠丝处理以除去所含微量的水和醇。

2. 除草醚

除草醚的化学名称是 4′-硝基-2，4-二氯二苯醚。其构造式如下：

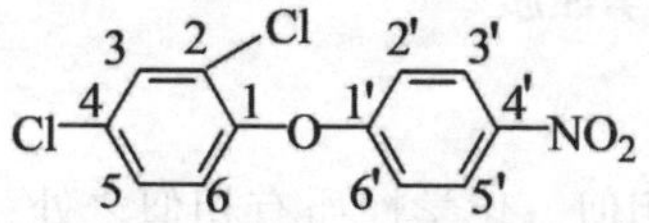

除草醚为浅黄色晶体，熔点为 70~71℃，难溶于水而易溶于酒精等有机溶剂。在空气中稳定，对金属无腐蚀，对人、畜安全，对刚萌芽的稗草、鸭舌草、牛毛草等有触杀作用，是一种常用的除草剂。

7.4 硫醇、硫酚和硫醚

醇、酚及醚分子中的氧原子被硫原子替代后分别得到硫醇、硫酚和硫醚。

7.4.1 硫醇、硫酚和硫醚的命名

硫醇和硫酚的官能团是—SH(巯基，mercapto)。硫醇和硫酚可看作烃分子中的氢原子被巯基取代后的衍生物。它们的命名与醇、酚类似，在相应的含氧化合物的类名前加上硫字。结构复杂时，可将巯基当作取代基来命名。例如：

$$CH_3SH \qquad CH_3CH_2SH \qquad HSCH_2CH_2OH$$

甲硫醇(methanethiol)　　乙硫醇(ethanedithiol)　　2-巯基乙醇(2-mercaptoethanol)

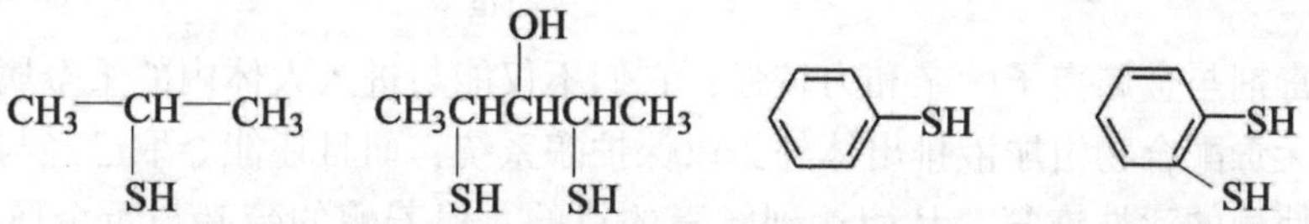

异丙硫醇　　　2，4-二巯基-3-戊醇　　苯硫酚　　　邻苯二硫酚

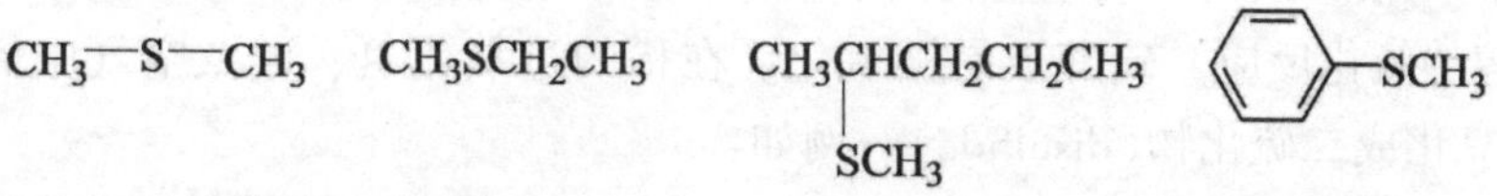

（二)甲硫醚　　　甲乙硫醚　　　2-甲硫基戊烷　　　苯甲硫醚

7.4.2 硫醇、硫酚和硫醚的物理性质

硫醇大多易挥发且具有特殊臭味，低级硫醇有毒，有极其难闻的臭味。乙硫醇在空气中的浓度为 $5×10^{-10}g \cdot L^{-1}$ 即能为人所感觉。工业上常把低级硫醇作为臭味剂使用，如燃气中加入少量叔丁硫醇，一旦泄漏，就可起自动报警的作用。随着硫醇的分子质量增大，臭味逐渐变弱。

因硫原子电负性比氧小，硫醇与水分子间形成氢键以及硫醇分子间形成氢键的能力都比醇弱，故较难溶于水；其沸点较同碳原子数的醇低。如甲硫醇的沸点为 6℃，而甲醇的沸点为 64.7℃；硫酚的沸点为 168℃，苯酚的沸点为 182℃。巯基不能与水形成氢键，故水溶性很弱，乙醇能与水混溶，而乙硫醇在 100g 水中仅能溶解 1.5g。

硫醚为无色有臭味液体。沸点比相应的醚高，如甲醚的沸点为-24.9℃，甲硫醚的沸点为 37.6℃。硫醚不能与水形成氢键，不溶于水，可溶于醇和醚中。

7.4.3　硫醇、硫酚和硫醚的化学性质

1. 硫醇和硫酚的化学性质

硫醇和硫酚与醇和酚结构相似，化学性质有相似之处，但也有差别。

(1) 酸性　硫醇、硫酚的酸性比相应的醇、酚要强得多。例如，乙硫醇的 pK_a 为 10.5，难溶于水，易溶于稀的氢氧化钠水溶液，生成乙硫醇钠；而乙醇($pK_a = 18$)不能与碱溶液反应。硫醇与碱反应生成的化合物称为硫醇盐。

$$CH_3CH_2SH \xrightarrow{\text{NaOH}} CH_3CH_2SNa$$

(2) 硫醇与重金属离子作用　硫醇还可与汞、铜、银、铅等重金属离子形成不溶于水的硫醇盐。例如：

$$CH_3CH_2SH \xrightarrow{\text{HgO}} (CH_3CH_2S)_2Hg$$

$$CH_3CH_2SH \xrightarrow{\text{Pb(OCOCH}_3)_2} Pb(CH_3CH_2S)_2$$

这一反应可用来鉴定硫醇的存在。硫醇亦因此可作为重金属离子或氧化物中毒的解毒剂。例如，可用 2，3-二巯基-1-丙醇与汞离子生成稳定的环硫化合物，从而解除汞中毒。

这些解毒剂与金属离子的亲和力较强，它们不仅能与进入人体内的重金属离子结合成不易解离的无毒配合物由尿液排出体外，以保护酶系统，而且还能夺取已经与酶结合的重金属离子，使酶的活性恢复，从而达到解毒的目的。但若酶的巯基与重金属离子结合过久，酶已失活则很难恢复，故重金属离子中毒须及早用药抢救。

(3) 硫醇的氧化反应　硫醇极易被氧化。在稀的过氧化氢、碘及空气中氧的作用下，硫醇就能被氧化成二硫化物(disulfide)。例如：

$$CH_3CH_2CH_2SH+H_2O_2 \longrightarrow CH_3CH_2CH_2S—SCH_2CH_2CH_3+2H_2O$$

1-丙硫醇(1-propanethiol)　　二丙基二硫化物(dipropyl disulfide)

此反应可以定量地进行，因此可用于测定巯基化合物的含量。

二硫化物(bisulfide)分子中的"—S—S—"化学键称为二硫键(disulfidebond)。二硫化物与过氧化物结构类似，但更稳定。二硫化物在一定的条件下又可被还原为原来的硫醇。这是一个可逆反应。例如：

$$2R—SH \underset{\text{Zn,H}^+}{\overset{\text{Br}_2}{\rightleftharpoons}} R—S—S—R$$

硫醇　　　　　二硫化合物

硫醇与二硫化物之间的转换，在生物化学上是非常重要的，大多数多肽和蛋白质含有能形成二硫键桥的游离巯基—SH，它们都是以形成二硫键将肽链连接起来，这样有助于

稳定蛋白质的三维结构。

硫酚也可进行上述氧化反应。

(4)酯化反应　与醇相似，硫醇也可与羧酸发生酯化反应：

$$R\text{—}SH + R'COOH \rightleftharpoons R'COSR + H_2O$$

(5)亲核取代反应　硫醇的酸性比醇强，故其共轭碱 RS^- 的碱性比 RO^- 弱，但在亲核取代和亲核加成反应中，RS^- 的亲核性要比 RO^- 强得多。这是由于硫的价电子离核较远，受核的束缚力小，其极化度较大；同时硫原子周围空间大，空间阻碍小，导致 RS^- 的给电子性增强，即亲核性增强。

$$CH_3CH_2SH + (CH_3)_2CHCH_2\text{—}Br \xrightarrow[\text{NaOH}]{H_2O} (CH_3)_2CHCH_2\text{—}S\text{—}CH_2CH_3$$

2. 硫醚的化学性质

(1)氧化反应　硫醚也较容易被化学试剂氧化。例如，在室温条件下，二甲基硫醚就能被过氧化氢氧化生成二甲基亚砜。

$$CH_3\text{—}S\text{—}CH_3 \xrightarrow{H_2O_2} CH_3\overset{\overset{O}{\|}}{\underset{}{S}}CH_3$$

二甲基硫醚　　　　　　　二甲基亚砜

在医学和药学等领域中，二甲基亚砜是一种不可缺少的化学试剂。

(2)分解反应　硫醚可发生分解反应和热解反应，工业上应用此反应来脱硫。

$$CH_3CH_2\text{—}S\text{—}CH_2CH_3 \xrightarrow[\text{200~300℃}]{H_2, \text{钼酸钴}} CH_3CH_3 + H_2S$$

$$\xrightarrow{\text{400℃}} CH_2\text{=}CH_2 + H_2S$$

◎ 知识拓展

双酚 A 在合成树脂上的应用

双酚 A(bisphenol A，缩写为 BPA)是一种重要的高分子聚合单体，其化学名称为 2, 2-(4, 4′-二羟基二苯基)丙烷(简称双酚 A 或二酚基丙烷)，它可由两分子苯酚与丙酮缩合而成：

$$HO\text{—}\langle\rangle + CH_3\overset{\overset{O}{\|}}{C}CH_3 + \langle\rangle\text{—}OH \xrightarrow[\text{40℃}]{H_2SO_4} HO\text{—}\langle\rangle\overset{\overset{CH_3}{|}}{\underset{\underset{CH_3}{|}}{C}}\langle\rangle\text{—}OH$$

双酚 A 特殊的结构决定了其稳定的性质，稳定的性质决定了其广泛的用途。双酚 A 是重要的有机化工原料，主要用于生产聚碳酸酯、环氧树脂、聚砜树脂、聚苯醚树脂、不饱和聚酯树脂等多种高分子材料。也可用于生产增塑剂、阻燃剂、抗氧剂、热稳定剂、橡胶防老剂、农药、涂料等精细化工产品，应用于各个行业。

凡是含有两个酚羟基的化合物都能与环氧氯丙烷进行一系列缩聚反应，生成一类在分子中至少含有两个以上环氧基的高分子热固性树脂，这类树脂统称为环氧树脂。例如，双酚 A 与环氧氯丙烷合成环氧树脂的过程可表示如下：

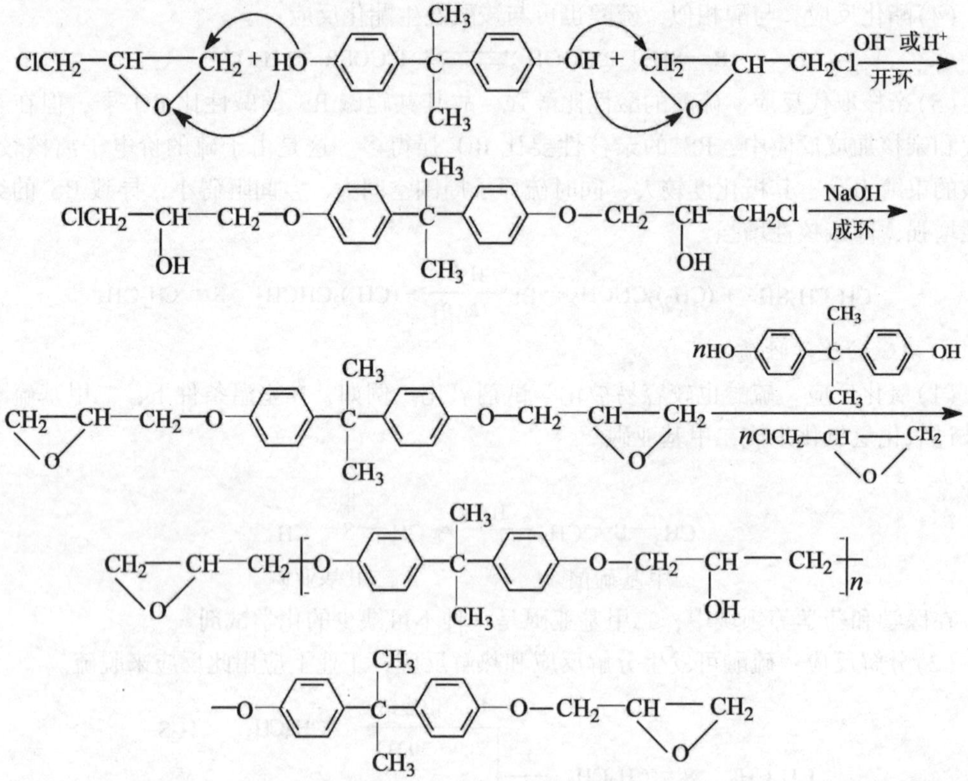

式中 n(即聚合度) 为 5~12。相对分子质量大小，视用途需要可调节双酚 A 与环氧氯丙烷的摩尔比来控制。线型的环氧树脂再加固化剂，就可生成体型网状结构。常用的固化剂有胺类或羧酸酐类(例如二乙烯三胺、间苯二胺、顺丁烯二酸酐、邻苯二甲酸酐等)。固化剂的作用是使环氧树脂链端两个活泼的环氧基的环氧环打开，这样就可使线型分子交联而形成体型结构。环氧树脂具有极强的粘结性，能极牢固地粘合各种材料，如金属、陶瓷、玻璃、木材等，俗称"万能胶"。由于环氧树脂结构中有羟基、醚键和环氧基，因而具有很高的粘结力，固化时没有气泡产生，固化后收缩性小，机械强度高，电绝缘性能好，耐酸、耐碱、耐盐，加入玻璃纤维为填料制成的层压制品比酚醛、不饱和聚酯的相应层压材料的强度要高，接近于钢材的强度，故又称为"玻璃钢"。

双酚 A 在生活中应用广泛，成为人们经常能接触到的物质。从矿泉水瓶、医疗器械及罐头食品和饮料食品包装的内里到塑料奶瓶、防溢水杯、微型刀具以及牙齿填充物所用的密封胶、眼镜片和其他数百种日用品，都有应用。此外，生产无碳复写纸和感热纸时，双酚 A 可以作为显色剂以实现复写或对热源产生反应，前者被广泛应用在收银小票上。另外，双酚 A 也是输水管道的内层涂料。双酚 A 一直是大多数坚硬、透明的聚碳酸酯材料的主要化学成分。

双酚 A 和光气的聚合产物是聚碳酸酯(PC)，实际上这是酚羟基与光气发生酯化反应的产物。聚碳酸酯的用途很广，如可以用于制造太阳镜、餐具等。

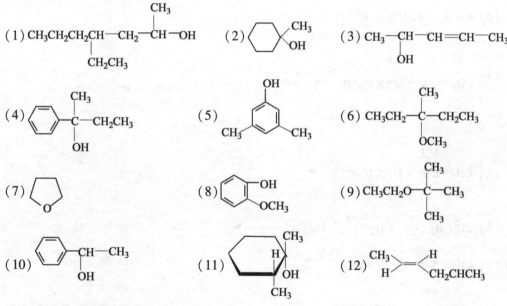

聚碳酸酯（PC）

◎ **课后思考题**

　　1. 近年来，绿色环保理念越来越被大众所推崇，一些有副作用的防腐剂、抗氧化剂相继被淘汰，开发利用绿色环保型产品成为了热点和风向。譬如，从植物中提取的茶多酚、芝麻酚等天然抗氧化剂已被用于食品行业。此外，枸杞、西红柿、葡萄、花椰菜、大蒜、绿茶等植物中均含有天然抗氧化剂。请查阅资料后说出 2~3 种天然抗氧化剂及其使用方向。

　　2. 安全无小事，实验室安全要时刻谨记心间。乙醚的化学性质相对稳定，在工业上和实验室中常用作溶剂和萃取剂。但是乙醚长期暴露在空气中，α-碳上的 H 可被氧化生成过氧化物，过氧化物是不稳定的物质受热容易分解而发生爆炸。请从安全角度提出使用醚的注意事项及除去醚中过氧化物的方法。

◎ **习　题**

1. 命名下列各化合物。

（1）$CH_3CH_2CH_2CH-CH_2-CH-OH$
　　　　　　　　|　　　　　|
　　　　　　CH_2CH_3　　CH_3

（2）环己烷 $\begin{matrix}CH_3\\OH\end{matrix}$

（3）$CH_3-CH-CH=CH-CH_3$
　　　　　　|
　　　　　OH

（4）$C_6H_5-\overset{CH_3}{\underset{OH}{C}}-CH_2CH_3$

（5）$\begin{matrix}OH\\CH_3\quad CH_3\end{matrix}$

（6）$CH_3CH_2-\overset{CH_3}{\underset{OCH_3}{C}}-CH_2CH_3$

（7）四氢呋喃

（8）$\begin{matrix}OH\\OCH_3\end{matrix}$

（9）$CH_3CH_2O-\overset{CH_3}{\underset{CH_3}{C}}-CH_3$

（10）$C_6H_5-\underset{OH}{CH}-CH_3$

（11）

（12）$\begin{matrix}CH_3\\H\end{matrix}C=C\begin{matrix}H\\CH_2CHCH_3\end{matrix}$

2. 写出下列各化合物的结构式。

　　（1）4-戊烯-2-醇　　　　（2）新戊醇　　　　（3）E-2-丁烯-1-醇
　　（4）三硝酸甘油酯　　　（5）苦味酸　　　　（6）1，2-环氧丁烷

3. 选择填空。

(1)下列化合物沸点由高至低正确排序为：________。

①正丁醇　②2-甲基-1-丙醇　③乙醚　④乙二醇

(2)化合物 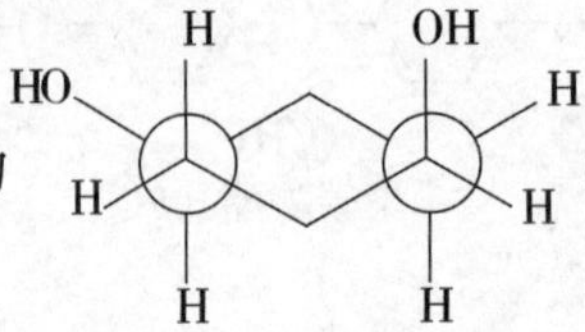 的系统命名(标明构型)是：________。

(3)分子式为 $C_5H_{10}O$ 的化合物不可能是：________。

A. 饱和环醚　B. 饱和脂肪醛　C. 饱和脂环醇　D. 不饱和环醚

(4)下列化合物可溶于水的：________。

A. 乙醇　B. 丙烷　C. 氯乙烷　D. 丙酸

E. 十八酸　F. 甲乙醚

(5)可用卢卡斯试剂鉴别化合物，其中最先出现浑浊的是________。

A. 1-丁醇　B. 2-丁醇　C. 2-甲基-1-丙醇　D. 2-甲基-2-丙醇

(6)试将下列化合物按酸性由强到弱排列________。

A. 苯酚　B. 2，4-二硝基苯酚　C. 4-甲基苯酚　D. 2-硝基苯酚

4. 用化学方法鉴别下列各组化合物。

(1)正丁醇、异丙醇和叔丁醇

(2)甲苯、苯酚和苯甲醚

(3)环已烷、丁醇、苯酚和丁醚

(4)苯甲醇、对甲苯酚和苯基氯

5. 完成下列反应式(只写主要产物)。

(1) $CH_2=CHCH_2\underset{\displaystyle OH}{CH}CH_2CH_3 \xrightarrow[\triangle]{浓H_2SO_4}$

(2) 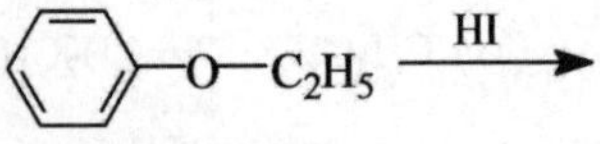

(3) $CH_3-\overset{OH}{CH}-\underset{CH_3}{CH}-CH_3 \xrightarrow{[O]}$

(4) $CH_3CH_2-\ddot{\underset{\cdot\cdot}{O}}-CH_2CH_3 + H_2SO_4 \longrightarrow$

(5) $CH_3-\underset{OH}{CH}-CH(CH_3)_2 \xrightarrow{PCl_5}$

(6) 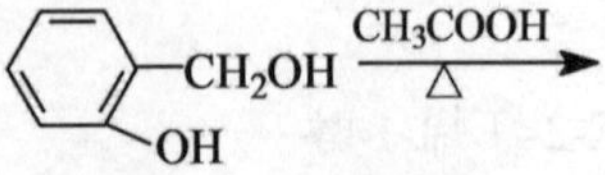

(7) 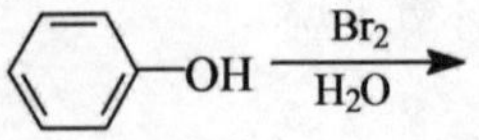

(8) $\xrightarrow[\triangle]{H_2SO_4}$

(9) —CH=CHCH$_2$OH $\xrightarrow{CrO_3^- \ 吡啶}$

(10) $\xrightarrow[\text{H}_2\text{SO}_4]{\text{K}_2\text{CrO}_4}$

(11) $\xrightarrow[光]{Cl_2}$ $\qquad$ $\xrightarrow[\text{H}_2\text{O}]{\text{NaOH}}$ $\qquad$ $\xrightarrow[\text{H}_2\text{SO}_4]{\text{CH}_3\text{COOH}}$

6. 完成下列转化。

(1) $CH_2{=}CH_2 \longrightarrow CH_3COOC_2H_5$

(2) $CH_3CH_2CH_2CH_2OH \longrightarrow CH_3COOH$

(3) $CH_3{-}\overset{\displaystyle |}{\underset{\displaystyle Br}{CH}}{-}CH_3 \longrightarrow CH_3{-}\overset{\displaystyle |}{\underset{\displaystyle CH_3}{CH}}{-}COOCH(CH_3)_2$

(4) $CH_3CH_2CH_2CH_2OH \longrightarrow CH_3COOCHCH_2CH_3$ 其中 $\underset{\displaystyle CH_3}{}$

(5) $CH_3CH_2CH_2OH \longrightarrow CH_3CH_2CH_2COOH$

(6) $CH_3CH{=}CH_2 \longrightarrow CH_3CH_2CH_2CH_2OH$

7. 用适当的化学方法将下列混合物中的少量杂质除去。

(1) 乙醚中含有少量乙醇

(2) 乙醇中含有少量水

(3) 环己醇中含有少量苯酚

8. 今有分子式 $C_5H_{12}O$ 的两个种醇 A 和 B，它们氧化后均得酸性产物；两种醇脱水后再经氢化得到同一种烃。A 脱水后氧化得一种酸和二氧化碳；B 脱水后氧化则得一种酮和二氧化碳。试推断化合物 A 和 B 的构造式。

9. 化合物 $A(C_5H_{11}Br)$，能和氢氧化钠水溶液共热后生成 $B(C_5H_{12}O)$，B 能与钠作用放氢气，并能被中性高锰酸钾溶液氧化，能和浓硫酸共热得 $C(C_5H_{10})$，C 经臭氧分解生成丙酮及乙醛。试推断 A、B、C 结构式，并写出有关方程式。

10. 具有 R-构型化合物 $A(C_8H_{10}O)$ 与 NaOH 不反应，与金属钠反应放出氢气，与 $KMnO_4$ 酸性溶液反应可得甲酸和化合物 $B(C_7H_6O_2)$。A 与浓硫酸共热只生成化合物 $C(C_8H_8)$。将 C 与 $KMnO_4$ 的酸性溶液反应也可得甲酸和化合物 B。试推断 A、B、C 的结构式。

第8章 醛、酮、醌

醛(aldehyde)、酮(ketone)、醌(quinone)为含羰基(>C=O, carbonyl group)的烃的含氧衍生物,统称为羰基化合物。羰基的碳原子分别与氢原子以及烃基(甲醛例外)相连所得到的化合物称为醛;羰基碳原子与两个烃基相连的化合物称为酮;醌是一类特殊的不饱和的环己二酮。

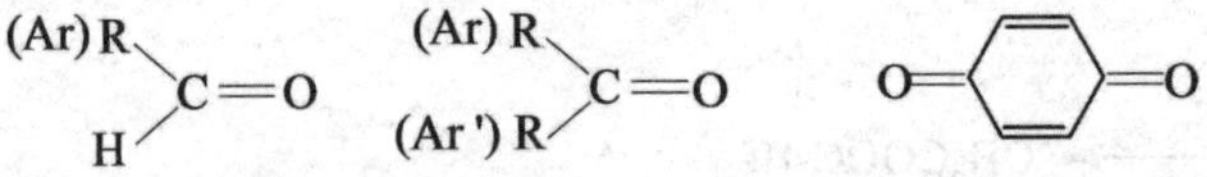

醛　　　　　　酮　　　　　　醌

醛和酮均能发生多种化学反应,在有机合成中有广泛的用途。醛、酮和醌广泛存在于自然界,有些天然醛、酮是植物药的有效成分,有显著的生理活性,如樟脑、香兰酮等。同时羰基化合物也是动植物体内代谢过程中的一个重要中间体,如睾丸酮和麝香酮等。

8.1 醛、酮

8.1.1 醛、酮的分类和命名

1. 醛和酮的分类

根据羰基所连接的烃基不同,可以将醛(酮)分为脂肪醛(酮)和芳香醛(酮);根据羰基所连接的烃基中是否含有不饱和基团,又可分为饱和醛(酮)和不饱和醛(酮);根据分子中羰基的数目,可以分为一元、二元和多元醛(酮)等。

2. 醛和酮的命名

(1)普通命名法　简单醛的命名与相应伯醇类似;简单酮的命名与醚相似,也可看作甲酮的衍生物。例如:

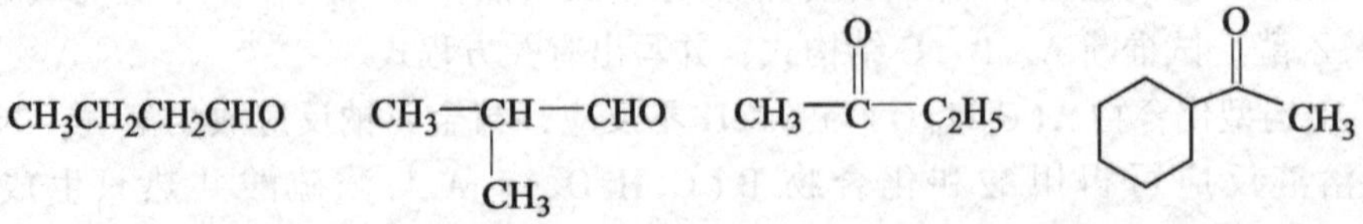

正丁醛　　　　　异丁醛　　甲(基)乙(基)(甲)酮　甲基环己基(甲)酮

另外,许多醛、酮也习惯用俗名。例如:

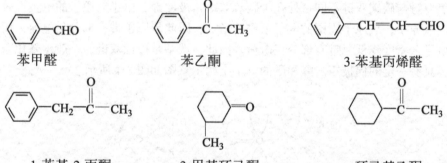

$CH_3-CH=CH-CHO$

巴豆醛

苯环-$CH=CH-CHO$

肉桂醛

苯环(邻位 CHO 和 OH)

水杨醛

（2）系统命名法　选择含羰基（和碳碳不饱和键）的最长碳链作主链，从靠近羰基的一端碳原子开始编号，称为某（烯、炔）醛或某（烯、炔）酮。取代基的位次及名称写在母体醛、酮名称前面，注明酮分子中羰基的位次（醛基在链端，不必标明其位次），位置亦可用希腊字母表示，不饱和醛（酮）的命名羰基的编号应尽可能小，并标明不饱和键的位置。例如：

$CH_3-\underset{\underset{CH_3}{|}}{CH}-CHO$

2-甲基丙醛（α-甲基丙醛）

$CH_3-\underset{\underset{CH_3}{|}}{CH}-CH_2-\overset{\overset{O}{||}}{C}-CH_3$

4-甲基-2-戊酮（β-甲基-2-戊酮）

$CH_3-\underset{\underset{CH_3}{|}}{C}=CH-CHO$

3-甲基-2-丁烯醛（β-甲基-2-丁烯醛）

$CH_3CH=CH-\underset{\underset{CH_3}{|}}{CH}-\overset{\overset{O}{||}}{C}-CH_2CH_3$

4-甲基-5-庚烯-3-酮

脂环族和芳香醛（酮）命名时，将脂环或芳香环作为取代基。例如：

苯环-CHO

苯甲醛

苯环-$\overset{\overset{O}{||}}{C}-CH_3$

苯乙酮

苯环-$CH=CH-CHO$

3-苯基丙烯醛

苯环-$CH_2-\overset{\overset{O}{||}}{C}-CH_3$

1-苯基-2-丙酮

环己酮(3-甲基)

3-甲基环己酮

环己基-$\overset{\overset{O}{||}}{C}-CH_3$

环己基乙酮

多元醛（酮）命名时，应选取含羰基尽可能多的碳链为主链，标明羰基的位置和羰基的数目。二元酮，两个羰基的位置除可用数字标明外，也可用 α、β……表示它们的相对位置。α 表示两个羰基相邻，β 表示两个羰基相隔一个碳原子，等等。例如：

$H-\overset{\overset{O}{||}}{C}-CH_2CH_2CH_2-\overset{\overset{O}{||}}{C}-H$

戊二醛

1,4-环己二酮

$CH_3CH_2-\overset{\overset{O}{||}}{C}-\overset{\overset{O}{||}}{C}-CH_3$

2,3-戊二酮（α-戊二酮）

$CH_3-\overset{\overset{O}{||}}{C}-CH_2-\overset{\overset{O}{||}}{C}-CH_3$

2,4-戊二酮（β-戊二酮；乙酰丙酮）

　　当分子中同时含有醛基和酮基时，以醛为母体，将酮羰基作为取代基，标明酮基碳原子的位次，或将酮的羰基氧原子作为取代基，用"氧代"二字表示。例如：

$$
\underset{\text{3-戊酮醛}}{\underset{\text{(3-氧代戊醛)}}{CH_3CH_2-\overset{\overset{O}{\|}}{C}-CH_2CHO}}
\qquad\qquad
\underset{\text{2-甲基-3, 5-己二酮醛}}{\underset{\text{(2-甲基-3, 5-二氧代己醛)}}{CH_3-\overset{\overset{O}{\|}}{C}-CH_2-\overset{\overset{O}{\|}}{C}-\underset{\underset{CH_3}{|}}{CH}CHO}}
$$

思考题 8-1　具有醛、酮结构的化合物在自然界广泛存在，如从桂皮油中分离的肉桂醛（化学名称为 3–苯基-2-丙烯醛），茴香醛(对甲氧基苯甲醛)是芳香油中常见的化合物。试写出这两种化合物的结构式。

8.1.2　醛、酮的结构

　　醛、酮的羰基的碳氧双键与碳碳双键类似，由一个 σ 键和一个 π 键组成，羰基碳原子采取 sp² 杂化，其中碳原子的一个 sp² 杂化轨道和氧原子形成一个 σ 键，另外两个 sp² 杂化轨道和其他两个原子形成 σ 键，三个 σ 键分布在同一平面上，键角接近于 120°。羰基碳原子上剩余的一个 p 轨道和氧原子上的一个 p 轨道垂直于三个 σ 键形成的平面侧面重叠形成键。

　　碳氧双键与碳碳双键不同之处在于碳氧双键是极性键。由于氧原子的电负性较大，电子云偏向氧原子，氧原子周围的电子云密度增加，因此氧原子带有部分负电荷，而碳原子周围的电子云密度降低，带有部分正电荷。因此，羰基是极性双键，一般羰基化合物是极性分子，具有一定的偶极矩。醛和酮的分子结构示意图如图 8-1 所示。

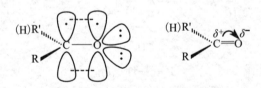

图 8-1　醛和酮的分子结构示意图

思考题 8-2　试从双键结构分析并解释为什么烯烃易发生亲电加成反应而醛、酮则易发生亲核加成反应。

8.1.3　醛、酮的物理性质

　　在常温、常压下，除甲醛是气体外，C_{12} 以下的一元醛、酮均为液体，高级醛、酮为固体，某些中级醛、酮和一些芳香醛具有特殊的香味。所以，某些中级醛、酮和一些芳香醛可作为化妆品和食品的调香剂。

醛、酮的沸点随相对分子质量的增加而逐渐升高。由于羰基是极性基团，分子间易产生较强的偶极与偶极作用力，所以醛、酮的沸点比相对分子质量相近的烃或醚高。但由于醛、酮都不能在分子间形成氢键，所以其沸点又比相对分子质量相近的醇低。例如：

化合物	戊烷	乙醚	丁醛	丁酮	丁醇
相对分子质量	72	74	72	72	74
沸点/℃	36.1	34.6	75.7	79.6	117.8

由于醛、酮中的羰基能与水分子形成氢键：

$$\begin{array}{c} \underset{(R')H}{\overset{R}{\diagdown}}C \overset{\delta^+}{=}\overset{\delta^-}{O}\cdots\overset{\delta^+}{H} \qquad \overset{\delta^+}{H}\cdots\overset{\delta^-}{O}\overset{\delta^+}{=}C\overset{R}{\diagup}\underset{H(R')}{} \\ \overset{|}{\underset{\delta^-}{O}} \end{array}$$

因此醛、酮具有一定程度的水溶性。C_5 以下的脂肪族醛、酮易溶于水，中高级醛、酮和芳香族醛、酮微溶或不溶于水。醛、酮一般能溶于乙醇、乙醚等有机溶剂，丙酮和丁酮是良好的有机溶剂。一些醛、酮的物理常数见表 8-1。

表 8-1　　　　　　　　　　一些醛、酮的物理常数

名称	熔点/℃	沸点/℃	相对密度 d_4^{20}	溶解度 100g 水，20℃/g
甲醛	−92.0	−21.0	0.815	55
乙醛	−123.0	20.8	0.783	溶
丙醛	−81.0	48.8	0.807	20
丁醛	−97.0	74.7	0.817	4
乙二醛	15.0	50.4	1.14	溶
丙烯醛	−87	53.0	0.841	溶
苯甲醛	−26.0	179.0	1.046	0.33
丙酮	−95.0	56.1	0.792	溶
丁酮	−86.0	79.6	0.805	35.3
2-戊酮	−77.8	102.0	0.812	几乎不溶
3-戊酮	−42.0	101.0	0.814	4.7
环己酮	−31.0	156.0	0.942	微溶
丁二酮	−2.4	88.0	0.980	25
2,4-戊二酮	23.0	138.0	0.792	溶
苯乙酮	19.7	202.0	1.026	微溶
二苯甲酮	48.0	306.0	1.098	不溶

8.1.4 醛、酮的化学性质

醛、酮分子中都含有活泼的羰基，具有许多相似的化学性质。羰基是一个极性的不饱和基团，存在不稳定的 π 键，与烯烃、炔烃的加成反应不同的是羰基碳带部分正电荷，容易受到亲核试剂的进攻而发生亲核加成反应（nucleophilic addition reaction）；羰基的吸电子诱导效应使 α-C 上的 H 比较活泼，易发生一系列反应。此外，醛、酮也可以发生氧化和还原反应等。醛、酮发生化学反应时化学键断裂的位置如图 8-2 所示。

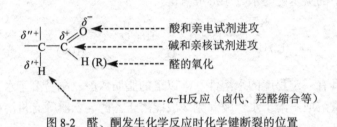

图 8-2 醛、酮发生化学反应时化学键断裂的位置

1. 亲核加成反应

醛、酮可以和许多极性试剂（如 HCN、$NaHSO_3$、ROH、H_2O 等）发生亲核加成反应。反应中，带负电荷或带有孤电子对的亲核试剂（Nu^- 或 :Nu），首先进攻羰基碳原子，并提供电子对形成 σ 键；而带正电荷的离子或基团进攻氧原子，接受电子对成键。反应通式为：

$$\diagup\!\!\diagdown C=O \ + \ HNu \longrightarrow \diagup\!\!\diagdown C \genfrac{}{}{0pt}{}{OH}{Nu}$$

事实表明，羰基与极性试剂的加成是按离子型反应分步完成的，其反应历程可表示如下：

由反应历程可看出，反应的第一步亲核试剂进攻活泼的羰基碳形成负氧离子中间体；第二步是该负氧离子与试剂中带正电荷的部分结合，生成加成产物。亲核试剂的进攻是决定整个加成反应速率的关键步骤。在许多情况下，羰基的亲核加成反应是可逆的。

羰基的亲核加成反应难易取决于羰基碳原子的正电性大小、试剂的亲核性强弱以及空间位阻等因素。在与同种试剂发生亲核加成反应时，不同醛、酮的反应活性次序为：

$$\genfrac{}{}{0pt}{}{H}{H}C=O \ > \ \genfrac{}{}{0pt}{}{H}{CH_3}C=O \ > \ \genfrac{}{}{0pt}{}{H}{R}C=O \ > \ \genfrac{}{}{0pt}{}{H}{Ar}C=O \ > \ \genfrac{}{}{0pt}{}{CH_3}{CH_3}C=O \ > \ \genfrac{}{}{0pt}{}{CH_3}{R}C=O$$

思考题 8-3 对于化合物 （环戊酮衍生物，H、O、CH₃） 亲核试剂是从 a 方向进攻有利，还是从 b 方向有利？

(1)与氢氰酸加成　醛、甲基酮及八个碳原子以下的环酮能与氢氰酸作用，生成既含羟基又含氰基的化合物，称为α-羟基腈(又称氰醇，cyanohydrin)。

$$HCN \rightleftharpoons H^+ + CN^-$$

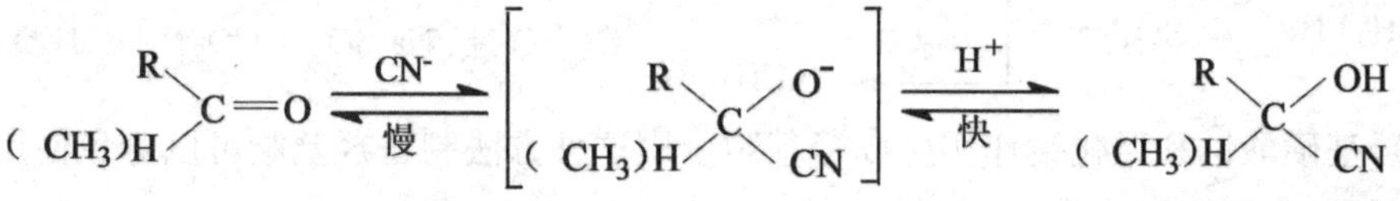

α-羟基腈

此反应是可逆的。CN^-浓度是决定该反应速率的重要因素之一，因为 HCN 是极弱的酸，不易离解成 CN^-，如果反应体系 pH 较低，上述加成反应几乎不发生。因此，HCN 与醛酮的加成，通常是在碱催化下进行反应。在微量碱的催化下，反应速率大大加快。

HCN 与醛酮的加成反应在有机合成中有重要地位。因为在这一反应中生成的α-羟基腈具有醇羟基和氰基两种活泼的官能团，是一种非常有用的有机合成中间体，易发生水解，生成α-羟基酸。因此，这个反应常用于合成比反应物醛和甲基酮多一个碳原子的羧酸等化合物。如用乙醛为原料可合成α-羟基丙酸。

$$CH_3CHO + HCN \xrightarrow{OH^-} CH_3-\underset{\displaystyle OH}{\underset{|}{CH}}-CN \xrightarrow[H^+,\ 50℃]{H_2O} CH_3\underset{\displaystyle OH}{\underset{|}{CH}}-COOH + NH_4^+$$

氢氰酸是极易挥发的剧毒液体，故与羰基化合物反应时，一般是将无机酸滴加至醛(酮)和氰化钠水溶液中，使得氢氰酸一生成立即与醛(酮)发生加成反应，但反应过程必须控制在弱碱性条件下。

非甲基酮和较大的环酮，由于烃基较大，对 CN^-向羰基碳原子的进攻产生空间位阻作用也较大，所以较难与 HCN 发生反应。芳香酮中羰基与芳香环共轭，芳香环上的电子向电负性强的羰基转移，使得羰基碳原子正电性减弱，同时羰基两侧的芳香环和烷基共同形成的空间位阻影响亲核试剂向羰基进攻，所以 HCN 难与芳香酮发生反应。

思考题 8-4　丙酮与 HCN 反应 3~4h 只完成 50%，但加 1 滴 KOH 溶液后，2min 即完成反应，为什么？

(2)与亚硫酸氢钠加成　醛、脂肪族甲基酮及八个碳原子以下的环酮与过量的饱和亚硫酸氢钠溶液作用生成α-羟基磺酸钠。

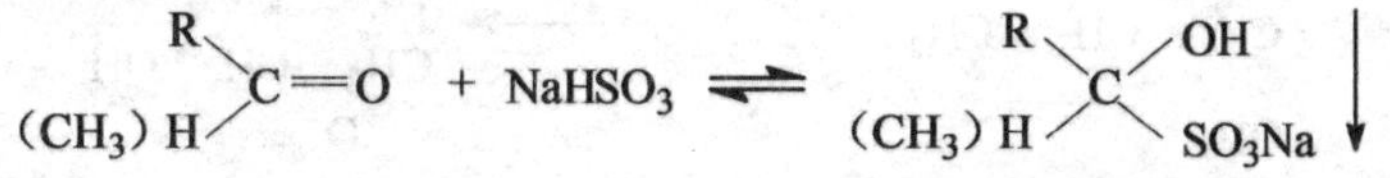

α-羟基磺酸钠

α-羟基磺酸钠不溶于饱和的亚硫酸氢钠溶液而呈结晶析出，很容易分离出来，并且与稀酸或稀碱共热，又可分解而得到原来的醛和酮。因此，利用这些性质可分离或提纯醛、脂肪族甲基酮和八个碳原子以下的环酮。

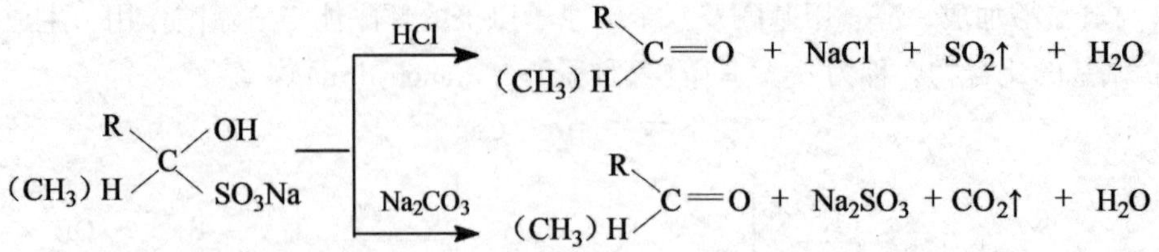

$$R(CH_3)HC(OH)(SO_3Na) \xrightarrow{HCl} R(CH_3)HC=O + NaCl + SO_2\uparrow + H_2O$$

$$R(CH_3)HC(OH)(SO_3Na) \xrightarrow{Na_2CO_3} R(CH_3)HC=O + Na_2SO_3 + CO_2\uparrow + H_2O$$

α-羟基磺酸钠和氰化钠作用生成羟基腈。用这种方法制备羟基腈可以避免使用挥发性大的氢氰酸。

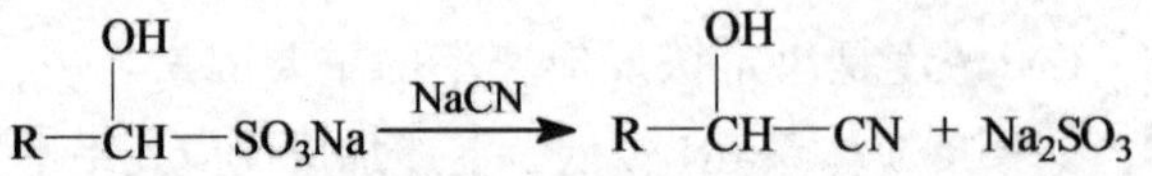

$$R-CH(OH)-SO_3Na \xrightarrow{NaCN} R-CH(OH)-CN + Na_2SO_3$$

又如，乙酰乙酸乙酯衍生物分子中，羰基能与 NaCN 发生亲核加成反应，生成 α-羟基腈，而后在 Ni 催化下将氰基还原得到氨基化合物，再经过分子内环合可得到合成降血糖药格列美脲的中间体。

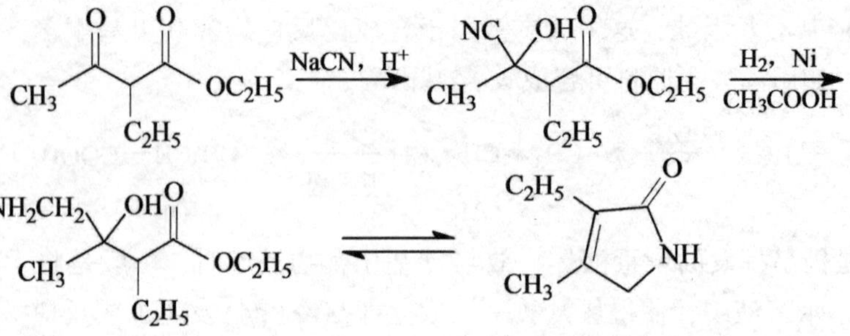

格列美脲合成中间体

（3）与醇的加成　醇作为亲核试剂和醛的加成需在干燥的 HCl 催化作用下才能进行。

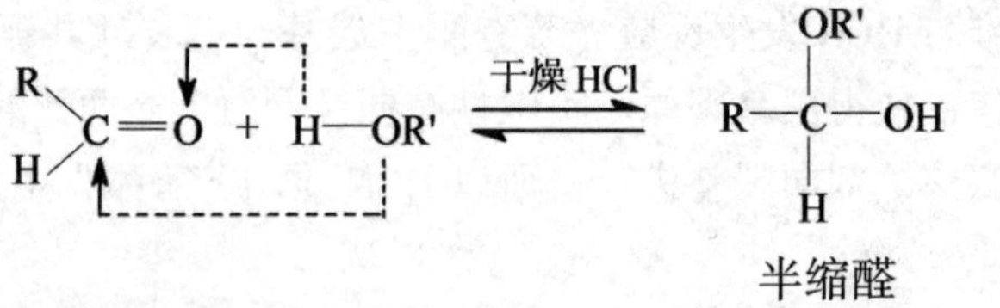

$$R\underset{H}{C}=O + H-OR' \xrightarrow{\text{干燥 HCl}} R-\underset{H}{\overset{OR'}{C}}-OH$$

半缩醛

醇和醛的加成产物称半缩醛，半缩醛分子中的羟基和烃氧基连在同一个碳原子上，这样的结构很不稳定，易分解成原来的醛和醇。上述反应中的逆反应占优势，所以实际上无法得到游离的半缩醛。但是环状的半缩醛却比较稳定，如某些羟基醛可以在分子内形成环状的半缩醛。

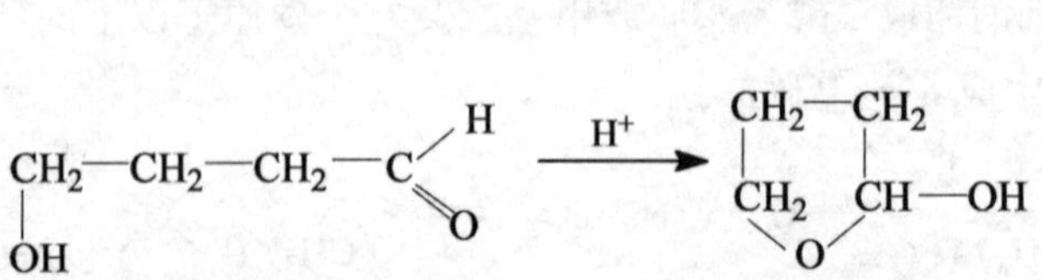

在生物化学反应中占重要地位的葡萄糖等，主要以环状半缩醛的形式存在。

半缩醛中的羟基称为半缩醛羟基，它很活泼，能立即与另一分子醇失水生成具有胞二醚结构的化合物——缩醛。

$$R-\overset{\overset{\displaystyle OR'}{|}}{\underset{\underset{\displaystyle H}{|}}{C}}-OH + H-OR'' \underset{}{\overset{\text{干燥 HCl}}{\rightleftharpoons}} \overset{R}{\underset{H}{>}}C\overset{OR'}{\underset{OR''}{<}} + H_2O$$

缩醛

缩醛比半缩醛稳定得多，尤其在碱溶液中相当稳定。但在稀酸中易水解成原来的醛和醇，因此在有机合成中常用生成缩醛的方法来保护醛基。例如：

$$CH_2=CHCH_2CHO + 2C_2H_5OH \xrightarrow{\text{干燥HCl}} CH_2=CHCH_2\overset{\overset{\displaystyle OC_2H_5}{|}}{C}HOC_2H_5$$

$$\xrightarrow{H_2/Ni} CH_2CH_3CH_2\overset{\overset{\displaystyle OC_2H_5}{|}}{C}HOC_2H_5 \xrightarrow{H_3^+O} CH_3CH_2CH_2CHO + 2C_2H_5OH$$

在同样的条件下，酮很难与醇起加成反应。如果将酮在酸(如对甲苯磺酸等)催化下与乙二醇作用，并设法移去反应生成的水，可得到环状的缩酮。

$$\text{（环己酮）} + \overset{\displaystyle CH_2OH}{\underset{\displaystyle CH_2OH}{|}} \xrightarrow[\triangle]{\text{对甲苯磺酸}} \text{（螺环缩酮）}$$

在结构上，缩醛和缩酮与醚类似，对碱、氧化剂和还原剂相对稳定，但对酸敏感。在酸性水溶液中，缩醛或缩酮可以水解为原来的醛或酮。

(4) 与格氏试剂加成　醛、酮都能与格氏试剂进行加成，加成产物不必分离出来，可直接水解生成相应的醇，所得的醇比原来的醛、酮多了一个烃基。

$$\overset{\delta^+}{>}C\overset{\delta^-}{=}O + \overset{\delta^-}{R}-Mg\overset{\delta^+}{-}X \xrightarrow{\text{无水乙醚}} R-\overset{|}{\underset{|}{C}}-O-Mg-X$$

$$R-\overset{|}{\underset{|}{C}}-O-Mg-X + H_2O \xrightarrow{H^+} R-\overset{|}{\underset{|}{C}}-OH + Mg\overset{OH}{\underset{X}{<}}$$

当羰基化合物不同时，生成的醇也不相同，甲醛与格氏试剂反应可得伯醇，其他的醛与格氏试剂反应可得仲醇，酮则得叔醇。因此，选用不同的醛、酮与格氏试剂反应可合成不同结构的伯、仲、叔醇。这不仅是制备醇的一种重要方法，而且也是有机合成中常用的增碳合成反应。

$$\overset{H}{\underset{H}{>}}C=O + RMgX \xrightarrow{\text{无水乙醚}} RCH_2OMgX \xrightarrow[H_2O]{H^+} RCH_2OH$$

伯醇

$$\overset{R'}{\underset{H}{>}}C=O + RMgX \xrightarrow{\text{无水乙醚}} R-\overset{\overset{\displaystyle R'}{|}}{\underset{\underset{\displaystyle H}{|}}{C}}-OMgX \xrightarrow[H_2O]{H^+} R-\overset{\overset{\displaystyle R'}{|}}{\underset{\underset{\displaystyle H}{|}}{C}}-OH$$

仲醇

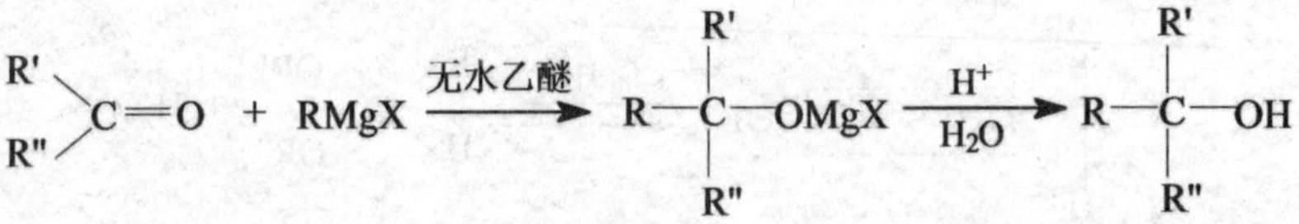

叔醇

（5）与水的加成　醛、酮和水加成可形成极不稳定的胞二醇，也称水合醛或水合酮。

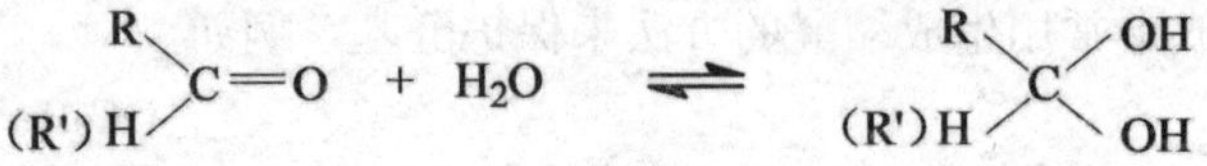

胞二醇

由于水的亲核性能极弱，所以反应生成的胞二醇很少，但甲醛在水溶液中几乎全部以胞二醇的形式存在。这是因为甲醛分子中的羰基碳原子正电性较大，易受亲核试剂进攻所致。

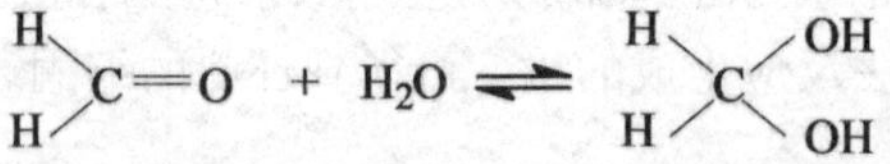

水合甲醛

水合醛和水合酮只有在水中才是稳定的，它们很容易失水变为原来的醛和酮，因而不能从水中分离出来。但羰基连有强吸电子基团的醛、酮可以形成稳定的水合物结晶，并可从溶液中分离出来。例如：

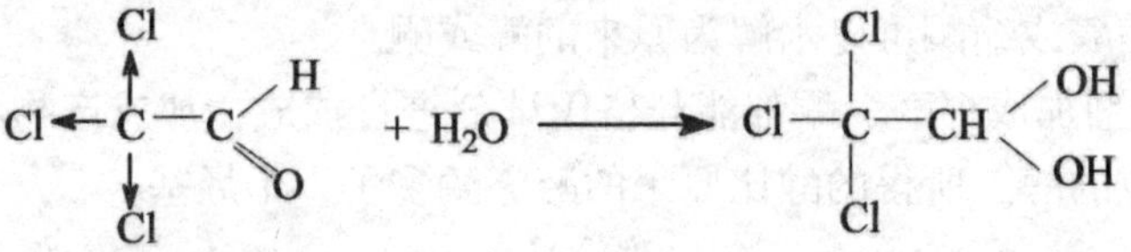

三氯乙醛　　　　　　　　　　　　　　水合三氯乙醛

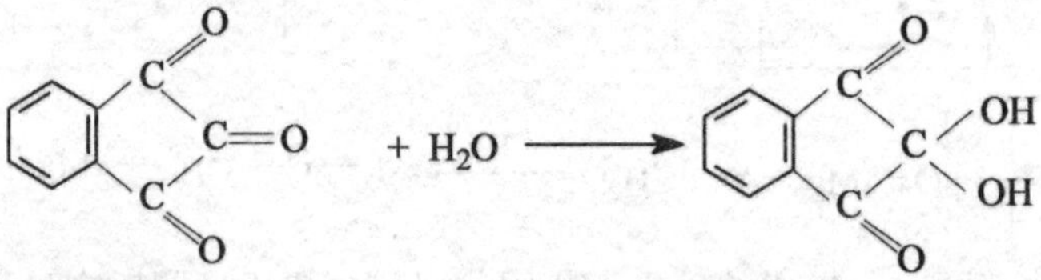

茚三酮　　　　　　　　　　　　　　　水合茚三酮

水合三氯乙醛可用做安眠药和麻醉剂。水合茚三酮可与 α-氨基酸反应生成蓝紫色物质，常用做 α-氨基酸分析的显色剂。

（6）与品红试剂的反应　品红是一种红色的有机染料。在品红水溶液中通入二氧化硫气体则得无色的溶液，这种无色溶液称为品红试剂，也称为希夫（Schiff）试剂。

品红试剂与醛作用显紫红色，这个反应很灵敏。甲醛与品红试剂显色后，加入稀硫酸颜色不消失，而其他醛所显的颜色在加稀硫酸后褪去，据此可区别甲醛和其他醛。酮则不起反应（丙酮可缓慢作用，产生淡紫红色），因此利用品红试剂可区别醛和酮。

值得注意的是，用品红试剂鉴别醛、酮时，溶液不能加热，也不能含有酸、碱性物质及氧化剂，因为这些物质都可使品红试剂分解释放亚硫酸而使试剂变红。

172

2. 羰基的加成-消除反应

醛、酮都能够与氨的某些衍生物如伯胺、羟胺、肼、苯肼、氨基脲等发生加成反应，加成产物大部分是结晶固体，具有固定的熔点，常用于鉴别羰基的存在。因此，这些试剂通常被称为羰基试剂，可用通式 $H_2N—Y$ 表示。

醛、酮与羰基试剂作用，首先形成不稳定的加成产物、随即从分子内消去一分子水，生成含有 $C=N$ 双键的化合物，所以这个反应被称为加成-消除反应。

反应可以用下面通式表示为：

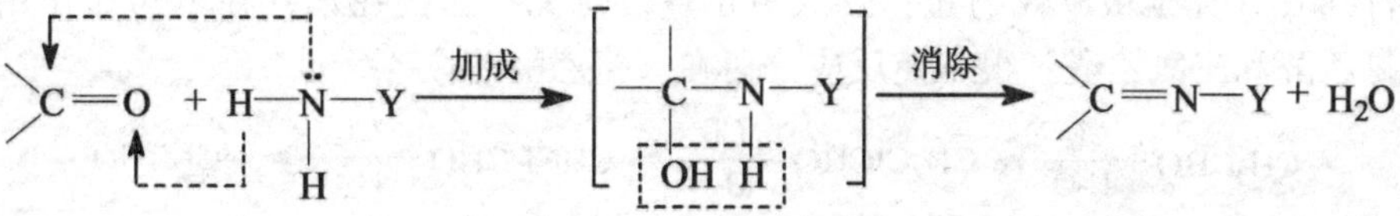

即

醛、酮与羰基试剂的反应产物如下：

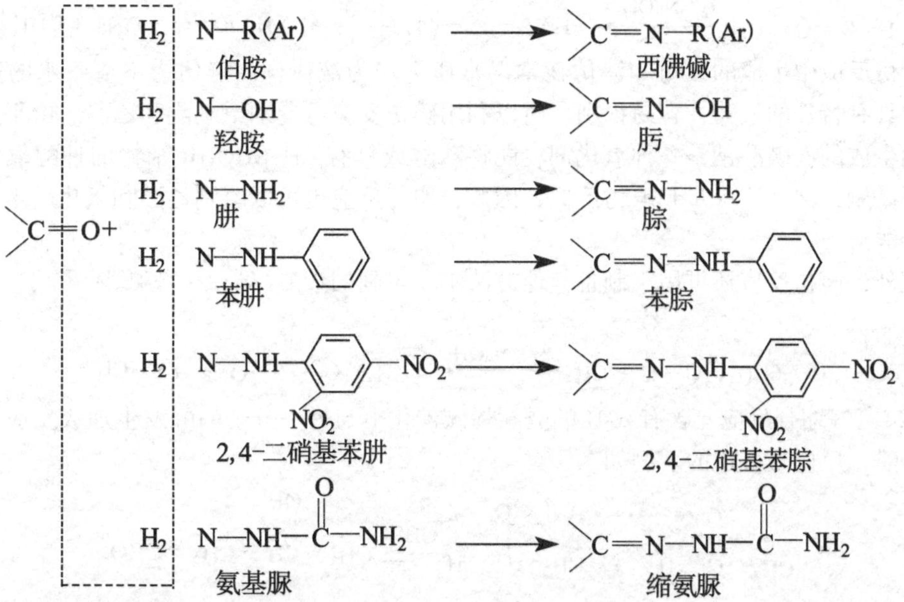

上述氨的衍生物作为羰基试剂，亲核性较弱，一般需要在酸($pH=4\sim5$)的催化下反应。这些加成产物经酸性水解为原来的醛、酮，因此可利用这一性质分离提纯醛、酮。

2,4-二硝基苯肼是最常用的羰基试剂，例如，在薄层层析中常利用醛、酮与2,4-二硝基苯肼反应显黄色来作为羰基化合物的显色剂。

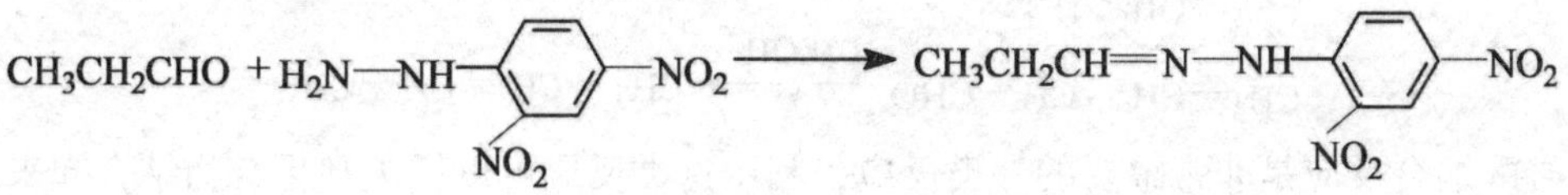

3. α-氢原子的反应

受羰基吸电子诱导效应的影响，α-H 有解离成质子的倾向而显弱酸性，显示出很大的活性。它的活性主要表现在以下两个方面：

（1）卤代反应　在酸或碱存在下，醛、酮分子中的 α-H 易被卤素取代，生成 α-卤代醛、酮。在酸性条件下，卤代反应可控制在一卤代产物阶段。例如：

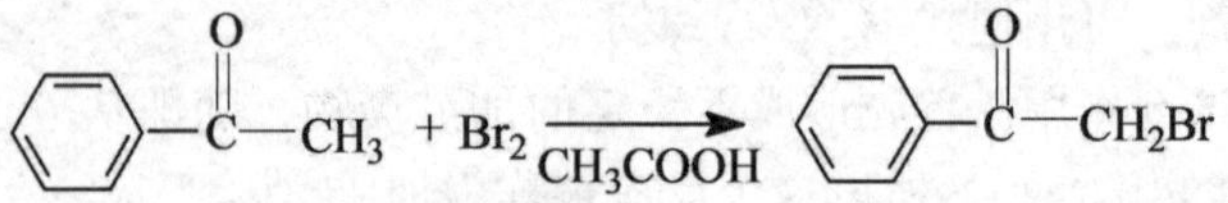

$$\text{Ph—C(=O)—CH}_3 + Br_2 \xrightarrow{CH_3COOH} \text{Ph—C(=O)—CH}_2Br$$

如果在碱性条件下，醛、酮分子中含有多个 α-氢原子时，则生成多卤代产物，反应一般进行到 α-H 完全被取代为止，且反应迅速。例如，乙醛在水存在下与氯作用，主要生成二氯乙醛和三氯乙醛，很难使反应停留在一氯乙醛阶段。

$$CH_3CHO \xrightarrow[H_2O]{Cl_2} CH_2ClCHO \xrightarrow[H_2O]{Cl_2} CHCl_2CHO \xrightarrow[H_2O]{Cl_2} CCl_3CHO$$

如果醛、酮的 α-碳原子上连有三个氢原子时，则卤代后生成三卤代醛、酮。其中甲基酮或乙醛与卤素碱性溶液反应生成的三卤代醛（酮）在碱性溶液中不稳定，易分解为三卤甲烷（卤仿）和羧酸盐，该反应称为卤仿反应（haloform reaction）。例如：

$$(H)\,R—C(=O)—CH_3 \xrightarrow{I_2+NaOH} (H)\,R—C(=O)—Cl_3 \xrightarrow{NaOH} (H)\,R—C(=O)—ONa + CHI_3\downarrow$$

卤仿反应中生成的氯仿和溴仿在常温常压下均为液体，而碘仿为不溶于水的黄色结晶，并具有特殊的气味，容易识别，所以利用碘仿反应可鉴别甲基酮和乙醛。由于碘和氢氧化钠生成的次碘酸钠是一种氧化剂，能将乙醇或具有 CH_3CHOHR 结构的仲醇氧化成乙醛或甲基酮，然后进一步起碘仿反应，因此，碘仿反应也可以鉴别乙醇和氧化后生成甲基酮的仲醇。

此外，卤仿反应还可用于制备其他方法不易得到的羧酸（碳原子数减少一个）。例如：

$$(CH_3)_3C—C(=O)—CH_3 \xrightarrow{Cl_2+NaOH} (CH_3)_3C—C(=O)—ONa + CHCl_3$$

（2）羟醛缩合反应　含有 α-H 的醛在稀碱催化下与另一分子的醛发生加成反应，生成 β-羟基醛，反应是可逆的。例如：

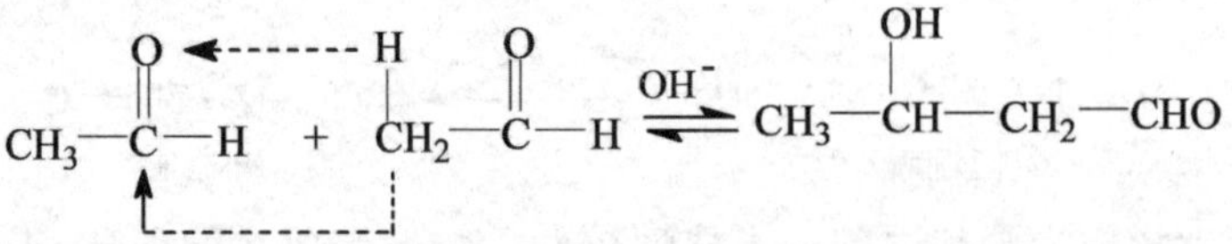

$$CH_3—C(=O)—H + CH_2—C(=O)—H \underset{}{\overset{OH^-}{\rightleftharpoons}} CH_3—\underset{OH}{CH}—CH_2—CHO$$

生成物分子中既含有羟基又含有醛基，所以该反应称为羟醛缩合反应。

在稀碱的存在下，β-羟基醛的 α-H 由于受到 β-羟基和醛基的双重诱导影响，而活性增强，受热容易发生分子内脱水，生成具有共轭双键的 α，β-不饱和醛。

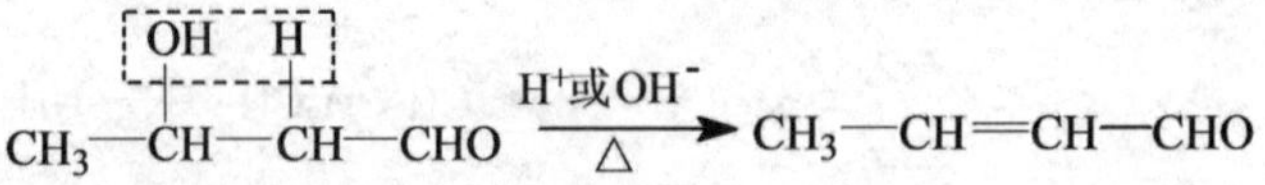

$$CH_3—\underset{OH}{CH}—\underset{H}{CH}—CHO \xrightarrow[\triangle]{H^+或OH^-} CH_3—CH=CH—CHO$$

羟醛缩合反应是非常重要的一类反应，利用这类反应可以把羰基化合物结合起来，使碳链增长，在合成上很有用途。例如，用正丁醛在稀碱中进行羟醛缩合，得到的产物再催化加氢，便可得到驱蚊剂 2-乙基-1，3-己二醇。

$$2\ CH_3CH_2CH_2-\overset{\overset{\displaystyle O}{\|}}{C}-H \xrightarrow{10\%NaOH} CH_3CH_2CH_2\overset{\overset{\displaystyle OH}{|}}{CH}CHCHO \xrightarrow{H_2/Pd} CH_3CH_2CH_2\overset{\overset{\displaystyle OH}{|}}{CH}CHCH_2OH$$

除同种含 α-H 原子的醛分子间相互反应生成 β-羟基醛外，如果使用一种含有 α-H 原子的醛与另一不含 α-H 原子的醛反应，则可得到产率较高的某一产品。例如：

$$C_6H_5-\overset{\overset{\displaystyle O}{\|}}{C}-H + \overset{\overset{\displaystyle H}{|}}{CH_2}-\overset{\overset{\displaystyle O}{\|}}{C}-H \xrightarrow{稀NaOH} C_6H_5-\overset{\overset{\displaystyle }{CH}}{\underset{\underset{\displaystyle OH}{|}}{}}-CH_2-CHO$$

$$\xrightarrow[\triangle]{-H_2O} C_6H_5-CH=CH-CHO$$

肉桂醛

当两种含有 α-H 的不同的醛或酮在稀碱作用下发生羟醛缩合时，由于交叉缩合的结果会得到四种产物，实际分离困难，实用意义不大。

含有 α-H 的酮也能发生类似的羟醛缩合反应，最后生成 α，β-不饱和酮。但反应的平衡大大偏向于反应物一方，如果将产物由平衡体系中移去，则可使酮大部分转变为 β-羟基酮。

$$2\ CH_3-\overset{\overset{\displaystyle O}{\|}}{C}-CH_3 \underset{}{\overset{OH^-}{\rightleftharpoons}} CH_3-\overset{\overset{\displaystyle CH_3}{|}}{\underset{\underset{\displaystyle OH}{|}}{C}}-CH_2-\overset{\overset{\displaystyle O}{\|}}{C}-CH_3$$

99%　　　　　　　1%

思考题 8-5 下列化合物既可以和饱和 $NaHSO_3$ 发生反应又可以发生碘仿反应的是：

(1) CH_3CH_2OH 　　　　(2) CH_3CH_2CHO 　　　　(3) $CH_3CH_2COCH_3$

(4) $CH_3CH(OH)CH_2CH_3$ 　(5) $C_6H_5CH_2CH_2OH$ 　(6) $C_6H_5COCH_3$

(7) $C_6H_5CH(OH)CH_3$ 　　(8) $CH_3COCH_2CH_2COCH_3$

4. 氧化还原反应

(1) 氧化反应　醛的羰基上连有一个可被氧化的氢原子，而酮则没有。所以，在相同条件下，醛易被氧化，而酮则难以氧化。

① 强氧化　醛、酮均可被重铬酸钾、高锰酸钾的酸性溶液和硝酸等强氧化剂氧化。醛被氧化成同数碳原子的羧酸。酮在长时间的加热情况下，可在羰基的两侧发生断链氧化，生成小分子羧酸的混合物。例如：

$$CH_3CHO \xrightarrow[\triangle]{KMnO_4/H^+} CH_3COOH$$

$$CH_3CH_2CH_2-\overset{\overset{\displaystyle O}{\|}}{C}-CH_3 \xrightarrow[\triangle]{HNO_3} CH_3CH_2CH_2COOH + CH_3CH_2COOH + CH_3COOH$$

酮的氧化反应在有机合成上意义不大，但环己酮由于具有环状的对称结构，其氧化断裂产物主要是己二酸。己二酸是制备合成纤维尼龙-66 的重要原料。

$$\text{环己酮} \xrightarrow[\triangle]{KMnO_4/H^+} HOOCCH_2CH_2CH_2CH_2COOH$$

此法的优点是选择性好，收率高，产品质量优于其他生产方法。

②弱氧化　醛还可以被斐林（Fehling）试剂、本尼迪克特（Benedict）试剂和托伦（Tollens）试剂等弱氧化剂氧化，酮则不能，因此，常用这些弱氧化剂来鉴别醛和酮。

斐林试剂是由 A、B 两种溶液组成。A 为硫酸铜溶液，B 为氢氧化钠和酒石酸钾钠溶液。平时两种溶液分别存储，使用时等体积混合，其中作为氧化剂的是二价铜离子。甲醛还原 Cu^{2+} 为 Cu，其他醛与斐林试剂反应时，被氧化成羧酸，铜离子被还原成砖红色的氧化亚铜沉淀。

$$RCHO + 2Cu^{2+} + 5OH^- \xrightarrow{\triangle} RCOO^- + 3H_2O + Cu_2O\downarrow（砖红色）$$

本尼迪克特试剂是硫酸铜、碳酸钠和柠檬酸钠的混合液。它的氧化作用与斐林试剂相同，只是本尼迪克特试剂较稳定，平时不必分别存储。

托伦试剂是碱性的银氨溶液，氧化剂是银离子，它和醛作用时，醛被氧化成羧酸铵盐，它本身被还原成金属银。如果反应的容器洁净，所析出的金属银将镀在器壁上明亮如镜，所以该反应又称银镜反应。

$$RCHO + 2Ag(NH_3)_2^+ + OH^- \xrightarrow{\triangle} RCOONH_4 + 3NH_3 + H_2O + 2Ag\downarrow$$

$$RCH{=}CH{-}CHO \xrightarrow[OH^-]{Ag^+或Cu^{2+}} RCH{=}CH{-}COOH$$

上述弱氧化剂只氧化醛基，对酮基、羟基和碳碳双键没有作用。因此，除能区别醛、酮外，也可利用这一方法制备不饱和羧酸。

芳香醛只能与托伦试剂作用，与斐林试剂及本尼迪克特试剂都不作用。甲醛不能还原本尼迪克特试剂。

（2）还原反应　醛、酮的还原，按产物不同可分为两类，一类是还原为羟基，另一类是还原为亚甲基。

①催化氢化　醛和酮在金属催化剂 Ni、Pt、Pd 等存在下加氢，醛被还原成伯醇，酮被还原成仲醇。

$$R{-}CHO + H_2 \xrightarrow{Ni} R{-}CH_2OH$$

$$\underset{\underset{O}{\|}}{R{-}C{-}R'} + H_2 \xrightarrow{Ni} \underset{R'}{\overset{R}{C}}{-}OH$$

催化氢化的方法选择性不强，如果分子中同时含有双键、叁键、硝基和氰基等基团通常也被还原。例如：

$$\text{苯}{-}CH{=}CH{-}CHO \xrightarrow{H_2/Ni} \text{苯}{-}CH_2CH_2CH_2OH$$

②金属氢化物还原　如果只需羰基还原而保留碳碳双键就必须使用选择性较高的还原

剂，如硼氢化钠($NaBH_4$)、氢化铝锂($LiAlH_4$)等。例如：

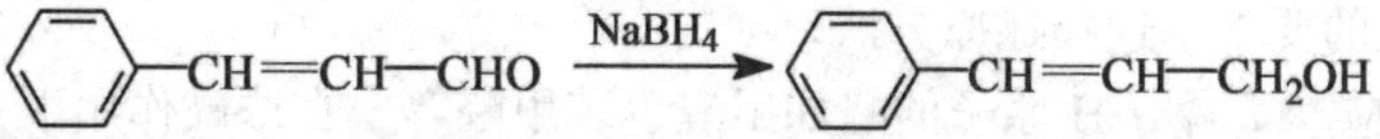

由于氢化铝锂极易水解，使用氢化铝锂为还原剂通常在无水乙醚或无水四氢呋喃溶剂中进行反应，而硼氢化钠和硼氢化钾一般在甲醇和乙醇中进行还原。氢化铝锂的还原性比硼氢化钠强，除能还原醛、酮外，可以还原碳碳不饱和键以外的许多不饱和基团如—COOH、—COOR，-$CONH_2$、—NO_2、—CN 等基团，且收率较高。但用 $NaBH_4$ 为还原剂时不影响—COOR、—COOH 和—CN 等基团，选择性高。、

$$CH_3CH=CH-CHO \xrightarrow[\text{无水乙醚}]{LiAlH_4} CH_3CH=CH-CH_2OH$$

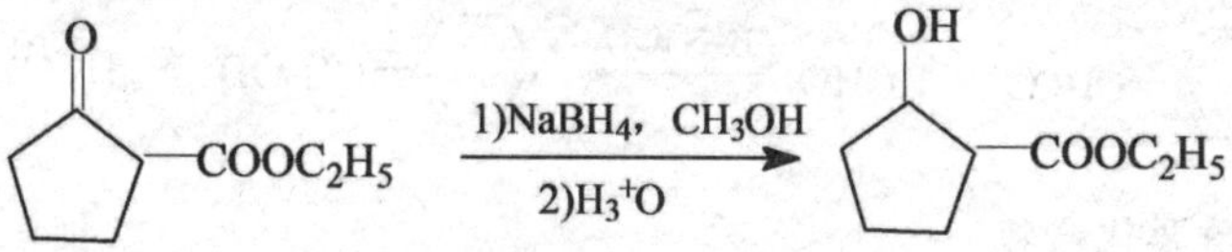

③克莱门森(Clemmenson)还原　醛、酮与锌汞齐和浓盐酸一起加热回流，羰基可被还原为亚甲基，该方法称为 Clemmenson 还原。

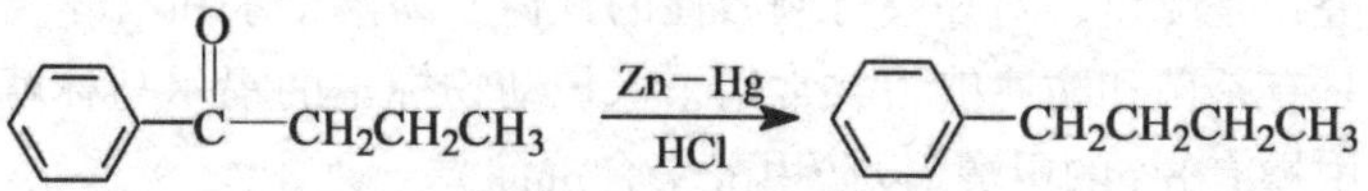

利用芳烃的 Friedel-Crafts 酰基化反应得到芳酮，而后经 Clemmenson 还原，可制备带有直链烷基的芳烃，该法可以避免用 Friede-Crafts 烷基化反应导致的重排产物和多烃基化等问题。但是采用该法进行还原时，与羰基共轭的双键也会被还原，而未共轭的双键可能会被酸破坏。

④Wolff-Kisher-黄鸣龙还原　先将醛或酮与无水肼反应生成腙，然后在高压釜中将腙和乙醇钠及无水乙醇加热到 180℃，反应后得到饱和烃。这是将醛或酮还原为烃的一种方法。但上述反应条件比较苛刻，需要无水条件和无水肼等，反应时间也很长。

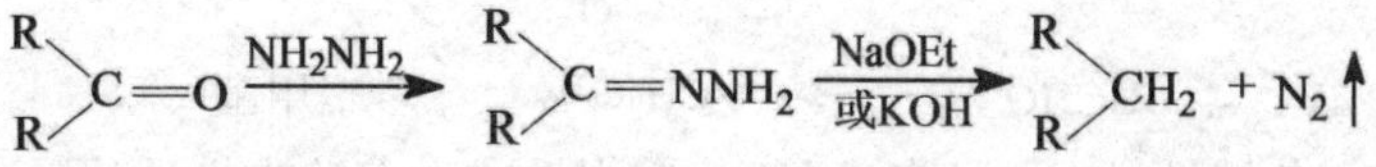

1946 年，我国科学家黄鸣龙对上述方法进行了改进，即先将醛或酮、氢氧化钠、水合肼和一个高沸点溶剂如二甘醇一同加热生成腙，而后在碱性条件下脱氮，结果醛或酮中的羰基被还原为亚甲基。改进后该反应在常压下进行(分子中的双键不受影响)，用水合肼代替了无水肼，而且收率较高。这一改进的还原方法称为 Wolff-Kisher-黄鸣龙反应。例如：

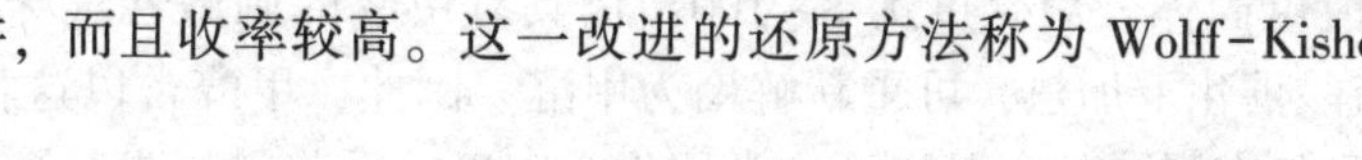

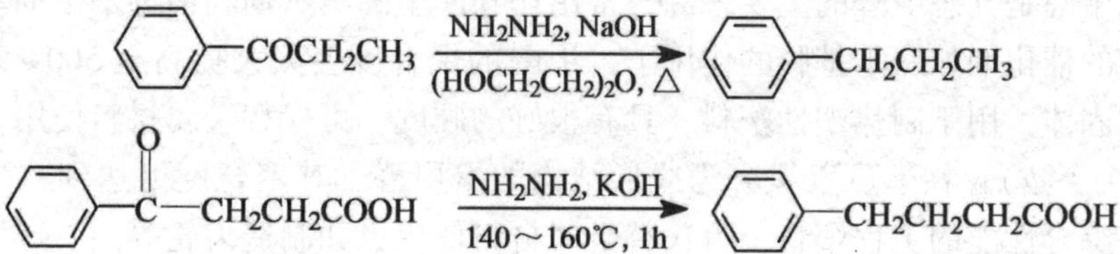

Clemmenson 还原和 Wolff-Kisher-黄鸣龙反应都可将羰基还原为亚甲基，但前者在酸性

条件下进行，后者在碱性条件下进行，两种反应相互补充，可以根据醛、酮分子中所含其他基团对酸碱性的要求，选择还原方法。

(3)歧化反应　不含 α-H 原子的醛如甲醛、苯甲醛等，在浓碱作用下，一分子的醛被氧化成羧酸，另一分子的醛被还原成醇，这种自身氧化还原反应称为康尼查罗(Connizzaro)反应。康尼查罗反应是一种歧化反应。而酮不发生歧化反应。例如：

$$2 \bigcirc\!\!-CHO \xrightarrow{\text{浓NaOH}} \bigcirc\!\!-COONa + \bigcirc\!\!-CH_2OH$$

两种不含 α-H 原子的醛进行歧化反应时，会发生交叉反应，所以产物复杂，无实用意义。如果用甲醛和另一种不含 α-H 原子的醛进行歧化反应时，由于甲醛易被氧化，而另一种不含 α-H 原子的醛被还原成醇。例如：

$$\bigcirc\!\!-CHO + HCHO \xrightarrow{\text{浓NaOH}} \bigcirc\!\!-CH_2OH + HCOONa$$

8.1.5　醛和酮的重要化合物

1. 甲醛

甲醛又名蚁醛，是无色、对黏膜有刺激性的气体，易溶于水和乙醇。甲醛有凝固蛋白质的作用，因而具有杀菌和防腐能力，常用来保护动物标本的福尔马林就是 37%~40%的甲醛水溶液，其中掺有 8%的甲醇(以防甲醛聚合沉淀)。

甲醛的化学性质比其他醛类活泼，易被氧化，且极易聚合。如在常温下，由三分子甲醛聚合，可以形成环状的三聚甲醛；也可以由多种分子聚合，形成线型高分子化合物——多聚甲醛。甲醛在水溶液中也可以发生聚合，长期放置的浓的甲醛水溶液会析出多聚甲醛。

$$3HCHO \longrightarrow \text{三聚甲醛}$$

$$nHCHO \longrightarrow \text{+CH}_2\text{O+}_n \quad \text{多聚甲醛}$$

三聚甲醛为白色结晶粉末，熔点 64 ℃，在中性或碱溶液中性质比较稳定，类似于缩醛。但在酸的作用下加热，容易解聚为甲醛。所以，常用聚合和解聚两种特性来保存、运输或精制甲醛。

多聚甲醛为白色固体，聚合度为 8~100，仍具有甲醛的刺激性气味，熔点为 120~170℃，在少量硫酸催化下加热，可重新解聚为甲醛。因此，甲醛常以这种多聚体的形式保存。多聚甲醛是气态甲醛的主要来源，常用作仓库里的熏蒸剂和消毒杀菌剂。

在适当的催化剂如三苯基膦的作用下，甲醛的聚合度会大大提高至 500~5000，形成一种可塑性固体，用于制热塑性塑料，具有很好的硬度，可代替金属材料使用。纯甲醛在催化剂(如正丁胺)存在下可以聚合为线形结构的聚甲醛，其聚合度可达到数十万，是一类具有良好综合性能的工程塑料，可代替金属材料使用，如制造齿轮等。

甲醛与苯酚进行缩聚形成立体交联的高分子化合物——酚醛树脂，可制备具有绝缘性能的电木。

甲醛很容易与氨或铵盐作用，缩合成环状六亚甲基四胺，商品名为乌洛托品（urotropine），是一种白色结晶粉末，熔点263℃，易溶于水，在医药上用作利尿剂及尿道消毒剂，还可以用作橡胶的硫化促进剂。

2. 苯甲醛

苯甲醛俗称苦杏仁油，为无色液体，沸点为178℃。自然界中苯甲醛常与葡萄糖、氢氰酸等结合而存在于杏、桃、李等种仁中，尤其以苦杏仁中含量最高。

苯甲醛在室温下能被空气中的氧缓慢地氧化成苯甲酸，因此保存时常加入少量的对苯二酚作为抗氧剂，以防止苯甲醛被氧化。

工业上，苯甲醛是制造染料和香料的原料。

3. 丙酮

丙酮是无色的有香气的液体，沸点为56.2℃，易燃烧，能与水、乙醇、乙醚等有机溶剂混溶，其本身也是常用的溶剂，广泛用于油墨、涂料、人造纤维和无烟火药工业。丙酮也是重要的有机合成原料，是合成有机玻璃、环氧树脂、农药、抗生素、食品防腐剂等的重要原料。

工业上制备丙酮的方法主要有三种，其中一种是以丙烯为原料制成异丙醇，再氧化生成丙酮。现已改用丙烯催化氧化法制备丙酮。

$$CH_3-CH=CH_2 + O_2 \xrightarrow{PdCl_2, CuCl_2} CH_3-\overset{O}{\overset{\|}{C}}-CH_3$$

这一方法产率高，副产物少，是一种新方法。但我国仍有很多企业在采用异丙苯氧化法制苯酚的同时兼得丙酮的工艺流程，此法同时得到两种重要的有机化工原料。

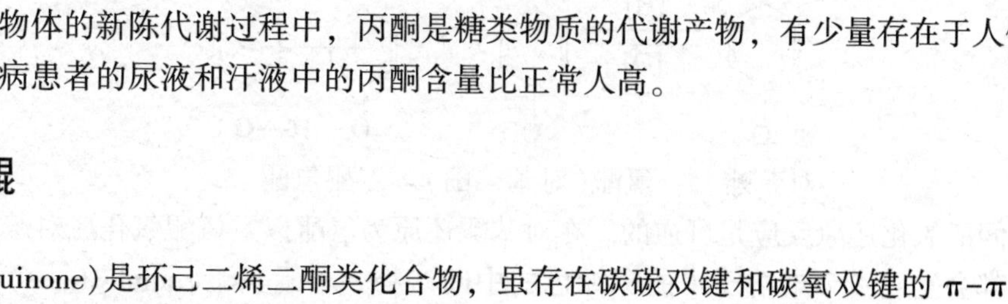

在生物体的新陈代谢过程中，丙酮是糖类物质的代谢产物，有少量存在于人体的尿液中，糖尿病患者的尿液和汗液中的丙酮含量比正常人高。

8.2 醌

醌（quinone）是环己二烯二酮类化合物，虽存在碳碳双键和碳氧双键的 π-π 共轭系，但不符合休克尔规则，所以没有芳香性。

8.2.1 醌的结构和命名

较常见的醌类有苯醌、萘醌、蒽醌、菲醌及其羟基衍生物。苯醌只有两种异构体：邻苯醌和对苯醌。

醌类化合物根据醌羰基所在的位置和相应芳香母体来命名。例如：

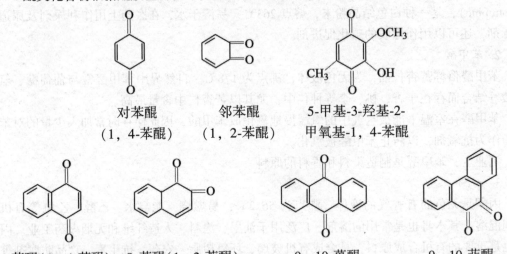

对苯醌　　　　　邻苯醌　　　　5-甲基-3-羟基-2-
（1，4-苯醌）　　（1，2-苯醌）　　甲氧基-1，4-苯醌

α-萘醌（1，4-萘醌）　β-萘醌（1，2-萘醌）　　　9，10-蒽醌　　　　　9，10-菲醌

醌类化合物都是结晶固体，一般具有颜色。通常对位醌多呈黄色，邻位通常为红色或橙色。如对苯醌为黄色结晶、邻苯醌为红色结晶、1，4-萘醌为挥发性黄色固体、蒽醌为黄色固体。这类结构也存在于多种植物色素、染料及指示剂中，醌型染料为染料的一大分支。

8.2.2　醌的性质

醌分子中含 $>C=C<$ 键与 $>C=O$ 键，而且它们处于共轭体系中，因此，它具有烯烃和羰基以及共轭双键化合物的典型性质。

1. 还原反应

对苯醌在亚硫酸钠水溶液中很容易被还原为对苯二酚（也称氢醌），对苯二酚也容易氧化成对苯醌。两者之间的关系可表示为：

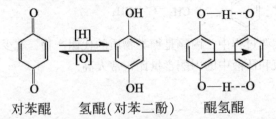

对苯醌　　氢醌（对苯二酚）　　醌氢醌

醌酚间的氧化还原反应是可逆的。在对苯醌还原为氢醌以及氢醌氧化成对苯醌的两个反应中，都会生成一个难溶于水的深绿色的中间产物——醌氢醌（quinhydrone）。将等量的对苯醌和氢醌两种溶液混合在一起也能制成醌氢醌。醌氢醌的形成是由于醌环中"缺少"π 电子，而氢醌环中电子过剩，两者之间形成电荷转移配合物，同时分子中的氢键也能起到稳定作用。

醌酚氧化还原体系在生理过程中有重要意义。生物体内的氧化还原作用常以脱氢或加氢的方式进行，这一过程中，在酶的作用下氢的传递工作可通过醌氢醌氧化还原体系来实现。

2. 与羰基试剂的反应

醌分子中的羰基能与羰基试剂等发生加成反应。如对苯醌与羟胺加成生成单肟或双肟。

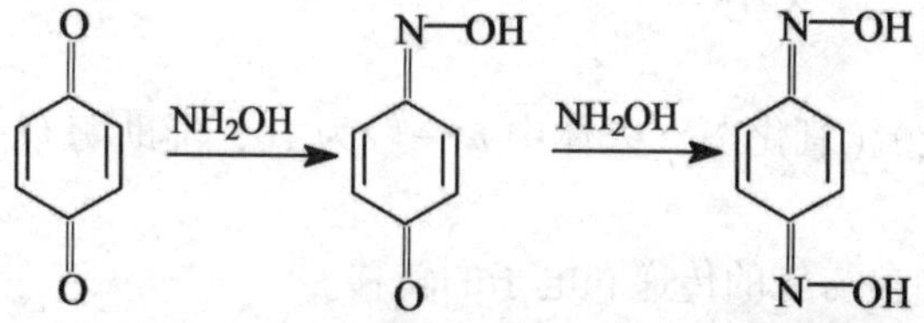

对苯醌单肟　　对苯醌双肟

3. 碳碳双键的加成反应

醌分子中的碳碳双键和烯烃中的双键一样，可与卤素、卤化氢等亲电试剂加成。例如：

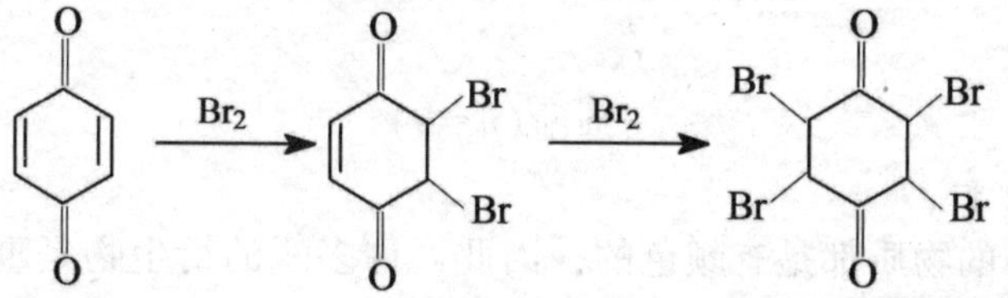

对苯醌的双键由于受相邻两个羰基的影响，成为一个典型的亲双烯体试剂，可以与共轭烯烃发生 Diels-Alder 反应。

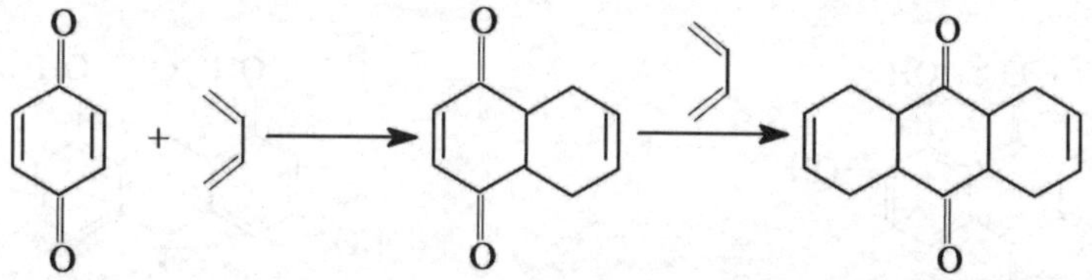

醌中碳碳双键与碳氧双键共轭，它可以与氢卤酸、氢溴酸等许多试剂发生 1，4-加成反应。例如，对苯醌可以与 HCl 发生 1，4-加成，生成 2-氯-1，4-苯二酚。

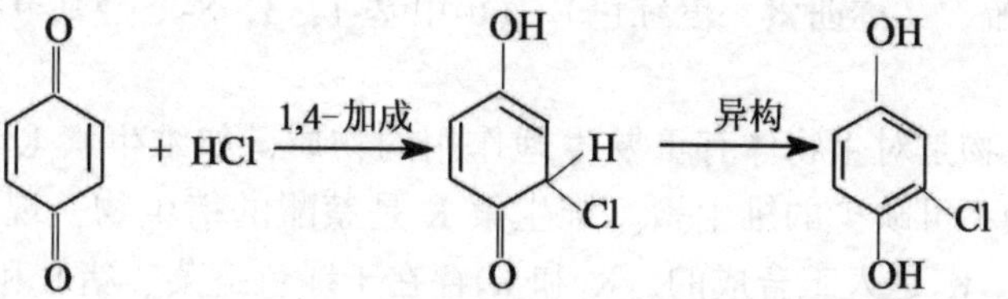

8.2.3 自然界中的醌

醌类化合物在自然界中分布很广。例如，维生素 K、辅酶 Q_{10} 以及中药中的有效成分大黄素和大黄酸均有醌的结构。茜素是从茜草根中分离出来的红色染料。

1. 泛醌(辅酶 Q)

辅酶 Q 为苯醌的衍生物，是脂溶性化合物，由于在动植物体中广泛存在又名泛醌，是所有需氧生物体内氧化还原过程中极为重要的物质，在生物体内起着转移电子的作用，与脂类、糖类和蛋白质的代谢有关。它通过苯醌与氢醌间的氧化还原过程在生物体内转移电子。

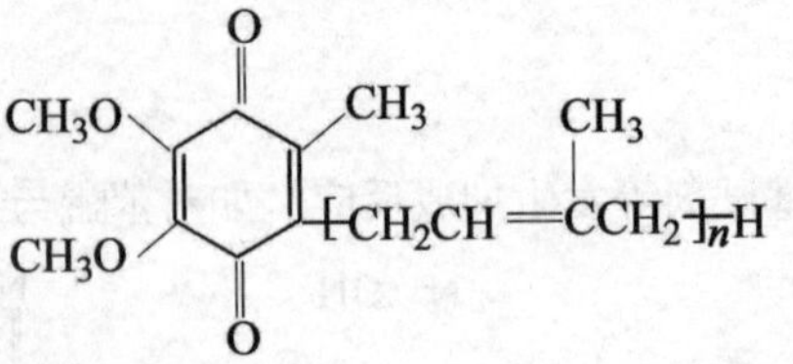

泛醌(氧化态)(人体中 n 一般为 10，辅助酶 Q_{10})

2. 质醌

质醌在光合作用中参与氢的传递和电子的转移。

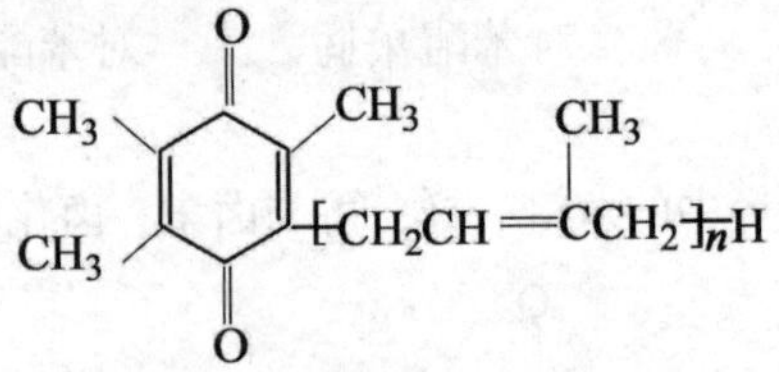

质醌($n \approx 9$)

3. 茜红和大黄素

具有醌式结构的物质都是有颜色的，因此，许多醌的衍生物是重要的染料中间体。自然界也存在一些醌类色素。如茜红存在于茜草中，是最早被使用的天然染料之一。大黄素是广泛分布于霉菌、真菌、地衣、昆虫及花中的色素。茜红和大黄素均为蒽醌的衍生物。

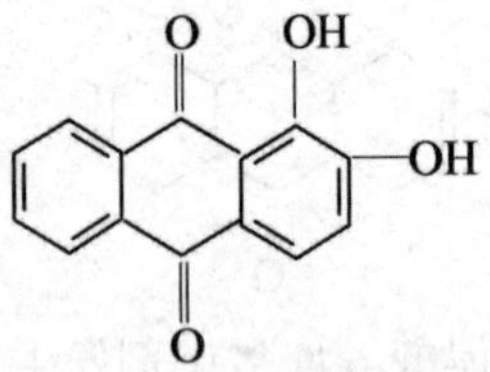

茜红

大黄素

（1，2-二羟基蒽醌，又称茜素，橙红色）　（6-甲基-1，3，8-三羟基-9，10-蒽醌，黄色）

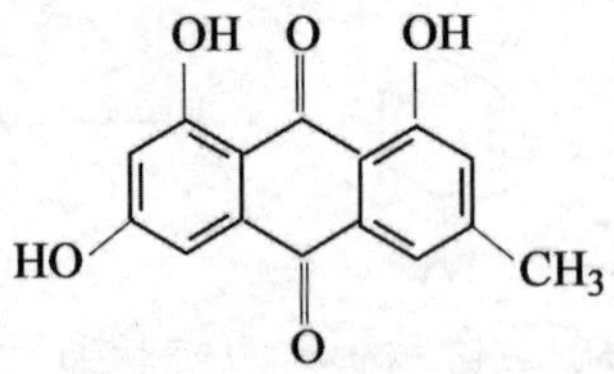

4. 维生素 K

某些醌的衍生物是对生物体有重要生理作用的物质，如维生素 K 有促进凝血酶元生成的作用，是动物不可缺少的维生素。维生素 K 是萘醌的衍生物，现已发现的天然产物有维生素 K_1 和 K_2，K_3 是人工合成的。K_1 和 K_2 存在于绿色蔬菜、猪肝和蛋黄中，人和动物肠内的细菌能合成维生素 K。其构造式为：

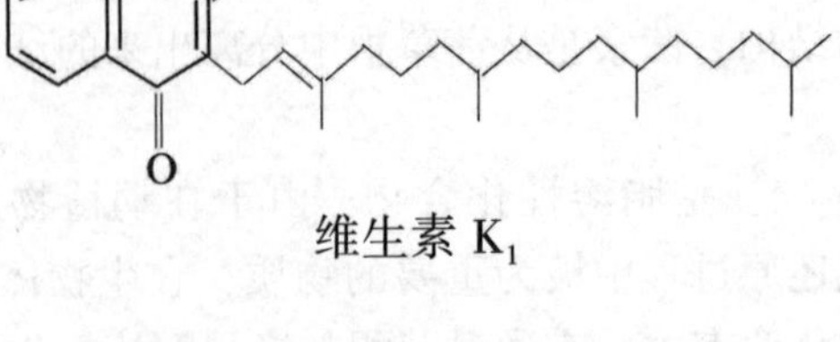

维生素 K_1

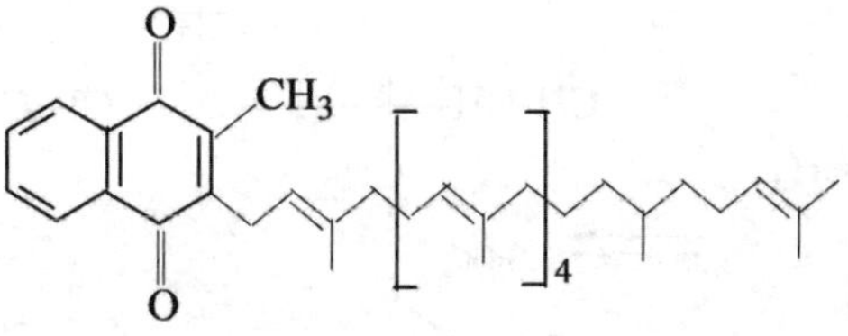

维生素 K₂ 的结构式... 维生素 K₂   维生素 K₃

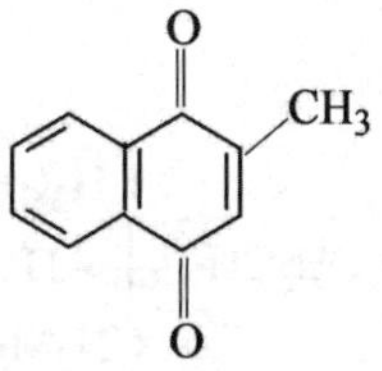

维生素 K_1 为黄色油状物，维生素 K_2 为黄色结晶体，能溶于油脂和石油醚、乙醚、丙酮等有机溶剂。它们的性质不稳定，受光、氧化剂、强酸或卤素等作用易分解。维生素 K_1 可用于治疗阻塞性黄胆和新生儿出血等病。

维生素 K_3 的化学名称为 2-甲基-1，4-萘醌，为亮黄色结晶，有特殊的气味，熔点为 $105\sim107℃$，不熔于水，易溶于有机溶剂，其生理作用和用途与维生素 K_1 相同，均为良好的止血剂。

◎ 知识拓展

羰基亲核加成的立体化学

亲核加成是羰基的重要化学反应，由于羰基为平面构型，按照加成的一般原理，亲核试剂可以从羰基平面的两侧进攻羰基碳原子，经过加成反应后，羰基碳原子由 sp^2 杂化变成 sp^3 杂化，如果加成后的羰基碳原子变成手性碳原子，就会涉及由反应物到生成物的构型问题。因此，除甲醛和对称酮外，其他醛、酮的加成都可能有新的手性碳原子生成，产物是对映异构体的混合物或非对映体的混合物。

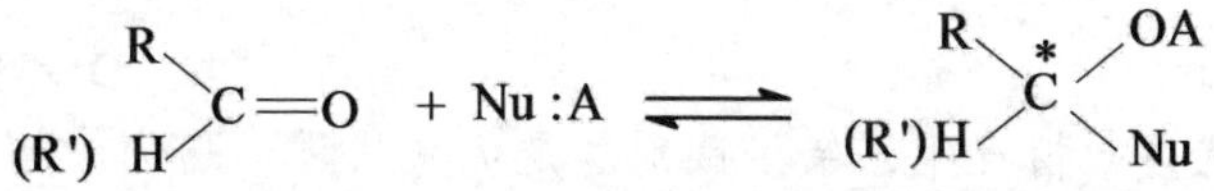

甲醛分子的所有原子在同一平面上，分子所在的平面也是分子的对称面。当甲醛分子的羰基发生亲核加成反应时，亲核试剂无论从分子平面的哪一侧进攻，得到相同的化合物。

乙醛分子与亲核试剂进行亲核加成时，亲核试剂可以从乙醛分子所在的平面（分子的对称面）两侧进攻羰基碳原子，由于进攻概率相同，除个别试剂（比如水）外，可以得到等物质的量的对映体（即外消旋体）。例如，乙醛与氢氰酸加成，亲核试剂 CN^- 可以从羰基平面的两侧进攻羰基碳原子，得到等物质的量的 R-羟基丙腈和 S-羟基丙腈组成的外消旋体。

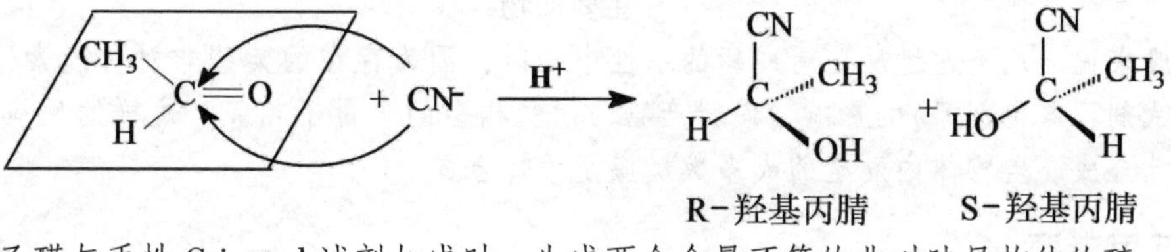

R-羟基丙腈   S-羟基丙腈

当乙醛与手性 Grignard 试剂加成时，生成两个含量不等的非对映异构体的醇。

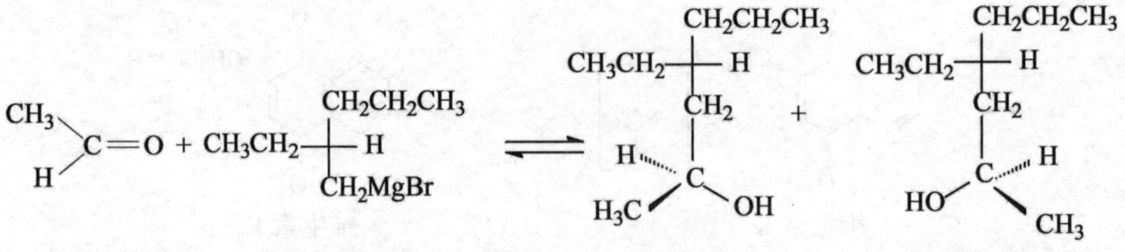

当醛和酮的 α-碳原子具有手性时，羰基平面不再是分子的对称面，亲核试剂从该平面两侧进攻碳原子的机会不相等，结果得到不等量的非对映异构体。例如，D-甘油醛与氢氰酸的加成，经水解后最终的产物是含量不相等的两种糖酸。在此加成中，CN⁻ 对羰基碳原子的进攻受 D-甘油醛手性碳原子的影响，立体化学上，CN⁻ 从其空间位阻较小的一边进攻羰基碳原子较为有利，因此最终产物中含有较多的 D-苏阿糖酸。

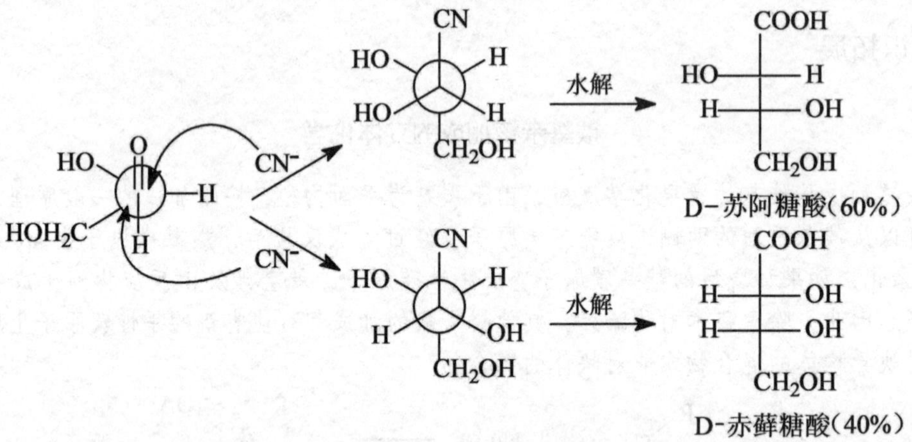

实验证明，在大多数情况下，亲核试剂总是优先从醛、酮优势构象中空间位阻较小（即较小基团）的一边进攻羰基碳原子。例如，2-甲基环己酮分子中有一个手性碳原子，羰基所在的平面是非对映面，其两侧的立体环境是不同的，它与氢氰酸加成时，主产物为 CN⁻ 从远离甲基的一侧进攻羰基碳原子，因为这种进攻方式的空间位阻较小。

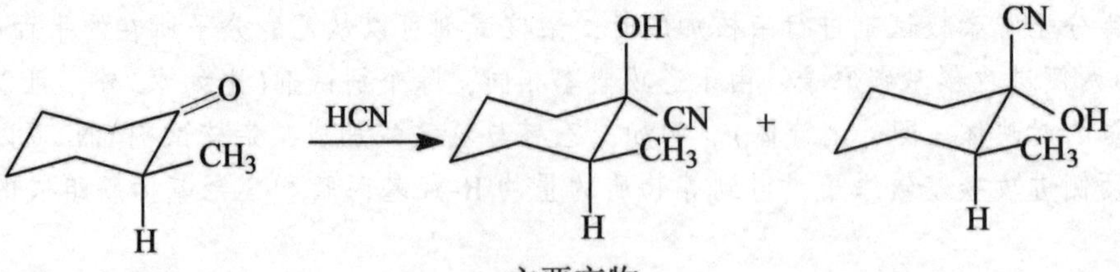

主要产物

一般来说，凡是通过反应生成新的手性中心时，因为存在的某些非对称因素（包括反应物、试剂、催化剂等）的影响，使得产物的两种构型的含量不相等，这样的反应都可以称为手性合成。生物体内发生的大多数反应是手性合成。

◎ 课后思考题

1. 结构决定性质是学习化学的主线之一，如醛、酮化合物中羰基易发生亲核加成反应，该亲核加成反应中羰基的活性除受羰基自身结构中电子效应、空间效应影响外，还与不同试剂条件有关。我们分析问题要全面兼顾考虑事物的内外因素，科学辩证分析问题。请根据学习所得总结并举例说明羰基亲核加成反应都具体受哪些因素影响。

2. 下面一首词中概括的是化学家(　　)的主要成就。

《定风波》　　张　飙

聚散碱酸转构型，中西新药促合成。激素甾族工业，简便，研推七步可的松。

突破还原勘反应，致敬，炎黄名冠始兹行。身诩螺钉依重器，挥炬，冲天鸣号驭飞龙。

A. 沃尔夫　　　　　B. 凯惜纳　　　　　C. 黄鸣龙　　　　　D. 蒋明谦

◎ 习　题

1. 用系统命名法命名下列各化合物。

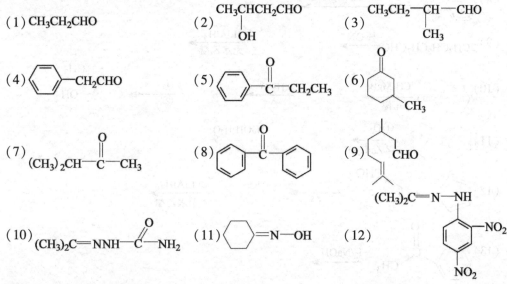

(1) CH₃CH₂CHO

(2) CH₃CHCH₂CHO / OH

(3) CH₃CH₂—CH—CHO / CH₃

(4) 苯基-CH₂CHO

(5) 苯基-C(=O)-CH₂CH₃

(6) 3-甲基环己酮

(7) (CH₃)₂CH—C(=O)—CH₃

(8) 二苯甲酮

(9) CHO (柠檬醛结构)

(10) (CH₃)₂C=N—NH—C(=O)—NH₂

(11) 环己酮=N—OH

(12) (CH₃)₂C=N—NH—(2,4-二硝基苯基)

2. 写出下列化合物的结构式。

(1) 3-甲基戊醛(β-甲基戊醛)　　(2) 1, 3-环己二酮　　(3) 丙醛肟

(4) 2, 5-二甲基-1, 4-苯醌　　(5) 水合三氯乙醛　　(6) β-戊二酮

(7) α-溴代丙醛　　(8) 邻羟基苯甲醛　　(9) 苯基苄基酮

3. 排列下列化合物中羰基的活性顺序。

(1) CH₃—C(=O)—CH₃　　(2) CH₃CHO　　(3) CH₃—C(=O)—CH₂CH₃

(4) HCHO　　(5) (CH₃)₃C—C(=O)—C(CH₃)₃

4. 完成反应方程式。

(1) CH₃—C(=O)—CH₂CH₃ + H₂N—OH ⟶

（2）$2CH_3CH_2CHO \xrightarrow[\triangle]{稀NaOH}$

（3）$2(CH_3)_3CCHO \xrightarrow{浓NaOH}$

（4）$CH_3CH=CHCHO \xrightarrow{NaBH_4}$

（5） 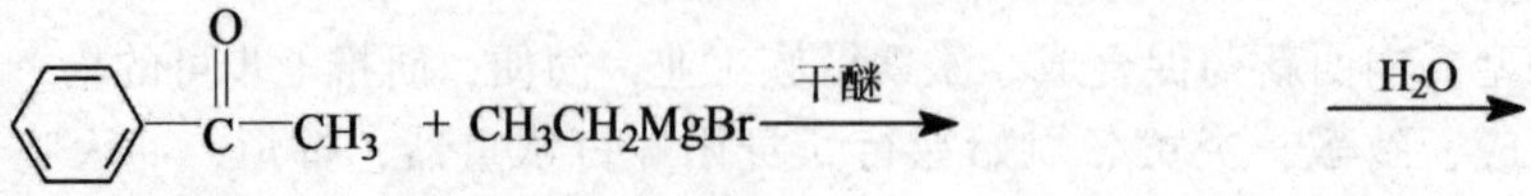 $+ CH_3CH_2MgBr \xrightarrow{干醚} \xrightarrow{H_2O}$

（6）$CH_3CH_2CHO + 2C_2H_5OH \xrightarrow{干燥HCl}$

（7） 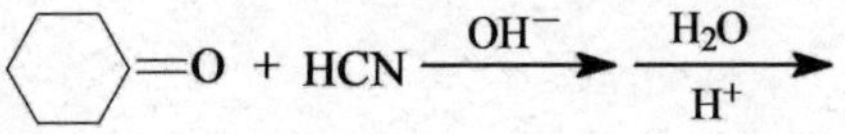 $+ HCN \xrightarrow{OH^-} \xrightarrow[H^+]{H_2O}$

（8） 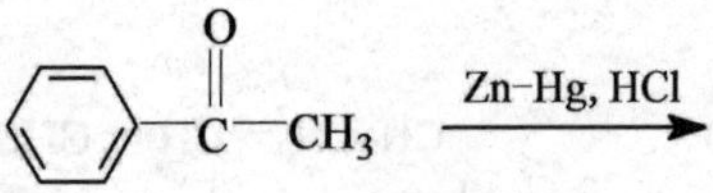 $\xrightarrow{Zn-Hg,\ HCl}$

（9）$2CH_3CH_2CH_2CHO \xrightarrow{稀ON^-} \xrightarrow[无水乙醚]{LiAlH_4}$

（10） 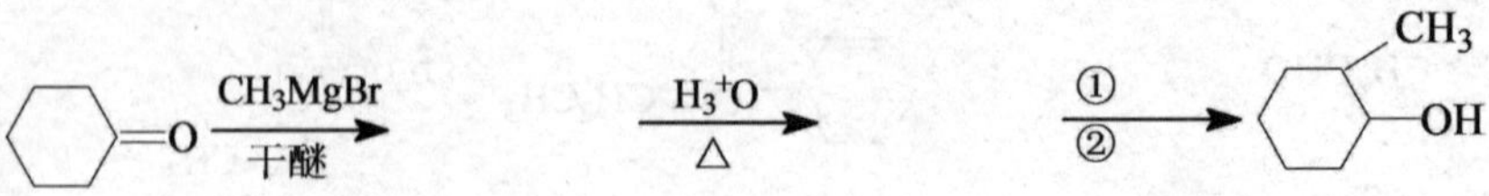 $\xrightarrow[干醚]{CH_3MgBr} \xrightarrow[\triangle]{H_3^+O} \xrightarrow[②]{①}$

（11） 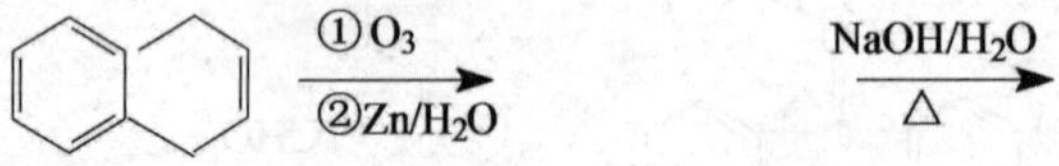 $\xrightarrow[②Zn/H_2O]{①O_3} \xrightarrow[\triangle]{NaOH/H_2O}$

（12） 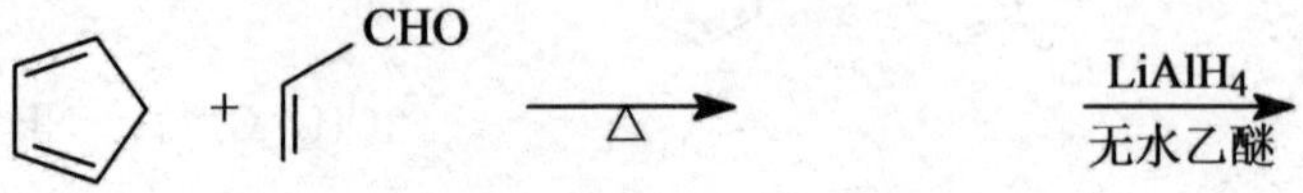 $+$ $\xrightarrow{\triangle} \xrightarrow[无水乙醚]{LiAlH_4}$

（13） 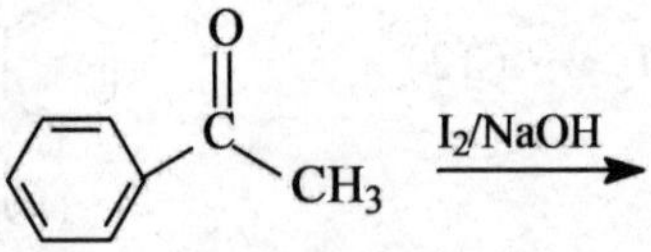 $\xrightarrow{I_2/NaOH}$

5. 选择填空。

（1）下列化合物中，不易与 $NaHSO_3$ 发生加成反应的是：_____。

   A. 3-戊酮　　　　B. 戊醛　　　　C. 2-戊酮　　　　D. 2-甲基丁醛

（2）苯乙醛与甲醛在稀碱作用下加热生成的主要产物是：_____。

   A. 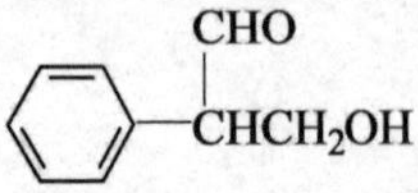 　　　B.

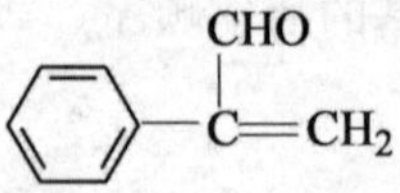

   C. 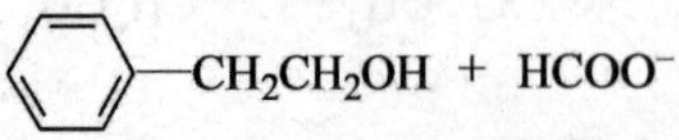 $-CH_2CH_2OH + HCOO^-$　　　D. 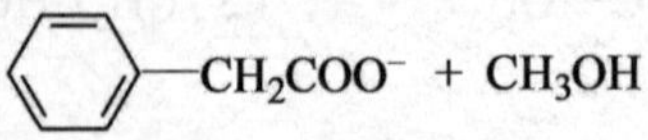 $-CH_2COO^- + CH_3OH$

（3）下列化合物中，能与水合茚三酮发生显色反应的是：_____。

   A. $HOCH_2CH_2COOH$　B. 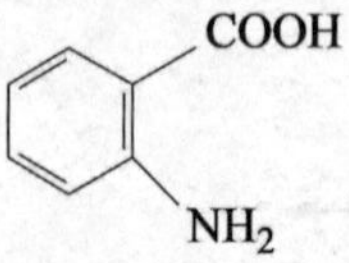 　　C. $H_2NCH_2CH_2COOH$　D. $HOCH_2CHCOOH$

(4)下列各化合物羰基活性最弱的是_____。

A. $CH_3-\overset{\overset{\displaystyle O}{\|}}{C}-CH_3$ 　　B. CH_3CHO 　　C. $HCHO$ 　　D. $CH_3-\overset{\overset{\displaystyle O}{\|}}{C}-CH_2CH_3$

(5)下列不能用来区分醛和酮的试剂是_____。

A. 斐林试剂　　　B. 格氏试剂　　　C. 品红试剂　　　D. 托伦试剂

(6)下列化合物在浓碱作用时能发生歧化反应的是：_____。

A. 乙醛　　　　B. 丙酮　　　　C. 苯甲酸　　　　D. 苯甲醛

6. 试用简便的化学方法鉴别下列各组化合物。

(1)甲醛、乙醛、2-丁酮

(2)2-戊酮、3-戊酮、2,4-戊二酮

(3)甲醛、乙醛、丙醛、苯甲醛

7. 完成下列转化。

(1) $CH_3CHO \longrightarrow CH_3CH_2CH_2CHO$

(2) $CH_3CH_2CH_2OH \longrightarrow CH_3CH_2CH=\overset{\displaystyle }{\underset{\overset{\displaystyle |}{CH_3}}{C}}-CH_2OH$

(3) $CH_3CHO \longrightarrow$

8. 从中草药陈蒿中得到一种治疗胆病的化合物，经确定分子式为 $C_8H_8O_2$。该化合物能溶于碱溶液，遇三氯化铁呈淡紫色，与2,4-二硝基苯肼生成腙，可与 I_2 和 $NaOH$ 溶液反应，生成一分子碘仿和一分子水杨酸。试推导其可能的构造式。

9. 某化合物 A 分子式为 $C_5H_{12}O$，氧化生成 $B(C_5H_{10}O)$，B 能与 2,4-二硝基苯肼作用生成黄色沉淀，并能与 I_2-$NaOH$ 溶液共热生成黄色沉淀，A 与浓 H_2SO_4 共热生成化合物 $C(C_5H_{10})$，C 经酸性高锰酸钾氧化得丙酮和乙酸。试推断该化合物 A、B、C 的结构式。

10. 化合物 A 分子式为 $C_6H_{12}O$，能与苯肼作用，但不发生银镜反应。A 经催化氢化得化合物 $B(C_6H_{14}O)$。B 与浓硫酸共热得化合物 $C(C_6H_{12})$。C 经臭氧氧化并还原水解得到化合物 D 和 E。D 能发生银镜反应，但不能发生碘仿反应；E 可发生碘仿反应，但无银镜反应。分别推断化合物 A、B、C、D 和 E 的结构式。

第9章　羧酸与取代酸

分子中含有羧基(—COOH)的有机化合物称为羧酸(carboxylic acid),其通式为RCOOH或ArCOOH。羧酸分子中羧基上的羟基被其他原子或基团取代后的产物称为羧酸衍生物(carboxylic acids derivatives);羧酸分子中烃基上的氢原子被其他原子或基团取代后的产物称为取代酸(substituted acid)。

羧酸及其衍生物和取代酸广泛存在于自然界,许多既是动植物体代谢中的重要物质,也是重要的化工原料和有机合成中间体。

9.1　羧酸

9.1.1　羧酸的分类和命名

1. 羧酸的分类

除甲酸外,羧酸由羧基和烃基两部分组成。根据烃基的种类不同,羧酸可分为脂肪族羧酸、脂环族羧酸和芳香族羧酸。根据烃基是否含有不饱和键,羧酸可分为饱和羧酸和不饱和羧酸。根据羧酸分子中所含的羧基数目不同,羧酸可分为一元羧酸、二元羧酸和多元羧酸。

2. 羧酸的命名

(1)俗名　许多羧酸最初是从天然产物中得到的,因此常根据其来源而用俗名。如甲酸最初是由蒸馏蚂蚁得到的,称为蚁酸;乙酸存在于食醋中,称为醋酸。一些高级一元羧酸是由自然界中存在的脂肪水解得到的,因此开链羧酸又称为脂肪酸。一些常见羧酸的俗名见表9-1。

(2)系统命名　羧酸的系统命名原则与醛相似,即选择含有羧基在内的最长碳链作为主链,根据主链上碳原子数称为"某酸"。编号从羧基碳原子开始,将取代基的位次及名称写在前面。例如:

$$\overset{CH_3}{\underset{\overset{5}{CH_3}-\overset{4}{CH_2}-\overset{3}{CH}-\overset{2}{CH_2}-\overset{1}{COOH}}{|}}$$
$$\overset{}{\delta \quad\quad \gamma \quad\quad \beta \quad\quad \alpha}$$

3-甲基戊酸(β-甲基戊酸)

不饱和羧酸的命名,是选择含有不饱和键和羧基的最长碳链作为主链,编号仍从羧基碳原子开始,并标明双键(或叁键)的位次,称为"某烯酸"或"某炔酸"。例如:

$$\overset{4}{CH_3}-\overset{3}{CH}=\overset{2}{CH}-\overset{1}{COOH}$$

2-丁烯酸(巴豆酸)

脂环酸和芳香酸的命名，一般把脂肪酸作为母体，把脂环或芳环看作取代基。例如：

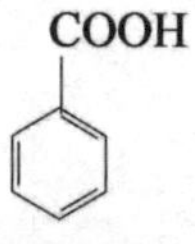

苯甲酸(安息香酸) 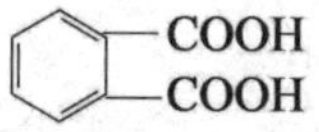　　　邻苯二甲酸 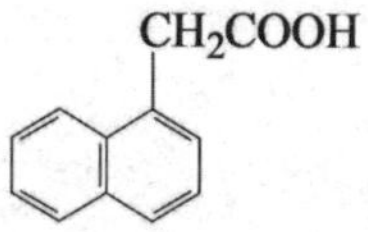　　　　α-萘乙酸

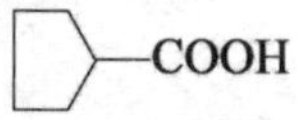

环戊基甲酸 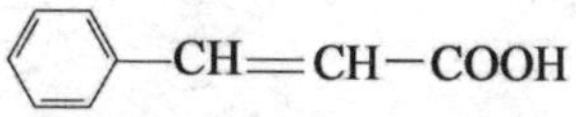　　　3-苯基丙烯酸(肉桂酸)

应当指出的是，α-萘乙酸中的"α"指的是萘环的 α 位，而非乙酸的 α-碳原子。

脂肪族二元羧酸的命名，是选择含有两个羧基的最长碳链为主链，按主链碳原子的数目称为"某二酸"。例如：

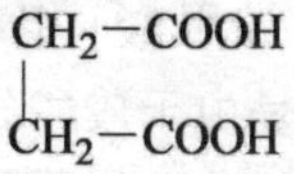

$$CH_2-COOH$$
$$|$$
$$CH_2-COOH$$

丁二酸(琥珀酸)

$$CH_3-\overset{2}{C}H-\overset{3}{C}H_2-\overset{4}{C}OOH$$
$$|$$
$$\underset{1}{C}OOH$$

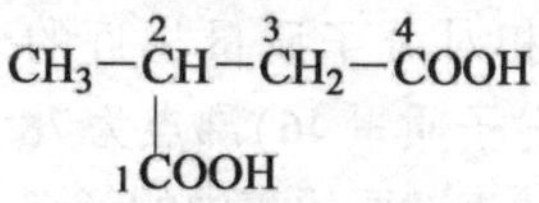

2-甲基丁二酸

羧酸分子中羧基去掉羟基后的基团按原来酸的名称而称某酰基；去掉氢后的基团按原来酸的名称则称某酰氧基；解离出氢离子后的部分称为羧酸根。例如：

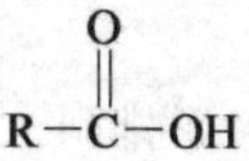

$$R-\overset{O}{\overset{\|}{C}}-OH$$	$$R-\overset{O}{\overset{\|}{C}}-$$	$$R-\overset{O}{\overset{\|}{C}}-O-$$	$$R-\overset{O}{\overset{\|}{C}}-O^-$$
羧酸	酰基	酰氧基	羧酸根

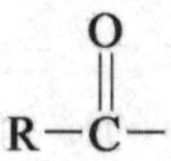

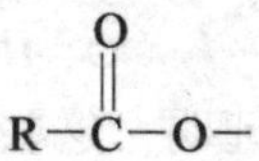

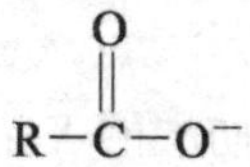

思考题 9-1　写出下列物质的结构式。

(1)安息香酸　　　(2)丁二酸　　　(3)三氯乙酸　　　(4)α-甲基丁酸

9.1.2　羧酸的结构

在羧酸分子中，羧基碳原子为 sp^2 杂化，三个 sp^2 杂化轨道分别与碳原子(或氢原子)和两个氧原子形成三个共平面的 σ 键。未参与杂化的 p 轨道与一个氧原子的 p 轨道形成 C ═O 中的 π 键，同时羧基中羟基氧原子上带一对孤对电子的 p 轨道与 C ═O 中的 π 键形成 p-π 共轭，如图 9-1 所示。

p-π 共轭的结果，使得羧基中羟基氧上的电子云向羰基偏移，导致 O—H 间的共用电子对更偏向氧原子，从而增大了 O—H 键的极性，减弱了 C—O 键的极性。因此羧酸的酸性比醇强，羟基被取代的反应比醇难。另外，由于羟基氧原子的 p 电子与羰基形成 p-π 共轭，降低了羰基的正电性，不利于亲核试剂的进攻，因此羧酸的亲核加成反应活性比醛、酮低。羧酸的性质并不是羰基化合物与醇的性质的简单加合，而是具有自己特殊的性质。

9.1.3　羧酸的物理性质

在室温下，饱和一元羧酸中，C_4 以下的羧酸是具有刺激气味的无色液体，$C_4 \sim C_{10}$ 的

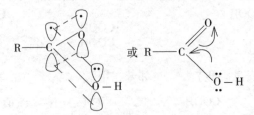

图 9-1　羧基上的 p-π 共轭示意图

羧酸是具有腐败气味的油状液体，C_{10} 以上的羧酸是无味的蜡状固体。脂肪二元羧酸和芳香羧酸都是结晶固体。

羧酸的沸点高于相对分子质量相近的醇醛醚。如甲酸(相对分子质量 46)沸点为 100.7℃，乙醇(相对分子质量 46)沸点为 78.5℃。这是由于羧酸分子可以通过氢键以二聚体形式存在，而且它的氢键要比醇中的氢键牢固。低级羧酸如甲酸、乙酸等，气态时也以二聚体形式存在。

$$R-C\begin{matrix} O---H-O \\ O-H---O \end{matrix}C-R$$

对长链脂肪酸的 X 射线研究证明，这些分子中的碳链按锯齿形排列，两个分子的羧基以氢键缔合，缔合的双分子是有规律的一层一层排列，每一层中间是相互缔合的羧基，引力很强，而层与层之间是以引力微弱的烃基相毗邻，相互间容易滑动，这也是高级脂肪酸具有润滑性的原因。

直链饱和一元羧酸的熔点曲线随分子中碳原子数目的增加呈锯齿形的变化，含偶数碳原子的羧酸比相邻的两个奇数碳原子的羧酸熔点高。这可能和结晶中分子的排列有关，偶数碳原子的羧酸较奇数碳原子的羧酸分子对称性高，晶格排列更紧密，故熔点较高。

羧酸与水也能形成较强的氢键，所以 C_4 以下的羧酸能与水互溶。随着相对分子质量的增加，烃基增大，水溶性逐渐减小。C_{10} 以上的羧酸难溶于水，而易溶于乙醇、乙醚、苯等有机溶剂。一般二元和多元羧酸易溶于水。由于羧基与水分子形成氢键的能力比醇羟基强，所以其水溶性比相应的醇大。如正丁酸能与水混溶，而正丁醇在 100g 水中的溶解度为 8g。一些常见羧酸的物理常数见表 9-1。

表 9-1　　　　　　　　　　　　**常见羧酸的主要物理性质**

名称	俗名	熔点/℃	沸点/℃	溶解度(25℃) (g/100gH$_2$O)	pK_a 或 pK_{a1}
甲酸	蚁酸	8.4	100.7	∞	3.75
乙酸	醋酸	16.6	118	∞	4.75
丙酸	初油酸	−20.8	141	∞	4.87
丁酸	酪酸	−7.9	164	∞	4.81

名称	俗名	熔点/℃	沸点/℃	溶解度(25℃) (g/100gH₂O)	pK_a或pK_{a1}
戊酸	缬草酸	−34.5	186	3.7	4.82
己酸	羊油酸	−4.0	205	1.08	4.84
庚酸	毒水芹酸	−7.5	223	0.24	4.89
辛酸	羊脂酸	16.5	239.3	0.068	4.89
壬酸	天竺葵酸	12.2	255	—	4.96
癸酸	羊蜡酸	31.5	270	—	—
十六碳酸	软脂酸	63	390	不溶	—
十八碳酸	硬脂酸	69~70	360(分解)	不溶	—
乙二酸	草酸	189.5	157(升华)	8.6	1.23
丙二酸	缩苹果酸	135.6	140(分解)	74.5	2.83
丁二酸	琥珀酸	188	235(分解)	5.8	4.19
己二酸	肥酸	153	330.5(分解)	1.5	4.42
顺丁烯二酸	马来酸	130.5	130(分解)	78.8	1.83
反丁烯二酸	延胡索酸	302	200(升华)	0.70	3.03
苯甲酸	安息香酸	122.4	249	0.34	4.19

9.1.4　羧酸的化学性质

根据羧酸的结构，它的性质可归纳为下述几种。

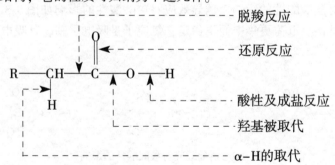

1. 酸性

(1) 羧酸的酸性及成盐反应

$$RCOOH + H_2O \longrightarrow RCOO^- + H_3O^+$$

羧酸在水溶液中能解离出 H⁺ 而显酸性，一方面是羧基中的 p-π 共轭效应，使羟基氢活泼易解离；另一方面是羧酸解离后生成的羧酸根负离子中，由于共轭的存在，负电荷完全均等地分布在 O—C—O 链上，使得体系能量降低，羧酸根负离子稳定性增强。如图 9-2

所示。

图 9-2　羧酸根的结构示意图

羧酸的酸性可用 K_a 或 pK_a 表示，K_a 越大，或 pK_a 越小，酸性越强。除甲酸($pK_a=3.76$)外，大多数饱和一元羧酸是弱酸(pK_a 值为 4～5)，酸性比苯酚($pK_a=9.95$)和碳酸($pK_a=6.35$)的酸性强，因此羧酸不但能与强碱反应，也可以与弱碱如碳酸钠、碳酸氢钠反应生成羧酸盐。

$$CH_3COOH+NaOH \longrightarrow CH_3COONa+H_2O$$

$$CH_3COOH+NaHCO_3 \longrightarrow CH_3COONa+CO_2\uparrow+H_2O$$

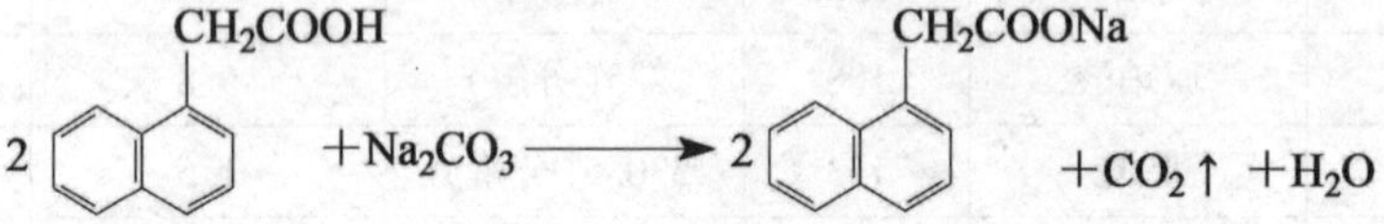

羧酸的碱金属盐和铵盐都可溶于水，但羧酸的酸性比无机强酸弱，所以在羧酸盐中加入无机强酸时，羧酸又游离出来。利用这一性质可以分离和精制羧酸，也可以把不溶于水的羧酸转变为可溶性的盐，然后配成溶液直接使用。许多羧酸盐在工业、农业、医药卫生领域被广泛应用，如农业上常用的植物生长调节剂 α-萘乙酸、2,4-二氯苯氧乙酸等，就是先转变为可溶性钠盐，然后配成所需浓度的水溶液使用。医药工业上常将水溶性差的含羧基的青霉素和氨苄青霉素转变为易溶于水的钾盐或钠盐，便于临床应用。

(2)影响羧酸酸性的主要因素

①电子效应对羧酸酸性的影响。诱导效应对羧酸酸性的影响如图 9-3 所示。甲基是斥电子基，其供电性使负电荷更集中而不稳定；氯原子是吸电子基，其吸电性使负电荷分散而稳定。

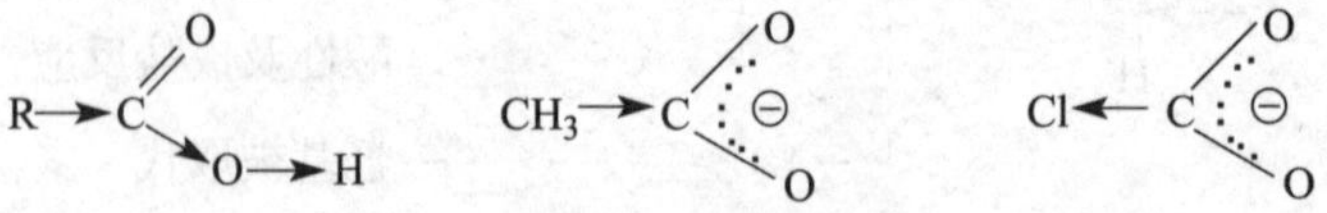

图 9-3　诱导效应对羧酸酸性的影响

当羧酸碳链上连有斥电子基时，羧酸酸性减弱，斥电子能力越强，酸性越弱。

$$\begin{array}{ccccc} & HCOOH & CH_3COOH & (CH_3)_2CHCOOH & (CH_3)_3CCOOH \\ pK_a & 3.75 & 4.76 & 4.86 & 5.05 \end{array}$$

+I 效应：$(CH_3)_3C->(CH_3)_2CH->CH_3-$

当羧酸碳链上连有吸电子基时，羧酸酸性增强；且吸电子基越多，吸电子能力越强，距羧基越近，羧酸酸性越强。

$$CH_3COOH \quad ClCH_2COOH \quad Cl_2CHCOOH \quad Cl_3CCOOH$$

pK_a 　　4.76　　　　2.86　　　　　1.36　　　　　0.63

二元羧酸中，由于羧基是吸电子基团，两个羧基相互影响使得一级解离常数比相应饱和一元羧酸大，这种影响随着两个羧基距离的增大而减弱。所以一般二元羧酸的酸性大于相应的一元羧酸的酸性，且 $pK_{a1} < pK_{a2}$。二元羧酸中，乙二酸的酸性最强。

不饱和脂肪酸和芳香酸的酸性，除受到基团的诱导效应影响外，还受到共轭效应的影响。-C 效应使羧酸酸性增强，+C 效应使羧酸酸性减弱。一般不饱和脂肪酸的酸性略强于相应的饱和脂肪酸。取代苯甲酸的酸性强弱是各取代基的电子效应综合影响的结果。例如：

pK_a 　　　3.42　　　　　3.99　　　　　4.20　　　　　4.57

②取代基位置对苯甲酸酸性的影响。取代苯甲酸的酸性强弱不但受取代基的电子效应影响，而且同一取代基在苯环上的位置不同，影响不同。如硝基苯甲酸的酸性因硝基与羧基的相对位置不同而不同。

　　　　　　　苯甲酸　邻硝基苯甲酸　间硝基苯甲酸　对硝基苯甲酸
pK_a 　　　4.20　　　　2.17　　　　　　3.49　　　　　　3.42

③分子内的氢键对羧酸酸性的影响。羧酸分子如能形成分子内氢键，则更有利于 H^+ 的解离而使酸性增强。如邻羟基苯甲酸中相邻的羧基和羟基可形成分子内氢键，从而促进 H^+ 的解离，酸性大大增强。

　　　　　　　苯甲酸　邻羟基苯甲酸　间羟基苯甲酸　对羟基苯甲酸
pK_a 　　　4.20　　　　2.98　　　　　　4.08　　　　　　4.57

思考题 9-2　按酸性递降顺序排列下列各酸：α-氯丙酸、丙酸、2-甲基丙酸、乳酸。

2. 羧酸衍生物的生成

羧酸分子中羧基上的羟基在一定条件下可被卤素(—X)、酰氧基(—OCOR)、烷氧基(—OR)和氨基(—NH₂)等取代，分别生成酰卤(acyl halide)、酸酐(acid anhydride)、酯(ester)及酰胺(amide)等羧酸衍生物。

(1)酰卤的生成　酰溴和酰碘比较活泼，易水解，不易储存，酰氟难以制备，因此酰卤中最常使用的是酰氯。常用的氯化试剂有亚硫酰氯、三氯化磷和五氯化磷等。其中亚硫酰氯是最常用的氯化试剂，因为反应的副产物 SO_2 和 HCl 都是气体，亚硫酰氯的沸点为 75℃，反应后过量的亚硫酰氯以及副产物容易通过蒸馏的方法除去，生成的酰氯易提纯。

$$3\,RCOOH + PCl_3 \xrightarrow{\triangle} 3\,RCOCl + H_3PO_3$$

酰氯　　亚磷酸

$$RCOOH + PCl_5 \xrightarrow{\triangle} RCOCl + POCl_3 + HCl\uparrow$$

磷酰氯

$$RCOOH + SOCl_2 \xrightarrow{\triangle} RCOCl + SO_2\uparrow + HCl\uparrow$$

亚硫酰氯

（2）酸酐的生成　除甲酸脱水时生成一氧化碳外，其他一元羧酸在脱水剂如五氧化二磷等作用下加热，两分子羧酸失去一分子水形成酸酐。乙酸酐具有强脱水能力，因此也可作为脱水剂。

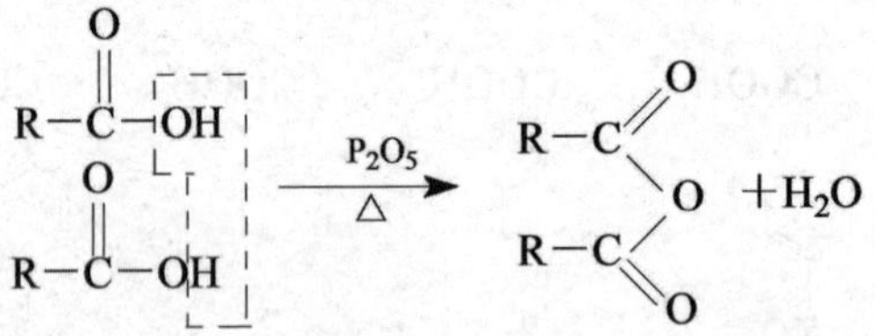

某些二元羧酸如丁二酸、戊二酸、邻苯二甲酸等，由于两个羧基相互影响较大，只需直接加热，便可发生分子内脱水生成稳定的五元环或六元环的内酐。

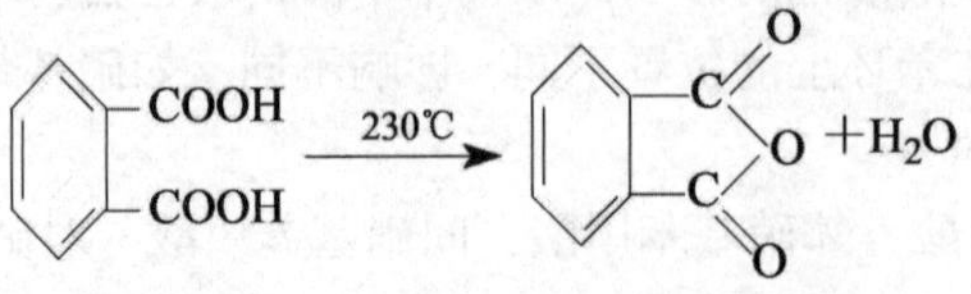

邻苯二甲酸酐

（3）酯的生成　在少量强酸（如浓 H_2SO_4 或干燥 HCl）的催化作用下，羧酸与醇作用生成酯，此反应称为酯化反应（esterification）。

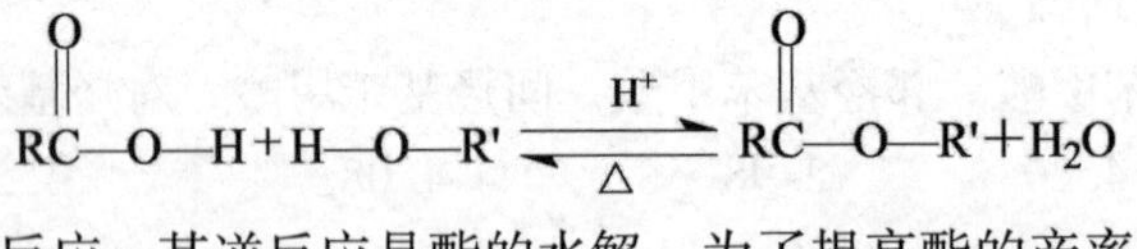

酯化反应为可逆反应，其逆反应是酯的水解。为了提高酯的产率，除加酸催化和加热外，通常还采用增加反应物的用量或不断从反应体系中除去生成物的方法，使平衡向生成物方向移动。

在酯化反应中，化学键的断裂方式有两种可能：一是羧酸的酰氧键断裂；二是醇的烷氧键断裂。

（酰氧键断裂）　　　　（烷氧键断裂）

研究表明，大多数情况下是按第一种方式进行的。用含有氧同位素 ^{18}O 的醇与羧酸反应，发现 ^{18}O 在生成的酯中，说明酯化反应中羧酸分子发生了酰氧键断裂。酯是由羧酸分子中的酰基和醇分子中的烷氧基形成的。

$$RC\overset{\text{O}}{\underset{}{\|}}\text{-}[\text{O-H}+\text{H}]\text{-}^{18}\text{O-R}' \xrightarrow[\triangle]{\text{H}^+} RC\overset{\text{O}}{\underset{}{\|}}\text{-}^{18}\text{OR}'+\text{H}_2\text{O}$$

对于同一种醇，酯化反应速率与羧酸的结构有关。羧酸分子中的 α-碳原子上烃基越多，空间位阻越大，酯化反应速率越慢。一般顺序如下：

$$HCOOH>CH_3COOH>RCH_2COOH>R_2CHCOOH>R_3CCOOH$$

(4)酰胺的生成　羧酸与氨或碳酸铵反应生成羧酸的铵盐，羧酸铵受热脱去一分子水生成酰胺。如果继续加热，酰胺进一步失水变成腈，腈在酸性条件下水解又可生成羧酸（见第 10 章）。羧酸与胺加热也可生成酰胺。例如：

$$CH_3COOH+NH_3 \rightleftharpoons CH_3COONH_4 \underset{+H_2O}{\overset{-H_2O}{\rightleftharpoons}} CH_3CONH_2 \underset{+H_2O}{\overset{-H_2O}{\rightleftharpoons}} CH_3CN$$

3. 还原反应

羧基中的羰基已经失去了典型羰基的性质，故羧酸很难用催化氢化法还原，但氢化铝锂($LiAlH_4$)可将羧酸还原为相应的伯醇。这种方法产率较高，而且还原不饱和酸时双键不受影响。例如：

$$CH_2{=}CHCH_2COOH \xrightarrow{LiAlH_4} CH_2{=}CHCH_2CH_2OH$$

由于氢化铝锂遇水分解，因此反应一般需在无水四氢呋喃或无水乙醚中进行，反应后直接加酸处理得到醇。

4. α-H 的卤代反应

羧酸的 α-H 在羧基的影响下，具有一定的活泼性，能被卤素取代生成 α-卤代酸。通常是溴代或氯代。但羧基的致活作用比羰基小，因此羧酸的 α-H 的卤代比醛、酮的 α-H 的卤代困难，需要在碘、硫或红磷的催化下才能发生。例如：

$$CH_3COOH \xrightarrow{Cl_2}{P} ClCH_2COOH \xrightarrow{Cl_2}{P} Cl_2CHCOOH \xrightarrow{Cl_2}{P} CCl_3COOH$$

卤代酸是合成农药、药物等的重要工业原料，有的本身就是有效的农药。如 2，2-二氯丙酸(又称达拉明)是一种灭生性除草剂，可杀死多年生杂草。

5. 脱羧反应

羧酸分子中脱去羧基放出二氧化碳的反应称脱羧反应(decarboxylation)。通常情况下，一元羧酸脱羧比较困难，但其碱金属盐与碱石灰(NaOH+CaO)共熔时即可脱羧，生成少一个碳原子的烷烃。例如：

$$RCOONa + NaOH \xrightarrow[\triangle]{CaO} RH + Na_2CO_3$$

在生物体内，羧酸在酶的催化作用下较容易发生脱羧反应。例如：

$$CH_3COOH \xrightarrow{\text{酶}} CO_2 + CH_4$$

当一元羧酸的 α-碳原子上连有吸电子基(如羟基、硝基、卤素、羰基等)时，脱羧反应较易进行。例如：

$$CH_3-\overset{\displaystyle O}{\overset{\|}{C}}-CH_2-COOH \xrightarrow{\triangle} CH_3-\overset{\displaystyle O}{\overset{\|}{C}}-CH_3+CO_2\uparrow$$

$$Cl_3CCOOH \xrightarrow{\triangle} CHCl_3+CO_2\uparrow$$

$$CH_3-\overset{\displaystyle O}{\overset{\|}{C}}-COOH \xrightarrow{\triangle} CH_3-\overset{\displaystyle O}{\overset{\|}{C}}-H+CO_2\uparrow$$

对于二元羧酸，随着两个羧基的相对位置不同，受热时所发生的反应也不同。乙二酸和丙二酸受热易脱羧生成一元酸和 CO_2 气体；丁二酸和戊二酸受热不脱羧，而是发生分子内脱水生成环状酸酐；己二酸和庚二酸在氢氧化钡存在下受热，既脱羧又脱水，生成少一个碳原子的环酮。含八个碳原子以上的二元羧酸加热时一般分子间脱水，生成高分子的酸酐。在成环反应中，产物总是倾向于形成张力较小的五元环或六元环。

$$HOOC-COOH \xrightarrow{150℃以上} CO_2 + HCOOH$$
$$\longrightarrow CO+H_2O$$

$$HOOC-CH_2-COOH \xrightarrow{\triangle} CH_3-COOH+CO_2\uparrow$$

$$\begin{array}{l} CH_2-COOH \\ | \\ CH_2-COOH \end{array} \xrightarrow{300℃} \begin{array}{l} CH_2-C\overset{\displaystyle O}{} \\ \qquad\quad\searrow O \\ CH_2-C\nearrow \\ \qquad\quad\diagdown O \end{array} +H_2O$$

丁二酸酐

$$\begin{array}{l} CH_2-COOH \\ | \\ CH_2 \\ | \\ CH_2-COOH \end{array} \xrightarrow{\triangle} \begin{array}{l} CH_2-C\overset{\displaystyle O}{} \\ | \qquad\quad\searrow O \\ CH_2 \qquad\quad \\ | \qquad\quad\nearrow \\ CH_2-C\diagdown O \end{array}$$

戊二酸酐

$$\begin{array}{l} CH_2-CH_2-COOH \\ | \\ CH_2-CH_2-COOH \end{array} \xrightarrow[Ba(OH)_2]{\triangle} \text{⬠}=O+CO_2\uparrow +H_2O$$

$$\begin{array}{l} CH_2-CH_2-COOH \\ | \\ CH_2 \\ | \\ CH_2-CH_2-COOH \end{array} \xrightarrow[Ba(OH)_2]{\triangle} \text{⬡}=O+CO_2\uparrow +H_2O$$

9.1.5　羧酸的重要化合物

1. 甲酸

甲酸俗称蚁酸，存在于蜂类、某些蚁类和毛虫的分泌物中，也广泛存在于自然界，如松叶、荨麻及某些果实中。甲酸为无色而有刺激性气味的液体，沸点为 100.7℃，熔点为 8.4℃，可与水混溶。它具有很强的酸性和腐蚀性，能刺激皮肤起泡、红肿，使用时应避免与皮肤接触。

甲酸的结构比较特殊，它既有羧基的结构，又具有醛基的结构。因此它既有羧酸的性质，又具有醛类的性质。甲酸是同系列中唯一具有还原性的酸，能使高锰酸钾溶液退色，也能发生银镜反应。这些性质常用于甲酸的定性鉴定。

$$H-\overset{\overset{\displaystyle O}{\|}}{C}-OH \xrightarrow{[O]} [HO-\overset{\overset{\displaystyle O}{\|}}{C}-OH] \longrightarrow CO_2 + H_2O$$

甲酸与浓硫酸共热，分解为一氧化碳和水，这是实验室制备纯一氧化碳的方法。

$$H-\overset{\overset{\displaystyle O}{\|}}{C}-OH \xrightarrow[60\sim80℃]{浓H_2SO_4} CO\uparrow + H_2O$$

甲酸在工业上用作印染时的还原剂和橡胶的凝聚剂，也是合成甲酸酯类和某些染料的原料。甲酸具有杀菌能力，它的水溶液在医药上用作风湿症的外用药，也可作为消毒剂和防腐剂。

2. 乙酸

乙酸俗称醋酸，是食醋的主要成分，一般食醋中含乙酸 6%~8%。乙酸为无色具有刺激性气味的液体，沸点为118℃，熔点为16.6℃，当室温低于16℃时，无水乙酸很容易凝结成冰状固体，故常把无水乙酸称为冰醋酸。它需密封保存。乙酸可与水混溶，也可溶于乙醇、乙醚和其它有机溶剂。乙酸广泛存在于自然界，常以盐或酯的形式存在于植物的果实和汁液中。许多微生物可将有机物转化为乙酸，生物体内乙酸是重要的中间代谢产物。乙酸最古老的制法是粮食发酵法，它是人类使用最早的酸。目前食醋的酿造仍采用这一方法。

$$CH_3CH_2OH + O_2 \xrightarrow{醋母菌} CH_3COOH + H_2O$$

现代工业上大量生产乙酸的方法是乙醛氧化法和甲醇羰化法。乙酸是重要的化工原料，广泛用于香料、染料、塑料、医药、纺织、制革等工业中，乙酸也是一种常用的有机溶剂。

3. 乙二酸

乙二酸常以盐的形式存在于许多草本植物及藻类中，所以称为草酸。纯的乙二酸是无色晶体，熔点为189.5℃；含有两个结晶水的乙二酸，熔点为101.5℃，加热至100℃则失去结晶水而得无水草酸。乙二酸易溶于水而不溶于乙醚等有机溶剂。

乙二酸分子中两个羧基直接相连，相互影响较大，使得乙二酸的酸性在二元羧酸中最强。乙二酸除具有羧酸的一般性质外，还具有很强的还原性，很容易被高锰酸钾等氧化剂氧化生成二氧化碳和水。

$$5\begin{array}{c} COOH \\ | \\ COOH \end{array} + 2KMnO_4 + 3H_2SO_4 \longrightarrow K_2SO_4 + 2MnSO_4 + 10CO_2 + 8H_2O$$

这一反应是定量进行的，所以乙二酸在分析化学中常用作标定高锰酸钾溶液浓度的基准物质。

乙二酸有很强的配位能力，能使许多不溶性金属化合物转化为可溶性配离子，所以乙二酸在工业上广泛用于稀土元素的提取。在日常生活中乙二酸还可用来除去蓝黑墨水污迹或铁锈迹，原因是它与 Fe^{3+} 生成易溶于水的配离子 $[Fe(C_2O_4)_3]^{3-}$。此外，乙二酸在工业上可用作媒染剂和漂白剂。

4. 丁二酸

丁二酸最初由蒸馏琥珀得到，故俗称琥珀酸。广泛存在于一些未成熟的果实内，如葡萄、苹果、樱桃等。丁二酸是无色晶体，熔点为 188℃，微溶于乙醇、乙醚、丙酮等有机溶剂。丁二酸是生物代谢过程中的一种重要中间体。

5. 苯甲酸

苯甲酸俗称安息香酸，存在于安息香胶及其他一些树脂中。苯甲酸为无水结晶，熔点为 122.4℃，受热易升华。难溶于冷水，易溶于沸水、乙醇、氯仿和乙醚中。苯甲酸有抑制霉菌生长的作用，故常用苯甲酸的钠盐作为食物和某些药物制剂的防腐剂。苯甲酸是有机合成的原料，可以合成染料、香料、药物等。

6. α-萘乙酸

α-萘乙酸简称 NAA，为白色晶体，熔点为 134℃，难溶于水，易溶于乙醇，其钠盐和钾盐则易溶于水。它是一种常用的植物生长调节剂，低浓度时，促进作物生长，防止落花落果；高浓度时，抑制作物生长，并可除杂草，防止马铃薯储藏时发芽。

近年来，从某些海鱼体内得到的多烯酸，如二十碳五烯酸（EPA）和二十二碳六烯酸（DHA），具有降血脂、抑制血小板聚集和延缓血栓形成等功效，已引起广泛关注。

思考题 9-3　用化学方法分离苯甲酸、苯酚和丁醚的混合物。

9.2　羧酸衍生物

前已述及，羧酸衍生物是指酰卤（常见为酰氯）、酸酐、酯和酰胺等，它们分子中都含有酰基 RCO—（或 ArCO—），故也称为酰基化合物。本节仅介绍酰氯、酸酐和酯的结构与一般性质。酰胺在第 10 章中讨论。

9.2.1　羧酸衍生物的结构和命名

1. 羧酸衍生物的结构

羧酸衍生物的通式为 RCOL（L＝ Cl、OR、OCOR 等），其羰基的碳氧双键与 L 上含一对孤对电子的 p 轨道形成 p-π 共轭，如图 9-4 所示。

酰氯中羰基碳原子的 2p 轨道同氯原子的 3p 轨道侧面重叠，这两种轨道的大小不同，它们的重叠不大，氯原子很容易离去，因此酰氯化学性质很活泼。酯中羰基碳原子的 2p 轨道同氧原子的 2p 轨道重叠较多，形成稳定的 p-π 共轭体系，使得酯的活性较弱。酸酐中轨道重叠较多，但因共轭效应为两个羰基所共有，因而对于一个羰基来说酸酐的稳定性比酯小，RCOO—比 RO—的吸电子诱导效应强，故酸酐的活性比酯强，但不如酰氯。

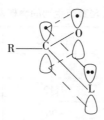

图 9-4　羰基上的 p-π 共轭示意图

2. 羧酸衍生物的命名

酰卤的命名是根据酰基(RCO—)和卤素原子的名称,称为"某酰卤"。例如:

乙酰氯　　　　　　　　3-甲基丁酰溴　　　　　　　苯甲酰氯

酸酐的名称是由羧酸加"酐"字组成。同一种羧酸的酸酐称为单酸酐,相应的酸酐称"某酸酐"。由两种羧酸组成的酸酐称为混合型酸酐,根据相应的羧酸称"某酸某酸酐"。例如:

乙酸酐　　　　　　　　乙丙酸酐　　　　　　　顺丁烯二酸酐

酯的命名根据相应的羧酸和醇称为"某酸某酯"。环内酯的命名常用 γ、δ……表示羟基和羰基的相对位置。例如:

乙酸甲酯　　　　　　　　苯甲酸乙酯

丙烯酸甲酯　　　　　　　γ-丁内酯

9.2.2　羧酸衍生物的物理性质

低级的酰氯和酸酐是有刺激性气味的无色液体,高级为白色固体。低级酯是易挥发而具有香味的无色液体,许多花果香气就是由酯引起的。如乙酸戊酯有梨的香味,丁酸甲酯有菠萝的香味,甲酸苯乙酯有玫瑰的香味。高级酯为蜡状无味的固体。酰氯、酸酐和酯的同类分子间均不能形成氢键,所以它们的沸点均比相对分子质量相近的羧酸低。酰氯、酸酐和酯一般不溶于水,易溶于有机溶剂。低级的酰氯、酸酐遇水分解,放出大量的热,一般需密闭保存。一些羧酸衍生物的物理常数见表 9-2。

表 9-2　　　　　　　　　　　　　　一些羧酸衍生物的物理常数

	名称	熔点/℃	沸点/℃	相对密度(d_4^{20})
酰卤	乙酰氟		20.5	0.993
	乙酰氯	−112	52	1.104
	乙酰溴	−96	76.7	1.52
	丙酰氯	−94	80	1.065
	丁酰氯	−89	102	1.028
	苯甲酰氯	−1	197.2	1.212
酸酐	乙酸酐	−73	139.6	1.082
	丙酸酐	−45	168	1.012
	丁酸酐	−75	198	0.969
	丁二酸酐	119.6	261	1.104
	苯甲酸酐	42	360	1.199
	邻苯二甲酸酐	132	284	1.527
酯	甲酸甲酯	−100	32	0.974
	甲酸乙酯	−80	54	0.969
	乙酸甲酯	−98	57	0.924
	乙酸乙酯	−84	77	0.901
	苯甲酸乙酯	−35	213	1.051(15℃)

9.2.3　羧酸衍生物的化学性质

　　酰氯、酸酐和酯分子中都含有极性官能团酰基，因而具有一些相似的的化学性质，如都能发生水解、醇解、氨解等反应。但由于酰基所连的基团不同，各衍生物在进行同一反应时的活性不同。

　　1.　羰基的亲核取代反应

　　（1）水解（hydrolysis）　酰氯、酸酐、酯都能进行水解反应生成相应的羧酸。

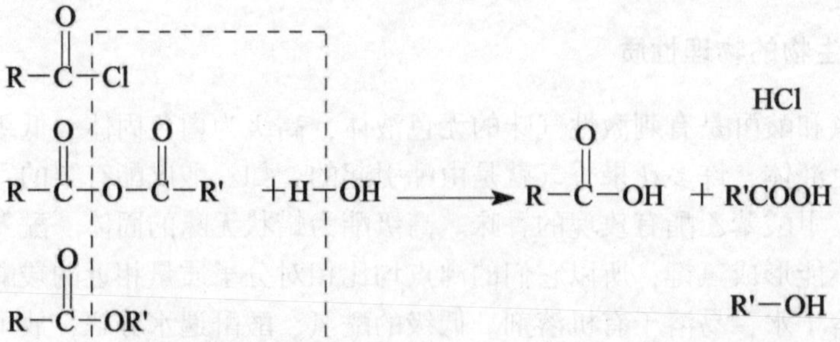

酰氯常温遇水就剧烈水解，酸酐需加热才水解，酯需酸、碱催化并加热才能水解。

（2）醇解（alcoholysis）　酰氯、酸酐和酯都能进行醇解反应生成酯。

$$
\begin{array}{c}
\underset{\overset{\displaystyle O}{\parallel}}{R-C}-Cl \\[4pt]
\underset{\overset{\displaystyle O}{\parallel}}{R-C}-O-\underset{\overset{\displaystyle O}{\parallel}}{C}-R' \quad +H-OR'' \longrightarrow \underset{\overset{\displaystyle O}{\parallel}}{R-C}-OR'' + R'COOH \\[4pt]
\underset{\overset{\displaystyle O}{\parallel}}{R-C}-OR'
\end{array}
\qquad
\begin{array}{l}
HCl \\[20pt]
\\[20pt]
R'-OH
\end{array}
$$

酰氯和酸酐与醇的作用没有水解反应快，但是也很容易进行。此法通常用于合成一些难以用酸和醇直接酯化合成的酯，如酚酯。酯的醇解比较难，需要在酸或碱的催化下进行，反应生成另一种醇和另一种酯，该反应又称酯交换反应。酯交换反应是可逆的。利用酯交换反应，可以由易制备的低级醇酯得到难制备的高级醇酯。

（3）氨（胺）解（ammonolysis）　酰氯、酸酐和酯都能进行氨解反应生成酰胺。

$$
\begin{array}{c}
\underset{\overset{\displaystyle O}{\parallel}}{R-C}-Cl \\[4pt]
\underset{\overset{\displaystyle O}{\parallel}}{R-C}-O-\underset{\overset{\displaystyle O}{\parallel}}{C}-R' \quad +H-NH_2 \longrightarrow \underset{\overset{\displaystyle O}{\parallel}}{R-C}-NH_2 + R'COOH \\[4pt]
\underset{\overset{\displaystyle O}{\parallel}}{R-C}-OR'
\end{array}
\qquad
\begin{array}{l}
HCl \\[20pt]
\\[20pt]
R'-OH
\end{array}
$$

酰氯和酸酐与氨反应很快，酯需在无水条件下，用过量的氨处理才能得到酰胺。故制备酰胺常用酰氯和酸酐作为原料。除 NH_3 外，RNH_2（伯胺）、R_2NH（仲胺）（见第 10 章）也可进行同样反应。

三类羧酸衍生物的水解、醇解和氨解反应历程属于亲核加成—消除过程。

$$
\underset{\overset{\displaystyle O}{\parallel}}{R-C}-L+NuH \underset{\longleftarrow}{\overset{\text{加成}}{\longrightarrow}} \left[\underset{\overset{\displaystyle }{\underset{L}{\big|}}}{\overset{OH}{\underset{\big|}{R-C-Nu}}} \right] \underset{\longleftarrow}{\overset{\text{消去}}{\longrightarrow}} \underset{\overset{\displaystyle O}{\parallel}}{R-C}-Nu+ HL
$$

中间体

$L=X$、$OCOR$、OR 等。

$NuH=HOH$、HOR、NH_3、RNH_2、R_2NH 等。

通过反应在水、醇和氨中分别引入酰基，所以这些反应又称酰基化反应。羧酸衍生物的反应活性次序为：酰氯＞酸酐＞酯。活性的差异主要决定于羰基碳原子与试剂的反应能力和离去基团 L 的稳定性。羰基碳原子的正电性越强，越有利于亲核试剂的进攻，L 的稳定性越高越易消除。另外从空间效应看，羰基碳原子连接的基团越大，越不利于亲核试剂的进攻。酰氯中氯原子的强吸电子效应和较弱的 p-π 共轭效应，使得羰基碳原子的正电性加强，易被亲核试剂进攻；同时 Cl 的稳定性高，容易离去，所以酰氯的反应活性较高。

2. 酯缩合反应

含 α-H 的酯分子中，α-H 很活泼，在强碱(如醇钠)的作用下形成 α-碳负离子，α-碳负离子进攻另一酯分子中的羰基，失去一分子醇，生成 β-酮酸酯。此反应称为克莱森酯缩合反应(Claisen ester condensation)。

$$2CH_3COC_2H_5 \xrightarrow{C_2H_5ONa} CH_3CCH_2COC_2H_5 + C_2H_5OH$$

乙酸乙酯　　　　　　　　　乙酰乙酸乙酯(β-丁酮酸乙酯)

反应历程与羟醛缩合反应历程相似：

(1)酯在强碱作用下失去 α-H 形成 α-碳负离子。

$$CH_3COC_2H_5 \xrightarrow{C_2H_5ONa} {}^-CH_2COC_2H_5$$

(2)α-碳负离子作为亲核试剂向另一酯分子的羰基碳原子进攻而形成氧负离子中间体。

$$CH_3-\overset{O}{\overset{\|}{C}}-OC_2H_5 + {}^-CH_2-\overset{O}{\overset{\|}{C}}-OC_2H_5 \longrightarrow CH_3-\overset{O^-}{\underset{CH_2-\overset{O}{\overset{\|}{C}}-OC_2H_5}{\overset{|}{C}}}-OC_2H_5$$

(3)由氧负离子中间体消除烷氧基即得 β-酮酸酯。

$$\left[CH_3-\overset{O^-}{\underset{CH_2-\overset{\|}{\underset{O}{C}}-OC_2H_5}{\overset{|}{C}}}-O-C_2H_5 \right] \longrightarrow CH_3-\overset{O}{\overset{\|}{C}}-CH_2-\overset{O}{\overset{\|}{C}}-OC_2H_5 + C_2H_5O^-$$

3. 还原反应

羧酸衍生物的羰基一般比羧酸容易被还原，比如催化加氢、氢化铝锂还原、钠加乙醇还原等。例如：

$$RCOCl \xrightarrow{H_2/Ni} RCH_2OH$$

$$RCOOCOR \xrightarrow{LiAlH_4} 2RCH_2OH$$

$$n-C_{11}H_{23}COOC_2H_5 + Na \xrightarrow{C_2H_5OH} n-C_{11}H_{23}CH_2OH + C_2H_5OH$$

月桂酸乙酯　　　　　　　　　　　月桂醇

思考题 9-4　总结羧酸、酰卤、酸酐、酯和酰胺的相互转变关系，比较不同化合物的反应活性。

9.3 取代酸

取代酸按取代基不同可分为卤代酸、羟基酸、羰基酸和氨基酸等，取代酸为双官能团化合物，不仅具有羧基和另一官能团的典型反应，而且还具有两种官能团之间相互影响所表现的特性。取代酸在有机合成和生物代谢中，都是十分重要的物质。本节重点讨论羟基酸和羰基酸。

9.3.1 羟基酸

1. 羟基酸的分类和命名

（1）羟基酸的分类　分子中同时含有羟基和羧基的化合物叫做羟基酸（hydroxy acid）。羟基酸可以分为醇酸和酚酸两类：羟基与脂肪族或脂环族烃基相连的叫做醇酸（alcohol acid）；羟基和芳环直接相连的叫做酚酸（phenolic acid）。

（2）羟基酸的命名　许多由自然界获得的羟基酸常根据它的来源而采用俗名。羟基酸的系统命名是以羧酸为母体，羟基为取代基。醇酸是选择连有羟基和羧基的最长碳链为主链，编号从羧基碳原子开始。也可根据分子中羟基和羧基的相对位置，称为α-醇酸、β-醇酸、γ-醇酸等。酚酸中羟基和羧基的相对位置可用邻、间、对或阿拉伯数字表示。部分羟基酸的名称见表9-3。

表9-3　　　　　　　　　　　　　某些羟基酸的构造式和名称

类别	构造式	系统命名	俗名
醇酸	$CH_3-CH(OH)-COOH$	2-羟基丙酸（α-羟基丙酸）	乳酸
	$HO-CH(CH_2COOH)-COOH$	2-羟基丁二酸（α-羟基丁二酸）	苹果酸
	$HO-CH(COOH)-CH(OH)-COOH$	2，3-二羟基丁二酸（α，β-二羟基丁二酸）	酒石酸
	$HO-C(CH_2COOH)_2-COOH$	3-羧基-3-羟基戊二酸	柠檬酸
酚酸	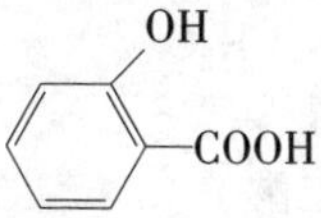 邻羟基苯甲酸结构	邻羟基苯甲酸	水杨酸
	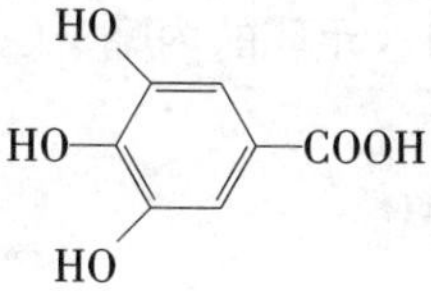 3,4,5-三羟基苯甲酸结构	3，4，5-三羟基苯甲酸	没食子酸（五倍子酸）

2. 羟基酸的性质

(1)物理性质　羟基酸多为粘稠状液体或结晶固体。由于分子中的羟基和羧基均可与水形成氢键，所以羟基酸在水中的溶解度大于相应的羧酸，低级羟基酸可以任意比例与水互溶。羟基酸的熔点也比相应的羧酸高。许多羟基酸具有旋光性。

(2)化学性质　羟基酸具有羟基和羧基的典型反应，如醇羟基可以氧化、酰化、酯化，羧基可以成盐、成酯等。由于羟基和羧基的相互影响，又表现出一些羟基酸特有的性质。这些性质又与羟基和羧基的相对位置有关。两个官能团越靠近，相互影响越大。

①酸性　由于醇羟基的吸电子诱导效应，醇酸的酸性比相应的羧酸强，羟基距羧基越近，增强的程度越大，因为诱导效应随传递距离的增长而减弱。例如：

$$CH_3CH_2COOH \quad HOCH_2CH_2COOH \quad CH_3CH(OH)COOH$$

pK_a　　　4.88　　　　　　4.51　　　　　　　　3.87

酚酸中羟基既有吸电子诱导效应，又有斥电子共轭效应，且邻位酚酸还能形成分子内氢键，故酚酸的酸性有其特殊性。例如：

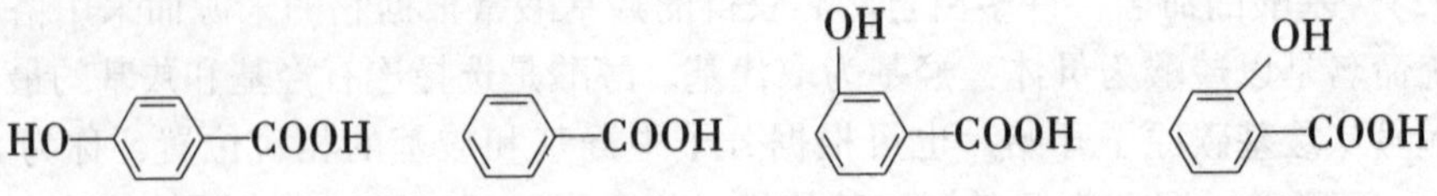

pK_a　　　　4.54　　　　　　4.17　　　　　　4.12　　　　　　3.00

②醇酸的脱水反应　醇酸受热易发生脱水反应，脱水产物随羟基和羧基的相对位置而异。α-醇酸受热发生分子间脱水，生成六元环状的交酯。例如：

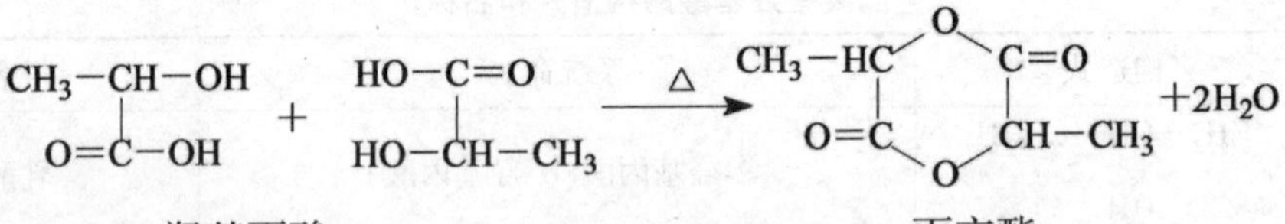

α-羟基丙酸　　　　　　　　　　　　　　　　　丙交酯

β-醇酸中的 α-氢原子由于同时受羧基和羟基的双重影响，比较活泼。受热时容易和相邻碳原子上的羟基发生分子内脱水，形成 α，β-不饱和酸。例如：

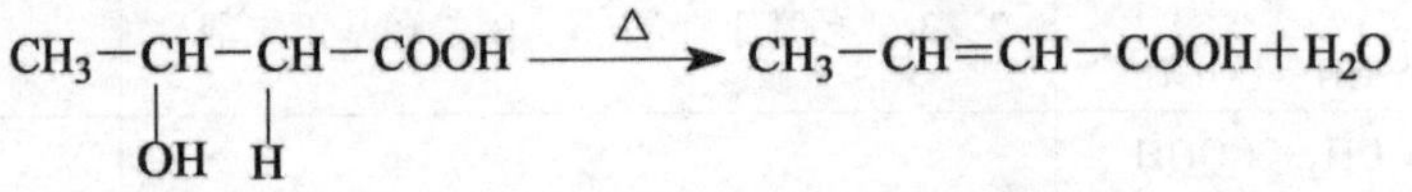

β-羟基丁酸　　　　　　　　　　2-丁烯酸(巴豆酸)

在生物体内，某些羟基酸在酶的催化作用下，也可以发生类似的脱水反应。如：

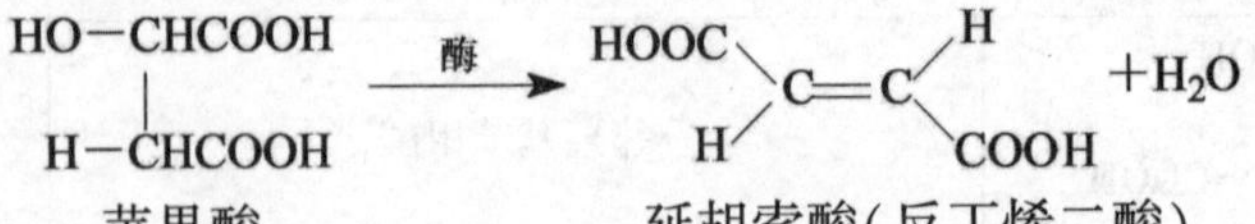

苹果酸　　　　　　　　延胡索酸(反丁烯二酸)

γ-醇酸和 δ-醇酸受热发生分子内酯化反应，形成五元环和六元环的内酯。

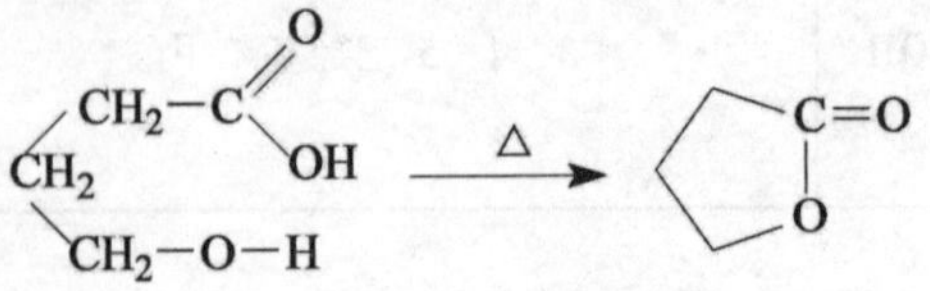

γ-羟基丁酸   γ-丁内酯

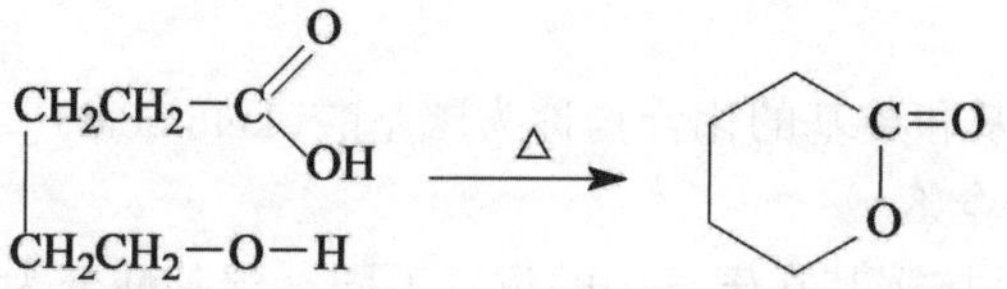

δ-羟基戊酸   δ-戊内酯

交酯、内酯和其他酯类一样，在中性溶液中较稳定，在酸性或碱性溶液中则水解成原来的羟基酸或它们的盐。例如：

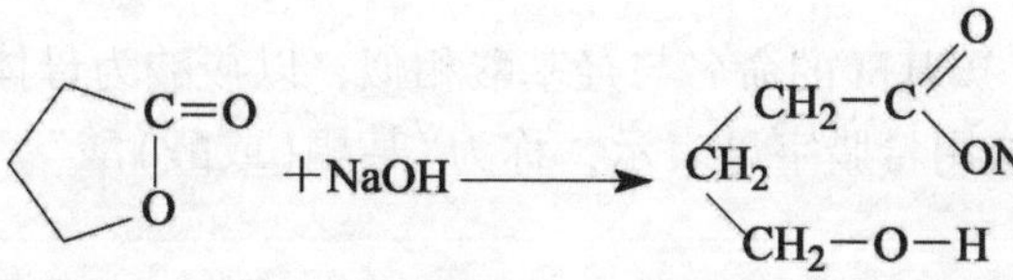

许多天然产物如赤霉酸(GA_3)、维生素 C、山道年等分子结构中都含有五元内酯环。如果内酯环破裂，这些具有生理活性的物质或具有一定药效的物质就会丧失生理功用。

③酚酸的脱羧反应　邻位和对位酚酸受热时易发生脱羧反应。例如：

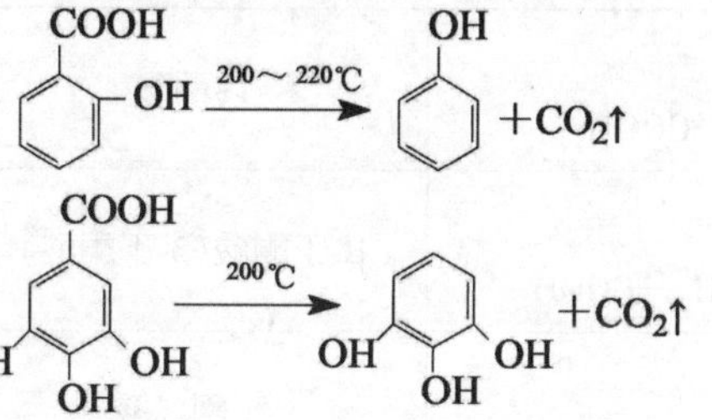

没食子酸   没食子酚(焦性没食子酸)

④醇酸的氧化反应　α-羟基酸中的羟基受羧基的影响，比醇羟基容易氧化。Tollens 试剂与醇不发生反应，但能把 α-羟基酸氧化为 α-羰基酸。例如：

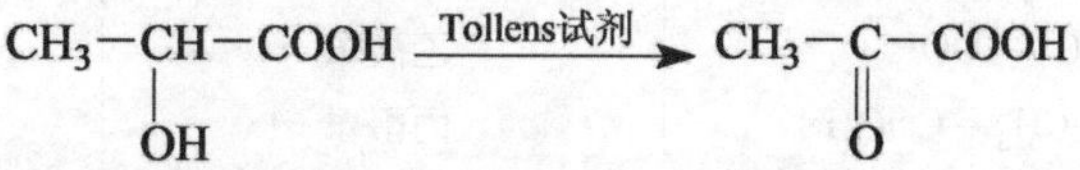

生物体内多种羟基酸在酶的催化下，也能发生类似的脱氢反应。例如：

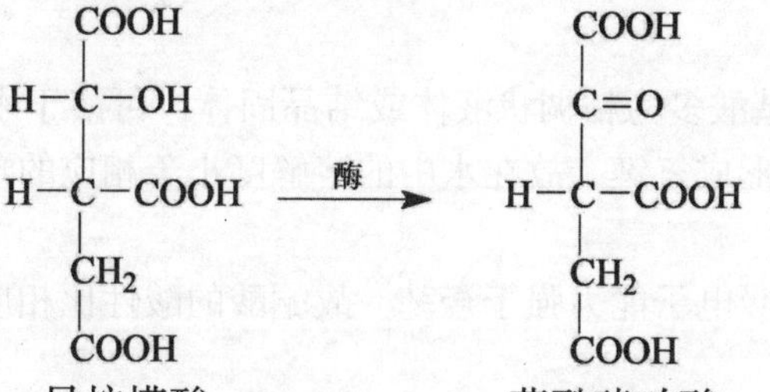

异柠檬酸   草酰琥珀酸

⑤α-醇酸的分解反应　α-醇酸和稀硫酸一起加热时发生分解反应，生成一分子甲酸和一分子醛或酮。例如：

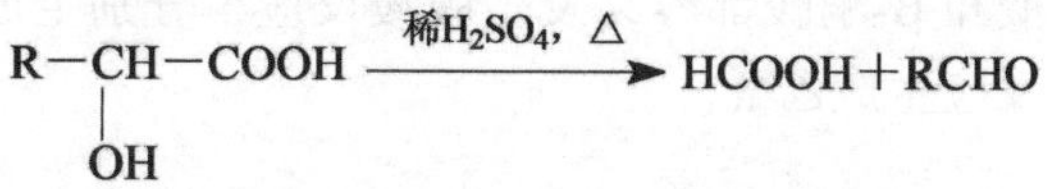

9.3.2　羰基酸

分子中同时含有羰基和羧基的化合物称为羰基酸(keto acid)。

1. 羰基酸的分类和命名

(1)羰基酸的分类　按羰基在碳链中的位置不同,羰基酸分为醛酸(aldehyde acid)(羰基在碳链的一端)和酮酸(ketone acid)(羰基在碳链的当中)。根据羰基和羧基的相对位置不同,羰基酸分为 α-、β-、γ-等醛酸或酮酸。许多酮酸是生物代谢过程中的重要物质,因此酮酸比醛酸更为重要。

(2)羰基酸的命名　羰基酸的命名与羟基酸相似,以羧酸为母体,羰基为取代基。羰基的位次用阿拉伯数字或用希腊字母表示,称为"某酮(或醛)酸"。也可用酰基法命名为"某酰某酸",见表 9-4。

表 9-4　　　　　　　　　　　　　　　　**羰基酸的分类和命名**

类别	构造式	系统名称	酰基法命名
酮酸	$CH_3-\overset{\overset{\displaystyle O}{\|\|}}{C}-COOH$	丙酮酸	乙酰甲酸
	$CH_3-\overset{\overset{\displaystyle O}{\|\|}}{C}-CH_2-COOH$	β-丁酮酸(3-丁酮酸)	乙酰乙酸
	$HOOC-\overset{\overset{\displaystyle O}{\|\|}}{C}-CH_2-COOH$	丁酮二酸	草酰乙酸
	$HOOC-\overset{\overset{\displaystyle O}{\|\|}}{C}-(CH_2)_2-COOH$	α-戊酮二酸	草酰丙酸
醛酸	$OHC-COOH$ $OHC-CH_2-COOH$	乙醛酸 丙醛酸	甲酰甲酸 甲酰乙酸

2. 羰基酸的性质

(1)物理性质　羰基酸多为粘稠状液体或结晶固体,可溶于水、乙醇和醚中。由于羰基不像羟基那样可与水形成氢键,故在水中的溶解度小于相应的羟基酸。

(2)化学性质

①酸性　由于羰基吸电子能力强于羟基,故酮酸的酸性比相应的醇酸强,更强于相应的羧酸。例如:

$$CH_3COCOOH \quad CH_3COCH_2COOH \quad CH_3CH(OH)COOH \quad CH_3CH_2COOH$$

$$pK_a \qquad 2.49 \qquad\qquad 3.51 \qquad\qquad\qquad 4.51 \qquad\qquad\quad 4.88$$

②脱羧反应　α-酮酸和 β-酮酸都容易发生脱羧反应,分别生成醛和酮。如丙酮酸与稀硫酸共热时发生脱羧反应生成乙醛。

$$CH_3\!-\!\overset{\displaystyle O}{\overset{\|}{C}}\!-\!COOH \xrightarrow[\triangle]{\text{稀}H_2SO_4} CH_3CHO + CO_2$$

β-酮酸只在低温下稳定，在室温以上易脱羧生成酮，这是 β-酮酸的共性。如乙酰乙酸在室温下就能慢慢脱羧。

$$CH_3\!-\!\overset{\displaystyle O}{\overset{\|}{C}}\!-\!CH_2COOH \longrightarrow CH_3COCH_3 + CO_2$$

生物体内某些酮酸在酶催化下也可以发生脱羧反应：

$$HOOC\!-\!CH_2\!-\!\overset{\displaystyle O}{\overset{\|}{C}}\!-\!COOH \xrightarrow{\text{酶}} CH_3COCOOH + CO_2$$

草酰乙酸　　　　　　　丙酮酸

生物体内的丙酮酸在缺氧的情况下，脱羧生成乙醛，然后加氢还原成乙醇。水果开始腐烂或制作糖化饲料时，常常产生酒味，就是由此而来。

$$CH_3\!-\!\overset{\displaystyle O}{\overset{\|}{C}}\!-\!COOH \xrightarrow{\text{酶}} CH_3CHO + CO_2$$
$$\xrightarrow[\text{酶}]{2H} CH_3CH_2OH$$

③氧化还原反应　酮和羧酸都不易被氧化，但 α-酮酸较易被氧化，弱氧化剂（如 Tollens 试剂、Fehling 试剂）也能氧化 α-酮酸。

$$CH_3\!-\!\overset{\displaystyle O}{\overset{\|}{C}}\!-\!COOH \xrightarrow{[O]} CH_3COOH + CO_2$$

酮酸容易被还原为相应的醇酸。生物体内酮酸和醇酸在酶的作用下相互转化，组成氧化还原电对。例如：

$$\begin{matrix}O\!=\!C\!-\!COOH \\ | \\ CH_2\!-\!COOH\end{matrix} \underset{-2H}{\overset{+2H}{\rightleftharpoons}} \begin{matrix}HO\!-\!CH\!-\!COOH \\ | \\ CH_2\!-\!COOH\end{matrix}$$

草酰乙酸（酮酸）　　　　苹果酸（醇酸）

9.3.3　乙酰乙酸乙酯与互变异构现象

1. 互变异构现象

互变异构现象（tautomerism）是有机化学中一种比较普遍的现象，研究该现象的最典型例子是乙酰乙酸乙酯。

（1）酮—烯醇互变异构现象　乙酰乙酸乙酯是两分子乙酸乙酯在乙醇钠等强碱作用下，发生克莱森（Claisen）酯缩合反应制得的：

$$2CH_3COC_2H_5 \xrightarrow{C_2H_5ONa} CH_3CCH_2COC_2H_5 + C_2H_5OH$$

乙酰乙酸乙酯是 β-酮酸酯。除具有酮和酯的典型反应外，还能与金属 Na 反应放出

H_2 生成钠盐，说明分子中含有活泼氢；与 Br_2/CCl_4 溶液反应褪色，说明分子中含有不饱和键；与 $FeCl_3$ 溶液呈紫色反应，说明分子中含有烯醇式结构；与羟胺、苯肼等生成苯腙，说明分子中含有羰基。实验证明，乙酰乙酸乙酯实际上不是一个单一的物质，而是由酮式和烯醇式两种异构体组成的一个平衡体系。

$$CH_3-\overset{O}{\overset{\|}{C}}-CH_2-\overset{O}{\overset{\|}{C}}-OC_2H_5 \rightleftharpoons CH_3-\overset{OH}{\overset{|}{C}}=CH-\overset{O}{\overset{\|}{C}}-OC_2H_5$$

酮式(92.5%)　　　　　　　　　烯醇式(7.5%)

两种或两种以上的同分异构体处在同一动态平衡体系中，并按照一定的方式相互转化的现象称为互变异构现象。具有互变异构现象的同分异构体称为互变异构体(tautomeric isomer)。

产生互变异构的原因是酮式乙酰乙酸乙酯分子中的亚甲基位于吸电子的羰基和酯基之间，受羰基和酯基的双重影响，它的氢原子特别活泼，能离解成氢离子并转移到羰基的氧原子上形成烯醇式异构体。一般的烯醇式不稳定，而乙酰乙酸乙酯的烯醇式却能在平衡体系中有一定的比例存在，这主要是由于一方面烯醇式可以形成共轭体系而发生电子离域降低了体系的内能，另一方面烯醇式结构可形成分子内氢键(形成较稳定的六元环体系)而加强了它的稳定性。

从理论上讲，凡含有 α-H 的羰基化合物都有互变异构现象，但不同结构的羰基化合物，酮式和烯醇式的比例差别很大。例如：

$$CH_3-\overset{O}{\overset{\|}{C}}-CH_3 \rightleftharpoons CH_2=\overset{OH}{\overset{|}{C}}-CH_3 \qquad (0.00025\%)$$

$$CH_3-\overset{O}{\overset{\|}{C}}-\overset{H}{\underset{CH_3}{\overset{|}{C}}}-\overset{O}{\overset{\|}{C}}-OC_2H_5 \rightleftharpoons CH_3-\overset{OH}{\overset{|}{C}}=\underset{CH_3}{C}-\overset{O}{\overset{\|}{C}}-OC_2H_5 \qquad (4\%)$$

$$CH_3-\overset{O}{\overset{\|}{C}}-\overset{H}{\underset{H}{\overset{|}{C}}}-\overset{O}{\overset{\|}{C}}-CH_3 \rightleftharpoons CH_3-\overset{OH}{\overset{|}{C}}=\underset{H}{C}-\overset{O}{\overset{\|}{C}}-CH_3 \qquad (80\%)$$

$$\phi-\overset{O}{\overset{\|}{C}}-\overset{H}{\underset{H}{\overset{|}{C}}}-\overset{O}{\overset{\|}{C}}-CH_3 \rightleftharpoons \phi-\overset{OH}{\overset{|}{C}}=\underset{H}{C}-\overset{O}{\overset{\|}{C}}-CH_3 \qquad (99\%)$$

生物体内的羰基酸也能发生类似的互变异构现象。例如：

$$CH_3-\overset{\overset{\displaystyle O}{\|}}{C}-COOH \rightleftharpoons CH_2=\overset{\overset{\displaystyle OH}{|}}{C}-COOH$$

丙酮酸

$$\underset{\underset{\displaystyle CH_2COOH}{|}}{\overset{\overset{\displaystyle COOH}{|}}{C=O}} \rightleftharpoons \underset{\underset{\displaystyle CH-COOH}{\|}}{\overset{\overset{\displaystyle COOH}{|}}{C-OH}}$$

草酰乙酸

(2)其他的互变异构现象　分子中含有下列结构的有机物都可能产生互变异构现象：

$$-\overset{\overset{\displaystyle O}{\|}}{C}-\overset{\overset{\displaystyle R(H)}{|}}{C}H-A$$
$$(-NH-)$$

$$(A=-\overset{\overset{\displaystyle O}{\|}}{C}-R、-\overset{\overset{\displaystyle O}{\|}}{C}-OR、-\overset{\overset{\displaystyle O}{\|}}{C}-H、-CN、-NO_2)$$

其他的物质如某些单糖的链环互变(见第12章)以及某些杂环化合物(嘧啶、嘌呤见第11章)等也存在有互变异构现象。异构体之间的互变均为1，3-移变。例如：

$$-\overset{3}{N}-\overset{2}{\underset{\underset{\displaystyle O^1}{\|}}{C}} \rightleftharpoons -\overset{1}{N}=\overset{2}{\underset{\underset{\displaystyle OH}{|}}{C}}-$$
$$H$$

2. 乙酰乙酸乙酯的性质 *

(1)分解反应　乙酰乙酸乙酯分子中的亚甲基由于受两个相邻极性基团的影响，亚甲基与相邻两个碳原子间的键容易断裂，在不同条件下可发生不同类型的分解反应。

$$CH_3-\overset{\overset{\displaystyle O}{\|}}{C}-\underset{\underset{\displaystyle R}{|}}{C}H-\overset{\overset{\displaystyle O}{\|}}{C}-OC_2H_5 \begin{cases} \xrightarrow{\text{稀酸}} CH_3COCH_2R \quad \text{酮式分解} \\ \xrightarrow{\text{浓碱}} RCH_2COOH \quad \text{酸式分解} \end{cases}$$

①酮式分解　乙酰乙酸乙酯在稀酸或稀碱作用下，先发生水解反应，酸化后再加热，则可脱羧生成甲基酮。

$$CH_3COCH_2COOC_2H_5 \xrightarrow[\text{皂化}]{OH^-} \xrightarrow[\text{酸化}]{H^+} CH_3COCH_2COOH \xrightarrow[-CO_2]{\triangle} CH_3COCH_3$$

②酸式分解　乙酰乙酸乙酯在浓碱作用下加热，α-和β-碳原子间的键发生断裂，生成两分子羧酸盐。

$$CH_3\overset{\overset{\displaystyle O}{\|}}{C}CH_2\overset{\overset{\displaystyle O}{\|}}{C}OC_2H_5 \xrightarrow[\triangle]{\text{浓}OH^-} 2CH_3COONa+C_2H_5OH$$

除乙酰乙酸乙酯外，其他β-酮酸酯也都能发生上述反应。油脂代谢或酸败中产生的小分子酮和羧酸就是由此而来的。

（2）取代反应 乙酰乙酸乙酯分子中的 α-H 很活泼，可与醇钠等强碱作用生成碳负离子，再与卤代烃或酰卤反应，生成烃基或酰基取代的乙酰乙酸乙酯。重复上述步骤，还可生成二取代的乙酰乙酸乙酯。这里的卤代烃常用伯卤代烃或仲卤代烃，因为叔卤代烃在此条件下易脱去卤化氢生成烯烃而不能使用，卤代烯烃及卤代芳烃不能发生此反应。

$$CH_3CCH_2COC_2H_5 \xrightarrow{NaOC_2H_5} [CH_3CCHCOC_2H_5]^- Na^+ \xrightarrow{RX} CH_3CCHCOC_2H_5$$

$$CH_3CCHCOC_2H_5 \xrightarrow{NaOC_2H_5} [CH_3CCCOC_2H_5]^- Na^+ \xrightarrow{R'X} CH_3C-C-COC_2H_5$$

取代后的乙酰乙酸乙酯再经酮式分解或酸式分解，就可以得到不同结构的酮或酸，这是有机合成上制备酮或酸的最重要方法之一。

思考题 9-5 生物体内丙酮酸和草酰乙酸都能发生互变异构现象，试写出它们的互变异构体系。

9.3.4 取代酸的重要化合物

1. 乳酸(α-羟基丙酸)

乳酸因最初是由酸牛奶中得到的而得名。它也存在于青贮饲料、泡菜和动物肌肉中，特别是肌肉剧烈活动后，乳酸的含量增加，因此感觉肌肉酸胀。

乳酸分子中有一个手性碳原子，故有对映异构体。如肌肉组织中得到的乳酸是右旋体，葡萄糖经乳酸菌发酵得到的乳酸是左旋体，从酸牛奶中得到的是外消旋体。乳酸是无色粘稠液体，有很强的吸湿性和酸味，熔点为 18℃，可溶于水、乙醇、甘油和乙醚中，不溶于氯仿和油脂。工业上用乳酸作除钙剂(钙盐不溶于水)，其锑盐在印染工业上做媒染剂，钙盐在医药上用于治疗佝偻病等一般缺钙症。

2. 苹果酸(α-羟基丁二酸)

苹果酸多存在于未成熟的果实内，因最初取自苹果而得名苹果酸。纯净的苹果酸为无色针状结晶，熔点为 100℃，易溶于水和乙醇，微溶于乙醚。苹果酸是生物体内糖代谢的中间产物，常用于制药和食品工业。

3. 酒石酸(2，3-二羟基丁二酸)

酒石酸存在于多种水果中，尤其葡萄中含量最高。酿制葡萄酒时析出的酒石主要是酒石酸氢钾，酒石酸由此而得名。酒石酸是无色半透明晶体，熔点为 170℃，易溶于水而难溶于有机溶剂。酒石酸氢钾是发酵粉的原料，酒石酸钾钠用作泻药和配制 Fehling 试剂，酒石酸锑钾又名吐酒石，用作催吐剂和治疗血吸虫病的药物。

$$
\begin{array}{c}
\text{HO—CH—COOH} \\
\text{HO—CH—COOK}
\end{array}
\qquad
\begin{array}{c}
\text{HO—CH—COONa} \\
\text{HO—CH—COOK}
\end{array}
\qquad
\begin{array}{c}
\text{HO—CH—COOSbO} \\
\text{HO—CH—COOK}
\end{array}
$$

酒石酸氢钾　　　　　　酒石酸钾钠　　　　　　酒石酸锑钾

4. 柠檬酸(3-羧基-3-羟基戊二酸)

柠檬酸又名枸橼酸，存在于柠檬及柑橘类的果实中。柠檬酸纯品为无色结晶，含一分子结晶水的样品熔点为100℃，不含结晶水的为153℃。柠檬酸易溶于水、乙醇和乙醚，有爽口的酸味，在食品工业上用作糖果及清凉饮料的调味剂。

柠檬酸加热到150℃时，可发生分子内脱水生成顺乌头酸，顺乌头酸加水生成柠檬酸和异柠檬酸两种异构体。

$$
\begin{array}{c}
\text{CH}_2\text{COOH} \\
\text{HO—C—COOH} \\
\text{CH}_2\text{COOH}
\end{array}
\underset{+\text{H}_2\text{O}}{\overset{-\text{H}_2\text{O}}{\rightleftharpoons}}
\begin{array}{c}
\text{CH—COOH} \\
\text{C—COOH} \\
\text{CH}_2\text{COOH}
\end{array}
\underset{-\text{H}_2\text{O}}{\overset{+\text{H}_2\text{O}}{\rightleftharpoons}}
\begin{array}{c}
\text{HO—CH—COOH} \\
\text{H—C—COOH} \\
\text{CH}_2\text{COOH}
\end{array}
$$

柠檬酸　　　　　　　　顺乌头酸　　　　　　　异柠檬酸

生物体内，上述反应是在酶的催化下进行的，糖、脂肪、蛋白质的代谢均要经过这一过程。

柠檬酸的盐类在医药上有多种用途。钠盐为抗凝血剂，锌盐为温和的泄药，钾盐为祛痰剂和利尿剂，铁铵盐可用作补血剂。

5. 水杨酸(邻羟基苯甲酸)

水杨酸存在于柳树皮及叶内，因此又称柳酸。纯品为无色针状结晶，熔点159℃(升华)，微溶于冷水，易溶于乙醇、乙醚和热水。水杨酸是一种典型的酚酸，具有酚和羧酸的一般性质，如易被氧化、遇三氯化铁显紫红色，酸性比苯甲酸强等。

水杨酸具有消毒防腐、解热镇痛及抗风湿的作用。由于对肠胃有刺激作用，不能内服，故医药上常用作外用杀菌剂和防腐剂，以治疗某些皮肤病。水杨酸的钠盐是治疗风湿及关节炎的药物，水杨酸甲酯是冬青树中冬青油的主要成分，具有防腐及抗风湿的作用。水杨酸与乙酰卤、乙酸酐等酰基化试剂作用，即生成乙酰水杨酸，俗称"阿斯匹林"，能抑制血小板凝聚，防止血栓的形成，也是常用的退热止痛药。

水杨酸钠　　　　　水杨酸甲酯　　　　乙酰水杨酸(阿司匹林)

6. 没食子酸(3，4，5-三羟基苯甲酸)

没食子酸又称五倍子酸，是植物中分布最广的一种有机酸，以游离态或结合成丹宁存在于茶叶和其他植物的叶子中，特别是没食子和五倍子中含量最高。没食子酸纯品为白色结晶，熔点为253℃，难溶于冷水，能溶于热水、乙醇和乙醚。没食子酸极易被氧化，在空气中能迅速氧化呈暗褐色，故可做抗氧剂。没食子酸水溶液与三氯化铁溶液产生蓝黑色沉淀，可用来制造墨水。

◎ 知识拓展

阿司匹林及其衍生物

阿司匹林(aspirin)是一种历史悠久的具有解热镇痛作用的非处方药，化学名称是 2-乙酰氧基苯甲酸，俗称乙酰水杨酸。为白色结晶或结晶状粉末，微溶于水，可溶于乙醇、乙醚和氯仿。它与青霉素、安定被认为是医药史上的三大经典药物。

阿司匹林的"前身"水杨酸存在于柳树、桃金娘中，在古代中国、希腊均有记载使用柳树皮、桃金娘叶止痛的古籍。19 世纪，欧洲科学家成功从柳树皮中提炼出水杨酸。1898 年德国化学家费利克斯·霍夫曼成功地将水杨酸转变为乙酰水杨酸，并于 1900 年在德国拜耳公司开始生产，商品名称为阿司匹林。后来该药品在世界各地得到普及和使用。阿司匹林的治疗范围极广，包括感冒、发热、牙痛、头痛、神经痛、关节痛、风湿痛、肌肉酸痛及痛经等。随着科学的发展，阿司匹林的新功效不断被发现，如预防心脑血管疾病、防治老年性中风和老年痴呆、增强机体免疫力、抗衰老、防治糖尿病，甚至可以防范艾滋病感染、降低阿尔兹海默症发病率等。

最新的一项研究颠覆了人们对阿司匹林在预防心脑血管病方面的共识，即每天服用低剂量阿司匹林对没有心血管疾病的健康老年人毫无益处，反而引起出血或诱发癌症。美国心脏病学会(ACC)和美国心脏协会(AHA) 在 2019 年表示，不再推荐将每日服用低剂量阿司匹林，作为没有高风险或已患有心脏病老年人的预防措施。对于无病史的中老年人，是否开始服用低剂量阿司匹林，必须咨询临床医生，依据个人情况作出最后决定。

为了找到药效更高、副作用更小的药物，科学家们对水杨酸结构中的羧基和羟基进行修饰，合成了很多水杨酸的衍生物。临床上应用较多的有：乙酰水杨酸铝、乙酰水杨酸赖氨酸盐(赖氨匹林)、水杨酸胆碱、水杨酰胺和贝诺酯(扑炎痛)等。

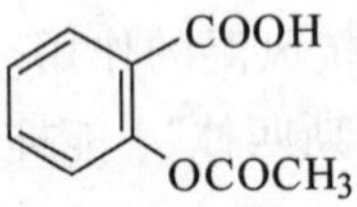

乙酰水杨酸 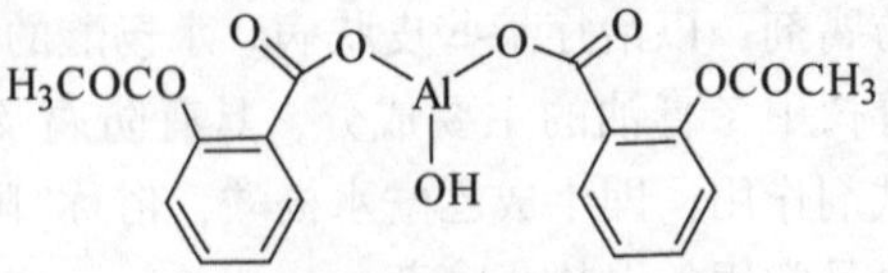　　　乙酰水杨酸铝 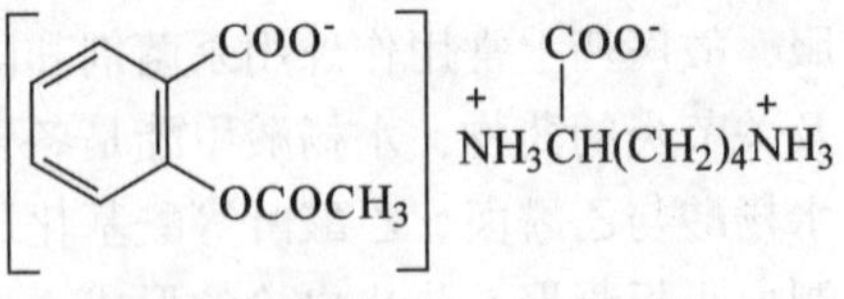　　　　乙酰水杨酸赖氨酸盐

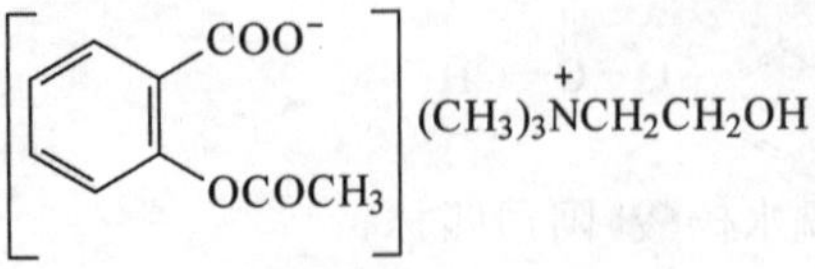

水杨酸胆碱 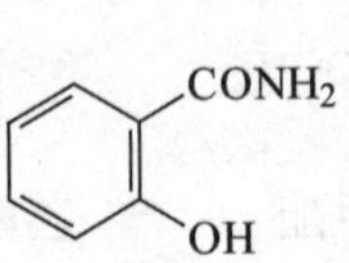　　　　水杨酰胺 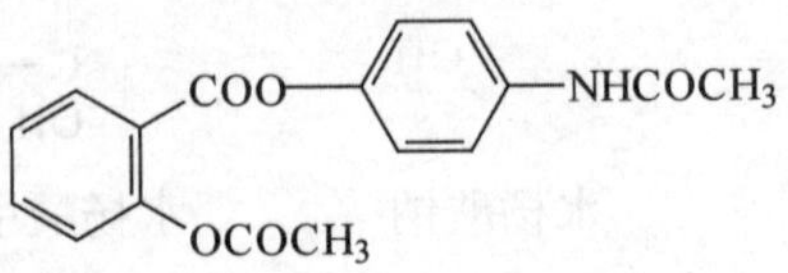　　　　贝诺酯

◎ 课后思考题

1. 屠呦呦由于发现了青蒿素，在 2015 年获得诺贝尔生理学或医学奖，成为首获科学类诺贝尔奖的中国人。青蒿素是一种新型倍半萜内酯，查阅资料了解青蒿素的化学结构，指出它的内酯环部分。作为当代大学生，我们可以从屠呦呦身上学习到什么？

2. 苯甲酸和苯甲酸钠或山梨酸和山梨酸钾是食品和饲料行业常用的防腐剂。查阅资料写出这些物质的化学结构，了解其理化性质。有人认为添加剂就是有害物质，对此你如何理解？

◎ 习　题

1. 命名下列化合物。

(1)
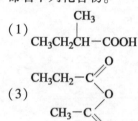

(2) $CH_3CH_2-CH=CH-COOH$

(3)
$$CH_3CH_2-C\overset{O}{\underset{O}{\diagup}}\underset{CH_3-C\diagdown O}{}$$

(4)
$$HOOC-C\overset{O}{-}\overset{CH_3}{\underset{\big|}{CH}}-COOH$$

(5) $HOCH_2CHCH_2COOH$ $\underset{C_2H_5}{\big|}$

(6) $HOOC-\text{⬡}-COOH$

2. 写出下列化合物的构造式。

(1) 苯甲酰氯

(2) S-2-羟基丙酸

(3) 3-环己基丙酸

(4) Z-2-羟基-2-戊烯酸

(5) 柠檬酸

(6) 水杨酸

3. 选择或填空。

(1) 将下列化合物按酸性增强的顺序排列。

①丙酸、α-氟代丙酸、α-氯代丙酸、α-羟基丙酸_____；

②乙醇、乙酸、甲酸、乙炔_____；

③碳酸、三氯乙酸、醋酸、苯酚_____；

④苯甲酸、苯酚、环己基甲醇、水_____。

(2) 下列物质中能使石蕊由蓝变红的是(　　)。

A. CH_3CH_2OH　　　　B. CH_3CHO　　　　C. $ClCH_2COOH$　　　　D. $C_6H_{10}O_3$(丙酸酐)

(3) 下列基团中，连在苯环上对苯环产生+C效应大于-I效应的是(　　)。

A. 羧基　　　　　　B. 醛基　　　　　　C. 硝基　　　　　　D. 氨基

4. 用化学方法鉴别下列各组化合物。

(1) 甲酸、乙酸、乙醛

(2) 苯甲酸、苯甲醇、对甲苯酚

(3) 乙醇、乙醚、乙酸

(4) 丙二酸、丁二酸、己二酸

5. 写出下列反应的主要产物。

(1) $CH_3CH_2CH_2OH+HBr\longrightarrow$ $\xrightarrow[\text{无水乙醚}]{Mg}$ $\xrightarrow[\text{H}_2\text{O/H}^+]{CO_2}$ $\xrightarrow[P]{Cl_2}$

(2) $CH_3CH_2COOH+SOCl_2\longrightarrow$ $\xrightarrow{CH_3CH_2OH}$ $\xrightarrow{Na+乙醇}$

(3) $\underset{OH}{CH_3CH-CH_2COOH}\xrightarrow{\triangle}$ $\xrightarrow{\text{氢化铝锂}}$

$(4)\ CH_3COCl +$ $CH_3\ \xrightarrow{\text{无水}AlCl_3}$

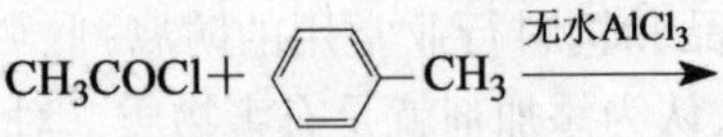

$(5)\ CH_3COOCOCH_3 + NH_3 \longrightarrow$

$(6)\ CH_3COOC_2H_5 + CH_3CH_2CH_2OH\ \underset{\longleftarrow}{\overset{H^+}{\longrightarrow}}$

(7) 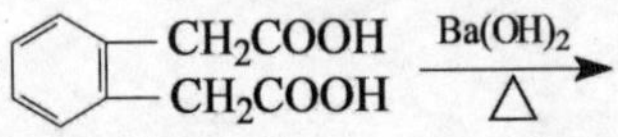 $\xrightarrow[\triangle]{Ba(OH)_2}$

6. 完成下列转化(无机试剂任选)。

$(1)\ CH\equiv CH \longrightarrow CH_3COCOOH$

$(2)\ CH_2=CH_2 \longrightarrow HOOC-CH_2-CH_2-COOH$

$(3)\ CH_3CH_2CH_2OH \longrightarrow CH_3CH_2\underset{\underset{OH}{|}}{C}H-COOH$

(4)

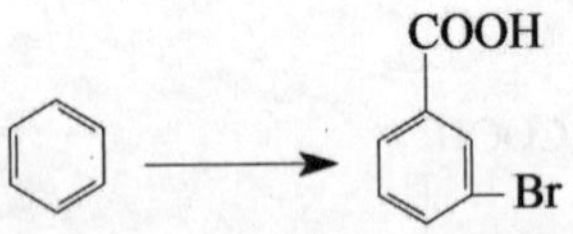

7. 化合物 A、B、C 的分子式均为 $C_3H_6O_2$,只有 A 能与 $NaHCO_3$ 作用放出 CO_2,B 和 C 在 NaOH 溶液中水解,B 的水解产物之一能发生碘仿反应,推测 A、B、C 的结构式。

8. 一脂肪酸甲酯 $A(C_5H_{10}O_3)$ 具有光学活性;加热得到 $B(C_5H_8O_2)$,无光学活性,能使溴水褪色。A 能被重铬酸钾氧化得到 $C(C_5H_8O_3)$,C 经皂化反应后,在酸性条件下加热,可得到丙酮。试推测 A、B、C 的结构式,并写出有关的反应方程式。

第10章 含氮有机化合物

含氮有机化合物种类很多，且广泛存在于自然界，在生命活动和化工生产中起着重要作用。本章重点讨论胺类（amines）化合物、酰胺、重氮和偶氮化合物（diazo and azo compounds）、硝基化合物（nitro compounds）、腈（nitriles）等。

10.1 胺

10.1.1 胺的分类和命名

1. 胺的分类

氨分子中的氢原子被烃基取代后的衍生物称为胺。根据胺分子中与氮原子相连的烃基的数目，可分为伯胺（一级胺或1°胺）、仲胺（二级胺或2°胺）和叔胺（三级胺或3°胺）。

$$RNH_2 或 ArNH_2 \qquad R_2NH 或 Ar_2NH \qquad R_3N 或 Ar_3N$$

伯胺   仲胺   叔胺

伯胺、仲胺、叔胺的定义与卤代烃、醇的定义不同，后两者均以官能团所连接的烃基碳原子种类不同分为伯、仲、叔卤代烃或醇，而胺则是按照氮原子上所连接的烃基的数目分为伯胺、仲胺、叔胺。如叔丁醇为三级醇，而叔丁胺则为一级胺。

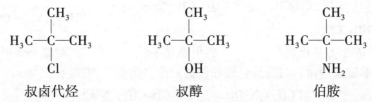

叔卤代烃   叔醇   伯胺

根据胺分子中所含烃基种类不同，可分为脂肪胺和芳香胺。胺分子中氮原子与脂肪烃基相连的称为脂肪胺，与芳香烃基相连的称为芳香胺。还可根据胺分子中所含氨基的数目而分为一元胺、二元胺和多元胺。例如：

$$CH_3CH_2NH_2 \qquad\qquad H_2NCH_2CH_2NH_2$$

乙胺（一元胺）   乙二胺（二元胺）

若氮原子上连有四个烃基，带有正电荷，则它与负离子组成的化合物称为季铵类化合物（quaternary ammonium compound），包括季铵盐和季铵碱。

$$R_4N^+X^- \qquad\qquad R_4N^+OH^-$$

季铵盐   季铵碱

—NH_2叫做氨基（amino group），—NH—叫亚氨基（imino group）。应该注意"氨""胺"

"铵"字的用法，在表示基(如氨基、亚氨基等)时用"氨"字；表示 NH_3 的烃基衍生物时用"胺"；表示季铵类化合物或季铵盐时则用"铵"。

2. 胺的命名

简单胺的命名以胺为母体，在胺字前加上烃基的名称和数目。氮原子上连有不同烃基时按次序规则，优先基团列后，"基"字可省略。例如：

伯胺　　　$CH_3CH_2NH_2$　　　苯甲胺(苄胺)　　　对甲苯胺
　　　　　乙胺

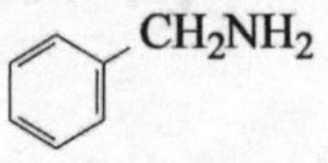

仲胺　　　$(CH_3CH_2)_2NH$　　　$CH_3NHCH_2CH_3$　　　$(C_6H_5)_2NH$
　　　　　二乙胺　　　　　　甲乙胺　　　　　二苯胺

叔胺　　　$(CH_3CH_2)_3N$　　　$(CH_3)_2NCH_2CH_3$
　　　　　三乙胺　　　　　　二甲乙胺

当氮原子上同时连有芳基和脂肪烃基时，则以芳胺作为母体，脂肪烃基作为取代基，在脂肪烃基名称前冠以"N"字，表示该脂肪烃基连接在氮原子上。例如：

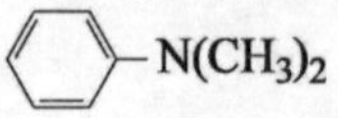

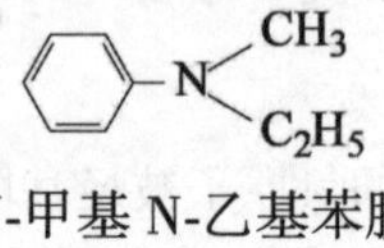

N-甲基苯胺　　　　N，N-二甲基苯胺　　　N-甲基 N-乙基苯胺

二元胺的命名是根据烃基名称称为"某二胺"。例如：

$H_2NCH_2CH_2NH_2$　　　$H_2N(CH_2)_6NH_2$　　　对苯二胺
乙二胺　　　　　　1，6-己二胺

较为复杂的胺或含有其他官能团(特别是含氧官能团)时，常将氨基(—NH_2)或取代氨基作为取代基来命名。例如：

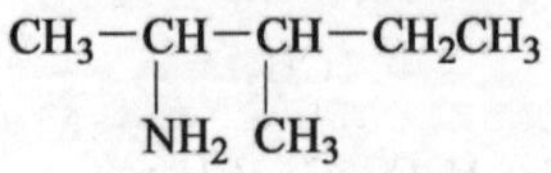

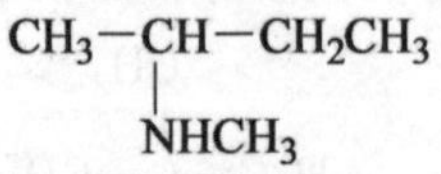

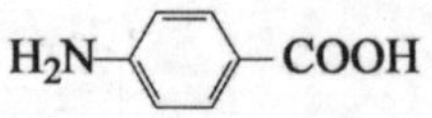

3-甲基-2-氨基戊烷　　　2-甲氨基丁烷　　　对氨基苯甲酸

季铵碱和季铵盐的命名与氢氧化铵和铵盐的命名类似。例如：

$(CH_3)_4N^+OH^-$　　　$(CH_3CH_2)_4N^+Cl^-$
氢氧化四甲铵　　　　氯化四乙铵

思考题10-1　写出下列化合物的结构式，并指出它们属于伯胺、仲胺、叔胺还是季铵类化合物。

(1)乙二胺　　　(2)二乙胺　　　(3)N-甲基-N-乙基苯胺
(4)溴化甲基乙基正丙基苯基铵　　　(5)邻甲苯胺　　　(6)2-甲基苯甲胺

10.1.2　胺的结构

脂肪胺和氨的结构类似，也呈三角锥形。胺分子中的氮原子也是不等性 sp^3 杂化，三个 sp³杂化轨道分别与氢原子或烃基形成三个 σ 键，另一个 sp³杂化轨道被氮原子上的一对孤对电子占据，可以接受质子具有碱性并具有亲核性，因此胺可作为亲核试剂。胺分子中的键角和氨相比，略有增大。如三甲胺中，C—N—C 键角是 108°，原因是甲基和甲基之间的排斥力比氢原子和氢原子之间的排斥力大，致使键角变大。如图 10-1 所示。

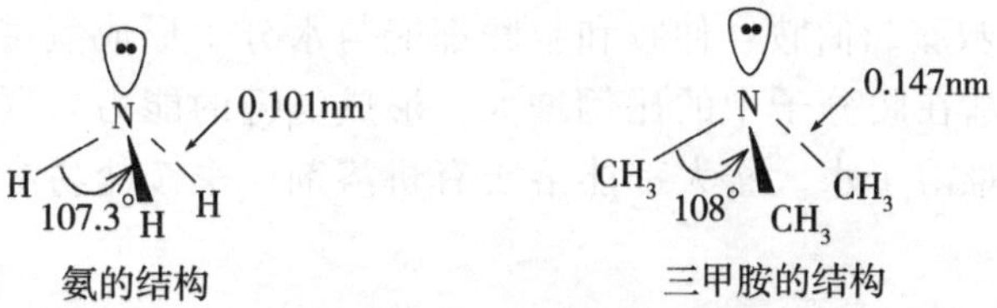

<table>
<tr><td>N 0.101nm
107.3° H H H
氨的结构</td><td>N 0.147nm
CH₃ 108° CH₃
CH₃
三甲胺的结构</td></tr>
</table>

图 10-1　氨与三甲胺的结构示意图

　　苯胺中的氮原子仍为不等性 sp³杂化，其中孤对电子所占据的杂化轨道含有较多 p 轨道成分。因此，苯环的大 π 键倾向与氮原子上孤对电子所在的轨道形成共轭体系，使得 H—N—H 键角为 113.9°。苯平面与 H—N—H 平面交叉角度为 39.4°。如图 10-2 所示。

图 10-2　苯胺的分子结构

　　因此，脂肪胺和芳香胺分子中烃基和氨基的相互影响是不相同的。
　　当胺分子中氮原子上连有三个不同取代基，并把孤对电子看作一个基团时，该化合物在理论上有旋光异构体。但二者相互转化所需的能量为 25kJ·mol⁻¹，因此在室温下可以自由相互转化。对于季铵盐，如果氮原子上连有四个不同的烃基，则可有旋光异构体。例如：

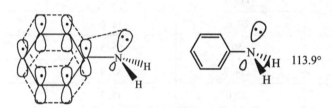

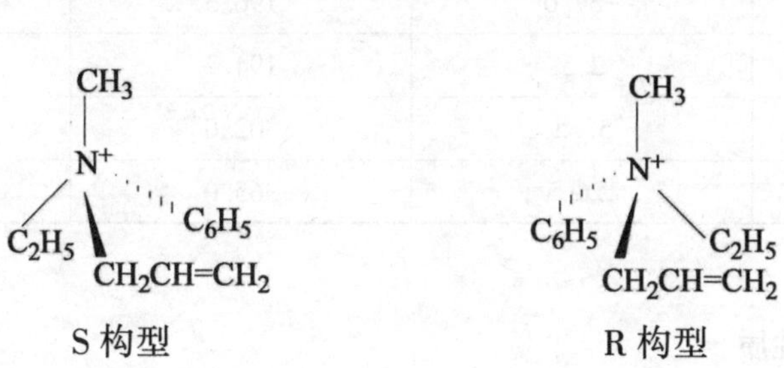

S 构型　　　　　　　　　　　　　　　R 构型

10.1.3　胺的物理性质

　　脂肪胺中甲胺、二甲胺、三甲胺室温下为气体，其他低级胺为液体，有氨的刺激性气味及腥臭味。高级胺为固体，一般没有气味。芳香胺为无色高沸点液体或低熔点固体，有特殊气味,毒性较大,并能渗入皮肤,使用时要特别小心。许多芳香胺如 β-萘胺和联苯胺等具有致癌作用。

伯胺、仲胺能形成分子间氢键,故沸点比相对分子质量相近的烷烃高。但胺的缔合能力比醇弱,故沸点比相对分子质量相近的醇或酸低。叔胺因分子中的氮原子上没有氢原子,不能形成分子间氢键,故沸点较低。碳原子数相同的脂肪胺中,沸点高低顺序为:伯胺>仲胺>叔胺。伯胺、仲胺和叔胺都能与水分子形成氢键,因此低级脂肪胺易溶于水,随着烃基在胺分子中的比例增大,形成氢键的能力减弱,中级、高级脂肪胺及芳香胺微溶或难溶于水。胺大都能溶于有机溶剂。季铵盐易溶于水。一些胺的物理常数见表 10-1。

表 10-1　　　　　　　　　　　胺的物理常数

名称	熔点/℃	沸点/℃	溶解度(g/100gH_2O)
甲　胺	-92.5	-6.7	易溶
二甲胺	-92.2	6.9	易溶
三甲胺	-117.1	9.9	91
乙　胺	-80.6	16.6	易溶
二乙胺	-50	55.5	易溶
三乙胺	-114.7	89.4	14
正丙胺	-83.0	48.7	易溶
正丁胺	-50.0	77.8	易溶
环己胺		134.0	微溶
乙二胺	8	117.0	溶
苯甲胺		185.0	易溶
苯　胺	-6.0	184.4	3.7
N-甲基苯胺	-57.0	196.3	难溶
N,N-二甲基苯胺	2.5	194.2	不溶
二苯胺	52.5	302.0	不溶
三苯胺	126.5	365.0	不溶

10.1.4　胺的化学性质

胺的化学性质主要取决于它的官能团——氨基。由于氨基氮原子上具有未共用电子对,故胺有亲核性,能与酸、卤代烷、酰卤等发生反应。不同类型的胺反应活性不同。

1. 碱性

与氨相似,胺分子中氮原子上的未共用电子对能接受质子而显碱性。

$$\ddot{N}H_3+H-OH \rightleftharpoons NH_4^++OH^-$$

$$\ddot{R}NH_2+H-OH \rightleftharpoons [RNH_3]^++OH^-$$

胺的碱性强弱可用 pK_b 表示，pK_b 越小，碱性越强。一些胺在水溶液中的 pK_b 值见表 10-2。

表 10-2　　　　　　　　　　　　　　　　　　　胺 的 碱 性

化合物	pK_b(25℃)	化合物	pK_b(25℃)
NH_3	4.76	$(CH_3CH_2)_3N$	3.25
CH_3NH_2	3.38	$C_6H_5NH_2$	9.40
$(CH_3)_2NH$	3.27	$(C_6H_5)_2NH$	13.80
$(CH_3)_3N$	4.21	$C_6H_5NHCH_3$	9.60
$CH_3CH_2NH_2$	3.36	$C_6H_5N(CH_3)_2$	9.62
$(CH_3CH_2)_2NH$	3.06		

（1）氨、脂肪胺、芳香胺的碱性比较

碱性　$CH_3NH_2>NH_3>C_6H_5NH_2$

pK_b　3.38　4.76　9.40

胺的碱性强弱主要取决于氮原子上的电子云密度大小。氮原子上的电子云密度越大，与质子结合的能力越强，其碱性也就越强。脂肪胺分子中，由于烷基的斥电子诱导效应，使氮原子上电子云密度比氨高，结合质子的能力增强，因此脂肪胺的碱性比氨强。芳香胺中氮原子上的孤电子对与苯环大 π 键形成 p-π 共轭（见胺的结构），而使氮原子上电子云密度比氨低，结合质子的能力减弱，所以芳香胺的碱性比氨弱。

（2）脂肪胺的碱性　脂肪胺的碱性主要受以下三种因素的影响。

①电子效应　胺分子中的烷基愈多，供电子能力愈强，碱性愈强。即相对碱性为：叔胺>仲胺>伯胺。这在气体状态和非极性溶剂中是正确的。

②溶剂效应　在极性溶剂（如水）中，一般仲胺的碱性最强，伯胺、叔胺的碱性因烃基不同略有差别。

碱性　$(CH_3)_2NH>CH_3NH_2>(CH_3)_3N$

pK_b　3.27　3.38　4.21

碱性　$(CH_3CH_2)_2NH>(CH_3CH_2)_3N>CH_3CH_2NH_2$

pK_b　3.06　3.25　3.36

这是因为脂肪胺在水溶液中的碱性强弱，不仅决定于氮原子上的电子云密度，还决定于它结合质子后所形成的铵离子的溶剂化程度。胺中氮原子上连接的氢原子越多，则与水形成氢键的机会越多，溶剂化程度越高，铵离子就越稳定，胺的碱性也就越强。因此从溶剂化效应考虑，烷基愈多碱性愈弱。

$$RN\overset{+}{\underset{}{}}\begin{matrix}H\cdots OH_2\\—H\cdots OH_2\\H\cdots OH_2\end{matrix} > R_2\overset{+}{N}\begin{matrix}H\cdots OH_2\\\\H\cdots OH_2\end{matrix} > R_3\overset{+}{N}H\cdots OH_2$$

③空间效应　胺分子中 N 原子上所连接的烃基越多、体积越大，对 N 原子上孤对电子的屏蔽作用越大，与质子的结合就越不易，碱性就越弱。

(3)芳香胺的碱性强弱顺序为：芳伯胺>芳仲胺>芳叔胺。例如：

$$碱性 \quad C_6H_5NH_2 > (C_6H_5)_2NH > (C_6H_5)_3N$$

$$pK_b \quad\quad 9.40 \quad\quad 13.8 \quad\quad 近中性$$

芳香胺中，电子效应、溶剂效应和空间效应三者的影响是一致的。氮原子上连接的苯环越多，电子云密度降低的程度越大，胺的碱性就越弱。

综上所述，胺类化合物碱性的强弱是以上各种因素综合影响的结果。

胺与酸反应生成盐，铵盐都是结晶形固体，易溶于水和乙醇。由于胺都是弱碱，所以铵盐遇强碱则能释放出游离胺。利用此性质可以分离提纯胺类化合物。

$$RNH_2 \xrightarrow{HCl} R\overset{+}{N}H_3Cl^- \xrightarrow{NaOH} RNH_2 + NaCl + H_2O$$

一些植物用酸处理提取生物碱的过程就是这一反应的最好应用。很多胺类药物为便于保存和有利于体内吸收，常常制成水溶性的铵盐。

$$(C_2H_5)_2NCH_2CH_2O\overset{O}{\overset{\|}{C}}-\!\!\!\!\!-\!\!\!\!\!-\!\!\!\!\!-NH_2 \xrightarrow{HCl} (C_2H_5)_2\overset{+}{\underset{H}{N}}CH_2CH_2O\overset{O}{\overset{\|}{C}}-\!\!\!\!\!-\!\!\!\!\!-\!\!\!\!\!-\overset{+}{N}H_3Cl^-$$

$$\quad\quad\quad\quad 不溶于水 \quad\quad\quad\quad\quad\quad\quad\quad\quad\quad\quad 溶于水$$

2. 烷基化反应

胺和氨一样可以作为亲核试剂与卤代烃或醇等发生取代反应，生成仲胺、叔胺和季铵盐。这类反应称胺的烷基化反应(alkylation)。

$$R-NH_2 \xrightarrow{RX} [R_2NH_2]^+X^- \xrightarrow{NaOH} R_2NH + NaX + H_2O$$

$$R_2NH \xrightarrow{RX} [R_3NH]^+X^- \xrightarrow{NaOH} R_3N + NaX + H_2O$$

$$R_3N \xrightarrow{RX} [R_4N]^+X^-$$

氨或胺的烷基化往往得到伯、仲、叔胺和季铵盐的混合物。一般而言，使用过量的氨，则主要制得伯胺；使用过量的卤代烃，则主要得叔胺和季铵盐。其中卤代烃一般用伯卤代烃。

季铵盐是强碱强酸盐，能溶于水，不溶于有机溶剂。具有长碳链的季铵盐可作为阳离子表面活性剂，其中新洁尔灭(溴化二甲基十二烷基苄基铵)和杜灭芬(溴化二甲基十二烷基苯氧乙基铵)等是具有去污能力的表面活性剂，也具有较强的杀菌消毒作用。

$$\left(\begin{matrix} & CH_3 & \\ CH_3-\overset{}{N}-(CH_2)_{11}CH_3 \\ & CH_2C_6H_5 & \end{matrix} \right)^+ Br^- \qquad \left(\begin{matrix} & CH_3 & \\ PhOCH_2CH_2-\overset{}{N}-(CH_2)_{11}CH_3 \\ & CH_3 & \end{matrix} \right)^+ Br^-$$

溴化二甲基十二烷基苄基铵　　　溴化二甲基十二烷基苯氧乙基铵

具有一个十二碳以上烷基的季铵盐还用于制备有机膨润土,它是一种流变性调节剂,在涂料工业中用于控制油漆的流动性,在油田钻探中用来配制钻井油浆以及用作各种加工中的润滑剂。

季铵碱是强碱,其碱性与氢氧化钠相当,性质与氢氧化钠相似,如有强吸湿性,能吸收空气中的二氧化碳,浓溶液对玻璃有腐蚀性等。实验室常用季铵盐与湿的氧化银反应制备季铵碱。由于反应生成的卤化银不断沉淀析出,从而使平衡向生成季铵碱的方向移动。例如:

$$(C_2H_5)_4N^+I^- + Ag_2O \xrightarrow{H_2O} (C_2H_5)_4N^+OH^- + AgI\downarrow$$

　　　碘化四乙铵　　　　　　　　　　　氢氧化四乙铵

3. 酰基化和磺酰化反应

氨、伯胺及仲胺作为亲核试剂与酰卤、酸酐等酰基化试剂反应生成酰胺、N-取代酰胺及 N,N-二取代酰胺,该反应称为胺的酰基化反应(acylation)。叔胺氮原子上没有氢原子,不能发生酰基化反应。

$$CH_3-\overset{O}{\overset{\|}{C}}-Cl + H-NH_2 \longrightarrow CH_3-\overset{O}{\overset{\|}{C}}-NH_2 + HCl$$

$$CH_3-\overset{O}{\overset{\|}{C}}-Cl + H_2N-CH_3 \xrightarrow{-HCl} CH_3-\overset{O}{\overset{\|}{C}}-NHCH_3$$

　　　　　　　　伯胺　　　　　　　　　　　N-甲基乙酰胺

$$CH_3-\overset{O}{\overset{\|}{C}}-Cl + HN(CH_3)_2 \xrightarrow{-HCl} CH_3-\overset{O}{\overset{\|}{C}}-N\overset{CH_3}{\underset{CH_3}{}}$$

　　　　　　　仲胺　　　　　　　　　　N,N-二甲基乙酰胺

除甲酰胺外,酰胺多为具有一定熔点的结晶固体,测定其熔点可以推断或鉴定原来的伯胺、仲胺。不能被酰基化的是叔胺,利用此性质可以把叔胺从伯、仲、叔胺的混合物中分离出来,也可以鉴别叔胺与伯胺、仲胺。酰胺在酸或碱的催化下,可以水解而放出原来的胺,利用此性质还可以对胺进行提纯。因为氨基比较活泼,又容易被氧化,所以酰基化反应在有机合成中常用来保护氨基。如要在苯胺的苯环上引入硝基,为防止硝酸将苯胺氧化,可先将苯胺进行酰基化生成酰胺,从而把氨基"保护"起来,再进行硝化,在苯环上导入硝基后,水解除去酰基,则可得到硝基苯胺。

解热镇痛药扑热息痛和非那西丁就是由 HO—⟨benzene⟩—NH$_2$ 和 C$_2$H$_5$O—⟨benzene⟩—NH$_2$ 乙酰化合成制得的。

HO—⟨benzene⟩—NH$_2$ $\xrightarrow{\text{(CH}_3\text{CO)}_2\text{O}}$ HO—⟨benzene⟩—NHCOCH$_3$

扑热息痛

C$_2$H$_5$O—⟨benzene⟩—NH$_2$ $\xrightarrow{\text{(CH}_3\text{CO)}_2\text{O}}$ C$_2$H$_5$O—⟨benzene⟩—NHCOCH$_3$

非那西丁

与胺的酰基化反应一样，伯胺、仲胺氮原子所连氢原子在碱溶液中可以被磺酰基取代，生成相应的磺酰胺，该反应称为磺酰化反应(sulfonylation)，也称为兴斯堡(Hinsberg)反应。常用的磺酰化剂是苯磺酰氯或对甲苯磺酰氯。

⟨benzene⟩—SO$_2$Cl + $\begin{cases} RNH_2 \\ R_2NH \\ R_3N \end{cases}$ ⟶ $\begin{cases} ⟨benzene⟩—SO_2NHR↓ & \xrightarrow{\text{NaOH}} \left[⟨benzene⟩—SO_2NR\right]^- Na^+ \\ ⟨benzene⟩—SO_2NR_2↓ \\ \text{不反应} \end{cases}$

由伯胺生成的苯磺酰胺，氮原子上还有一个氢原子，由于磺酰基的强吸电子诱导效应，使得该氢原子显弱酸性，能与氢氧化钠反应生成钠盐而使溶液透明。仲胺生成的苯磺酰胺，氮原子上没有氢原子，不溶于碱性溶液，呈固体析出。叔胺既不发生磺酰化反应，也不溶于碱液而分层。利用此性质可以鉴别和分离伯、仲、叔胺。

4. 与亚硝酸反应

不同的胺与亚硝酸反应生成不同的产物。亚硝酸很不稳定，一般在反应过程中由亚硝酸钠与盐酸或硫酸作用产生。

(1)伯胺　伯胺与亚硝酸在常温下反应，产生定量的氮气，该反应可用作氨基(—NH$_2$)的定量测定。

R—NH$_2$+NaNO$_2$+HCl ⟶ R—OH+N$_2$↑ +H$_2$O+NaCl

⟨benzene⟩—NH$_2$+NaNO$_2$+HCl $\xrightarrow{>5℃}$ ⟨benzene⟩—OH+N$_2$↑ +H$_2$O+NaCl

(2)仲胺　仲胺与亚硝酸作用，生成不溶于水的黄色油状或固体状的 N-亚硝基胺。

$\begin{matrix} CH_3 \\ CH_3 \end{matrix}$NH+NaNO$_2$+HCl ⟶ CH$_3$—N—NO+H$_2$O+NaCl
　　　　　　　　　　　　　　　　|
　　　　　　　　　　　　　　　CH$_3$

N-亚硝基二甲胺(或二甲基亚硝胺)

⟨benzene⟩—NHCH$_3$+NaNO$_2$+HCl ⟶ ⟨benzene⟩—N—NO+H$_2$O+NaCl
　　　　　　　　　　　　　　　　　　　　　　|
　　　　　　　　　　　　　　　　　　　　　CH$_3$

N-甲基-N-亚硝基苯胺

N-亚硝基胺与稀酸共热可分解为原来的胺。故可利用此反应鉴定或分离提纯仲胺。N-亚硝基胺有致癌作用，能引发多种器官或组织的肿瘤。亚硝酸盐的致癌作用，可能就是由于亚硝酸盐在胃酸作用下转变为亚硝酸，然后再与机体内具有仲胺结构的化合物作用产生亚硝基胺所致。

（3）叔胺　脂肪族叔胺与亚硝酸只能形成不稳定的亚硝酸盐而溶于水中，加碱又可得到叔胺。芳香族叔胺与亚硝酸作用，在芳环上引入亚硝基。例如：

$$(CH_3)_3N+HNO_2 \rightarrow (CH_3)_3N \cdot HNO_2$$

三甲胺亚硝酸盐

$$(CH_3)_2N-\bigcirc +NaNO_2+HCl \xrightarrow{-NaCl} (CH_3)_2N-\bigcirc -NO+H_2O$$

对亚硝基-N，N-二甲基苯胺(绿色晶体)

根据脂肪族和芳香族伯、仲、叔胺与亚硝酸反应的现象和产物差异，可以区别不同胺。

思考题 10-2　如何鉴别二乙胺、丁胺、苯胺和 N，N-二甲基苯胺。

10.1.5　胺的重要化合物

1. 苯胺

苯胺存在于煤焦油中，为无色油状液体，熔点−6.0℃，沸点184.4℃，相对密度1.0217(20℃/4℃)，有毒，微溶于水，易溶于有机溶剂。新蒸馏的苯胺无色，久置会因氧化而呈黄色、红色或棕色等。苯胺可由硝基苯还原得到，也可用催化还原法制得。

$$\bigcirc -NO_2 \xrightarrow{Fe+HCl} \bigcirc -NH_2$$

苯胺中，氨基为强的邻对位活化基团，使苯环易于发生亲电取代反应。如苯胺中滴入溴水，立即生成2，4，6-三溴苯胺白色沉淀，此反应可用于苯胺的定性和定量分析。

$$\bigcirc^{NH_2} +3Br_2 \xrightarrow{H_2O} Br-\bigcirc^{NH_2}_{Br}-Br \downarrow +3HBr$$

2，4，6-三溴苯胺(白色沉淀)

如要制备一取代苯胺，则应先降低苯胺的活性，再进行亲电取代反应。

苯胺是工业上合成染料、农药、药物等的重要原料。如农用杀菌剂敌锈钠、除草剂邻酰胺、苯胺灵(IPC)和氯苯胺灵(CIPC)就是由苯胺及其衍生物合成的。

2. 乙二胺

乙二胺为无色黏稠液体，熔点为8℃，沸点为117℃，相对密度0.8995(20℃)，有毒，易溶于水和醇，不溶于乙醚、苯，具有氨味。乙二胺是合成药物、黏合剂、乳化剂、离子交换树脂和杀虫剂等的原料，也可作为环氧树脂的固化剂。分析化学中常用的配位剂乙二胺四乙酸(简称EDTA)就是乙二胺的衍生物，它可以用乙二胺和氯乙酸来合成。

$$H_2NCH_2CH_2NH_2 + 4ClCH_2COOH \xrightarrow{NaOH} \begin{array}{c} CH_2N(CH_2COOH)_2 \\ | \\ CH_2N(CH_2COOH)_2 \end{array}$$

EDTA

3. 己二胺

己二胺是片状晶体，熔点为 42℃，沸点为 204℃，易溶于水、乙醇和苯。工业上它可由 1，3-丁二烯或糠醛合成制得。

$$CH_2=CH-CH=CH_2 \xrightarrow{Cl_2} ClCH_2CH=CHCH_2Cl \xrightarrow{2NaCN}$$

$$NCCH_2CH=CHCH_2CN \xrightarrow{[H]} H_2NCH_2(CH_2)_4CH_2NH_2$$

己二胺可用于合成尼龙-66、尼龙-610、二异氰酸酯，以及用作脲醛树脂、环氧树脂的固化剂、有机交联剂等。

4. 胆胺和胆碱

胆胺是一种羟基胺，胆碱则是一种羟基胺的季铵碱，它们广泛存在于动植物体内，是磷脂类化合物的组成成分。

$HOCH_2CH_2NH_2$　　　　$[HOCH_2CH_2N^+(CH_3)_3]OH^-$

胆胺(β-羟乙胺或 β-氨基乙醇)　　胆碱(氢氧化三甲基羟乙胺)

胆胺为无色黏稠液体，是脑磷脂的水解产物之一。胆碱是无色吸湿性结晶，易溶于水、乙醇，不溶于乙醚，是卵磷脂的水解产物之一。胆碱最初是从胆汁中发现的，所以叫胆碱。胆碱是 B 族维生素之一，具有降低血压和调节脂肪代谢的作用。胆碱分子中羟基上的氢原子被乙酰基取代后生成的酯，叫乙酰胆碱。

$$[HOCH_2CH_2\overset{+}{N}(CH_3)_3]OH^- + CH_3COOH \xrightarrow{胆碱酯酶} [CH_3COOCH_2CH_2\overset{+}{N}(CH_3)_3]OH^- + H_2O$$

乙酰胆碱

乙酰胆碱是生物体内神经传导物质，它在体内的正常合成与分解可保证生理代谢的正常进行。许多有机磷农药能抑制机体内胆碱酯酶的作用，破坏神经的传导功能，故有机磷农药能引起人、畜和昆虫中毒，甚至死亡，使用时必须注意人、畜的安全防护。

10.2　酰胺

10.2.1　酰胺的分类、命名和结构

1. 酰胺的分类

含有酰胺键($\begin{array}{c} O \\ || \\ -C-NH- \end{array}$)的化合物称为酰胺。酰胺既可看做羧酸的含氮衍生物，也可看做氨或胺的衍生物。酰胺可根据其结构分为：酰胺、酰亚胺、内酰胺及 N-取代酰胺。氨分子中的两个氢原子被酰基取代的产物叫做酰亚胺；含有酰胺键的环状结构的酰胺叫做内酰胺；酰胺分子中氮原子上的氢原子被烃基取代的产物叫做 N-取代酰胺。

2. 酰胺的命名

酰胺的命名常根据酰基和氨基的名称而称为"某酰胺"。内酰胺的命名常用 γ、δ、ε……表示氨基和羧基的相对位置；若氮上有取代基，在取代基的名称前冠以"N"字，表示取代基连在氮原子上。例如：

$$CH_3-\overset{\overset{\displaystyle O}{\|}}{C}-NH_2 \qquad H-\overset{\overset{\displaystyle O}{\|}}{C}-NHCH_3 \qquad C_6H_5-\overset{\overset{\displaystyle O}{\|}}{C}-N(CH_3)_2$$

乙酰胺　　　　　N-甲基甲酰胺　　　　　N，N-二甲基苯甲酰胺

丁二酰亚胺　　　　　　　　δ-戊内酰铵

3. 酰胺的结构

酰胺分子中，氮原子采取 sp^2 杂化，孤对电子所在的 p 轨道和羧基形成 p-π 共轭。共轭的结果，不但使酰胺分子中的电子云密度和键长趋于平均化，也使 C—N 单键的旋转受阻，C、N 以及与 C、N 相连的四个原子均处在同一平面上。酰胺的这种平面构型在很大程度上影响着酰胺的理化性质和蛋白质的空间结构。

$$R-\overset{\overset{\displaystyle O}{\|}}{C}\overset{\curvearrowleft}{}\ddot{N}H_2$$

10.2.2　酰胺的物理性质

除甲酰胺是液体外，其他酰胺多为无色晶体，脂肪族 N-烷基取代酰胺常为液体。由于酰胺分子间氢键缔合能力较强，且酰胺分子的极性较大，因此其熔沸点甚至比相对分子质量相近的羧酸还高。当氨基上的氢原子被烃基取代后，由于其分子间的氢键缔合作用减小，其熔沸点也降低。如乙酸(相对分子质量 60)的熔点为 16.6℃，沸点为 118℃；乙酰胺(相对分子质量 59)的熔点为 81℃，沸点为 222℃；N-甲基乙酰胺的熔点为 28℃，沸点为 204℃。

液体酰胺不但可以溶解有机化合物，而且可以溶解许多无机化合物，是良好的溶剂。如 N，N-二甲基甲酰胺(DMF)和 N，N-二甲基乙酰胺可与水和大多数有机溶剂以及许多无机液体以任意比例混合，是很好的非质子极性溶剂。

低级的酰胺可溶于水，随着相对分子质量的增大，溶解度逐渐减小。一些常见酰胺的熔、沸点常数见表 10-3。

表 10-3　　　　　　　　　　　　酰胺的物理常数

名称	熔点/℃	沸点/℃	名称	熔点/℃	沸点/℃
甲酰胺	2.5	195	N，N-二甲基甲酰胺	-	153

续表

名称	熔点/℃	沸点/℃	名称	熔点/℃	沸点/℃
乙酰胺	82	221	苯甲酰胺	130	290
丙酰胺	79	213	丁二酰亚胺	126	288
己酰胺	101	255	邻苯二甲酰亚胺	238	–

10.2.3　酰胺的化学性质

1. 酸碱性

酰胺分子中，氨基氮原子上的未共用电子对与羰基形成 p-π 共轭体系，一方面使氮原子上的电子云密度降低，接受质子的能力减弱，即氨基的碱性减弱；另一方面受羰基影响使 N—H 键变弱，酸性增大，因此酰胺不再呈碱性，一般是中性或近中性的化合物，不能使石蕊变色。

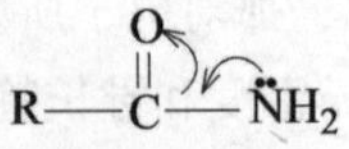

$$R-\overset{\overset{O}{\|}}{C}-\overset{..}{N}H_2$$

酰亚胺分子中，由于受两个羰基的吸电子作用，氮原子上的电子云密度大大降低，使 N—H 键的极性增强，氮原子上的氢原子较易变为质子，从而表现出微弱的酸性，可与强碱作用生成盐。如邻苯二甲酰亚胺可与氢氧化钾(或氢氧化钠)作用生成邻苯二甲酰亚胺钾(或钠)。

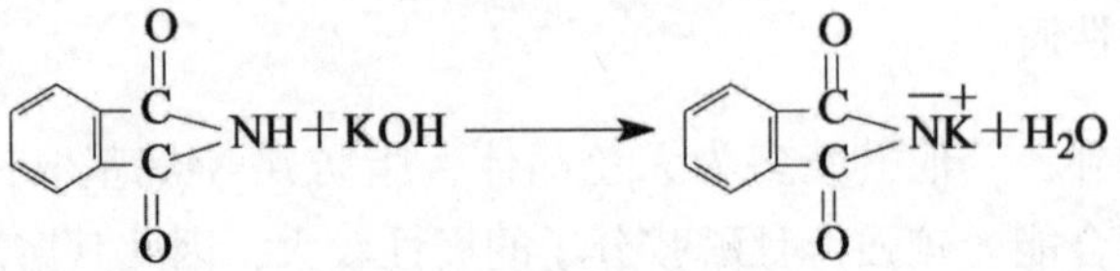

综合本章中几种含氮有机化合物的碱性强弱，其顺序如下：季铵碱>脂肪胺>氨>芳香胺>酰胺>酰亚胺(磺酰胺)。

2. 水解反应

酰胺在酸或碱的催化下可以发生水解反应，但比酯的水解困难，一般需要强酸或强碱做催化剂以及较长时间加热。

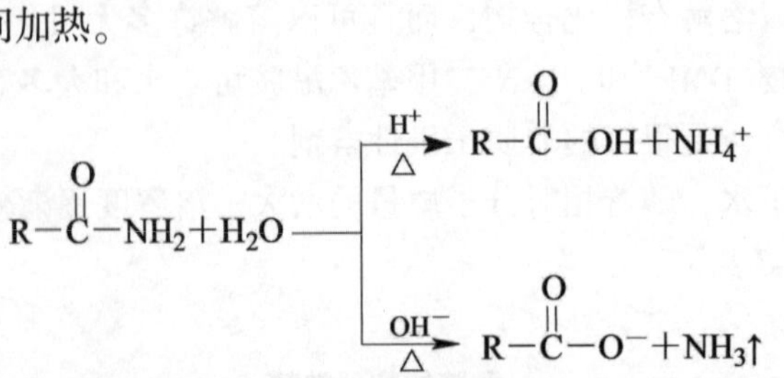

四元环的内酰胺(β-内酰胺)由于具有较大的环张力，很容易发生水解反应，导致开环。许多天然抗生素都含有 β-内酰胺环。例如，青霉素 G 钾或钠盐的分子结构中含有 β-内酰胺环，遇酸、碱很容易失效。其水溶液在室温下也不稳定，容易发生水解。因此，在

临床上通常使用粉针剂型，注射前临时配制注射液。

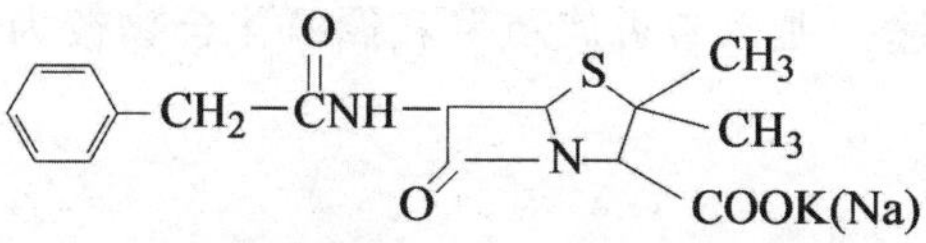

青霉素 G 钾(钠)

3. 霍夫曼降级反应

伯酰胺在碱性(NaOH)溶液中与溴或氯(次溴酸钠或次氯酸钠)作用，酰胺分子脱去羰基生成比酰胺少一个碳原子的伯胺，此反应称为霍夫曼(Hofmann)降级反应。这是缩短碳链的一种方法，可用于制备比原酰胺少一个碳原子的伯胺。

$$R-\overset{\overset{O}{\|}}{C}-NH_2+Br_2+4NaOH \longrightarrow R-NH_2+Na_2CO_3+2NaBr+2H_2O$$

4. 脱水反应

酰胺受热或在脱水剂如 P_2O_5 的作用下失水得到腈。这是制备腈的方法之一。

$$R-\overset{\overset{O}{\|}}{C}-NH_2 \xrightarrow{P_2O_5} R-CN+ H_2O$$

腈水解则可通过酰胺而转化为羧酸，这实际上是羧酸铵盐失水的逆反应(见第9章)。

5. 与亚硝酸反应

酰胺与亚硝酸反应，生成羧酸并放出氮气。该反应定量进行，可用于酰胺的测定。

$$RCONH_2+HNO_2 \longrightarrow RCOOH+N_2\uparrow +H_2O$$

思考题 10-3 比较下列化合物的碱性或酸性，并进行解释。
(1)乙胺 (2)二乙胺 (3)苯胺 (4)氢氧化四甲铵 (5)甲酰胺 (6)邻苯二甲酰亚胺

10.3 重氮化合物和偶氮化合物

重氮化合物(diazo compound)和偶氮化合物(azo compound)分子中都含有—N_2—基团。重氮化合物中—N_2—两端中的一端连接烃基碳原子，而另一端与非碳原子相连；偶氮化合物中—N_2—两端都和烃基碳原子相连。例如：

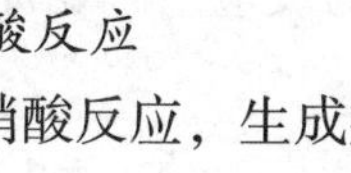

氯化重氮苯 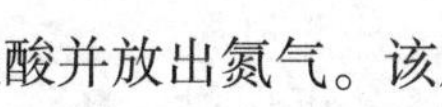　　　苯基重氮酸 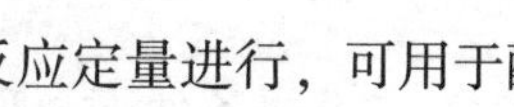　　　苯基重氮磺酸钠

偶氮甲烷　　　　偶氮苯　　　　　对羟基偶氮苯

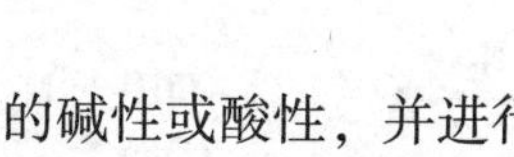

重氮化合物和偶氮化合物都不存在于自然界中，是人工合成的产物，在药物合成、分析及染料工业上有广泛用途，尤以芳香族重氮和偶氮化合物较为重要。

10.3.1　芳香族重氮盐

1. 重氮盐的生成

芳香族伯胺在低温（0～5℃）下与亚硝酸反应生成重氮盐，这个反应称重氮化反应（diazotization）。

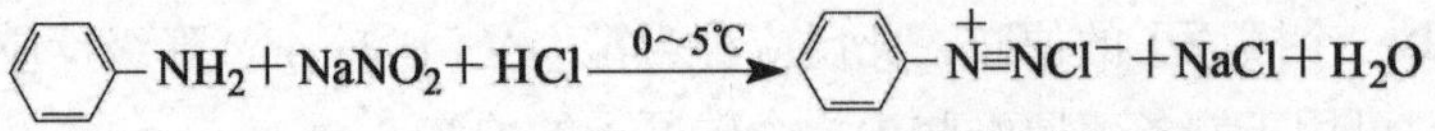

$$\text{C}_6\text{H}_5-\text{NH}_2 + \text{NaNO}_2 + \text{HCl} \xrightarrow{0\sim5℃} \text{C}_6\text{H}_5-\overset{+}{\text{N}}\equiv\text{NCl}^- + \text{NaCl} + \text{H}_2\text{O}$$

氯化重氮苯（重氮盐）

重氮盐是离子化合物，具有盐的特点，易溶于水，不溶于有机溶剂。其结构式可表示为：$[\text{ArN}\equiv\text{N}]^+\text{X}^-$ 或简写成 ArN_2^+X^-。重氮盐一般只在水溶液中及低温下比较稳定，温度高于 5℃ 则分解放出氮气。固态的重氮盐极不稳定，遇热或受到撞击会发生爆炸，因此重氮化反应一般在低温水溶液中进行，且得到的重氮盐一般不从溶液中分离出来，直接进行下一步反应。

2. 重氮盐的反应

重氮盐的化学性质非常活泼，能发生许多反应。主要分成两大类：一类为放出氮的反应——重氮基被其他基团取代的反应；另一类为保留氮的反应——还原反应和偶联反应。

（1）取代反应　在不同条件下，重氮基可以被—H、—OH、—X、—CN 等基团取代，同时放出氮气。

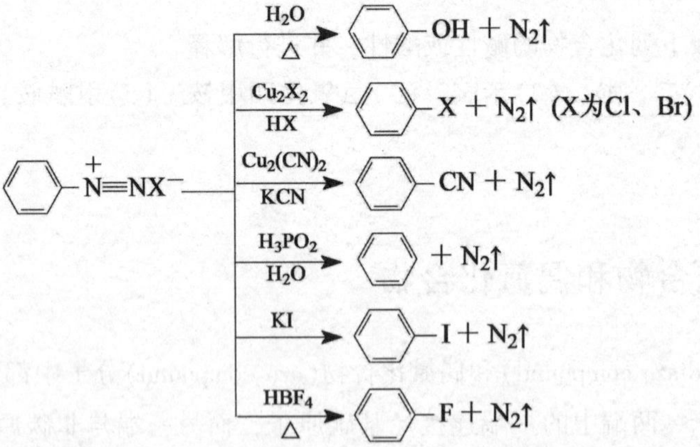

利用这一反应，可以合成许多芳烃亲电取代反应所不能生成的芳香化合物，在有机合成中极为重要。这类反应利用氨基的定位效应和活化作用将取代基导入指定位置后，再脱去氨基，可用来制备酚类、卤代芳烃类和芳香族腈类等。

例如，由苯制备 1，3，5-三溴苯，通过苯硝化、还原、溴代、重氮化，重氮盐再与次磷酸反应即可得到所需产物。

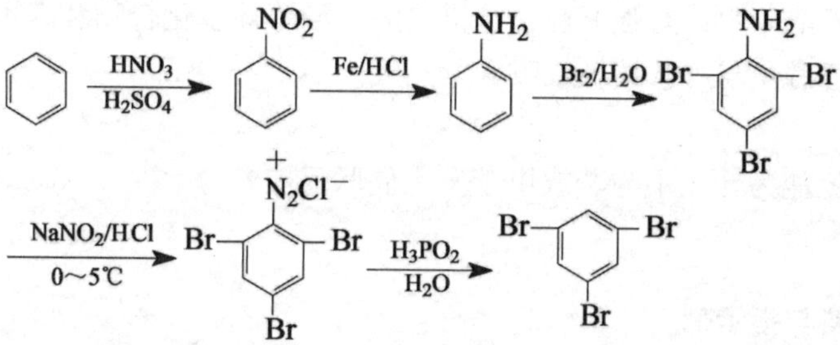

（2）偶联反应　在弱碱性、中性或弱酸性溶液中，重氮盐与酚类或芳香胺的芳环发生亲电取代反应，生成含有偶氮基(—N≡N—)的化合物，这类反应称为偶联反应或偶合反应(coupling reaction)。生成的化合物称为偶氮化合物。例如：

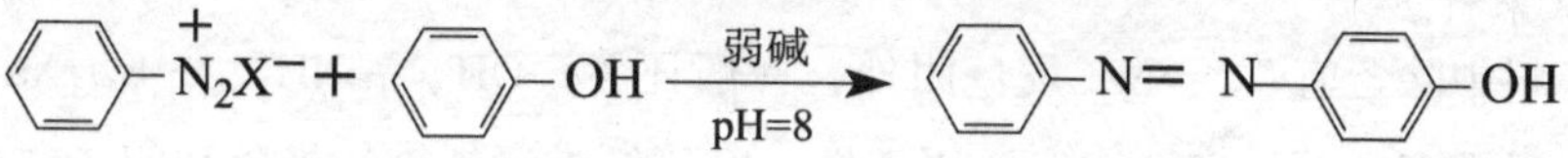

对羟基偶氮苯（橙色固体）

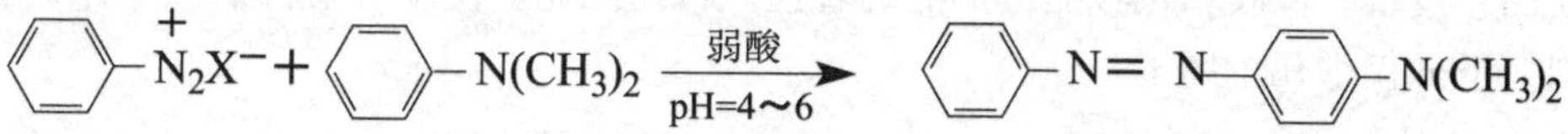

对二甲氨基偶氮苯（黄色固体）

偶联反应中，重氮离子 ArN_2^+ 作为弱的亲电试剂，只能与活泼的芳香族化合物(芳胺或酚)作用，由于邻位有空间障碍，偶联反应一般发生在酚或芳胺的对位，如果对位已有取代基则可发生在邻位。

反应溶液的酸碱性也会影响偶联反应的进行。重氮盐与酚的偶联反应一般在弱碱性条件(pH<10)下进行，因在弱碱性条件下酚生成酚盐负离子，使苯环更活化，有利于亲电试剂重氮阳离子的进攻。重氮盐与芳胺的偶联反应一般在中性或弱酸性溶液(pH<5~7)中进行，因为在中性或弱酸性溶液中，重氮离子的浓度最大，且氨基是游离的，不影响芳胺的反应活性。

此外，芳香重氮盐与酚或芳胺的偶联反应，常被用来检查和测定硝酸盐、亚硝酸盐以及某些胺类和酚类物质，其类似过程如下：

（3）还原反应　重氮盐可被硫代硫酸钠、亚硫酸盐、锌粉或氯化亚锡加盐酸等还原成肼。

苯肼盐酸盐

229

肼类有毒，不溶于水，有强碱性，是检验醛、酮等羰基化合物和碳水化合物的重要试剂。使用时应注意避免与皮肤接触或吸入其蒸气。

思考题 10-4　重氮盐为什么不与苯或甲苯发生偶联反应？

10.3.2　偶氮染料与指示剂

偶氮基(—N=N—)是发色团，偶氮化合物大多数有鲜艳的颜色，因此偶联反应是合成偶氮染料和一些常用酸碱指示剂的重要反应。

1. 偶氮染料

偶氮染料中除含有—N=N—发色团外，一般还含—OH、—NH$_2$、—SO$_3$Na 等助色团。偶氮染料数目繁多，颜色齐全，广泛用于棉、麻等纤维素纤维的染色和印花，也可用于塑料、食品、皮革、橡胶和化妆品等产品的着色。目前工业上使用的染料中，约有一半是偶氮染料。下面仅举几个例子：

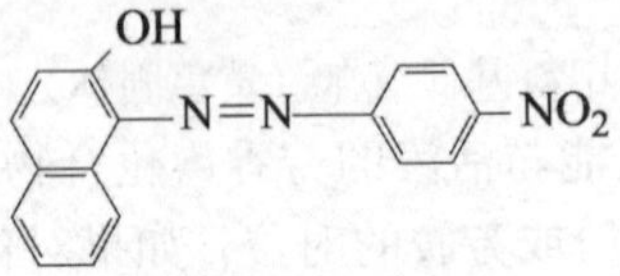

对位红(红色染料) 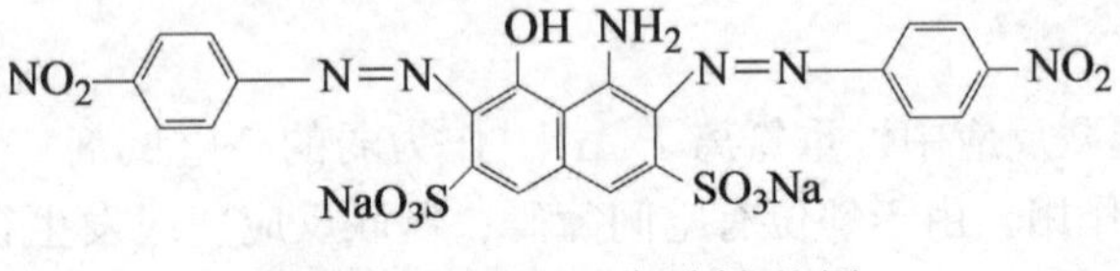　　　萘酚蓝黑 6B(又称酸性蓝黑)

2. 指示剂

（1）甲基橙(methyl orange)　是由对氨基苯磺酸的重氮盐与 N，N-二甲基苯胺偶合制得，化学名称为对二甲氨基偶氮苯磺酸钠。

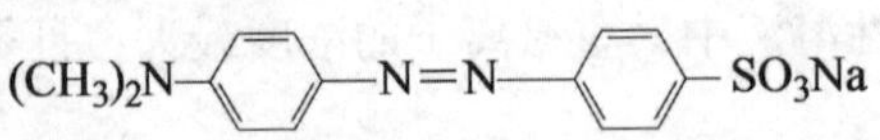

甲基橙是一种酸碱指示剂，变色范围 pH 为 3.1~4.4。当 pH<3.1 时，溶液显红色；pH 在 3.1~4.4 范围内的溶液显橙色；pH>4.4 的溶液显黄色。

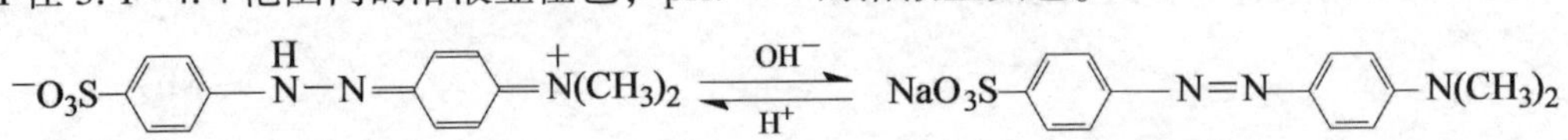

pH<3.1 红色　　　　　　　　　　pH>4.4 黄色

（2）刚果红(congo red)　又称为直接大红或直接朱红，由 4，4′-联苯二胺的双重氮盐与 4-氨基-1-萘磺酸偶合而成。

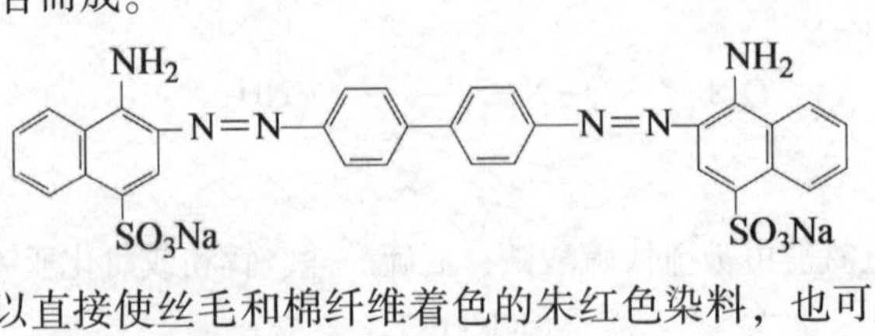

刚果红是一种可以直接使丝毛和棉纤维着色的朱红色染料，也可用于纸张的着色。它也是一种酸碱指示剂，变色范围的 pH 为 3.0~5.0，当 pH<3.0 时，溶液显蓝紫色；当 pH>5.0 时，溶液显红色。

230

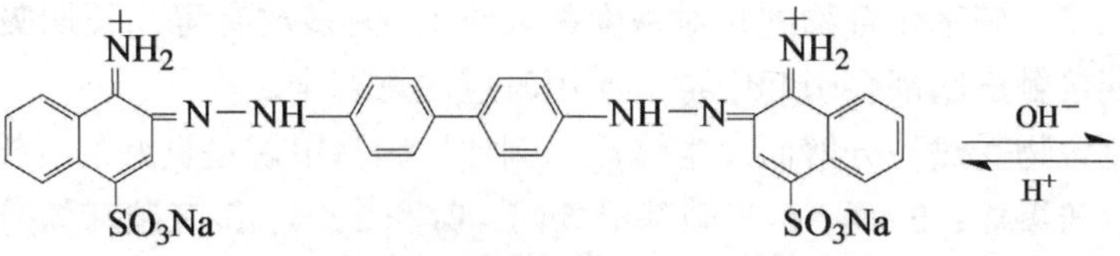

pH<3.0紫蓝色

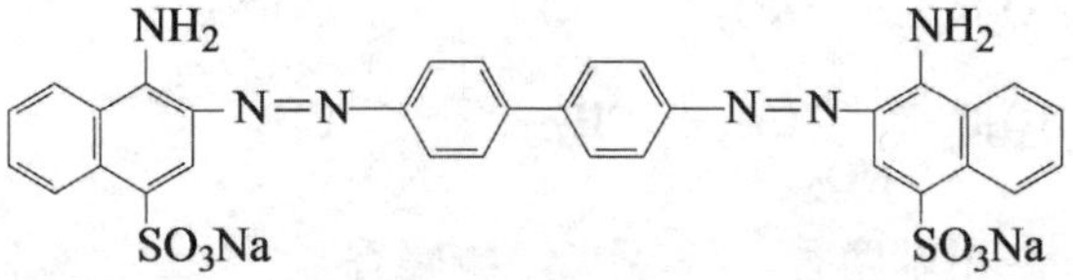

pH>5.0红色

10.4 其他含氮有机化合物

10.4.1 硝基化合物

烃分子中的氢原子被硝基($-NO_2$)取代生成的化合物称硝基化合物(nitro compound)。

1. 硝基化合物的分类和命名

硝基化合物按分子中所含烃基不同分为脂肪族、芳香族及脂环族硝基化合物。硝基化合物命名时以烃或芳环为母体,硝基为取代基,必要时注明硝基的位置及数目。例如:

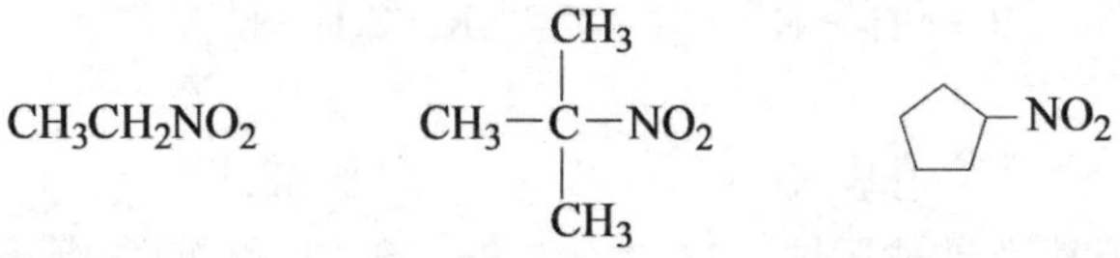

$CH_3CH_2NO_2$

硝基乙烷

硝基叔丁烷

硝基环戊烷

邻硝基甲苯

2,4,6-三硝基甲苯(TNT)

2. 硝基化合物的结构

电子衍射实验证明,硝基化合物中的硝基具有对称的结构,两个 N—O 键的键长相等,都是 0.121nm。这反映出硝基结构中存在着三中心四电子的 p-π 共轭体系,两个 N—O 键发生了键长平均化:

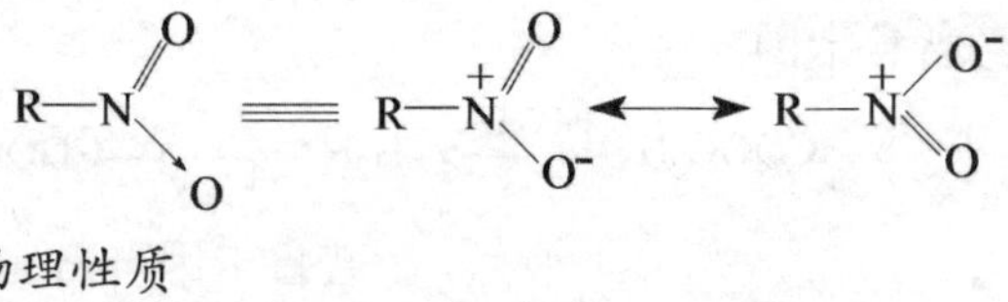

3. 硝基化合物的物理性质

脂肪族硝基化合物为无色有香味的高沸点液体,难溶于水,易溶于醇、醚等有机溶剂。芳香族硝基化合物中除某些一硝基化合物为高沸点液体外,大多数为淡黄色结晶固体，具有苦杏仁味。硝基化合物的相对密度都大于1，大多数有毒，长期吸入它们的蒸汽或粉尘，或长期接触皮肤都会引起中毒，使用时应注意安全。

多数硝基化合物受热易分解而发生爆炸。例如，硝基甲烷是良好的有机溶剂，但蒸馏时不能蒸干，以防爆炸；2，4，6-三硝基甲苯(TNT)和2，4，6-三硝基苯酚〔苦味酸)等可用作炸药。有的硝基化合物有香味，可作香料。例如：

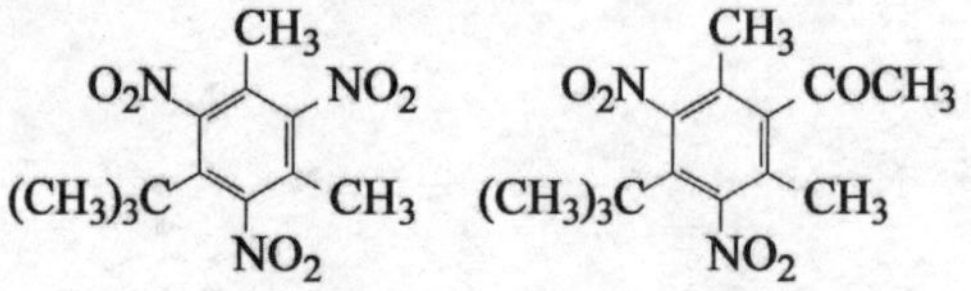

二甲苯麝香   酮麝香

芳香硝基化合物能使血红蛋白变性而引起中毒，上述硝基麝香已被限制使用。

4. 硝基化合物的化学性质

(1)脂肪族硝基化合物的酸性　由于硝基是强吸电子基，因此脂肪族硝基化合物中的α-H 具有一定的酸性，能逐渐溶解于氢氧化钠溶液而形成钠盐。它们之所以具有这种性质，是因为能生成稳定的负离子。

$$RCH_2NO_2 + NaOH \longrightarrow [RCH-NO_2]^- Na^+ + H_2O$$

与羰基化合物形成烯醇式异构体相似，硝基化合物中存在硝基式和假酸式异构体，其中主要以硝基式存在。当遇到碱溶液时，碱与酸式结构作用而生成盐，破坏了酸式和硝基式之间的平衡。硝基式不断转化为酸式，以至全部与碱作用而生成酸式盐。

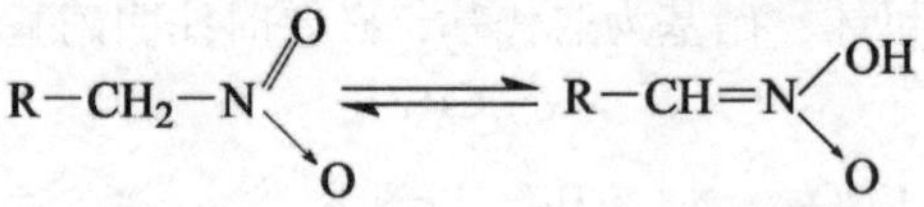

硝基式   假酸式

(2)还原反应　硝基容易被还原，Fe、Zn、Sn、$SnCl_2$ 和 Na_2S 等是实验室常用的硝基还原剂。脂肪族硝基化合物的还原比较容易，在酸性条件下还原或催化还原都生成伯胺。芳香族硝基化合物的还原，不同条件下其还原产物较复杂，在这里不详细讨论。在酸性溶液中用铁、锡等还原，硝基苯可被还原成苯胺，这是以前工业上制备苯胺的方法。

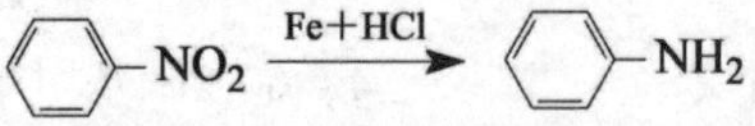

在上述还原反应过程中，由于使用 Fe 粉进行还原，反应后产生大量铁泥，对环境造成污染。现代工业上一般采用在 Cu、Ni 或 Pd/C 催化下，用氢气进行还原，反应后直接将 Pd/C 等催化剂滤去。反应液浓缩后直接处理便可得到纯品，对环境污染小，收率较高，是一种绿色的合成方法。例如，在常压下用 Pd/C 及氢气还原对硝基苯甲酸乙酯中的硝基，可合成局部麻醉药普鲁卡因。

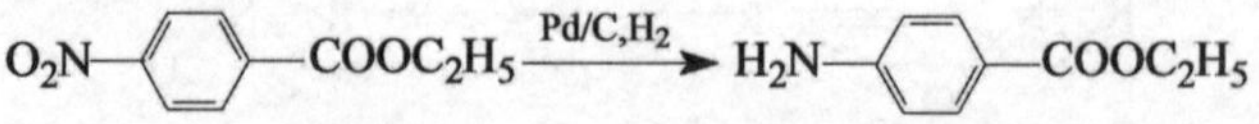

普鲁卡因(procaine)

(3)硝基对苯环上其他取代基的影响　硝基与苯环相连后，由于其强的吸电子诱导效应和吸电子共轭效应，使得苯环上电子云密度大大降低，亲电取代反应变得困难，但硝基可使邻、对位基团发生亲核取代反应的活性增加。

①硝基卤苯的亲核取代反应。氯苯分子中的氯原子并不活泼，但当氯苯的邻、对位存在硝基时，氯原子比较活泼，可以发生亲核取代反应。例如：

$$O_2N-\underset{NO_2}{\underset{|}{\bigcirc}}-Cl+H_2O \xrightarrow[\triangle]{Na_2CO_3} O_2N-\underset{NO_2}{\underset{|}{\bigcirc}}-OH+HCl$$

如果硝基在氯原子的间位，它只有吸电子诱导效应，硝基所引起的负电荷分散作用相应减少，所以它对卤原子活泼性的影响不显著。除了卤原子外，芳环上的其他取代基当其邻位、对位或邻对位都有强吸电子基团时，同样可以被亲核试剂取代。与脂肪族卤代烃反应活性不同，卤代苯上卤素的反应活性次序大致为：F>Cl>Br>I。

②硝基酚和硝基芳香酸的酸性。苯酚的酸性比碳酸弱，当苯环上引入硝基时，能增强酚的酸性(见第7章)。硝基对酚羟基酸性的影响与它们在苯环上的相对位置有关。当硝基处在羟基的邻位或对位时，由于存在吸电子诱导效应和共轭效应，羟基上的氢解离后生成的负电荷可被分散，因而更稳定，酸性增强。当硝基与羟基处于间位时，由于它们之间只存在吸电子诱导效应，因此，酸性增加并不明显。

与硝基苯酚的酸性增强相似，在苯甲酸的芳环上引入硝基后，其酸性同样增强(见第9章)。其中，硝基处于羧基邻位时酸性增强最为显著，可能是由于硝基和羧基距离较近，硝基的吸电子诱导效应起较强的作用；也可能是由于硝基与羧基之间的相互作用导致。

10.4.2 腈

分子中含有氰基(—CN)的化合物称为腈(nitrile)。腈的命名是根据分子中所含碳原子数(包括氰基碳原子在内)称为"某"腈。例如：

$$CH_3CN \qquad H_2C=CHCN \qquad \bigcirc-CH_2CN$$

$$\text{乙腈} \qquad\qquad \text{丙烯腈} \qquad\qquad \text{苯乙腈}$$

低级腈为无色液体，可溶于水，毒性较大。高级腈为固体，一般不溶于水。腈分子有较大的极性，故沸点较高。由于腈分子中存在 $C\equiv N$ 叁键，腈的化学反应主要发生在氰基上。

1. 水解反应

腈在盐酸、硫酸或磷酸等酸性水溶液(或氢氧化钠、氢氧化钾等碱性水溶液)中加热回流可水解为羧酸(或羧酸盐)。腈很容易通过卤代烃与氰化钠(或氰化钾)等反应制备。所以腈水解是制备羧酸的常用方法之一(见第9章)。

$$R-CN \xrightarrow[\triangle]{H_2O/H^+} RCOOH$$

腈水解为羧酸的反应过程中，酰胺是中间体。若控制适当反应条件，产物可停止在酰胺阶段，所以腈在酸性低温水溶液中可水解为酰胺。

$$RCN+H_2O \longrightarrow RCONH_2$$

2. 还原反应

一般情况下，使用氢化铝锂、催化氢化或金属钠等还原剂可将腈还原，生成伯胺。例如：

$$NCCH_2CH_2CH_2CH_2CN \xrightarrow[Ni]{H_2} H_2NCH_2CH_2CH_2CH_2CH_2CH_2NH_2$$

3. 与格氏试剂反应

腈与格氏试剂发生加成反应，而后进一步水解为酮。这是制备羰基化合物的方法之一。

$$R-CN \xrightarrow[\text{干醚}]{CH_3MgI} R-\overset{CH_3}{\underset{}{C}}=NMgI \xrightarrow{H_2O/H^+} R-\overset{CH_3}{\underset{}{C}}=O$$

10.4.3　碳酸酰胺和苯磺酰胺

1. 碳酸酰胺

碳酸的结构中含有两个羟基，可以看作是羟基甲酸或二元羧酸。当碳酸中的一个羟基被氨基取代后形成的碳酸单酰胺称为氨基甲酸。氨基甲酸不稳定，但它的盐、酯及酰氯相对稳定。碳酸的二酰胺俗称尿素或脲。

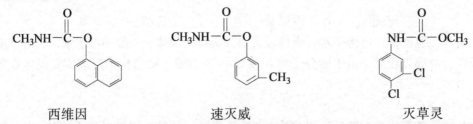

碳酸　　　　　　　　氨基甲酸(碳酰胺)　　　　　尿素(碳酰二胺)

（1）氨基甲酸酯　氨基甲酸酯(carbamate)类农药是 20 世纪 60 年代发展起来的一类农药。最重要的氨基甲酸酯是氨基上连有烷基或芳基的化合物。许多氨基甲酸酯类化合物在农业上用作杀虫剂、杀菌剂和除草剂，总称为有机氮农药。该类农药一般具有药效高、毒性低、降解快、安全性较有机氯和有机磷农药高等特点，而被认为是理想的有机氯农药取代剂之一，并在植物保护方面获得广泛应用。这类农药遇碱易水解，使用时应注意避免与碱性物质混合使用。

西维因　　　　　　　　　速灭威　　　　　　　　　灭草灵

(N-甲基氨基甲酸-1-萘酯)　(N-甲基氨基甲酸间甲苯酯)　[N-(3,4-二氯苯基)氨基甲酸甲酯]

（2）尿素　尿素(urea)是碳酸的重要衍生物。它是哺乳类动物体内蛋白质代谢的最终产物，正常成人每天排泄的尿中约含 30g 尿素。工业上以二氧化碳和过量氨在加压加热下直接反应来大规模生产尿素。

$$CO_2+2NH_3 \xrightarrow[\triangle]{\text{高压}} H_2N-\overset{O}{\overset{\|}{C}}-NH_2+H_2O$$

尿素为菱形或针状无色晶体，熔点 132.7℃，易溶于水和乙醇，难溶于乙醚。尿素具有酰胺的一般化学性质，但因两个氨基连在同一个碳原子上，所以它又表现出某些特殊的性质。

①水解反应　尿素在酸、碱或尿素酶的作用下很容易水解生成氨或铵盐，所以可以用作氮肥。

$$H_2N-\overset{\overset{\displaystyle O}{\|}}{C}-NH_2+H_2O \longrightarrow \begin{cases} \xrightarrow{H^+} NH_4^+ + CO_2\uparrow \\ \xrightarrow{OH^-} NH_3\uparrow + CO_3^{2-} \\ \xrightarrow{脲酶} NH_3\uparrow + CO_2\uparrow \end{cases}$$

②与亚硝酸反应　和伯胺一样，尿素与亚硝酸作用放出氮气。反应是定量完成的，可用于测定尿素的含量。

$$H_2N-\overset{\overset{\displaystyle O}{\|}}{C}-NH_2+HNO_2 \longrightarrow [HO-\overset{\overset{\displaystyle O}{\|}}{C}-OH]+H_2O+N_2\uparrow \longrightarrow H_2O+CO_2\uparrow$$

这个反应还常用于除去某些反应中残留的过量亚硝酸。

③成盐反应　尿素分子中含有两个氨基，故显碱性，但碱性很弱，不能使石蕊试纸变色。尿素的硝酸盐、草酸盐均难溶于水而易结晶[CO(NH$_2$)$_2$·HNO$_3$、2CO(NH$_2$)$_2$·(COOH)$_2$]。利用这种性质，可从尿液中提取尿素。

④二缩脲反应　将尿素缓慢加热，两分子尿素脱去一分子氨而生成缩二脲（biuret，或称二缩脲）。

$$H_2N-\overset{\overset{\displaystyle O}{\|}}{C}-NH_2+H-NH-\overset{\overset{\displaystyle O}{\|}}{C}-NH_2 \xrightarrow{150\sim160℃} H_2N-\overset{\overset{\displaystyle O}{\|}}{C}-NH-\overset{\overset{\displaystyle O}{\|}}{C}-NH_2+NH_3\uparrow$$

二缩脲

二缩脲是无色针状晶体，熔点190℃，难溶于水，能溶于碱性溶液中。它在碱性溶液中与稀硫酸铜溶液作用，产生紫红色或紫色配合物，这个显色反应叫作二缩脲反应（biuret reaction）。常用于有机化合物的分析鉴定。凡分子中含有两个或两个以上酰胺键的化合物如多肽、蛋白质等都能发生这种显色反应。

尿素用途广泛，除在农业上用作高效固体氮肥外，也是有机合成的重要原料，用于合成医药、农药、塑料等。例如，尿素和甲醛作用可合成脲醛树脂。尿素可与丙二酸酯或其衍生物作用，生成环状的丙二酰脲。而丙二酰脲的亚甲基上的两个氢原子被烃基取代的衍生物是一类镇静安眠药物。脲也可以发生醇解反应生成氨基甲酸酯。氨基甲酸乙酯俗称乌拉坦，在医药上用于治疗慢性白血病。

2. 苯磺酰胺

前已述及，氨、伯胺或仲胺与苯磺酰氯通过磺酰化反应得到苯磺酰胺。在苯磺酰胺分子中，由于苯磺酰基强烈地吸引电子，使 N—H 键的极性大大加强，氮原子上的氢原子具有酸性，可与氢氧化钠溶液作用生成盐。

$$\langle \text{苯环} \rangle-SO_2NH_2+NaOH \longrightarrow \langle \text{苯环} \rangle-SO_2NHNa+H_2O$$

苯磺酰胺钠盐

苯磺酰胺的重要衍生物为对氨基苯磺酰胺，由于它的分子中既有酸性的磺酰基，又有碱性的氨基，所以它既能与碱作用又能与酸作用，为两性化合物。

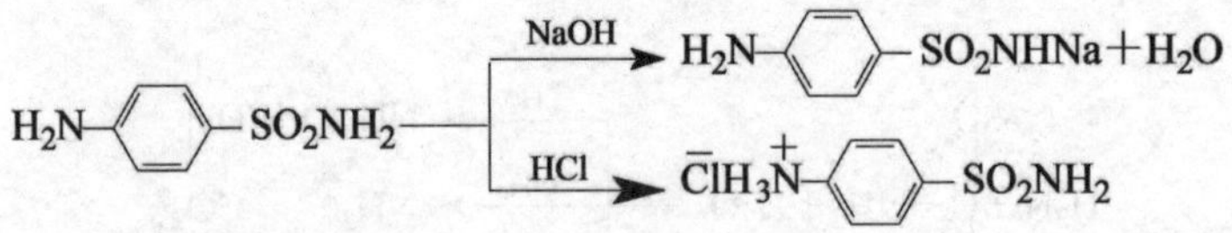

对氨基苯磺酰胺

磺胺类药物是对氨基苯磺酰胺类化合物，简称磺胺（或 SN）。磺胺对葡萄球菌及链球菌等多种病菌具有抑制作用，是 20 世纪 30 年代开始使用的一种抗菌药物。在青霉素问世之前，磺胺类药物是最广泛使用的抗菌药，其基本结构为：

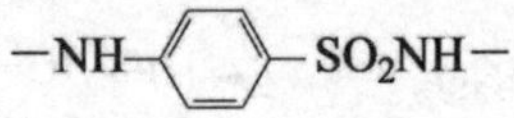

$$-NH\!-\!\!\bigcirc\!\!-SO_2NH-$$

常用磺胺类药物举例如下：

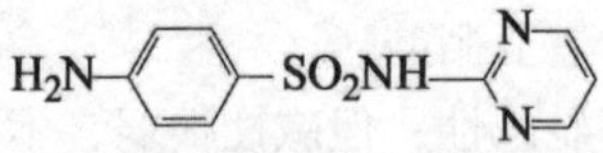

磺胺嘧啶（SD） 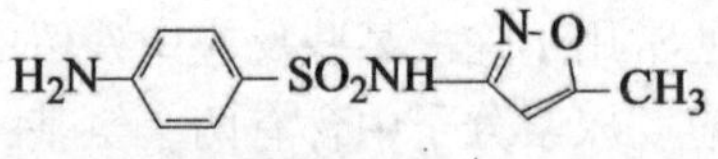　　　　　　　磺胺甲基异恶唑（SMZ）

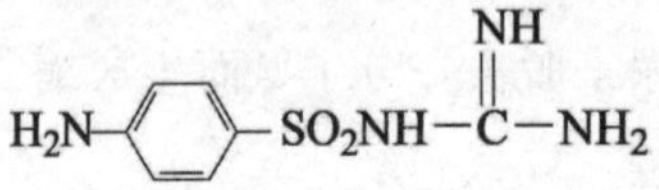

磺胺脒　　　　　　　　琥珀酰磺胺噻唑（SST）

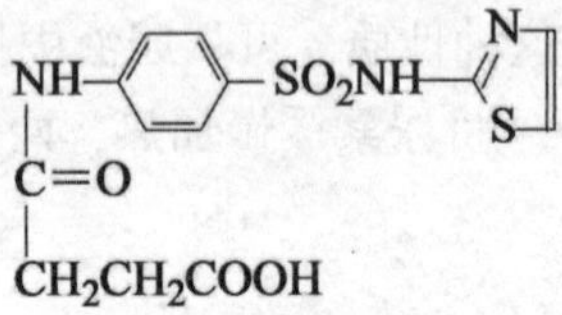

抗生素的出现使磺胺类药物的用量大为减少。但是对某些疾病，磺胺类药物仍不失为具有很好疗效的药物。

◎ 知识拓展

含氮精神活性物质

摄入人体后能影响人的思维、情感、意志行为等心理过程并有致依赖作用的物质称为精神活性物质，苯丙胺类化合物、氯胺酮属于含氮的精神活性物质。

苯丙胺类化合物有苯丙胺（amphetamine）、甲基苯丙胺（methamphetamine，MA）、3,4-亚甲基二氧苯丙胺（methylenedioxyamphetamine，MDA）和 3,4-亚甲基二氧甲基苯丙胺（methylenedioxymethamphetamine，MDMA）等，它们都属于合成精神活性物质。1971 年，联合国制定的《精神药品公约》（Convention on Psychotropic Substances，简称"71 公约"）将此类药物列为管制药品。我国也陆续出台了各项法律法规进行管控。

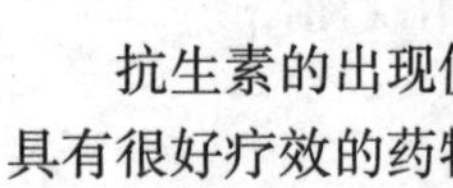

苯丙胺 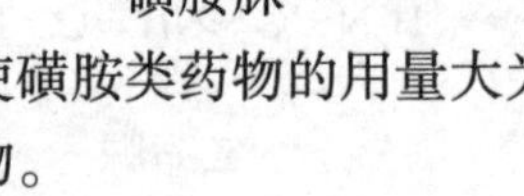　　　甲基苯丙胺（MA） 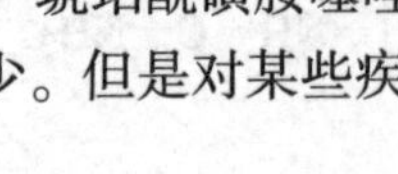　　　　MDA 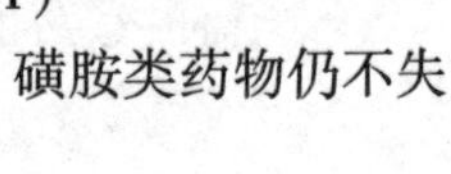　　　　　　MDMA

苯丙胺又称安非他明，化学名称为 1-苯基-2-丙胺。它是麻黄碱的衍生物，于 1887 年首次合成，属于中枢神经兴奋剂；MA 又称甲基安非他明或去氧麻黄碱，其盐酸盐是一种无味透明晶体，外观似冰块，故被称为"冰毒"。冰毒对人体的损害甚于传统毒品海洛因，吸、食或注射 0.2g 即可致死。一般吸食 1~2 周，即产生严重的依赖性而成瘾，对心、肺、肝、肾及神经系统等产生严重毒害作用；MDA 和 MDMA 属于致幻剂，服用后使人产生多种幻觉，表现出摇头晃脑、手舞足蹈和乱蹦乱跳等不由自主的类似疯狂行为。此类物质极易成瘾，0.5g 可致死。被称为"摇头丸"的毒品其主要成分是 MDMA，其次还有 MDA 和 MA。

氯胺酮(Ketamine)俗称 K 粉，化学名 2-(2-氯苯基)-2-甲氨基环己酮，其盐酸盐为白色结晶性粉末。最早用于临床手术麻醉剂或麻醉诱导剂，有精神依赖性，其致幻作用是导致被滥用的主要原因。氯胺酮对人会产生很大的毒副作用，一般吸食 70mg 会引起中毒，200mg 会产生致幻，500mg 将出现濒死状态。我国已于 2001 年将氯胺酮纳入国家第二类精神管制药品。

氯胺酮 (K 粉)　　　　氟胺酮

近年来，一些制毒贩毒集团为了躲避刑事打击，常常游离列管范围之外，合成或贩卖与列管物质结构相似的化学物质，比如合成不受列管的氟胺酮代替氯胺酮，用合成大麻素类物质代替大麻等。为了人民健康，为了社会安定，我国在原有列管的氯胺酮、苯乙胺类、合成大麻素类等新精神活性物质基础上，于 2021 年 7 月 1 日又新增包括整类合成大麻素类物质和氟胺酮等 18 种新精神活性物质列为毒品进行管制，为打击制毒贩毒活动提供法律保障。

◎ 课后思考题

1. 含氮化合物在医药上有多种用途，但有些药物最大的缺点是容易成瘾。查阅资料了解麻黄碱的结构和性质、毒理作用，谨记"药物是一把双刃剑，用得好可以救人，用得不好可以伤人"。增强远离毒品的意识，做自尊自爱、遵纪守法的大学生。

2. 三聚氰胺常被不法分子用作食品和饲料添加剂，以提高食品和饲料检测中的蛋白质含量指标(如 2008 年的三鹿奶粉事件)。查阅三聚氰胺的结构和理化性质，熟悉三聚氰胺对动物和人体的危害，珍爱生命，对在食品中人为添加三聚氰胺要依法追究法律责任。

◎ 习　题

1. 命名下列化合物。

(1) $(CH_3)_2CHNHCH_3$

(2) $CH_3CH_2CH-CHCH_2CH_3$，其中 NH_2 和 CH_3

(3) $CH_3-\text{〇}-CH_2NH_2$

(4) $(C_2H_5)_2\overset{+}{N}H_2Cl^-$

(5) $CH_3CH_2CH_2NO_2$

(6) $CH_3CH_2CH_2CH_2\overset{+}{N}(CH_3)_3OH^-$

(7) $CH_3-\!\!\!\!\bigcirc\!\!\!\!-\overset{+}{N_2}Cl^-$　　　　　　(8) $\bigcirc\!\!\!-N=N-\!\!\!\!\bigcirc\!\!\!\!-OH$

2. 写出下列化合物的构造式。

　　(1) N-甲基-N-乙基对硝基苯胺　　　(2) 氯化三甲乙铵　(3) 乙二胺

　　(4) N-甲基乙酰胺　(5) 对甲基苄胺　(6) 1, 6-己二胺　(7) 对羟基偶氮苯

3. 选择或填空。

　　(1) 将下列化合物按碱性增强的顺序排列。

　　　　①氨、甲胺、二甲胺、苯胺_____；

　　　　②苯胺、对硝基苯胺、对甲基苯胺、对氯苯胺_____；

　　　　③乙酰胺、乙胺、二乙胺、氢氧化四乙铵_____；

　　　　④乙酰苯胺、苯胺、邻苯二甲酰亚胺、氢氧化四甲铵_____。

　　(2) 将下列化合物按沸点降低的顺序排列_____。

　　　　①正丁烷　②正丁醇　③正丙胺　④甲乙胺　⑤三甲胺

　　(3) 下列化合物中碱性最强的是(　　)。

　　　　A. 乙胺　　　　　B. 二乙胺　　　　C. 苯胺　　　　D. 苯甲酰胺

　　(4) 通式为 $RCONH_2$ 的有机化合物属于下列哪一类(　　)。

　　　　A. 胺　　　　　B. 酮　　　　　C. 腈　　　　　D. 酰胺

　　(5) 室温下不能与 HNO_2 作用放出 N_2 的化合物是(　　)。

　　　　A. $HOCH_2CH_2NH_2$　　　　　　B. H_2NCONH_2

　　　　C. $C_6H_5NH_2 \cdot HCl$　　　　　　D. $N(CH_3)_3$

　　(6) 属于季铵盐的化合物是(　　)。

　　　　A. $(CH_3)_3N^+HCl^-$　　　　　　B. $HOCH_2CH_2N^+(CH_3)_3Cl^-$

　　　　C. $(C_2H_5)_2N^+(CH_3)_2OH^-$　　　D. $C_6H_5\overset{+}{N_2}Cl^-$

4. 用化学方法鉴别下列各组化合物。

　　(1) $CH_3CH_2NH_2$　$(CH_3CH_2)_2NH$　$(CH_3CH_2)_3N$

　　(2) $CH_3-\!\!\!\!\bigcirc\!\!\!\!-NH_2$　$\bigcirc\!\!\!-CH_2NH_2$　$\bigcirc\!\!\!-CH_2NHCH_3$　$\bigcirc\!\!\!-CH_2N(CH_3)_2$

5. 完成下列反应。

　　(1) $CH_3CH_2CH_2NH_2 + HCl \longrightarrow$

　　(2) $CH_3CH_2NHCH_3 + HNO_2 \longrightarrow$

　　(3) $CH_3CH_2\overset{\overset{\displaystyle O}{\|}}{C}Cl + CH_3NH_2 \longrightarrow$

　　(4) $(C_2H_5)_3N + CH_3\underset{\underset{\displaystyle Br}{|}}{CH}-CH_3 \longrightarrow$

　　(5) $\bigcirc\!\!\!-NH_2 + \bigcirc\!\!\!-SO_2Cl \xrightarrow{NaOH}$

　　(6) $CH_3-\!\!\!\!\bigcirc\!\!\!\!-NH_2 + NaNO_2 \xrightarrow[0\sim5℃]{HCl}$

　　(7) $\bigcirc\!\!\!-CONH_2 + H_2O \xrightarrow{OH^-}$

（8）$CH_3CH_2CH_2CONH_2 \xrightarrow{Br_2+NaOH}$

6. 完成下列转化（无机试剂任选）。

（1）　　（2）

7. 某化合物 A 的分子式为 $C_6H_{15}N$，能溶于稀盐酸，与亚硝酸在室温时作用放出 N_2 并得到化合物 B，B 能进行碘仿反应，且能与浓 H_2SO_4 共热得到 C，C 能使 $KMnO_4$ 溶液褪色，并氧化分解为乙酸和 2-甲基丙酸。试推断 A、B、C 的构造式并写出有关反应式。

8. 三个化合物 A、B、C，分子式均为 $C_4H_{11}N$。A 与亚硝酸结合成盐，而 B 和 C 分别与亚硝酸作用时除了有气体放出外，在生成的其他产物中还含有四个碳原子的醇；氧化 B 所得的醇生成异丁酸，氧化 C 所得的醇则生成一个酮。试推测 A、B、C 的结构式，并写出各步反应式。

第11章 杂环化合物和生物碱

杂环化合物(heterocyclic compound)是指环中含有非碳原子的一类环状化合物，环上的非碳原子称杂原子(hetero-atom)，常见的杂原子有氧、硫、氮等。前面已学过的含杂原子的环状化合物，如内酐、内酯、交酯、内酰胺、环氧某烷等，因其环的稳定性较差，化学性质与相应的脂肪族化合物相类似，而且很容易开环形成开环化合物，因此，一般不将它们列入本章的杂环化合物。本章讨论的杂环化合物系比较稳定，环的性质与苯相似，即具有一定程度芳香性的杂环化合物，简称(芳)杂环化合物。

杂环化合物种类繁多，是最大的一类有机化合物。在自然界分布很广，在动植物体中具有重要的生理功能。例如，生物碱、维生素、植物色素以及各种动植物细胞成分中，都常含有芳杂环的骨架，此外，不少合成药物和合成染料也含有杂环。杂环化合物中，大多数是含氮杂环。本章以含氮杂环化合物为重点，对芳杂环化合物的结构和性质进行介绍。

11.1 杂环化合物

11.1.1 杂环化合物的分类和命名

1. 杂环化合物的分类

杂环化合物根据环的存在形式分为：单杂环和稠杂环。最常见的单杂环为五员杂环和六员杂环。稠杂环是由苯环与单杂环或两个以上单杂环稠合而成的。

杂环化合物还可根据杂环中杂原子种类分为：氮杂环、氧杂环、硫杂环；相同杂原子杂环和不相同杂原子杂环等。一些常见杂环化合物见表11-1。

2. 杂环化合物的命名

杂环化合物有两种命名方法：音译法和系统命名法。

(1)音译法　按外文名词音译，用带"口"字旁的同音汉字表示，"口"字旁表示是环状化合物。例如，Furan 译作呋喃；Pyrrole 译作吡咯；Pyridine 译作吡啶等。分别读作"夫南""比络"和"比定"。

(2)系统命名法　根据相应于杂环的碳环命名，命名时在相应的碳环名称前加上杂原子的名称，见表11-1。

表 11-1   常见杂环化合物

分类	碳环母体	重要的杂环
单杂环	五元环 / 茂	**furan** 呋喃 氧茂 **thiophene** 噻吩 硫茂 **pyrrole** 吡咯 氮茂 **thiazole** 噻唑 1,3-硫氮茂 **imidazole** 咪唑 1,3-二氮茂
	六元环 / 苯 / 峀	**pyridine** 吡啶 氮苯 **pyridazine** 哒嗪 1,2-二氮苯 **pyrimidine** 嘧啶 1,3-二氮苯 **pyrazine** 吡嗪 1,4-二氮苯 **4H-pyran** 4H-吡喃 1-氧峀 **2H-pyran** 2H-吡喃 2-氧峀
稠杂环	萘	**quinoline** 喹啉 氮萘(1-氮萘) **isoquinoline** 异喹啉 异氮萘(2-氮萘) **benzo-γ-pyran** 苯并吡喃 苯并-γ-氧峀 **benzopyrylium salt** 苯并鎓盐 氧萘盐
	茚	**indol** 吲哚 氮茚 **benzimidazole** 苯并咪唑 1,3-二氮茚 **benzofuran** 苯并呋喃 氧茚 **purine** 嘌呤 1,3,7,9-四氮茚

　　当单杂环上连有取代基时，从杂原子开始沿环编号，使取代基的位次和最小。也可把杂原子看做官能团，用 α、β、γ 对环上碳原子编号。

　　若杂环上不止一个杂原子时，则按 O、S、N 的顺序编号，编号时杂原子的位次和应最小。若环上含两个或两个以上相同杂原子时，应使杂原子的位次和最小(一般从连有氢的或取代基的杂原子开始)。

　　当杂环上取代基为 R—、—NO$_2$、—X、—NH$_2$、—OH 时，一般以杂环为母体；当杂环连有—CHO、—SO₃H、—COOH、—CONH₂时，则以这些基团作母体，杂环为取代基命名。如：

α-呋喃甲醛
（2-呋喃甲醛）
（糠醛）

γ-乙基吡啶
（4-乙基吡啶）

2,4-羟基嘧啶
（尿嘧啶）

β-吲哚乙酸
（3-吲哚乙酸）
（IAA）

稠杂环的编号，一般与相应的稠环芳烃相同，但少数不一致（见表 11-1）。

实际杂环命名时，一般习惯采用音译的名称。有时还用一些简称或俗名，如上所示。

思考题 11-1 命名下列化合物。

（1）

（2）

11.1.2 杂环化合物的结构

多数杂环化合物具有芳香性。下面以重要的五员环呋喃、噻吩、吡咯和六员环吡啶为例，分析杂环化合物的芳香结构。

1. 五员环的分子结构

呋喃、噻吩、吡咯在结构上具有共同点，即成环的五个原子都为 sp² 杂化，五个原子处在同一平面，杂原子上的孤对电子参与共轭形成 Π_5^6 共轭体系，见图 11-1。

呋喃   噻吩   吡咯

图 11-1 呋喃、噻吩、吡咯原子轨道示意图

这些共轭体系的 π 电子数符合休克尔规则（π 电子数 = 6），所以，它们都具有芳香性。由于杂原子提供了 2 个电子，电子效应：+C>−I，使环 C 上电子云密度（与苯比较）升高，是富电子非苯芳杂环，易发生亲电取代反应，尤其易发生在杂原子的 α-位上。

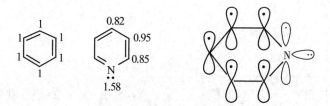

五元芳杂环上原子电子云密度分布不均，键长没有完全平均化。因此，五元杂环化合物的芳香性比苯差。由于杂原子电负性的不同，它们的芳香性也有差异。键长数据及芳香性大小顺序如下：

2. 六元环吡啶的分子结构

吡啶分子中五个碳原子和一个氮原子也是以 sp^2 杂化轨道相互结合形成环状平面分子，六个未参与杂化的 P 轨道相互侧面重叠形成闭合的六中心六电子大 π 键，符合休克尔规则，具有芳香性，但氮原子上的未共用电子对未参与共轭体系，对环不表现出给电子共轭效应，氮原子只表现出吸电子诱导效应，因此，环碳原子的电子云密度有所降低，并且较苯环上碳原子的低，相对而言，β-位电子云密度降低的少些，见图 11-2。这种芳杂环叫缺电子的芳杂环或缺 π 芳杂环，芳杂环上的亲电取代较难，芳香性也比苯差。另外，吡啶 N 的孤电子对不参与共轭，具有碱性。

图 11-2　吡啶电子云密度分布及原子轨道示意图

除吡啶外，嘧啶、喋啶，喹啉等都是缺电子芳杂环。

另外，也有少数杂环(例如，吡喃等)不具有芳香结构，也无芳香性。这些非芳杂环为数较少，这里就不再讨论了。

11. 1. 3　杂环化合物的化学性质

1. 吡咯及吡啶的酸碱性

含氮化合物碱性的强弱取决于氮原子上未共用电子对与 H^+ 结合的能力。在吡咯分子中，由于氮原子上的未共用电子对参与了环系 p-π 共轭体系，使得氮原子上电子云密度降低而与 H^+ 结合能力减弱，同时原来与氮原子相连的氢原子容易以 H^+ 的形式解离，所以吡咯不但不显碱性反而呈显弱酸性，它能与氢氧化钠或氢氧化钾成盐，而不与稀酸或弱酸成盐。

$pK_a=15$　　吡咯钾盐

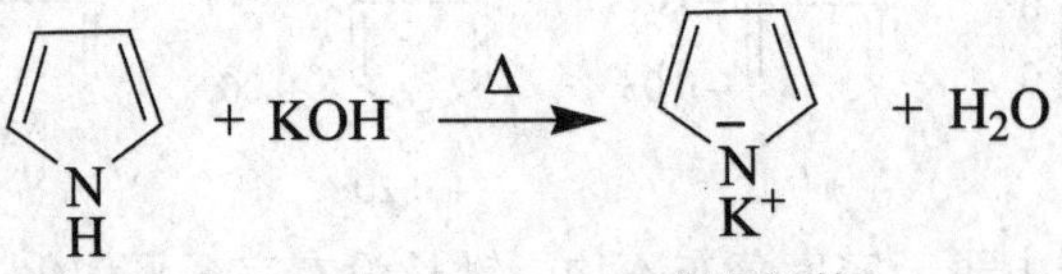

吡啶分子中氮原子上的孤电子对未参与闭合的共轭体系，因此吡啶显碱性。

$pK_b=8.8$　　吡啶盐酸盐

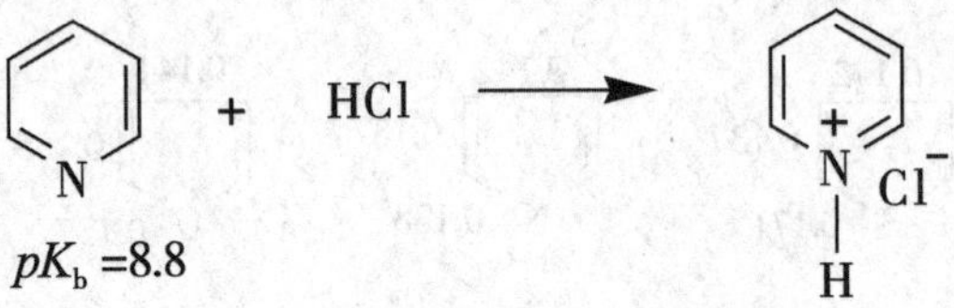

思考题 11-2　利用电子效应比较吡咯和四氢吡咯的碱性。

思考题 11-3　吡啶能与水混溶，而吡咯微溶于水，为什么？

2. 亲电取代反应

五员环是富电子芳杂环，所以亲电取代比苯容易，并且主要发生在 α -位上，在某些反应中甚至可用苯做溶剂；其中呋喃和吡咯对酸很敏感，强酸可使它们开环或形成聚合物，因此，它们必须使用特殊的硝化剂或磺化剂。噻吩对酸较稳定。吡咯等富电子芳杂环可被乙酸酐等酰化。

四溴吡咯

2–硝基吡咯

2–吡咯磺酸

α–乙酰吡咯

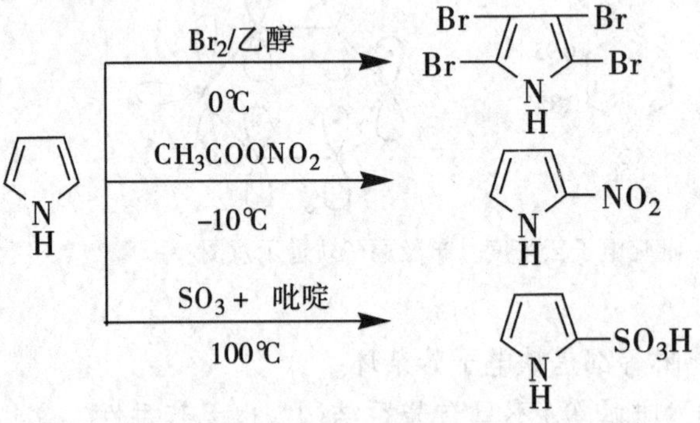

六员环吡啶是缺电子芳杂环，与硝基苯相似。亲电取代比苯难，常需要较强的条件，且主要是 β-取代。不能发生傅–克烷基化和酰基化反应。

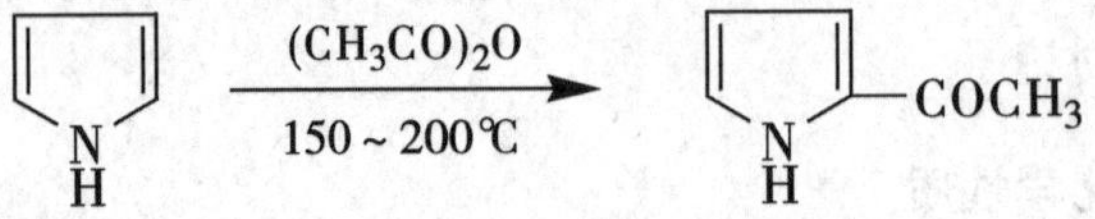

思考题 11-4　苯的溴代用 $FeBr_3$ 作催化剂，但吡啶溴代不能，为什么？

思考题 11-5　吲哚和喹啉的亲电取代产物主要发生在苯环还是杂环？

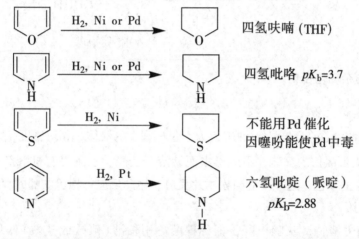

3. 加成反应 (加氢还原)

由于芳杂环的芳香性不如苯,因此,加成反应比苯容易进行。

四氢吡咯和六氢吡啶是仲胺结构,碱性较强,相当于一般的脂肪族仲胺。

吡咯在弱酸条件下,表现出共轭二烯烃的性质,可进行 1,2-加成或 1,4-加成。

苯并芳杂环催化加氢,氢加在杂环上,该反应说明芳杂环的芳香性比苯差。

4. 氧化反应

呋喃、吡咯对氧化剂很敏感，它们在空气中就能被氧化。特别是在酸性环境下，由于 H^+ 与氮原子上的未共用电子对结合，破坏了芳杂环结构，使环具有环烯性质，氧化反应就更容易发生。

吡啶环对氧化剂却相当稳定。吡啶环有侧链时总是侧链被氧化。甚至当 α-苯基吡啶经硝酸氧化，得到的是 α-吡啶甲酸，而不是苯甲酸。由此说明，吡啶环比苯环还要难于被氧化。

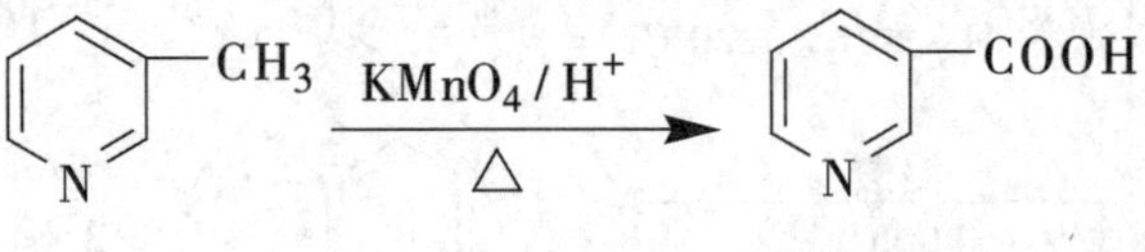

$$\beta\text{-吡啶甲酸（烟酸）}$$

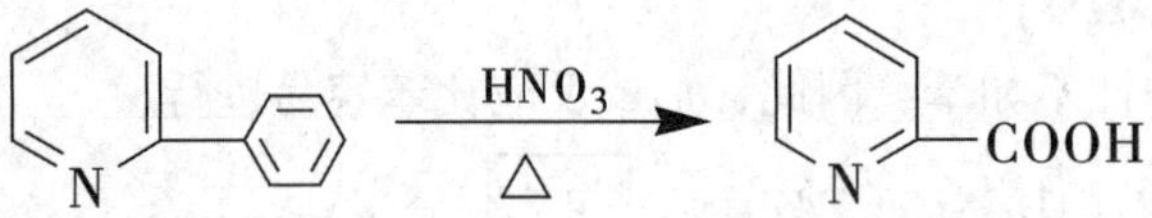

$$\alpha\text{-吡啶甲酸}$$

11.1.4　重要的杂环化合物

1. 呋喃及其衍生物

（1）呋喃　呋喃存在于松木焦油中，为无色易挥发的液体，相对密度 $d_4^{20}=0.9936$，沸点 32℃，具有类似氯仿的气味，不溶于水而易溶于乙醇、乙醚等有机溶剂中。呋喃遇盐酸浸湿的松木片呈绿色，这一反应叫松木片反应，用此反应可检验呋喃的存在。呋喃的化学性质与吡咯相似。

（2）α-呋喃甲醛　α-呋喃甲醛，俗称糠醛。用稀酸（硫酸或盐酸）处理米糠、玉米芯、高粱杆或花生壳等，其中所含多聚戊糖水解为戊糖，戊糖在酸作用下失水环化成糠醛。

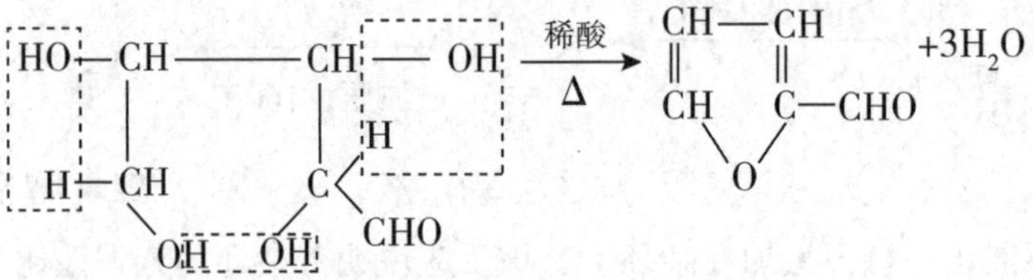

戊糖　　　　　　　　　　　　糠醛

纯净的糠醛是无色有特殊气味的液体，熔点 162℃，沸点 −36.5 ℃，相对密度为 1.160，微溶于水（溶解度 9%），在光、热或氧作用下，很快变为黄色、褐色，以至黑色，并产生树脂状聚合物。糠醛遇苯胺醋酸盐溶液显深红色，该呈色反应可用来鉴别糠醛或戊糖。糠醛不含 α-H，化学性质与甲醛、苯甲醛相似。

2. 吡咯及其衍生物

（1）吡咯 吡咯存在于煤焦油和骨焦油中，是无色液体，沸点131℃，难溶于水而易溶于乙醇、乙醚和苯等有机溶剂，具有与苯胺相似的气味。在空气中因氧化而迅速变黑，并逐渐变为树脂状物质。吡咯蒸气遇到浓盐酸浸过的松木片显红色，用此反应可以鉴别吡咯及其低级同系物。

（2）吡咯衍生物 吡咯的衍生物在自然界分布很广，最重要的为卟啉化合物。这类化合物有一个基本结构即卟吩（porphine）。卟吩环是由四个吡咯环或氢化吡咯环的 α-碳原子通过四个甲烯基（-CH=）交替相连而成的复杂的共轭体系，因环中有十八个 π 电子，符合休克尔规则，所以卟吩环是一个稳定的芳香环，结构如下。

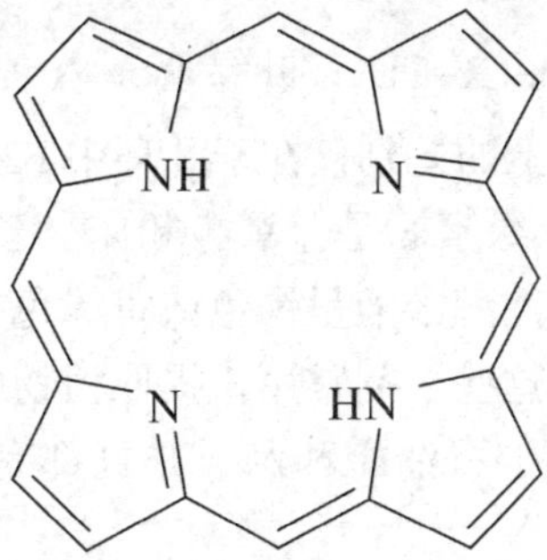

卟吩

含卟吩环结构的化合物叫做卟啉（porphyin），这类化合物中比较典型的是叶绿素（chorophyll）和血红素（heme），它们都是含金属的卟啉。

①血红素 血红素的分子也是以卟吩环为基本骨架结构。卟吩环中心配合着一个二价铁离子，卟啉环上1~8位上各连有相同或不同的取代基团。

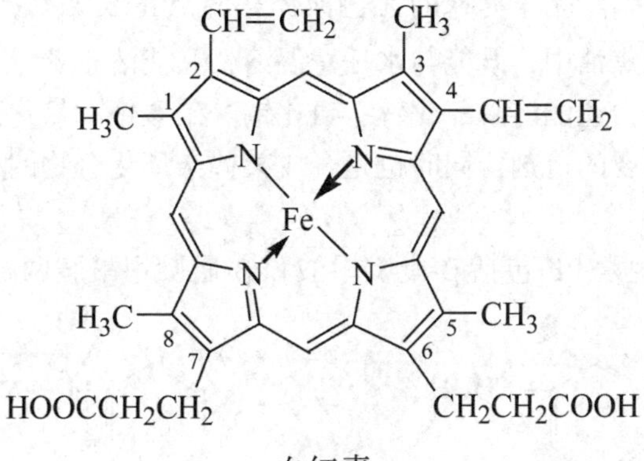

血红素

血红素常与蛋白质结合成血红蛋白存在于高等动物的红细胞中，血红蛋白具有运输氧气的功能，1g血红蛋白在0℃及1.0l kPa下可吸收 1.35 L O_2，结合成氧合蛋白，以供机体新陈代谢。CO 与血红蛋白的结合能力比 O_2 大 2×10^4 倍，从而阻止血红蛋白与 O_2 的结合，造成机体缺氧而窒息。这就是煤气中毒的原因。

②叶绿素 叶绿素有多种，在高等植物中主要有叶绿素 a 和叶绿素 b。

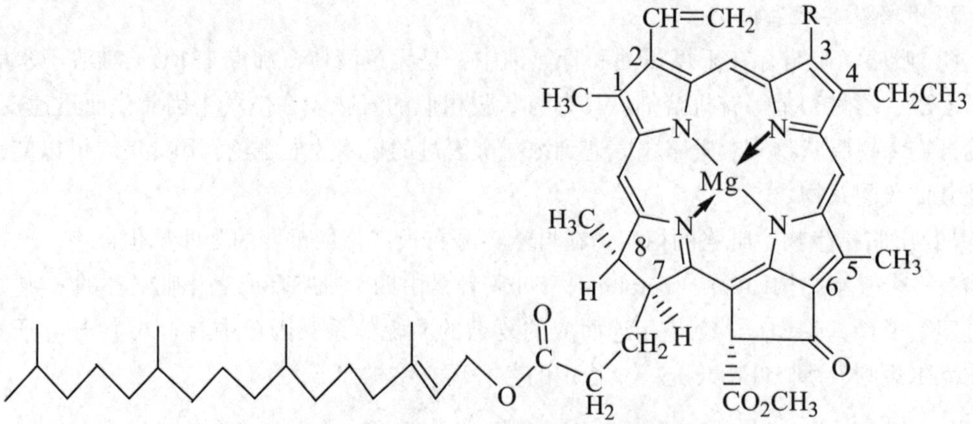

叶绿素a：R=CH₃；叶绿素b：R=CHO

叶绿素 a 和叶绿素 b 在构造上的差别仅在于Ⅱ环中 R 的不同，叶绿素 a 和叶绿素 b 在大多数植物中的比例为 3：1。叶绿素 a 是蓝黑色粉末，乙醇溶液呈蓝绿色，并有深红色荧光。叶绿素 b 是深绿色粉末，乙醇溶液呈绿色或黄绿色，有红色荧光。两者都易溶于乙醇、乙醚、丙酮、苯和氯仿等，这些溶剂常用来提取植物中的叶绿素，再通过层析法分离叶绿素 a 和叶绿素 b。它们难溶于石油醚和水，并且都有旋光活性，它们的分子中有酯基，容易水解生成相应的酸和醇。

用硫酸铜的酸性溶液小心处理叶绿素，铜取代镁而进入卟吩环的中心，叶绿素其他部分的结构没有改变，所呈绿色更稳定。故此在浸制植物标本时，常用这个方法来长期保持植物的绿色。

叶绿素可做食品、药物和化妆品的无毒着色剂。

3. 吡啶及其衍生物

（1）吡啶　吡啶是具有特殊臭味的无色液体，沸点 115.5℃，相对密度 $d_4^{20} = 0.982$，主要存在于煤焦油和骨焦油中，既能与水任意混溶，又能溶于苯、乙醇和乙醚等许多极性或非极性的有机溶剂中，还能溶解氯化锌、氯化铜、硝酸银和氯化汞等许多无机盐类。因此，吡啶是一种非常重要的溶剂，同时也是合成某些杂环化合物的原料。

（2）吡啶衍生物

①维生素 PP　维生素 PP 包括 β-吡啶甲酸和 β-吡啶甲酰胺两种物质。

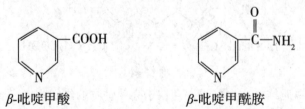

β-吡啶甲酸　　　　　　　β-吡啶甲酰胺

β-吡啶甲酸又名烟酸（niacin）或尼克酸（nicotinic acid），为无色结晶，熔点为 236～237℃。β-吡啶甲酰胺又名烟酰胺（niacinamide），也为无色结晶，熔点为 128～131℃。两者对酸、碱、热等都比较稳定。

维生素 PP 属 B 族维生素。存在于肉类、肝、肾、花生、米糠以及酵母中，它参与机体的氧化-还原过程，能促进组织新陈代谢，降低血中胆固醇的含量。缺乏维生素 PP 时能引起糙皮病，所以维生素 PP 又叫抗癞皮病维生素。

②维生素 B_6　维生素 B_6 又称吡哆素。它包括吡哆醇(pyridoxine)、吡哆醛(pyridoxal)和吡哆胺(pyridoxamine)。

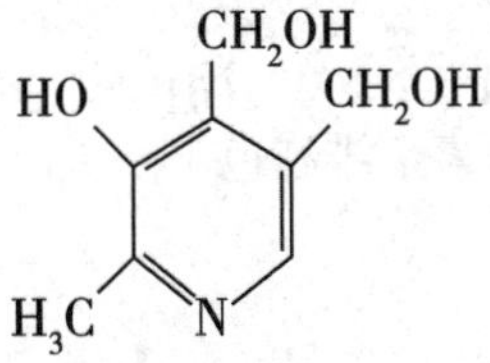

吡哆醇 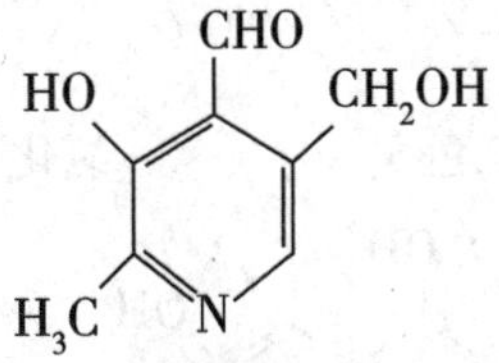　　　　　　吡哆醛 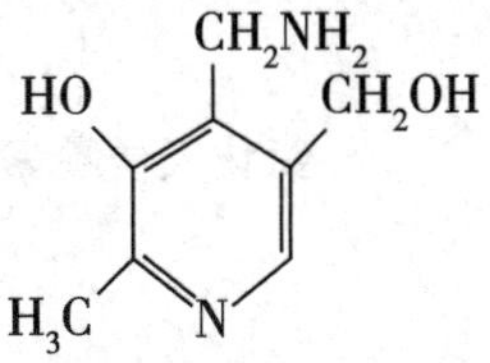　　　　　　吡哆胺

维生素 B_6 为白色结晶，易溶于水和酒精中。耐热，在酸或碱中较稳定，但易被光破坏。它们在自然界分布很广，主要存在于肉类、鱼类、蔬菜、谷类、蛋类等中，是维持蛋白质正常代谢必要的维生素。

4. 吲哚及其衍生物

(1) 吲哚　吲哚存在于煤焦油、某些植物的花中，也与 β-甲基吲哚共存于粪便中，是粪便的臭气成分。纯吲哚为无色片状晶体，熔点为 52℃，不溶于水，而溶于有机溶剂和热水中。稀溶液有素馨花香味，可用来制造茉莉型香精。吲哚的化学性质与吡咯相似，碱性极弱，在空气中颜色变深，渐渐变成树脂状物质。松木片反应呈红色。

(2) 吲哚衍生物　β-吲哚乙酸(indoleacetic acid，简称 IAA)是吲哚最重要的衍生物。它是最早被发现的植物激素。它存在于酵母、高等植物的生长点和人、畜尿中。

β-吲哚乙酸是无色晶体，熔点为 164~165℃，微溶于水，易溶于醚、醇等有机溶剂。它在中性或酸性溶液中不稳定。但其钾盐、钠盐、铁盐的水溶液较为稳定，所以一般都是使用其盐类。吲哚乙酸作为一种植物生长调节剂，低浓度时能促进植物生长，刺激植物的插条生根，及促进无籽果实的形成。浓度较高时，则抑制植物生长。

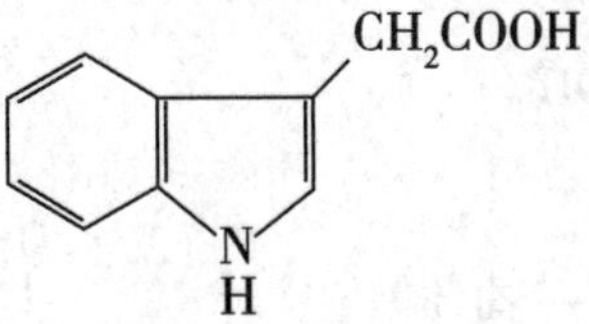

β-吲哚乙酸

5. 苯并吡喃衍生物

苯并吡喃本身并不重要，但它的许多衍生物却是天然色素，存在于植物中，如花色素(cyanidin)、黄酮色素(flavonoid pigments)等。

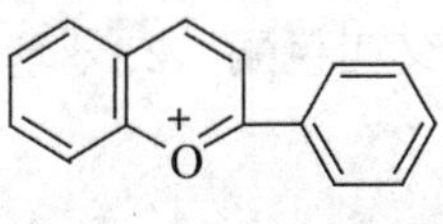

2-苯基苯并吡喃

(1) 花色素　花色素是 2-苯基苯并吡喃的多羟基衍生物，广泛存在于植物体中，植物的花和果实呈现出万紫千红的色彩就是由花色素产生的。最常见的花色素有三种，如下所

示。它们的构造差异在于苯基上的羟基数目不同。

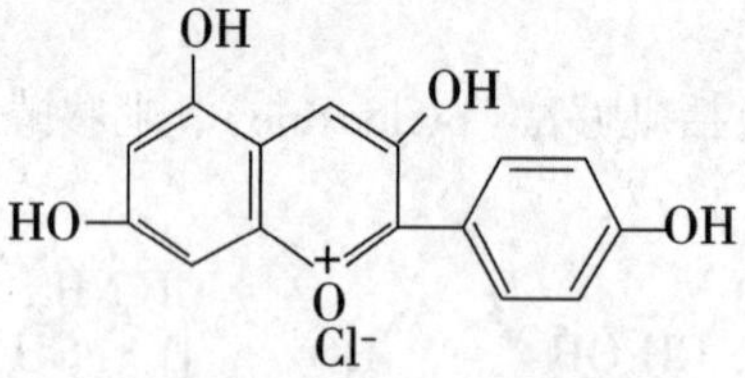

氯化天竺葵素（猩红色） 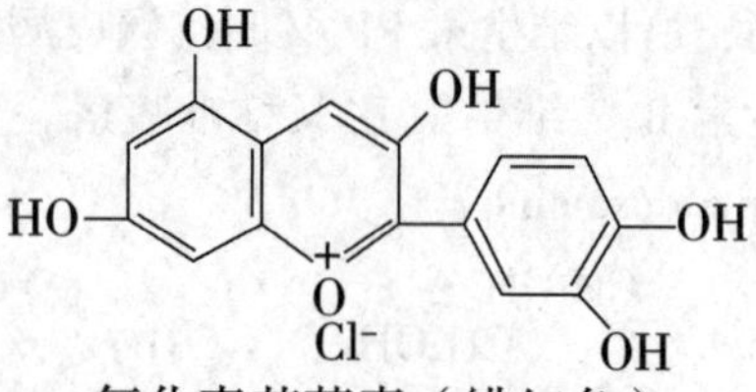　　氯化青芙蓉素（绯红色）

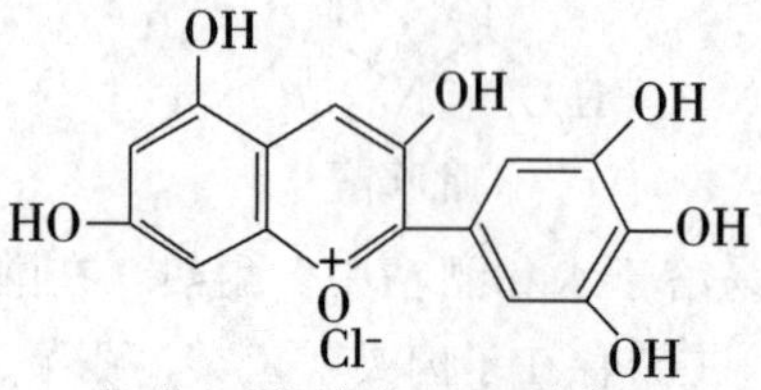

氯化飞燕草素（蓝紫色）

花色素在植物中常与糖结合成糖苷（见第 12 章）这种苷又常叫花色苷。花色苷在酸或酶催化下水解就得到糖和花色素。

花色苷的颜色，随介质的 pH 及环境中不同金属离子的存在而改变。所以同一种花色苷在不同的花中，或是同一种花由于种植土壤的不同都能显出不同的颜色。这都是由于在不同的介质中，花色苷的结构改变所致。例如，青芙蓉素苷在玉米穗中显紫色，在玫瑰花中显红色，而在矢车菊中显蓝色。

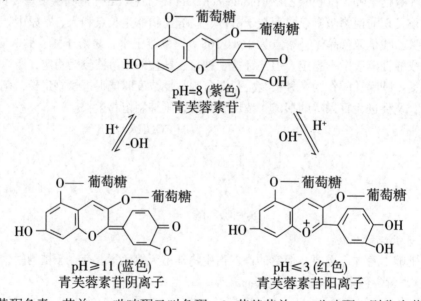

pH=8 (紫色)
青芙蓉素苷

pH≥11 (蓝色)
青芙蓉素苷阴离子

pH≤3 (红色)
青芙蓉素苷阳离子

（2）黄酮色素　苯并-γ-吡喃酮又叫色酮。2-苯基苯并-γ-吡喃酮，则称为黄酮：

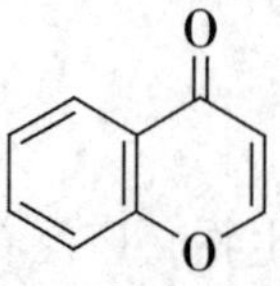

色酮 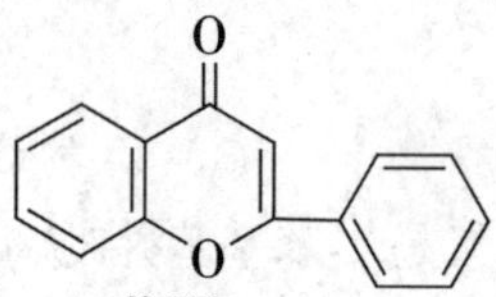　　　　黄酮

黄酮的多羟基衍生物广泛存在于植物根、茎、叶和花的黄色或棕色的色素中，统称黄酮色素。例如，存在于茶树等植物中的槲皮素，以及木樨草中的木樨草黄素等都是黄酮色素。

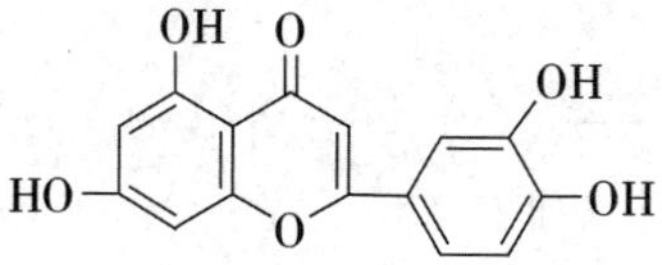

木樨草黄素 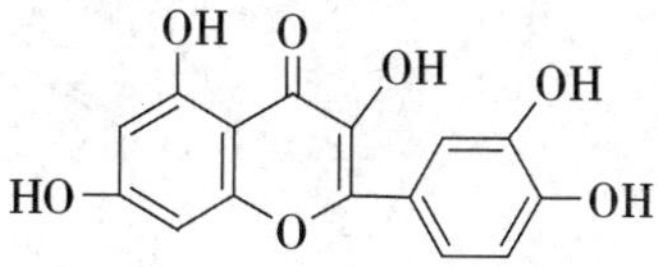   槲皮素

6. 嘧啶及其衍生物

（1）嘧啶 嘧啶(pyrimidine)是无色晶体，熔点22℃，沸点120℃，易溶于水。化学性质与吡啶类似，具有弱碱性，较难发生亲电取代反应。

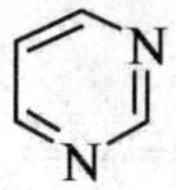

（2）嘧啶衍生物 嘧啶本身在自然界存在很少，但它的衍生物却广泛分布于动植物中，其中胞嘧啶(cytosine)、尿嘧啶(uracil)、胸腺嘧啶(thymine)是嘧啶最重要的衍生物，它们是核酸的重要组成部分。它们都存在烯醇式(即亚胺醇式)与酮式(即酰胺式)的互变异构。哪一种异构体占优势取决于溶液的pH值，生理系统中的pH=7±2，主要以酮式异构体的形式存在。

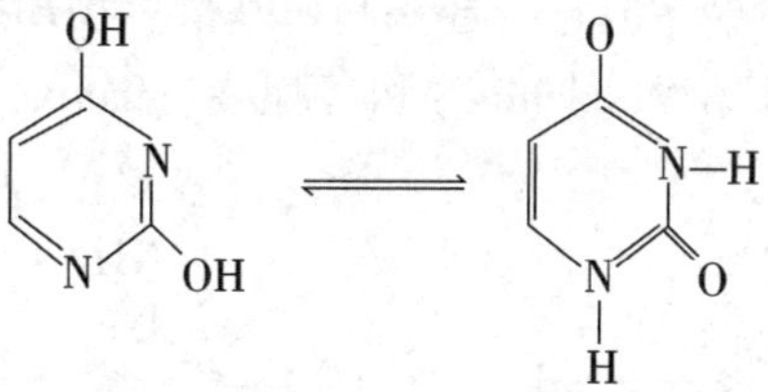

(2,4-二羟基嘧啶)   (2,4-二氧嘧啶)

尿嘧啶(U)

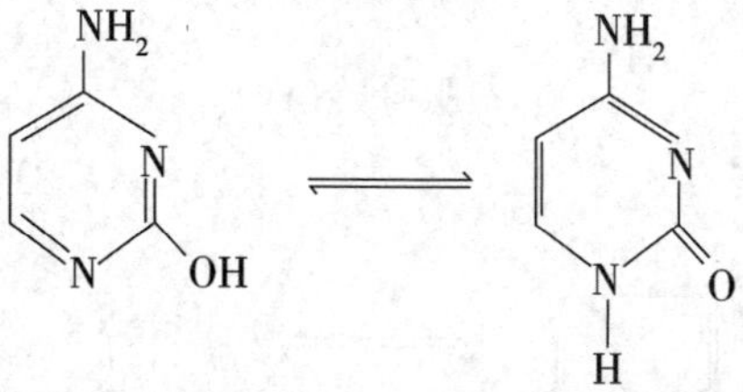

(4-氨基-2-羟基嘧啶)   (4-氨基-2-氧嘧啶)

胞嘧啶(C)

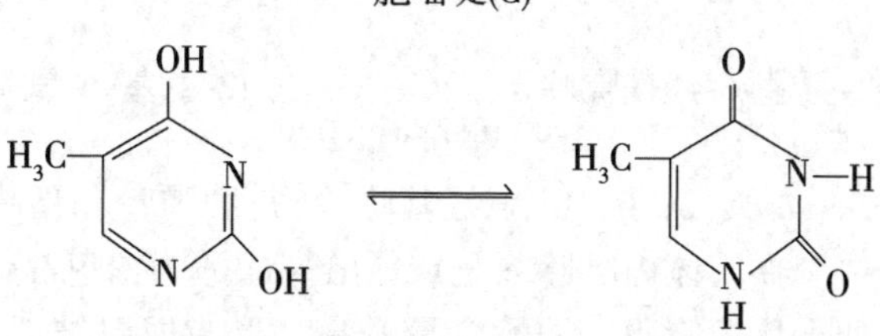

(5-甲基-2,4-二羟基嘧啶)   (5-甲基-2,4-氧嘧啶)

胸腺嘧啶(T)

7. 嘌呤及其衍生物

（1）嘌呤　嘌呤（purine）是由嘧啶环和咪唑环稠合而成的杂环化合物，编号如下所示：

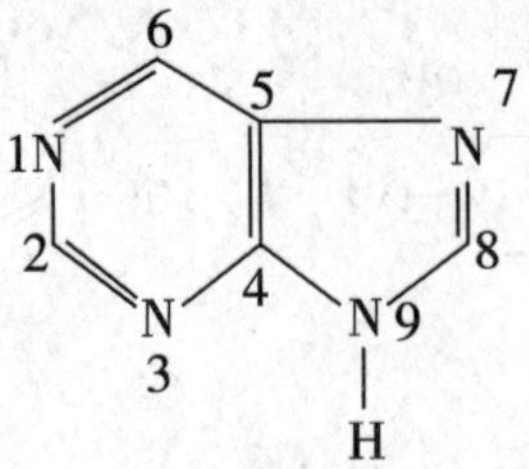

嘌呤是无色结晶，熔点为 216~217℃，易溶于水，对石蕊显中性，但它是两性物质，能与酸或碱形成盐。嘌呤在水溶液中的互变异构现象如下：

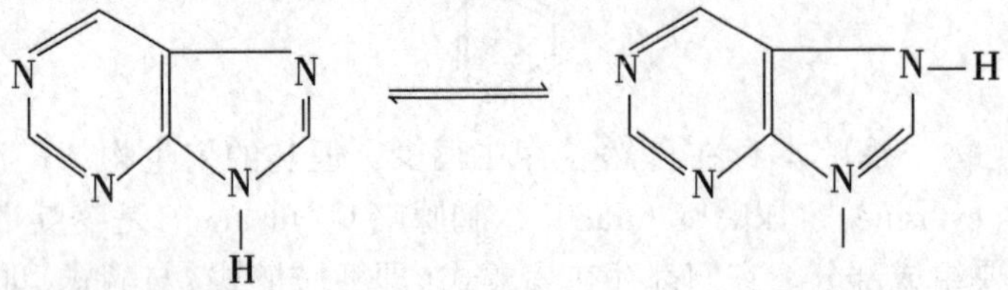

9-H-嘌呤　　　　　　　　7-H-嘌呤

（2）嘌呤衍生物

嘌呤本身不存在于自然界，但它的羟基和氨基衍生物却广泛存在于动植物体内。

① 腺嘌呤和鸟嘌呤　腺嘌呤（adenine）和鸟嘌呤（guanine）也是核酸的重要组成，它们也都存在互变异构现象。

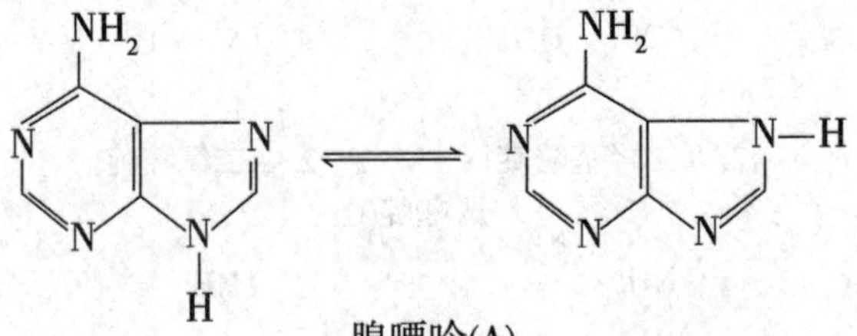

腺嘌呤(A)

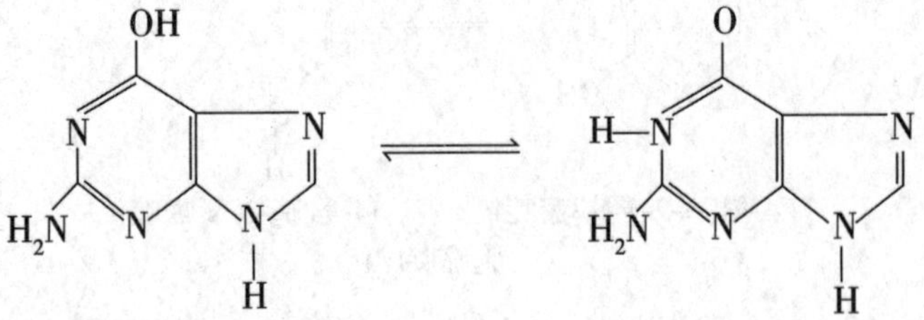

(2-氨基-6-羟基嘌呤)　　　　(2-氨基-6-氧嘌呤)

鸟嘌呤(G)

② 尿酸　尿酸（uric acid；2，6，8-三羟基嘌呤）是腺嘌呤和鸟嘌呤在生物体内的代谢产物，存在于血和尿中。在人体内嘌呤氧化成尿酸。尿酸为白色晶体，有弱酸性，与强碱成盐，但不溶于水，如果代谢障碍，尿酸含量升高，形成尿路结石，导致痛风性关节炎。海鲜、动物内脏、贝壳类水产等嘌呤含量较高。尿酸也存在酮式和烯醇式互变。

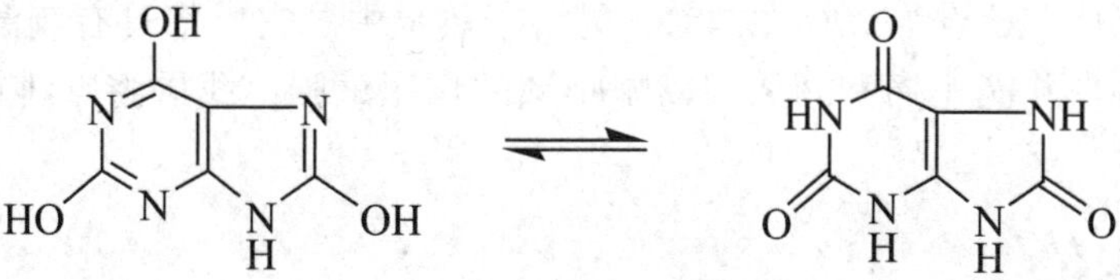

尿酸

③细胞分裂素　细胞分裂素(简称 CTK)广泛存在于高等植物的根、茎、叶、果实和种子等部位。它能促进细胞分裂、扩大，诱导细胞的分化，延迟叶片衰老，促进色素的形成，促进侧芽发育，刺激块茎形成等。迄今为止，已从许多种植物中发现 30 多种 CTK。它们的基本骨架是具有一个 6-氨基腺嘌呤结构。玉米素是 1963 年从未成熟的玉米种子中分离出的第一个内源 CTK。现在人工已合成很多种细胞分裂素，例如，6-苄基氨基-7H-嘌呤。

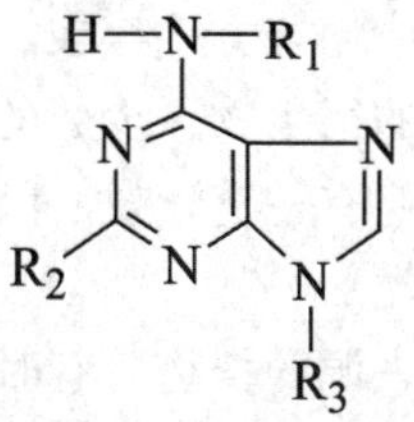

细胞分裂素 (CTK) 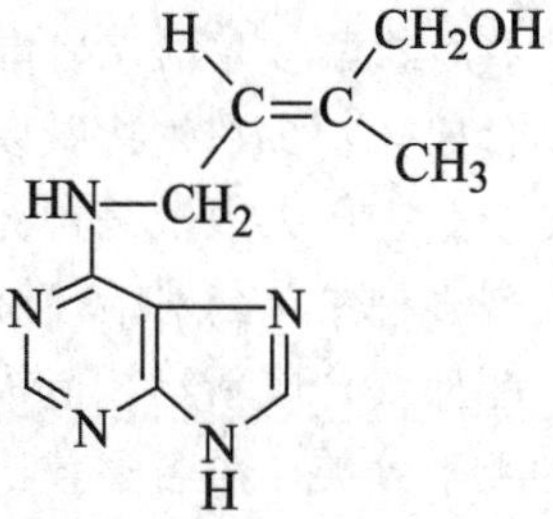　　玉米素 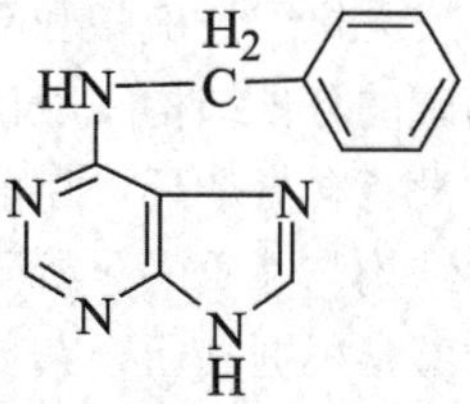　　6-苄基氨基-7H-嘌呤

④黄嘌呤　2,6-二羟基-7H-嘌呤称为黄嘌呤，黄嘌呤存在酮式和烯醇式互变异构体，其衍生物常以酮式存在。

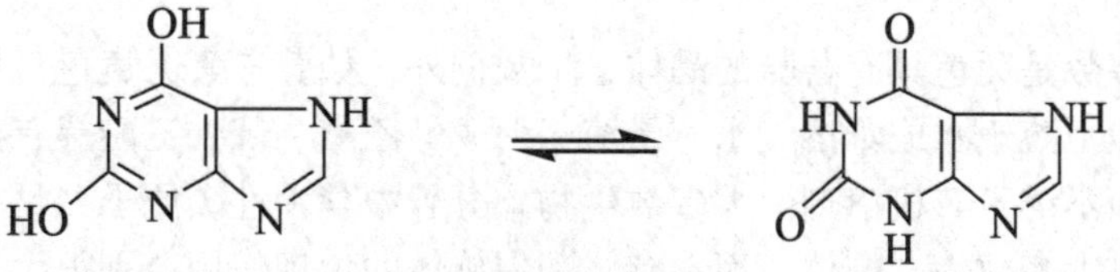

黄嘌呤

甲基衍生物在自然界存在广泛。例如，咖啡碱(1,3,7-三甲基-2,6-二氧嘌呤、咖啡因)、可可碱、茶碱。

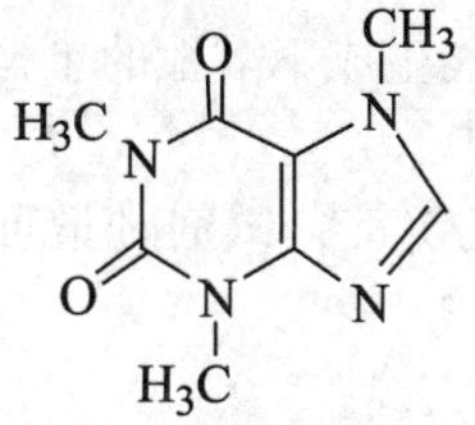

咖啡碱　　可可碱　　茶碱
(1,3,7-三甲基黄嘌呤)　(3,7-二甲基黄嘌呤)　(1,3-二甲基黄嘌呤)

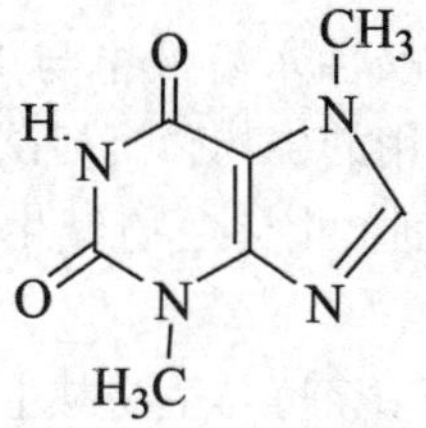

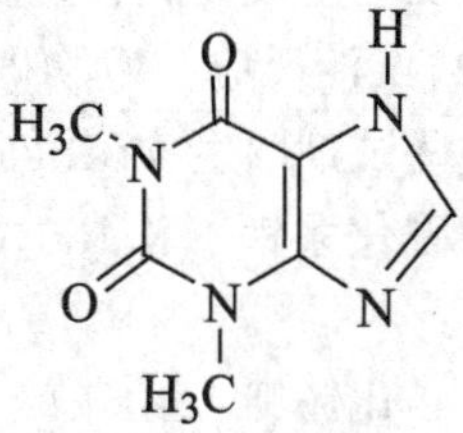

咖啡碱(咖啡因)茶碱可可碱是白色针状结晶，熔点为 235～237℃，有苦味，易溶于热水，难溶于冷水；可可碱存在于可可豆和茶叶等中；茶碱存在于茶叶中但含量较少，茶

碱为无色针状晶体，熔点为 270~274℃，易溶于热水中。它们都具有刺激中枢神经的作用，可做兴奋剂，并能止痛和利尿。以咖啡碱的作用最强。我国将咖啡因列为"精神药品"管制。

11.2　生物碱

生物碱(alkaloid)是指存在于生物体中，对人和动物具有强烈的生理功能的碱性化合物。

生物碱广泛地存在于植物中，只有极少数存在于动物体中，因此生物碱又叫植物碱，不同种类的植物，同种植物的不同品种，或同一植物的不同器官，所含生物碱的种类和数量都不相同。另外，植物中生物碱的含量还受季节和气候条件等因素影响。所以，采集中草药时，不但要注意品种和器官，还应考虑采摘季节和时间。

生物碱在自然界中主要是和一些有机酸：草酸、乳酸、苹果酸、酒石酸、柠檬酸、琥珀酸等，或无机酸：硫酸和磷酸结合成盐，少数生物碱以游离或糖苷方式存在。

生物碱的分子结构一般比较复杂，它们大多数是含氮杂环的衍生物，少数的生物碱分子结构中没有含氮杂环。目前已发现多种中草药对治疗疑难病症有一定疗效。因此，对于中草药的结构与性质的分析研究，能加快合成新药，造福于人类。

生物碱常根据其所含杂环的种类来分类。命名多数根据其来源的植物，有时也用外文音译名称。

11.2.1　生物碱的一般性质

1. 物理性质

生物碱大多数是无色具有苦味的晶体，少数例外，如黄连素为黄色，烟碱和石榴皮碱等为液体。一般不溶于水或难溶于水，易溶于丙醇、乙醇、苯、乙醚等有机溶剂，生物碱的盐易溶于水而不溶于有机溶剂。大多数生物碱分子中含手性碳原子，具有旋光性。自然界存在的生物碱大多数为左旋体，而左旋体和右旋体的生理作用差别很大。

2. 化学性质

(1)成盐反应　生物碱具有碱性，可与酸作用形成易溶于水的盐。大多数生物碱能与碘甲烷反应生成结晶状物质。

(2)沉淀反应　生物碱在中性或酸性水溶液中与一些试剂能生成不溶性的单盐或络盐，这些试剂叫生物碱沉淀试剂，常用的生物碱沉淀试剂有：

①碘化汞钾　K_2HgI_4(Mayer 试剂)可与生物碱生成淡黄色沉淀，试剂过量可能溶解。

②碘化铋钾　BiI_3KI(Dragendorff 试剂)与生物碱生成红棕色沉淀。

③碘-碘化钾　$KI \cdot I_2$(Wagner 试剂)与生物碱生成的沉淀多为棕色。

此外，还有 10%苦味酸、磷钨酸($H_3PO_4 \cdot 12WO_3 \cdot 2H_2O$)、硅钨酸($12WO_3 \cdot SiO_2 \cdot 4H_2O$)、单宁酸、$AuC1_3$盐酸溶液、$PtCI_4$盐酸溶液，以及鞣酸等。

以上试剂大多数是重金属盐或分子量较大的复盐，其中①和②最灵敏。

（3）颜色反应　能使生物碱产生颜色反应的试剂为生物碱显色试剂，这些试剂主要有：

①Mandelin 试剂（1%钒酸铵的浓 H_2SO，溶液）。

②Fröhde 试剂（1%铜酸钠的浓 H_2SO_4 溶液）。

③Marguis 试剂（少量甲醛的浓 H_2SO_4 溶液）。

此外，还有浓硫酸、氨水、甲醛、铬酸、硝酸等，与不同的生物碱可产生不同的颜色。

生物碱沉淀试剂和生物碱显色试剂统称为生物碱试剂。生物碱试剂可检验生物碱的存在。

11.2.2　生物碱的提取方法

1. 稀酸提取法

将含生物碱的植物粉碎，用稀酸（0.5%~1%的硫酸或盐酸）处理，使生物碱成盐而溶于水后，可采取两种方法提取生物碱：①在此水溶液中加入氢氧化钠使生物碱游离出来，然后用有机溶剂提取游离的生物碱，蒸去有机溶剂得到较纯的生物碱；②将所得水溶液流经阳离子交换树脂柱，带正电的生物碱留在交换树脂上。再用稀 NaOH 溶液洗脱掉交换树脂上的生物碱。在洗脱液中加入有机溶剂提取生物碱，蒸去有机溶剂得到较纯的生物碱。

2. 稀碱-有机溶剂提取法

将含生物碱的植物粉碎，用碱液〔Na_2CO_3，Ca（OH）$_2$水溶液或稀氨水〕拌匀研磨，使生物碱游离析出，再用有机溶剂浸泡提取生物碱。有机溶剂提取液用稀酸（1%~2%盐酸）处理，加水使生物碱的无机盐溶于水中，浓缩盐水溶液再加碱液重新析出生物碱，再用有机溶剂提取。蒸去有机溶剂，浓缩液中可析出生物碱结晶。

除以上两种主要生物碱提取方法外，还有水蒸气蒸馏法，生物碱随蒸气挥发出来。如：烟碱可采取此法；升华法：如咖啡碱，用适当试剂提取后再升华；层析法等。

11.2.3　重要的生物碱

1. 烟碱

烟碱又名尼古丁（Nicotine），是烟草所含 12 种生物碱中最主要的、含量最多的一种。烟碱属吡啶族生物碱，其构造式如下：

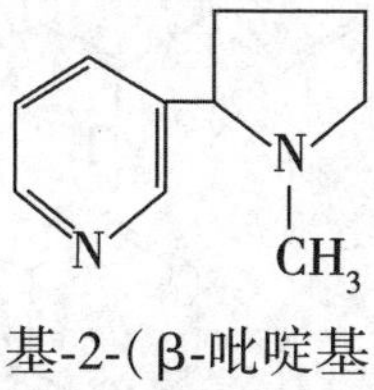

烟碱〔N-甲基-2-（β-吡啶基）四氢吡咯〕

我国烟草中烟碱含量为 1%~4%，烟碱为无色或淡黄色油状液体，味极辛辣，沸点是247℃，具有左旋性，它可溶于水、乙醇、乙醚及石油醚中，能随水蒸气挥发而不分解。

烟碱是剧毒物质，几毫克就能引起头痛、呕吐、意识模糊等严重中毒现象。内服或吸入 40 mg 即能致死。在农业上，烟碱可做杀虫剂。对蚕具有高毒性。

2. 麻黄碱

麻黄碱又叫麻黄素，是中草药麻黄含有的一种生物碱。分子结构中没有含氮杂环，其构造式如下：

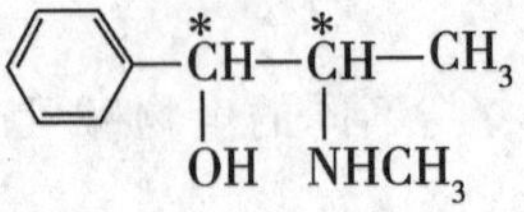

麻黄碱(1-苯基-2-甲氨基-1-丙醇)

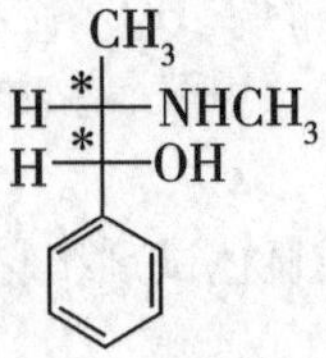

(−)−麻黄碱 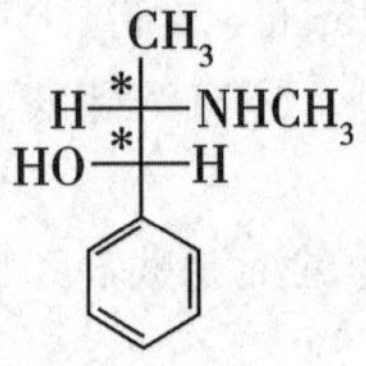   (+)−假麻黄碱

麻黄碱是无色晶体，味苦，熔点 38℃，易溶于水、乙醇、乙醚和氯仿中，分子中含有两个不相同的手性碳原子，有两对对映体，其中一对叫麻黄碱，另一对叫假麻黄碱。天然存在的是(−)−麻黄碱(ephedrine)及(+)−假麻黄碱(pseudoephedrine)，前者生理作用强。我国北方出产的麻黄含(−)−麻黄碱最多，质量最好。

麻黄碱有兴奋交感神经、增高血压、扩张气管的作用，可用于平喘、止咳、支气管哮喘等症。

3. 异喹啉族生物碱

重要的异喹啉族生物碱为：吗啡(morphin)、可待因(codehine)、海洛因(heroin)和罂粟碱(papaverine)。它们的构造如下：

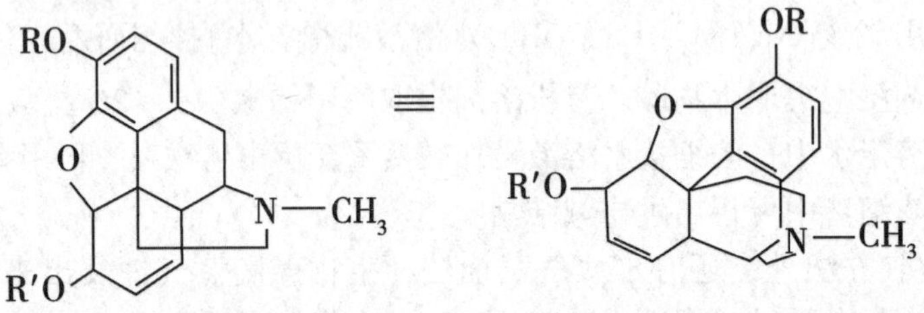

R=R′=H	吗啡
R=CH₃，R′=H	可待因
R=R′=−COCH₃	海洛因

吗啡是罂粟科植物鸦片中 20 多种生物碱中含量最高的一种生物碱，它是于 1817 年被提纯的第一种生物碱，但直到 1952 年结构才被确定。吗啡是微溶于水的白色结晶，有苦味，熔点 254℃（分解）。对中枢神经有麻醉作用，有极快的镇痛效力，能引起昏昏欲睡之感，是医药上常用的局部麻醉剂。它具有很大的成瘾性和毒性，因此必须严格控制其使用。

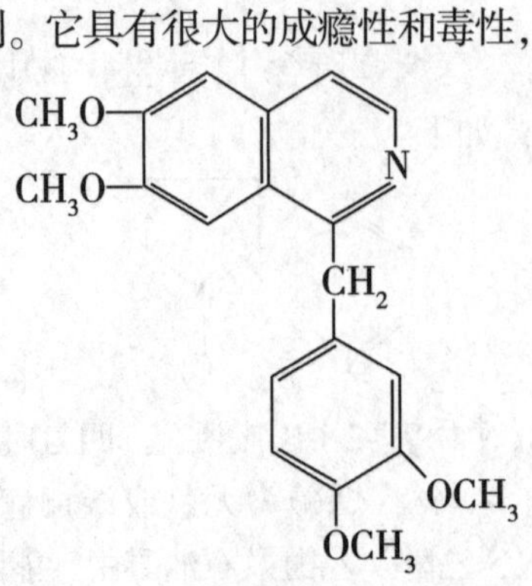

罂粟碱

海洛因是从吗啡衍生而来的合成生物碱，是最有效的镇痛药，但易产生欣快和幸福的虚假感觉，有极大的成瘾性，用量过度会引起昏迷、呼吸抑制而死亡。海洛因被称为世界毒品之王，是我国目前监控、查验的最重要的毒品之一。

可待因和罂粟碱是存在于鸦片中的异喹啉族生物碱。

可待因与吗啡有同样的生理作用，但不像吗啡那样容易成瘾，用于镇咳。罂粟碱有镇痉作用，并可降低血压。

4. 颠茄碱

颠茄碱（atropine）又名阿托品，存在于颠茄、莨菪、曼陀罗、洋金花等植物中。

$$CH_3-N \qquad \overset{H}{\underset{}{}} \quad O-\underset{\underset{O}{\|}}{C}-\overset{*}{C}H-\underset{CH_2OH}{} \quad \bigcirc$$

颠茄碱

颠茄碱是由氢化吡咯环和氢化吡啶环稠合而成。它是白色晶体，熔点为118℃，难溶于水，易溶于乙醇、氯仿，有苦味。它能抑制多种腺体的分泌，具有解痉镇痛、扩散瞳孔的功能，可用于治疗肠、胃、肾的绞痛。亦用做有机磷农药中毒的解毒剂。

5. 嘌呤族生物碱

常见的嘌呤族生物碱主要有咖啡碱（caffeine）、可可碱（theobromine）、茶碱（theophylline）等。见11.1.4中黄嘌呤。

◎ 知识拓展

环境友好型物质——离子液体

离子液体（Ionic Liquid）是由正负离子组成的在室温或接近室温（低于100℃）下为液体的盐，也可以称为室温离子液体。离子液体通常由体积相对较大、不对称的有机阳离子和体积相对较小的无机阴离子组成。这种结构上的特点，使得作为离子化合物的离子液体结构松散，不能紧密结合，降低了阴阳离子之间的静电势，导致其熔点较低。

1. 离子液体的种类

（1）依据阳离子的不同可以分为：季铵盐类、季磷盐类、咪唑类、吡啶类、噻唑类、三氮唑类、吡咯啉类、噻唑啉类、苯并三氮唑类、胍盐类等。

（2）依据阴离子的不同可以分为：①氯化物类离子液体，例如，氯铝酸类、氯化锌类、氯化铁类；②非氯化物类的离子液体，例如，BF_4^-、PF_6^-、NO_3^-、CF_3COO^-、HSO_4^-。

（3）依据溶解性的不同将其分为：亲水性离子液体与疏水性离子液体。

（4）依据酸碱性的不同将其分为：Lewis 酸性、Lewis 碱性、Bronsted 酸性、Bronsted碱性以及中性离子液体。

2. 离子液体的特性

（1）几乎无蒸汽压、不挥发，一般不可燃、不爆炸，因此可彻底消除有机物因挥发而产生 VOC（Volatile Organic Compounds）的环境污染问题。

（2）离子电导率高，电化学窗口宽，对有机和无机物都有良好的溶解性能，可使反应在均相条件下进行，同时可减小对设备的腐蚀。

（3）可操作温度范围宽（$-40 \sim 300 ℃$），具有良好的热稳定性和化学稳定性；后处理简单，可循环使用。

（4）酸的强度可以调节，产物选择性好，号称"液体分子筛"。

（5）制备简单，价格相对便宜。

3. 离子液体的制备

一般说来，离子液体的制备方法分为以下两种，以咪唑类离子液体合成为例。

（1）一步直接合成法　通过酸碱中和反应或季铵化反应合成离子液体，没有副产物，简便，符合原子经济原则。例如，

（2）两步合成法　先合成含目标阳离子的卤盐，再与含有目标阴离子的盐进行置换（TsONa 为对甲苯磺酸钠），使目标阳离子与目标阴离子结合得到想要的离子液体。例如，

4. 离子液体的应用

由于离子液体拥有许多优异的物化性质，所以其应用也比较广泛。

在有机合成方面的应用，离子液体已在 Diels-Alder、酯化、聚合、催化加成、酰基化、重排、氧化还原等反应中表现出良好的催化性能，同时具有反应速度快、转化率和选择性高、催化剂可循环重复利用等优点；在电化学方面，离子液体有望成为二次镁电池的有机电解液，也可以作为电化学合成中的溶剂；在生物催化方面，通过选择合适的离子液体可以提高酶的稳定性和选择性；在分离过程当中，离子液体可以作为液液提取的介质，将来，可能实现溶剂萃取、物质的分离和纯化、废旧高分子化合物的回收、燃料电池和太阳能电池、工业废气中二氧化碳的提取、核燃料和核废料的分离与处理等；离子液体也可以作为功能介质和材料，在苛刻条件下可以作为润滑材料，利用其高热容量可以做储能材料；在生物质能源利用方面，研究表明离子液体对于纤维素的溶解处理具有良好的效果，开发新型、低毒、价廉且高效溶解纤维素的离子液体成为该领域的重要研究内容；在能源及环境方面，采用离子液体可以对二氧化碳进行高效、高选择性、环境友好的捕集或固定。离子液体还可作为新型材料、润滑剂等，它的研究与开发对国家能源及国防安全具有重要意义。因此，离子液体的应用领域也从化学制备扩展到了环境科学、材料科学和工程技术等领域，具有良好的应用前景。

◎ 课后思考题

1. 吗啡是一种生物碱，在临床上可用作镇痛药物，但其使用量为何要严格管控呢？

2. 屠呦呦曾说，当她面临研究困境时，曾从西晋医学家葛洪的《肘后备急方》中获得灵感，改用低沸点的乙醚提取青蒿素。从民族自信和科学研究的角度，谈谈你的感想。

◎ 习　题

1. 命名或写出构造式。

(1) 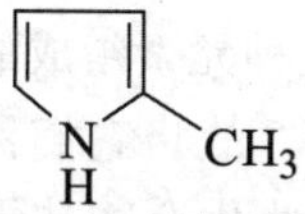 　(2) 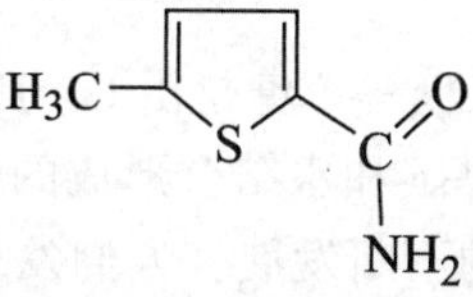 　(3) 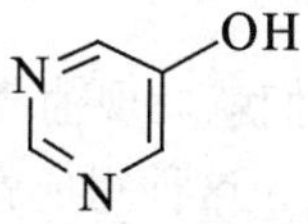 　(4)

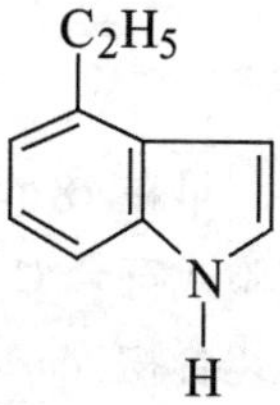

(5)N-甲基四氢吡咯　(6)α-吡啶磺酸　(7)5-甲基糠醛　(8)β-吲哚乙酸

2. 比较下列化合物的碱性强弱。

氨、吡啶、吡咯、苯胺、乙胺

3. 用简单化学方法区别下列化合物。

(1)糠醛与苯甲醛

(2)吡咯与四氢吡咯

(3)吡啶与甲苯

(4)吡啶、α-甲基吡啶、六氢吡啶

4. 分别写出 A、G、C、T、U 的互变平衡体系。

5. 完成下列转化。

(1)

(2)

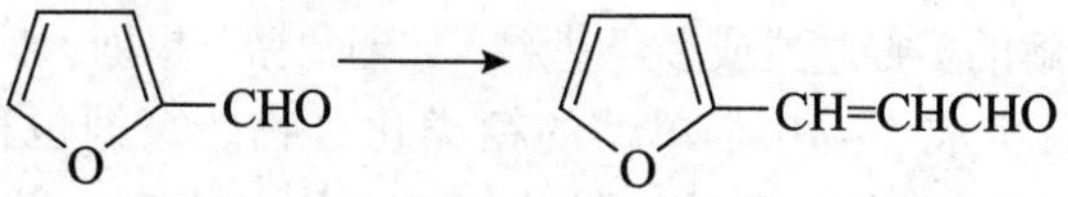

(3)

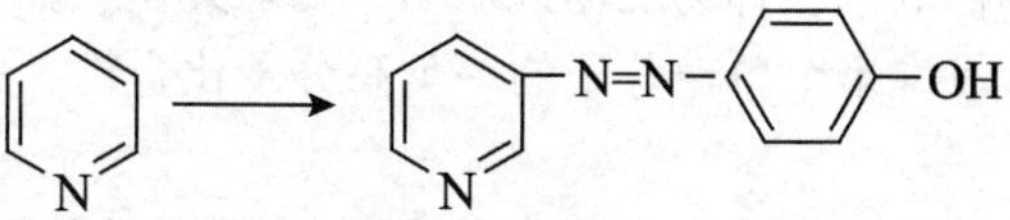

6. 某杂环化合物 $C_5H_4O_2$，经氧化后生成分子式为 $C_5H_4O_3$ 的羧酸，羧基与杂原子相邻。这个羧酸的钠盐与碱石灰共熔则转化为 C_4H_4O，此化合物不和金属钠作用，也没有醛和酮的反应。试写出原化合物的构造式。

7. 什么是生物碱、生物碱试剂？生物碱的提取方法一般有哪些？

第12章 糖 类

早在 18 世纪，人们就发现葡萄糖、果糖等单糖是由 C、H、O 三种元素组成的，而且实验式符合 $C_n(H_2O)_m$，这种组成就好像是碳和水结合形成的化合物，故将它们称之为碳水化合物(carbohydrates)。随着科学技术的不断发展，人们发现，有些化合物从组成上看符合此通式，但性质上不同于碳水化合物，如乙酸($C_2H_4O_2$)、乳酸($C_3H_6O_3$)等。而有些化合物虽然不符合 $C_n(H_2O)_m$，但性质却与碳水化合物相似，如鼠李糖($C_6H_{12}O_5$)、脱氧核糖($C_5H_{10}O_4$)。有些糖还含有氮元素，如甲壳素中的氨基糖等。由此可见，碳水化合物的称呼并不确切，已失去原有含意，只是习惯上仍然沿用。

从分子结构上看，糖类化合物(saccharides)是多羟基醛或多羟基酮以及水解后能生成多羟基醛或多羟基酮的有机化合物。一些多羟基的酸和胺也属于糖类研究的范畴。糖类是自然界分布最为广泛的一类有机化合物，占植物干重的 80% 左右，与我们的生活有密切的关系。糖是光合作用的产物，故也是储存太阳能的物质。糖是人类和动植物维持生命所不可缺少的一类化合物。

12.1 糖类化合物的分类

糖类化合物常根据其是否水解以及水解后生成的产物分为以下三大类：

（1）单糖(monosaccharide)　不能水解的多羟基醛或多羟基酮。如葡萄糖、果糖、核糖等。

（2）寡糖(oligosaccharide)　水解后生成 2~10 个单糖的糖类化合物。寡糖也称低聚糖。其中重要的是水解后生成两个分子单糖的糖，称为二糖或双糖，如麦芽糖、蔗糖等。

（3）多糖(polysaccharide)　水解后生成许多个单糖分子的一类高分子化合物。数目多时可达上千个单糖，如淀粉、纤维素等。

前两类一般是可溶于水而且有甜味的结晶形物质。多糖化合物绝大多数不溶于水，是非结晶形的无甜味物质。

12.2 单糖

12.2.1 单糖的分类和命名

单糖根据所含官能团不同可以分为醛糖(aldose)和酮糖(ketose)；按照分子中含碳原子数目又可分为三碳糖(丙糖)、四碳糖(丁糖)、五碳糖(戊糖)和六碳糖(己糖)等。通常这两种分类方法结合使用，如戊醛糖、戊酮糖，己醛糖、己酮糖。自然界中发现的单糖主要是五碳糖和六碳糖，食物中的单糖主要是葡萄糖、果糖和半乳糖。

单糖通常是以它的来源命名的，如木糖、果糖、葡萄糖等。

12.2.2　单糖的结构

1. 单糖的构型和开链结构

单糖分子中(除丙酮糖外)都含手性碳原子，因而都有旋光异构体。根据 $N=2^n$ 可计算出旋光异构体的数目。如己醛糖分子中有 4 个手性碳原子，应有 $16(2^4)$ 个旋光异构体，即 8 对对映体；己酮糖分子中有 3 个手性碳原子，应有 8 个旋光异构体。单糖的构型可用 R/S 构型标记法，但更常用的是 D/L 构型标记法。在 2^n 个旋光异构体中，一半为 D 型另一半为 L 型。自然界中广泛存在的单糖为 D 型。

最简单的醛糖是甘油醛，由 D-甘油醛通过增碳衍生出一系列的 D 型异构体，简称为 D 系列醛糖，如 D-苏阿糖和 D-赤藓糖。手性碳的增加有两种可能，因此产生两种四碳糖的异构体，二者互为非对映异构体。反应中不涉及决定构型的羟基，这样生成的两种四碳糖(D-苏阿糖和 D-赤藓糖)的 C_3 的构型与 D-甘油醛 C_2 的构型相同。以此类推，由 D-甘油醛衍生得到的一系列醛糖中，距离醛基最远的手性碳(决定构型)上的羟基均在费歇尔投影式的右侧，所以都属于 D 型糖。图 12-1 是六个碳原子以下的 D 型醛糖的旋光异构体。同样，若从 L-甘油醛开始增碳衍生，则得到 L 系列醛糖。

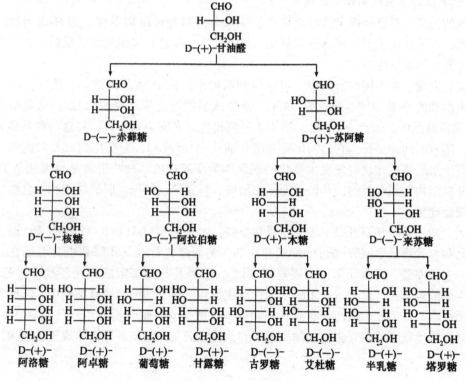

图 12-1　D 系列醛糖

D 系列醛糖多数存在于自然界。如 D-葡萄糖广泛存在于生物细胞和液体中；D-甘露糖存在于种子、象牙果内；D-半乳糖存在于乳液、乳糖和琼脂中；D-核糖和 D-脱氧核糖是核酸的组成部分，广泛存在于生物细胞中；D-木糖存在于玉米芯、麦稻秆等中。少数 D-醛糖是人工合成的，在自然界也存在一些 D-酮糖。

酮糖中的酮羰基一般位于 2 位上，比相同碳数的醛糖少一个手性碳原子所以异构体的数目也相应减少。如存在于甘蔗、蜂蜜中的 D-果糖，为一个重要的己酮糖。费歇尔投影式如下：

$$
\begin{array}{c}
CH_2OH \\
| \\
C{=}O \\
HO{-}\!\!-\!\!-H \\
H{-}\!\!-\!\!-OH \\
H{-}\!\!-\!\!-OH \\
| \\
CH_2OH
\end{array}
$$

D-果糖

思考题 12-1 写出下列化合物的费歇尔投影式。
(1)D-葡萄糖　　　(2)L-果糖　　　(3)L-甘露糖

2. 单糖的环状结构和变旋现象

糖的构型虽然已经确定，但是许多反应现象却与开链结构不符。如 D-葡萄糖，它具有醛基，可被托伦试剂和斐林试剂氧化，但不与饱和亚硫酸氢钠起加成反应；它只能与一分子醇发生缩醛反应等。

实验发现，在不同的溶剂中，可以得到两种不同的 D-葡萄糖结晶。例如，从乙醇水溶液中得到的 D-葡萄糖，熔点为 146℃，溶于水后测得比旋光度为+112°；从吡啶中得到的 D-葡萄糖晶体，熔点为 150℃，溶于水后测得比旋光度为+18.7°。将这两种晶体分别溶于水，随着时间的延长，它们的比旋光度分别从+112°或+18.7°变化到+52.7°恒定。糖的晶体溶于水后比旋光度自发发生变化的现象称为变旋现象。这些事实是也无法从 D-葡萄糖的开链结构得到解释的。其他单糖，如果糖、甘露糖、核糖、脱氧核糖和半乳糖等，也具有变旋现象。

我们知道，醛和醇可以生成半缩醛和缩醛，γ-羟基醛(酮)和 δ-羟基醛(酮)也主要是以五元和六元环状半缩醛(酮)的形式存在的。葡萄糖含有羟基和醛基也有可能在分子内生成一个半缩醛。实验证明，六碳醛糖常以 C_5 上羟基与醛基形成六元环状半缩醛结构，C_1 上半缩醛羟基还可以和一分子醇作用，形成糖苷。在葡萄糖半缩醛结构中，C_1 成为一个新的手性中心，因此形成两个非对映异构体。在两个非对映异构体中，区别只在 C_1 的构型不同，其他碳原子的立体构型都是相同的，故它们又称为端基异构体或正位异构体或异头物。

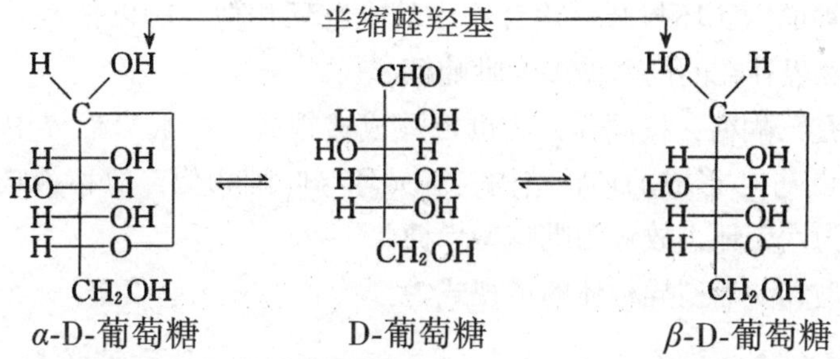

α-D-葡萄糖　　　D-葡萄糖　　　β-D-葡萄糖

在葡萄糖的半缩醛环状结构的费歇尔投影式中，半缩醛羟基与决定构型的羟基(C_5上)在同侧的为 α-异构体，在异侧的为 β-异构体，当把这两个异构体分别溶于水中，它们可通过开链结构进行半缩醛形式的相互转化，三者之间构成动态平衡体系，比旋光度为+52.7°。D-葡萄糖平衡混合物中 α-异构体占 36.4%，β-异构体占 63.6%，开链结构不足0.01%。由于葡萄糖的开链结构含量极低，因此，羰基的某些可逆加成(如，与亚硫酸氢钠)反应不易发生。

3. 单糖的哈武斯(Haworth)式

费歇尔投影式描述糖的环状结构不能直观地反映出原子或基团在空间的相互关系。20世纪 20 年代，英国化学家哈武斯(Haworth)提出用透视式来表示糖的空间构型，这种透视式称为哈武斯式。

以 D-葡萄糖为例，说明哈武斯式的书写规则：首先将碳链顺时针旋转90°，即向右水平放倒(Ⅰ)，原来在费歇尔投影式左边的手性碳上的原子或基团现在处于碳链的上方，右边的处于碳链下方；在水平位置将碳链按箭头方向弯曲(Ⅱ)；再旋转 C_4—C_5 键轴，使 C_5 上羟基氧与 C_1 羰基位于同一平面(Ⅲ)；C_5 上羟基氧原子从羰基平面上方进攻羰基碳形成氧环式，C_1 上新生成的半缩醛羟基位于环下，为 α-D-葡萄糖，反之，从羰基平面下方进攻羰基碳，半缩醛羟基处于环上，为 β-D-葡萄糖。

在哈武斯式中，氧原子处于右上角，糖尾基 CH_2OH 在环的上方时为 D 型糖，在环的下方为 L 型糖。

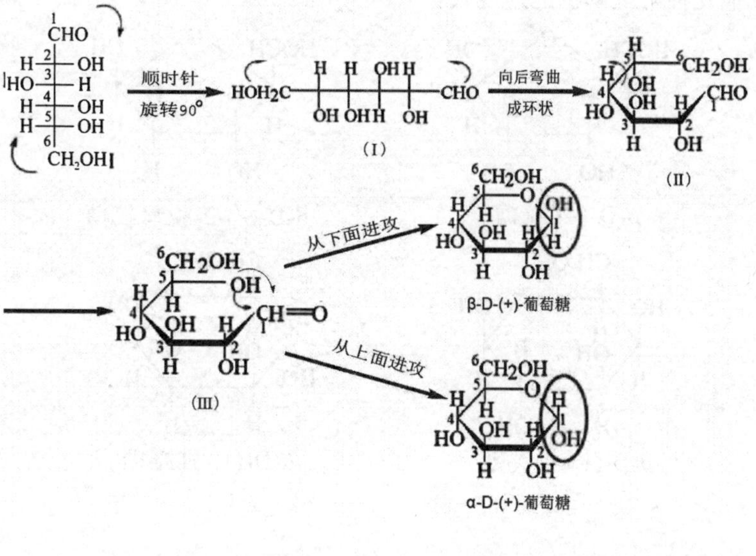

D-(+)-葡萄糖的六元环与杂环化合物中的吡喃环相似，所以把六元环状单糖又称为吡喃型单糖。自然界存在的己醛糖多为吡喃糖。

D-(−)-果糖是己酮糖，按同样方法也可写成透视式。一般自然界中化合态的果糖多为五元环糖，即 C_2 与 C_5 形成的环状结构，五元环与呋喃相似，故称为呋喃型果糖，而游离态的果糖一般为六元环，故称为吡喃型果糖。

果糖的吡喃型和呋喃型异构体的透视式为：

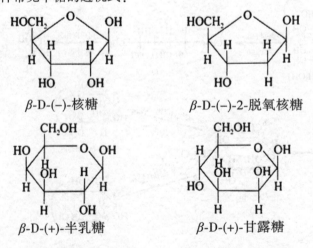

哈武斯式与投影式不同，有时为了书写需要，可将环平面沿纸面旋转或翻转。不论怎样变化，只要掌握以下方法，就能够根据哈武斯式确定单糖的 D、L 和 α、β−构型。方法包括以下两点：一是环碳原子的排列顺序；二是和半缩醛羟基在环平面的相对位置。若环中氧原子位于右上角，环上碳原子按顺时针方向排列，那么糖尾基在环平面上方的为 D 型，在下方的为 L 型；糖尾基与半缩醛羟基在环的异侧为 α-型，反之为 β-型。

下面是其他几种常见单糖的透视式：

β-D-(−)-核糖　　　　　　β-D-(−)-2-脱氧核糖

β-D-(+)-半乳糖　　　　　　β-D-(+)-甘露糖

思考题 12-2 写出下列化合物的哈武斯式。

(1)β-D-葡萄糖　　　(2)α-D-核糖　　　(3)α-L-半乳糖

4. 单糖的构象

吡喃糖为六元环，六元环本身并不是以平面形式存在。x 射线分析已经证明，α 和 β-D-吡喃葡萄糖均以椅式构象存在。其中，—CH_2OH 作为较大基团连在 e 键上为稳定构象。如 α 和 β-D 葡萄糖的稳定构象可用下式表示：

β-D-葡萄糖　　　　　　　　　　α-D-葡萄糖

在 α-异构体构象中，C_1 上的半缩醛羟基在 a 键上，其他羟基都在 e 键上。在 β-异构体构象中，所有羟基均在 e 键上，因此 β-异构体的稳定性大于 α-异构体。在葡萄糖水溶液平衡混合物中 β-异构体(63%)所占比例大于 α-异构体(37%)是必然的。在已知的 8 种 D-己醛糖的所有优势构象中，只有 β-D-葡萄糖中所有较大基团都在 e 键上，这就是单糖中葡萄糖在自然界存在最多、分布最广的原因之一。

12.2.3 单糖的物理性质

单糖都是无色结晶，易溶于水，可溶于乙醇，难溶于乙醚、丙酮、苯等有机溶剂，但能溶解于吡啶。在色层分析中常以吡啶作溶剂提取糖，因无机盐不溶于吡啶，可避免无机离子干扰色层分析。除丙酮糖外，所有的单糖都具有旋光性，并且溶于水后存在变旋现象。单糖的熔点、沸点都很高。单糖都具有甜味，不同的单糖甜味不同，果糖为最甜的糖。

12.2.4 单糖的化学性质

单糖是多羟基的醛(酮)，它具有醛(酮)和醇的一般化学性质，也有各基团间相互影响而产生的一些糖特有的性质。

1. 差向异构化反应

含有多个手性碳原子的旋光异构体中，如果只有一个手性碳原子的构型相反，其他手性碳原子的构型完全相同，此异构体称作差向异构体。如 D-葡萄糖和 D-甘露糖仅 C_2 构型不同，故它们互称为 C_2 差向异构体。又如 α 和 β-D 葡萄糖，它们只有 C_1 的构型相反，在端基形成了相反的构型，这种异构体通常称为端基差向异构体，又称异头物。

用稀碱处理 D-葡萄糖、D-甘露糖和 D-果糖中的任意一种，可以通过羰基—烯醇式互变，最后都能得到三种单糖的动态平衡混合物。这种在一个含多个手性中心的分子中，只使一个手性中心的构型发生转化形成差向异构体的过程称为差向异构化。

糖的差向异构化作用是通过烯二醇式中间体完成的，仅发生在 C_1 和 C_2 所连的原子和原子团上。在碱溶液中 D-葡萄糖变为烯醇中间体，使 C_2 失去手性。由于烯醇式结构不稳定，故 C_1 的烯醇氢回到 C_2 时可从烯平面左或右两侧与 C_2 结合，恢复醛基，并产生 C_2 的两种构型，完成 D-葡萄糖和 D-甘露糖的转化。同样 C_2 上的烯醇氢可与 C_1 结合，使 C_2 变成酮羰基，生成 D-果糖。这种转化是可逆的，若用稀碱处理 D-甘露糖和 D-果糖，同样可得到上述平衡混合物。生物体代谢过程中，在生物体内异构化酶的催化下，其他单糖也能发生差向异构化反应。

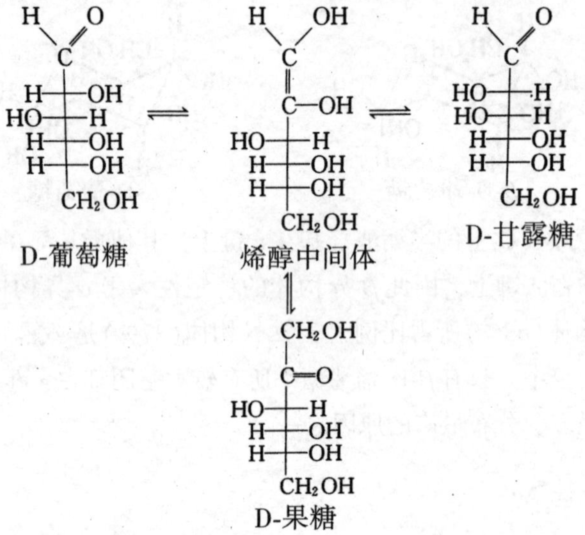

D-葡萄糖 ⇌ 烯醇中间体 ⇌ D-甘露糖 / D-果糖

2. 氧化反应

(1) 碱性条件下的氧化反应　醛糖具有醛基(或半缩醛羟基)，很容易被托伦试剂、斐林试剂和本尼地试剂等弱氧化剂氧化，如 D-葡萄糖用这些氧化剂处理可分别生成银镜和氧化亚铜砖红色沉淀。酮糖如 D-果糖，尽管具有羰基，但在碱性条件下可以差向异构化，所以同样可被氧化。这种可被托伦和斐林试剂等弱氧化剂氧化的糖称作还原性糖。含有半缩醛羟基的糖，在平衡混合物中具有开链结构，可显示醛基性质，一般均可被氧化。因此，所有的单糖都是还原性糖。这些性质可用来区别还原性糖和非还原性糖。糖与铜盐的氧化反应还常用作血液和尿中葡萄糖含量的测定。

思考题 12-3　D-葡萄糖被 Tollens 试剂氧化，除生成葡萄糖酸外，还有可能形成哪些氧化产物？

(2) 酸性条件下的氧化反应　在酸性条件下糖不发生差向异构化，因此溴水只氧化醛糖而不氧化酮糖。该反应可用于鉴别醛糖和酮糖，也可用于糖酸的制备。

CHO　　　　　　　　　　COOH
H——OH　　　　　　　H——OH
HO——H　　$\xrightarrow{\text{Br}_2}$　　HO——H
H——OH　　H_2O　　H——OH
H——OH　　　　　　　H——OH
CH$_2$OH　　　　　　　CH$_2$OH
D-葡萄糖　　　　　　　D-葡萄糖酸

醛糖在更强的氧化剂(硝酸)作用下，不但可以氧化糖的醛基，还可氧化糖尾基(—CH$_2$OH)，生成糖二酸。

CHO　　　　　　　　　COOH
H——OH　　　　　　　H——OH
HO——H　　$\xrightarrow{\text{HNO}_3}$　　HO——H
H——OH　　　　　　　H——OH
H——OH　　　　　　　H——OH
CH$_2$OH　　　　　　　COOH
　　　　　　　　　　　D-葡萄糖二酸

思考题 12-4　如何区分葡萄糖、果糖和蔗糖？

3. 还原反应

单糖在催化加氢或金属氢化物的作用下，羰基还原成羟基，生成相应的糖醇。D-葡萄糖还原成 D-山梨醇。D-果糖因 C$_2$ 为平面型的，还原时羟基可在碳链的任意一侧，形成两种构型：一种为 D 山梨醇，另一种构型为 D-山梨醇的差向异构体 D-甘露醇。D-甘露醇也可由 D-甘露糖还原而得。

CHO　　　　　　　CH$_2$OH　　　　　　　　　　　CH$_2$OH
H——OH　　　　　H——OH　　　　　　　　　　C＝O
HO——H　$\xrightarrow{[\text{H}]}$　HO——H　　$\xleftarrow{[\text{H}]}$　　HO——H
H——OH　　　　　H——OH　　　　　　　　　　H——OH
H——OH　　　　　H——OH　　　　　　　　　　H——OH
CH$_2$OH　　　　　CH$_2$OH　　　　　　　　　　CH$_2$OH
D-葡萄糖　　　　　D-山梨醇　　　　　　　　　　　D-果糖

CHO　　　　　　　CH$_2$OH
HO——H　　　　　HO——H
HO——H　$\xrightarrow{[\text{H}]}$　HO——H　　$\xleftarrow{[\text{H}]}$
H——OH　　　　　H——OH
H——OH　　　　　H——OH
CH$_2$OH　　　　　CH$_2$OH
D-甘露糖　　　　　D-甘露醇

4. 成脎反应(osazone reaction)

单糖具有醛基和酮羰基，可与苯肼反应。首先单糖中羰基与苯肼作用，生成糖苯腙；然后糖苯腙在苯肼溶液中，由于多羟基的共同参与作用，使得原有羰基碳的邻位易被氧化成羰基。最后，新生成的羰基再次与苯肼作用，最终生成糖脎。

$$\underset{\text{D-葡萄糖}}{\begin{array}{c}\text{CHO}\\ \text{H——OH}\\ \text{HO——H}\\ \text{H——OH}\\ \text{H——OH}\\ \text{CH}_2\text{OH}\end{array}} + 3C_6H_5NHNH_2 \longrightarrow \underset{\text{D-葡萄糖脎}}{\begin{array}{c}\text{CH=NNHC}_6\text{H}_5\\ \text{C=NNHC}_6\text{H}_5\\ \text{HO——H}\\ \text{H——OH}\\ \text{H——OH}\\ \text{CH}_2\text{OH}\end{array}} + C_6H_5NH_2 + H_2O$$

酮糖的成脎反应机理与醛糖相同，也可生成糖脎。不管是醛糖还是酮糖，成脎反应一般只发生在 C_1 和 C_2 上，因此，在单糖分子中如果只有 C_1 和 C_2 两个碳原子构型不同，其余各碳原子构型均相同，就能生成相同的糖脎。如 D-葡萄糖、D-甘露糖和 D-果糖与苯肼反应可生成完全相同的糖脎。

$$\underset{\text{D-葡萄糖}}{\begin{array}{c}\text{CHO}\\ \text{H——OH}\\ \hline \text{HO——H}\\ \text{H——OH}\\ \text{H——OH}\\ \text{CH}_2\text{OH}\end{array}} \quad \underset{\text{D-甘露糖}}{\begin{array}{c}\text{CHO}\\ \text{HO——H}\\ \hline \text{HO——H}\\ \text{H——OH}\\ \text{H——OH}\\ \text{CH}_2\text{OH}\end{array}} \quad \underset{\text{D-果糖}}{\begin{array}{c}\text{CH}_2\text{OH}\\ \text{C=O}\\ \hline \text{HO——H}\\ \text{H——OH}\\ \text{H——OH}\\ \text{CH}_2\text{OH}\end{array}}$$

糖脎为不溶于水的淡黄色晶体。不同的糖成脎的时间不同，不同的糖脎结晶形状不同。结构上完全不同的糖脎熔点不同，因此，利用该反应可作糖的定性鉴定。

当糖的 C_1、C_2 两个碳原子的羰基不同或构型不同的差向异构体可以形成相同的糖脎，这给糖的结构测定提供了信息。几个生成相同糖脎的糖，若已知道其中一个糖的结构，那么另外几个差向异构体的糖不与苯肼作用的其他手性碳构型即可确定。

5. 成酯和成苷反应

(1) 成酯反应 单糖分子中存在半缩醛羟基和醇羟基，故能与酸反应生成酯。如在醋酸钠、吡啶催化下与醋酐反应，可得到所有羟基都被酯化的产物。

在生物体生理代谢过程中，糖能在酶作用下生成单酯或双酯，其中最重要的是糖的磷酸酯。如 α-D-葡萄糖在酶的催化下与磷酸发生酯化反应，生成 1-磷酸-α-D-葡萄糖和 1,6-二磷酸-α-D-葡萄糖。

3-磷酸甘油醛和磷酸二羟丙酮都是光合作用的中间产物，它们在醛缩酶的作用下可进行下列反应：

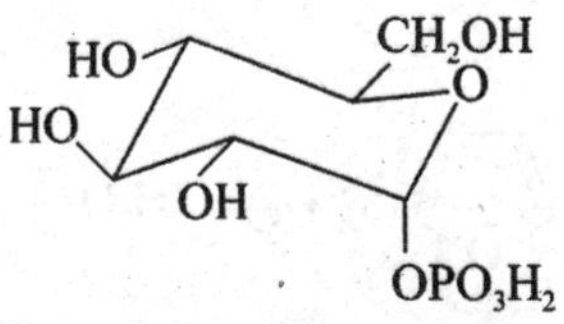

1-磷酸-α-D-葡萄糖 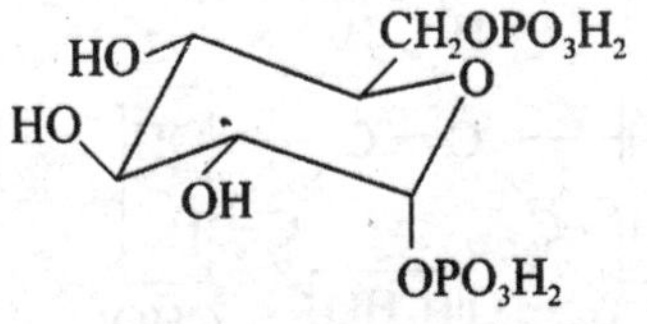　　　　1,6-二磷酸-α-D-葡萄糖

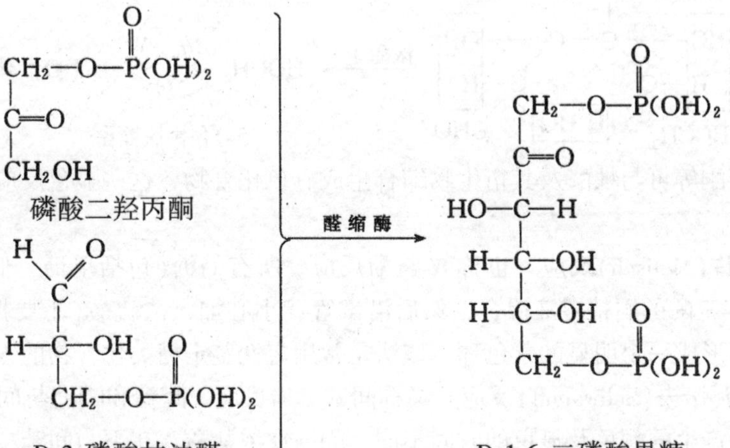

磷酸二羟丙酮

D-3-磷酸甘油醛　　　　　　D-1,6-二磷酸果糖

己糖磷酸酯和丙糖磷酸酯是生物体内糖类化合物合成及分解的重要中间产物，作物缺磷可导致光合作用等不能正常进行。

（2）成苷反应　单糖环状半缩醛羟基较分子内其他羟基活泼，易与—OH、—NH—、—SH等基团上的氢原子脱水生成缩醛型化合物，这种物质叫做苷，有时也叫糖甙或配糖物，其中糖的部分叫做糖基，非糖部分叫做配基。糖基与配基之间的缩醛型醚键称为糖苷键。如β-D-葡萄糖，在干燥氯化氢的催化下，与甲醇作用生成甲基-β-D-葡萄糖苷。

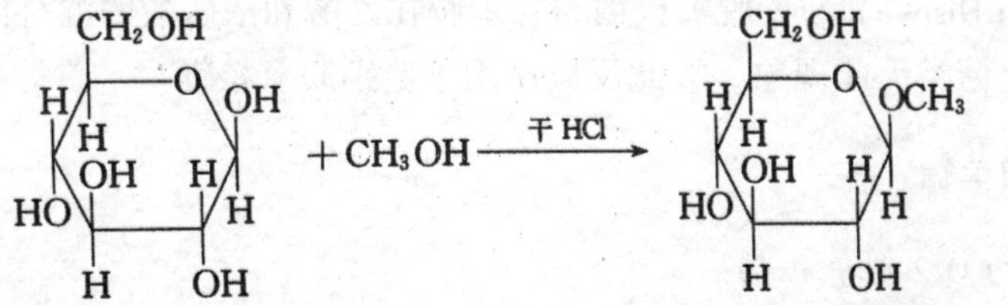

β-D-葡萄糖　　　　　　甲基-β-D-葡萄糖苷

糖苷是无色晶体，味苦，能溶于水和酒精，难溶于乙醚，有旋光性。天然糖苷一般是左旋的，大都属β-型。糖苷的性质类似于缩醛，在水和碱性条件下稳定，无变旋现象。在酸或生物酶催化下可水解成原来的糖和非糖物质。

思考题12-5　糖苷本身无变旋现象，但在酸性水溶液中却有变旋现象，为什么？

6. 显色反应

单糖在浓酸（如浓盐酸）作用下，可以发生分子内脱水，生成糠醛或糠醛的衍生物。例如在浓盐酸作用下戊醛糖脱水生成糠醛，己醛糖脱水生成糠醛的衍生物。

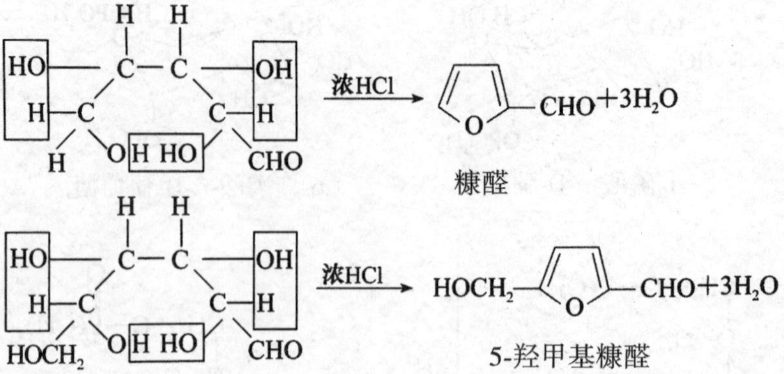

糠醛

5-羟甲基糠醛

酚类、蒽酮等可与糠醛及其衍生物缩合生成有色化合物，这些显色反应可用于糖的鉴定和含量测定。

(1)莫力许(Molisch)反应 也称 α-萘酚反应。所有的糖(包括单糖、低聚糖和多糖)的水溶液与 α-萘酚的酒精溶液混合，然后沿试管壁小心加入浓硫酸(不要振动试管)，在两层液面之间形成一个明显的紫色环。该法是常用定性鉴定糖类化合物的方法之一。

(2)西里瓦诺夫(Seliwanoff)反应 又称间苯二酚反应。醛糖和酮糖与间苯二酚浓盐酸溶液共热，所产生的颜色及显色的时间不同。酮糖在浓盐酸存在下与间苯二酚共热，2min内生成红色物质。而醛糖与间苯二酚的浓盐酸共热 2min 内不显色，若加热时间延长，生成玫瑰红色的物质。利用该反应可区别醛糖和酮糖。

(3)蒽酮反应 单糖、低聚糖和多糖都能与蒽酮的浓硫酸溶液作用，生成蓝绿色物质。该反应可定量测定糖类化合物。

(4)皮阿耳(Bial)反应 戊糖与 5-甲基-1，3-苯二酚在浓盐酸存在下进行反应，生成绿色物质。该反应是鉴别戊糖的一种方法。

(5)狄斯克(Diseke)反应 脱氧核糖与二苯胺在乙酸和浓硫酸的混合液中共热，可生成蓝色物质，其他糖类无此现象。故此反应可用于鉴别脱氧核糖。

12.2.5 重要的单糖

1. D-核糖和 D-2-脱氧核糖

D-核糖和 D-2-脱氧核糖与磷酸和一些杂环化合物结合后存在于核蛋白中，是核糖核酸(RNA)和脱氧核糖核酸(DNA)的重要组成成分。其开链式和哈武斯式如下：

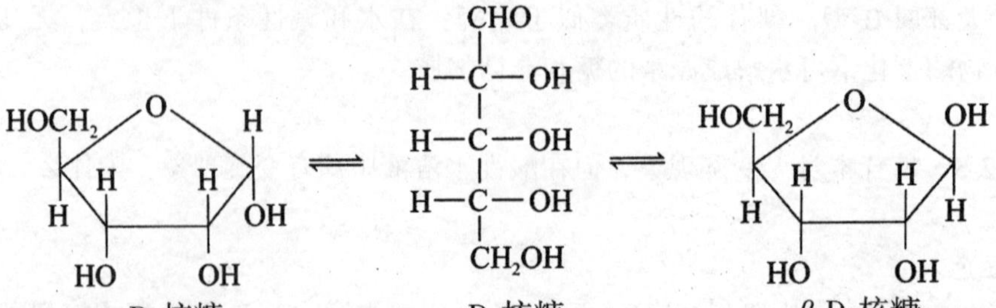

α-D-核糖 D-核糖 β-D-核糖

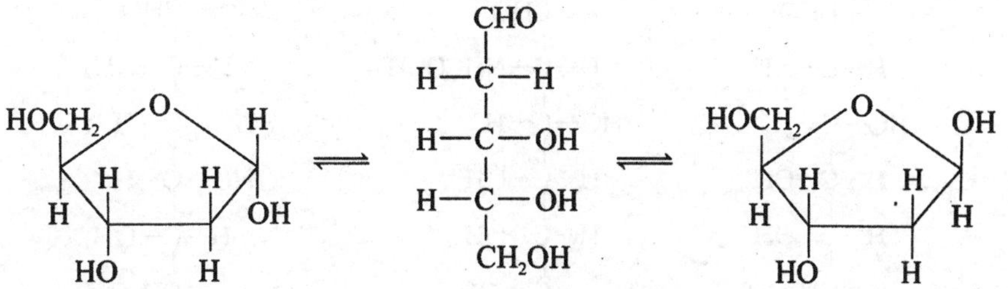

α-D-脱氧核糖　　D-2-脱氧核糖　　β-D-2-脱氧核糖

2. D-葡萄糖

D-葡萄糖是自然界中分布极广的重要己醛糖，以苷的形式存在于蜂蜜、成熟的葡萄和其他果汁以及植物的根、茎、叶、花中，在动物的血液、淋巴液和脊髓液中也含有葡萄糖。它是人体内新陈代谢必不可少的重要物质。D-葡萄糖易溶于水，微溶于乙醇和丙酮，不溶于乙醚和烃类化合物，熔点146 ℃。天然的葡萄糖是右旋的，故称右旋糖。葡萄糖的甜度不如蔗糖。

在工业上，可由淀粉或纤维素水解得到。葡萄糖在医药上用作营养剂，并有强心、利尿、解毒等作用。在食品工业上用来制造糖浆及印染工业上用作还原剂。它也是合成维生素 C 的原料。

3. D-果糖

D-果糖是自然界发现的最甜的一种糖，因为它是左旋的，故称左旋糖。它存在于水果和蜂蜜中，为无色结晶，易溶于水，可溶于乙醇和乙醚中，熔点102 ℃（分解）。D-果糖是蔗糖和菊粉的组成部分。工业上用酸或酶水解菊粉来制取果糖。D-果糖不易发酵，用它制成的糖果不易形成龋齿，用它制成的面包不易干硬。

4. D-半乳糖

D-半乳糖是许多低聚糖如乳糖、棉子糖等的组成成分，也是组成脑髓的重要物质之一。它以多糖的形式存在于许多植物如石花菜等的种子或树胶中。半乳糖是无色结晶体，熔点167 ℃。从水熔液中结晶时含有一分子结晶水。能溶于水及乙醇，是右旋糖。它在有机合成及医药上用处较大。其结构式如下：

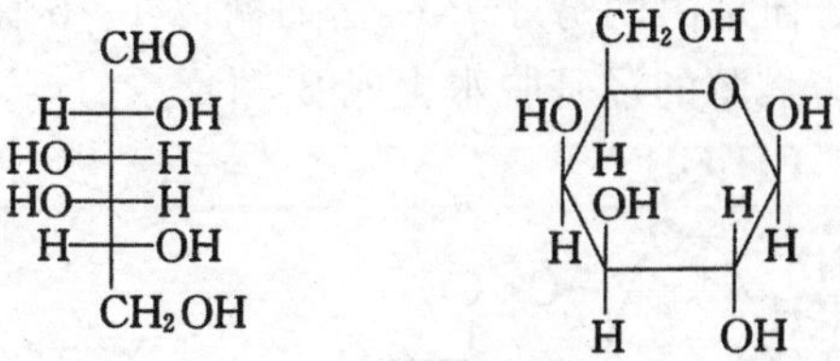

D-半乳糖　　　　β-D-半乳糖

5. 氨基己糖

天然氨基己糖是醛糖分子中 C_2 上的羟基被氨基取代后的衍生物。2-乙酰氨基-D-葡萄糖的高聚体为昆虫甲壳素（又叫几丁质）。2-乙酰氨基-D-半乳糖是软骨素中多糖的基本单位。黏蛋白、链霉素中也含有氨基糖类物质。常见的氨基己糖有：

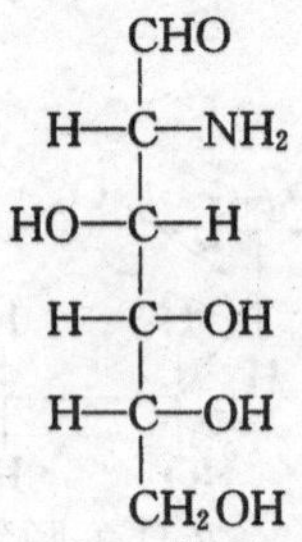

2-氨基-D-葡萄糖 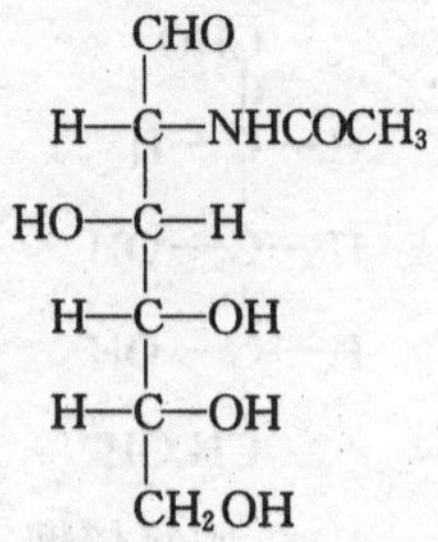　　2-乙酰氨基-D-葡萄糖 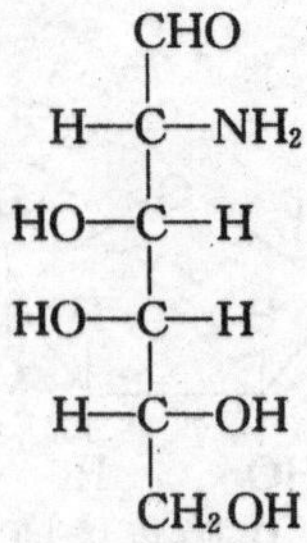　　2-氨基-D-半乳糖

6. 维生素 C

又名抗坏血酸。维生素 C 不属于糖类，但在工业上可由 D-葡萄糖合成而得。维生素 C 在结构上可看成不饱和的糖酸内酯，故视其为糖的衍生物。维生素 C 广泛存在于新鲜水果和蔬菜中，尤以辣椒、鲜枣、猕猴桃、沙棘、野玫瑰茄、刺梨的含量较高。由猕猴桃、沙棘、野玫瑰茄和刺梨加工的食品和饮料在市场上深受欢迎。

维生素 C 是无色结晶，易溶于水。$[\alpha]_D = +21°$，是 L 构型。它的分子内具有烯醇型羟基，可以电离出 H^+，呈酸性。它在生物体内的生物氧化过程中具有传递电子和氢的作用。

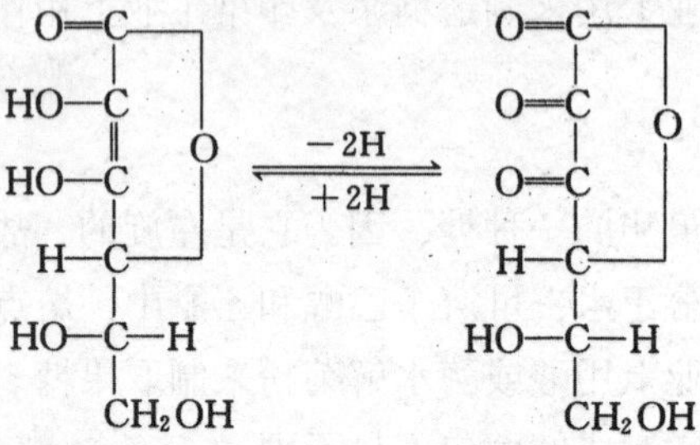

L-抗坏血酸　　　　　L-脱氢抗坏血酸

人体自身不能合成维生素 C，必须从食物中获取，人若缺乏维生素 C 就会引起坏血病。维生素 C 有预防和减轻感冒的作用，能阻止亚硝胺的生成，可降低血脂和胆固醇。

7. 糖苷

糖苷在自然界分布极广，但主要存在于植物的根、茎、叶、花和种子中。下面举几个重要的糖苷实例。

(1)苦杏仁苷　苦杏仁苷是由两分子 β-D-葡萄糖以 1，6-糖苷键结合形成龙胆二糖，龙胆二糖的苷羟基再与苦杏仁腈的羟基脱水生成 β-糖苷。

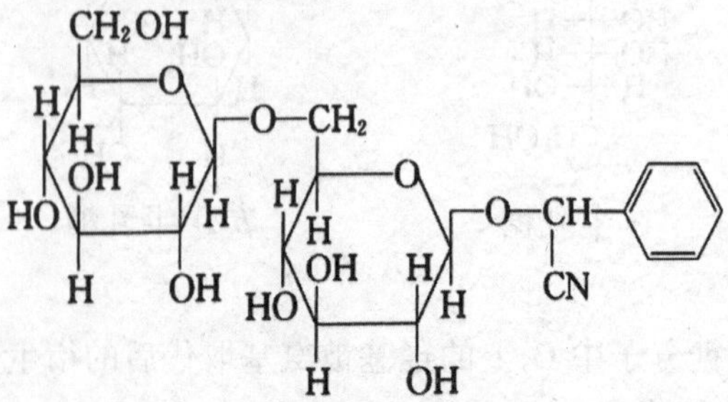

苦杏仁苷

苦杏仁苷水解后可生成 2 分子 D-葡萄糖、1 分子苯甲醛和 1 分子氢氰酸，因此人畜误

食含苦杏仁苷的食物和饲料可引起氢氰酸中毒。青梅、银杏(白果)、杏仁、桃仁中亦含有苦杏仁苷，不可多食。牛羊误食含苦杏仁苷植物，如欧洲三叶草、鸟脚车轴草等几种大戟科植物，亦可死亡。微量苦杏仁苷有镇咳作用，故可少量被用作止咳药。

(2)甜叶菊糖苷　甜叶菊糖苷是近几年来我国食品工业采用的一种优良的有益于人体健康的新的甜味剂。每千克甜叶菊干叶可提取 60~70 g 甜叶菊糖苷。

甜叶菊糖苷比蔗糖甜 300 倍。其味清甜爽口，性质稳定，高温下保持不变，不吸潮，不易发酵，是天然的防腐剂。它含热量只有蔗糖的 1/300，不仅不会引起糖尿病，而且对糖尿病有治疗作用，还可辅助治疗高血压、心脏病。

(3)水杨苷　水杨苷存在于松针内，是由 β-D-葡萄糖和水杨醇形成的糖苷。

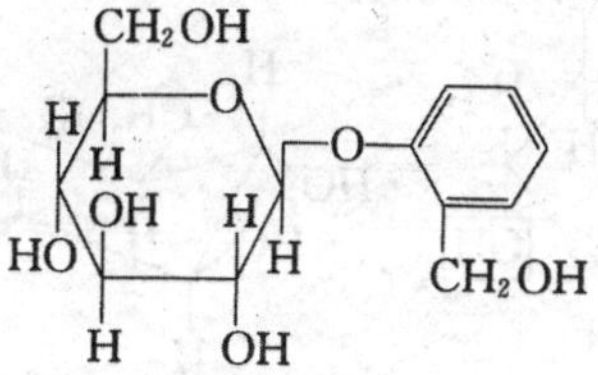

水杨苷

12.3　二糖

二糖是最重要的低聚糖。二糖能被稀酸溶液或酶水解成两分子的单糖，可看成是由两分子单糖脱水而成的缩合物，即可看作一分子单糖的半缩醛羟基与另一分子单糖的羟基或半缩醛羟基脱水缩合的产物。二糖的物理性质类似于单糖，如能形成结晶、易溶于水、有甜味等。根据能否还原碱性弱氧化剂，可把它们分为还原性二糖和非还原性二糖两类。自然界存在的麦芽糖、纤维二糖、乳糖等为还原性二糖，蔗糖、海藻糖等为非还原性二糖。

12.3.1　还原性二糖

还原性二糖是一分子单糖的半缩醛羟基与另一分子单糖中的醇羟基脱水，形成二糖的分子结构中还保留了一个半缩醛羟基，仍然能够转换成开链式，所以具有还原性。

1. 麦芽糖

麦芽糖是食用饴糖的主要成分，甜度为蔗糖的 40%。它是生物体内淀粉在淀粉酶作用下水解的中间产物。麦芽糖在 α-葡萄糖苷酶(麦芽糖酶)的作用下，可水解得到两分子 D-葡萄糖，这说明麦芽糖分子结构中存在 α-糖苷键，它是由一分子 α-D-葡萄糖的半缩醛羟基与另一分子 D-葡萄糖 C_4 上的醇羟基脱水，通过 α-1, 4-糖苷键结合而成。麦芽糖的结构如下：

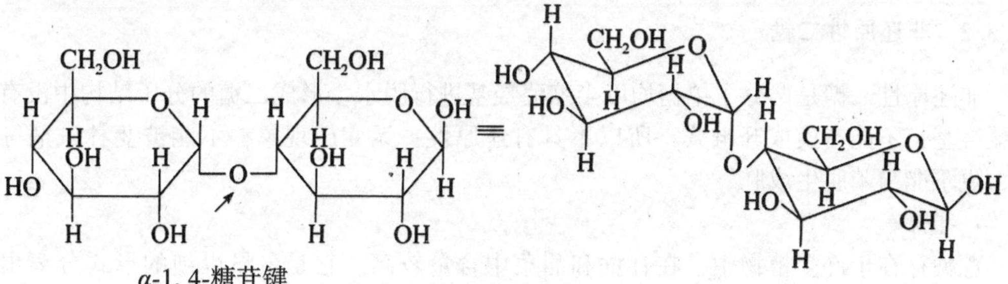

α-1, 4-糖苷键

β-麦芽糖

麦芽糖是无色片状结晶，熔点 102.5 ℃易溶于水。在水溶液中以 α，β 和开链式三种形式存在，平衡时比旋光度为+136°。其化学性质与葡萄糖相似，如可被托伦试剂、斐林试剂、Br_2/H_2O、HNO_3 等氧化，可以成脎，具有变旋现象等。

2. 纤维二糖

纤维二糖是纤维素的基本组成单位，可通过酸或酶水解纤维素而得到。像麦芽糖一样，它可水解为两分子 D-葡萄糖，所不同的是水解纤维二糖必须用 β-葡萄糖苷酶(苦杏仁酶)。因此，它是由一分子的 β-D 葡萄糖的半缩醛羟基与另一分子 D-葡萄糖 C_4 上的醇羟基脱水，通过 β-1，4-糖苷键缩合而得。

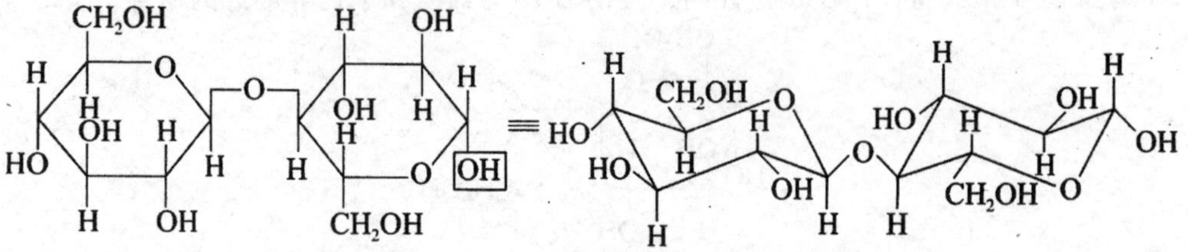

β-纤维二糖

纤维二糖为无色结晶，熔点 225℃。它也有 α 和 β 两种异构体，变旋达到平衡时 $[\alpha]_D=+34.6°$。它具有半缩醛羟基，是典型的还原性二糖，具有单糖的化学性质。

3. 乳糖

乳糖存在于哺乳动物的乳汁中，人乳中含量为 6%~8%，牛乳中含量为 4%~6%。它还是奶酪生产的副产物。甜度约为蔗糖的 70%。常用于食品和医药工业。

乳糖经酸水解或苦杏仁酶水解得到一分子 D-半乳糖和一分子 D-葡萄糖。故它是由 β-D-半乳糖的半缩醛羟基与 D-葡萄糖 C_4 上的醇羟基脱水，通过 β-1，4-糖苷键缩合而成的双糖。

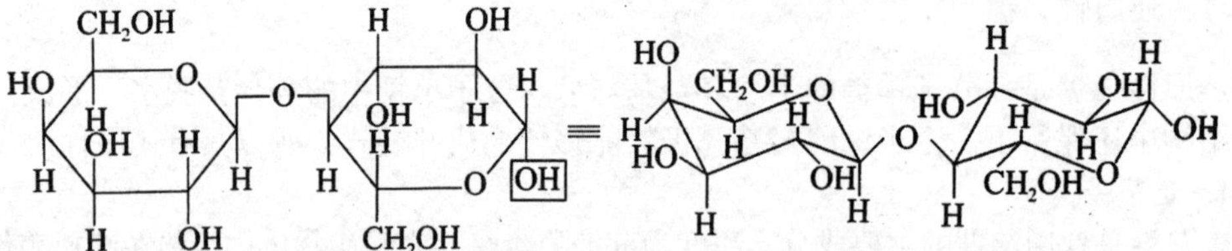

β-D-半乳糖　　β-D-葡萄糖　　　　　β-乳糖

乳糖为无色晶体，熔点 201.5 ℃，能溶于水，没有吸湿性，有变旋现象，变旋达到平衡时 $[\alpha]_D=+55.4°$。因具有半缩醛羟基，属还原性糖，化学性质与单糖相似。

12.3.2　非还原性二糖

非还原性二糖是两分子单糖均以半缩醛羟基进行脱水。形成二糖的分子结构中没有半缩醛羟基，不能转换成开链式，所以不具有还原性，无变旋现象，不能被斐林试剂等氧化，也不能与苯肼生成脎。

1. 蔗糖

蔗糖存在于许多植物中，在甘蔗和甜菜中含量较高。它是最早以纯的形式分离出的糖，也是目前生产量较大的有机化合物之一。

蔗糖水解可得到一分子 D-葡萄糖和一分子 D-果糖。它不与托伦试剂反应，不能成脎，无变旋现象。蔗糖分子中不含半缩醛羟基，属非还原性糖。它是 α-D-吡喃葡萄糖和 β-D-呋喃果糖两个半缩醛羟基脱水通过 1，2-糖苷键结合的产物。

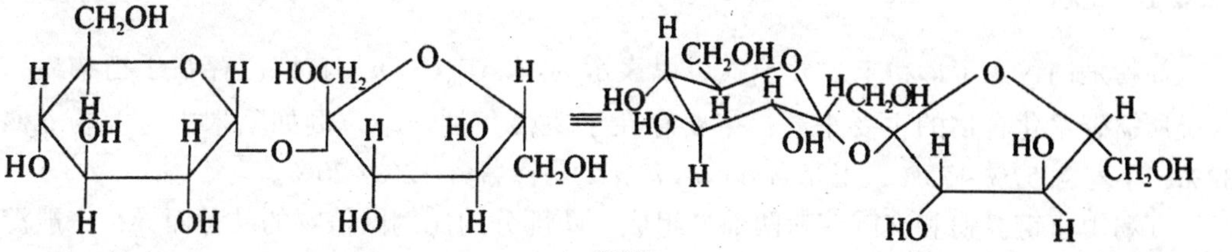

蔗糖

蔗糖为无色结晶，熔点为 186℃，易溶于水，水溶液中 $[\alpha]_D = +66.5°$。蔗糖在少量无机酸或转化酶的作用下水解，生成 D-葡萄糖和 D-果糖的等量混合物。蔗糖本身是右旋的，但水解后得到两个单糖的混合物是左旋的，混合物的比旋光度 $[\alpha]_D$ 为 $-19.8°$。因此蔗糖的水解反应又称为转化反应，转化后生成的混合物为转化糖。

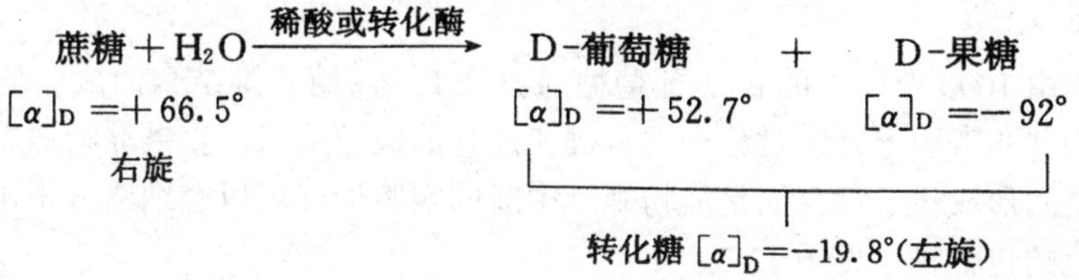

2. 海藻糖

海藻糖也是自然界分布较广的糖，存在于藻类、细菌、真菌、酵母及某些昆虫中。海藻糖也是双糖，它是由两分子 α-D-葡萄糖的半缩醛羟基脱水缩合而成。海藻糖分子中无半缩醛羟基，属非还原性糖。海藻糖为白色晶体，味甜，能溶于水和热醇中，熔点为 96.5~97.5℃，比旋光度 $[\alpha]_D$ 为 $+178°$。

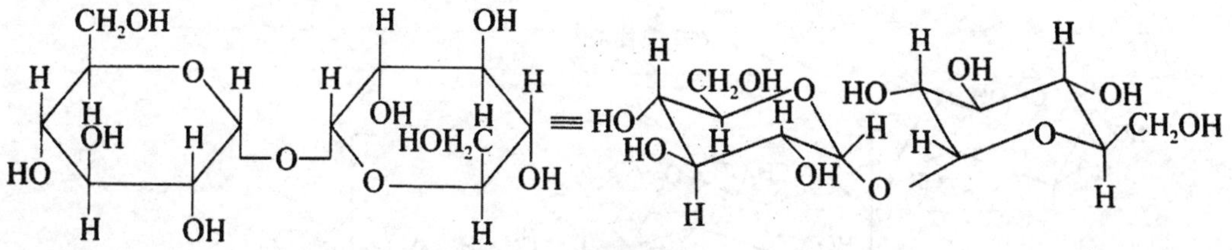

海藻糖

12.4　多糖

多糖是由几百乃至数千个相同或不相同的单糖脱水以糖苷键相连形成的天然高分子化合物。多糖广泛存在于自然界中，按其生物功能大致可分为两类：

一类是作为储藏物质，如植物中的淀粉和动物中的糖原等；另一类为构成植物的结构物质，如纤维素、半纤维素和果胶质等。

多糖与单糖和低聚糖在性质上有较大差别。一般多糖无还原性和变旋现象，也不具有甜味，无成脎反应，大多数多糖不溶于水。

多糖按其水解情况可分为两大类：分解产物是一种单糖者，称为多糖，如淀粉、纤维素等；水解产物有多种单糖者，称为杂多糖，如果胶质、黏多糖等。

12.4.1 淀粉

淀粉是白色无定形粉末，分子式可以表示为 $(C_6H_{10}O_5)_n$。它广泛存在于植物界，是人类所需碳水化合物的主要来源，主要存在于块根和种子中。例如稻米中含淀粉 62%~82%，小麦含 57%~75%，玉米含 65%~72%，马铃薯含 12%~20%。

淀粉由直链淀粉和支链淀粉两部分组成。两部分的比例因植物的品种而异，一般淀粉中直链淀粉占 10%~30%，支链淀粉占 70%~90%。玉米、小麦淀粉含有 27% 的直链淀粉，其余是支链淀粉；糯米淀粉全部是支链淀粉。

美国和日本的育种专家用亚乙基亚胺作化学诱变剂，使直链淀粉含量高的品种转化为支链淀粉含量高的糯性品种。

直链淀粉和支链淀粉在结构和性质上有一定区别。

1. 直链淀粉

直链淀粉由 1000 个以上的 α-D-葡萄糖通过 α-1，4-糖苷键结合而成，见图 12-2。直链淀粉的结构并非直线形，而是分子内氢键使链卷曲成螺旋状。直链淀粉遇碘显蓝色并不是碘与淀粉之间形成化学键，而是淀粉螺旋中间的空腔恰好可以容纳碘分子进入，形成一个呈现深蓝色的包合物，见图 12-3。

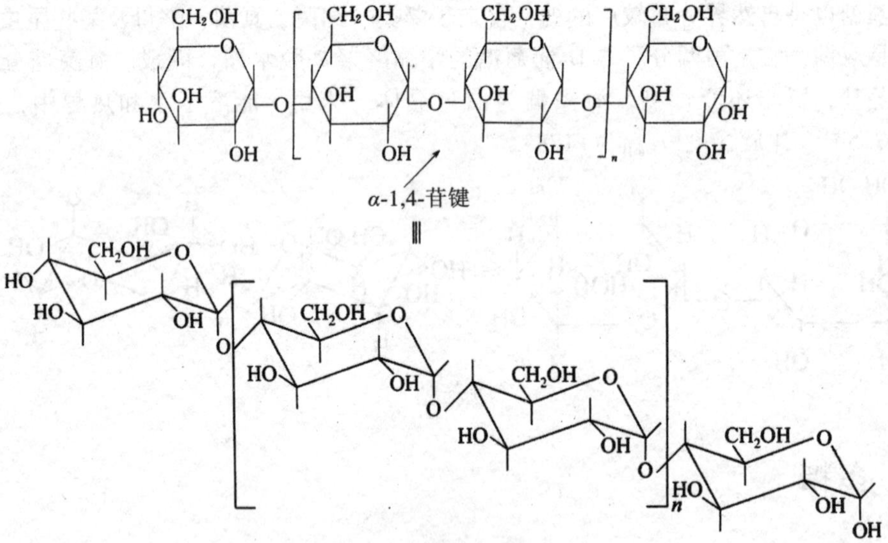

图 12-2 直链淀粉的结构式

直链淀粉能溶于热水。直链淀粉可以全部被淀粉酶水解成麦芽糖。

2. 支链淀粉

支链淀粉所含葡萄糖单位比直链淀粉多，分子中可多达百万个 α-D-葡萄糖单位。支链淀粉上除通过 α-1，4-糖苷键将 α-D-葡萄糖连成直链而外，还通过 α-1，6-糖苷键使部分

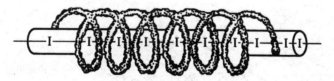

图 12-3　淀粉与碘的包合物

直链相互连接形成支链，见图 12-4。每个支链约含 20~25 个 α-D-葡萄糖单位，纵横连接。其整体结构如图 12-5 所示。

图 12-4　支链淀粉的结构式

　　支链淀粉为白色、无定形粉末。支链淀粉不溶于水，在热水中吸水后膨胀成糊状。支链淀粉遇碘产生紫红色，在淀粉酶的作用下只有 60% 被水解成麦芽糖。

　　直链淀粉和支链淀粉可以利用各种方法分离得到单一纯品，其中较为常用的是分步沉淀法。即利用不同浓度的硫酸镁溶液在相同温度下或相同浓度的硫酸镁溶液在不同温度下两种淀粉的沉降速度不同而达到分离的目的。利用两种淀粉的稳定性和凝沉性差异也可达到分离目的，直链淀粉的凝沉性大，易于形成晶体。此外，还可以利用纤维素柱法分离，

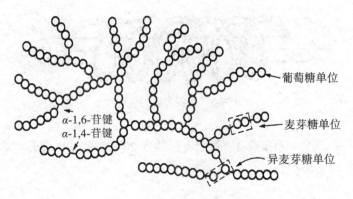

图 12-5 支链淀粉结构示意图

支链淀粉不易被棉花柱吸附而随溶液流出。

淀粉经水解、糊精化或与化学试剂反应后分子中的某些 D-吡喃葡萄糖基单元的结构会发生改变，形成淀粉的改性。淀粉经改性后得到的产品在工农业和食品卫生等领域中有着广泛用途。如用高碘酸氧化淀粉，在某些单元的 C_2 和 C_3 之间的键断裂形成两个醛基，得到名为二醛淀粉的产品，它可用于生产吸水纸和皮革工业中的鞣料，在医疗上也有去毒的治疗作用。淀粉与丙烯腈进行接支共聚，生成的共聚物经碱处理后得到分子内兼有酰胺基和羧基的共聚物。这类聚合物的吸水能力可达到其本身质量的 1000 倍以上，故可用作医用尿纸巾和吸水纸。在农业上，则可使处理过的种子在干旱的条件下得以发芽生长。

$$淀粉—OH + nCH_2=CHCN \xrightarrow[H_2O]{NaOH} 淀粉—O \left[CH_2—CH \right]_m \left[CH_2—CH \right]_n H$$
$$\underset{COONa}{|} \underset{CONH_2}{|}$$

淀粉均可在酸或酶的催化下水解。在稀酸作用下，淀粉的水解是大分子逐渐变为小分子的过程，这个过程的中间产物总称为糊精，在分解过程中糊精分子逐渐变小，根据它们与碘产生不同的颜色分为蓝糊精、红糊精和无色糊精，无色糊精继续水解则生成麦芽糖，麦芽糖再水解，最后产物为 D-葡萄糖。淀粉经过某种特殊酶（如环糊精糖基转化酶）水解后得到的环状低聚糖称为环糊精（cyclodextrin，简写为 CD）。环糊精一般是由 6、7 或 8 个等单位 D-吡喃葡萄糖通过 α-1，4-糖苷键结合而成，根据所含有葡萄糖单位的个数（6、7 或 8…）分别称为 α-、β-或 γ-环糊精。环糊精的结构似圆筒状，略呈"V"形，如图 12-6 所示。

由图 12-6 看出，C_3、C_5 上的氢原子和 C_4 上的氧原子构成了 α-环糊精分子的空腔，而且 C_3、C_5 上的氢原子对 C_4 上的氧原子具有屏蔽作用，因而具有疏水性；羟基分布在空腔的外边，故具有亲水性。由于组成环糊精的葡萄糖单位不同，其空腔大小不一样（α-、β-、γ-CD 的空径分别是 0.6nm、0.8nm 和 1.0nm），与冠醚结构类似，不同的环糊精可以包合不同大小的分子。例如，α-环糊精能与苯分子形成包合物，γ-环糊精能与蒽分子形成包合物。利用环糊精空腔的大小和内壁与外壁的亲油性和亲水性的不同，在有机合成和医药等工业中具有重要的应用价值。例如，苯甲醚在酸性溶液中用次氯酸进行氯化反应，生成邻

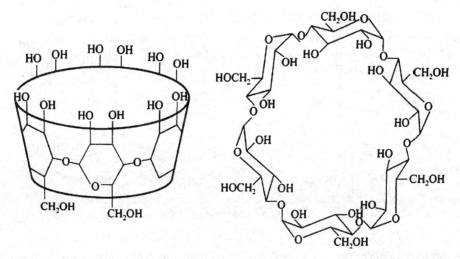

图 12-6　α-环糊精的结构示意图

氯和对氯苯甲醚的混合物，如果加入少量 α-环糊精，则主要生成对氯苯甲醚。因为 α-环糊精与苯甲醚形成包含物后，甲氧基和其对位暴露在环糊精的空腔外边，有利于试剂的进攻，对位产物大大增多。

$$
\text{(OMe 苯环) } \xrightarrow[\alpha\text{-环糊精}]{\text{HOCl}}
$$

（上路 H₂O）　40%　+　60%

（下路 α-环糊精）　4%　+　96%

12.4.2　纤维素

　　纤维素是自然界最丰富的有机化合物，是植物细胞壁的主要成分，构成植物支持组织的基础。一般植物干叶含纤维素 10%～20%，木材中含 50%，棉纤维中含 90%。

　　纤维素为多糖，不溶于水和有机溶剂。当它被 40% 盐酸水解可得到 D-葡萄糖，若小心用酸水解能得到纤维二糖。纤维素是由 β-D-葡萄糖通过 β-1，4-糖苷键结合的链状高聚物，含 β-D-葡萄糖单位为几千乃至上万，如图 12-7 所示。

　　在纤维素结构中不存在支链，不能盘绕成螺旋形。由于羟基之间氢键相互作用，使链

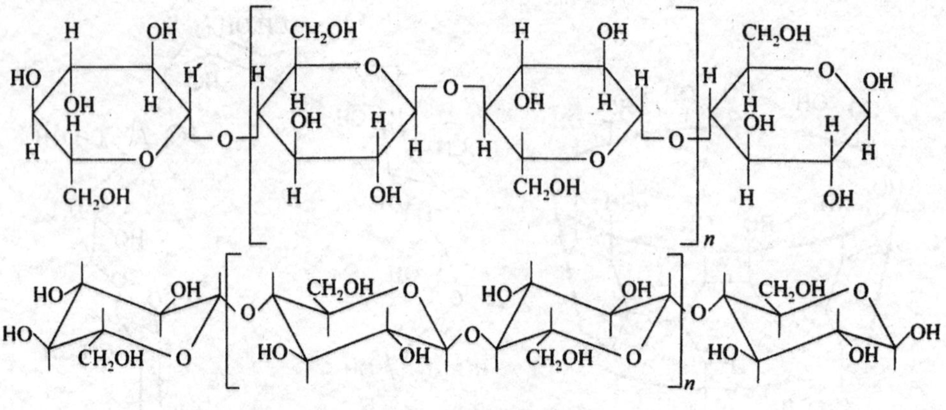

图 12-7 纤维素的结构式

与链之间借助氢键相互扭合，形成像麻绳一样的一束纤维素链，见图 12-8，所以纤维素非常坚韧。

图 12-8 纤维素胶束链

纤维素虽然与淀粉一样由 D-葡萄糖组成，但因为是由 β-1，4-糖苷键结合，不能被淀粉酶水解，因此不能作为人的营养物质。在食草动物如牛、马、羊等的消化道中存在某些微生物群体，这些微生物可以分泌出水解 β-1，4 糖苷键的酶，因此它们可从纤维中获取营养。糖化饲料制造的原理就是根据某些微生物会分泌纤维素酶，能将纤维素水解为纤维二糖和葡萄糖等作为动物的饲料。堆肥腐熟的过程中，纤维素的水解同样是在土壤中某些微生物分泌的纤维素酶的催化下进行的。

纤维素无变旋现象，不易被氧化，但具有羟基的一般反应，其产物用途广泛。如纤维素羟基可与硝酸和硫酸反应生成硝酸酯，俗称硝化纤维。硝化程度高的产物叫火棉，容易燃烧爆炸，可作为无烟火药的主要原料；硝化程度低的产物叫棉胶，可与樟脑等一起加热得到坚韧的塑料塞璐璐，用来制作乒乓球、钢笔杆、玩具等。

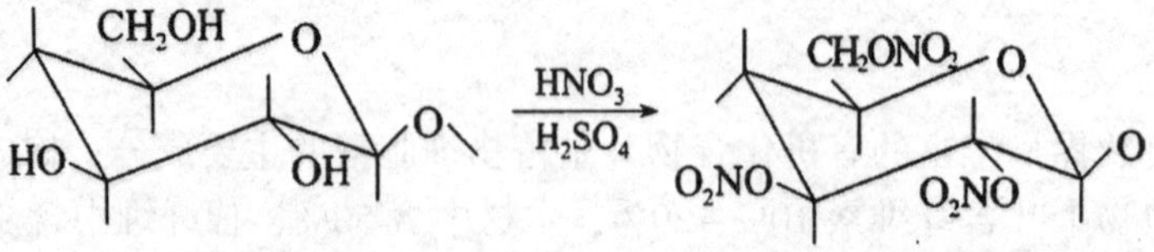

纤维素   纤维素三硝酸酯

纤维素在酸性介质中与酯酐反应生成纤维素乙酸酯，俗称醋酸纤维。将醋酸纤维溶于丙酮中，经过细孔或窄缝压人热空气中使丙酮挥发，醋酸纤维就形成了细丝和薄片，这就是人造丝或电影胶片的基质。

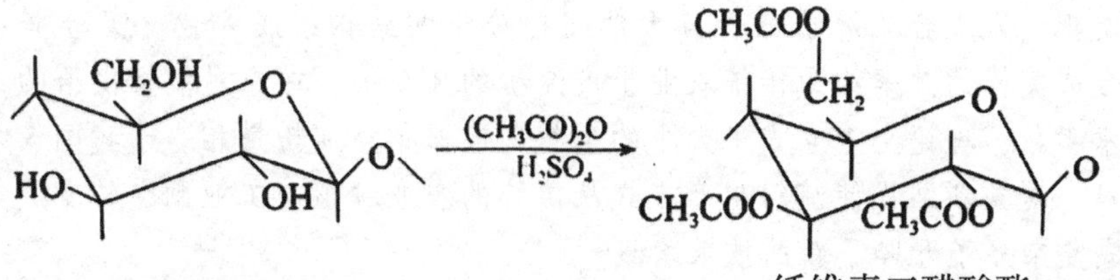

纤维素   纤维素三醋酸酯

纤维素在碱存在下用烷基氯处理，可生成纤维素醚。这些产物也是纺织、胶片和塑料工业上的重要原料。

12.4.3 甲壳素

甲壳素又称甲壳质、几丁质，它是一类含氮的多糖，是由许多 N-乙酰氨基葡萄糖以 β-1，4-糖苷键连接而成的链状高分子化合物。其结构如下：

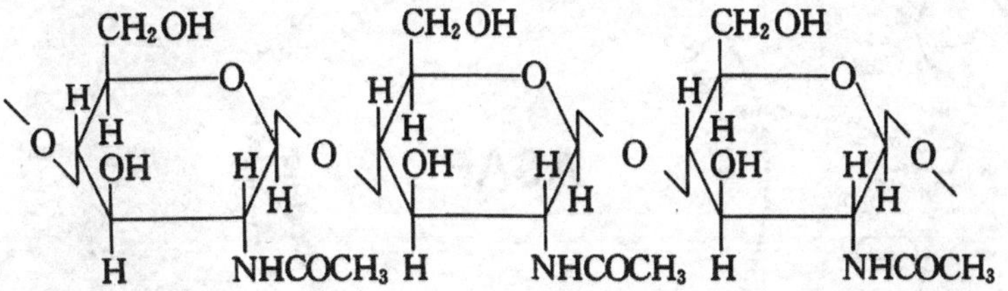

甲壳素

甲壳素是白色半透明固体，不溶于水、乙醇和乙醚中，但溶于浓硫酸和浓盐酸中，水解最终产物为氨基葡萄糖。与浓 NaOH 作用可脱去乙酰基生成壳聚糖。壳聚糖是氨基葡萄糖的高聚物，又称为脱乙酰基甲壳素或可溶性甲壳素等。它是唯一的碱性天然多糖。

甲壳素广泛存在于甲壳动物（如虾、蟹等）的外壳、昆虫体表以及真菌的细胞壁。地球上的生物每年可以合成约十亿吨甲壳素。由虾、蟹制备的甲壳素，收率 10% ~ 17%；由甲壳素制壳聚糖收率可达 80% 左右。近年来，国内外对甲壳素和壳聚糖的应用研究十分活跃，它们目前已广泛应用于医药、农药、纺织、食品、化妆品等方面。

◎ 知识拓展

我国科学家首次突破 CO_2 人工合成淀粉技术

淀粉是面粉、大米、玉米等粮食的主要成分，也是重要的工业原料。目前主要由玉米等作物通过光合作用固定二氧化碳产生。这个过程涉及大约 60 个生化反应以及复杂的生理调控。该工艺的理论能量转换效率仅为 2% 左右。

目前，迫切需要可持续供应淀粉和利用二氧化碳的战略来克服人类面临的重大挑战，例如粮食危机和气候变化。设计不依赖于植物光合作用的新途径将二氧化碳转化为淀粉是一项重要的创新科技任务，将成为当今世界的一项重大颠覆性技术。此前，多国科学家积极探索，但一直未取得实质性重要突破。中国科学院天津工业生物技术研究所马延和研究员带领团队，采用一种类似"搭积木"的方式，从头设计、构建了 11 步反应的非自然固碳与淀粉合成途径，见图 1，在实验室中首次实现从二氧化碳到淀粉分子的全合成。核磁共振等检测发现，人工合成淀粉分子与天然淀粉分子的结构组成一致。实验室初步测试显示，人工合成淀粉的效率约为传统农业生产淀粉的 8.5 倍。在充足能量供给的条件下，按照目前技术参数，理论上 1 立方米大小的生物反应器年产淀粉量相当于我国 5 亩玉米地的年产淀粉量。这条新路线使淀粉生产方式从传统的农业种植向工业制造转变成为可能，为从 CO_2 合成复杂分子开辟了新的技术路线。

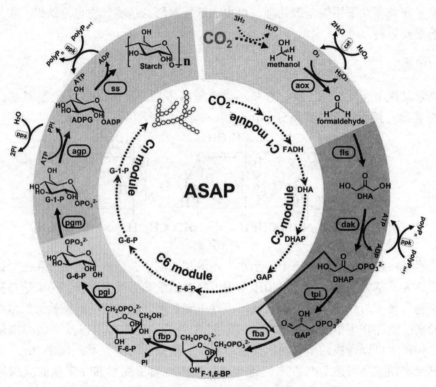

图 1 从 CO_2 出发人工合成淀粉途径

研究团队采用了一种类似"搭积木"的方式，见图 1，利用化学催化剂将高浓度二氧化碳在高密度氢能作用下还原成碳一(C1)化合物，然后通过设计构建碳一聚合新酶，依据化学聚糖反应原理将碳一化合物聚合成碳三(C3)化合物，最后通过生物途径优化，将碳三化合物又聚合成碳六(C6)化合物，再进一步合成直链和支链淀粉(Cn 化合物)。研究团队利用甲醛酶(fls)从候选 C1 中间体设计和构建淀粉合成途径的酶促部分，使用组合算法从甲酸或甲醇出发设计出两条简明的淀粉合成途径。总体来说，CO_2 转变成甲酸或甲醇，通过九步实现淀粉合成(图 1，内圈)。具体来说，C1 模块(用于甲醛生产)、C3 模块(用于 3-磷酸-D-甘油醛生产)、C6 模块(用于 6-磷酸-α-D-葡萄糖生产)和 Cn 模块(用于淀粉合成)。在计算途径设计的帮助下，通过组装和替换由来自 31 个生物体的 62 种酶构成的 11 个模块，研究团队建立了从 CO_2 出发人工合成淀粉途径(ASAP)1.0，其中有 10 个以甲醇为起始的酶促反应(见图 1 外圈)。ASAP1.0 的主要中间体和目标产物通过同位素^{13}C追踪标记实验，证实从甲醇合成了淀粉。

中国人工合成淀粉技术是这个领域的一个重大突破，也是生物合成领域的一个重大里程碑式的突破。据业内专家称，如果未来二氧化碳人工合成淀粉的系统过程成本能够降低到与农业种植相比具有经济可行性，将会节约 90% 以上的耕地和淡水资源，避免农药、化肥等对环境的负面影响，推动形成可持续的生物基社会，提高人类粮食安全水平。同时，最新研究成果实现在无细胞系统中用二氧化碳和电解产生的氢气合成淀粉的化学-生物法联合的人工淀粉合成途径(ASAP)，为推进"碳达峰"和"碳中和"目标实现的技术路线提供一种新思路。

(摘自高分子学科前沿)

◎ 课后思考题

1. 我国著名的古文字学家、语言学家、历史学家季羡林先生，通过收集关于糖史方面的资料。历时十七年，写出近八十万字的《糖史》。《糖史》是研究蔗糖的文化史与科技史巨著。全书共分三编，其中国内编揭示了蔗糖自先秦至清代的种植、制造、使用等演变、传播的历史。请写出蔗糖的结构式。

2. 管华诗院士团队在世界海洋糖类物质的探索中，作出了巨大贡献，构建了中国"蓝色药库"中的海洋糖库。这些寡糖化合物中，有 70% 是世界范围内的首次发现。2019 年，管华诗团队、中国科学院上海药物研究所和上海绿谷制药联合研发的治疗阿尔茨海默症的新药"甘露寡糖二酸(GV-971)"(如下图)获批上市，预示着中国科学家找到了阿尔茨海默症的"解药"。请问甘露寡糖二酸是否具有还原性。

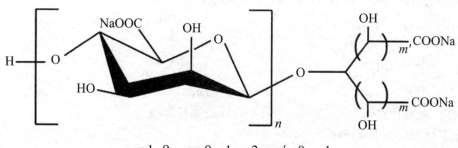

$n=1-9$, $m=0$, 1 or 2; $m'=0$ or 1
甘露寡糖二酸(钠)

◎ 习　题

1. 填空选择题。

(1)糖类化合物根据其结构和性质可分为_____，_____，和_____。

(2)蔗糖由一分子_____和一分子_____组成，它们之间通过_____糖苷键相连。

(3)多糖的构象大致可分为_____，_____，_____和_____四种类型，决定其构象的主要因素是_____。

(4)环状结构的己醛糖其立体异构体的数目为(　　)。

    A. 4　　　　　　　B. 3　　　　　　　C. 6　　　　　　　D. 32

(5)下列关于葡萄糖的描述,错误的是(　　)。

    A. 显示还原性

    B. 在强酸中脱水形成 5-羟甲基糠醛

    C. 与苯肼反应生成脎

    D. 新配制的葡萄糖水溶液其比旋光度随时间改变

(6)下列哪种糖不能生成糖脎?(　　)

    A. 葡萄糖　　　　　B. 果糖　　　　　　C. 蔗糖　　　　　　D. 乳糖

(7)下列哪种糖无还原性?(　　)

    A. 麦芽糖　　　　　B. 蔗糖　　　　　　C. 果糖　　　　　　D. 木糖

2. 判断题。

(1)D-葡萄糖的对映体为 L-葡萄糖,后者存在于自然界中。　　　　　　　(　　)

(2)糖的变旋现象是由于其在溶液中起了化学变化。　　　　　　　　　　(　　)

(3)D-葡萄糖,D-甘露糖,D-果糖产生同一种糖脎。　　　　　　　　　　(　　)

(4)葡萄糖分子中有醛基,它和一般的醛类一样,能与希夫(Schiff)试剂反应。(　　)

3. 用化学方法区别下列各组化合物。

(1) 淀粉、纤维素和麦芽糖

(2)甲基-D-吡喃葡萄糖苷和 D 葡萄糖

(3)半乳糖和淀粉

4. 写出下列糖的名称、构型(D 或 L)、稳定构象式。

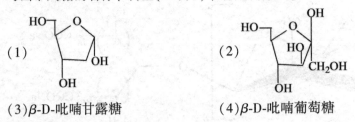

(3)β-D-吡喃甘露糖　　　　　　　(4)β-D-吡喃葡萄糖

5. 写出下列反应的主要产物。

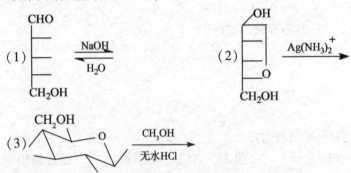

6. 葡萄糖的六元环形半缩醛结构是通过成苷、甲基化、水解、氧化等步骤,由所得产物

推断的。如果葡萄糖形成的环形半缩醛是五元环，则经如上步骤处理后，应得到什么产物？

7. 当甘露糖在性条件下较长时间应时生葡萄糖 D-果糖，说明其原因。

8. 纤维素以下列试剂处理时，将发生什么反应？如果可能的话，写出产物的结构式或部分结构式。

A. 过量稀硫酸加热　B. 热水　C. 热碳酸钠水溶液　D. 过量硫酸二甲酯及氢氧化钠

第13章 油脂和类脂

除糖类化合物和蛋白质外，油脂(fats and olis)和类脂化合物(lipid)也是维持生物正常生命活动不可缺少的物质。油脂是高级一元脂肪酸的甘油酯。通常把常温下是液态的油脂称为油，如花生油、豆油等；常温下是固态或半固态的油脂称为脂(肪)，如牛油、猪油等。

类脂化合物包括蜡、磷脂、萜类(见第3章)以及甾族化合物等，虽然它们在化学组成和化学结构上与油脂相差很大，但它们在物态和物理性质方面与油脂类似，故名类脂。

13.1 油脂

13.1.1 油脂的存在和用途

油脂广泛存在于生物体内。在植物体中油脂主要存在于果实和种子里，而花、叶、茎、根含量较少。动物体内油脂存在于内脏、皮下组织、骨髓等处。鱼类脂肪多存于肝内。海兽脂肪多存于皮下。

油脂是生物体重要的能源物质之一。1g油脂氧化可放出38.9 kJ的热量。比1g糖(17.6 kJ)或1g蛋白质(16.7 kJ)氧化所放出的热量高一倍多。冬眠动物主要依靠储足的油脂才能长期冬眠。油脂还可提供维持高等动物正常机能所需的不饱和脂肪酸、促进脂溶性维生素吸收、防止体温散失和内脏器官受震动或撞击。存储在植物种子、果实中的油脂，可提供种子发芽所需的营养。工业上油脂广泛用于制皂、油漆、涂料、医药及化妆品的生产。

13.1.2 油脂的组成、结构和命名

油脂是高级一元脂肪酸与甘油形成的酯。1854年法国化学家贝特罗(Berthelot)把甘油同高级脂肪酸一起加热制得了油脂，从而证明了油脂的结构，油脂可以用如下通式表示：

$$
\begin{array}{l}
H_2C-O-\overset{\displaystyle O}{\overset{\displaystyle \|}{C}}-R_1 \\
HC-O-\overset{\displaystyle O}{\overset{\displaystyle \|}{C}}-R_2 \\
H_2C-O-\overset{\displaystyle O}{\overset{\displaystyle \|}{C}}-R_3
\end{array}
\quad \text{或} \quad
\begin{array}{l}
CH_2-OCOR_1 \\
CH-OCOR_2 \\
CH_2-OCOR_3
\end{array}
$$

式中，R_1、R_2、R_3代表高级脂肪酸的烃基，如果$R_1 = R_2 = R_3$则称为单纯甘油酯。如R_1、R_2、R_3有两个或三个不相同的则称为混合甘油酯。多数天然油脂都是单纯甘油酯和

混合甘油酯组成的极复杂的混合物。此外，油脂中还含有少量游离脂肪酸、高级醇、高级烃、维生素及色素等。

组成油脂的高级脂肪酸种类很多，已经发现 50 多种，其中绝大多数脂肪酸是含有偶碳原子的直链高级脂肪酸，有饱和的，也有不饱和的。高级脂肪酸含双键越多，其油脂的熔点越低。因此，液体油脂含较多的不饱和脂肪酸甘油酯，而固体的油脂含较多的饱和脂肪酸甘油酯。

思考题 13-1　为何植物油常为液态，而动物油常为固态或半固态？

高等动植物的脂肪酸有如下共性：

（1）从油脂水解得到了含碳 $C_4 \sim C_{26}$ 的饱和脂肪酸；含碳 $C_{10} \sim C_{24}$ 的不饱和脂肪酸。多数碳链含 14~22 个碳原子，并且都是偶数。最常见的十六个或十八个碳原子，十二个碳原子以下的饱和脂肪酸主要存在于哺乳动物的乳汁中。

（2）饱和脂肪酸中重要的有月桂酸、豆蔻酸、软脂酸和硬脂酸。不饱和脂肪酸中重要的有油酸、亚油酸和亚麻酸等，不饱和脂肪酸中双键的几何构型多数是顺式，只有极少数的双键为反式，见表 13-1。

表 13-1　　　　　　　　　　　　油脂中常见的高级脂肪酸

构造式	俗名	系统命名	熔点/℃
$CH_3(CH_2)_{10}COOH$	月桂酸	十二酸	43.6
$CH_3(CH_2)_{12}COOH$	豆蔻酸	十四酸	58
$CH_3(CH_2)_{14}COOH$	软脂酸 棕榈酸	十六酸	62.9
$CH_3(CH_2)_{16}COOH$	硬脂酸	十八酸	69.9
$CH_3(CH_2)_{18}COOH$	花生酸	二十酸	75.2
$CH_3(CH_2)_7CH=CH(CH_2)_7COOH$	油酸	(9Z)-十八碳烯酸	4
$CH_3(CH_2)_4(CH=CHCH_2)_2(CH_2)_6COOH$	亚油酸	(9Z, 12Z)-十八碳二烯酸	−12
$CH_3CH_2(CH=CHCH_2)_3(CH_2)_6COOH$	亚麻酸	(9Z, 12Z, 15Z)-十八碳三烯酸	−11
$CH_3(CH_2)_5CHOHCH_2CH=CH(CH_2)_7COOH$	蓖麻酸	12-羟基-(9Z)-十八碳烯酸	5.5
$CH_3(CH_2)_3(C=C)_2C=C(CH_2)_7COOH$	桐油酸	(9Z, 11E, 13E)-十八碳三烯酸	49
$CH_3(CH_2)_4(CH=CHCH_2)_4(CH_2)_2COOH$	花生四烯酸	(5Z, 8Z, 11Z, 14Z)-二十碳四烯酸	−49.5
$CH_3(CH_2)_7CH=CH(CH_2)_{11}COOH$	芥酸	(13Z)-二十二碳烯酸	33.5

（3）在高等植物和低温环境生活的动物油脂中，不饱和脂肪酸的含量高于饱和脂肪酸。

（4）不饱和脂肪酸的熔点比含有相等碳原子数的饱和脂肪酸的熔点低。

（5）单不饱和脂肪酸的双键位置一般在 $C_9 \sim C_{10}$ 之间。多不饱和脂肪酸中的双键一般从 $C_9 \sim C_{10}$ 开始，而且在两个双键之间往往间隔一个亚甲基（—CH_2—）。例如，亚油酸的双键位于 $C_9 \sim C_{10}$ 和 $C_{12} \sim C_{13}$ 之间。

$$CH_3(CH_2)_4 CH = CH CH_2 CH = CH(CH_2)_7 COOH$$

只有少数植物的不饱和脂肪酸中含有共轭双键，如桐油酸。少数脂肪酸中含有羟基或脂环，如蓖麻酸和大风子酸。

油脂中常见的重要脂肪酸和一些常见的油脂中高级脂肪酸含量，见表 13-1 和表 13-2。

表 13-2　　　　　　　　　　　　　　常见油脂中高级脂肪酸的含量

脂肪酸 油脂	豆蔻酸 ω/%	软脂酸 ω/%	硬脂酸 ω/%	油酸 ω/%	亚油酸 ω/%	其他主要脂肪酸 ω/%
大豆油	0.1~0.4	7~11	2.4~6	22~34	50~60	亚麻酸 2~10 花生酸 0.3~3.4
花生油		6~11	3~6	40~71	13~38	花生酸 1.0~2.0
玉米油	0.2~1.5	8~13	1~4	24~26	34~61	花生酸 0.3~1.0
芝麻油		7~10	3.5~6	35~50		花生酸 0.4~1.2
菜 油		1.9	3.5	12.2	15.8	芥酸 47.8
亚麻油	0.2	5~9	4~7	9~29	8~29	亚麻酸 45~67
棉籽油	0.5~3	17~23	1~3	18~44	34~55	花生酸 0.1~1.5
桐 油		4.1	1.3	4~13	8~15	桐油酸 72~79
猪 油	0.7~1.3	25~31	11.5~16.5	40~51	3~12	其他脂肪酸 3.7~8
牛 油	2~8	24~32	14~28	39~50	1~5	

哺乳动物体内能够合成单不饱和脂肪酸，但不能合成亚油酸和亚麻酸，而这两种脂肪酸在植物中含量非常丰富；花生四烯酸在植物中并不存在，哺乳动物中花生四烯酸是由亚油酸合成的。我们将这些在体内不能合成，但能维持哺乳动物正常生长的脂肪酸称为必需脂肪酸。哺乳动物体内所含必需脂肪酸以亚油酸含量最多。

饱和的高级脂肪酸根据主链碳数称为"某酸"；不饱和的高级脂肪酸称为"某烯酸"，也可用"Δ"代表双键，将双键的位次写在"Δ"的右上角，常见的重要高级脂肪酸的命名及构造式见表 13-1。有时也用锯齿状线来表示高级脂肪酸的构型和构象。例如：

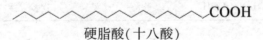

硬脂酸（十八酸）

$$\text{油酸((9Z)-十八碳烯酸;顺-}\triangle^9\text{-十八碳烯酸)}$$

油脂按酯命名法为"三某酸甘油酯",或将甘油放在前面称为"甘油三某酸酯";也可用三酰甘油命名法叫做"三某酰甘油";混合甘油酯则以 α，α′ 和 β 分别表示三个不同脂肪酸的位置，例如：

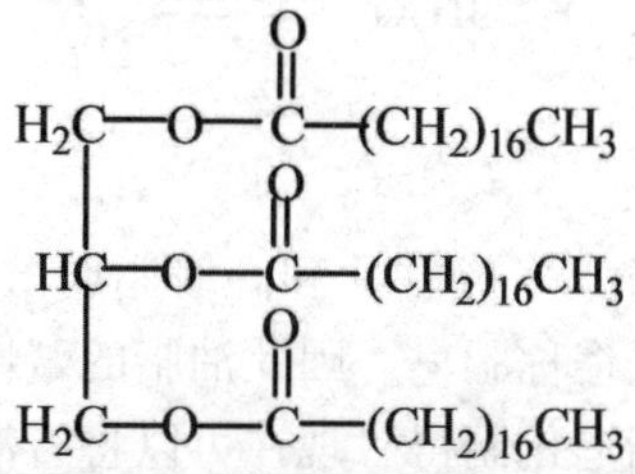

$$\begin{array}{l} H_2C-O-C(=O)-(CH_2)_{16}CH_3 \\ HC-O-C(=O)-(CH_2)_{16}CH_3 \\ H_2C-O-C(=O)-(CH_2)_{16}CH_3 \end{array}$$

甘油三硬脂酸酯(三硬脂酸甘油酯、三硬脂酰甘油)

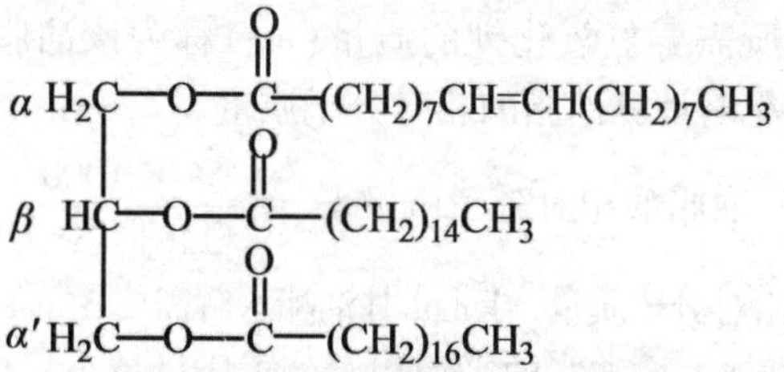

$$\begin{array}{l} \alpha\; H_2C-O-C(=O)-(CH_2)_7CH=CH(CH_2)_7CH_3 \\ \beta\; HC-O-C(=O)-(CH_2)_{14}CH_3 \\ \alpha'\; H_2C-O-C(=O)-(CH_2)_{16}CH_3 \end{array}$$

α-油酸-β-软脂酸-α′-硬脂酸酯
甘油 α-油酸-β-软脂酸-α′-硬脂酸酯
(α-油酰-β-软脂酰-α′-硬脂酰甘油)

思考题 13-2 写出 α-硬脂酰-β-油酰-α′-亚油酰甘油的结构式。

13.1.3 油脂的性质

1. 物理性质

纯净的油脂是无色、无臭的物质，但常因含有色素和杂质而呈现不同颜色并具有一定的气味。油脂是极性很小的化合物，不溶于水，而溶于乙醚、汽油、苯、丙酮、氯仿、四氯化碳和酒精等有机溶剂中。

油脂相对密度都小于 1，一般在 0.86~0.95。由于油脂是混合物，所以它没有固定的熔点与沸点，在沸腾温度之前即发生分解。但各种油脂都有一定的熔点范围，其熔点范围的温度随油脂中所含饱和脂肪酸的数目和链长的增加而升高，例如，花生油 28~32℃(其甘油酯中，饱和脂肪酸质量分数为 10%~20%，不饱和脂肪酸质量分数为 80%~90%)，牛油为 42~49℃(其甘油酯中，饱和脂肪酸质量分数为 60%~70%，不饱和脂肪酸质量分数为 30%~40%)。

混合甘油酯若第二个碳为手性原子，则具有旋光性。构型一般采用 D/L 标记法。

2. 化学性质

油脂是酯类化合物，故能水解。若油脂中含有不饱和的碳碳双键，则可以发生加成、氧化、聚合等反应。

（1）水解反应　油脂在酸或酶催化下水解成甘油和高级脂肪酸，而且反应是可逆的。

$$\begin{array}{l} H_2C-O-\overset{\overset{O}{\|}}{C}-R_1 \\ HC-O-\overset{\overset{O}{\|}}{C}-R_2 \\ H_2C-O-\overset{\overset{O}{\|}}{C}-R_3 \end{array} + 3H_2O \underset{}{\overset{H^+或酶}{\rightleftharpoons}} \begin{array}{l} H_2C-OH \\ HC-OH \\ H_2C-OH \end{array} + \begin{array}{l} R_1COOH \\ R_2COOH \\ R_3COOH \end{array}$$

油脂若在过量碱作用下水解，生成甘油和高级脂肪酸盐，水解完全，反应是不可逆的。反应生成的高级脂肪酸盐，俗称肥皂。因此油脂的碱性水解又称为皂化反应。

过去的肥皂都是由天然油脂皂化制得。现在可以将石油产品的高级烷烃催化氧化为高级脂肪酸合成肥皂，节约大量天然油脂。

通常把皂化 1 g 油脂所需要氢氧化钾的质量（mg）称为该油脂的皂化值（saponification number）。由皂化值可以粗略计算油脂的相对分子质量。

$$油脂的相对分子质量 = \frac{3 \times 56 \times 1000}{皂化值}$$

式中，56 是 KOH 的相对分子质量，1 mol 甘油酯水解需要 3 mol KOH 中和，故乘以 3。

从上式可知：皂化值越大，油脂的平均相对分子质量越小；皂化值越小，油脂的平均相对分子质量越大。不同的油脂都有一定的皂化值范围，如果测得某油脂的皂化值低于或高于正常范围，则表示该油脂含有不被皂化或可以与 KOH 作用的杂质。故皂化值是检验油脂质量的重要数据之一。常见油脂的正常皂化值范围见表 13-3。

表 13-3　　　　　　　　　　　常见油脂的皂化值、碘值和酸值

分类	名称	皂化值/mg	碘值/g	酸值/mg
非干性油	牛油	190~200	31~47	0.66~0.88
	羊油	192~198	31~46	2~3
	猪　油	193~200	46~66	0.5~0.8
	蓖麻油	176~187	81~90	0.5~1.2
	花生油	185~195	88~98	0.8
	菜　油	168~179	94~105	0.36~1.0
半干性油	芝麻油	188~193	103~117	0.3~1.8
	棉籽油	191~196	103~115	
	豆　油	184~189	124~136	
干性油	亚麻油	189~196	170~204	2~6
	桐油	189~196	160~180	2

（2）酸败　油脂在空气中暴露过久，便产生难闻的臭味，这种现象称为"酸败"（rancidity）。

油脂酸败的化学变化比较复杂，主要有以下两种原因：

①油脂中不饱和脂肪酸分子中碳碳双键吸收空气中氧形成过氧化物，进而在光、热、水或某些金属作用下，最终分解成低级醛、酮和酸等。

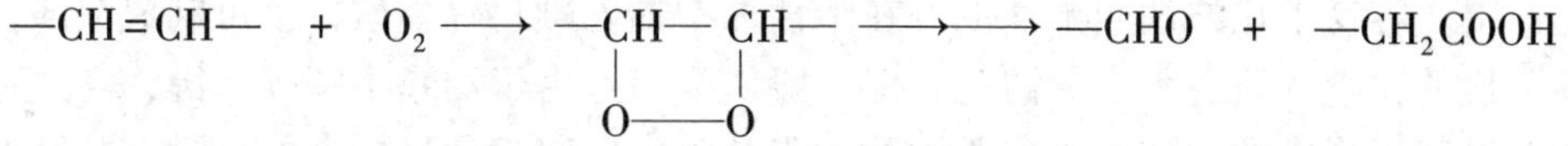

$$—CH=CH— + O_2 \longrightarrow \underset{\underset{O\!\!-\!\!O}{|\qquad|}}{—CH\!\!-\!\!CH—} \longrightarrow —CHO + —CH_2COOH$$

②油脂中的饱和酸在微生物作用下，发生 β-氧化生成 β-酮酸，β-酮酸进一步分解成酮和羧酸。

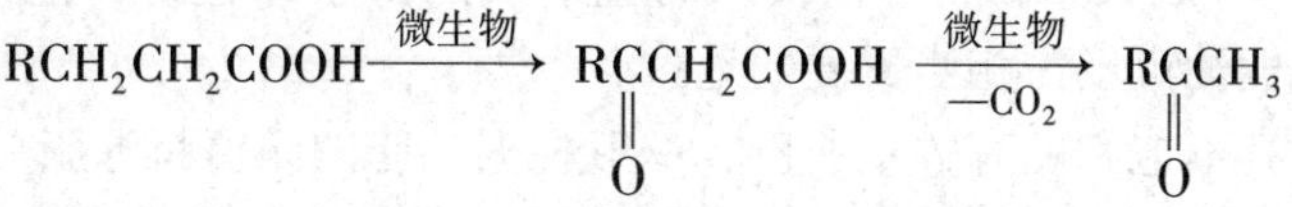

$$RCH_2CH_2COOH \xrightarrow{微生物} \underset{\underset{O}{\|}}{RCCH_2COOH} \xrightarrow[—CO_2]{微生物} \underset{\underset{O}{\|}}{RCCH_3}$$

酸败产生的臭味就是由于上述产生的低级醛、酮和羧酸所引起的。

油脂酸败后，油脂中游离脂肪酸含量升高，游离脂肪酸的含量决定油脂的品质，油脂中游离酸的含量一般用酸值（acid number）来表示。

中和 1g 油脂中的游离脂肪酸所需 KOH 的质量（mg）称为该油脂的酸值。

一般来说，酸值低的油脂品质较好，食用油酸值大于 6 的不宜食用。为防止酸败，油脂应保存在密闭容器中，置于阴凉、干燥和避光处，或在油脂中加入少量抗氧化剂如维生素 E 等。麦胚油中富含维生素 E，芝麻油中含有抗氧化剂芝麻酚，所以，这两种油脂久贮而不易酸败。

思考题 13-3　油脂的皂化值与酸值有什么不同？

（3）加成反应　含不饱和脂肪酸的油脂，分子中的碳碳双键可以和氢、碘等加成。

①加氢　油脂中的碳碳双键在催化剂的作用下加氢，使不饱和的油脂变为饱和的油脂，油脂从液态变为固态、半固态的油脂。这种加氢反应被称为"油脂的硬化"。所得油脂叫"氢化油"或"硬化油"。加氢后，油脂分子中双键大大减少，可防止被空气氧化变质。便于贮藏、运输，不能食用的动植物油氢化后可用来制造肥皂。

②加碘　油脂分析中常用油脂与碘加成来测定油脂的不饱和程度。通常将 100 g 油脂所能吸收碘的质量（g）称为油脂的碘值（（iodine number））。碘值大，说明油脂的不饱和程度高，或油脂中不饱和脂肪酸的含量高。

由于碘和碳碳双键的加成作用较慢，所以测定时常用氯化碘和溴化碘代替碘。其中氯原子或溴原子能使碘活化，生成正碘离子作为亲电试剂进行亲电加成反应。

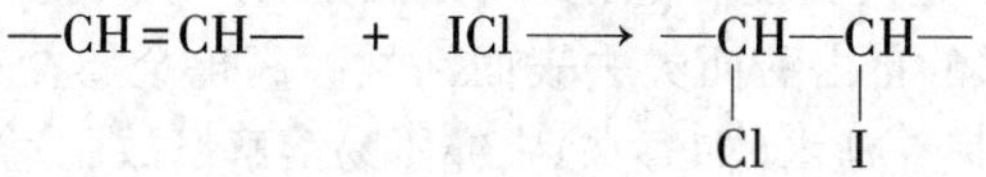

$$—CH=CH— + ICl \longrightarrow \underset{\underset{Cl\quad I}{|\quad|}}{—CH\!\!-\!\!CH—}$$

以已知量的试剂（过量）与已知量的油脂作用，停止反应后加入 KI 与多余的 ICl 反应析出碘。

$$ICl \ + \ KI \longrightarrow KCl \ + \ I_2$$
$$I_2 \ + \ 2Na_2S_2O_3 \longrightarrow Na_2S_4O_6 \ + \ 2NaI$$

用硫代硫酸钠标准溶液滴定析出的碘，可以计算出被吸收的 ICl 的量，换算成碘量的就可求出油脂的碘值。一些油脂的碘值见表 13-3。

（4）干化作用　某些油在空气中放置，能生成一层干燥而有韧性的薄膜，这种现象叫做干化作用。容易干化的油叫干性油。在干性油中加入颜料等物质，就可制成油漆。

油干化的化学本质还不十分清楚，但一般认为，是由于油脂中碳碳双键，经过一系列氧化聚合过程而形成的。如果组成甘油酯的脂肪酸中，双键数目较多，且具有共轭双键结构的油更易干化。如桐油是最好的干性油，因为桐油中桐酸含有三个共轭的双键，并且桐酸在桐油中含量达 79%。它不但干化快，而且形成的薄膜韧性好，能耐冷、热、潮湿。我国的桐油在世界桐油市场占相当重要的地位。

油脂的干化与其不饱和度有关。所以，一般根据油脂的碘值将油脂分为三类：碘值在 130 以上的为干性油，如桐油、亚麻油；碘值为 100~130 为半干性油，如棉籽油、豆油；碘值在 100 以下的为非干性油，如花生油、猪油。

13.2　表面活性剂

表面活性剂是指能降低物质表面张力的一类有机化合物。它的分子是由亲水基和疏水基两部分组成的。亲水基是指羟基、羰基、羧基、氨基、磺酸基和醚键等极性基团，这些基团对水有亲和作用；疏水基一般指烃基，对非极性分子有亲和作用。

肥皂（油脂碱作用下水解生成的高级脂肪酸盐）就是人们使用较早的表面活性剂。

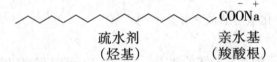

疏水剂　　　　　　　　　　　　　　亲水基
（烃基）　　　　　　　　　　　　　（羧酸根）

13.2.1　表面活性剂的分类

表面活性剂是洗涤剂、纺织染整助剂、农药助剂、食品医药助剂、水处理助剂、混凝土添加剂、日化品添加剂等许多类专用化学品配方中的重要成分，素有"工业味精"之称。目前已有近万个品种，但我国仅能生产 2 000 多个品种。根据分子中亲水基的种类可分为下述四类。

1. 阴离子型

这类表面活性剂的亲水基为阴离子。这是最早使用的一类表面活性剂，产量占表面活性剂的绝大部分。常见的有羧酸盐、硫酸盐、磺酸钠以及磷酸盐等。其中高级（C_{10}~C_{18}）脂肪羧酸盐（钠盐或钾盐）是人们较早使用的表面活性剂，羧酸盐一般在 pH<7 的水溶液中不稳定，易生成不溶于水的自由酸而失去表面活性。高价金属盐（如钙皂、镁皂、铝皂、铁皂）不溶于水，碱金属皂在盐水（如海水）中亦不易溶解。故肥皂不适宜在酸性溶液、硬水及海水中使用。现在大多数洗涤剂中的表面活性剂主要成分是烷基苯磺酸盐（钠），基本碳原子数为 12 左右。在其应用中也常用钙盐和胺盐。烷基苯磺酸盐在一定程度上克服

了肥皂的缺点，在硬水中一般不致生成皂垢，能耐酸、碱。

　　阴离子表面活性剂一般可做润湿剂、乳化剂、分散剂、洗涤剂、发泡剂等。如烷基苯磺酸钠是我国洗衣粉的主要成分。十二烷基硫酸钠用作牙膏的起泡剂。

$$R-\text{C}_6\text{H}_4-SO_3^- Na^+$$

烷基苯磺酸钠

$$CH_3(CH_2)_{10}CH_2OSO_3^- Na^+$$

十二烷基硫酸钠

　　为了减少对环境的污染，合成表面活性剂中的烷基应是直链的，因为带支链的烷基不能被生物降解。

思考题 13-4　肥皂是较好的洗涤剂，但不宜在酸性水中使用，为什么？

　2. 阳离子型

　　阳离子表面活性剂多数是季铵盐。亲水基为季铵离子。如用于皮肤及医疗器械消毒的新洁尔灭；可预防及治疗口腔炎、咽炎的杜灭芬。这些化合物可以使病原微生物细胞的表面张力降低，而使细胞破裂或溶解而死亡。

$$\left[C_6H_5-CH_2\underset{\underset{CH_3}{|}}{\overset{\overset{CH_3}{|}}{N}}C_{12}H_{25} \right]^+ Br^-$$

溴化二甲基苄基十二烷基铵
（新洁尔灭）

$$\left[C_6H_5-OCH_2CH_2\underset{\underset{CH_3}{|}}{\overset{\overset{CH_3}{|}}{N}}C_{12}H_{25} \right]^+ Br^-$$

溴化二甲基苯氧乙基十二烷基铵
（杜灭芬）

　　阳离子型表面活性剂，除做杀菌消毒剂外，还可用于纤维平滑剂、抗静电剂等特殊方面，但用量很少。

　3. 非离子型

　　表面活性剂的亲水基为羟基、醚键、酯基和酰胺等。特点是对酸、碱、硬水及重盐都很稳定，与 1，2 可复配。但亲水性较弱，乳化能力差，对皮肤刺激性小。其中聚氧乙烯烷基酚醚广泛用做洗涤剂；烷醇酰胺用于液体合成洗涤剂，去污力强，多做泡沫稳定剂。

$$R-\text{C}_6\text{H}_4-O(CH_2CH_2O)_n H$$

聚氧乙烯烷基酚醚（R：$C_8 \sim C_{10}$；n=6～12）

$$RCONH_2CH_2CH_2OH$$

醇酰胺（R：$C_{10} \sim C_{12}$）

　　农业上可将某些高级醇类或醚类撒在水面上，形成单分子膜，降低水分蒸发，减少热量损失，保持水温和土温；对早稻育秧和促进稻株生长发育等都有好处。

　4. 两性

　　这类表面活性剂主要是氨基酸型。用做洗涤剂、合成纤维的柔软剂和抗静电剂等，如十二烷氨基丙酸钠；用于洗涤剂、杀菌剂、助染剂和防锈剂等的十二烷基二甲基甜菜碱。

$$CH_3(CH_2)_{11}NHCH_2CH_2COO^- Na^+$$

十二烷氨基丙酸钠

$$CH_3(CH_2)_{11}N^+(CH_3)_2CH_2COO^-$$

十二烷基二甲基甜菜碱

13.2.2　表面活性剂的作用

表面活性剂的主要作用就是使不相溶的两相具有一定的亲和性。肥皂是人们最早使用的表面活性剂。可用做乳化剂、润湿剂和展布剂等。下面以肥皂为例，介绍表面活性剂的表面活性作用。

肥皂分子由烃基疏水基(亲脂基)和羧酸根亲水基组成，如图 13-1 所示。

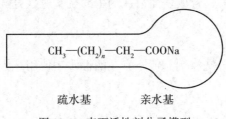

$$CH_3—(CH_2)_n—CH_2—COONa$$

疏水基　　　　　亲水基

图 13-1　表面活性剂分子模型

1. 乳化作用

许多液态的有机药物与水混合时，形成不稳定的油/水型乳浊液，静置分层。这是由于药物油滴在水中表面张力较大引起的。若加入肥皂后，充分振荡，肥皂分子在细油珠表面定向排列，形成单分子膜，亲脂烃基进入油珠内，亲水基羧酸根排布在油珠表面，使油珠表面出现亲水性，即肥皂分子改变了油珠表面性质，使其表面张力降低，而"溶"于水。这就是肥皂的表面活性作用。这个过程称肥皂的乳化作用，肥皂为乳化剂。同时由于油珠表面均带负电荷，彼此相斥不能合并，就形成了较稳定的油/水型乳浊液。如图 13-2 所示。洗涤剂去污原理与上面所述肥皂乳化作用相似。

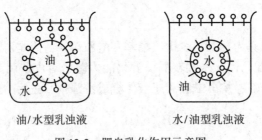

油/水型乳浊液　　　　　　　水/油型乳浊液

图 13-2　肥皂乳化作用示意图

2. 润湿作用

有些亲脂性固体微尘颗粒(如有机药物颗粒)，不易被水湿润，若水中含有肥皂，充分振荡，水就可以铺展在固体颗粒表面，使颗粒湿润易分散在水中。农业上利用此原理，将有机农药颗粒均匀分散于水中，便于喷洒。

3. 展布作用

当水或水溶液(某些农药溶液)洒在覆盖蜡质的物质表面(植物叶片和昆虫体表面)时，

由于表面张力，水或水溶液总是分散成细小的圆珠而不铺展，若在水或水溶液中加入肥皂，则肥皂在水珠表面形成单分子膜（亲脂膜），降低了水滴的表面张力，并使表面具有一定的亲脂性，水滴则不再是圆珠而铺展在蜡质物质表面上，如图 13-3 所示。这样可充分提高药液的利用率。

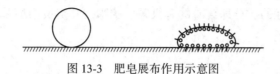

图 13-3　肥皂展布作用示意图

13.3　类脂

生物体内除油脂以外，还含有许多类似油脂的物质，在细胞的生命功能方面起重要作用，统称为类脂(Lipoids)。本节只简介蜡、磷脂和甾族化合物。.

13.3.1　蜡

蜡的组分相当复杂，主要成分是高级脂肪酸和高级饱和一元醇组成的酯的混合物。此外，还含有少量的高级烷烃、高级脂肪酸、高级醇和高级醛酮等化合物。所谓"高级"是指一般在十六个碳原子以上，而且基本上是偶数的。

蜡在常温下是固体，质地硬脆，比油脂稳定，不易皂化，不易酸败，在空气中久置也不氧化变质。蜡的水解产物也不溶于水，不被肠胃消化吸收，不能作为人和动物的食物。

蜡可分植物蜡和动物蜡两种。前者熔点高。

植物蜡多数成膜覆盖在茎、叶、树干、花、果实及种子表面上，也有少数植物细胞内存在着一些蜡质叫胞内蜡。植物体表的蜡可起到保护植物的作用，既可防止水分蒸发，又可防止体外水分渗入，还可以防止微生物的侵扰。若除去植物表面蜡层，植物在储藏时就会很快腐烂。

动物蜡一般存在于分泌腺中和体表上。如蜂蜡是由工蜂腹部的蜡腺分泌出来的蜡，是建造蜂窝的主要物质，其主要成分是二十六酸三十酯；我国四川特产虫蜡（又名白蜡），是寄生在女贞或水蜡树上的白蜡虫所分泌，主要成分是二十六酸二十六酯。

许多昆虫体表也覆盖蜡质，例如，介壳虫蜡，主要成分也是二十六酸二十六酯，它对昆虫有保护作用。

此外，羊毛脂也常属于蜡的范围之内，它是附着于羊毛上的油状分泌物。主要组分是羊毛甾醇，二十六醇等高级醇及其脂，并含有一些游离酸及烃，由于它容易吸收水分，并有乳化作用，多用于化妆品工业。

蜡在工业上可用以造蜡模、蜡烛、蜡纸、鞋油、防水剂、光泽剂、化妆品及药膏的基质等。

石蜡与蜡不同，石蜡是从石油中得到的含二十个碳原子以上的高级烷烃，它们的物态、物性相近，而化学组成完全不同。

13.3.2 磷脂

磷脂是一种比较复杂的脂质，因为分子中含有磷酸而得名，此外，除了醇类、脂肪酸外，还含有一个关键性的成分即含氮的有机碱。磷脂按其组成中醇基部分的种类分为甘油磷脂和非甘油磷脂两类。

1. 甘油磷脂

甘油磷脂是磷脂酸（Phosphatidic acid）的衍生物，主要有卵磷脂和脑磷脂。

（1）磷脂酸 磷脂酸是二分子高级脂肪酸和一分子磷酸共同与甘油组成的酯，高级脂肪酸主要是亚油酸、亚麻酸，也有软脂酸和硬脂酸等。磷脂酸中两个高级脂肪酸常常是一个饱和，一个不饱和。

磷酸在甘油的第一或第三碳原子上者为 α-磷脂酸，在第二碳原子上为 β-磷脂酸。不论 R_1 与 R_2 是否相同，α-磷脂酸有两种旋光异构体，自然界常见的是 L-α-磷脂酸：

$$
\begin{array}{c}
a\ CH_2-OCOR \\
R'COO-\underset{\beta}{C}-H \qquad O \\
a'\ CH_2-O-P-OH \\
OH
\end{array}
$$

L-α-磷脂酸

磷脂酸的磷原子上还有两个羟基，所以磷脂酸是酸性的。自然界中，它常以钙、镁或钾盐存在于多种植物叶片和种子等的细胞中。

（2）卵磷脂和脑磷脂 卵磷脂和脑磷脂的母体为磷脂酸。磷脂酸中磷酸与胆碱成酯的为卵磷脂（lecithins）；与胆胺或丝氨酸成酯的为脑磷脂（cephalins），自然界存在的均为 L 型的 α 异构体：

$$HOCH_2CH_2\overset{+}{N}(CH_3)_3\overset{-}{O}H \qquad HOCH_2CH_2NH_2 \qquad \begin{array}{c} HOCH_2CHCOOH \\ | \\ NH_2 \end{array}$$

胆碱 　　　　　　　　　　　胆胺 　　　　　　　　　　　丝氨酸

$$
\begin{array}{c}
CH_2-OCOR \\
R'COO-C-H \qquad O \\
CH_2-O-\overset{\parallel}{P}-OCH_2CH_2\overset{+}{N}(CH_3)_3 \\
\underset{O^-}{}
\end{array}
$$

$$
\begin{array}{c}
CH_2-OCOR \\
R'COO-C-H \qquad O \\
CH_2-O-\overset{\parallel}{P}-OCH_2CH_2\overset{+}{NH_3} \\
\underset{O^-}{}
\end{array}
$$

L-α-卵磷脂 　　　　　　　　　　　　　　　　　L-α-脑磷脂

2. 非甘油磷脂

非甘油磷脂只有一类，即神经磷脂（sphingomyelins）。

神经磷脂的结构与卵磷脂有很大不同，它是由神经醇、高级脂肪酸、磷酸和胆碱结合而成的。

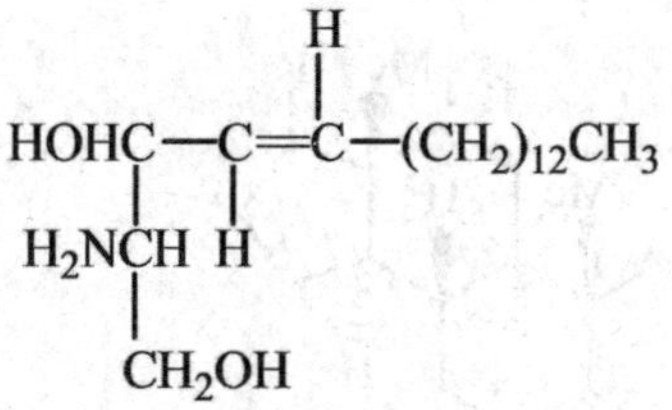

神经醇

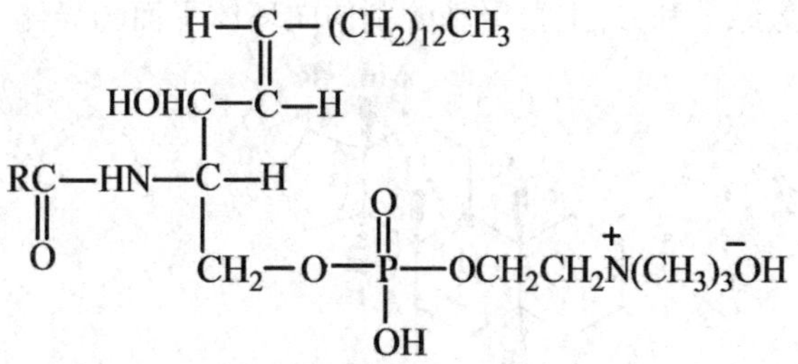

神经磷脂

式中，R 是高级脂肪酸的烃基；这些高级脂肪酸大多为硬脂酸、软脂酸以及顺-Δ^{15}-二十四烯酸(脑神经酸)等。

以上介绍的磷脂，其分子结构中都有典型的亲脂基团(长的烃基)和强的亲水基团(内盐的正、负离子)，所以它们都是良好的乳化剂，在生物体内能使油脂乳化，便于油脂的运输和消化吸收。

磷脂和油脂不同，不是生物主要的贮藏物质；而常以结合状态，作为一种组成物质而存在于活细胞。例如，它们常与蛋白质一起组成细胞膜，对细胞的透性和渗透作用起着重要作用。

13.3.3　甾族化合物

1. 基本结构

甾族化合物也叫类固醇化合物(steroid)是重要的天然产物之一，广泛存在于动植物组织中，有着重要的生理功能。这类化合物的共同特点是分子中都含有一个由环戊烷与氢化菲稠合的骨架，简称甾烷，四个环分别以 A、B、C、D 表示，环上的碳原子按如下顺序编号。

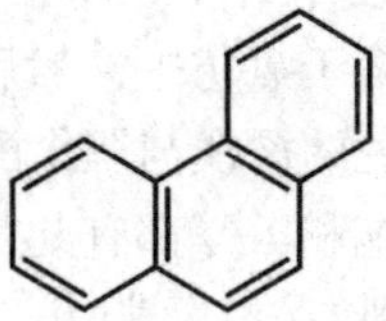

菲 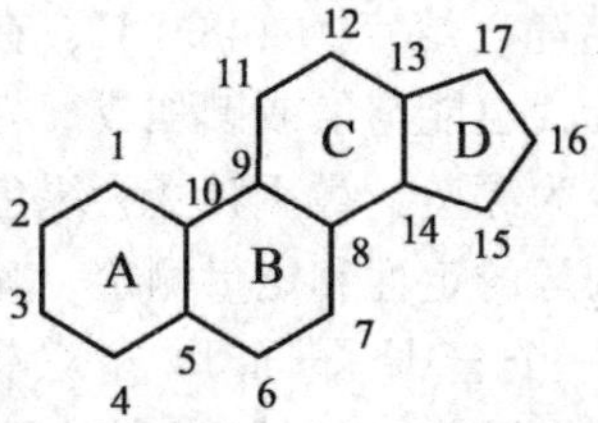　　　　　　　　甾烷 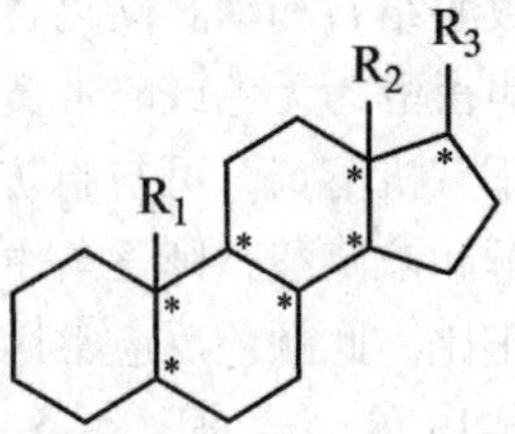　　　　　　　　甾族化合物基本结构

甾烷中 C_{10} 和 C_{13} 所连取代基通常是甲基(有时是伯醇基或醛基)，这两个甲基叫角甲基；与 C_{17} 所连 R，往往是不同的烃基；甾烷可以是饱和的，也可以在不同位置上具有不同数目的双键。"甾"字中的"田"表示 A、B、C、D 四个环。"《"表示 C_{10}、C_{13} 和 C_{17} 上三个取代基。

2. 甾族化合物的构型

甾烷中含有多个手性碳原子，但由于四个环稠合在一起而相互牵制。实际上天然存在的甾体化合物只有两种构型，分别是 A、B 两环顺式或反式稠合，而 B、C 及 C、D 环之间多以反式稠合在一起。若 A、B 顺式稠合叫 5β 或 A，B 顺式，即 C_5 上氢原子和 C_{10} 上角甲基都伸向环系平面同侧，用实线表示；A，B 环反式稠合的称为 5α 或 A，B 反式，即 C_5 上氢原子和 C_{10} 上角甲基分别伸向环体平面的异侧，分别用实线和虚线表示。

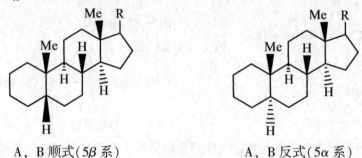

A，B 顺式(5β 系)　　　　　　　A，B 反式(5α 系)

3. 重要的甾族化合物

(1)甾醇　甾醇是甾体的羟基衍生物。由于它们是含有羟基的固体化合物，所以又称固醇。根据来源甾醇可分为动物甾醇和植物甾醇。它们的重要的代表物分别是胆甾醇和麦角甾醇。其构造式如下：

胆甾醇　　　　　　　　　　　麦角甾醇

胆甾醇最初在人体胆结石中发现，所以又称胆固醇(cholesterol)。它主要存在于动物的血液、脂肪、脑及胆汁中。在人体中，如果胆甾醇代谢发生障碍，体内积累过多时，就会导致胆结石和动脉硬化。胆结石中主要由胆甾醇(高达 90%以上)组成，故名胆固醇。

胆甾醇为无色或略带黄色的结晶，熔点为 148.5℃，在高真空度下升华，微溶于水，易溶于有机溶剂。可与脂肪酸成酯，也能与氢或碘加成。将胆甾醇溶于氯仿中，然后加入乙酸酐和浓硫酸，则逐渐由浅红变为深蓝，最后转变为绿色，其颜色的深浅与胆甾醇的浓度成正比。此颜色反应常用于胆固醇的定性和定量测定。其他的不饱和甾醇都有此反应。

胆甾醇 C_7、C_8 上各去掉一个氢原子而形成双键就得到 7-去氢胆甾醇 (7-dehydrocholesterol)，它也是一种动物甾醇，存在于人体皮肤中，在紫外光照射下形成维生素 D_3 (又叫胆钙化甾醇，cholecalciferol)。

7-脱氢胆固醇　　　　→(紫外光)　　　维生素 D_3 (熔点 82~83℃)

麦角甾醇(ergosterol)存在于酵母、霉菌中，是一种重要的植物甾醇，在紫外光照射下形成维生素 D_2(又叫麦角钙化甾醇，ergocalciferol)。

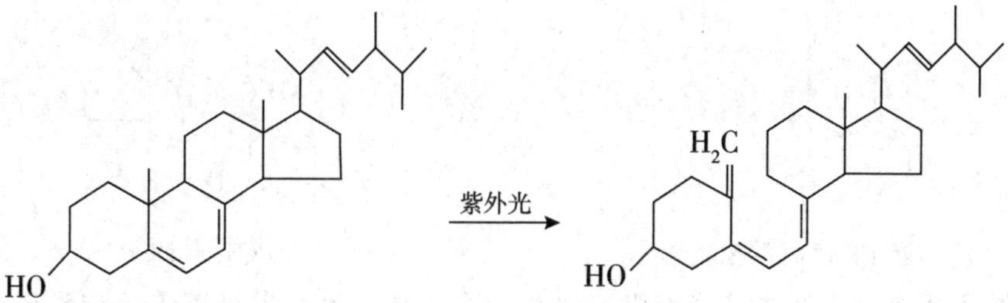

麦角甾醇　　　　　　　　　维生素D_2(熔点115~117℃)

维生素 D 不属于甾族化合物，但可由某些甾族化合物合成。它包括 D_2、D_3、D_4、D_5 等，其中以 D_2 和 D_3 的生理功能最强。缺乏维生素 D 会影响人对钙的吸收，导致人患佝偻病或软骨病。反之，维生素 D 过量可导致软组织钙化。维生素 D 广泛存在于鱼肝油、牛奶、蛋类中，是脂溶性维生素，对热和空气较稳定，适度日光浴也能获得维生素 D。

(2)甾族激素(类固醇激素)　动物激素产生于动物的各种腺体，它们的量非常少，但却能对动物的生长发育起重大的作用。动物激素很多是甾族化合物。

性激素(sex hormone)分雄性激素和雌性激素两类，有促进动物发育和维持第二性征(如声音，体形等)的作用。它们都是性腺(睾丸或卵巢)的分泌物。雄性激素以睾丸酮为例，雌性激素以黄体酮为例。这两种激素的结构很相似，在甾环 C_3 上有一个羰基，C_4 与 C_5 间是一个双键。所不同的是 C_{17} 上侧链，睾丸酮 C_{17} 上是羟基，而黄体酮 C_{17} 上是乙酰基。但它们的生理作用却完全不同。

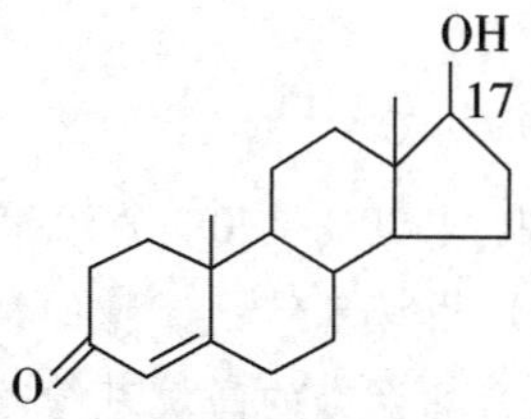

睾丸酮 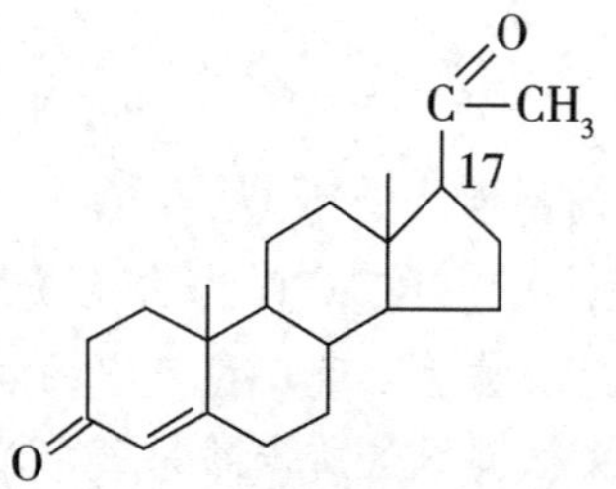　　　　　　　　　　　黄体酮

睾丸酮是由睾丸分泌的激素。它的主要作用是促进男性性器官的形成及副性器官的发育。在临床上，由于它在消化道内容易被破坏，故口服无效，多制成油剂供肌肉注射，但作用不能持久，因此，现在多被甲基睾丸酮代之。

黄体酮又叫孕甾二酮，是无色或淡黄色结晶粉末，在空气中比较稳定。它的分子中有二个酮基，可与羟胺或2,4-二硝基苯肼反应，分别生成肟和腙。它的生理作用是抑制排卵，并使受精卵在子宫中发育以及使乳腺发育，临床用于治疗习惯性流产、子宫功能性出血、痛经和月经失调等。

肾上腺皮质激素(adrenal cortical steroid)是产生于肾上腺皮质部分的一类激素，其中包括几种结构类似的物质，如皮质酮(可的松)、皮质醇(氢化可的松)等，它们的 C_{17} 都连

有 -COCH₂OH 基团、C_3 连有酮基、$C_4 \sim C_5$ 间为双键。

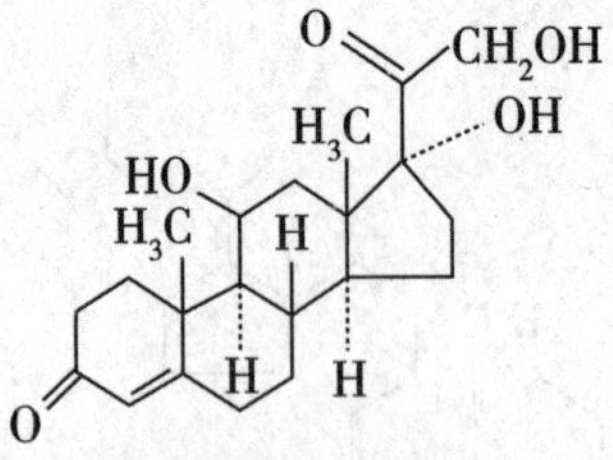

皮质醇(氢化可的松) 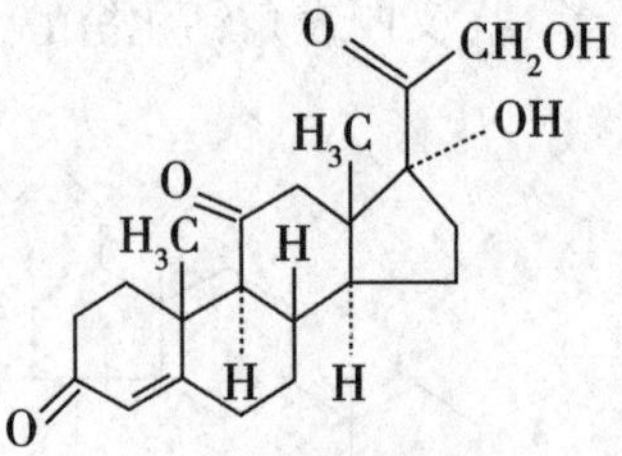　　　　　　　皮质酮(可的松)

肾上腺皮质激素有调节糖或无机盐代谢功能。其中可的松是用于治疗类风湿关节炎、气喘及皮肤病的药物。

激素类甾族化合物的提取、应用及合成等的研究在全世界范围内都非常关注。

◎ 知识拓展

世界级绿色表面活性剂——APG

APG（AlkylPolyGlycoside，烷基糖苷）是近年来发展起来的一类性能较全面的优良的多元醇型非离子表面活性剂。它由糖的半缩醛羟基与天然脂肪醇的羟基在酸性催化剂作用下失去水分子而得到的糖苷混合物，其分子结构通式如下（$R = C_8 \sim C_{18}$；$n = 1 \sim 8$）：

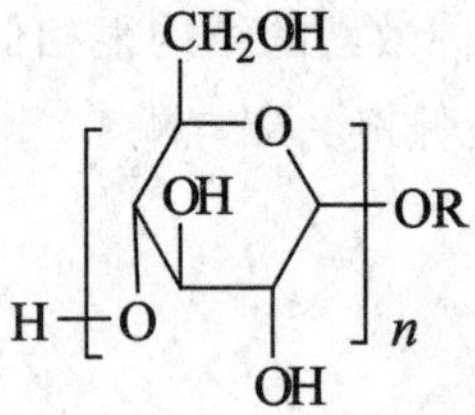

1. APG 的特性

（1）物理性状　纯 APG 为白色粉末，APG 产品多制成 $50\% \sim 70\%$ 的水溶液，实际产品为奶油色，淡黄色至琥珀色。它的物理性质与合成时所用烷基碳链、糖的种类以及聚合度等密切相关，其熔点随产品分子中碳链的增长而升高，甚至有的高烷基糖苷还没融化时就开始分解了，说明烷基糖苷受热易分解和变色。APG 是吸潮固体，一般溶解于水，较易溶于常用有机溶剂。

（2）HLB 值　烷基糖苷主要组分的 HLB 值（Hydrophile-Lipophile Balance Number，亲水疏水平衡值，也称水油度，是表面活性剂的重要指标之一）集中于 $10 \sim 14$。在亲水基(糖基)一定的前提下，随烷基碳数的增加，疏水性增强，则 HLB 值减小，所以烷基糖苷的 HLB 值可以通过改变烷基碳链长度进行调整，以适于与其他表面活性剂的配伍。

（3）生物降解性和毒性　APG 的 LD50>5g/kg，无毒、无刺激，能完全生物降解。

（4）泡沫性能　APG 的泡沫细腻而稳定，起泡性能属中上水平，优于乙氧基化脂肪胺，接近阴离子表面活性剂。APG 与其他表面活性剂复配时，能提高和改善其他表面活性剂的发泡力及泡沫稳定性。

（5）对高浓度电解质不敏感　可在含 20%～30% 常用无机成分的浓电解质溶液中形成稳定的表面活性剂溶液。

2. APG 的合成

烷基糖苷的合成方法有多种，但目前常用的有以下两种。

（1）直接糖苷化法　葡萄糖（或淀粉）与脂肪醇在酸催化下直接苷化。

（2）转糖苷合成法　由于葡萄糖不溶于高级脂肪醇容易分层，而和低级脂肪醇相溶性较好，所以用葡萄糖先和低级脂肪醇（如正丁醇）反应。然后，高级醇与丁基多苷进行转苷反应。

$$nC_6H_{12}O_6 + n\text{-}C_4H_9OH \overset{H^+}{\rightleftharpoons} n\text{-}C_4H_9O(G)n + H_2O$$

$$n\text{-}C_4H_9O(G)n + ROH \overset{H^+}{\rightleftharpoons} RO(G)n + n\text{-}C_4H_9OH$$

烷基糖苷主要原料葡萄糖由玉米发酵加工而来，我国作为农业大国，有丰富的玉米资源，且质量好、价格低、保证供应。因此，开发生产 APG 新产品，将对我国农产品的深加工起积极作用。

3. APG 的应用

（1）餐具洗涤剂　传统的厨用洗涤剂是以 LAS/AEO 为主要成分，由于其溶解性和温和性较差，必须加入较多的有一定毒性的助溶剂烷基氧化胺等用以改善性能，AEO 的起泡能力也很差。与 AEO 不同，APG 有良好的溶解性、温和性、起泡力和去脂性，APG 与 LAS 有优异的协同效应。LAS/APG 的泡沫性能和 CMC 值均优于单一组分，且不随水的硬度而变化，混合物的刺激性几乎与 APG 相同。APG 易漂洗、无斑痕，并有爽快舒适的使用感，正成为新一代餐用洗涤剂的主要成分。

（2）工业洗涤剂　APG 在浓的强酸、强碱和电解质中，仍有良好的溶解性和相容性，可用于配制工业洗涤剂，清洗汽车、机械、钻井等表面的泥土和油污，且有延缓金属氧化与腐蚀的功能而优于其他表面活性剂，可广泛用于机械、石油、运输、消防、轻工业等领域。

（3）在化妆品中的应用　由于天然原料制成的烷基糖苷具有温和、无毒无刺激、优越的乳化和保湿性等特性，完全符合现代化妆品的要求，国外已开始采用 APG 配制化妆品，这类新产品显示出卓越的养护、保湿、柔软和润滑等作用，深受人们的欢迎。例如，日本有一款化妆品的配方中包括 10%APG-600、8%十六烷基三甲基氯化铵、1%氯化钠、其余为水。由于 APG 乳液性能稳定，用 APG 配制的烫发剂能减少头发的损伤，保护头发，延长发型定型时间。

（4）在食品工业中的应用　APG 可作为乳化剂、防腐剂、发泡剂、分散剂、润湿剂、增稠剂、消泡剂和破乳剂等，在食品加工中应用前景广阔。例如，在冰激凌中加入 0.1%的葡糖苷衍生物能使空气易于渗入形成均匀细密的气孔结构而增大体积，这样制得的冰激凌坚挺，成型稳定。

APG 的应用范围很广，被誉为能满足工业上各种要求、又不存在卫生环保问题的新一代世界级绿色表面活性剂。

◎ **课后思考题**

1. 通过查阅文献了解地沟油对人体的危害，由此谈谈你对职业道德的思考与理解。

2. 通过查阅文献了解我国庄长恭院士在甾体化合物的结构确定和合成方面作出的突出贡献。谈谈你的人生规划。

◎ **习　题**

1. 写出下列化合物的构造式。

(1) 硬脂酸　　　　(2) 软脂酸　　　　(3) 亚麻酸　　　　(4) L-α-脑磷脂

2. 命名下列化合物。

(1)
$$CH_3(CH_2)_4\!-\!CH\!=\!CH\!-\!CH_2\!-\!CH\!=\!CH\!-\!(CH_2)_7COOH$$

(2)
$$CH_3(CH_2)_{14}COO\!-\!\overset{\displaystyle CH_2\!-\!OCO(CH_2)_7CH\!=\!CH(CH_2)_7CH_3}{\underset{\displaystyle CH_2\!-\!OCO(CH_2)_{16}CH_3}{\overset{|}{\underset{|}{C}}\!-\!H}}$$

3. 用化学方法鉴别下列化合物。

(1) 液体石蜡与菜籽油　(2) 硬脂酸与蜡　(3) 软脂酸钠与十六烷基硫酸钠

4. 解释名词。

(1) 皂化值　　　(2) 酸值　　　(3) 碘值　　　　(4) 干化作用

(5) 胆固醇

5. 区别下列每组词。

(1) 脂和酯　　　(2) 脂类和类脂　　　(3) 脑磷脂和卵磷脂

(4) 磷酸酯和磷脂酸　　　(5) 白蜡和石蜡

6. 什么叫表面活性剂？表面活性剂的分子结构特点是什么？表面活性剂有哪几类？

7. 油脂酸败的原因是什么？如何防止油脂的酸败？

8. 为什么肥皂可做乳化剂和展布剂？使用时应注意什么？

9. 判断正误。

(1) 皂化值：皂化 1g 油脂所需氢氧化钾的毫克数。皂化值越小，油脂的平均分子量越大。　　　　　　　　　　　　　　　　　　　　　　　　　　　　（　　）

(2) 碘值为 100g 油脂所吸收碘的克数。碘值越小，油脂的不饱和程度就越高。（　　）

（3）酸值为中和 1 克油脂中游离脂肪酸消耗 KOH 的毫克数，酸值>6 的油不宜食用。

（　　）

（4）卵磷脂在食品或化妆品中使用，其中之一的原因是利用卵磷脂的乳化作用。

（　　）

10. 某油脂 3g，测定皂化值时用去 0.2000mol/L 的 KOH 乙醇溶液 50.50mL。求该油脂的平均相对分子质量。

第 14 章　氨基酸、蛋白质及核酸

蛋白质是一切生命现象的物质基础，在生命活动中起着极其重要的生理作用。从简单病毒到复杂的人类机体，都是主要由蛋白质组成的，生物体内所有生理活动都与蛋白质的存在紧密相关。因此蛋白质是一类最重要的天然有机化合物。

蛋白质水解可得到多种氨基酸，由此可见氨基酸是组成蛋白质的基本结构单位。本章先讨论组成蛋白质的氨基酸，进而讨论蛋白质，最后简介与之紧密相关的核酸。

14.1　氨基酸

自然界已发现的氨基酸有三百多种，但组成蛋白质的氨基酸只有三十余种，其中比较常见的有二十种左右，见表 14-1。这些氨基酸都是 α-氨基酸。其通式为：

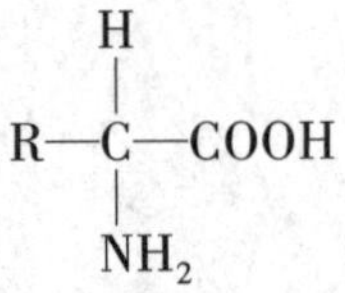

$$\begin{array}{c} H \\ | \\ R{-}C{-}COOH \\ | \\ NH_2 \end{array}$$

除甘氨酸外，其他氨基酸都有旋光异构现象，而且大多是 L 型。

14.1.1　α-氨基酸的分类和命名

α-氨基酸可根据 R-基团的结构不同，分为脂肪族氨基酸、芳香族氨基酸和杂环族氨基酸，也可按 R-基团的极性及氨基和羧基的数目不同，分成下面四类：

（1）非极性 R-基的中性氨基酸，分子中羧基数和氨基数相等。

（2）极性 R-基但不带电荷的中性氨基酸，分子中羧基数和氨基数也相等。

（3）带负电荷 R-基的酸性氨基酸，羧基数多于氨基数。

（4）带正电荷 R-基的碱性氨基酸，羧基数少于氨基数。

氨基酸的命名通常用俗名，其系统命名与取代酸命名原则相同。书写时常用英文名称缩写或中文简称，常见的 α-氨基酸的名称、结构及中英文缩写见表 14-1。

表 14-1 中带"＊"号的氨基酸叫人体必需氨基酸，因为这些氨基酸人体本身不能合成或合成量不足，必须从食物中摄取。如果体内缺少这些氨基酸，就会引起新陈代谢失常，影响正常的生长发育。提高食物中这些氨基酸的含量，可以提高食物的营养价值。

表 14-1   常见 α-氨基酸分类

名称	构造式	缩写符号		
		中文	(英)三字母	单字母
(1)非极性 R-基的中性氨基酸				
甘氨酸	$H-CHCOOH$ NH_2	甘	Gly	G
丙氨酸	$CH_3-CH-COOH$ NH_2	丙	Ala	A
*缬氨酸	CH_3 $CH-CH-COOH$ CH_3 NH_2	缬	Val	V
*亮氨酸	CH_3 $CH-CH_2-CH-COOH$ CH_3 NH_2	亮	Leu	L
*异亮氨酸	$CH_3-CH_2-CH-CH-COOH$ CH_3 NH_2	异亮	Iie	I
脯氨酸	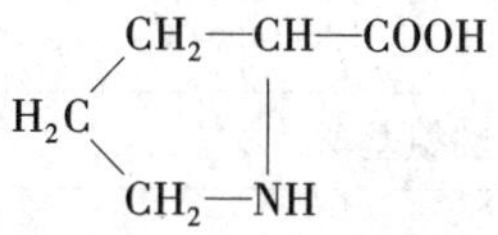 $CH_2-CH-COOH$ H_2C | CH_2-NH	脯	Pro	P
*苯丙氨酸	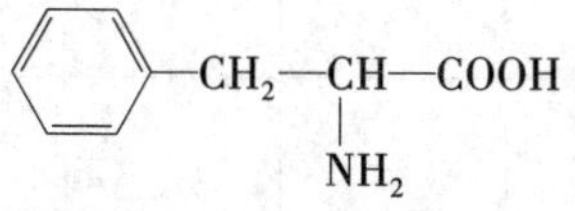 $CH_2-CH-COOH$ NH_2	苯丙	Phe	F
*色氨酸	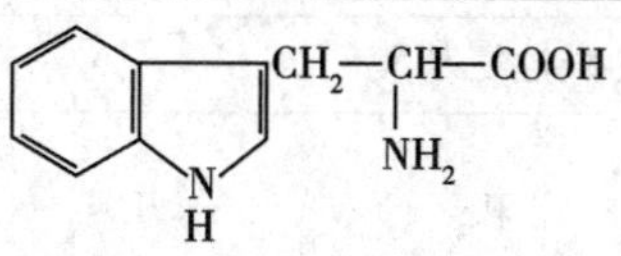 $CH_2-CH-COOH$ NH_2 $\overset{\displaystyle}{N}$ H	色	Try	W
*蛋氨酸	$CH_3-S-CH_2-CH_2-CH-COOH$ NH_2	蛋	Met	M
胱氨酸	$-(S-CH_2-CH-COOH)_2$ NH_2	胱	Cys	

续表

名称	构造式	缩写符号		
		中文	（英）三字母	单字母
（2）极性 R-基但不带电荷的中性氨基酸				
丝氨酸	HO—CH₂—CH—COOH\n　　　　　|\n　　　　　NH₂	丝	Ser	S
*苏氨酸	CH₃—CH—CH—COOH\n　　　|　　|\n　　　OH　NH₂	苏	Thr	T
半胱氨酸	HS—CH₂—CH—COOH\n　　　　　|\n　　　　　NH₂	半胱	CysH	C
酪氨酸	HO—⟨苯环⟩—CH₂—CH—COOH\n　　　　　　　　|\n　　　　　　　　NH₂	酪	Tyr	Y
天冬酰胺	O\n‖\nH₂N—C—CH₂—CH—COOH\n　　　　　　|\n　　　　　　NH₂	天冬-NH₂	Asn	N
谷胺酰胺	O\n‖\nH₂N—C—CH₂—CH₂—CH—COOH\n　　　　　　　　|\n　　　　　　　　NH₂	谷-NH₂	Glu	Q
（3）带负电荷 R-基的酸性氨基酸				
天冬氨酸	HOOC—CH₂—CH—COOH\n　　　　　　|\n　　　　　　NH₂	天冬	Asp	D
谷氨酸	HOOC—CH₂—CH₂—CH—COOH\n　　　　　　　　|\n　　　　　　　　NH₂	谷	Glu	E
（4）带正电荷 R-基的碱性氨基酸				
*赖氨酸	CH₂—CH₂—CH₂—CH₂—CH—COOH\n|　　　　　　　　　　|\nNH₂　　　　　　　　　NH₂	赖	Lys	K
组氨酸	HC══C—CH₂—CH—COOH\n|　　|　　　|\nN　　NH　　NH₂\n　\\　／\n　　C\n　　|\n　　H	组	His	H
精氨酸	H₂N\n　　＼\n　　　C—NH—(CH₂)₃—CH—COOH\n　　／　　　　　　　　|\nHN　　　　　　　　　　NH₂	精	Arg	R

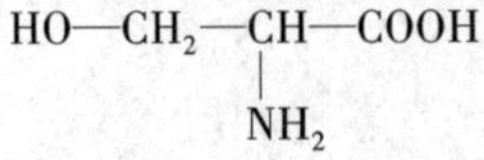

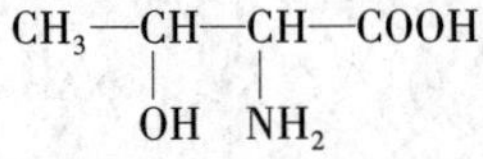

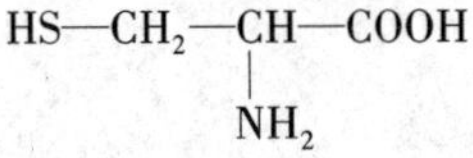

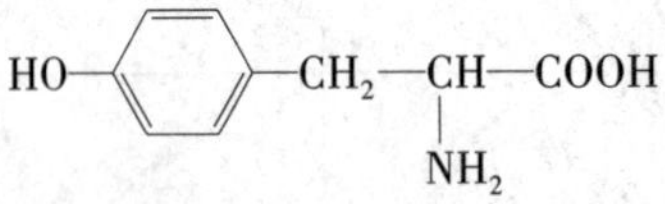

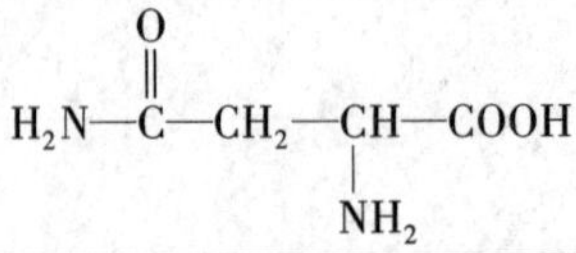

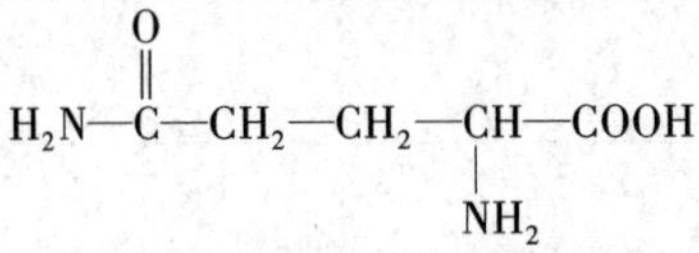

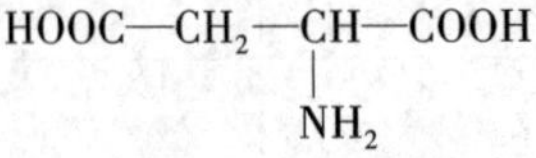

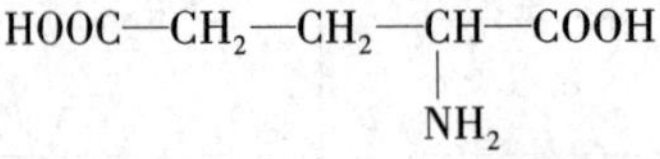

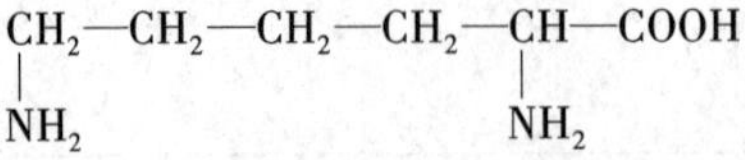

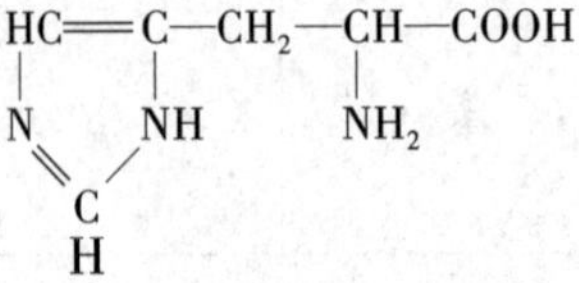

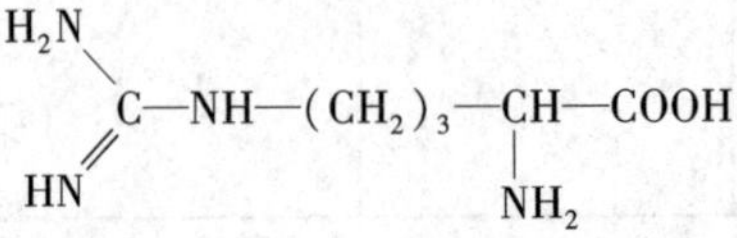

14.1.2 氨基酸的物理性质

氨基酸为无色晶体，熔点在 $200\sim300℃$ ，比相应的羧酸或胺类高。许多氨基酸接近熔点时分解，故熔点不明显。除胱氨酸及酪氨酸外，都可溶于水。除脯氨酸及半胱氨酸外，一般都不溶于有机溶剂。

14.1.3 氨基酸的化学性质

氨基酸分子中既含有氨基，又含有羧基，因此它们具有胺类及羧酸相似的化学性质。由于分子中氨基和羧基的相互影响，又有一些特殊的性质。下面只讨论一些与蛋白质有关的化学反应。

1. 两性性质及等电点

氨基酸分子中含有氨基和羧基，是两性化合物，一般以内盐形式存在。

$$R{-}\underset{\underset{NH_2}{|}}{CH}{-}COOH + NaOH \longrightarrow R{-}\underset{\underset{NH_2}{|}}{CH}{-}COONa + H_2O$$

$$R{-}\underset{\underset{NH_2}{|}}{CH}{-}COOH + HCl \longrightarrow R{-}\underset{\underset{NH_3^+Cl^-}{|}}{CH}{-}COOH$$

$$R{-}\underset{\underset{NH_2}{|}}{CH}{-}COOH \rightleftharpoons R{-}\underset{\underset{NH_3^+}{|}}{CH}{-}COO^- \qquad （内盐）$$

内盐是既带正电荷又带负电荷的离子，故称为两性离子或偶极离子。在晶体状态时，氨基酸基本上是以偶极离子形式存在的。偶极离子间的静电引力很大，所以氨基酸的熔点较高。

当偶极离子与强酸反应时，而生成铵盐，这时氨基酸主要以正离子形式存在。

$$R{-}\underset{\underset{NH_3^+}{|}}{CH}{-}COO^- + H^+ \longrightarrow R{-}\underset{\underset{NH_3^+}{|}}{CH}{-}COOH$$

当偶极离子与强碱反应时，则生成羧酸盐，这时氨基酸主要以负离子形式存在。

$$R{-}\underset{\underset{NH_3^+}{|}}{CH}{-}COO^- + OH^- \longrightarrow R{-}\underset{\underset{NH_2}{|}}{CH}{-}COO^- + H_2O$$

在不同的 pH 值溶液中，氨基酸能以正离子、负离子和偶极离子三种不同的形式存在，形成一个动态平衡体系，如：

$$R{-}\underset{\underset{NH_3^+}{|}}{CH}{-}COOH \underset{H^+}{\overset{OH^-}{\rightleftharpoons}} R{-}\underset{\underset{NH_3^+}{|}}{\overset{\overset{R{-}\underset{\underset{NH_2}{|}}{CH}{-}COOH}{\|}}{CH}}{-}COO^- \underset{H^+}{\overset{OH^-}{\rightleftharpoons}} R{-}\underset{\underset{NH_2}{|}}{CH}{-}COO^-$$

$$\qquad 正离子 \qquad\qquad\qquad 偶极离子 \qquad\qquad\qquad 负离子$$

调节溶液的 pH 值，可使体系中氨基酸主要以偶极离子存在，它们在电场中不向任何电极移动，此时溶液的 pH 值，称为该氨基酸的等电点。通常用 pI 表示。由于各种氨基酸分子结构不同，因而有不同的等电点。必须注意，在等电点时，溶液的 pH 值并不等于 7。对于中性氨基酸，由于羧基电离度略大于氨基，所以其溶液呈弱酸性，必须加入适量的酸才能抑制羧基电离，促进氨基电离，使氨基酸主要以偶极离子存在。因此，中性氨基酸的等电点都小于 7，一般在 5~6.3。酸性氨基酸的羧基多于氨基，必须加入较多的酸才能调节到等电点，故酸性氨基酸的等电点更小于 7，一般在 2.8~3.2。要使碱性氨基酸达到等电点，必须加适量的碱，因此，碱性氨基酸的等电点都大于 7，一般在 7.6~10.8，见表 14-2。

表 14-2　　　　　　　　　　　　　常见氨基酸的等电点

名　称	pI	名　称	pI	名　称	pI
甘氨酸	5.97	色氨酸	5.88	天冬酰胺	5.41
丙氨酸	6.02	蛋氨酸	5.75	谷氨酰胺	5.65
缬氨酸	5.97	胱氨酸	4.80	天冬氨酸	2.98
亮氨酸	6.02	丝氨酸	5.68	谷氨酸	3.22
异亮氨酸	5.98	苏氨酸	6.53	赖氨酸	9.74
苯丙氨酸	5.48	半胱氨酸	5.05	组氨酸	7.58
脯氨酸	6.30	酪氨酸	5.65	精氨酸	10.76

当氨基酸溶液的 pH=pI 时，氨基酸主要以偶极离子存在。溶液的 pH<pI 时，即在 pI 的酸侧，主要以正离子存在；溶液的 pH>pI 时，即在 pI 的碱侧，主要以负离子存在。例如：在 pH=5.98 的溶液中，天冬氨酸（pI=2.98）主要以负离子存在，赖氨酸（pI=9.74）主要以正离子存在，异亮氨酸（pI=5.98）主要以偶极离子存在。

各种氨基酸在等电点时，溶解度最小，易沉淀。通过调节溶液的 pH 值，有助于分离各种氨基酸。

思考题 14-1　精氨酸的水溶液在等电点时是酸性还是碱性？为什么？

2. 氨基的反应

氨基酸中的伯氨基与亚硝酸反应生成羟基酸和水并放出氮气；与甲醛反应，生成 N，N-二羟甲基氨基酸；与氧化剂（过氧化氢或高锰酸钾）反应生成酮酸；与水合茚三酮应，产生蓝紫色化合物。

$$R—\underset{\underset{NH_2}{|}}{CH}—COOH + HNO_2 \xrightarrow{0℃} R—\underset{\underset{OH}{|}}{CH}—COOH + H_2O + N_2\uparrow$$

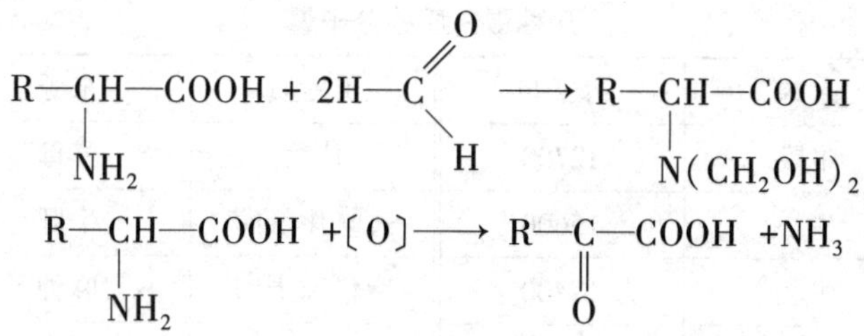

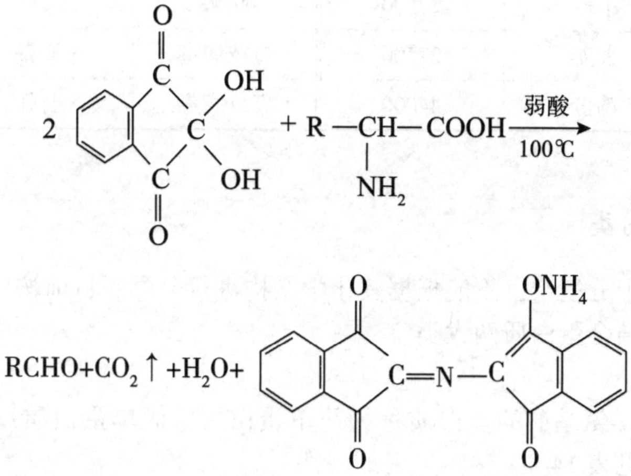

$$R-\underset{\underset{NH_2}{|}}{CH}-COOH + 2H-\overset{\overset{O}{\|}}{C}-H \longrightarrow R-\underset{\underset{N(CH_2OH)_2}{|}}{CH}-COOH$$

$$R-\underset{\underset{NH_2}{|}}{CH}-COOH + [O] \longrightarrow R-\underset{\underset{O}{\|}}{C}-COOH + NH_3$$

$$RCHO + CO_2\uparrow + H_2O +$$

蓝紫色

凡分子中含有 α-氨基酰基 $\left(\underset{\underset{C-}{\|}}{\overset{O}{}}\ \underset{\underset{-CH}{}}{\overset{NH_2}{}}\right)$ 结构的化合物都有此反应。因此常用它作为 α-氨基酸的定性反应。另外，从反应放出的二氧化碳量或蓝紫色的深度，可用于 α-氨基酸的定量分析。

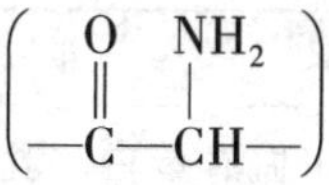

3. 羧基反应

在一定条件下，氨基酸可发生脱羧反应。

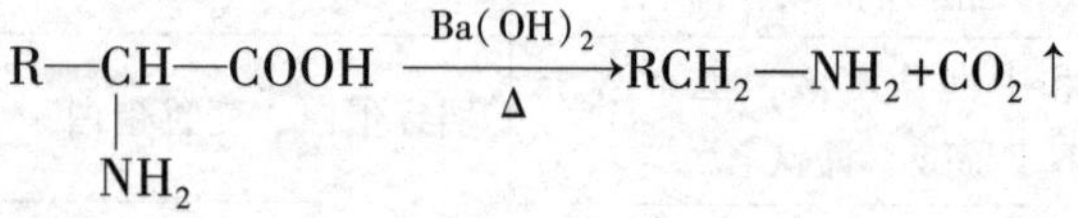

$$R-\underset{\underset{NH_2}{|}}{CH}-COOH \xrightarrow[\Delta]{Ba(OH)_2} RCH_2-NH_2 + CO_2\uparrow$$

14.2 蛋白质

蛋白质是生物高分子化合物，结构复杂，种类繁多，相对分子质量很大，一般是一万至几十万，有的高达几百万、几千万。如表 14-3 所示。

蛋白质都含有碳、氢、氧、氮四种元素，多数蛋白质还含有硫，少数还含有磷、铁、铜、锰、锌、碘等元素。

蛋白质无论其种类和来源如何，其平均含氮量约为 16，即每克氮相当于 6.25 g 蛋白质。这个数值称为蛋白质系数，在农牧产品分析中，用测出的含氮量，再乘以 6.25，即可计算出粗蛋白质的含量。

表 14-3　　　　　　　　　　　　　　　　几种蛋白质的分子量

蛋白质	来源	分子量	蛋白质	来源	分子量
核糖核酸酶	牛膜	12700	黄酶	酵母	82000
细胞色素 C	牛心	15600	过氧化氢酶	牛肝	250000
乳清蛋白	牛乳	17400	麻仁球蛋白	大麻种子	310000
麦胶蛋白	小麦	27500	脲酶	大豆	480000
大麦醇溶蛋白	大麦	27500	短枝病毒	番茄	7600000
卵清蛋白	鸡蛋	44000	斑纹病毒	烟草	40000000

14.2.1　蛋白质的分类

蛋白质的结构十分复杂，不能根据其化学结构进行分类。目前按照溶解性及水解产物分为简单蛋白质和结合蛋白质两大类。

1. 简单蛋白质

水解后只生成 α-氨基酸的蛋白质称为简单蛋白质。简单蛋白质按其溶解性不同，又可分为以下几类，见表 14-4。

表 14-4　　　　　　　　　　　　　　　　简单蛋白质分类

分类	溶解性	举例	存在
清蛋白	溶于水和稀中性盐溶液	血清蛋白、乳清蛋白、麦清蛋白、豆清蛋白	一切动植物体中
球蛋白	不溶于水，溶于稀中性盐溶液	血球蛋白、大豆球蛋白	
醇溶蛋白	不溶于水和稀中性盐溶液，但能溶于 70%~80%乙醇及稀碱、稀酸	麦胶蛋白、玉米蛋白	植物种子中
谷蛋白	不溶于水和中性盐溶液，也不溶于乙醇，能溶于稀酸、稀碱	稻谷蛋白、麦谷蛋白	
精蛋白	溶于水及稀酸，还溶于氨水，是结构较简单的碱性蛋白质	鱼精蛋白	动物体中
组蛋白	溶于水、稀酸、稀碱，不溶于稀氨水	胸腺组蛋白	
硬蛋白	不溶于水和中性盐溶液，也不溶于稀酸、稀碱	角蛋白、丝蛋白	毛、发、角爪、筋骨等组织中

2. 结合蛋白质

结合蛋白质的水解产物，除 α-氨基酸外，还有其他物质。可见它们是由简单蛋白质和非蛋白质结合而成的。非蛋白质部分叫辅基，根据辅基的不同，结合蛋白质可分为下列五类。

（1）脂蛋白 辅基是磷脂类物质。例如，卵磷脂存在于生物细胞的原生质中。由于脂与蛋白质结合较疏松，易被水解。

（2）糖蛋白 辅基是糖类物质。存在于血液、黏液、软骨中。

（3）色蛋白 辅基是色素。例如，血红蛋白质的辅基是血红素，叶绿蛋白质的辅基是叶绿素。这些色素只有结合成色蛋白后，才能发挥它们的生理作用。

（4）磷蛋白 辅基是磷酸。例如，胃蛋白酶、乳中酪蛋白和蛋黄中的蛋黄素都是磷蛋白。

（5）核蛋白 辅基是核酸，存在于细胞核和细胞质中。核酸对生物体的新陈代谢、生长、繁殖等起着非常重要的作用。

14.2.2 蛋白质的结构

蛋白质是由许多 α-氨基酸组成的高分子化合物，结构十分复杂。目前已确认的结构是一级结构和二级结构，少数蛋白质的三级结构和四级结构已有阐明。本章主要讨论一级结构和二级结构。

1. 一级结构

由 α-氨基酸通过酰胺键连结而成的一类化合物，称为肽，酰胺键又称为肽键。

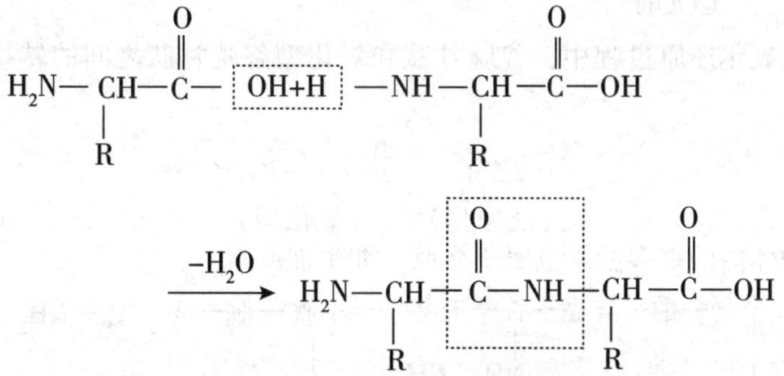

由二个 α-氨基酸组成的肽称为二肽。由三个 α-氨基酸组成的肽称为三肽；依此类推，由许多个 α-氨基酸组成的肽称为多肽，其通式如下：

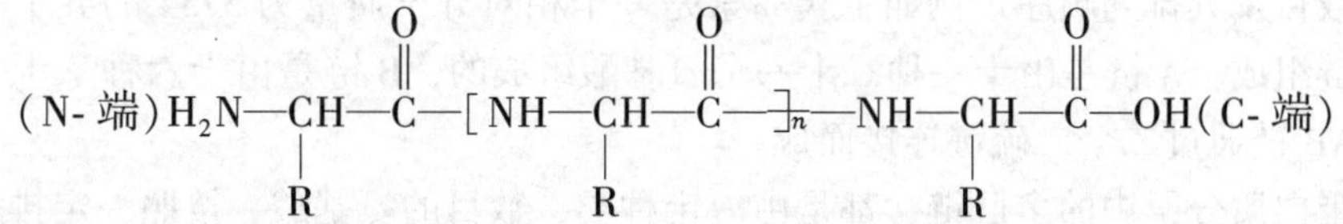

一条多肽链总有两个末端，在 α-碳原子上保留着氨基的一端称为 N-端；在 α-碳原子上保留着羧基的一端称为 C-端。多肽在生物体内的合成一般由 N-端开始，到 C-端结束。

肽的命名是以 C-端为母体，从 N-端开始，依次将其他氨基酸的酰基名称写在母体氨基酸名称的前面。例如，由谷氨酸、半胱氨酸及甘氨酸顺次组成的三肽，可命名为 γ-谷氨酰半胱氨酰甘氨酸，简称谷胱甘肽(GSH)。

$$H_2N-CH-CH_2-CH_2-\overset{\overset{\displaystyle O}{\|}}{C}-NH-CH-\overset{\overset{\displaystyle O}{\|}}{C}-NH-CH_2-\overset{\overset{\displaystyle O}{\|}}{C}-OH$$

其中 α、β、γ 标注在前三个碳上，下方为 COOH 与 CH$_2$SH。

谷胱甘肽是生物体活细胞中普遍存在的一种三肽。两个谷胱甘肽分子通过巯基氧化生成氧化型谷胱甘肽。常以符号 GS-SG 表示。

$$H_2N-CH-CH_2-CH_2-\overset{\overset{\displaystyle O}{\|}}{C}-NH-CH-\overset{\overset{\displaystyle O}{\|}}{C}-NH-CH_2-COOH$$

二硫键

$$H_2N-CH-CH_2-CH_2-\overset{\overset{\displaystyle O}{\|}}{C}-NH-CH-\overset{\overset{\displaystyle O}{\|}}{C}-NH-CH_2-COOH$$

在生物体内氧化还原过程中，谷胱甘肽和氧化型谷胱甘肽之间的转换是可逆的。例如：

$$2GSH \underset{+2H}{\overset{-2H}{\rightleftharpoons}} GS-SG$$
（还原型）　　（氧化型）

另外，生物体内的许多激素也属于多肽。如牛催产素：

半胱—酪—异亮—谷—天冬——半胱—脯—亮—甘—NH$_2$

多肽链是蛋白质分子的基本结构。测定多肽链的结构，首先要确定组成多肽链的氨基酸种类、数目及其排列顺序。例如牛胰岛素是一个相对分子质量为 5734 的五十一肽，它由二条肽链组成，A 链是由十一种二十一个氨基酸组成的，B 链是由十六种三十个氨基酸组成的，AB 链通过二个二硫键连接而成。

各种蛋白质分子中的多肽链，都是由一定种类、数目的氨基酸，按照一定排列顺序结合而成的。稍有不同，就会使蛋白质在生理功能上出现明显的差异。一般把多肽链中氨基酸的排列顺序，称为蛋白质一级结构，也叫做蛋白质初级结构。

2. 二级结构

蛋白质的二级结构是指蛋白质多肽链的构象，即在空间的走向和排布方式。根据研究表明，蛋白质的二级结构主要有两种形式。α-螺旋型和 β-折叠型。见图 14-1 及图 14-2。

大多数蛋白质具有二级结构，而多肽基本上不具有二级结构，这是蛋白质与多肽的主要区别。

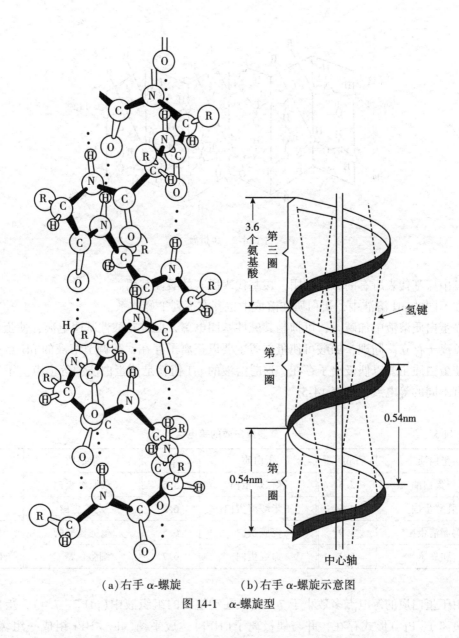

（a）右手 α-螺旋　　　（b）右手 α-螺旋示意图

图 14-1　α-螺旋型

　　另外，蛋白质分子中除了肽链上酰胺键以外，还含有氢键、盐键、酯键和二硫键等，这些键统称为副键。它们对维持蛋白质分子构象的稳定性起着重要作用。一旦副键破坏，蛋白质分子的构象也随之破坏，其性质也随之改变。

14.2.3　蛋白质的性质

1. 两性和等电点

　　在蛋白质的多肽链上，N 端有氨基，C 端有羧基。侧链 R-基上也常有碱性或酸性基团。因此，蛋白质也具有两性性质和等电点。常以简式 $H_2N—Pr—COOH$ 表示蛋白质分

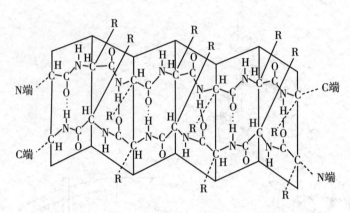

图 14-2　β-折叠

子，其中氨基代表所有的碱性基团，羧基代表所有的酸性基团。

在不同的 pH 溶液中，蛋白质在溶液中也存在下列平衡体系。

在蛋白质溶液中加碱时，可抑制其碱性基团电离，促进其酸性基团电离，使蛋白质主要以负离子存在。同理，加酸可使蛋白质主要以正离子存在，若调节溶液的 pH 至一定值时，使蛋白质主要以偶极离子存在。这时溶液的 pH 值就是该蛋白质的等电点。不同的蛋白质有不同的等电点，见表 14-5。

表 14-5　　　　　　　　　　　　　　　　某些蛋白质的等电点

蛋白质	pI	蛋白质	pI	蛋白质	pI
胃蛋白酶	2.5	麻仁球蛋白	5.5	马肌红蛋白	7.0
乳酪蛋白	4.6	玉米醇溶蛋白	6.2	麦麸蛋白	7.1
鸡卵清蛋白	4.9	麦胶蛋白	6.5	核糖核酸酶	9.4
胰岛素	5.3	血红蛋白	6.7	细胞色素 C	10.8

由于蛋白质的等电点多数小于 7，所以在动植物的组织液中（pH 7~7.4），蛋白质主要以负离子（Pr⁻）形式存在，并与偶极离子（HPr）达成平衡，Pr⁻/HPr 组成一组缓冲对，Pr⁻ 能抵抗外来的酸，HPr 能抵抗外来的碱 1。这种缓冲性能，使动植物组织液维持在合适的 pH 范围，这在生理上有重要意义。

在等电点时，蛋白质的溶解度最小，导电性、粘度和渗透压也最低。利用此性质可以分离及纯化蛋白质。另外，利用电泳仪，也可分离、纯化蛋白质。

思考题 14-2　卵清蛋白（pI＝4.6）、血清白蛋白（pI＝49）和尿酶（pI＝5.0）的蛋白质混合物在什么 pH 值时进行电泳，其分离效果最佳?

2. 胶体性质

蛋白质是高分子化合物，分子颗粒直径一般在 1～100 nm，当它以单分子分散在水中时，就形成了亲水胶体溶液，具有胶体溶液的通性。

蛋白质能够形成稳定的胶体溶液，其原因有两个：一是蛋白质分子表面有许多极性的亲水基，如 —COOH、—NH$_2$，$>$C$=$O 及 $>$NH、—SH 等，能与水形成氢键而发生水化作用，并在其分子周围形成一层水化膜，保护蛋白质颗粒不易因碰撞而发生沉淀。二是蛋白质颗粒表面有许多可电离的极性基团，在一定 pH 溶液中（等电点除外），其分子颗粒表面带有同性电荷，因而相互排斥，不易凝集沉淀。但当除去上述两个稳定因素时，则沉淀随之发生。

3. 蛋白质的盐析作用

在蛋白质溶液中加入中性盐类（如 NaCl、Na$_2$SO$_4$、MgCl$_2$）或（NH$_4$）$_2$SO$_4$ 时，由于这些电解质离子的水化能力比蛋白质强，可以破坏蛋白质胶粒的水化膜，同时电解质离子能使蛋白质胶粒所带的电荷被削弱，即电荷被部分中和。这样，蛋白质胶粒的稳定因素被消除，胶粒相互碰撞凝聚而沉淀，这种沉淀过程称盐析作用。

盐析沉淀的蛋白质，其分子内部结构没有改变，并保持原来的生物活性。当消除沉淀因素时，则沉淀重新溶解。所以盐析是可逆的沉淀。蛋白质盐析所需盐的浓度称为盐析浓度，不同蛋白质的盐析浓度不同。因此可用不同浓度的盐溶液，使溶液中的不同蛋白质分段析出，这一操作称为分段盐析。例如，在半饱和硫酸铵溶液中球蛋白先沉淀下来，过滤后再加硫酸铵到饱和，则清蛋白沉淀析出。分段盐析法常用于分离提纯蛋白质。

4. 蛋白质的变性

蛋白质受物理或化学因素的影响，高级结构发生改变，从而导致蛋白质的性质发生改变的过程，叫做蛋白质变性。变性后的蛋白质称为变性蛋白质。

使蛋白质变性的物理因素有加热、高压、剧烈振荡、紫外线、X 射线照射、超声波等。化学因素有强酸、强碱、脲、重金属盐及生物碱沉淀剂、有机溶剂等。

天然蛋白质具有规则而紧密的空间结构。这种结构是依靠分子中的副键来维持的。变性时，由于副键受破坏，肽链舒展松弛，原有的空间结构被改变或破坏，疏水基趋向表面，但一级结构并未受到破坏。可见蛋白质变性的实质是其空间构象改变或破坏。

变性蛋白质与天然蛋白质在性质上有明显差异。主要表现如下：① 生理活性丧失。例如，酶变性后，失去催化功能；激素变性后，失去生理调节功能等。这是蛋白质变性的主要特征。② 物理性质的改变。由于变性后，多肽链松散伸展，使粘度增大。又由于侧链疏水基暴露出分子表面，溶解度大大降低而易于沉淀等。③ 化学性质改变。由于变性后结构松散，易于被酶水解。同时，侧链基团暴露，使其化学性质变得最明显。

蛋白质变性后，如果分子结构改变不大，并立即消除变性因素，可恢复其原来结构和性质的称为可逆变性。如果蛋白质结构改变较大，不能恢复其原来的结构和性质，这种变性称不可逆变性。天然蛋白质由于结构的复杂性，往往是不可逆的变性，并且一般有沉淀产生。但要注意沉淀不一定变性，如蛋白质盐析。反之，变性也不一定沉淀，如蛋白质受强酸或强碱的作用变性后，常由于带同性电荷而无沉淀现象，但不可逆沉淀，一定是变性。变性作用具有广泛的实用意义。例如，热、紫外光、酒精、升汞、杀菌剂等起杀菌消毒作用，就是菌体蛋白质变性的结果。菌种、生物制剂的失效、种子失去发芽能力等也是由于蛋白质变性的缘故。

思考题 14-3　误服重金属盐，为什么可以服用大量牛奶、蛋清或豆浆解毒？

5. 水解作用

蛋白质在酸、碱或酶的作用下，最终都能水解成为 α-氨基酸。但在条件缓和时，蛋白质水解可得到一系列中间产物。

$$蛋白质 \longrightarrow 胨 \longrightarrow 胨 \longrightarrow 多肽 \longrightarrow \alpha\text{-氨基酸}$$

有机肥料在土壤中分解时，蛋白质先水解成 α-氨基酸，而后再经氧化脱氨作用，产生游离氨，供植物吸收。

6. 显色反应

蛋白质分子中含有肽键及一些特殊基团，能与某些试剂作用产生各种颜色反应，可用来鉴定多肽和蛋白质，见表 14-6。

表 14-6　　　　　　　　　　　　**蛋白质的颜色反应**

反应名称	加入试剂	颜色	起反应的蛋白质或氨基酸	
缩二脲反应	氢氧化钠及少量稀硫酸铜溶液	浅红色或紫蓝色	所有蛋白质	
茚三酮反应	水合茚三酮	蓝紫色	所有蛋白质及 α-氨基酸	
黄蛋白反应	浓硝酸继续加氨水	黄色橙色	酪氨酸苯丙氨酸	及含此氨基酸的蛋白质
米隆反应	硝酸、亚硝酸、硝酸汞、亚硝酸汞的混合液	红色	酪氨酸	

14.3　核酸

核酸是一类具有重要生物学功能和生理活性的生物高分子化合物。相对分子质量高达 $10^4 \sim 10^9$。核酸可分为核糖核酸（RNA）和脱氧核糖核酸（DNA）两大类。核糖核酸参与生物体内蛋白质的合成；脱氧核糖核酸决定着生物的繁殖、遗传、变异。因此，核酸化学是分子生物学和遗传学的基础。

14.3.1　核酸的组成

核酸分子中除含有碳、氢、氧、氮四种元素外，还含大量的磷，磷的平均含量约为 9.5%，即样品中每克磷就相当于含核酸 10.5g。定量测定核酸时，只要测出其含磷量再乘以 10.5，就可计算出核酸的大约含量。核酸水解时，其逐步降解过程如下：

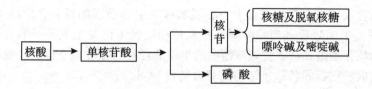

核糖核酸和脱氧核糖核酸完全水解后的产物有所不同，其差别见表 14-7。

表 14-7　　　　　　　　　　　　　**RNA 和 DNA 完全水解的产物**

产物 ＼ 类别	RNA	DNA
戊糖	HOH₂C—5—O—OH 4—H—H—1 H—H 3—2 OH OH	HOH₂C—5—O—OH 4—H—H—1 H—H 3—2 OH H
含氮碱（嘧啶碱）	尿嘧啶	胸腺嘧啶（CH₃）
	胞嘧啶（NH₂）	
含氮碱（嘌呤碱）	腺嘌呤（NH₂）	鸟嘌呤
磷酸	H_3PO_4	

14.3.2　核酸的结构

核酸由大量单核苷酸连接而成，而单核苷酸又是由核苷和磷酸结合而成的磷酸酯。

1. 核苷

核苷是由含氮碱与 β-D-核糖或 β-D-2-脱氧核糖缩合而成的糖苷。RNA 中的核糖核苷是由 β-D-核糖的半缩醛羟基与嘌呤碱 9 位氮或嘧啶碱 1 位氮上氢原子缩合而成的。DNA 中的脱氧核糖核苷是由 β-D-2-脱氧核糖中的半缩醛羟基与嘌呤碱 9 位氮或嘧啶碱 1 位氮上氢原子缩合而成。它们的名称、结构及缩写见表 14-8。

表 14-8　核苷结构、名称及其缩写

RNA 中的核糖核苷			DNA 中的脱氧核糖核苷		
名称	结构	缩写	名称	结构	缩写
腺嘌呤核苷	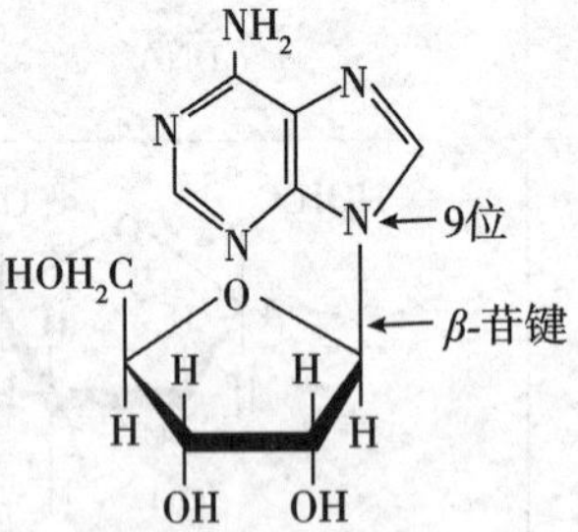	A（腺苷）	腺嘌呤脱氧核苷	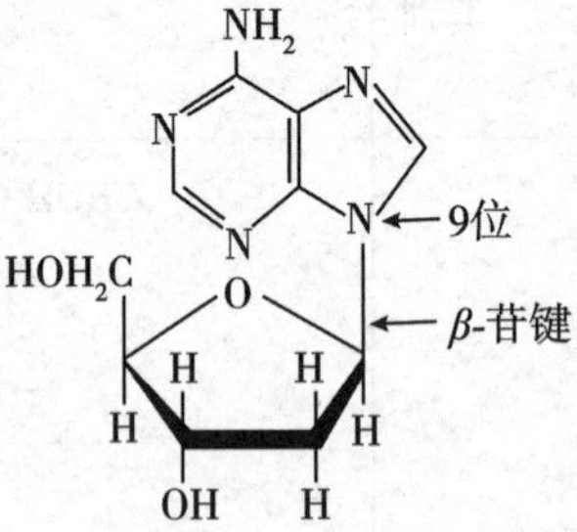	dA（脱氧腺苷）
鸟嘌呤核苷	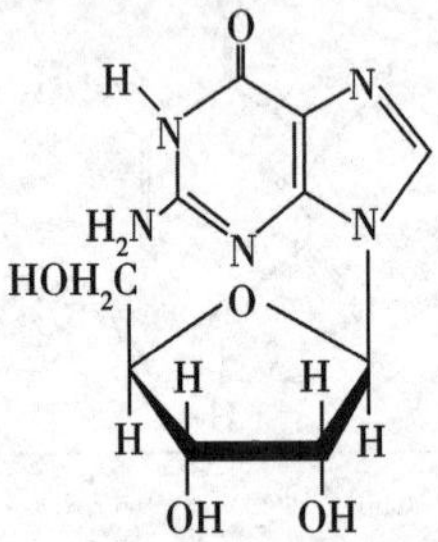	G（鸟苷）	鸟嘌呤脱氧核苷	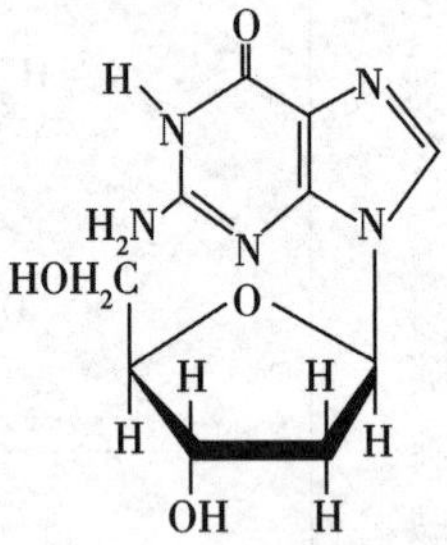	dG（脱氧鸟苷）
胞嘧啶核苷	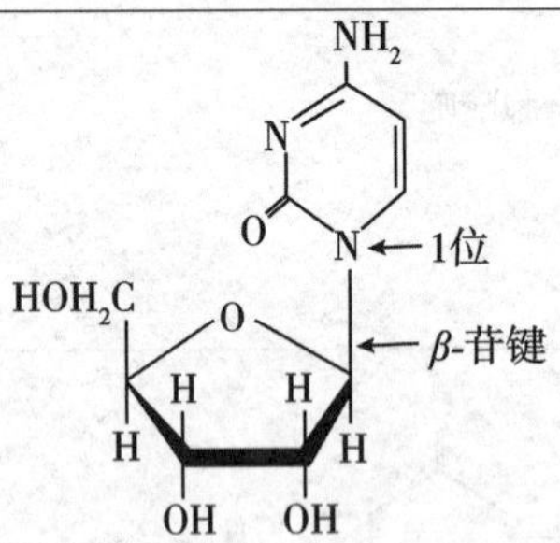	C（胞苷）	胞嘧啶脱氧核苷	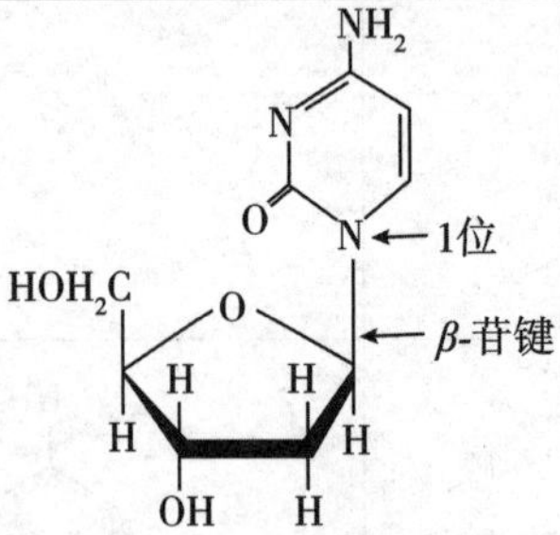	dC（脱氧胞苷）
尿嘧啶核苷	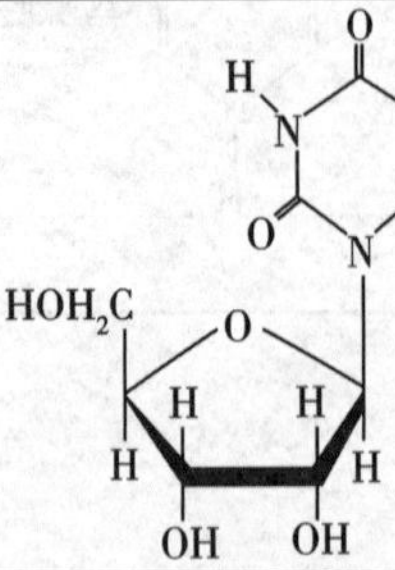	U（尿苷）	胸腺嘧啶脱氧核苷	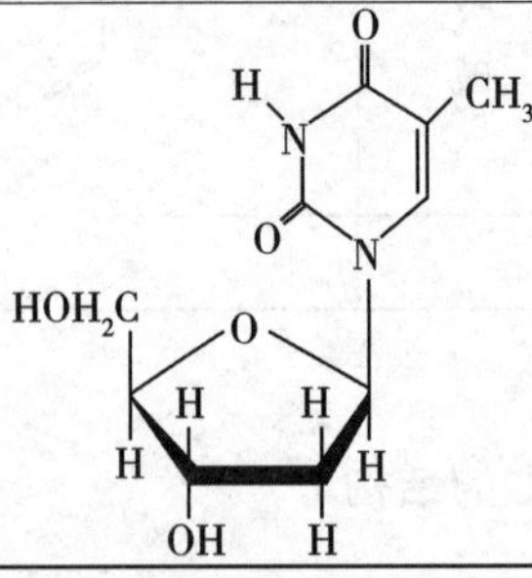	dT（脱氧胸苷）

2. 单核苷酸

单核苷酸是核苷或脱氧核苷的磷酸酯。其中磷酸主要是与戊糖中的 C_5' 或 C_3' 位上羟基结合成酯，而与 C_2' 上的羟基结合较少。但 RNA 和 DNA 中的单核苷酸多数是 C_5' 上班基与磷酸结合成酯。单核苷酸有两种命名方法：①作为核苷的磷酸酯，可命名为某苷-5′-磷酸。② 作为酸可命名为 5′-某核苷酸。详见图 14-3。

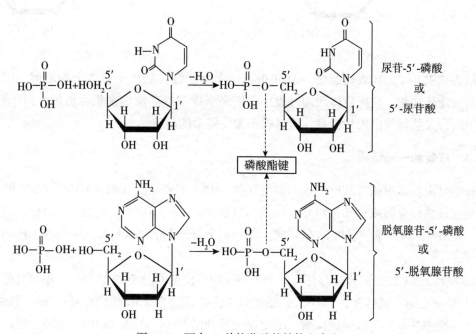

图 14-3　两个 5′-单核苷酸的结构和命名

RNA 和 DNA 中的 5′-单核苷酸的名称及其缩写，见表 14-9。

表 14-9　　　　　　　　　　　　**RNA 和 DNA 中 5′-单核苷酸名称**

RNA		DNA	
名称	缩写	名称	缩写
腺苷-5′-磷酸或 5′-腺苷酸	5′-AMP	脱氧腺苷-5′-磷酸或 5′-脱氧腺苷酸	5′-dAMP
鸟苷-5′-磷酸或 5′-鸟苷酸	5′-GMP	脱氧鸟苷-5′-磷酸或 5′-脱氧鸟苷酸	5′-dGMP
胞苷-5′-磷酸或 5′-胞苷酸	5′-CMP	脱氧胞苷-5′-磷酸或 5′-脱氧胞苷酸	5′-dCMP
尿苷-5′-磷酸或 5′-尿苷酸	5′-UMP	脱氧胸苷-5′-磷酸或 5′-脱氧胸苷酸	5′-dTMP

3. 多磷酸腺苷酸

在生物体内常含有游离状态的多磷酸单核苷酸，其中重要的有 ADP 和 ATP 两种。

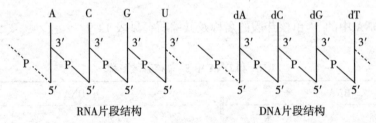

ADP

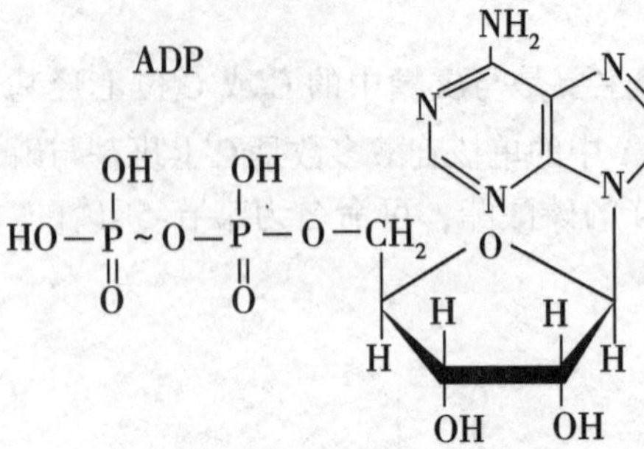

OH　OH
|　　|
HO—P~O—P—O—CH₂
‖　　‖
O　　O

腺苷-5′-二磷酸

ATP

OH　OH　OH
|　　|　　|
HO—P~O—P~O—P—O—CH₂
‖　　‖　　‖
O　　O　　O

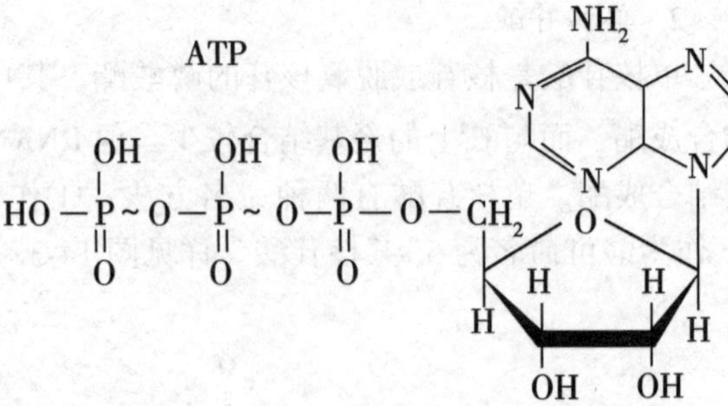

腺苷-5′-三磷酸

结构式中"~"，代表高能键，ADP 中有一个高能键，ATP 中有 2 个高能键，因此它们都是高能化合物。在生物体代谢过程中，依靠形成一些高能键来积存能量。当水解时，高能键断裂又能释放出大量能量，传递供给需要能量的反应。

14.3.3　核酸的一级结构

核酸是由许多单核苷酸所组成的多核苷酸。RNA 主要是由 AMP、GMP、CMP 和 UMP 四种单苷核酸结合而成。其相对分子质量一般在 10^6 左右。DNA 主要是由 dAMP、dGMP、dCMP 和 dTMP 四种单核苷酸结合而成。其相对分子质量比 RNA 大，一般在 $10^6 \sim 10^9$ 之间。

RNA 和 DNA 的多核苷酸都是由一个单核苷酸中戊糖 C_5' 上羟基和另一个单核苷酸中戊糖 C_3' 上羟基之间，通过 3′, 5′-磷酸二酯键形式连接而成的长链化合物。核酸的一级结构，就是指核酸中各单核苷酸通过磷酸二酯键连接排列的顺序。RNA 和 DNA 链的片段结构如下：

A　　C　　G　　U　　　　　dA　　dC　　dG　　dT

3′　3′　3′　3′　　　　　3′　3′　3′　3′

P　　P　P　P　P　　　　　P　　P　P　P　P

5′　5′　5′　5′　　　　　5′　5′　5′　5′

RNA片段结构　　　　　　　　DNA片段结构

多核苷酸的主链可用简式表示。用垂直线表示戊糖的碳链，P 表示磷酸酯基，中部斜线表示连在戊糖 C_5' 和 C_3' 位之间的磷酸酯键。A、G、C、T、U 等表示不同的含氮碱基。

RNA 和 DNA 长链的一级结构示意图，可简写如下：

14.3.4　DNA 的双螺旋结构

1953 年华生(Watson)和克列克(Crick)提出 DNA 的二级结构为双螺旋结构，并已被普遍公认。其双螺旋结构模型见图 14-5。

DNA 双螺旋结构的要点是：① 组成 DNA 的两条走向相反的多核苷酸链，以右手螺旋的方式围绕一个中心轴相互平行旋绕成双螺旋体。② 螺旋每隔一圈的旋距为 3.4 nm，每

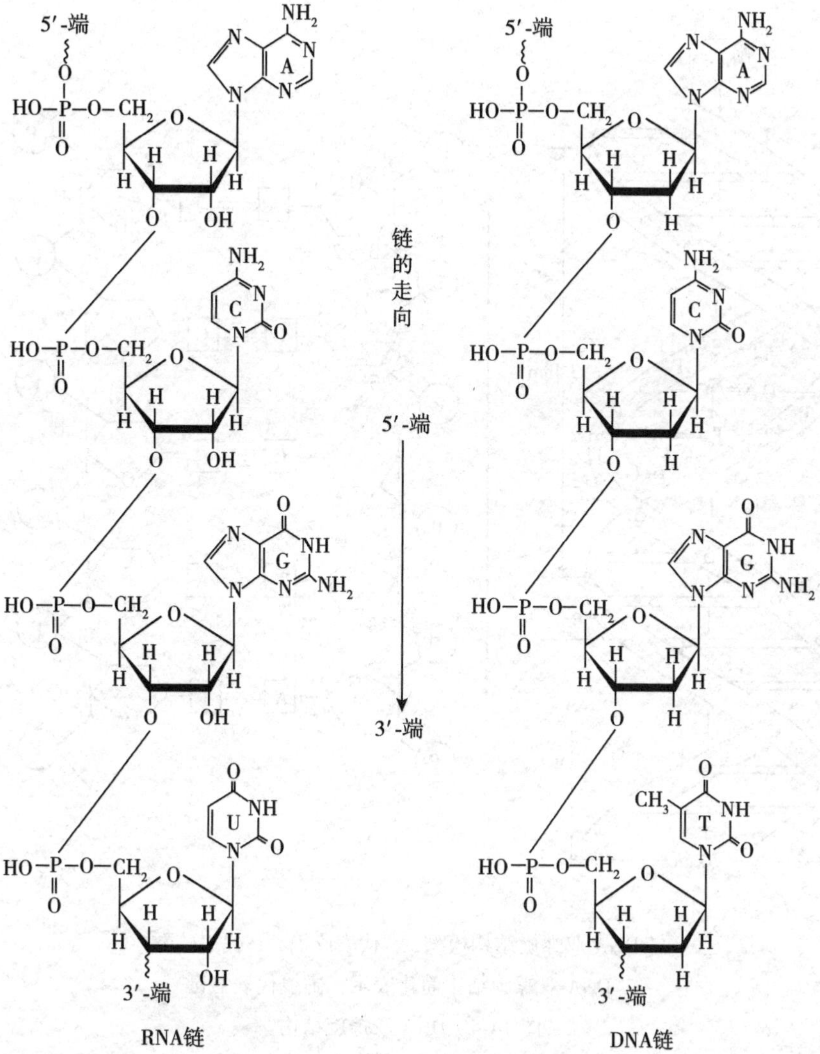

图 14-4　RNA 和 DNA 的一级结构

个旋距内包含十个单核苷酸，因此每两个单核苷酸之间的距离为 0.34 nm。③ 螺旋直径为 2.0 nm。④ 两条长链间的碱基在螺旋内侧，其平面与中心轴垂直。碱基之间以特殊的方式配对，即嘌呤碱基与嘧啶碱基配对。

为什么两个嘌呤碱基之间或两个嘧啶碱基之间不能配对呢？这是由于两条螺旋链之间的距离所限定。若两个嘌呤碱基相配对，则因两者体积太大而无法容纳；若两个嘧啶碱基相配对，则因两个碱基间距离太远，而不能形成氢键。另外，又为什么一定是 A—T、G—C 配对，而不是 A—C、G—T 配对呢？因按 A—T、G—C 配对可形成 5 个氢键，见图 14-6。而按 A—C、G—T 配对只能成形 4 个氢键。显然，氢键数越多越有利于双螺旋结构的稳定性。

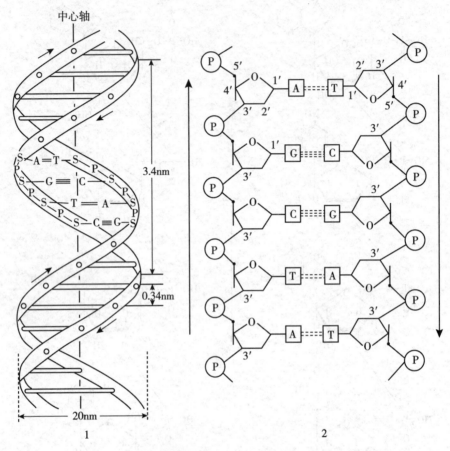

1. DNA 双螺旋结构模型，S 代表戊糖，P 代表磷酸

2. DNA 双螺旋结构简化表示，虚线代表氢键

图 14-5　DNA 双螺旋结构

已经证明，DNA 中所含嘌呤碱总数和嘧啶碱总数相等，而且 A 与 T 摩尔数相同，G 与 C 摩尔数相同。因此，在双螺旋结构中，只能 A—T、G—C 配对。这一规律叫做碱基配对规则或叫碱基互补规则。

由于一个碱基只能与另一个特定的碱基配对，所以一条螺旋链的单核苷酸碱基次序就决定了另一条螺旋链的碱基次序，这一点在 DNA 复制过程中具有重要意义。总之，核酸和蛋白质都是生命活动的最重要物质基础。我国科学工作者继 1965 年人工合成牛膜岛素之后，又于 1981 年 11 月完成了酵母丙氨酸转移核糖核酸的合成。这标志着人类在探索生命的征途上，又跨出了重要的一步。同时也有力地证明，我国在蛋白质和核酸研究方面具有世界先进水平。

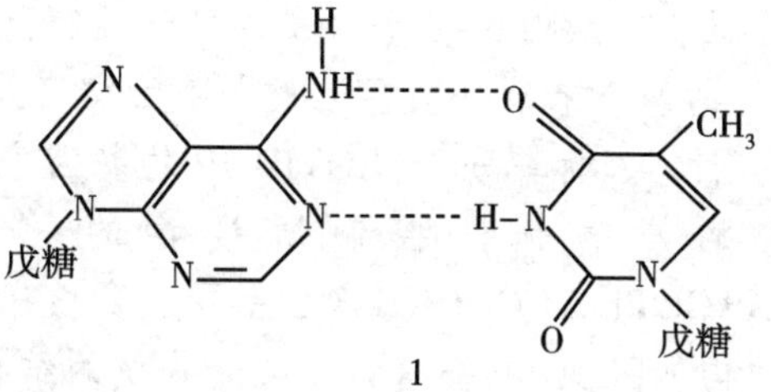

1. A–T 　　 2. G–C

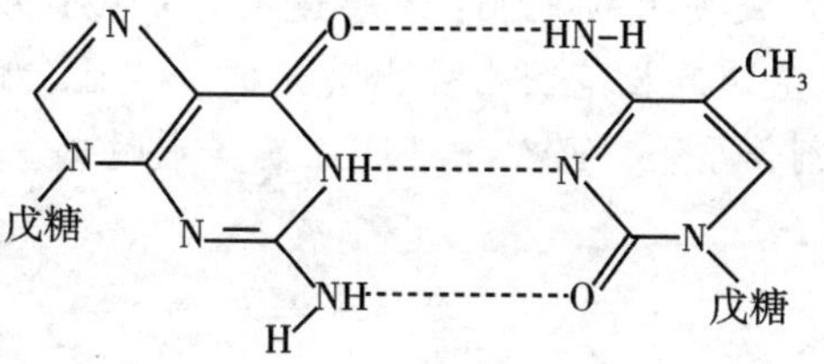

图 14-6　碱基配对示意图

◎ 知识拓展

RT-PCR 核酸检测中的化学

　　荧光反转录-聚合酶链式反应(reverse transcription-polymerase chain reaction)检测法，简称实时荧光 RT-PCR，是检测 2020 年以来肆虐全球的新型冠状病毒(COVID-19)特异序列的方法之一。COVID-19 是一种仅含有 RNA(核糖核酸)的病毒。

　　实时荧光 RT-PCR 检测步骤：(1)提取病毒的 RNA，在采集到的样本(常用咽拭子)中加入核酸提取试剂，把病毒破坏，让核酸释放出来。(2)把病毒 RNA"反转录"成 cDNA，即通过反转录技术(RT)，反转录酶作用下，把病毒的 RNA"反转"成一种特异 DNA，即 cDNA(因为病毒 RNA 结构不稳定，所以把病毒 RNA 转换成稳定的 cDNA 会更方便检测)。(3)进行 cDNA 的扩增与检测，即通过 PCR(聚合酶链式反应)，让 cDNA 不断复制，使其数量呈指数式增长。PCR 分 3 步：(1)DNA 变性(90~96℃)：双链 DNA 模板在热作用下，氢键断裂，形成单链 DNA；(2)退火(60~65℃)：系统温度降低，荧光探针与 DNA 模板结合，形成局部双链，释放荧光信号；(3)延伸(70~75℃)：在 DNA 聚合酶作用下，以脱氧核糖核苷三磷酸(dNTP)为原料，cDNA 进行扩增，cDNA 每完成一次扩增，荧光信号就会增加一点，而 PCR 检测仪就能记录到一个荧光信号增加的 Ct 值。根据检测仪记录的 Ct 值，根据荧光强度曲线进行检测结果分析。

　　上述 PCR 的顺利进行，应归功于 DNA 的化学结构中碱基之间氢键的断裂与形成，DNA 双螺旋结构中碱基 T(胸腺嘧啶)与 A(腺嘌呤)、C(胞嘧啶)与 G(鸟嘌呤)通过氢键配对如图 1 所示。

　　用于 RT-PCR 检测的荧光探针称为分子信标，它是一种荧光标记的寡核苷酸链，如图

2所示，分子信标结构一般由三部分组成：(1)环状区：由15~30个可以与靶分子特异结合的核苷酸组成；(2)茎干区：一般由5~8个可发生可逆性解离的碱基对组成；(3)荧光基团和淬灭基团：分子信标的两个末端分别标记荧光基团和淬灭基团。COVID-19的实时荧光RT-PCR核酸测定中，针对目标靶分子(COVID-19的基因序列)设计分子信标，如中国疾病预防控制中心病毒病预防控制所推荐的一种分子信标：5′-FAM-CCGTCTGCGGTATGTGGAAAGGTTATGG-BHQ1-3′，其中，寡核苷酸链5′端连接的FAM(羧基荧光素)为荧光基团，结构见图3，它拥有许多荧光物质的结构特征，5-羧基荧光素N-琥珀酰亚胺酯就是一种被广泛使用的FAM；3′端连接的BHQ1为淬灭基团(具有480~580 nm的强吸收范围)，可对在该波长范围内发出荧光的荧光团(如FAM)进行出色的淬灭，结构见图4。在脱水缩合剂作用下，FAM和BHQ1都是通过羧基与核苷酸中的氨基形成酰胺键进行标记的。

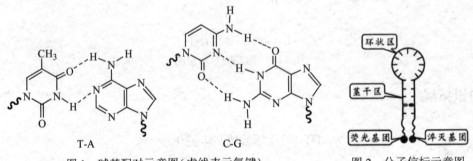

图1 碱基配对示意图(虚线表示氢键)　　　　　图2 分子信标示意图

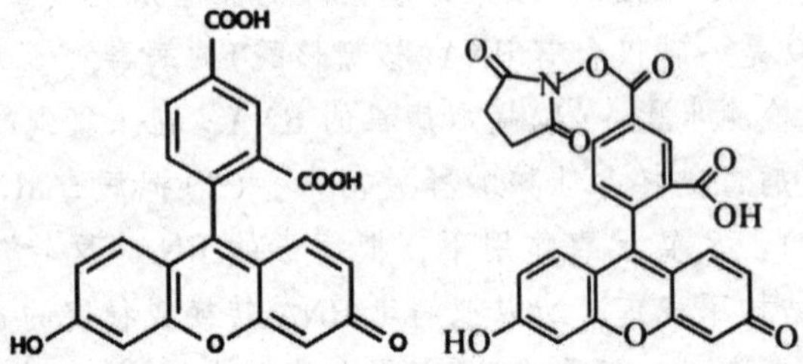

5-FAM(5-羧基荧光素)　　　　5-羧基荧光素N-琥珀酰亚胺酯

图3 FAM

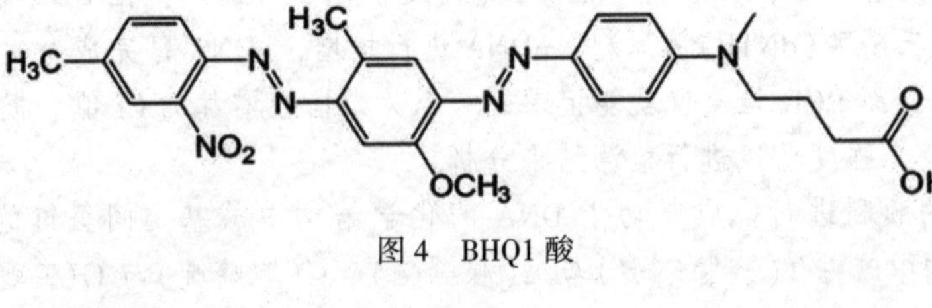

图4 BHQ1酸

当分子信标没有与靶分子结合时，由于茎干区的碱基通过氢键结合，分子信标呈发卡式结构，荧光基团和淬灭基团相距较近(7~10nm)。此时发生荧光共振能量转移，使荧光基团发出的荧光被淬灭基团吸收并以热的形式散发，荧光几乎完全被淬灭，荧光本底极低。在 PCR-DNA 变性时，分子信标茎干区分子间氢键也被打开，环状区和靶分子之间相互连结形成双联杂交体，荧光基团和淬灭基团距离增大，FAM 产生荧光。如图 5 所示，在分子信标过量的情况下，荧光强度和靶分子的量成正比，实时监测荧光信号可以对靶序列(分子)进行定量分析。

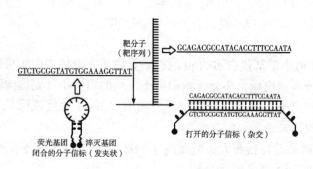

图 5　实时荧光 RT-PCR 方法示意图

检测结果：理想状态下，如果样本中有新冠病毒，那么在 cDNA 完成预订次数的扩增后，检测仪记录的 Ct 值就会形成一个逐渐上升的 S 形曲线，检测结果为阳性；如果没有类似的 S 形曲线，检测结果就为阴性。

◎ 课后思考题

1. 我国科学家于 1965 年人工合成了具有与天然胰岛素完全相同的比活性和抗原性的结晶牛胰岛素，属世界首例。结晶牛胰岛素本质上是(　　　)。

A. 糖类　　　B. 脂肪　　　C. 维生素　　　D. 蛋白质

2. 新型冠状病毒是一种仅含有 RNA 的病毒，病毒中特异性 RNA 序列是区分该病毒与其他病原体的标志物。新型冠状病毒出现后，我国科学家在极短的时间里完成了对新型冠状病毒全基因组序列的解析，并通过与其他物种的基因组序列对比，发现了新型冠状病毒中的特异核酸序列，采用荧光定量 PCR(聚合酶链式反应)检测是否感染新型冠状病毒。请问，RNA 是否都具有旋光性？

◎ 习　题

1. 填空选择题。

(1)蛋白质具有两性电离性质，大多数在酸性溶液中带_____电荷，在碱性溶液中带_____电荷。当蛋白质处在某一 pH 值溶液中时，它所带的正负电荷数相等，此时的蛋白质成为_____，该溶液的 pH 值称为蛋白质的_____。

(2)蛋白质变性时空间结构_____，而一级结构_____，变性后，蛋白质的溶解度一般会_____，生物学功能_____。

(3)稳定蛋白质胶体溶液的因素是_____和_____。

(4)蛋白质变性是由于(　　)。

    A. 氨基酸排列顺序的改变　　B. 氨基酸组成的改变

    C. 肽键的断裂　　　　　　　D. 蛋白质空间构象的破坏

(5)蛋白质分子组成中不含有下列哪种氨基酸?(　　)

    A. 半胱氨酸　　　B. 蛋氨酸　　　C. 胱氨酸　　　D. 瓜氨酸

(6)Arg 的 $pK_1' = 2.17$，$pK_2' = 9.04$，$pK_3' = 12.48$，其 pI' 等于(　　)。

    A. 5.613　　　　B. 7.332　　　　C. 7.903　　　　D. 10.76

2. 判断题。

(1)当溶液的 pH 值小于某蛋白质的 pI 时，该蛋白质在电场中向阳极移动。　　(　　)

(2)用凝胶过滤分离蛋白质，小分子蛋白由于所受的阻力小首先被洗脱出来。　　(　　)

(3)若蛋白质与阴离子交换剂结合较牢，可用增加 NaCl 浓度或降低 pH 值的方法将其从层析柱洗脱出来。　　(　　)

(4)糖蛋白的 N-糖肽键是指与天冬酰胺的 γ-酰胺 N 原子与寡糖链形成糖苷链。(　　)

3. 用简单化学方法鉴别下列各组化合物。

(1)　$CH_3CHCOOH$　　$H_2NCH_2CH_2COOH$　　$\bigcirc\!\!-NH_2$

       $|$
       NH_2

(2)苏氨酸　丝氨酸　　　　(3)乳酸　丙氨酸

4. 命名下列肽，并给出简写名称。

(1)　$H_2NCHCONHCH_2CONHCHCO_2H$

      CH_2OH　　　　　$CH_2CH(CH_3)_2$

                $CH(OH)CH_3$

(2)$HOOCCH_2CH_2CHCONHCHCONHCHCOOH$

            NH_2　　　$CH_2C_6H_5$

5. 写出下列反应的主要产物。

(1)　$CH_3CHCONHCHCONHCH_2COOH + H_2O \xrightarrow{H^+}$

     NH_2　　$CH_2CH(CH_3)_2$

(2)　$CH_3CHCOOH + CH_3CH_2COCl \longrightarrow$

     NH_2

(3)(亮氨酸) + CH_3OH(过量) $\xrightarrow{HCl}$

6. 某化合物分子式为 $C_3H_7O_2N$，有旋光性，能分别与 NaOH 或 HCl 成盐，并能与醇成酯，与 HNO_2 作用时放出氮气，写出此化合物的结构式。

7. 组成核酸的基本单位是什么? 两类核酸的组成差别有哪些? 单核苷酸中各组分是如何连接的?

8. 已知天冬氨酸的 pI 为 2.77，精氨酸的 pI 为 10.76，丙氨酸的 pI 为 6.02。若将它们的混合物在 pH 值为 6.0 的缓冲溶液中、300V 的直流电场下，进行纸上电泳 16min，显色后，发现正极方向有个蓝紫色的斑点，负极方向有个紫红色的斑点。两个不同颜色的斑点各代表什么物质？并说明理由。

9. 在 pH 值为 7.59 的缓冲溶液中，采用电泳技术分离 Val、Glu、His 三种氨基酸的混合物，指出三者的带电状况和泳动方向。

10. 某三肽 A 用亚硝酸处理后并经部分水解得羟基 β 苯基丙酸和二肽 B。将 B 用酸水解可得两种产物 C 和 D，其中 C 无旋光活性。D 用亚硝酸处理后得到乳酸，若 C 不处在 A 的 N-端和 C-端，试写出 A 的名称和三字母缩写结构。

第 15 章　有机化合物的结构表征方法[*]

确定有机化合物的结构是研究有机化学的重要内容之一。用化学方法测定有机化合物的结构，不仅样品用量多，费时费力，同时由于反应的复杂性（如反应中物质分子发生重排现象）、物质结构的复杂性（如异构现象）等原因，准确确定有机化合物的结构非常困难，甚至导致错误的结论。而物理方法在这些方面能弥补化学方法之不足。仪器分析是借助物质的物理性质对物质进行分析，目前，鉴定有机化合物结构最常用的仪器分析方法有紫外光谱（UV）、红外光谱（IR）、核磁共振（NMR）和质谱（MS），前三者属于波谱学。本章主要对这些方法的基本原理及其应用做一简单介绍。

15.1　电磁辐射与吸收定律

光是由不同波长的射线组成的电磁波。波谱是电磁波谱的简称。一切物质都能吸收某些波长的光，波谱学就是研究光与原子或分子相互作用的一门科学。

光（电磁波）具有波粒二象性，光的辐射能是量子化的，不连续的，一个光子能量为：

$$E = h\nu = h\frac{c}{\lambda} = hc\bar{\nu}$$

式中，E 为电磁波的能量（J）；h 为 Planck 常数（6.63×10^{-34} J·s）；ν 为频率（Hz）；c 为光速（3.0×10^{10} cm·s^{-1}）；λ 为波长（cm）；$\bar{\nu}$（或用 σ 表示）为波数（cm^{-1}）。

分子的不同层次的运动以及不同分子的相同层次的运动所吸收的电磁波频率不同，用仪器记录分子对不同波长电磁波的吸收情况，就可以得到相应的谱图，如在 $200 \sim 400$nm 内有吸收的为紫外光谱，分析谱图可以推测物质的结构信息。另一方面，分子内不同运动方式都具有不同的能量状态，这些能量也是量子化的。因此不同波长的电磁波辐射作用于被测物质的分子，可引起分子内不同运动方式能量的改变，即产生不同的能级跃迁。这些能级的能量也是量子化的，只有当光子的能量恰好等于两能级间能量差时，才能产生共振吸收，由此产生分子光谱分析法。电磁波谱、常见的光谱分析法与分子能级跃迁的关系，如图 15-1 所示。

溶液、气体以及均质固体等物质对光的吸收符合朗伯比尔（Lamber-Beer）定律，其数学表达式为：

$$A = \lg\frac{I_0}{I} = \lg\frac{1}{T} = kcl$$

其中 A 为吸光度（absorbance），它表示光被吸收的量度；I_0 为入射单光强度，I 为透射

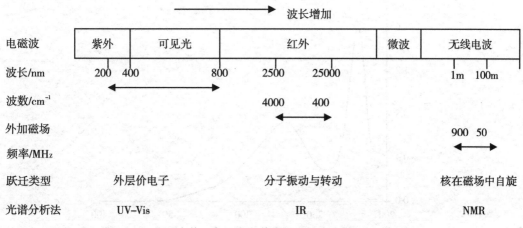

图 15-1 电磁波谱、常见的光谱分析法与分子能级跃迁的关系

单光强度；T 为透射率（%），百分透射率 T（%）指通过样品的光强度 I 占原入射光强度 I_0 的百分数；c 为溶液的浓度（mol/L），l 为光通过的液层厚度（cm），k（molar absorptivity）摩尔吸收系数（$L \cdot mol^{-1} \cdot cm^{-1}$，单位通常省略），$k$ 越大，方法的灵敏度越高。

朗伯比尔定律适用于可见光、紫外光和红外光。

15.2 紫外光谱

紫外光的波长范围为 100～400nm，分为远紫外区（100～200 nm）和近紫外区（200～400nm）。远紫外区的研究要在真空仪器中进行，因为波长很短的紫外光会被空气中的氧、氮和二氧化碳所吸收，紫外光谱（ultraviolet spectroscopy，UV）通常指近紫外区的吸收光谱。波长范围为 400～800nm 的电磁波为可见光谱。常用紫外光谱仪的波长范围为 200～800nm，或称紫外可见光谱仪。

15.2.1 紫外光谱的表示方法

紫外光谱仪可自动扫描波长，通过记录仪可得到波长 λ（nm）为横坐标，吸光度 A 为纵坐标的紫外光谱图，见图 15-2。纵坐标也可以用 k 或其对数 $\lg k$ 表示。紫外光谱图一般是波长范围很宽的吸收带，吸收带的形状和位置因物质不同而不同，即不同物质的最大吸光度波长 λ_{max} 及其摩尔吸光系数 k_{max} 不同，这是鉴别化合物的基本依据。另外，λ_{max} 和 k_{max} 还受温度，特别是溶剂的影响，所以在作光谱图或查阅文献时，应注明或注意测定温度和所用溶剂。

15.2.2 紫外光谱的基本原理

有机化合物紫外光谱图中的吸收带是由于分子吸收光能，使电子（主要是价电子）跃

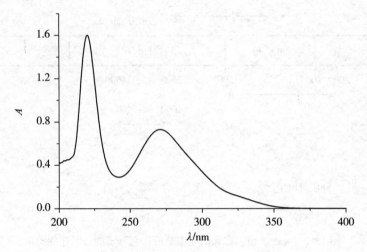

图 15-2 没食子酸丙酯的紫外光谱

迁到较高能级而产生的。吸收的紫外光的能量等于电子的两个能级之间的能量差($h\nu = \Delta E$)。由于电子发生能级的跃迁时,分子的振动和转动能级也同时发生变化,所以紫外光谱图由吸收带组成。

1. 电子跃迁的类型

有机化合物分子中的价电子包括 σ 电子(单键电子)、π 电子(多重键电子)以及未成键的 n 电子(杂原子氧、硫、氮等未共用电子对)。当这些电子吸收紫外光或可见光后,电子吸收光能从低能态的成键轨道或非键轨道跃迁到高能态的反键轨道。电子跃迁常见的主要有四种类型,从成键轨道跃迁到反键轨道($\sigma \rightarrow \sigma^*$、$\pi \rightarrow \pi^*$);非成键电子跃迁至反键轨道($n \rightarrow \sigma^*$、$n \rightarrow \pi^*$)。见图 15-3。

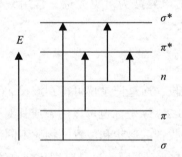

图 15-3 分子轨道能级和电子跃迁类型

各种跃迁需要的能量不同,能量顺序依次为:$\Delta E(\sigma \rightarrow \sigma^*) > \Delta E(n \rightarrow \sigma^*) > \Delta E(\pi \rightarrow \pi^*) > \Delta E(n \rightarrow \pi^*)$。这是由于三种电子受核的束缚不同所致:$\sigma$ 电子 > π 电子 > n 电子。

2. 紫外吸收光谱与分子结构的关系

(1)$\sigma \to \sigma^*$ 跃迁　σ 电子需要吸收较高的能量才能实现 $\sigma \to \sigma^*$ 跃迁,此跃迁发生在远紫外区,近紫外区不能发生。例如,C_2H_6 的 $\lambda_{max} = 135nm$。所以,测定有机物的紫外光谱时,常用一些烷烃做溶剂。

(2)$n \to \sigma^*$ 跃迁　此跃迁所需能量比 $\sigma \to \sigma^*$ 低,但多数仍发生在远紫外区。例如,$CH_3Cl \; \lambda_{max} = 173nm$;$CH_3OH \; \lambda_{max} = 183nm$;$CH_3NH_2 \; \lambda_{max} = 213nm$。因此,$CH_3OH$ 也常被用作测定紫外光谱的溶剂。

(3)$\pi \to \pi^*$ 跃迁　孤立多重键的 $\pi \to \pi^*$ 吸收峰也在远紫外区,例如,乙烯 $\lambda_{max} = 162nm$,对研究分子结构意义不大。但共轭多重键的 $\pi \to \pi^*$ 跃迁所需能量较低,共轭体系越大所需能量越低,其吸收峰向长波移动,甚至移至可见光区,见表15-1,且摩尔吸收系数 k 值很大,为强吸收。烯酮($C=C-C=O$)在 $200 \sim 250$ nm 有较强的吸收带;芳香族化合物在 $230 \sim 270$ nm 有吸收。

表 15-1　　　　　　　　　　　　　　　共轭体系化合物的特征吸收

化合物	双键数	λ_{max}/nm	k_{max}	颜色
乙烯	1	162	15000	无色
丁二烯	2	217	21000	无色
己三烯	3	258	35000	无色
癸五烯	5	335	118000	淡黄
反式番茄色素	11	470	185000	红色

$\pi \to \pi^*$ 跃迁与共轭体系的稳定性有关。从分子模型可以看出,在(E)-1,2-二苯乙烯分子中,两个苯环和烯键可以在同一平面内,在(Z)-1,2-二苯乙烯分子中两个苯环必须旋转一定的角度,偏离烯键原子所在的平面,才能容纳在有限的空间里。

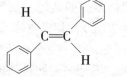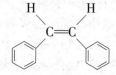
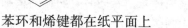

苯环和烯键都在纸平面上　　　　苯环面与纸面成一定角度

苯环与烯键都在同一平面内,p 电子云的对称轴互相平行,可以最大限度地互相重叠,形成稳定的共轭体系;苯环偏离烯键所在的平面,p 电子云互相重叠的程度要小些。因此,它们的紫外光谱有明显的区别,反式异构体 λ_{max} 的波长大于顺式异构体,k_{max} 的值也比较大。一些顺反异构体的紫外光谱见表15-2,因此,紫外光谱可用于顺反异构体构型的测定。

表 15-2　　　　　　　　　顺反异构体的紫外光谱特征

化合物	构型	λ_{max}/nm	k_{max}
1，2-二苯乙烯	(E)	295.5	29 000
	(Z)	280.0	10 500
1-苯-1，3 丁二烯	(E)	280.0	28 300
	(Z)	265.0	14 000
肉桂酸	(E)	295.0	27 000
	(Z)	280.0	13 500
丁烯二酸二甲酯	(E)	214.0	34 000
	(Z)	198.0	26 000

（4）$n \rightarrow \pi^*$ 跃迁　当分子中含有杂原子的不饱和键（C＝O、C≡N）时，需要更少的能量就能发生 $n \rightarrow \pi^*$ 跃迁，在近紫外区有吸收。例如，醛、酮和羧酸等吸收峰在 270～300 nm。吸收强度虽不大，但极易辨认。如果这些基团与 C＝C 共轭，$n \rightarrow \pi^*$ 跃迁的能级差更小，其吸收峰向长波移动。

在有机化合物中最易发生的跃迁是 $\pi \rightarrow \pi^*$ 和 $n \rightarrow \pi^*$。能吸收紫外或可见光导致价电子跃迁的基团为生色团（chromophore），一般是含有不饱和键的基团，主要产生 $\pi \rightarrow \pi^*$ 和 $n \rightarrow \pi^*$ 跃迁。有些原子或基团在紫外可见光区不产生吸收，但当与生色团相连时，使生色团的吸收峰向长波移动，吸收强度增强，这样的原子或基团为助色团（auxochrome），一般是带孤电子对的饱和基团或原子，如—OH、—OR、—X 等。吸收峰向长波移动的现象称为红移（red shift）；反之，为蓝移（blue shift）。

15.2.3　紫外光谱在鉴定有机化合物结构中的应用

1. 定性测定

紫外光谱主要提供有关化合物的共轭体系或某些羰基的信息，对于一个未知化合物的紫外谱图，常可根据经验规律进行初步解析。

220～800nm 内无吸收，说明分子中无共轭体系；210～250 nm 内有强吸收（k_{max} = 10000～25000），说明分子中存在两个双键的共轭体系，如共轭二烯烃或 α，β-不饱和醛酮；250～290 nm 内有中等强度的吸收（k_{max} = 200～2000），其吸收峰常常显示不同的精细结构，说明有苯环结构；250～350nm 内有弱吸收（k_{max} = 10～100），说明有羰基。300nm 内有高强度的吸收，表明该化合物有较大的共轭体系，若同时有明显的精细结构，说明该化合物可能是稠环芳烃或稠杂环芳烃及其衍生物。

2. 定量测定

根据待测物质紫外光谱中 λ_{max} 和朗伯比尔定律对待测物质进行定量测定。

15.3　红外光谱

红外光谱（infrared　spectroscopy，简称 IR）就是用红外光照射有机化合物所产生的吸收光谱。红外光一般分为三个区域：近红外区（12500～4000cm^{-1}）；中红外区（4000～400cm^{-1}）；远红外区（400～10cm^{-1}）。在近红外和远红外区域没有多少有机分子产生吸收，本节介绍的红外光谱是中红外区，该区域波长范围为2.5～25μm，红外光谱是检测有机化合物分子骨架和官能团的最广泛和最简便的方法。

15.3.1 红外光谱的表示方法

红外光谱图以波长 λ（μm，1cm = 10^{4}μm）或波数 σ（cm^{-1}）为横坐标；纵坐标以百分透射率 T% 或吸光度 A 表示。

一般的红外光谱图以波数 σ（cm^{-1}）为横坐标，即以波数表示吸收峰的位置；以百分透射率 T% 为纵坐标，表示吸收强度（自下向上由 0→100%）。物质对光的吸收强度 A 越大，T% 越小，因此吸收峰朝下，吸收峰的强弱还常用 vs（很强）、s（强）、w（弱）、v（可变）等表示。见图15-4。红外光谱图中吸收峰的位置和强度主要取决于物质本身的结构。另外，样品的状态对吸收带的位置有很大的影响。例如，丙酮的蒸气在 1742 cm^{-1} 处有吸收带，在溶液中这一吸收带移至 1718～1728 cm^{-1} 处（随溶剂而异）。因此，在谱图上对样品的状态应加以说明。有机化合物的红外光谱一般在液态、固态或溶液中测定。固体样品一般与 KBr 粉末混合后压成薄片，或是分散在石蜡油中。

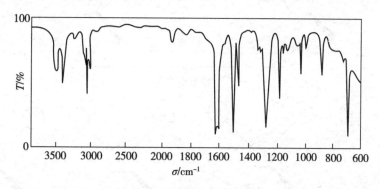

图 15-4　某芳烃的红外光谱图

15.3.2 红外光谱的基本原理

红外光谱是由于分子振动而产生的。当特定频率的红外辐射照射有机分子时，被分子吸收，产生分子相应振动能级的跃迁。红外光谱图中各种吸收峰的位置和强度与分子的振动方式以及参与振动的原子种类和连接方式有关。

有机分子是由各种原子以化学键互相连接而成。可以用不同质量的小球代表原子，以不同硬度的弹簧代表各种化学键，它们以一定的次序互相联结，就成为分子的近似的机械模型。这样就可以根据力学定理来处理分子的振动。

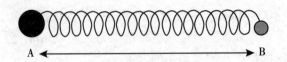

1. 伸缩振动

伸缩振动(stretching)以 ν 表示,它分为对称伸缩振动(ν_s)和不对称伸缩振动(ν_{as})两种。

2. 弯曲振动

弯曲振动(bending)也叫变角振动,以 δ 表示。弯曲振动又分为面内弯曲振动和面外弯曲振动两种。面内弯曲振动又分为剪式振动和平面摇摆;面外弯曲振动又分为非平面摇摆和扭曲振动。

以亚甲基($-CH_2-$)为例,如图 15-5 所示。

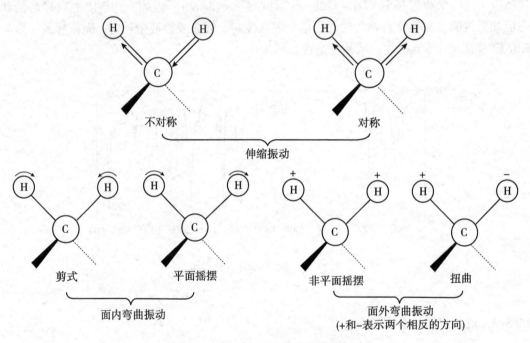

图 15-5 $-CH_2-$的伸缩振动和弯曲振动

由此可见,化合物分子中各种化学键和官能团的振动是相当复杂的,一种简单的化合物就可以得到一张复杂的红外光谱图。

特别需要说明的是分子在振动过程中必须发生瞬间偶极矩变化,才能吸收红外线而引起能级的跃迁,而且瞬间偶极矩越大,吸收峰越强。结构对称的分子在振动过程中,由于振动方向也是对称的,所以整个分子的偶极矩始终为零,没有吸收峰出现,如 O_2、H_2、

$CH_2{=}CH_2$、$HC{\equiv}CH$。

理论上，每种振动在红外光谱区均产生一个吸收峰，但是实际上，峰数往往少于基本振动数目。这是因为：①当振动过程中分子不发生瞬间偶极矩变化时，不引起红外吸收。②频率完全相同的振动彼此发生重叠。③强宽峰往往要覆盖与其他频率相近的弱而窄的吸收峰。④吸收峰有时落在中红外区域（$4000\sim400\ cm^{-1}$）以外。⑤吸收强度太弱，以致无法测定。在上述六种振动中，通常以对称伸缩振动、不对称伸缩振动、剪式振动和非平面摇摆出现较多。

当然也有使峰数增多的因素，如倍频与组频等。但这些峰落在中红外区内较少，而且都是非常弱的峰。

若以连续改变频率的红外线照射待测样品时，通过样品槽后的红外辐射有些区域被吸收而变得较弱，有些区域被吸收而变得较强。这些不同吸收及不同的吸收强度均由光谱仪放大后自动记录下来，便可得到一张有机化合物的红外光谱图。

一定结构的化合物将产生特征性的红外光谱图，使其与标准光谱比较，即可鉴定结构。化合物分子中特定的官能团是在一定频率范围内产生特征的吸收峰，通过对照各官能团的特征吸收表就可获得化合物的结构信息。图15-6为正己烷的红外谱图。

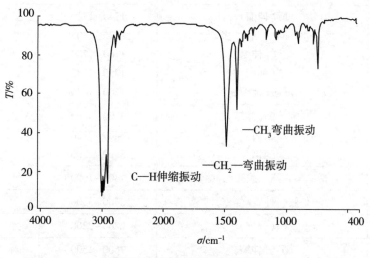

图 15-6 正己烷的红外谱图

15.3.3 红外光谱与分子结构

一般红外光谱仪所用的频率为 $4000\sim625cm^{-1}$。谱图中的吸收带是由于键的振动（包括伸缩振动和弯曲振动）所产生的。各种键的振动所产生的谱带在一定频率范围内出现。各种化学键在红外光谱上的吸收位置和相对强度见表15-3。

表 15-3　　　　　　　　　　　　常见化学键的特征吸收频率及相对强度

化学键	振动方式	吸收峰波数/cm⁻¹	强度
C—H	烷烃(伸缩：同时存在 CH₃ 和 CH₂) —CH₃(弯曲) —CH₂—(弯曲) —CH(CH₃)₂(弯曲)	3000～2850 约 1450，约 1375 约 1465 1389～1381 1372～1368	s m m m(两个峰强度相当)
=C—H	烯烃(伸缩) 烯烃(弯曲)	3100～3000 1700～1000	m s
≡C—H	炔烃(伸缩)	3300～3200	s
=C—H	芳烃(伸缩) 芳烃(面外弯曲)	3040～3030 1000～700	s s
—CHO 的氢	醛(伸缩)	2900～2700	w
C=C	烯烃(伸缩) 芳烃(伸缩)	1680～1600 1600～1400	m 可变
C≡C	炔烃(伸缩)	2250～2100	w
C=O	醛(伸缩) 酮(伸缩) 羧酸(伸缩) 酯(伸缩) 酰胺(伸缩)	1740～1720 1725～1705 1760～1700 1750～1730 1700～1640	s s s s s
—OH	醇、酚(伸缩) 游离 氢键	3700～3200 3400～3200 3300～2500	 m m
C—O	醇、醚、酯、羧酸(伸缩)	1300～1000	s
N—H	伯胺、仲胺(伸缩)	3500～3300	m
—C≡N	腈(伸缩)	2260～2200	m
N=O	硝基(伸缩)	1600～1500	s
C—X	氟(伸缩) 氯(伸缩) 溴(伸缩)	1400～1000 800～600 600	s s s

注：s=强，m=中，w=弱。

红外光谱图分为官能团区和指纹区。一般将 3700～1500 cm⁻¹ 称为官能团区，该区的吸收峰比较简单易于辨认。根据未知物红外光谱图中有无某种官能团的吸收带，可以推测化合物中所含有的官能团。例如，醛、酮分子中的羰基在 1690～1750cm⁻¹ 处有一强的吸收带，如未知物的红外光谱图中这一范围内没有吸收带，可以肯定它不是羰基化合物。如有吸收带，它可能含有羰基。将 1400~650 cm^{-1} 称为指纹区，此频率范围内的吸收带是由于键的弯曲振动所产生的，吸收带的位置和强度随化合物而异，每一个化合物都有它自己的特点。指纹区在推测化合物的细微结构差别时非常有用。例如，苯环上 C—H 键的面外弯曲振动吸收频率(900~650cm^{-1})常能确定苯环上取代基的位置：单取代苯在指纹区有两个强的吸收峰(770~720cm^{-1} 和 710~690cm^{-1})；1，2-二取代苯可以有三个吸收峰(890~860cm^{-1}、815~770cm^{-1} 和 690~650cm^{-1})；1，3-二取代苯可以有二个强的吸收峰(810~750cm^{-1} 和 710~690cm^{-1})；1，4-二取代苯的分子具有对称性，只有一个吸收峰(850~780cm^{-1})；1，2，4-三取代苯有两个吸收谱带(900~870cm^{-1} 和 840~710cm^{-1})；1，2，3-三取代苯也有两个吸收谱带(780~740cm^{-1} 和 710~670cm^{-1})；1，2，5-三取代苯同样有两个吸收谱带(910~840cm^{-1} 和 690~650cm^{-1})。在未知物的红外光谱图中如指纹区与某一标准样品相同，就可以断定它和标准样品是同一化合物。因此可以用于有机化合物的鉴定，但是，由于红外光谱灵敏度较低，在定量分析中不如紫外光谱应用的那么广泛。

15.3.4 红外光谱的解析和应用

IR 谱图是比较常用的推测有机化合物的结构的方法之一，利用 IR 谱图推测有机化合物的结构的一般步骤：

1. 计算不饱和度

不饱和度表示有机分子中碳原子的饱和程度。计算不饱和度的经验公式如下：

$$\Omega = 1 + n_4 + \frac{1}{2}(n_3 - n_1)$$

式中，n_1、n_3、n_4 分别代表分子中一价、三价、四价原子的数目。

通常规定双键(C═C、C═O)和饱和环状结构的不饱和度为 1；三键、两个双键、一个双键和一个饱和环状结构或者两个饱和环状结构的不饱和度为 2；苯环的不饱和度为 4。

根据不饱和度可以确定有机分子中是否有双键、三键和环状结构。

2. 谱图解析

解析红外光谱一般原则：由高频区(官能团区)开始，见图 15-7，结合表 15-3，预测试样分子中可能存在的官能团；不需要解析每一个吸收峰，尤其是指纹区，指纹区的吸收峰很复杂，它包含整个分子的转动和振动能级跃迁产生的吸收峰，但对于结构相似的化合物极为有用。

3. 确定结构

结合物质的物理性质、化学性质，若结构复杂，还需要结合其他测试手段最终准确确定结构。

例 1 某化合物分子式为 $C_{14}H_{14}$，根据红外光谱图(KBr 压片)见图 15-8，推测它可能的构造式。

由分子式 $C_{14}H_{14}$ 可以确认该化合物为烃。

计算化合物的不饱和度为 8，化合物的不饱和度大，就要考虑它的分子中是否有苯环。一个苯环的不饱和度为 4(相当于一个环和三个双键或两个三键)。

分析红外光谱谱图。高频区：3000cm^{-1} 以上的部分(≡C—H，═C—H，Ar—H)，

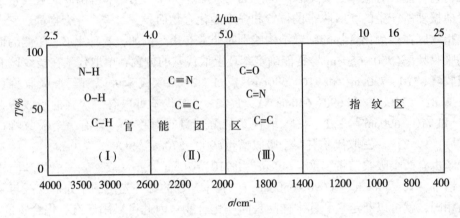

图 15-7　有机分子中典型振动特征吸收区域

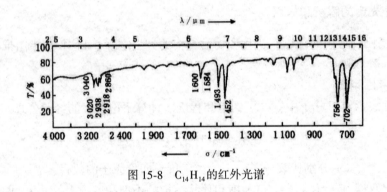

图 15-8　$C_{14}H_{14}$的红外光谱

$3020cm^{-1}$处有吸收带，可能有苯环或双键，无三键，但在 $1620\sim1680cm^{-1}$处无吸收，排除了烯键（C=C）的可能性；$1600\sim1400cm^{-1}$处有吸收带，证明分子中有苯环（C=C）。756 cm^{-1}、$702\ cm^{-1}$两个吸收带说明苯环上有一个取代基。化合物的不饱和度为 8，又不含双键和三键，因此，可能含有两个苯环。可能的结构为 $C_6H_5CH_2CH_2C_6H_5$ 或 $(C_6H_5)_2$ $CHCH_3$。但 $1375cm^{-1}$附近无吸收带，说明化合物不含-CH_3基。因此，可能的构造式为 $C_6H_5CH_2CH_2C_6H_5$。从手册上查有关化合物的物理常数，证明这一结论是正确的。

15.4　核磁共振谱

　　核磁共振（nuclear magnetic resonance，NMR）的研究对象是具有磁矩的原子核。将具有自旋磁矩的原子核放入强磁场中并采用电磁波进行辐射时，这些原子核就会吸收特定波长的电磁波而发生磁共振现象。有机化合物中^1H、^{13}C、^{19}F、^{15}N、^{31}P 等一些质量数为单数的原子核都具有磁矩，都能产生核磁共振。目前，^1H 和^{13}C 的核磁共振谱（nuclear magnetic resonance spectroscopy，NMR）应用比较广泛。本节仅就核磁共振氢谱（^1H NMR）进行简要讨论。核磁共振氢谱亦称质子磁共振谱（proton magnetic resonance spectroscopy，PMR）。需要指出的是：^{1}H NMR 讨论的是分子中以共价键与其他原子相结合的氢的原子核在磁场中吸收电磁波的行为，而不是自由的氢原子或氢离子。

15.4.1 核磁共振谱的表示方法

核磁共振谱是将高频能量的吸收强度（用面积或阶梯式积分曲线的高度表示）为纵坐标，磁核吸收峰位置（用 δ 表示，见 15.3.2 小节）为横坐标绘制而成，分子中不同环境的 H 质子的吸收峰在核磁共振谱图中不同的位置出现。图 15-9 为乙醇的核磁共振谱。

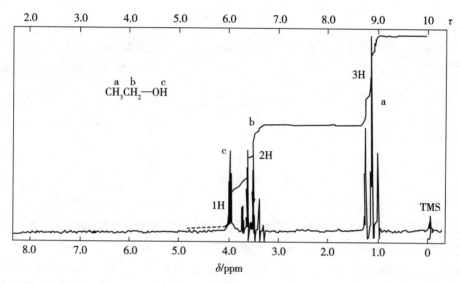

图 15-9　乙醇的 ^{1}H NMR 谱图

乙醇分子中有三种氢原子，OH、CH_2 和 CH_3，其数目分别为 1、2 和 3。乙醇的核磁共振谱中相应地有三组峰，它们的面积比为 1：2：3（由积分曲线的高度算出），它们的位置用横坐标 δ（化学位移）表示，其单位为百万分之一，TMS 是加在样品中作标准（内标）用的四甲基硅烷（$(CH_3)_4Si$）。

有机化合物的核磁共振谱一般用液体样品或在溶液（用 CCl_4，CS_2，$CDCl_3$ 等作溶剂）中测定。

15.4.2 核磁共振的基本原理

氢原子核是一个自旋带电体，它的自旋产生一个小的磁矩（μ），像一块极小的磁铁，但它的自旋磁矩是混乱的，见图 15-10。

氢原子核的自旋量子数为 $+1/2$ 或 $-1/2$。氢核在外加磁场中磁矩有两种取向，其磁矩与外加磁场方向相同或相反，见图 15-11。这两种取向相当于两个能级，其能量差（ΔE）与外加磁场的强度（H_0）成正比：

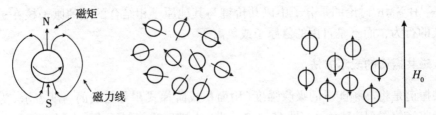

图 15-10 氢核的自旋磁矩方向   图 15-11 氢核在外加磁场中的取向

$$\Delta E = \gamma \frac{h}{2\pi} H_0$$

式中，γ 为核磁比(氢核即质子的 $\gamma = 26750$)，h 为普朗克常数。

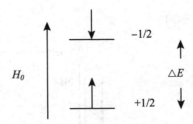

如果用能量为 $h\nu = \Delta E$ 的电磁波照射，可以使质子吸收能量从能量低的能级跃迁到能量高的能级，产生共振吸收信号，即发生核磁共振。

图 15-12 为核磁共振谱仪示意图。样品管放在磁场强度很大(如 300MHz 的 7.04T)的电磁铁腔中，用固定频率(如 300MHz)的无线电波照射，在扫描发生器的线圈中通直流电，产生一个微小的磁场，使总磁场强度略有增加(如每分钟增加 5~10 毫高斯)。当磁场强度达到一定的值 H_0，使

$$\nu = \frac{\gamma}{2\pi} H_0 \ (\text{由 } \Delta E = \gamma \frac{h}{2\pi} H_0 = h\nu \text{ 导出})$$

式中的 ν 值恰好等于照射频率时，样品中某一类型的质子发生能级的跃迁，接收器就会接受到讯号，由记录器记录下来。

15. 4. 3 核磁共振氢谱与分子结构的关系

1. 化学位移

对于所有的氢核，γ 值都是一样的，似乎应当在同一磁场强度 $H_0 = \frac{2\pi}{\gamma} \nu$ 产生信号，即共振频率都应该一样，那么在核磁共振谱图中只能出现一个吸收峰，但实际上却不是这样。例如，对乙醇样品进行扫描，首先出现 OH 的信号，其次是 CH_2，最后是 CH_3。这是由于在有机化合物分子中氢核所处的化学环境不同，不同的氢核在不同磁场强度下发生共振。即不同的氢核在核磁共振氢谱图中横坐标的位置不同。

分子中氢核周围有电子，在外加磁场作用下，这些电子可产生诱导电子流，从而产生

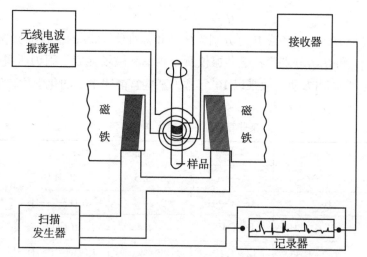

图 15-12　核磁共振谱仪示意图

一个感应磁场。如感应磁场与外加磁场方向相反，氢核实际受到的磁感应强度的要比外加磁场的强度低，此为氢核受到了屏蔽(shielding)作用，氢核周围的电子云密度越高，受到的屏蔽作用越大；反之，氢核实际受到的磁感应强度的要比外加磁场的强度高些，这叫做氢核受到了去屏蔽(deshielding)作用。与一个不受任何影响的孤立的氢核相比，如果外加电磁辐射频率不变，则受到屏蔽作用的氢需要增加磁场强度才能发生共振。也就是说外加磁场的强度还要略为增加，补偿感应磁场，才能使氢核的能级发生跃迁。相反，受到去屏蔽作用的氢，则可在较低的磁场强度下发生共振吸收。因此，屏蔽作用使氢核的共振吸收移向高场(upfield)，而去屏蔽作用使氢核的共振吸收移向低场(downfield)。这种由于屏蔽或去屏蔽作用而使氢核的共振吸收向高场或低场的转移称为化学位移(chemical shift)，常用 δ(ppm) 表示。

由于不同的氢核在分子中的化学环境差别很微小，感应磁场比外加磁场的强度以及化学位移的变化都很小，因此很难精确测量化学位移的绝对值，故在实际测量中，化学位移采用相对数值表示，最常采用的标准物为四甲基硅烷($(CH_3)_4Si$)，简称 TMS (tetramethylsilane)。这是因为其 12 个氢的化学环境完全相同，只产生一个吸收峰，而且硅的电负性比碳小，12 个氢受到的屏蔽作用比大多数有机分子中的氢都大，大部分有机分子中的氢的共振吸收都将出现在它的低场。将 TMS 中氢的 δ 值定为 0.0，则其他大部分有机分子的氢的化学位移都将大于零。标准物与样品放在一起测定为内标法；标准物用毛细管封闭后，放入样品中进行测定为外标法。

由于感应磁场与外磁场强度成正比，所以屏蔽作用引起的化学位移也与外磁场强度成正比。为了使化学位移的数值不受测量仪器的影响，化学位移的计算公式如下：

$$\delta = \frac{\nu_{样} - \nu_{标}}{\nu_{仪器}} \times 10^6 \quad （扫频）$$

$$\delta = \frac{H_{样} - H_{标}}{H_{仪器}} \times 10^6 \quad （扫场）$$

式中，$\nu_{样}$（或 $H_{样}$），$\nu_{标}$（或 $H_{标}$）分别为样品和标准物 TMS 的氢核的共振频率（或共振磁场强度）；$\nu_{仪器}$ 和 $H_{仪器}$ 分别为核磁共振仪所用频率和磁场强度。因为所得值很小一般只有百万分之几，为使用方便，故乘以 10^6。常见某些官能团中氢的化学位移值见表 15-4。

表 15-4　　　　　　　　　　　　　　某些官能团中氢的化学位移值

氢类型	δ/ppm	氢类型	δ/ppm	氢类型	δ/ppm
TMS（（CH_3）$_4$Si）	0	Ar—H	6~8.5	RC H O	9~10
环丙烷	0~1.0	Ar—C—H	2.2~3	RCO—C—H	2~2.7
RC H_3	0.9~1.1	F—C H_3	4~4.45	RCOO H	10~12*
R_2C H_2	1.2~1.35	Cl—C H_3	3~4	RCOO—C—H	3.7~4.1
R_3C H	1.4~1.65	Br—C H_3	2.5~4	RCO—N—H	5~8
—C＝C—H	4.6~5.9	I—C H_3	2~4	R—N H_2	1~5*
—C＝C—C H_3	1.7~1.8	R—O—H	1~6*		
—C≡C—H	2~3	Ar—O—H	4~12*		
—C≡C—C H_3	1.8	O—C—H	3.3~4		

*这些基团中的氢的化学位移随测定时溶液的浓度、温度及所用溶剂而改变较大。

在核磁共振谱图上，磁场强度增加的方向是 δ 值减小的方向，容易引起混乱。因此，化学位移也用 τ 表示，$\tau = 10.00 - \delta$，例如，δ 为 1.0，$\tau = 9.0$。τ 值增加的方向与磁场强度增加的方向一致。见图 15-9。

2. 影响化学位移值的主要因素

（1）诱导效应　诱导效应对氢的化学位移影响很大。当氢周围存在吸电子基团或电负性比氢大的原子时，通过诱导效应使氢质子周围的电子云密度降低，使其所受屏蔽作用减小，氢核的共振吸收向低场移动，δ 值增大，并随吸电子基团或电负性比氢大的原子数目和强度增加而增大。例如，三氯甲烷、二氯甲烷、一氯甲烷的氢的化学位移分别为 7.27、5.30、3.05。又如，将 O—H 键与 C—H 键相比较，由于氧原子的电负性比碳原子大，O—H 键上质子周围电子云密度比 C—H 键上的质子小，电子云的屏蔽效应也比较小。因此，O—H 键上的质子在磁场强度较小处发生能级的跃迁。和将乙醇中的 CH_2 与 CH_3 相比较，由于 CH_2 与羟基直接相联，羟基的诱导效应使 CH_2 上质子周围电子云密度比 CH_3 上的质子小。由于 σ 电子的屏蔽效应较小，CH_2 上的质子在磁场强度较小处发生能级的跃迁，相应的化学位移：O-H>CH_2>CH_3。

（2）各向异性　氢核与分子中的某一基团在空间的相对关系对氢核 δ 值产生影响，称为各向异性。例如，芳环中的 π 电子在外加磁场作用下产生环流，见图 15-13。

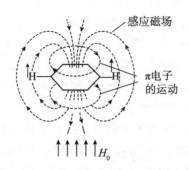

图 15-13　芳环 π 电子产生的感应磁场

可以看出，在芳环上的质子周围，感应磁场的方向与外加磁场相同，π 电子云对芳环上的质子不是屏蔽，而是去屏蔽。因此，芳环上质子周围的磁场强度比外加磁场大一些，在外加磁场的强度还没有达到 H_0 时，即质子在低场发生能级的跃迁，它的 δ 值特别大（δ= 6～8.5）。

在 [18]-轮烯分子中 π 电子云对环外质子有去屏蔽效应，对环内质子有强的屏蔽效应。

δ=-1.9　　δ=8.2

在外加磁场作用下 π 电子的环流效应可作为判断有无芳香性的标准。

此外，范德华效应、氢键及溶剂效应对化学位移都有影响。

3. 自旋偶合和自旋裂分

在核磁共振谱中，某一类型的质子所产生的吸收峰常分裂为多重峰。这是由于在分子中不仅核外电子会对质子的共振产生影响，相邻质子之间由于自旋而相互影响所致，这种现象称为自旋偶合（spin coupling）。由自旋使吸收峰产生分裂称为偶合裂分。

例如，在乙醇分子中甲基上的质子（用 H_a 代表）附近有亚甲基上的两个质子（用 H_b 代表）。两个 H_b 的自旋有三种组合方式：①两个 H_b 的自旋量子数都是+1/2，②一个 H_b 的自旋量子数为+1/2，另外为-1/2，③ H_b 的自旋量子数都是-1/2。第一种组合等于在 H_a 周围增加两个小磁场，其方向与外加磁场相同。假定在没有 H_b 存在的情况下，H_a 应当在外加磁场强度等于 H_0 时发生能级的跃迁。由于 H_b 的存在，H_a 周围的磁场强度略大于外加磁场，在扫描时，外加磁场强度比 H_0 略小时，发生能级的跃迁；第二种组合相当于增加两个方向相反、强度相等的小磁场，对 H_a 周周的磁场强度没有影响，H_a 能级的跃迁仍在外

加磁场达到 H_0 时发生；第三种组合相当于增加两个方向与外加磁场相反的小磁场，H_a 周围的磁场强度略小于外加磁场，要在外加磁场的强度比 H_0 略大时，H_a 才发生能级的跃迁。因此，甲基上的质子就产生三重峰。样品中乙醇分子的数目非常大，亚甲基上 H_b 的自旋相当于这三种组合的乙醇分子都存在，其数目之比为 $1:2:1$。对乙醇样品进行扫描时，甲基质子的三重峰面积比应为 $1:2:1$。根据同样的推理，亚甲基上的质子 H_b 在甲基上三个质子 H_a 的影响下，其吸收峰分裂为四重峰，其面积比应为 $1:3:3:1$。

当一种氢的相邻碳原子有 n 个等价的氢存在时，其核磁共振谱图中的峰被裂分成 $n+1$ 个分裂峰，各分裂峰的理论强度比为 $(a+b)^n$ 展开式的各项系数，这些系数可以由巴斯卡三角（Pascal's triangle）求得（除 1 以外，其他数字都是它上面一行对角的两个数字之和），见表 15-5。

表 15-5　　　　　　　　　　　　　　裂分峰数和相对强度比

相邻等价氢的数目 n	裂分峰数 $n+1$	裂分峰的相对强度比	相邻等价氢的数目 n	裂分峰数 $n+1$	裂分峰的相对强度比
0	1	1	4	5	$1:4:6:4:1$
1	2	$1:1$	5	6	$1:5:10:10:5:1$
2	3	$1:2:1$	6	7	$1:6:15:20:15:6:1$
3	4	$1:3:3:1$			

裂分峰之间的间隔（裂距）叫偶合常数（coupling constant），用 J 表示，单位为 Hz。互相偶合的氢，它们的偶合常数相等。乙醇分子中甲基与亚甲上的氢之间的偶合常数为 6.2Hz，并且它们相互偶合的两组峰都是从最外面的一个峰开始逐渐向上倾斜，如：

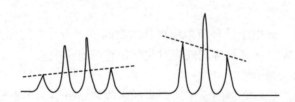

因此，可以利用偶合常数的大小、峰型和化学位移等判断不同氢之间的相互关系。但需要说明的是：上述的一些规律只适合于分子中不同氢的化学位移之差比它们的偶合常数大得多的情况，否则谱图就比较复杂。此外，两个质子相隔少于或等于三个单键时发生偶合裂分，相隔三个单键以上，偶合作用极弱，偶合常数趋于零。

4. 积分曲线

核磁共振谱图中的峰面积与相应氢的数目成正比，峰面积一般采用阶梯式的积分曲线（integral curve）表示。积分曲线的高度代表总氢数，每个阶梯的高度与相应的氢数成正比。据此，由被测物质的分子式可以求出分子中各种氢的数目。

15.4.4 核磁共振氢谱的解析和应用

根据有机化合物的核磁共振氢谱图，不但可以推测分子有几种不同的氢及其数目比，还可以根据裂分情况及偶合常数等推测它们的相对位置。

例 1 解析乙醇的核磁共振氢谱

根据前面所讲的一些简单的规律，乙醇(CH_3CH_2OH)的核磁共振氢谱中，OH 的氢应该被 CH_2 裂分为三重峰；CH_2 的氢应该被 CH_3 和 OH 的氢裂分为八重峰。实际上，一般乙醇的核磁共振氢谱见图 16-9，OH 的氢只有一个单峰；CH_2 的氢在邻近 CH_3 上三个氢的影响下以四重峰(3+1=4)的形式出现。CH_3 的氢在相邻 CH_2 上两个氢的影响下以三重峰(2+1=3)的形式出现。

上述情况普遍存在于醇、胺和羧酸中，即 OH、NH_2、COOH 的 H 在核磁共振氢谱中，一般都呈单峰，而且 δ 值随测定样品的浓度及测定温度而改变。

例 2 已知某化合物分子式为 C_8H_9Cl，其核磁共振氢谱见图 15-14，试推断该化合物可能的构造式。

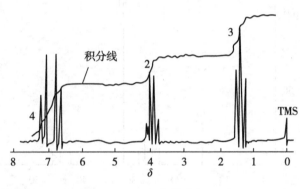

图 15-14 C_8H_9Cl 的 ^1H NMR

推断过程如下：

(1)根据分子式计算不饱和度，确定分子中是否有苯环或重键等。

C_8H_9Cl 的不饱和度 = 1+8+1/2(0-10) = 4。分子可能有苯环。

(2)根据积分曲线和分子式确定每组氢的数目。

确定分子中有三组氢，每组氢的数目分别为 4、2、3。

(3)根据常见氢的化学位移确定基团类型。

δ=6.6~7.4 为苯环的 4 个氢，苯为二取代；δ=3.7~4.2 为亚甲基 CH_2 的氢，四重峰为相邻的甲基 CH_3 氢的影响；同理，δ=1.2~1.6 为甲基。

(4)C_8H_9Cl 可能的构造式：

$$Cl-\!\!\!\!\bigcirc\!\!\!\!-CH_2CH_3$$

15.5　质谱

质谱就是把化合物分子用一定方式裂解后生成的各种离子，按质量大小排列的图谱。测定量较少，只需 1mg 左右，最少用量为几毫克。

15.5.1　质谱的表示方法

质谱常采用质谱图和质谱表来表示。

1. 质谱图

绝大多数质谱图都是简化以后的线条图。横坐标表示质荷比（m/z），即化合物被裂解后生成的离子的质量与电荷的比例，实际上指离子质量；纵坐标表示离子的相对丰度（RI）也称相对强度。质荷比最大的峰通常为分子离子峰；相对丰度是以最强的峰（基峰）作为标准，它的强度定为 100，其他离子峰强度以基峰的百分比表示。图 15-15 为乙醇的质谱图，其中，$m/z=31$ 的峰为基峰；$m/z=46$ 的峰为分子离子峰。

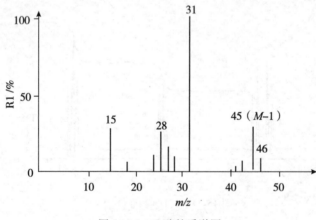

图 15-15　乙醇的质谱图

2. 质谱表

化合物裂解后，碎片离子的质荷比和相对丰度以表格形式列出。

15.5.2　质谱的基本原理

将分子离解成不同的、带正电荷的离子，将这些正离子加速，引进磁场内，这些离子在磁场内轨道的偏转和它们的质荷比有关，质谱仪记录样品的质谱图。图 15-16 所示为单聚焦质谱仪的构造示意图。

分子量为 M 的化合物在高温汽化后被引进容器 A，然后经过可控制狭缝 B 慢慢进入离解室内，在那里，这些分子被一束高速电子流（能量通常是 70ev 左右）撞击，分子和电子撞击的结果，可以产生不同的反应，其中一个反应就是分子本身的一个电子被撞击而脱掉，形成一个带正电荷的分子离子：

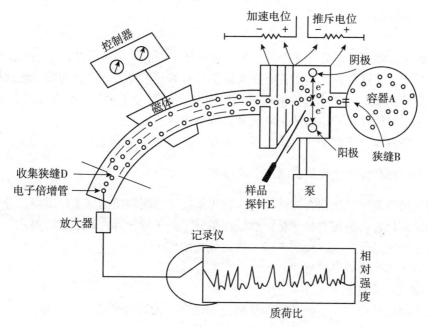

图 15-16　单聚焦质谱仪示意图

$$M+e^-(高速)\longrightarrow \overset{+}{\underset{\cdot}{M}}+2e^-(低速)$$

式中，$\overset{+}{\underset{\cdot}{M}}$ 为分子离子，其中，"+"代表正电荷，"·"代表不成对的单电子。

通常有机化合物分子发生电离，仅需要 10～15ev 的能量。故当轰击电子的能量达 70ev 时，多余的能量能使分子离子中较不稳定的化学键断裂，产生碎片离子，这些碎片离子也可以继续分裂形成更多不同的、质量更小的离子。这些碎片阳离子经电场加速后通过第二个可控制大小的狭缝，进入高压区，使其加速，然后进入一磁场内，阳离子的轨道受到磁场的影响发生偏转，它的轨道半径与磁场强度、阳离子本身质量、电荷及速度有关：

$$m/z = \frac{H^2 r^2}{2v}$$

式中，H 为磁场强度，r 为离子轨道半径，v 为加速电压。

由上式可以测量离子的质荷比，各种阳离子经按质荷比大小依次通过收集狭缝，并发出信号，经放大器，由质谱记录仪绘制出质谱图。

15. 5. 3　质谱中离子的类型

有机物分子经电子束冲击后，质谱中主要产生分子离子、碎片离子及亚稳离子等，它们的丰度与分子结构和冲击电压有关。

1. 分子离子

一个分子不论通过何种电离方法使其丢失一个外层价电子而形成带正电荷的离子，称为分子离子。由分子离子所形成的峰叫分子离子峰。分子离子峰一般位于质荷比最高的位置，如果形成的分子离子比较稳定，则此峰的丰度相对较强。在通常情况下，分子离子的质荷比值就是样品的分子量。

2. 碎片离子

在质谱中，除了生成分子离子外，最大量的还是断裂分子离子结构中不稳定的价键所生成的碎片离子，这些碎片离子在解析质谱图时是非常重要的。一类物质一般都具有其特定的碎片离子，如果一个化合物的质谱图中有几个代表分子不同部分的主要碎片离子峰时，便可由这些碎片离子粗略地拼凑成其大致结构。

另外，还有同位素离子、重排离子，等等。

15.5.4　质谱在有机化合物结构测定中的应用

利用质谱图测定有机化合物结构时，首先是确定被测物质的分子离子峰，分子离子的质荷比就是该化合物的相对分子量，然后根据分子离子峰与碎片离子之间关系，再结合前面讲过的三种波谱等，最终得到准确可靠的分析结果。

判断分子离子峰的简单方法：

1. 必须是一个奇电子离子

当元素组成已知时，不饱和度为整数，则该离子为奇电子离子；不饱和度为半整数，该离子为偶电子离子

2. 质荷比

分子离子峰的质荷比应该最高(同位素峰除外，丰度较小的 $M+1$，$M+2$ 峰为同位素峰)。

3. 符合氮规则

由 C、H、O、N 组成的化合物中，若含奇数个 N，则分子离子峰的质荷比一定为奇数；反之为偶数。

4. 与邻近碎片离子峰质的荷比差值

分子离子峰与邻近的碎片离子峰之间质荷比差值有合理的解释。其差值在 4~14、21~25 区域内不合理。

例3　图 15-17 为 C_7H_{16} 或 $(CH_3CH_2)_3N$ 的质谱图，试推断之。

根据氮规则，C_7H_{16} 的分子离子峰质荷比为 100，$(CH_3CH_2)_3N$ 的分子离子峰质荷比为 101。基峰质荷比 86 与 $(CH_3CH_2)_3N$ 的分子离子峰质荷比相差 15($M- CH_3$)，其他碎片离子峰的形成如下：

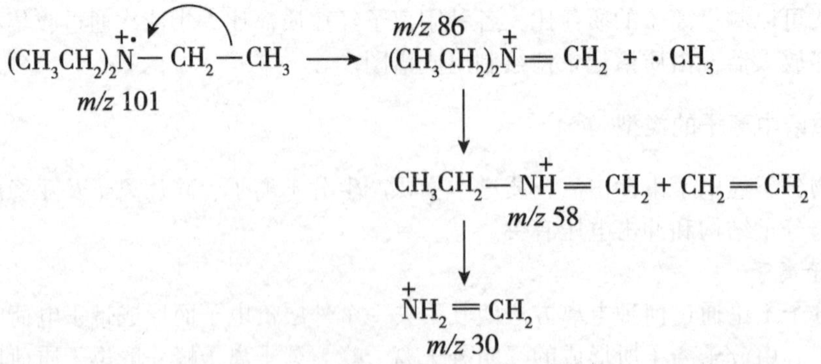

由上述推断，质谱图 15-17 属于 $(CH_3CH_2)_3N$。

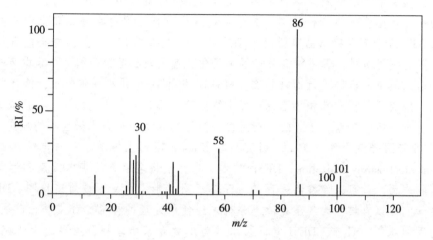

图 15-17　C_7H_{16} 或 $(CH_3CH_2)_3N$ 的质谱图

◎ 知识拓展

质谱新技术

近年来，质谱技术的发展主要集中在离子源和质量分析器两个核心部件。美国科学家 J. B. Fenn(芬恩)和日本科学家田中耕一分别因在电喷雾电离和基质辅助激光解析电离方面的杰出贡献，与瑞士科学家 K. WÜthrich(在核磁方面作出贡献)一起获得 2002 年诺贝尔化学奖。

出于复杂混合样品的分析需求，质谱经常与气相色谱或液相色谱联用，实现样品的多组分定量与定性分析。气相色谱–质谱联用仪器(GC-MS)中，电子轰击离子源(electronionization，EI)和化学电离离子源(chemical ionization，CI)是技术发展最成熟的常规离子源。GC-MS 适合于气体、易挥发有机物样品的测定。

在液相色谱–质谱联用仪器(LC-MS)中，发展最快的是新型软电离离子源，包括电喷雾离子源(electrospray ionization，ESI)、大气压化学离子源(atmospheric pressure chemical ionization，APCI)、大气压光电电离源(atmospheric pressure photo ionization，APPI)、ESI 源是样品液流在雾化气(N_2)辅助作用下，在高压电场中形成带电喷雾小液滴，小液滴因表面电荷聚集而发生库仑爆炸，使样品分子解离出来进入质谱。ESI 适于中至高极性小分子化合物。ESI 源因容易使样品带上多个电荷，而适合多肽、蛋白质等大分子分析。APCI 源是使样品液流在雾化气作用下被喷射通过加热区并气化，同时电晕针产生的电子流首先电离溶剂分子，生成反应离子，样品和反应离子发生离子–分子反应生成带电离子。一些弱极性或非极性有机化合物在 ESI 源和 APCI 源的作用下不容易电离，但在紫外光照射下容易吸收光子能量而被电离。APPI 源就是在大气压下利用光化学作用将样品离子化的离子源。APPI 源很好地弥补了 ESI 源和 APCI 源在弱极性或非极性有机化合物电离上的缺憾。

此外，还有基质辅助激光解析电离飞行时间质谱（MALDI-TOF MS），它是近年来发展起来的一种新型软电离有机质谱。其原理是基质与样品混合在金属靶上形成共结晶薄膜，当用 337nm 激光照射结晶薄膜时，基质分子吸收脉冲激光能量，并将能量传递给样品分子，同时提供质子，促进样品分子的离子化，基质与样品分子瞬间气化电离，在电场作用下加速从质量分析器飞行而被检测。MALDI 技术通过引入基质分子，使待测分子不产生碎片，解决了非挥发性和热不稳定性生物大分子解析离子化的问题。它已成为检测和鉴定多肽、蛋白质、多糖、核苷酸、糖蛋白、高聚物以及多种合成聚合物的强有力工具。

2004 年美国普渡大学的 Cooks 研究组在 *Science* 期刊上报道了一种电喷雾解吸电离（desorption electrospray ionization，DESI）技术。它直接将电喷雾的带电液滴和溶剂离子射向被分析物表面，就可以使样品表面的分子解吸附并带上电荷而被质谱检测。DESI 技术的突破在于它可以直接在大气压环境下分析未经任何处理的样品，如皮肤、砖块、花朵、尿迹、生理组织等。目前，DESI 电离技术只为少数专家所掌握，主要用于研究性使用，还没有商品化。DESI 源小型质谱在现场快速检测中具有非常好的应用潜力。

有机质谱因质量分析器不同而分为四极杆质谱、三重四极杆质谱、离子阱质谱、磁质谱、飞行时间质谱（TOF MS）、傅里叶变换质谱（FT-MS）等。四极杆质谱、三重四极杆质谱、离子阱质谱都属于低分辨质谱。高分辨质谱具有质量分辨率高、灵敏度高、相对分子质量精确、质量范围宽等强大功能，对确定化合物的元素组成和痕量成分在复杂背景中的确证和筛选、生物大分子分析等有重要意义。高分辨质谱的类型主要包括 TOF MS、磁质谱、傅里叶变换离子回旋共振质谱（FT ICR MS）、傅里叶变换静电场轨道阱（FT Orbitrap）。TOF MS 对小分子的分辨率可达 15000~20000 光谱半峰宽（FWHM），而 FT ICR MS 的分辨率高达 60000 光谱半峰宽，两者的检测灵敏度高至飞摩尔级。高分辨质谱对相对分子质量小于 500 的小分子的测定准确度在 5ppm 以下，可以提供化合物组成式信息，这对未知化合物的结构测定是非常重要的。近几年来高分辨串联质谱技术越来越受到青睐，各仪器公司最近都推出了电喷雾-四极杆/飞行时间串联质谱仪（ESI-Q/TOF MS）、电喷雾-离子阱/飞行时间串联质谱（ESI-IT/TOF MS），电场轨道阱回旋共振组合质谱仪（LTQ/Orbitrap MS）等新型仪器，进一步拓展了质谱仪的应用领域。

第16章　有机化学实验

有机化学是以实验为基础的科学，因此，有机化学实验是有机化学课程的重要组成部分。本章介绍有机化学实验必要的基础知识和基本操作技能。

16.1　有机化学实验基础知识

16.1.1　有机化学实验安全知识

有机化学实验中所用的试剂种类繁多，很多化学试剂具有易挥发、易燃、易爆、有毒或强腐蚀性等特点。实验过程中所用仪器多为不同类型的玻璃制品和电器设备等。因此，有机化学实验潜在一定的危险性，为了保证实验的顺利进行和实验室的安全，严格遵守实验室规则、规范操作，积极预防实验中常见事故的发生，防患于未然。

1. 有机化学实验规则

(1)实验前应认真预习相关实验内容，明确实验目的，了解实验原理、方法、步骤及注意事项。认真查阅实验过程中所用试剂、设备的特性，分析实验中可能存在的安全隐患及正确的处理方法。

(2)进入实验室后，严格遵守实验室纪律及各项规章制度。熟悉实验室和实验楼内灭火器材等应急设备以及急救药箱的放置地点和使用方法。清点仪器和试剂，如发现缺损应立即补领或更换。

(3)实验时听从教师指导，严格按照操作规程进行实验，认真操作，仔细观察，积极思考，随时科学、如实地做好实验记录。过程中不得擅自离开或更改实验内容。若发生意外事故，要冷静，及时采取应急措施，并立即报告指导老师。

(4)实验中，公用仪器和试剂用毕放回原处，保持实验室整洁和安静，做到地面、桌面、仪器、水槽"四净"，不得随意乱丢纸屑、药品、火柴棍、沸石等废弃物品。按实验老师的要求处置实验产生的废液或产品等。爱护仪器，节约水、电、试剂等。仪器有破损的，要登记补领。

(5)实验结束后，清洗仪器、整理实验台面，经指导老师审阅记录后方可离开实验室。值日生负责打扫和整理实验室，清理废物缸内的废物，检查并关好水、电、门窗，最后经指导老师同意后方可离开实验室。

(6)实验后，认真完成实验报告，按时上交。

2. 实验室常见事故及其预防和处理方法

实验室事故有很多源于室内易燃、易爆、有毒、有腐蚀性等危险品，因此，防火、防爆、防中毒已成为有机实验中的不可忽视的问题。同时还应注意要安全用电，防止割伤和灼伤等事故的发生。

(1)火灾的预防和处理方法　实验室中使用的有机溶剂大多数是易燃物，着火是有机实验室常见的事故之一，为避免火灾，对于乙醇等易挥发易燃的物质，操作者必须注意以下几点：

① 易燃物　不能用敞口容器盛放易燃溶剂，用完马上盖严瓶口；不能使易燃物质靠近明火，加热时应根据实验要求及易燃物的特点，选择水浴、油浴或电热套等适当的热源及装置；使用可燃性气体时，要提前检查仪器装置，防止气体逸出，避免明火，保持室内良好通风；实验室内不得大量贮放易燃物，不得随意处置易燃及易挥发物废液，听从教师的安排。

② 不得把燃着的或有火星的火柴梗或纸条等丢入废物缸中或水槽内，以免发生危险。

③ 活泼金属　禁止随意丢弃，按照要求进行处理。

实验室如果发生着火事故，应沉着冷静，切断电源，迅速移开未着火的易燃物。若火势较小，可用石棉布、沙子或湿布覆盖熄灭，但不可用水；如果着火面积较大，根据着火的具体情况采取以下不同的处理方法。

① 有机试剂　使用干粉灭火器、二氧化碳灭火器、泡沫灭火器等灭火，千万不能用水灭火，否则会酿成更大的火灾。

② 电器着火　应立即切断电源，然后再用二氧化碳灭火器、干粉灭火器或四氯化碳灭火器灭火(四氯化碳在高温时生成剧毒的光气，通风不好的实验室忌用)，因为这些灭火剂不导电，但决不能用水和泡沫灭火器。

③ 油类着火　用沙子、灭火器或干燥的碳酸氢钠或碳酸钠粉末灭火。

④ 衣服着火　切勿奔跑，应立即脱掉衣服或用防火毯覆盖着火处；若火势较大，一边呼救，同时立即就地打滚或用防火毯把着火部位包起来，隔绝空气而灭火。

总之，当火灾发生时，应根据起火原因和火场周围的情况，采取不同的方法进行灭火。不管采用哪种灭火器都应该从火的周围开始向中心扑灭。

(2)爆炸的预防和处理方法　对爆炸事故应以预防为主，在有机化学实验里一般预防爆炸的措施有以下几种：

① 实验装置或操作不当，往往有发生爆炸的危险。如常压蒸馏和加热回流装置不能密闭，必须与大气相通，常压蒸馏不能蒸干。

② 容易引起爆炸的化合物。低沸点的有机溶剂蒸气与空气一定比例混合后遇明火就爆炸，如乙醚，在通风处中进行使用；有机过氧化物、芳香族多硝基化合物和硝酸酯等受热或敲击会发生爆炸，使用时不能蒸干或敲击；久置的乙醚等易产生过氧化物的试剂，使用前必须检查，如有过氧化物存在，应小心处理后才能使用；卤代烷与金属钠的反应过猛，往往会发生爆炸，应采取必要的防爆措施：使用不起静电的木勺，戴好护目镜，拉下防护罩等。

③ 对于危险的残渣，必须小心销毁。例如，重金属乙炔化物可用浓盐酸或浓硝酸使它分解，重氮化合物可加水煮沸使它分解，等等。

(3)中毒的预防和处理方法　实验中涉及有毒或有腐蚀性物质时，严格遵循操作规程，在通风橱中进行，同时做好个人防护(戴橡皮手套、面罩等)。实验后的有毒残渣和仪器必须作妥善而有效的处理，不准乱丢。在实验室不能饮食。处理方法见 3.(5)。

(4)触电的预防和处理方法　使用电器时，不能用湿手或手握湿的物体接触电插头。为了防止触电，电器的金属外壳等都应接地线，插头接线和电线应完好。使用时先插上插头，接通电源，再打开仪器开关。实验后应切断电源，拔下电源插头。处理方法见3.(6)。

3. 实验室急救常识

(1)玻璃割伤　应及时挤出污血，用已消毒的镊子将伤口处的玻璃屑取出，蒸馏水洗净伤口，涂以碘酒或红汞药水，用纱布包扎，严重时采取止血措施，立即就医。

(2)火伤　轻者涂以苦味酸或硼酸油膏；重者急送医院治疗。

(3)烫伤　伤处皮肤未破时，可涂擦饱和碳酸氢钠溶液或用碳酸氢钠粉调成糊状敷于伤处，也可抹烫伤膏、玉树油或75%酒精消毒后涂上蓝油烃；如果伤处皮肤已破，可涂些紫药水或1%高锰酸钾溶液。如果伤面较大，深度达真皮，应小心用75%酒精处理，并涂上烫伤油膏后包扎，立即就医。

(4)试剂灼伤　被酸、碱或溴烧伤后，应立即用大量水洗，然后再根据不同情况分别处理。处理后，重者送医院治疗。

① 浓酸烧伤　用3%～5%碳酸氢钠溶液洗涤，然后涂烫伤药膏，用纱布包好，眼用1%碳酸氢钠溶液冲洗。

② 浓碱烧伤　用1%～2%硼酸或乙酸溶液洗涤，最后再用水洗，涂以凡士林。

③ 溴烧伤　用酒精擦至无溴液，然后涂上甘油或烫伤油膏。眼用1%碳酸氢钠溶液冲洗。

(5)中毒　一旦发生试剂中毒，应先明确毒源，再根据毒物的性质采取进一步措施。具体如下：

① 皮肤接触　用酒精擦洗，然后用肥皂和大量水洗。

② 吞下强酸　先饮大量水，然后服用氢氧化铝膏、牛奶、鸡蛋白。

③ 吞下强碱　先饮大量水，然后服用醋、酸果汁、牛奶、鸡蛋白。

④ 气体中毒　将患者移出室外，解开衣领及纽扣。若吸入少量氯气、溴蒸汽、氯化氢等，可用碳酸氢钠漱口。

注意：酸碱中毒都不要吃呕吐剂，较重者，经初步处理后应立即送医院急救。

(6)触电　万一触电，应立即拉下电闸，切断电源，或用不导电物使接触者与电源隔离，然后对接触者进行人工呼吸，并急送医疗单位抢救。

16.1.2　有机化学实验基本要求

有机化学实验的基本要求包括实验预习、实验记录和实验报告三部分。

1. 实验预习

实验预习是做好实验的前提和保证。实验前，首先要认真阅读实验教材及相关参考资料，明确实验目的和实验要求，熟悉实验原理、实验内容和实验步骤，了解所用试剂的性能及仪器设备的使用方法，牢记实验条件和实验过程中的有关注意事项。做到心中有数，避免盲目地实验，提高实验效果。在预习的基础上完成实验预习报告。

有机化学实验预习报告主要包括：

(1)实验目的　实验要达到的主要目的。

(2)实验原理　实验的主反应、可能的副反应、反应机理及实验操作的原理等。

(3)物理常数　主要试剂和产品的物理性质

(4)实验装置　画出主要实验装置图。

(5)实验步骤　简要写出实验操作步骤，在备注中注明每步操作的注意事项。

(6)数据记录　在数据记录表中，填写试剂及材料的实验用量及产品的理论值。

上实验课时，教师检查预习报告，未达到要求者不允许做实验。

2.　实验记录

实验记录是实验的原始记录，是撰写实验报告的主要事实依据，为保证实验结果的真实性和准确性，在实验中一定要养成一规范操作、仔细观察、积极思考、及时准确记录实验现象和数据的良好习惯和严谨的科学作风，不能追记、漏记和凭想象记。有机化学实验记录一般包括以下内容：

(1)实验现象　是否有吸放热、有无颜色变化、有无沉淀或气体产生、分层与否、固体溶解情况等。

(2)实验数据　试剂用量、产品的量及物理常数(沸点、熔点、比重、质量、折光率、体积等)。

(3)产品样貌　色泽、晶形等。

(4)其他　操作失误或异常现象等。

实验记录要求实事求是，尤其是与预期相反或与教材、文献资料所述不一致的现象更应详实描述，以利于分析原因。实验记录描述简明扼要规范，字迹整洁。

实验结束后，将实验记录和产品一并交给指导老师审阅签字。如果没有达到实验要求，找出原因，必要时重做实验。

有机化学实验记录的格式可以参考如下：

实验名称

实验日期　　　　室温

时间	步骤	现象	备注

3.　实验报告

实验报告是对所做实验的总结。撰写规范、准确与完整的实验报告是有机化学实验课的基本要求之一。实验完成后，学生必须及时认真地处理实验数据，并对数据、实验现象以及实验中出现的问题加以分析讨论，总结经验教训，按要求认真写出实验报告。通过撰写实验报告，有助于将直接的感性认识提升为理性认识，巩固实验过程中取得的成果，培养学生分析问题、解决问题的能力，同时也训练了学生撰写科技论文的基本能力。有机化学实验报告的内容与预习报告基本相同，参考格式如下（根据实验性质的不同可增减）：

日期 ＿＿＿＿ 天气 ＿＿＿＿ 专业 ＿＿＿＿ 班级 ＿＿＿＿ 姓名 ＿＿＿＿ 学号 ＿＿＿＿

合作者＿＿＿＿ 学号 ＿＿＿＿

实验（编号）＿＿＿＿（实验名称）

一、实验目的

二、实验原理

（主反应及可能的副反应的反应方程式；实验方法的原理；反应机理等）

三、主要仪器与试剂

1. 仪器（主要仪器的名称、型号及厂家）

2. 药品（主要试剂的名称、规格及生产商）

3. 主要试剂及产物或产品的物理常数

名称	构造式	分子量	沸点/℃	熔点/℃	折射率	溶解性	相对密度

四、实验装置图

（主要实验装置图，要求：铅笔画图，比例适当规范）

五、实验步骤及现象（或实验流程图）

时间	步骤	现象	备注
	（简明扼要）	（准确）	（注意事项及异常情况等）

六、实验数据记录表

（主要试剂的用量、产品的理论及实际量等）

七、实验结果和数据处理

（产品状态、质量、提取率或产率等计算及相应分析）

$$产率 = \frac{实际产量}{理论产量} \times 100\%$$

式中：理论产量是指假定为基准的原料（投料中不足量的物质）全部转化为产品时的产量

八、实验总结

（实验收获、异常现象的分析、对实验的建议及注意事项等）

九、思考题

16.2　有机化学实验内容

16.2.1　熔点测定技术训练——熔点的测定

一、实验目的

1. 了解熔点测定的基本原理和意义。

2. 掌握毛细管法测定熔点的基本操作方法。

二、实验原理

熔点是在一定外压下晶体物质与其液态呈平衡时的温度，此时固相与液相的饱和蒸气压相等。纯净的晶体有机化合物一般都有固定的熔点。一定压力下，固、液两态之间的变化是非常敏锐的，物质受热后，从开始熔化到全部熔化存在一个温度区间，称为熔程。纯净晶体有机物的熔程一般不超过 $0.5 \sim 1$ ℃。当该化合物含有杂质时，其熔程增大、熔点降低。因此，当初步鉴定晶体有机化合物或定性检验其纯度时，首先测定它的熔点进行判断。

将两个熔点相同的晶体有机化合物等量均匀混合，测定混合物的熔点，称为混合熔点法。该方法常用于鉴别两者是否同一物质：如果混合物熔点降低(下降 10 ℃ ~ 30 ℃)，熔程增大，则可以判定两者不是同一物质；如果熔点不变，说明二者为同一物质。

多数有机化合物的熔点在 400 ℃ 以下，但有少数有机化合物容易分解，没有固定的熔点，熔程也较大。这是因为它们受热后，在尚未熔化之前就分解了，由于分解产物的存在，相当于给样品掺入了杂质。这类物质分解与加热的速率有关，往往是加热快，则测得的熔点高；加热慢，则测得的熔点低。有时在测定物质的熔点时，发现样品熔化过程中有变色或冒泡，说明物质发生了分解，此时的温度是分解点，报告熔点时，应注明，例如 240 ℃(分解)。

常用的测定熔点的方法有提勒管熔点测定法和显微熔点测定法。本实验采用仪器简单，操作便捷的毛细管法(又称提勒管法)测定熔点。

三、仪器与试剂

1. 仪器：提勒(Thiele)管(又称 b 形管)，酒精灯，铁架台，温度计(200 ℃)，玻璃管(0.5 cm×50 cm)，表面皿，毛细管(0.9 mm×50 mm)。

2. 试剂：苯甲酸，未知样品(尿素或水杨酸)，液体石蜡。

四、实验步骤

1. 准备熔点管

将毛细管一端插入酒精灯外焰处，并倾斜 45 °匀速转动加热至烧熔封口，制得实验所需熔点管。

2. 装填样品

将适量充分干燥、研细的待测样品放在洁净的表面皿上，聚成小堆，将熔点管开口端插入样品粉末中，使少量样品挤入熔点管中。然后将熔点管开口向上投入准备好的垂直于实验台面的玻璃管中，让其自由下落，使样品粉末在管底装填均匀密实，如此重复 3 次左右，直至毛细管内样品填充高 2~3 mm，擦净熔点管外的样品粉末以免污染热浴液体，每个样品装填 2~3 支。

3. 安装仪器

如图 16-1 所示，将装有液体石蜡(液面与提勒管上侧口的上沿齐)的提勒管固定在铁架台的合适位置，把装填好样品的熔点管用橡皮圈固定在温度计的一侧，使熔点管的样品柱部分紧贴在温度计水银球的中央部位，将固定好熔点管的温度计小心地插入液体石蜡中(注意橡皮圈应在液体石蜡液面 1 cm 以上)，用缺口塞把温度计固定好(温度计刻度面向单孔塞缺口)，使温度计及样品管垂直悬浸在液体石蜡中，温度计的水银球位于提勒管两侧管中部(因为此处对流循环好，温度均匀)，温度计不与提勒管壁接触，样品柱应面对观察者。

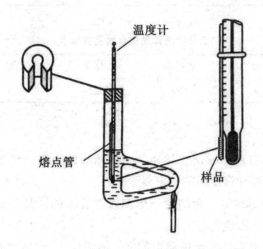

图 16-1 提勒管法测定熔点装置

4. 测定熔点

用酒精灯在提勒管弯曲部位下方缓慢加热，使液体石蜡沿管向上运动，起到传热搅拌作用，从而促使整个提勒管内溶液呈对流循环，保证温度均匀。开始时可较快加热(约每分钟升温 5 ℃左右)，当温度上升到距离该化合物熔点约 15 ℃时，改用小火加热(每分钟升温 1~2 ℃)，愈接近熔点升温速度应愈缓慢(每分钟 0.2~0.3 ℃)。仔细观察熔点管中样品的熔化情况，当样品开始塌陷、湿润且伴有小液滴出现时，表示样品已经开始熔化，记录此温度(初熔温度 t_1℃)，继续小心加热，直至固体样品刚刚消失变成透明液体时，记录此温度(全熔温度 t_2℃)。样品的熔点记为：t_1℃~t_2℃。

在加热过程中，如果发现试样有萎缩、变色、升华、发泡、碳化等现象，应如实记录。

每种样品至少要测定两次，每一次都必须用新的熔点管装样品进行测定，而且必须等待液体石蜡冷却到低于此样品熔点 30 ℃左右，才能进行下一次测定。测定已知物的熔点时，一般测定两次，两次测定误差不能大于±1℃。测定未知物的熔点时，需要测定三次，一次粗测，两次精测，且至少应有两次重复的数据。

按照上述步骤分别测定苯甲酸和未知样品的熔点。实验结束后，收拾整理实验台。

5. 实验记录

试样	测定次数	$t_1/℃$	$t_2/℃$	$t_1\sim t_2/℃$	文献值/℃
苯甲酸	1				
	2				
未知样品	1				
	2				
	3				

附表　　　　　　　　　部分标准样品化合物及其熔点

化合物	苯甲酸	水杨酸	尿素	乙酰苯胺	二苯胺
熔点/℃	122.4	159	132.7	114	53

五、实验注意事项

1. 常用的导热介质有液体石蜡、甘油、硅油和浓硫酸等。导热介质的选择根据待测样品的熔点而定，并且提勒管使用前一定要干燥。

2. 熔点管一端必须熔封好，否则会产生漏管，装入的样品一定要研细、密实，使热量的传导迅速均匀，否则影响测定结果。

3. 样品不干燥或含有杂质，会使熔点偏低，熔程增大；样品量太少不便于观察，测定熔点结果偏低；样品量太多会造成熔程增大，测定熔点结果偏高；样品应研细装实，并且紧贴于温度计水银球的中部。

4. 实验过程中要控制好升温速度，缓慢加热，确保有充分的时间让热量由管外传至管内，降低实验误差。

5. 导热介质过多，不利于导热介质的循环；另外，导热介质受热后膨胀与橡皮圈接触，使橡皮圈溶胀与熔点管一同落入导热介质，导致实验失败，导热油被污染。

六、实验思考题

1. 在实验过程中，用到酒精灯、液体石蜡等试剂与仪器，从安全角度考虑需要注意哪些问题？

2. 影响熔点测定的因素有哪些？

3. 为什么一根毛细管中的样品只用于一次测定？

4. 有 A、B、C 三种样品，其熔点都是 132~133 ℃，用什么方法可判断它们是否为同一物质？

◎ 实验拓展

MP470 全自动视频熔点仪

MP470 全自动视频熔点仪(见下图),融入了图像检测和视频拍摄技术,通过直观地观察样品的变化曲线和实时图形,测定熔点。样品细节变化清晰可见,并实现自动录制视频、视频回放与图谱同步等功能,可通过实时视频画面观察颜色变化判定熔融温度和分解温度。全自动视频熔点仪可实现药物、试剂、香料等有机结晶物质的熔点测定。测试前需对样品进行干燥、研磨处理,标准毛细管装样(3~5 mm)后,插入全自动熔点仪中。样品编号、名称、起始温度、升温速率、停止温度以及测试方式(手动测试、自动测试)、测试时间等参数设置完成后即可以进行熔点的测试。MP470 全自动视频熔点仪可同时测试 4 个样品,测试结束后将会自动保存本次实验的测试视频,可在"数据"功能中进行回放查看,也可将数据导出。与传统提勒管熔点测定方法相比,全自动视频熔点仪提供了高效便捷的测试方法和准确、稳定、可靠的测试结果。

16.2.2 蒸馏操作训练——乙醇蒸馏与沸点的测定

一、实验目的

1. 了解蒸馏的原理、基本操作技术及实际应用的意义。

2. 掌握常压蒸馏测定沸点的原理和方法。

二、实验原理

当液态物质的饱和蒸气压等于外界大气压力时,液体开始沸腾,此时体系所处的温度就是该物质在当时大气压力下的沸点。外界压力越大,液体沸腾时蒸气压越高,沸点越高;相反,外界压力越小,液体沸腾时的蒸气压越低,沸点越低,通常把外压为一个大气压时的沸腾温度定义为液体的正常沸点。

将液体物质加热至沸腾,使之变成蒸气,然后将蒸气再冷凝为液体,这个过程称为蒸馏。对于沸点不同的液体物质混合物，加热时，沸点较低的物质先达到沸点而蒸出，整个过程温度变化(沸程：沸点变化范围)很小，通常在一定外压下，纯液态物质沸程为 0.5 ℃ ~ 1 ℃，直到该物质蒸发完，体系的温度才继续升高，当达到较高物质的沸点时，高沸点的液态物质才蒸出，不挥发的物质留在瓶底。因此，蒸馏可以作为测定沸点的方法，由于试样用量较大，通常称为常量法；蒸馏也是分离和提纯沸点相差较大(相差 30℃)液态有机化合物的最常用的方法之一；测定沸点也是鉴定有机化合物和判断其纯度的依据之一。

本实验利用常压蒸馏测定乙醇的沸点。

三、仪器、试剂和材料

1. 仪器：100mL 圆底烧瓶，蒸馏头，150℃ 的温度计及套管，直形冷凝管，接液管，100mL 锥形瓶(2 只)，铁夹(2 个)，铁架台(2 个)，电热套，50mL 量筒，长颈漏斗。

2. 试剂和材料：95% 乙醇，沸石(或玻璃珠)。

四、实验步骤

1. 安装仪器

如图 16-2 所示，遵循由下向上、从左到右的原则安装常压蒸馏装置。根据电热套的高度，首先用铁夹夹住烧瓶颈部垂直固定在铁架台上，烧瓶不能与电热套接触(瓶底与电热套底部相距 1.0cm 左右)，将带有温度计的蒸馏头插入烧瓶，注意温度计的位置。冷凝管与蒸馏头的侧管相连，调整冷凝管倾斜度(与蒸馏头侧管同轴)，铁夹夹住冷凝管的中部固定于另一铁架台上，冷凝管进水口用乳胶管连接水龙头，出水口用乳胶管引入下水道(下进上出)。最后连接接液管和接收器。

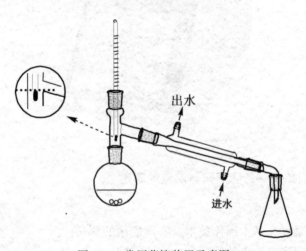

图 16-2　常压蒸馏装置示意图

2. 蒸馏与沸点测定

(1)加料　取下温度计，用量筒量取 50mL 95% 乙醇，通过长颈漏斗(避免液态流入冷凝管中)倒入烧瓶内，加 2~3 粒沸石，插上温度计。检查装置各连接部位是否严密。

(2)蒸馏测沸点　接通冷凝水，水流不宜过大。通电加热，调节电热套电压，开始的电压可以高些，加热速度快些，当瓶内液体开始沸腾时，温度会快速上升，控制流出液每秒1~2滴为宜，保证温度计下端经常挂有液滴，温度恒定，表明已达液-气平衡，记录此时的温度，即为蒸出液的沸点。收集乙醇的温度范围为：77~79℃。

沸程：当温度达到已知液体物质的沸点，流出第一滴液体时的温度记为t_0℃，温度和流速稳定时的温度记为t_1℃，即为该液体沸点，在沸点温度下，液体蒸完(不能蒸干，烧瓶内剩余液约为1 mL)的温度记为t_2℃。沸程记为：t_0~t_2℃。

注意：若在已知液体物质的沸点之前有液体流出，则为前馏分。因此，应准备2个已经称重，且干净的接收器。

3. 结束实验 蒸馏完成，关闭电源，所得乙醇用量筒计量后倒入回收瓶中。待蒸馏烧瓶温度接近室温后，关闭冷凝水，拆卸仪器(与安装顺序相反)，最后清理实验台卫生。

4. 实验数据

液体	第一滴液体t_0/℃	沸点t_1/℃	最后一滴液体t_2/℃	95%乙醇的用量/ mL	乙醇回收量/ mL
乙醇					

根据收集乙醇的体积，计算乙醇回收率。

五、实验注意事项

1. 安装仪器时，所有仪器的轴线都要在同一平面内；注意各部分(除接液管与接收器之间除外)应连接严密，以防乙醇气体逸出，造成危险。

2. 本实验中，注意水、电及玻璃仪器的安全使用，尤其是水银温度计，如果破损，水银蒸气污染实验室环境。

3. 为防止在加热有机液体过程中因过热而引起的液体爆沸现象，保证实验安全，常在加热前加入止瀑剂。常用的止瀑剂有多孔性沸石、玻璃珠、毛细管(一端封口)和无釉碎瓷粒等。若加热后发现未加止瀑剂，必须先撤掉热源，待加热液体冷至沸点以下方可加入。若中途因其他原因停止加热，重新加热时，应加入新的止瀑剂(不适用于玻璃珠)。

4. 蒸馏液体积一般为烧瓶体积的1/3~2/3。

5. 温度计水银球的上沿应与蒸馏头侧管口的下沿相齐。

六、实验思考题

1. 从安全角度考虑，在进行蒸馏操作时应注意哪些问题？

2. 蒸馏时加入沸石的作用是什么？应在什么阶段加入沸石？如果蒸馏前忘记加沸石，如何补加？当重新蒸馏时，用过的沸石能否继续使用？

3. 如果某种液体蒸馏时具有恒定的沸点，那么能否认为它是单一纯物质？

◎ **实验拓展**

旋转蒸发仪

减压蒸馏(又称真空蒸馏)是分离和提纯化合物的一种重要方法，尤其适用于高沸点物质和那些在常压蒸馏时未达到沸点就已受热分解、氧化或聚合的化合物的分离和提纯。

旋转蒸发仪就是用于减压条件下连续蒸馏大量易挥发的有机溶剂，尤其适合于萃取液和色谱分离时的接受液的快速浓缩，以达到分离和纯化的目的。下图是应用十分广泛的直立式减压旋转蒸发仪，它由冷却系统、真空泵和蒸馏装置三部分组成，其中蒸馏系统包含如下图所示的 7 个重要部件。操作步骤如下：

　　1. 仪器如图安装好，打开真空泵，检查装置的气密性之后，打开 6，关闭真空泵。

　　2. 将盛有待浓缩混合液的蒸馏瓶固定好以后，通过控制面板调整蒸馏瓶在水浴锅中的合适位置。在转速、温度和液体量合适的情况下，蒸馏瓶一般不加沸石，因为在负压条件下，蒸馏瓶在恒温水浴锅中旋转，由于瓶内液体与瓶间的向心力和摩擦力作用，瓶内壁形成液体薄膜，使液体受热面积和蒸发面积加大，不易爆沸。

　　3. 打开循环冷却器，冷却液通常为水和乙二醇混合物或无水乙醇。

　　4. 打开隔膜真空泵，关闭真空旋塞，调节好合适的温度和转速后开始蒸馏，通过调节温度和系统内真空度可以控制蒸馏的快慢，切忌蒸馏过快使液体爆沸。

　　5. 蒸馏完成后，依次关闭热源、打开真空旋塞、关闭真空泵、取下蒸馏瓶、关闭循环冷却器、取下接液瓶。

循环冷却器　　　　旋转蒸发系统　　　　隔膜真空泵
1—加热水浴锅　2—控制面板　3—蒸馏瓶　4—接液瓶
5—旋转马达　6—真空旋塞　7—双层冷凝管

16.2.3　有机合成实训——乙酸乙酯的制备

一、实验目的
1. 学习和掌握乙酸乙酯的制备原理和方法。
2. 巩固蒸馏操作，掌握分液漏斗的使用方法、液体化合物的洗涤及干燥等操作。
二、实验原理
乙酸和乙醇经质子酸催化发生酯化反应得到乙酸乙酯。

$$CH_3CH_2OH + CH_3COOH \underset{}{\overset{H^+}{\rightleftharpoons}} CH_3COOC_2H_5 + H_2O$$

酯化反应是可逆反应。本实验加入过量乙醇有利于平衡向生成酯的方向移动，提高酯的收率。反应温度应控制在110℃～125℃，如果温度过高，则有副产物生成。

$$CH_3CH_2OH \xrightarrow[>140℃]{H^+} CH_3CH_2OCH_2CH_3 + CH_2=CH_2$$

通过精制操作除去粗产品中少量的乙酸、乙醇和乙醚等杂质。

三、仪器、试剂和材料

1. 仪器：100 mL 二口烧瓶(或三口烧瓶)，球形冷凝管，200 ℃的温度计及套管，蒸馏头，直形冷凝管，接液管，100 mL 锥形瓶(2 只)，100 mL 分液液漏斗，10 mL 量筒，50 mL 量筒，铁夹，铁架台，铁圈，电热套，长颈漏斗，100 mL 圆底烧瓶，阿贝折光仪。

2. 试剂和材料：冰醋酸，无水乙醇，硫酸氢钠，饱和碳酸钠溶液，饱和氯化钠溶液，饱和氯化钙溶液，无水硫酸钠，沸石(或玻璃珠)，滤纸。

四、实验步骤

1. 粗产品的制备

在干燥的100 mL 二口烧瓶中，加入20 mL 无水乙醇、2g～2.5g 硫酸氢钠以及2～3粒沸石，然后在通风橱里向烧瓶中加入10 mL 冰醋酸，按图16-3安装仪器，并用铁夹分别夹住烧瓶的直口颈部和球形冷凝管的中部，将其放入加热套里(瓶底与电热套底部相距1.0 cm左右)。温度计插入侧口，使水银球处于液面下，距瓶底1cm左右。接通冷凝水，调整好合适的加热功率，使反应温度保持在120 ℃左右，加热回流50分钟后停止反应，待反应瓶冷却至室温后将回流装置改为常压蒸馏装置(见16.2.2小节)，加热蒸馏，用锥形瓶收集75 ℃～80 ℃之间的馏分得到乙酸乙酯粗产品。

2. 粗产品的精制

(1)往盛有粗产品的锥形瓶中慢慢加入饱和碳酸钠溶液10mL，以除去未反应的醋酸，轻轻摇动锥形瓶，至无二氧化碳逸出。将混合液转入分液漏斗，充分振荡并放气(见图16-4)，分液漏斗置于铁架台的铁圈上，静置分层后，打开漏斗活塞，弃去下层水相，用pH试纸检验酯相，如呈酸性，需继续加入饱和碳酸钠溶液(重复上述操作)中和至酯相不显酸性为止。

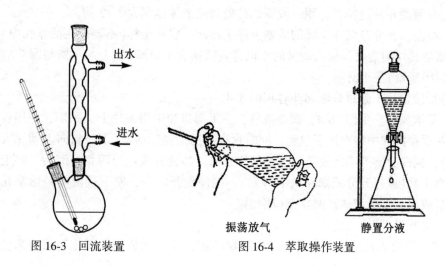

图16-3 回流装置　　　图16-4 萃取操作装置

出水　进水　振荡放气　静置分液

（2）在分液漏斗中加入 10 mL 饱和食盐水洗涤酯相中的碳酸钠、醋酸钠等，充分振荡放气、静置分层后除去下层水溶液。

（3）用 10 mL 饱和氯化钙溶液分两次洗涤酯相，操作同上，弃去下层水溶液，得酯层。

将酯层从分液漏斗上口倒入干燥的锥形瓶中，加入 2g 无水硫酸钠干燥 20min，将干燥好的酯层通过漏斗过滤到干燥的圆底烧瓶中，加入沸石蒸馏并收集 73℃~78 ℃的馏分；称重或量取产品体积，计算产率。

3. 检测

用阿贝折光仪测定产品的折射率，并与文献值比较，分析产品质量。

纯乙酸乙酯为无色透明液体，沸点 77.1℃，相对密度 $d_4^{20} = 0.9003$，折射率 $n_D^{20} = 1.3723$。

4. 结束实验　双口瓶中残液和产品酯分别倒入相应的回收瓶中，收拾整理实验台。

5. 实验数据

物质	乙醇/ mol	乙酸/ mol	乙酸乙酯/ g

五、实验注意事项

1. 为提高酯的产率，醇或酸哪种过量取决于它们的价格。

2. 酯化反应是可逆反应，产物中有水，所以使用的玻璃仪器要干燥，以免降低产率。

3. 乙醇、乙酸乙酯是易燃液体，加热时烧瓶与蒸馏头的接口处须严密不漏气，以防泄露引发火灾。

4. 粗产品用饱和碳酸钠溶液洗涤后，一定要先用饱和氯化钠溶液洗涤，再用饱和氯化钙溶液洗涤，若次序相反，会产生碳酸钙絮状物，使分离困难。

5. 液-液萃取。

（1）分液漏斗的选择。容积一般要比待处理的液体体积大 1~2 倍。

（2）检漏。在分液漏斗干燥的活塞上涂上薄薄一层凡士林（不要抹在活塞孔中），然后转动活塞使其均匀透明；加入适量的水以检查活塞和上口塞（塞上的小槽与漏斗口侧面小孔错位封闭塞紧）是否滴漏。

（3）加液量。不超过分液漏斗容积的 3/4。

（4）萃取操作。见图 16-4，振荡放气：右手拇指和中指夹住上口颈部，并用食指压紧玻塞；左手食指和中指夹住下口管，同时食指和拇指控制活塞（下口斜向上朝无人处和无明火处），振荡、旋开活塞放气，至无气体放出。静置分液：当两相分清后，将上口塞的小槽对准小孔（或打开分液漏斗的上口塞），缓慢旋开活塞，使下层液体经活塞孔从漏斗下口慢慢放出，上层液体自漏斗上口倒出。

六、实验思考题

1. 能否用氢氧化钠溶液代替饱和碳酸钠溶液，用水代替饱和氯化钙溶液来洗涤？为什么?

2. 酯化反应有什么特点? 在实验室中, 除了增加反应物的量, 还可以采取什么措施提高酯化反应的产率?

3. 为什么乙酸乙酯产品不用无水氯化钙而用无水硫酸钠进行干燥?

4. 粗乙酸乙酯中含有哪些杂质?

5. 与传统的酯化催化剂浓硫酸相比, 硫酸氢钠做酯化催化剂的优点有哪些?

6. 如果使用浓硫酸做催化剂, 蒸出乙酸乙酯粗产品后, 如何处置实验残液?

◎ **实验拓展**

微波合成技术

微波合成技术是指在微波的条件下, 利用其加热快速、均质与选择性等优点, 应用于现代有机/无机合成研究中的技术。大量的实验研究表明, 借助微波技术进行有机反应, 反应速度较传统的加热方法快数十倍甚至上千倍, 且具有操作简便、产率高及产品易纯化、安全卫生等特点, 因此, 微波有机合成发展非常迅速, 微波合成技术已在许多有机合成中得以研究与应用。

微波加热原理: 微波是一种高频率的电磁波, 频率范围为 0.3～300GHz, 波长为 1cm～1m。微波反应器和家用微波炉的工作频率均为 2.45GHz, 波长为 12.25cm。所以改装的家用微波炉也可用于有机合成。微波仪利用磁控管将电能转变为微波, 以每秒 2.45GHz 的振荡频率穿透介质, 当介质(极性物质)有合适的介电常数和介质耗损时, 介质微粒便会发生高频振荡, 使能量在介质内部积蓄起来, 微波能就转化为热能。

下图是 WBFY-205 型微波化学反应器。使用方法: 打开"开关"键通电; 将盛有反应物的单口反应瓶放入炉腔内, 安装相关仪器; 旋转"调整搅拌"打开磁力搅拌; 设定微波功率和微波时间; 按下"开始"键, 起动微波仪。

16. 2. 4　天然产物提取实训——从茶叶中提取咖啡因

一、实验目的

1. 学习从茶叶中提取咖啡因的原理和方法。

2. 掌握索氏提取器的提取原理和使用方法。

3. 巩固蒸馏操作; 熟悉液-固萃取和升华等基本操作。

二、实验原理

咖啡因(caffeine)又称咖啡碱, 属于杂环化合物嘌呤的衍生物, 学名为 1, 3, 7-三甲基-2, 6-二氧嘌呤(1, 3, 7-三甲基黄嘌呤), 白色针状晶体, 味苦, 易溶于氯仿、水及乙醇等溶剂中。含一个结晶水的咖啡因是无色针状晶体, 在 100 ℃时失去结晶水并开始升华, 在 120 ℃升华相当显著, 178 ℃升华加快。无水咖啡因熔点为 234.5 ℃。咖啡因的结构式如下:

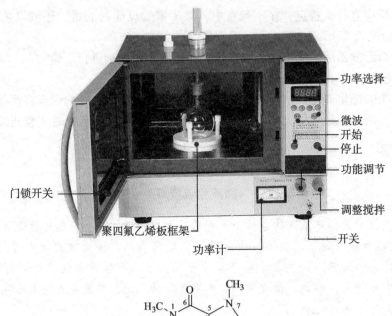

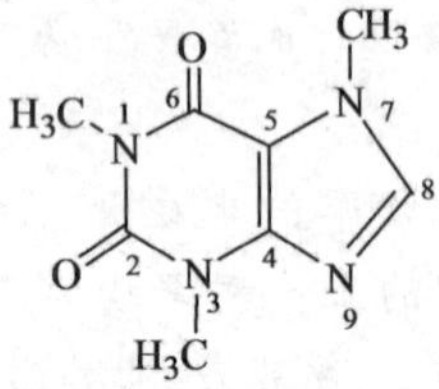

功率选择

微波
开始
停止

功能调节

调整搅拌

开关

门锁开关

聚四氟乙烯板框架

功率计

咖啡因存在于茶叶、咖啡和可可等植物中，是一种用于中枢神经的药物，具有强心、利尿、兴奋和刺激胃液分泌等作用，可用于制备茶碱、荷尔蒙、氨茶碱等药物。

茶叶中含有多种生物碱成分，其中咖啡因占 1%~5%，另外还含有 11%~12% 的丹宁酸(又称鞣酸)、0.6% 的色素及蛋白质和纤维素等成分。丹宁酸也易溶于水及乙醇中。因此在使用水或乙醇提取咖啡因时，需加碱先使丹宁酸成盐，然后与弱碱性的咖啡因分离，再通过升华提纯咖啡因。

索氏提取器又称脂肪提取器，由圆底烧瓶、抽提筒和球形冷凝管组成，见图 16-5。索氏提取器是利用溶剂的回流及虹吸原理，使固体物质被热的提取剂反复多次浸泡萃取，被提取的物质富集到烧瓶内，该提取方法时间短、省溶剂、提取率高。

本实验以乙醇为提取剂，经提取、浓缩、中和、升华等步骤提纯咖啡因。

三、仪器、试剂和材料

1. 仪器：索氏提取器，电热套，蒸馏装置，蒸发皿，玻璃漏斗，量筒，表面皿，铁架台，试管(3 支)，试管夹，提勒管法测定熔点装置。

2. 试剂和材料：茶叶(市售)，95% 乙醇，生石灰，滤纸，沸石，5% 鞣酸，10% 盐酸，碘-碘化钾试剂。

四、实验步骤

1. 提取咖啡因

称取碾碎的茶叶 5 g 放入卷好的滤纸圆筒中，滤纸圆筒外径略小于抽提筒内径，两端折叠封闭，置于抽提筒内(滤纸筒内茶叶的高度要略低于虹吸管)。将抽提筒插入盛有 50

mL 95%乙醇的烧瓶中(内有 3~4 颗沸石),按图 16-5 从下向上依次搭好装置,用量筒从冷凝管上口向抽提筒内缓慢加入约 30 mL 95%乙醇(以不虹吸为宜)。接通冷凝水,电热套加热,乙醇蒸汽上升到冷凝管冷却后滴入抽提筒内,当液态乙醇量超过虹吸管高度时,液体就会沿着虹吸管全部被虹吸至下端的烧瓶内,即完成一次虹吸,连续提取到提取液颜色很浅时为止。待乙醇溶液刚被虹吸下去时,立即停止加热。

2. 回收提取剂

稍冷,撤去抽提筒,改成蒸馏装置,回收乙醇,浓缩乙醇液约为 10 mL 时,停止加热,将浓缩液趁热倾入蒸发皿中,用少许回收乙醇洗去烧瓶中滞留的残液,并入蒸发皿中。

3. 提纯咖啡因

往蒸发皿中加生石灰粉搅拌成糊状,蒸发皿置于石棉网上,搅拌下小心加热焙干糊状物成粉末状(无水),颗粒越细越好。在蒸发皿上盖一张刺有许多小孔的圆形滤纸,再将合适的颈部塞有棉球的玻璃漏斗罩于其上(如图 16-6 所示),均匀加热蒸发皿,当滤纸上出现许多白色针状结晶时(此时滤纸微黄),停止加热,冷却后小心取下漏斗,揭开滤纸,用刮刀将滤纸和漏斗壁上的白色晶体刮入已称重的表面皿中。如果残渣还有绿色或结成块状,则粉碎后再次加热片刻,使升华完全。合并两次收集的咖啡因后称重。

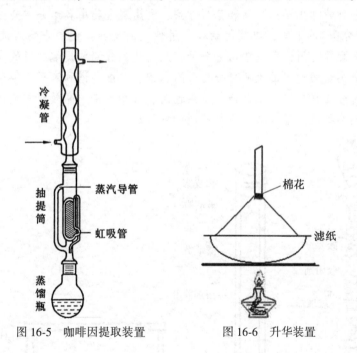

图 16-5 咖啡因提取装置   图 16-6 升华装置

4. 产品检测

(1)熔点 毛细管法或熔点仪测定产品熔点,并与文献值进行比较,分析产品质量。

(2)与生物碱试剂的反应 取少量产品放入试管中,加 4 mL 水使其溶解后分装在两支试管中,分别滴加 5%鞣酸溶液 1~2 滴和 10%盐酸 1~2 滴,再分别加入碘-碘化钾试剂 1~2 滴,观察并记录实验现象。

实验结束后，收拾整理实验台。

五、实验注意事项

1. 茶叶要包好，以防泄露堵塞虹吸管。

2. 抽提筒的虹吸管极易折断，操作时要特别小心。

3. 回收乙醇时，浓缩液的量要适当，否则浓缩液粘稠不易转移。

4. 升华过程中一定要控制好温度，均匀加热。温度过高会使产物碳化；温度过低得不到产物。并且注意滤纸与蒸发皿的贴合度要好，以防产物损失。

六、实验思考题

1. 本实验需要注意的安全和环保因素有哪些？

2. 提取咖啡因时，为什么要加入生石灰？

3. 升华操作有哪些关键技术？

4. 简述索氏提取器的工作原理。它和一般的浸泡萃取有什么不同？

◎ 实验拓展

色谱分析

色谱法是一种物理化学的分离和分析方法，利用混合物中各组分在某一物质中的吸附或溶解性能（即分配）的不同，或其他亲和作用性能的差异，使混合物溶液流经该物质时反复的吸附或分配等作用，而将各组分分开，从而达到分离和提纯的目的。

色谱法按分离过程作用的性质可分为吸附色谱、分配色谱和离子交换色谱等；根据操作条件不同又可分为柱色谱、纸色谱、薄层色谱、气相色谱、高效液相色谱等。分离后的物质可配合不同类型的光谱和波谱进行物质的解析。

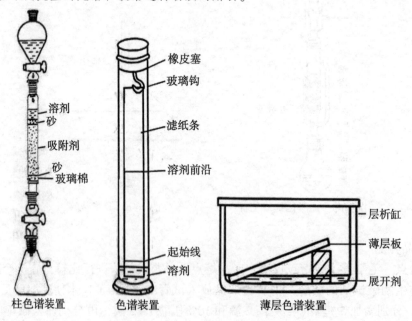

柱色谱装置　　色谱装置　　薄层色谱装置

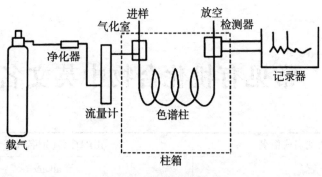

气相色谱工作示意图

附录　常见有机化合物中英文名对照

系统名(普通名或俗名)	IUPAC 名(别名或俗名)
烷烃	alkanes
甲烷	methane
乙烷	ethane
丙烷	propane
丁烷(正丁烷)	butane(*n*-butane)
2-甲基丙烷(异丁烷)	2-methylpropane(isobutane)
戊烷	pentane
2-甲基丁烷(异戊烷)	2-methylbutane(isopentane)
2,2-二甲基丙烷(新戊烷)	2,2-dimethylpropane(neopentane)
己烷	hexane
环烷烃	cycloalkanes
环丙烷	cyclopropane
环己烷	cyclohexane
烯烃	alkenes
乙烯	ethene
丙烯	propene
顺-2-丁烯	*cis*-2- butene
反-2-丁烯	*trans*-2- butene
2-甲基丙烯(异丁烯)	2-methylpropene(isobutene)
环戊烯	cyclopentene
环戊二烯(1,3-环戊二烯)	cyclopentadiene(1,3- cyclopentadiene)
1,3-环己二烯	cyclohexadiene(1,3- cyclohexadiene)
卤代烃	alkyl halides
二氯甲烷	dichloromethane
三氯甲烷(氯仿)	trichloromethane(chloroform)

续表

系统名(普通名或俗名)	IUPAC 名(别名或俗名)
四氯化碳	tetrachloro-methane
溴乙烷	bromoethane
氯乙烯	chloroethene
四氟乙烯	tetrafluoroethene
3-氯丙烯	3-chloro-1-propene
环己烯	cyclohexene
三碘甲烷(碘仿)	triiodomethane(iodoform)
炔烃	alkynes
乙炔	ethyne
1-丁炔	1-butyne
1,3-丁二烯	1,3-butadiene
2-甲基-1,3-丁二烯(异戊二烯)	2-methyl-1,3-butadiene(isoprene)
苯	benzene
甲苯	methylbenzene
邻二甲苯	o-dimethylbenzene
乙苯	ethylbenzene
异丙苯	isopropylbenzene(cumene)
苯乙烯	phenylethylene(styrene)
苯乙炔	phenylethyne(phenylacethlene)
萘	naphthalene
氯苯	chlorobenzene
硝基苯	nitrobenzene
苯甲醛	benzaldehyde
苯乙酸	phenylacetic acid
苯磺酸	benzene monosulfonic acid
醇	alcohols
甲醇	methanol(methyl alcohol)
乙醇	ethanol(ethyl alcohol)
丙醇(正丙醇)	1-propanol(n-propyl alcohol)
2-丙醇	2-propanol
苯甲醇(苄醇)	phenylmethanol(benzenemethanol)

续表

系统名(普通名或俗名)	IUPAC 名(别名或俗名)
乙二醇(甘醇)	1，2-ethandiol(glycol)
丙三醇(甘油)	1，2，3-propanetriol(glycerol)
酚	phenols
苯酚	phenol
邻甲苯酚	o-cresol
间氯苯酚	m-chlorophenol
对硝基苯酚	p-nitrophenol
2，4，6-三硝基苯酚(苦味酸)	2，4，6-trinitrophenol(picric acid)
α-萘酚	1-naphthol
β-萘酚	2-naphthol
醚	ethers
乙醚	ethoxy ethane(diethyl ether 或 ether)
四氢呋喃	tetrahydrofuran
环氧乙烷	epoxyethane(ethylene oxide)
醛	aldehydes
甲醛	formaldehyde
乙醛	acetaldehyde
丙醛	propanal
丁醛	butanal
戊醛	pentanal
酮	ketones
丙酮	propanone(acetone)
3-戊酮	3-pentanone
环己酮	cyclohexanone
苯乙酮	1-penyl-1-ethanone
苯丙酮	1-penyl-1-propanone
二苯酮	dipenyl methanone
羧酸	carboxylic acid
甲酸	methanoic acid(formic acid)
乙酸(醋酸)	ethanoic acid(acetic acid)
苯甲酸	benzoic acid

续表

系统名(普通名或俗名)	IUPAC 名(别名或俗名)
乙二酸(草酸)	ethanedioic acid(oxalic acid)
丙二酸	propanedioic acid
丁二酸(琥珀酸)	succinic acid(butanedioic acid)
己二酸	hexanedioic acid
α-羟基丙酸(乳酸)	lactic acid
α-羟基丁二酸(苹果酸)	malic acid
2,3-二羟基丁二酸(酒石酸)	tartaric acid
苯甲酸(安息香酸)	benzoic acid
α-萘乙酸	α-naphthylacetic acid
3-羧基-3-羟基戊二酸(柠檬酸)	citric acid
邻羟基苯甲酸(水杨酸)	salicylic acid
3,4,5-三羟基苯甲酸(没食子酸,五倍子酸)	gallic acid
赤霉酸	gibberellic acid
乙醛酸	glyoxalic acid
丙酮酸	pyruvic acid
乙酰乙酸	acetoacetic acid
乙酰氯	acetyl chloride
苯甲酰氯	benzoyl chloride
乙酸酐	acetic anhydride
邻苯二甲酸酐	1,2-benzenedicarboxylic anhydride
乙酸乙酯	ethyl acetate
甲酰胺	formamide
乙酰胺	acetamide
苯甲酰胺	benzamide
乙腈	acetonitrile
胺	amines
甲胺	methanamine
二甲胺	N-methylmethanamine(dimethylamine)
乙胺	ethanamine
二乙胺	N-ethylethanamine(diethylamine)
三乙胺	N,N-diethylethanamine(triethylamine)

续表

系统名(普通名或俗名)	IUPAC 名(别名或俗名)
环己胺	cyclohexanamine
乙二胺	1, 2-ethanediamine
己二胺	1, 6-hexanediamine
苯胺	benzenamine(aniline)
苯甲胺	benzenemethanamine
N-甲基苯胺	N-methylbenzenamine
β-羟乙胺或 β-氨基乙醇(胆胺)	monoethanolamine
氢氧化三甲基羟乙胺(胆碱)	choline
α-呋喃甲醛(糠醛)	furfural
糖类(碳水化合物)	saccharides(carbohydrate)
单糖	monosaccharide
低聚糖	oligosaccharide
多糖	polysaccharide
葡萄糖	glucose
果糖	fructose
核糖	ribose
淀粉	starch
纤维素	cellulose
氨基酸	amino acid
蛋白质	protein
核酸	nucleic acid

参 考 文 献

[1] 王微宏，等．有机化学[M]．第 2 版．北京：化学工业出版社，2020．

[2] 唐玉海，等．有机化学[M]．第 2 版．北京：化学工业出版社，2020．

[3] 王全瑞．有机化学[M]．第 2 版．北京：化学工业出版社，2019．

[4] 马祥梅．有机化学实验[M]．北京：化学工业出版社，2020．

[5] 赵建庄，等．有机化学[M]．北京：中国林业出版社，2014．

[6] 李艳梅，等．有机化学[M]．北京：科学出版社，2013．

[7] 吕以仙，等．有机化学[M]．第 7 版．北京：人民卫生出版社，2012．

[8] 杜彩云．有机化学学习指导[M]．成都：电子科技大学出版社，2012．

[9] 杨红．有机化学[M]．第 3 版．北京：中国农业出版社，2012．

[10] 黄恒钧，等．有机化学实用基础[M]．北京：北京大学出版社，2011．

[11] 高坤，等．有机化学(上册)[M]．北京：科学出版社，2008．

[12] 宋启煌．精细化工工艺学[M]．第 2 版．北京：化学工业出版社，2007．

[13] 高占先．有机化学[M]．第 2 版．北京：高等教育出版社，2007．

[14] 李贵深，等．有机化学[M]．北京：中国农业出版社，2006．

[15] 汪小兰．有机化学[M]．第 4 版．北京：高等教育出版社，2005．

[16] 邢其毅，等．基础有机化学(下册)[M]．第 3 版．北京：高等教育出版社，2005．

[17] 曾昭琼．有机化学(下册)[M]．第 3 版．北京：高等教育出版社，2003．

[18] 谭镇，等．精细有机合成实验[M]．兰州：兰州大学出版社，2003．

[19] 徐寿昌．有机化学[M]．第 2 版．北京：高等教育出版社，1993．